U0388055

Evaluation of Fire Safety

消防安全评估

［英］
D.J.拉斯巴什（D.J. Rasbash）
G.拉马钱德兰（G.Ramachandran）
B.坎多拉（B. Kandola）　　　　著
J.M.沃茨（J.M. Watts）
M.劳（M. Law）

吴立志　杨玉胜　等译

化学工业出版社
·北京·

内容简介

  消防安全评估是实施消防安全的一种有效手段,受到广大消防安全工作者的广泛关注。本书基于对消防安全评估的实际需求,从消防安全问题概述、消防安全的量化和消防安全的确定方法三个方面深刻阐述了消防安全和消防安全评估中的一系列问题。本书内容全面翔实,案例生动丰富,分析深刻到位,方法科学有效。

  本书是消防安全工程专业人员、防损专业人员、保险公司技术人员以及从事火灾科学研究人员的必备图书,也是消防安全管理人员、建筑设计师、流程工业工程师、安全从业人员和风险评估顾问等学者和管理人员的必备参考资料。

Evaluation of Fire Safety, the first edition by D. J. Rasbash, G. Ramachandran, B. Kandola, J. M. Watts, and M. Law
ISBN 978-0-471-49382-2

Copyright © 2004 by John Wiley & Sons, Ltd. All rights reserved.
Authorized translation from the English language edition published by John Wiley & Sons, Ltd.
本书中文简体字版由 John Wiley & Sons, Ltd. 授权化学工业出版社独家出版发行。
未经许可,不得以任何方式复制或抄袭本书的任何部分,违者必究。
本书封底贴有 Wiley 防伪标签,无标签者不得销售。
北京市版权局著作权合同登记号:01-2019-0383

图书在版编目(CIP)数据

  消防安全评估/(英)D. J. 拉斯巴什(D. J. Rasbash)
等著;吴立志等译. —北京:化学工业出版社,2021.4
  书名原文:Evaluation of Fire Safety
  ISBN 978-7-122-38480-5

  Ⅰ.①消… Ⅱ.①D… ②吴 Ⅲ.①消防-安全评价
Ⅳ.①TU998.1

  中国版本图书馆 CIP 数据核字(2021)第 025159 号

责任编辑:窦 臻 林 媛   文字编辑:汲永臻
责任校对:刘 颖   装帧设计:王晓宇

出版发行:化学工业出版社(北京市东城区青年湖南街 13 号 邮政编码 100011)
印   装:北京建宏印刷有限公司
787mm×1092mm 1/16 印张 25¾ 字数 598 千字 2021 年 7 月北京第 1 版第 1 次印刷

购书咨询:010-64518888   售后服务:010-64518899
网   址:http://www.cip.com.cn
凡购买本书,如有缺损质量问题,本社销售中心负责调换。

定   价:138.00 元   版权所有 违者必究

序

中国消防协会第七届灭火救援技术专业委员会根据消防工作出现的新情况、新形势、新任务，审时度势，主动作为，研究决定翻译引进系列国外优秀消防救援类专著，以便于我国消防救援人员学习和研究国外先进的救援理论和方法，进而适应消防救援队伍专业化、职业化需要。专委会组织翻译的第一本著作《灭火策略与战术》，自 2019 年 5 月出版以来，受到了广大消防救援人员、消防教育培训机构、消防科研人员等的一致好评，发挥了非常积极的作用，这更加坚定了我们做好这项工作的信心和决心。

随着我国经济社会的快速发展，各种超大超规建筑、各类城市综合体大量出现，其结构功能更加复杂，人员密集，火灾防范和扑救难度极大。消防安全评估能够依据火灾的发生、发展规律及控制原理，对火灾危险性进行定性、定量评估，并可根据评估结果制定相应的消防措施，对有效控制火灾事故的发生和保护人员生命及财产安全具有重要的指导意义。专委会经反复调研论证，决定引进第二本专著《消防安全评估》。这是一本难得的、较为全面地介绍消防安全评估原理、方法，特别是消防安全评估技术的专著。

翻译团队由专委会副主任委员吴立志教授牵头组成。在专著的翻译过程中，内部讨论 20 余次，校对 10 多遍，历时两年多。在中国人民警察大学和化学工业出版社的大力支持和帮助下，译著《消防安全评估》即将付梓。在此，我谨代表中国消防协会第七届灭火救援技术专业委员会，向为译著出版付出辛勤劳动、提供各种支持的各级领导和专家学者表示衷心的感谢，也殷切地期待该译著能为广大消防救援人员、消防教育培训机构等提供有益的参考和帮助，发挥应有的作用，这是中国消防协会第七届灭火救援技术专业委员会为促进我国消防事业发展贡献的一点微薄力量。

杨 隽
中国消防协会第七届灭火救援技术专业委员会主任
2020 年 9 月

译者前言

随着我国社会经济的快速发展，各种建筑物大量建成，建筑高度不断攀升，体量跨度越来越大，结构功能更加复杂，消防安全问题突出，火灾防范和扑救难度极大。消防安全评估能够依据火灾的发生、发展规律及控制原理，对火灾危险性进行定性、定量评估，并可根据评估结果制定消防安全措施，对有效控制火灾事故的发生和保护人员生命及财产安全具有重要的指导意义。

本书的作者在20世纪70年代就开始发表有关消防安全评估的文章，讲授有关消防安全评估的方法和知识，具有深厚的理论功底和丰富的工程经验，是著名的消防安全评估专家。本书是一本难得的、较为全面地介绍消防安全评估原理、方法，特别是消防安全评估技术的专著，其内容汇集了与消防安全评估密切相关的数据、信息和技术。因此，本书不仅是学生的一本重要的参考书，而且是消防安全评估工程师的有效工具，很值得从事消防安全评估与咨询、消防安全检查与管理、消防救援以及火灾保险等相关人员参阅。

本书的翻译是一项较为艰辛的工作。原著是由不同的作者编纂的，因此相关的物理量符号描述也各不相同，出于尊重原著的原则，我们也沿用原著的符号，只是对于一些时间的描述进行了改进，同时在译著中给予了说明。一些名词术语，也尽可能地翻译成符合国内标准规范的学术用语。总的来说，译者期望以忠实原著的原则，为读者提供一本易于阅读理解的消防安全评估译著。

本书由吴立志、杨玉胜、李思成、辛晶、陈海涛、许明珠翻译，其中第1章~第4章由许明珠翻译，第5章、第6章由吴立志翻译，第7章~第9章由辛晶翻译，第10章、第13章由陈海涛翻译，第11章、第12章由李思成翻译，第14章~第17章由杨玉胜翻译。全书由吴立志、杨玉胜负责技术审译，此外，朱泽峰、郭世刚、布远征、陈悦、康可霖和吕长城参与了本书的校对、编排工作。全书由杨隽主审。

由于译者水平有限，书中难免存在疏漏和不妥之处，敬请广大读者批评和指正。

译者

2020 年 9 月

David Rasbash 在 20 世纪 70 年代就开始发表有关消防安全评估的文章，教授有关消防安全评估的方法和知识。后来，他自己和其他人对消防安全评估领域的贡献和积累达到了可以编撰教科书的阶段。David 的同事设法说服他，认为他是编撰这本书的理想人选。在达成协议之后，他编写了这本书的大纲，并邀请了 'Ram' Ramachandran、Baldev Kandola 和 Jack Watts 参与编写了其中诸多章节。在他生病的最后阶段，David 无法完成任务，他很高兴接受 Margaret Law 接管并完成该书的建议。Margaret 编写了 David 未完成的章节，并向其他作者咨询其工作中遇到的任何棘手问题。她发现这个过程虽然辛苦但是却很有意义。

当然，消防安全评估的工程方法不是一个新课题。然而，本书之"新"就在于它汇集了与消防安全评估特别相关的数据、信息和技术。作者希望本书不仅能为学生们提供帮助，同时能够成为安全评估工程师们手中的有效工具。

目录

第 2 篇

消防安全的量化 073

第1篇

消防安全问题概述

1 社区消防安全

1.1 火灾隐患的性质

火灾隐患是指由失控的放热化学反应所产生的不安全因素，这种因素在有机材料和空气之间发生的化学反应中尤为明显。它与人们在日常生活中使用的可燃材料和能源息息相关。尽管火灾威胁着生命和财产安全，且其防控代价非常巨大，但是必须考虑到这些资料能带来的利益，来综合判定火灾的危险性，这样才能找到一个良好的平衡点。此外，人们的生活与所居住的建筑物息息相关。当火灾发生在一个密闭环境中，如果热量和烟气能被控制住，而不是相对无害地向上运动时，建筑物的额外风险应与其固有价值是相对应的。因此，一般来说，我们不能彻底消除火灾隐患，但是我们可以通过适当的防火措施，将火灾的风险降低到可接受的程度。

1.2 火灾隐患和其他隐患之间的关系

在火灾发生的同时，常伴随着许多其他的危害。这些危害包括流行病和疾病、工业运输事故和家庭事故以及地震、洪水、飓风等自然灾害，它们会对健康造成危害。当然，在使用能源和可燃材料方面的严格限制可以减少火灾隐患，但这带来的后果和成本可能超过任何缓解火灾问题的措施成本，它甚至可能导致引发其他危险的情况，特别是对健康的危害。专门从事消防安全的人往往会孤立地看待火灾问题，失去全面看待问题的能力。例如，看不到使用可能会意外增加火灾危险的材料或工艺可能会带来的好处。

图 1.1 说明了这一点（Rasbash，1974）。风险的存在与人们的生活方式息息相关。有些风险是难以避免的，有些风险则是可以避免的。承担风险是为了获得收益，收益值可以用 A 来表示。在众多风险中，有一些可能会引发火灾，而火灾发生会造成一定的财产损失和人员伤亡，因此这些风险的存在决定了要为此付出代价。这些风险用 f_d 来表示（"d" 表示损害）。为杜绝火灾隐患，消防安全设计必不可少，该设计所需费用为 f_c。（"c" 表示费用）。同样地，其他危险情况亦会对建筑造成损害，这些损害用 h_d 来表示，杜绝这些危险所需要的安全设计费用，我们用 h_c 来表示。任何一种以消防安全为目标的设计都应该坚持一个原则，即需要满足净收益 $[A-(f_d+f_c)-(h_d+h_c)]$ 的最大化。

有两个例子可以用来说明这一点。房屋内的绝热材料可以节约能源，从而增加收益

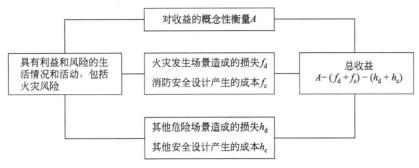

图1.1 社区中的消防安全

A。即使绝热材料不可燃，特别是用在房间的内表面上，也会增加火灾的蔓延速度。因此，采用这种绝热材料将会增加 f_d。引入绝热材料会增加（$A-f_d$）吗？许多有效的绝热材料本身就是高度易燃的，这就排除了它们用于内墙的可能性。在这种情况下，通常在内墙上加一层不燃层，这样就增加了额外的费用 f_c。在这种情况下，会导致净收益 $[A-(f_d+f_c)]$ 的值发生变化。

在楼宇内设置防火门是很普遍的做法，尤其在英国，情况更是如此。当然，这些情况都会增加一定的投入成本 f_c，只要门开着，人们就可以利用防火门从火海中逃生，这种门能有效地降低人们在火灾中的死亡风险，因此相应的风险 f_d 就减少了。不过，人们往往会忽视一个问题，就是这些门分散在建筑物内，对那些身体有残疾的人来说，使用起来并不方便。因此，一般的效益因子 A 有所减少，尽管在这种情况下，这一减少难以量化。另外，在大部分时间里，防火门需要被支撑才能打开，这会在一定程度上抵消风险 f_d。但是如果使用可以控制门开关的火灾自动探测器，就可以避免使用的缺陷，但是这会增加消防安全设计的费用 f_c。

1.3 主要的火灾隐患区

火灾会造成大量的财产损失和人员伤亡，在人类活动的场所都有可能存在火灾隐患。最容易发生火灾的场所就是建筑物内，包括住宅建筑和非住宅建筑。非住宅建筑的范围很广，例如各种类型的工厂、给公众带来特殊风险的建筑物（包括公众集会和休息的场所，如旅馆和医院等）、工业占地延伸到建筑物以外的区域（包括矿山、开放式的加工厂、海上设施、农作物种植地和林区）。除此之外，还有公路、铁路、海洋和空中运输设施，甚至可以延伸到卫星和空间区域。在这类地区，多年来已经收集了大量的火灾隐患问题，并对消防安全提出了广泛的要求。在火灾保险领域里，那些有着特殊隐患的区域通常被称为风险区。

1.4 消防总费用

对一个社区来说，消防总费用可以用社区中所有火灾风险的总和（f_d+f_c）来表示；这将包括所有建筑物、厂房、生产过程、交通工具等。在研究火灾的总体成本时需要考虑很多因素。至于火灾造成的损失 f_d，有直接损失，即火灾所造成的实际经济损失；同时，由于火灾导致的设施中断、贸易损失和从业问题，也会产生间接或相应的影响。特别是在发生重大灾害和造成各种不便之后，公众的关切和焦虑也会增加。消防安全措施的费用包括为了防止火灾、控制火灾发生以及减轻其直接和间接影响的费用。这些费用包括诸如消防救援部门、火灾保险等服务费用，以及相当一部分用于建筑物管理或其他管制程序的费用。

关于火灾造成的直接经济损失，英国已经提供了自第二次世界大战以来的相关资料。然而，人们在 20 世纪 50 年代就认识到，这种直接的经济损失只是冰山一角，有必要关注包括间接损失在内的火灾的总损失。对这一问题的早期研究是由 Fry（1964）进行的。他发现，英国的直接火灾损失在 1957 年以前一直相对稳定，尽管有迹象表明在这一时期之后有所增加。但是在整个报告所述期间，火灾的直接损失仅约占国内生产总值的 0.2%。不过，如果将与 f_d 有关的其他防火费用，特别是增加的建筑成本以及消防服务和保险费用等计算在内，则发现全国的消防总费用接近国内生产总值的 1% 左右。

在 1976 年的数据分析中，Rasbash（1978）增加了对火灾造成的间接损失、死亡、伤害的估算，罗列了 f_d 带来的困难和防火设计的费用 f_c，这使得（$f_d + f_c$）相对于国内生产总值的总价值增加了 50%。防火费用大约是火灾造成的损失和伤害所产生费用的两倍。这说明有必要加强对消防安全设计的认识，以确保成本的增加可减少预期的损失。在 Rasbash 分析中，估计的损失不包括公众焦虑所产生的影响，而这却是火灾和爆炸发生后火灾总体成本增加的一个主要因素。

自 1980 年以来，Wilmot 公司就开始了收集数据的工作，这些数据详细描述了一些国家的防火成本和灭火成本。第 6.7.4 节对此做了概述。

1.5　消防安全的规范性和功能性方法

过去，传统的防火措施是人们规范化地制定一系列的消防安全条例。这种方式沿袭至今，大多时候仍在使用。最近，人们找到了防火措施性能测试的方法，并根据需要将消防安全条例进行了修正和完善，并要求所采取的防火措施必须要符合性能标准。此外，近年来，人们对消防安全所采取的措施，发生了从指令性到功能性的转变，即采取的措施可提供足够的消防安全保障。这说明对消防安全的保障是多方面的，在保障安全的同时也是要考虑经济效益的。要做到这一点，不仅要了解消防安全活动的目标，而且要明确消防安全要达到的程度和标准。在英国，官方在消防安全这一问题上并没有立法。因此，健康和安全立法的一般目标是使危险"尽可能低"（ALARP），同时承认可忽略或不可容忍的风险等级。"不合理可行"被定义成：为降低风险所增加的成本与因风险降低而带来的收益严重不成比例（Royal Society，1983）。上一节中提到的 f_d 与 f_c 的相对值显示，对整个英国来说，消防安全水平达到了这一标准。目前，"建筑条例"（英格兰和威尔士）的目标是使某些要求达到"适当的安全水平"。然而，只要需求是功能性的，而不是规范性的，那么实现这些目标的详细方式就由设计者来决定。

规范性方法和功能性方法之间的区别是，在后者中，有必要对消防安全的要素进行量化，特别是可以预计的火灾起数，可估算的消防安全设施数量及费用。这有助于确保把钱花在最需要保证安全的地方，进而建立低成本、高效率的安全机制。它还有助于给设计者更大的灵活性，并表明为防范某一特定风险而提供消防安全解决方案是公平和公正的。不同国家对消防安全所采取的传统做法并不一致，但随着国家间消防安全设计的协调和统一，功能性安全设计越来越重要。过去的做法一直是根据防火需求的波动来关注火灾和爆炸灾害的变化情况。对复杂工厂和建筑物进行定量的消防安全设计是避免灾难发生的一个重要步骤。而目前的做法是对建筑物消防安全采取功能性设计方案，确定某一危险类型的建筑物中火灾控制和消防安全的组成要素，并为每个要素制定标准（Bukowski 和 Tanaka，1991）。这些执行标准显然并不需要管理部门具备监督方面的专业知识。

有一种情况多见于灾害后公众调查的报告中，就是人们往往会要求，在灾害后有关部门制定一系列详细的规范性措施，以确保灾难"永远不再发生"。这样的要求往往会被看成是一种规范性的要求。然而，实际情况不一定如此。在对爱尔兰 Stardust 灾难（1982）的调查中，就是一个灾难后拿出建议方案的例子，其目的是使消防安全设计和消防安全管理更具有灵活性。该报告指出了如何评估公众集会场所内的危险性，对如何针对该种建筑物存在的火灾隐患提出了适当消防安全措施。

1.6 本书的目的和概要

在过去的几十年里，方法论的发展使消防安全设计发生了转变，消防安全设计从规范性转向功能性。本书旨在对这些功能性设计方法进行详细阐述。第 1 篇除本章的导言外，将对火灾问题的结构方面内容进行描述；第 2 章是介绍消防安全系统，包括消防安全系统的构造及组成，重点涉及消防安全预防、保护以及协调措施，阐述消防安全设计和管理的概念以及处理消防安全问题的定量研究，通过总结经验教训，为未来的消防安全工作提供有力的借鉴和必要的指导。第 3 章总结了近年来发生的火灾和爆炸的研究成果，其中一些已经被纳入消防安全规范中。第 4 章内容是对传统的消防安全规范进行概述。了解这些内容是消防安全功能性方法的重要组成部分，因为它们代表的安全水平构成了判断消防安全功能方法的基础。第 2 篇将专门介绍一些数据，这些数据是对消防安全功能性措施进行量化。虽然第 5 章概述了最近的物理实验数据，特别是关于火灾行为和灭火方面的数据，但是第 2 篇将主要讨论有关消防安全统计来源的数据。第 3 篇是有关消防安全的评估方法，将描述目前正在使用的用于实现功能性要求的评估方法，特别是有关量化消防安全并根据目标进行风险评估的方法。这些方法以确定性、概率性和随机性为特点，并在消防安全评估中可以使用逻辑图。这本书没有讨论与火灾有关的经济学方面的问题，如成本效益分析、间接损失、人的生命价值、决策分析和效用理论的应用等议题（Ramachandran，1998）。

1.7 专业术语定义

本书会对经常出现的一些术语进行定义。

首先是"火"这个词。火的出现是由于点火源与可燃材料接触或在其内部发生燃烧。当然，大多数火都是需要的火，因为它们是大众最广泛使用的能源。就这本书而言，火灾引起人们的关注，是因为它们超出了临界点，造成了财产损失和人员伤亡，给人们带来了困扰。这里的火要排除日常生活中的取火，当然如果这些火也造成了上述损失，就另当别论了。实际上我们所说的火灾的源头也是生活中的取火，因为造成了损失和伤害而演变成了火灾。人们经常用"让消防队出警的火"来定义火灾，但实际上这个词的含义要更宽泛。

"风险"一词被定义为某事件（或过程）不利后果发生的可能性（Rowe，1977）或其引起的损失的概率（Cassell，1974）。"火灾风险"可以被描述为因火灾而造成损失的概率。本书主要关注的是通过描述风险可能发生的频率和严重后果来量化风险的"概率"或"可能性"。"风险"和"危险"这两个词在一般用法中可以互换。然而，近年来，在专业工程界，人们普遍认为"危险"一词应是对危险情况的描述，而"风险"一词则是对危险的量化或评估。因此，化学工程师学会（Jones，1992）将"危险"定义为："一种可能造成人类伤害、财产损失、环境损害或这些后果同时存在的现实情况。"

而"风险"是指："在特定时期或特定情况下发生的不希望发生的事件的可能性。风险可以是频率（单位时间内发生的特定事件的数量），也可以是概率（在先前事件之后发生的特定事件的概率），这取决于当时的情况。"

更简单地说，与火灾有关的术语表（英国标准 4422，1984）将火灾风险定义为火灾发生的概率和火灾危险的概率，即火灾发生的后果。应该指出的是这两对定义之间缺乏一致性。后一对还掩盖了这样一个事实，即火灾一旦发生，可能会产生一系列可能的后果，这些后果包括从消防队出警灭火避免伤亡到因火灾摧毁一座城市。在这本书中，对火灾风险的评估和量化通常可用火灾发生的频率（F）与火灾可能导致某种后果的概率的乘积表示，这些后果与火灾造成具体的有害效应相关。火灾风险的方程为：

$$R = F(p_1 H_{a1}, \cdots, p_i H_{ai}, \cdots, p_n H_{an}) \tag{1.1}$$

方程（1.1）包含了上述对 n 种有害效应的定义。但是不能将这些有害效应直接归纳为两个原因。第一，它们无法用诸如死亡人数、直接损失、公众焦虑这样的措辞表达。第二，指定的有害效应可能是重叠的，例如，受损面积可能超过 $100m^2$ 和 $1000m^2$。如果有害效应可以表示为一种均值，特别是经济损失或受损面积，那么火灾风险也可以表示为频率和均值效应的乘积。

本书将遵循上述危险和风险的区别，但不会盲目使用，因为在消防安全领域中，特别是保险界，有一种传统是经常将"风险"和"危险"两个词来互换，并将"风险"这个词用于一个特定的危险领域。"风险因素"一词是指暴露在风险中的实体，特指人。

"重大危险"一词已用于描述可能会造成危险或灾难性后果的活动、过程或事件。专业工程界提出一种反驳意见，他们试图阻止"风险"一词的使用，特别是在火灾评估和量化过程中，除非是作为可能性的定量表述。

在本书中，"安全"一词理解为是风险的反面、补充或对立面，也就是说，对于某一事件、某种过程或是某一活动，没有产生任何负面影响。如果说空气无处不在，或不能被严格排除，那么在有可燃物的地方就会有火灾危险和随之而来的其他风险。因此，可以说完全没有火灾危险的情况是几乎没有的。安全的量化是通过对火灾风险的量化来进行的。火灾风险等级低，消防安全级别就高。应该指出，从这个意义上说，"安全"一词既包括描述危险所产生的有害影响，也包括对这些影响的量化。对于特定的有害影响 H_{a1}，并假设 F 大大少于 1（每年），即通常情况下，在消防队参与的建筑物内发生火灾的频率（第

7 章），这种有害影响的安全性可表示为

$$S(H_{a1}) = 1 - Fp_1 \qquad (1.2)$$

这是一年内不会发生火灾危害性影响的概率。

"安全"的另一个定义是

$$S(H_{a1}) = 1/Fp_1 \qquad (1.3)$$

这是预期的火灾间隔时间造成的有害影响。

在消防安全领域，人们经常会遇到"防火""消防""消防安全设计"和"消防安全管理"等术语。关于这些术语的含义，特别是前两个术语，尚未达成普遍共识。因此，"消防"一词常常暗指上述所有条款。这在消防协会开展的活动中常会见到，这一领域的其他组织也用这个词。消防部门经常使用"防火"一词，以涵盖除灭火以外的所有消防安全问题。"英国标准火灾术语汇编"（英国标准 4422，1984，第 1 部分）将"防火"定义为："防止火灾发生和/或限制其影响的措施。"而把"消防"定义为："防火设计、消防系统和设备以及建筑物或其他结构采取的防火措施，利用这些措施进行探测、灭火或控制火灾来减少对人员和财产的危险。"

应该指出，"防火"定义的第二部分与"消防"的定义有很大的重叠。IChemE 术语（Loc. cit）定义"防火"为："在某一特定地点为防止火灾的发生而采取的措施。"把"消防"定义为："设计特征、系统或设备，旨在减少给定位置的火灾造成的损害。"

本书中使用的是符合 IChemE 的术语，这些术语的具体含义将在第 2 章中描述。该章将消防安全作为一个系统的概念。"消防安全"一词本身是比较新的。它用来描述有关消防安全的各个方面。从这个意义上来讲，它的用途越来越广泛，尽管有时它仅限于生命安全范围。

"消防安全工程"是一个相对较新的术语，用于描述在危险情况下有关消防安全设计和管理的学科。像美国的"消防工程"和英国的"防火工程"两种术语都在用。而本书中作者采用了"消防安全工程"这一术语，经过调查发现，与"消防工程"相比，消防安全工程的用法更清晰、更准确。

符号说明

A	与风险情景相关的收益的概念性度量
f_c	消防安全设计的费用
f_d	火灾现场造成的损失
h_c	除火灾以外的其他安全方案带来的费用
h_d	除火灾以外的危害造成的损失
F	发生火灾的频率
$p_1, \cdots, p_i, \cdots, p_n$	与火灾有关的具体有害影响的概率
$H_{a1}, H_{ai}, \cdots, H_{an}$	与火灾有关的有害影响

参考文献

British Standards Inst (1984). BS 4422 Glossary of Terms Associated with Fire, Part I.

Bukowski, R W and Tanaka, T (1991). Towards the goal of a performance fire code. *Fire and Materials*, **15**, 175.

Cassell (1974). *Cassell's English Dictionary*, 4th Edition, Cassell, London.

Fry, J F (1964). The cost of fire. *Fire International*, **1**, Part 5, 36–45.

Jones, D (1992). Nomenclature for Hazard and Risk Assessment in the Process Industry, Institution of Chemical Engineers, Rugby.

Keane, Mr Justice, R (1982). *Report on the Tribunal of Inquiry on the Fire at Stardust, Artane, Dublin on the 14th February 1981*. The Stationery Office, Dublin.

Ramachandran, G (1998). *The Economics of Fire Protection*, E. & F. N. Spon, London.

Rasbash, D J (1974). *The fire problem. Symposium on Cost Effectiveness and Fire Protection*, Building Research Establishment.

Rasbash, D J (1978). The place of fire safety in the community. *Fire Engineers Journal*, **38**(111), 7.

Royal Society (1983). *Risk Assessment*, A study group report, p. 23, 161.

Rowe, W D (1977). *An Anatomy of Risk*, Wiley, New York.

2 消防安全系统

2.1 消防安全的基本问题

对具有火灾危险的建筑物或工厂等单元进行有效的消防设计，首先要考虑三个问题。第一个问题，火灾危险有多大？答案一般可分为以下三部分：

① 火灾发生的可能性。

② 如果火灾发生，它们的发展和控制方式是什么。

③ 这些火灾产生的有害影响或可能造成的损害，尤其是对人们的伤害以及对财产和生产过程的破坏。

第二个问题是，如此评估的火灾危险的防火等级是否可以接受。危险的可接受性将取决于怎样的安全是"足够安全"。如果安全水平不够高，第三个问题是需要考虑更多不同的安全措施。这些措施的可接受性将取决于其成本，后者包括财务成本和它们对有关单位的职能可能产生的任何有害影响。

消防安全系统将这些问题作为一个整体来考虑。在这里，我们遵循 Beard（1986）的定义。他将一个系统作为一个概念或者一个实体，各个部分彼此相互依赖。在本章中，该系统是整个有关单位的消防安全系统。本章提出的消防安全系统模式遵循上述问题的思路，主要内容是基于特定危险区消防安全评估和设计中涉及的一系列步骤（Rasbash，1977，1980）。同时，本章也列举了其他消防安全策略作为参考，如一般事务署（GSA）系统和国家消防协会（NFPA）系统以及保险和工业风险管理。然而，消防安全系统的范围可以超出单一危险区而扩展到建筑物群、船舶、飞机、工厂等，甚至整个社区和城市。在很大程度上，本章提到的系统往往囊括了所有存在火灾隐患单位的各类消防安全系统。

2.2 消防安全的目标

很多组织都在关注着消防安全，做了大量的评估、准备和宣传工作。他们的作用将在第 4 章中详细总结。这些组织的工作代表了实现消防安全目标的传统和普遍接受的方式。在他们的研究中，所遵循的程序要以第 2.1 节提出的基本问题为基础。

在上述组织的工作中，一般都会有以下三种方式中的一种来表示消防安全目标：

① 保护生命；

② 保护财产；

③ 确保重特大灾难性的火灾不再发生。

上述前两个目标可以量化定义，但一般不进行具体说明。第三个目标反映了重大灾害，特别是具有多人死亡、火灾和爆炸的重大灾害对消防安全要求和立法的影响。从绝对意义上来说，即使所有消防措施都能得到妥善执行和妥善管理，类似规模的火灾还是有万分之一发生的可能性。当人们认识到，所有消防安全措施都会受到人为或机械故障的影响时，情况就更为了然。然而，第三个目标本身包含了一个主要的附加目标，因为灾难已经给公众的心理带来了巨大的冲击，使他们非常担忧和焦虑，因此他们希望以后这些灾难绝对不会发生。整个社会参与的方式如此之大，以至于第三个目标可被视为社会风险或社会关切的一种表现。

此外，人们需要关注消防安全的另一个主要目的就是要对这些组织功能进行维护。无论火灾可能造成什么危险，日常的维护都是必要的，并且要意识到火灾的发生会加大维护的难度。在火灾中，某些特定的部件被毁，可能会危及一个系统的运作。因此，消防安全的目标可以扩大到表2.1所示的五个方面。

表2.1　消防安全的主要目标

序号	目标
1	人员的生命安全
2	存在重大社会问题的生命安全
3	个人房屋及资产的防损
4	重大社会关系所涉及的财产的防损
5	功能维护

火灾中的大多数死亡和伤害发生在着火点附近，是由衣物、家具以及加热设备等燃烧造成的。因此，目标1主要是为消费者立法和进行公共消防安全领域的教育。目标2通常是针对公共建筑和某些工业生产过程。特别是针对造成人员伤亡的火灾，或对此类灾害的预判而制定了一系列要求。目标3通常是企业管理领域。目标4已经成为消防安全立法中的内容，尽管目前很少公开声明。一般这种情况会发生在某个人的财产受到火灾威胁以及火灾殃及另一个人的财产的场景中；如果火灾蔓延到整个城市或城市的一部分时，这个目标就会尤为重要。直到大约一百年前，这都是一个大概率事件，但由于城市设计中的消防安全需要，它在当今西方社会不太常见。目标5通常和保险条款重叠，保险允许对可能被破坏资产进行金融投保，尽管工商部门可能需要采取特殊措施来考虑这方面的消防安全。一方当事人因为粗心大意对另一方当事人造成伤害，也是上述1和2中的一个因素。在多人死亡的灾难中，很多伤亡的人可能是完全无辜的一方。然而，涉及一人或两人死亡的火灾很少成为主要关注的问题，除非此类事件被严重曝光。然而，根据可能受到伤害者的责任程度，可能需要不同级别的消防安全。考虑到这一点，有人建议将表2.1中的目标1扩展到建筑物中的火灾危险，见表2.2（Rasbash，1980）。

表2.2　建筑物火灾的生命安全目标

序号	目标
1	保护个人或居民的生命（和肢体）不受其（或其直系亲属）负责的活动引起的火灾（和爆炸）的影响
2	保护建筑物各个使用者的生命不受以下活动引起的火灾的影响：(a)建筑物的所有人或管理人，或为建筑物提供服务的人和(b)其他使用者

序号	目标
3	保护建筑物使用者的生命不受建筑物外人员活动引起的火灾的影响
4	保护建筑物内的非使用者免受火灾的影响
5	保护紧急情况下救援人员的生命,尤其是消防员

　　建筑物中的大多数火灾死亡都在表 2.2 第 1 项的范围内。通常，此类火灾往往发生在同一个住宅，甚至在同一个房间。不小心引燃衣服、吸烟导致床或扶手椅着火、暖气和电器使用不当是建筑物火灾的主要原因。在第 2 项中，火灾产生的烟气和有毒气体会向四处蔓延，阻碍楼内人员逃生。爆炸也会导致建筑物倒塌，导致人员伤亡，因此人们需要远离爆炸源。第 3 项中描述的是火灾从外部或另一栋建筑物中蔓延到该建筑物内；由外部毒气进入楼内而导致的爆炸，也属于这一类。第 4 项包括火灾从一建筑物蔓延到其他建筑物，或者是由于火灾或爆炸导致建筑物倒塌而使外部人员被困。关于第 5 项，说明的情况是消防员可以保护自己免受烟气危害，但可能由于火灾规模突然增大、建筑物倒塌或因室内释放出异常有毒的烟气而受到威胁。为了采取恰当的消防安全措施，我们不但明确要达到的相关目标，而且还需要给这些目标定量界定。对于表 2.1 中的目标 3 和 4，在财务方面这样做是合理的，这样做是为了追求下一个目标，即优化整体消防安全成本，以获得 $(f_d + f_c)$ 的最小值（第 1.2 和 2.10 节）。这对目标 1 和 2 来说更为困难。在确定了人们能够容忍的伤害程度和频率之后，就有可能通过寻找最低成本和为达到期望的安全程度而采取的措施所带来不便来优化消防安全程序。

2.3　消防安全设计的步骤

　　在特定的火灾危险区域，例如指定的住宅、工厂、船舶或铁路隧道，设计消防安全的过程将被分解为若干步骤（Rasbash，1977，1980），这些步骤经过一些小的改进后，制成表 2.3。按照指示的顺序，这些步骤在逻辑上相互关联。这些步骤可看作是危险区域消防安全系统的组成部分。它们以图 2.1 所示的方式互连，该图可视为消防安全系统图。可以看出，正方形表示数据采集步骤，圆形表示数据处理步骤。除步骤 1 外，每个数据采集步骤并入一个数据处理步骤。

表 2.3　消防安全评估步骤

序号	步　　骤
1	确定火灾危险区域
1a	识别火灾和爆炸危险区域内的人员、财产和流程
2	明确消防安全目标
3	评估可能燃烧的材料
4	评估点火源
5	评估可能导致既定火灾的火焰蔓延情况
6	评估引发火灾的因素（即将 3、4、5 结合在一起）

序号	步骤
7	估计火灾发生的可能性
8	评估控制火灾的可用手段：(a)主动手段；(b)被动手段
9	预估火灾发展趋势
10	评估火灾产生的有害物质及其对人身和财产的伤害能力
11	估计火灾产生的有害物质的总量和作用范围
12	评估对有害物质的防护方法
13	估计火灾可能对人身和财产造成的直接损失
14	评估保护人员和过程免受直接损失造成的间接影响的现有方法
15	估计间接损失
16	判断估计的直接和间接损失是否符合消防安全目标。如果第16步显示未达到消防安全目标，则执行以下步骤
17	假设消防安全状况发生变化，例如采取的预防措施
18	评估变更对实现消防安全目标的影响
19	在考虑成本和便利性的情况下，确定实现目标的可接受方法
20	制定并表达消防安全要求

表 2.3 中的步骤 1、1a 和 2 是介绍性步骤，给出了有关风险的基本信息。如第 1.3 节所述，有必要首先确定危险区域的类型和使用情况。该步骤将根据以往有关危险区域类型的经验（第 4 章）以及许多消防安全统计汇编（第 6 章）中提供的比较信息，获取相关立法文献和消防规范。在这些信息的指导下，对于给定的特定危险区域，这一步指向步骤 1，该步骤给出可辨识的该区域内火灾或爆炸可能造成的人员财产损失。这包括特定危险区域内外可能受到该区域内事故影响的人员的数量、性质和可能的位置，以及可能面临风险的库房、设备、厂房和建筑物等地方。近年来，人们还关注火灾对环境的破坏方式，特别是火灾烟气对空气的污染和消防废水中有毒物质对地面的污染。除此之外，如果人员受伤或物品损坏，则有必要维护可能受到影响的功能。这些流程包括与整个企业相关联的生产、服务和业务流程。因此，步骤 1 和 1a 是必要的信息收集步骤，这些步骤还包括收集火灾和爆炸经验，而这些经验可能会威胁到必要的信息收集步骤。

如果以定量的方式提出，步骤 2 所要求的目标定义将不同于消防安全的系统方法与监管机构的传统经验方法。目标还可以是预防措施、成本和剩余风险的最佳财务平衡，或达到可能无法用财务术语表示的安全水平所需的最低成本。步骤 3 到 16 旨在量化风险，以便与目标进行比较。采集步骤（图 2.1）中的数据来自对相关特定危险区域的详细研究。一般来说，人身安全和财产都与火灾造成的直接损失有关，到第 13 步时，会对损失进行详细估算。空气或水污染可能造成环境破坏的情况应包含在直接损失中。这一过程涉及间接损害、间接损失和中断损失以及需要从直接损失中恢复的人员，这些问题应在达到第 15 步时进行说明。与表 2.2 中的目标 2 和 3 相关的社会关注也可被视为属于这一类，受到干扰的过程是整个社会的平稳运行。如果第 16 步表明危险区域的消防安全不符合目标，则有必要执行第 17 步至第 19 步中所述的消防安全设计过程，以确保符合目标。

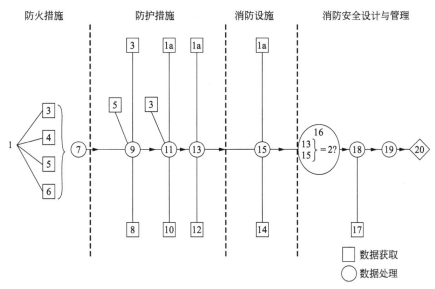

图 2.1 消防安全评估步骤（步骤说明见表 2.3）

最后，第 20 步"制定并表达消防安全要求"可被视为消防安全管理的一个步骤，它是消防安全管理过程的一个组成部分，要求落实应用消防安全措施，并不断进行复查（第 4.8.5 节）。

如图 2.1 所示的消防安全系统非常复杂。随着相关数据的获取，在一段时间内，它将趋于特征化。但是，可以将图 2.1 中的因素集群视为导致数据处理点分离的因素，也就是说，将步骤 7、9、11、13、16、18 和 19 视为子系统。也可以将某些连续的处理点组视为子系统，例如，7+9 或 9，11+13 作为扩大的子系统。表 2.4 中列出的这些子系统可能与具体的某个消防安全目标有关。建议为这些子系统命名，其中一些子系统的特征如图 2.1 所示。有必要将信息输入到这些子系统中，这些子系统与通向它的数据输入相适应。因此，与步骤 7 相关的已确定火灾发生概率和位置的信息需要以 9+11+13 项为根据，其中的目标是对直接财产损失或人身伤害的估算。在处理这些子系统中某一个，甚至是一部分时，就已经用到许多定量方法。第 2.5 节将详细考虑这些子系统。而在此之前，有必要对系统中可用的消防安全数据来源进行介绍。

表 2.4 消防安全子系统

子系统	数据处理步骤（见图 2.1）	适用范围	需要或假定处理的数据输入	子系统的建议名称
（ⅰ）	7	发生火灾,防火方法	—	火灾发生或防火
（ⅱ）	9	火灾增长,火灾大小,灭火	火灾发生	火灾发展或控制火灾
（ⅲ）	7+9	火灾总数量	—	火灾起数
（ⅳ）	11	有害影响的数量	火灾起数	有害的影响
（ⅴ）	13	直接损失,有害影响的安全性	有害影响的数量	直接损失
（ⅵ）	11+13	直接损失,有害影响的安全性	火灾起数	主要安全

子系统	数据处理步骤 （见图 2.1）	适用范围	需要或假定处理的 数据输入	子系统的建议名称
（vii）	9＋11＋13	火灾的直接影响，防火方法	火灾发生	火灾影响或防火
（viii）	7＋9＋11＋13	直接火灾总成本	—	总直接成本
（ix）	16	损失后果	直接损失	损失后果或消防措施
（x）	7＋9＋11＋13＋16	总火灾成本	—	总火灾成本
（xi）	18＋19	设计可接受的消防安全目标	现状＋变化＋目标	消防安全设计

2.4　消防安全数据的来源

与消防安全相关的数据主要来源于以往发生的火灾，特别是过去发生的火灾和爆炸事故。目前的消防法和规范已经吸取了过去火灾的经验教训，而且这些经验被纳入公认的消防安全设计中。城市火灾过去很普遍，是火灾历史上的一大特点，但是由于当今社会完善的消防安全措施，现已很少发生。这些措施包括通过街道或街道旁建筑物进行火灾阻隔，建筑物的不可燃外墙以及消防队进行救援，特别是 19 世纪末一个剧院发生火灾之后，消防法规已经规定了具体的安全措施并加以应对，如用安全幕将舞台区域与礼堂分隔，并采取安全逃生措施。同时，因为易燃的床上用品、窗帘以及家具可以使火灾迅速蔓延，因此在公共场所也有可能发生火灾。如在椰林区灾害中，就是此类可燃物引发的火灾。因此，要不断地从火灾中吸取经验教训，以此来提高消防安全。第 3 章将介绍最近发生的一些火灾和爆炸事故以及处理这些问题的立场和方法，并论述高层建筑、休闲和运输设施以及处理易燃液体和危险物质的工业过程中的火灾。

许多国家近几年大部分火灾经验都是以火灾统计数据的形式体现出来的。这为消防安全系统以及消防安全设计和管理过程提供了重要的基础数据。基于火灾统计的数据可以输入到系统的特定部分，可以作为进入各个子系统的引导信息。统计信息将在本书第 2 篇中详细论述。

消防安全信息的第三个主要来源是通过对火灾过程和灭火方法的实验观察和科学解释获得的。目前这一领域中的数据获得呈上升趋势，并且可以用定量术语来描述起火、火灾及有害物质的发展和控制，这在以前是不能实现的。第 2 篇（第 5 章）还将对目前存在的此类信息进行广泛调查。这些信息还包括人们在火灾中的行为。

在整个表 2.3 中，术语"辨识和量化"与数据采集步骤相关。当然，在量化这些数据之前，必须确定这些数据的特定要求。以往的火灾经验和对危险情况的详细调查有助于对数据进行辨识。然而，量化的过程仍然不那么完善。在许多需要量化的领域，还是缺乏客观数据。这些不仅包括可测量的内在特性，还包括利用这些特性预测可估内容的方法，尤其是在火灾发展和有害影响蔓延的情况下更是如此。即使有统计数据和实验数据，也可能对这些数据对实际危险的相关性产生怀疑。这种情况下会不可避免地根据自己和他人的判断，用主观数据补充客观数据，特别是有工作时间限制的工程师。相关的工作人员依靠自己的经验来选择数据，这是很难避免的。事实上，在对可辨识的危险类型进行定量消防安全评估的某些方法中，可以加入人的经验和判断，以提供必要的定量数据。

2.5 子系统

2.5.1 火灾发生与火灾预防系统

子系统（ⅰ）中的步骤 3 至步骤 7 与火灾趋势的预测有关，即估算火灾频率［方程式 (1.1) 中的 F］。该子系统的位置如图 2.1 所示。传统的火灾知识中，当三个构成因素（即可燃材料、点火源和空气）结合在一起时，就会发生火灾。要知道空气总是存在的，它不需要在目前的上下文中特别考虑。但是，火灾还需要另外两个因素，在第 1.7 节中已经给出这两个因素的定义。第一种是燃烧区能够从燃点充分蔓延，形成可能的火灾或具有形成火灾的能力，这些火灾一看就可以具体辨别出来，例如，火灾已经发生或已经呼叫消防队。第二种是造成火灾的一种或几种助燃剂。步骤 3 和步骤 4 分别确定和量化可燃烧的材料和起火源，就是引起火灾的前两个因素。这些是风险评估方法中重点强调的内容。目前大量统计信息已经公布，并已经将不同情况下的各种因素以及未公布的信息以列表的方式体现出来了。然而，在寻求量化安全性的试验，其目的是更精确定位可燃材料和潜在点火源。它们应包括产生火灾条件所需的热量、火灾本身所能产生的热量，即火灾荷载，在某些情况下，还应包括反应本身的性质。后者隐含在可燃极限、基本燃烧速度、点火和熄火条件等数据中。要对不同点火源的功率和起火潜力进行分类。关于这些问题的更多细节在第 5 章中列出。步骤 5 包括燃烧区火灾从起火点蔓延的能力，它可能是最能控制火灾是否发生的因素。在大多数危险区域中存在大量的可燃材料及多种潜在火源，甚至存在很多可以使火灾蔓延甚至迅速蔓延的条件。然而，火灾是一种非常罕见的情况，因为需要一种诱因将这些成分物理地结合在一起并引发火灾。步骤 6 概述了这部分内容。其中最重要的原因是：

① 人为的；
② 机械、电气和其他人为控制失效；
③ 自然力。

人为原因是通过引入点火源（例如，把发烟材料放到可燃材料旁边）或者反向操作，例如，在电源附近溢出易燃液体或移除点火源和燃料之间的屏障（防火装置）。人为失火包括故意、不小心或无意将易燃材料引入火源，反之亦然。此外，在机械或设备的设计、制造和操作中所犯的错误也可能产生同样的效果。步骤 3 中的自然力主要指重力和风力，尽管闪电、地震和微震也有可能导致火灾。关于这些内容的详细信息可在某些国家的统计数据中获得。然而，在执行步骤 6 时，关于危险区域内的直接经验和管理态度的知识也是非常重要的。

步骤 3 至步骤 6 的信息基本上是预测火灾发生所需要的信息。对于大多数风险而言，很难按照其自身活动进行量化，这主要是因为不同种类的可燃材料、火源的广泛性以及缺乏步骤 6 所述的关于人类行为的量化信息。然而，从类似危险区域的统计信息中，可以得出火灾发生频率的数据，这些数据为此提供了参考。步骤 3 至步骤 6 可以对统计数据进行调整，这意味着，无论是出于有益的还是其他的考虑，调整以后的数据都发生了一定的偏离，将与统计数据中显示的情况不符。许多危险区域的经验为此类判断提供了有价值的参考。危险区域火灾预防措施是消防安全管理的重要组成部分。这些措施包括管理、教育和培训员工和其他风险承载体、内务管理、设计和维护电厂设备、记录保存和跟踪危险事件。这些措施可归类为消防措施，其运行程度与确定特定危险区域发生火灾的可能性有关。

2.5.2 火灾发展与火灾控制系统

子系统（ⅱ）包括对火灾增长和控制能力的评估。步骤 3 和步骤 5 以及火灾发生子系统，是该系统的主要内容，也是控制可燃物及其速度的关键步骤。火灾蔓延速度的量化是消防安全科学的一个重要目标。考虑到可燃物的存在，第 5 章论述了一些可能导致火灾迅速蔓延的常见因素。这些因素尤其取决于与环境和潜在点火源有关的可燃物的几何结构。第 5 章描述了火灾迅速蔓延和大规模蔓延的情况。

步骤 8 是对已安装的消防设备的调查，可分为（a）主动措施和（b）被动措施。主动措施包括火灾的探测、控制和扑灭手段，消防队的可用性和有效性，以及对营业场所人员的消防技能培训。被动措施包括控制可能导致小火成为大火的火灾蔓延条件，以及在危险区域内划分、分隔的方法。因此，被动措施是对步骤 5 中包含的火灾蔓延系数的补充。在保护条件发挥作用的前提下，所采取措施的可靠性及其维护是所需信息的重要组成部分。通过增加早期步骤中可获得的信息，特别是步骤 3 和步骤 5，理论上可以估计火灾在以各种方式下发生时可以采取的措施以及火灾的各个过程，这部分内容将在步骤 9 中介绍。关于路线的估算，很可能是依靠某些因素，这些因素包括能控制燃烧速度和火灾的因素、窗户破碎的时间和程度、主动或被动的消防安全措施等，例如火灾蔓延的随机性和表象、蔓延路径中的物品分布情况。对火灾规模/时程的概率分布的研究可能比对平均或最大火灾规模的研究更有意义，对此的研究目前正在进行中，将在第三部分中论述。

在危险区域内，通过放置特定燃料模拟特定火灾过程通常被称为模拟火灾场景（第 5 章）。利用这些火灾场景甚至可以推断出火灾热量的输出，作为危险区域内时间的函数。也可以用统计方法计算出特定类型危险区域预期增长率的平均值和方差（第 7 章）。

2.5.3 有害影响

步骤 1a 用于识别存在的风险。步骤 10、步骤 11、子系统（ⅳ）定义以及量化相关有害影响可能会与子系统（ⅱ）定义的火灾有关，特别是指定为代表该子系统内火灾发展的特定火灾场景。火灾对财产的主要危害来源于火灾产生的热量，但在某些情况下，特别是爆炸、压力效应和抛射物可能成为主要的危害原因。所有这些都会影响厂房或建筑物。在很多有人居住的场所，烟气和有毒产物也是主要危害。燃烧产物的腐蚀性有时会对财产造成损害。当碳纤维物质发生火灾时，释放的纤维会损害电子设备（Fiskel 和 Rosenfield，1982）。放射性物质和有毒物质，特别是在工业厂区，虽然不是由火灾造成的，但可能会因火灾或爆炸而释放。由于火灾或爆炸而产生的热压力和抛射物也可能导致其他有害影响的形成或释放，例如，建筑物倒塌会产生掉落的砖石结构，储罐破裂会释放有毒、腐蚀性或易燃材料，这可能会导致其他区域起火。

每一个处于危险中的人或物以及每种有害影响，都可以对上述影响的临界值产生影响，并且影响的程度与造成危害的量之间存在关系，对于热、烟和有毒产物，暴露时间是造成危害的一个重要方面。在该子系统中，对这些临界值以及它们可能运行的距离和时间范围进行了描述。

2.5.4　直接损失

在定义了子系统（iv）中有害影响的潜在破坏力之后，实际面临的危险将有赖于风险承载体免受这些有害影响所采取的保护方法。这些方法包括逃生方法、防烟装置、应急服务援助、爆炸救援、防爆墙和消防救援等。耐火性和分隔距离是保护易燃物不受热量影响的主要因素，在这方面，步骤8（b）中的一些因素是相关的。热量、烟气和有毒产物的扩散机制包括来自火灾本身的浮力、风和外来气流。但是，扩散机制也可能导致放射性和有毒物质等危险物质扩散并造成大面积环境污染。有效的保护措施就是在风险区域内保护这些危险承载体。这些数据为估计子系统（v）中火灾可能造成的直接损失提供了很大帮助。在实践中，通常很难将有害影响表现的可能性与它们实际造成损失的程度分开，因此一般将数据处理步骤11和步骤13组合成一个子系统，即子系统（vi）。这被称为主要安全子系统。在给定的火灾场景中，该子系统涵盖了上述情况可能造成的直接伤害和损失的数量。子系统（vii），也包括火灾的发展，已经被标记为消防子系统，因为它包括考虑所有直接消防措施，而不同于防火措施。其位置如图2.1所示。在该子系统中，在造成的直接损害范围内对 $p_i H_{ai}$［方程式（1.1）］的值进行了估算。

就使用类型而言，在此阶段估计的直接损失允许用可用的统计数据进行检查。常规火灾报告详细记录了火灾对人员和财产造成的损失，特别是人员的信息。如果训练的目的是仅在分析中进一步采取步骤，那么可以在此时基于可用的统计数据获得期望的细节，但是需要根据从先前步骤接收的信息进行适当的改进。

2.5.5　间接影响

子系统（ix）可以处理由直接损失引起的后果性影响（另请参见图2.1）。处理这些影响的过程被称为火灾调节，与前面描述的预防和防火不同。然而，由于容忍的含义以及"应急计划"的提出，这个词还没有得到普遍认可。在工业和商业中，易受火灾影响的装置、设备、仓库或数据可能是制造或生产的重要组成部分。单个小物件的损坏可能影响整个过程，甚至超出设想的危险区域。此类损失包括间接业务中断或间接损失。有关这方面风险的统计信息非常有限。从一个危险区域到另一个危险区域，其细节各不相同，一般只能通过直接观察和调查来确定。而对于人产生的影响，一般来说，由于火灾而导致死亡和伤害，通常会得到赔偿和住院治疗。此外，因火灾而造成的心理问题可能演变为长期创伤，也可能成为之前提到的社会问题。

保险会对火灾造成的财产损失和人身伤害进行赔付，这是对损失的一种有计划的补偿。此外，除了前面步骤中概述的保护方法，以保护危险承载体免受火灾的直接影响外，还可以使用特定的设施来保护受到间接影响的过程。这些情况可能表现为敏感项目的重复、设施的分散或处理紧急情况的应急预案（Woolhead，1976）。根据这些因素，可以把步骤 13 中对直接损失预判扩大，以涵盖与间接损失有关的额外风险因素，从而得出损失的总预期。考虑到从 7 到 16 的所有数据处理步骤，对总损失预期的评估包含于"总火灾成本"的子系统（X）中。该子系统的目标是获得方程（1.1）所述的直接和间接有害影响的火灾风险总成本。

2.5.6 消防安全设计与管理

如果对风险因素的预判不足，那么就需要进行一些设定，使局面得到一定的改善。这个过程叫做消防安全设计过程，属于子系统（Xi）的一部分（参见图 2.1）。解决早期步骤中发生的特定因素的变化，包括防火和保护方法、消防和应急计划，如果将某些物品移出危险区域，这将改进步骤 1a。或者，也可能会修改步骤 2 中的目标。所考虑变更的成本和有效性是该子系统的主要内容，其目标是要进行可行的消防安全设计。

表 2.3 中的步骤最初是作为评估已存在危险区域安全性的方法提出的。对于新建建筑或设施及其伴随的火灾危险，很有必要在设计过程的早期，甚至在建筑物或设施完成或寻求立法批准之前，将消防安全设计纳入其中。早期的步骤，特别是步骤 3～13，将涵盖这个初始设计过程，并倾向于吸收后面的步骤 17～19。但是，这些后续步骤应是按照管理机构的要求或周围不断变化的环境需求进行相应更改的。

2.6 消防安全工程的作用

表 2.3 中所涉及的反映现实情况的数据，需要有专业的消防安全工程知识的人进行研究处理。事实上，针对不同类型的危险区域获得这些数据的步骤和方法是重点内容。许多步骤基于专业化的人员甚至是专业化的团队。如果预防措施体系的目标是用概率术语表述的，则有必要添加包含有关现象概率的数据。这可能出现在任何数据采集步骤中。

Malhotra（1991）提出了一份消防安全措施清单，消防安全工程师在设计建筑物消防安全时需要考虑这些措施：
① 防火；
② 火灾探测/报警；
③ 火灾增长/控制；
④ 疏散途径；
⑤ 防排烟；
⑥ 结构稳定性；
⑦ 火灾蔓延控制；
⑧ 灭火器灭火；
⑨ 消防队灭火；

⑩ 消防安全管理。

防火是子系统（ⅰ）的主要目标，消防安全管理遵循子系统（ⅺ）中的消防安全设计过程，制定设计过程的要求、监督和审核其应用（第4章）。还有一些其他措施需要在火灾蔓延过程中进行量化，或采取一些方法来预防火灾（表2.3的步骤8和步骤12）。因此，上述措施②、③、⑥、⑦、⑧和⑨通常在步骤8和步骤12中考虑。火灾探测和报警在步骤8和步骤12中都起着重要作用：在前者中，通过设置主动防火措施，并在后者中警告人们危险并加速他们逃生疏散。此外，如果步骤5确认火灾已经经过初期阶段，而且符合某种形式的火灾定义（第1.7节），那么火灾探测和报警也可被视为是防火子系统的一部分，能够发挥积极的作用。根据表2.3中步骤9、11和13的估计，只要规定的措施能够影响消防安全系统的各个阶段，它们就可以被视为涉及这些阶段的子系统。

2.7　消防安全定量评估方法

从以上对消防安全系统的评述可以明显看出，即使在系统的一部分内，也可能存在影响系统的目标，甚至部分子系统目标的因素。这在消防安全有效性声明的研究中得到了证明（Watts等，1979），特别是针对建筑物内的人员安全。Watts列出了66个影响人员安全的变量。其中，10个描述了居住者（数据步骤1），17个描述建筑物的特征（数据步骤5、步骤8），11个描述逃生手段（数据步骤12），12个描述探测、报警和灭火手段（数据步骤8），9个描述烟气控制手段（数据步骤12），6个描述潜在燃料的性质（数据步骤3、步骤5、步骤8）。因此，在Watts的方法中，人们可以认识到发生在上述Malhotra给出的更广泛学科范围内的因素的整合。除了66个变量中的4个变量外，其他所有变量都可以认为是发生在防火子系统中的，而4个例外是发生在火灾事件子系统中的。

任何定量的消防安全评估方法都有必要对相关因素进行辨识，并对其进行量化和排序，以便评估其对火灾危险和消防安全的作用。一般来说，有两种完全不同的方法可以做到这一点，分别是指数评估方法和数学模型方法。

在认定相关因素后，使用指数评估方法。这种方法的制定是为了评估这些因素在消防安全中发挥了积极还是消极的作用，特别是对人员或财产安全或其对生命或财产的转化风险方面的重要性。这种方法通常包括系统地利用一组相关专家的知识和经验。主要目标是根据所涉及变量的可识别级别开发一个指数评估系统，该系统可以以简单的方式进行处理，以提供必要的安全或风险级别。在其应用中，没有详细的方法知识，而且，系统中哪些因素对消防安全有贡献是假定的。然而，有必要根据可接受的标准对指数评估方法进行校准，这些标准通常是足够安全的建筑物或工艺流程的标准。指数方法也称为风险或安全评级方法、指标体系和数值分级。

利用数学模型，直接模拟有助于安全目标的过程，尤其是通过在图2.1所列的一个或多个数据处理步骤中加入定量数据。

数学模型基本上有三种：确定性模型、概率模型和随机模型（Kanury，1987）。然而，这些不同类型的模型之间存在大量的重叠。确定性模型的建立是基于消防安全要素的性能与已知的时间和空间的定量关系。消防安全要素包括火灾的蔓延和发展、有害因素的形成和发展以及人的活动。由于假定对过程的了解是确定的，因此，目标的答案以"是"或"否"的形式给出。然而，如果此模型中的每个要素是变量，那么就可以把数据输入转换成统计形式。例如消防队响应、风向和假定的变化中的燃料载荷等项目是可变的。此外，基本确定性模型可广泛应用于一些单位，例如零售场所或办公楼，其中，基本火灾增长模型可能包含代表普遍场所的数据。概率模型通过以逻辑的方式对因素排序，评估它们发挥作用的可能性，考虑了许多因素的作用。然后通过组合概率来估计系统整体的性能，最后的结果以实现目标的概率形式呈现。

概率模型在处理时间推移方面存在困难。随机模型可以被视为确定性模型和概率模型之间的中间环节，当涉及时间和运动的随机因素与确定性过程相关时，随机模型尤其适用。这些模型可用于描述危险因素的运动，例如易燃蒸气、火灾或通过时间和空间的烟气。在人员寻求进入安全的地方时，这些模型也可以用于模拟人的运动。

到目前为止，数学模型在子系统（ⅱ）、（ⅲ）和（ⅴ）（表 2.4），尤其是涉及火灾增长、烟气排放和运动、人员及逃生等方面得到了广泛的应用。火灾开始的时间起着至关重要的作用，计算的重点是估计人们是否有足够的时间在他们的逃生通道被阻塞之前能够逃生。火灾和烟气引起的危险条件，从点火到产生不稳定条件所经过的时间（T_f）主要取决于火灾的位置、建筑物的几何结构和消防安全性能。人们成功离开的时间将取决于从点火到收到火灾警报所经过的时间（T_p）、警报的响应时间（T_a）、到达相对安全场所所需的时间（T_{rs}）以及到达露天安全出口的时间（T_s）。T_p 依赖于已安装的火灾探测系统，但是 T_a、T_{rs} 和 T_s 很大程度上取决于处于风险中人群的性质。这些时间的总和需要小于从起火到环境不可维持其燃烧所经过的时间（T_f）。Marchant（1980）回顾了影响这些时间的逃生路线系统的组成部分，并将这些组成部分的重要性分为 1～5 级，1 级是最重要的影响。表 2.5 给出了在火灾期间制定安全出口模型时需要考虑的因素。

逻辑树在建立消防安全数学模型中起着重要作用。实际上，图 2.1 本身可以看作是逻辑树的一种简单形式，因为它说明了具体的数据项，以及如何将数据输入到各个点以控制安全性。最广泛使用的逻辑树是事件树和事故树。通过使用事件树，能够映射关键事件的结果。因此，关键事件可能是"确定的火灾"的发生，该树遵循子系统（ⅱ）～（ⅸ）中所示输入的因素。另一个常见的关键事件是流程工业中易燃液体泄漏事故。事件树将跟踪此泄漏的过程，直到遇到点火源而产生火灾或爆炸。事故树指定某个故障，并从故障的直接原因向后移动到导致该故障的基本原因。因此，火灾本身可以被视为一种故障，子系统（ⅰ）是建立事故树的第一步，旨在预测火灾发生的可能性。另一方面，重大火灾的发生本身可以被认为是一种故障，导致这一故障的因素可以通过使用事故树来识别和量化，或者作为事件树中的可能发生的结果。近年来，英国每年平均发生不到一起重大建筑物火灾事故（超过 10 人死亡），而每年大约有 10 万起火灾需要消防队来灭火，且未报警处置的火灾要达到其数量的 10 倍。在许多建筑物火灾中，一个常见的情况是火灾从小规模的无威胁火灾突然转变为可怕的大规模火灾。重要的是要认识到建筑物的性质和物品以及可能导致这种情况发生的管理缺陷。在消防安全设计过程中认识到这一点与减少火灾发生的努力至少在减少火灾灾难的可能性方面具有同等重要的作用。这件事将在第 3 章和第 5 章中讨论。

表 2.5　影响生命安全和疏散出口的选定变量

序号	变　　量
描述人员的变量	
1	生理/心理状况
2	社会学取向
3	以前的培训
4	对建筑物的熟悉程度
5	疏散出口引导
6	警觉
7	非理性行为
8	人员载荷
9	走廊/出口通道密度
10	行动受限人员与正常人员的比例
描述建筑物特征的变量	
11	建筑高度
12	建筑结构等级
13	结构构件的耐火性
14	分区
15	通往室外出口通道的耐火性
16	竖井的耐火性
17	危险区域分隔防火
18	耐火房间开口的保护
19	热驱动自动关闭装置
20	暴露防护
21	外火蔓延
22	窗户
23	电气系统
24	机械系统
25	电梯
26	中央值班台
27	点火预防措施
描述疏散出口方式的变量	
28	出口尺寸
29	出口容量
30	出口通道的偏远/独立性
31	死路退出方式
32	照明出口通道
33	明显/确定的出口通道

序号	变　　量
描述疏散出口方式的变量	
34	安全门的操作
35	垂直出口方式设计
36	屋顶直升机场
37	外部消防通道
38	阳台
39	消防部门救援
描述探测、报警和灭火方法的变量	
40	自动探测系统
41	手动报警系统
42	独特的声音警报
43	广播系统
44	应急控制系统
45	自动通知消防部门
46	自动灭火系统
47	立管系统
48	手提式灭火器
49	系统维护
50	消防部门灭火
51	内部消防队灭火
描述烟气控制方法的变量	
52	结构防烟
53	相邻房间压强
54	手动关闭暖通空调
55	独立排烟竖井
56	作为回风室的出口通道
57	自动竖井通风口
58	分隔楼梯
59	防烟分区的开孔保护
60	烟气驱动自动关闭装置
描述潜在燃料特性的变量	
61	着火概率
62	能量载荷
63	热释放速率
64	火灾持续时间
65	燃烧产物的毒性
66	燃烧产物的减光性

其他被称为成功树和决策树的逻辑树也在使用中。这些目标旨在预测目标，并模拟消防安全设计过程中决策的结果。上述消防安全量化方法将在本书第 3 篇中论述。

2.8 其他系统方法

消防安全的 GSA 系统方法是由 Nelson 在 20 世纪 70 年代早期开发的，可以认为是最早的消防安全系统方法。它主要涉及子系统（ii），表 2.4 中的火灾发展子系统，适用于美国的特定联邦建筑。鉴于"确定的火灾"的发生，它试图模拟和估计火灾从起火房间蔓延到包含房间的整个楼层到整个建筑物的可能性。然后将其与预设目标进行比较，以限制火灾在整个建筑内蔓延的概率。后来对该方法进行修改（Nelson，1977），包括了子系统（iv）内的一些有害影响，特别是影响人身安全和功能维护 [子系统（ix）] 的方面。GSA 系统将在第 3 篇第 16 章中详细介绍。

基于成功树类中的逻辑树，NFPA 开发了一套消防安全系统，其目的是实现消防安全目标（NFPA，1980）。该树是美国开发的许多消防安全模型的基础，本书将在第 16 章中进行详细的讨论。然而在这一阶段，需要指出 NFPA 系统方法与上述系统方法之间的相似之处。因此，目标是通过以下两种方式之一实现的：（a）防止着火；（b）管理火灾影响。第一个与子系统（i）一致，即表 2.4 中的火灾发生和预防。第二个可以与子系统（vii）、火灾影响和消防系统对应。然而，NFPA 树的两个分枝在结构上存在着不同的方法。因此，"防止着火"是通过（a）控制点火源，或（b）控制热量传递，或（c）控制燃料响应来实现的。尽管我们可以推测这可能存在于"控制燃料响应"因子中，但并没有具体提到步骤 5 中假设的火灾蔓延特征，也没有具体提及将火灾的组成部分聚集在一起的承载体，如步骤 6 中所述，尽管有相当多的承载体包括在有助于"控制热能来源"中。若将其他火灾发生因素结合在一起，一般会强调其"火灾原因"，这也是 NFPA 树的局限性。图 2.1 所示的消防安全系统没有处理热量传递的具体步骤。但是，假定步骤 3 包括点燃材料所需的传热知识，假定步骤 4 包括点火源能够提供的传热。

在"管理火灾影响"的火灾中，影响因素规定为"管理火灾"和"管理暴露在火灾中的可燃物"。这些因素包括在子系统（ii）（火灾发展）和子系统（vi）（主要安全）中，分别见表 2.4。"管理暴露"是指通过限制暴露在火灾中可燃物的数量或保护其数量来实现的，后者是通过"就地保护"或"移动暴露在火灾中的可燃物"。移动中的保护是"移动暴露在火灾中的可燃物"的必要要求，这在 NFPA 系统中由一个称为"提供保护路径"的因素提供，作为"移动暴露"的必要部分，所有这些因素都是子系统（vi）的数据的一部分，是最初的消防安全评估或子系统（xi）中安全设计过程的一部分。

NFPA 系统的一个特点是，假设"防止点火""控制火灾"和"控制暴露"是实现消防安全的替代方法。但实际中，几乎不可能完全依赖这其中任何一种方法，而且消防安全设计几乎总是取决于三者的结合。NFPA 系统不包括火灾的后果和处理这些后果所需的预防措施范围。然而，作为防火和消防组成部分的详细指标，该树是非常有用的，这些组成部分有助于消防安全设计，有助于发挥它们在系统中的作用。

英国消防协会编制的题为"消防管理策略"的文件涵盖了消防安全的另一种早期系统方法。这一点尤其凸显于关注火灾造成的潜在间接损失的工业场所，同时也是"维护功能"目标很重要的地方。将一个工厂的操作分为多个单元，并对每个单元进行检查，以确定危险的四个组成部分，即起火风险［子系统（ⅰ）］，通过判断危险的组成部分是低、中还是高，制定了一种基本的量化方法。这将导致火灾总危害的整体视图可以用图 2.2 所示的方式表示。因此，按照给定的顺序所遵循的 4 个危险因素意味着方法与上文第 2.3 节所述的系统相似。

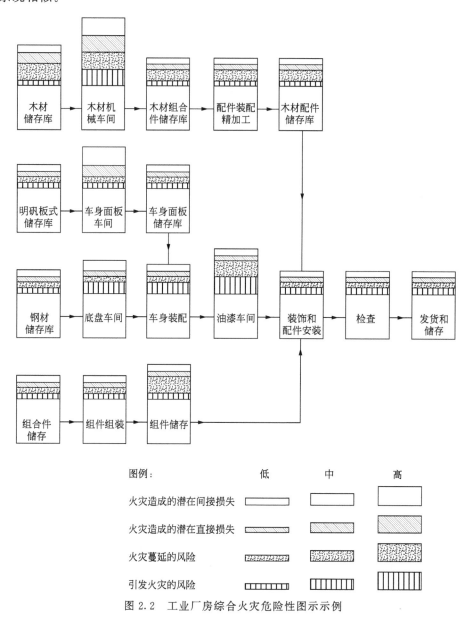

图 2.2　工业厂房综合火灾危险性图示示例

2.9　风险管理

近年来，在保险业和工业企业中出现了一种称为风险管理的活动（Crockford，

1980）。这项活动涉及辨识和处理工业企业和工业组织运作中的各种风险。造成这些风险的原因有许多；然而，在处理这些风险的程序上存在着很多相似之处。火灾和爆炸只是可能引发重大灾难的众多风险之一。风、风暴、地震和洪水也在其中。与人员安全相关的事故风险范围很广。存在与新流程相关的技术风险，与市场监控不足和市场习惯变化相关的营销风险，与员工可用性和控制相关的劳动风险，因无意中损害第三方（尤其是正在生产的产品）而导致的责任风险以及国有化、政府干预的社会风险和政治风险等。最后，存在与各种犯罪活动相关的日常安全风险。行业中此类风险的管理越来越倾向于由风险管理小组或顾问负责。

这些风险的 4 个常见组成部分可以被识别出来。

① 威胁或危险　这些是可能产生不利结果的因素。关于这些因素，上一段列举了许多。

② 资源　可能受这些威胁影响的资产、人员、流程和收益。在消防安全系统中，这些在步骤 1 中确定。

③ 修改因素　一些事物内部或外部的特征，往往会增加或减少火灾威胁，或者使火灾后果变得更严重。这些可以在图 2.1 的数据采集步骤范围内找到表达式。

④ 后果　这是火灾威胁对资源产生影响的方式。对于消防安全系统，这一点在数据处理步骤中，尤其是步骤 13 和步骤 16 内容，可以得到精确的数值。

一般来说，相关项目，特别是修改因素，可以通过列表方式进行监控。风险管理的一个重要部分是对每种威胁和每种资源的风险进行度量，并在了解修改因素的情况下，估计威胁产生的概率和发生的后果。通常情况下，这些目前被认为是高、中或低概率，具有低、中、高和可能的灾难性后果。但是，在某些情况下，采用在方程（1.1）的基础上遵循规范的方法来计算预期损失（Hauan，1980；Munday 等，1980）。

在保险业中，通常在数据中使用不同条件下的预期损失估计值来估计保费。表 2.6 列出了预期损失的一些定义。如表 2.6 所示，损失与消防安全项目的失败之间的关联，可以量化发生损失的可能性。

表 2.6　保险业预期损失表

损失名称	定　义
预估的最大损失（EML）	通常表示为给定单位价值的百分比。这部分很可能在严重的火灾中被收取
最高可能损失额	在灾难性或极端不利条件下（主动和被动两个或多个保护系统失效）可能发生的经济损失
最大预期损失	正常情况下的最大经济损失，例如一个保护系统故障
正常预期损失	正常运行条件下的经济损失——所有保护系统都正常工作

消防安全允许量化出现损失的概率。辨识风险后，可以使用多种方法来处理风险。这些方法可以粗略地等同于表 2.4 中与子系统（ⅰ）、（ⅶ）和（ⅸ）相关联的预防、保护和调节子系统。因此，可以避免或消除风险，或者降低风险发生的概率。对这方面的处理被称为风险降低，可以等同于预防。风险防范是处理风险的第二种方法，可以直接与前面提到的保护目标进行识别，特别是在危害发生时降低影响。一种称为转移的方法是通过安排他人承担部分或全部风险来降低特定风险。这通常是通过保险完成的，可以被视为"调节"的一部分。消防安全系统中所有这些项目的费用将被视为消防成本 f_c（图 1.1）。最后，还有"金融"或"保留"风险，在这种风险中，人们认识到风险并自己承担风险。这

也可以被视为一种补偿，但在这种情况下，它将构成火灾罚款或损害成本的一部分。也可以在组织内建立应急计划，以涵盖保险不包括的那部分风险。一般来说，一个小的频繁的风险很容易进行量化，并且可以由公司承担。应急计划一般出现在极不常见的、可能造成巨大损失的风险中。重大火灾就是其中的典型例子。

一般来说，对任何特定危险的消防安全设计和管理意味着在预防、保护和调节三个方面都需要采取预防措施。这三者之间的平衡取决于对风险的理解以及与风险相关的补偿。如果没有这些补偿，例如与疾病有关的补偿，那么随着对危害的理解增加，管理层将倾向于以预防为主。如果与火灾情况一样，在引起危险的情况下（第1.2节），会有相应的补偿，那么危害管理通常包括所有三个领域的预防措施。

2.10　权衡、等价、成本-效益与成本效率

在消防安全系统的一个或多个数据采集步骤中，有许多因素会影响消防安全。在消防安全设计中，我们一直在努力追求一个较为完美的设计，这虽然是法规所要求的，但实际上是难以实现而且价格不菲的。在这种情况下，需要一种新方法，它能提供"同等"的消防安全。如果消防安全系统采用定量方法，消防安全目标通常可以在数据处理步骤7、步骤9、步骤11、步骤13和步骤16中的一个步骤中表示，特别是步骤9、步骤13和步骤16。重要的是所选择的子系统应足够大，以适应所有评估要素。如果这些要素与消防安全系统中的其他要素之间没有相互作用，那么进行折中的评估就可以非常简单，也就是说，在没有其他要素的情况下，每个要素都能在消防安全中发挥作用。如果一个或多个要素影响系统其他组件的性能，则评估可能会更加复杂。

在报警喷淋与耐火材料之间进行某种权衡是最常见的情况。这可以在子系统（ii）中进行调整。在这种情况下，目标可以在步骤9中进行描述，例如，在一个房间之外发生的火灾具有一定的有限概率。但是，如果要将房间内的喷淋设施、耐火性或防火性能改进与逃生方式的某些方面进行权衡，则需要在较大的子系统（vii）内进行，因为目标需要在步骤13中表示，而在步骤12之前并没有有关逃生方式的相关数据。另一方面，如果指数方法已经涵盖了所有相关活动、预防措施和危险区域，通过适当平衡分配的指标，可以认为达到了等效性。

到目前为止，最常见的权衡计算方法是将标准消防措施与保险成本进行比较。标准的消防措施可能会被指定为一个成本，这个成本是 f_c 的一部分（见图1.1）。保险公司假定这将导致 f_a 值降低。保险成本值降低，从而降低了被保险的防火总成本（即消防安全设计的费用，f_c）。然而，较低价值的 f_c 与较低的保险费之间的实际权衡是由保险人进行的。

一般来说，消防安全设计往往是在增加的防火、消防及调节措施 f_c 成本和降低火灾预估的成本中进行权衡。这是消防安全成本效益方法的本质。可以通过调查不同级别防火措施的损失和影响以及对 f_c 的结果中发现，在总和（$f_p + f_c$）最小的情况下，存在一个最佳值。然而，情况并非总是如此（Rasbash，1980），因为这取决于在火灾预防成本增加后，预期火灾损失减少的速度。如图2.3(a)、(b)和(c)所示。图2.3(a)表示增加的预防成本要少于对火灾损失的初始影响。在这些条件下，最优是可能的。图2.3(b)表

示的是另一种情况，在这种情况下，增加预防措施的成本总是比减少的火灾损失多。在这种情况下，不可能达到最佳值。图 2.3(c) 表明存在某种高的最低预防费用的情况。在不考虑预防措施的情况下，最优值将出现在总成本中，该最优值仍可能高于总成本。这种情况可能会出现用实际生活中基本的预防措施（最少成本）来进行风险预防，例如，喷淋系统。

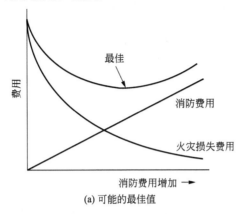

(a) 可能的最佳值

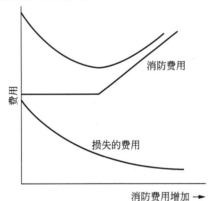

(b) 不可能的最佳值——最小成本大于最大火灾损失

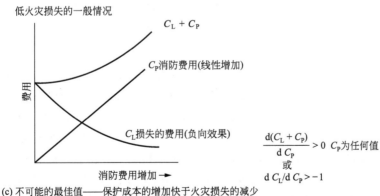

$$\frac{d(C_L + C_P)}{d C_P} > 0 \quad C_P 为任何值$$
或
$$d C_L / d C_P > -1$$

(c) 不可能的最佳值——保护成本的增加快于火灾损失的减少

图 2.3　消防成本效益

权衡或等效练习也可以表示为一组预防措施，其中总成本 f_c 是最小值，前提是假设 f_p 是常数。这种特殊方法是一种成本效益方法，需要在难以用财务术语表达 f_d 的情况下采用，例如主要目标与生命安全相关，即表 2.2 中的 1 或 2。

2.11　怎样的安全是"足够的安全"

如前所述，确保绝对的消防安全是不可能的。在消防安全设计中，我们的目标是达到一个"足够安全"的消防安全水平。这应该是什么？[考虑到风险评估，这是判断"风险评估"（第 1.7 节）时需要面对的问题]。近年来，这一问题受到了广泛的关注，涉及一般工业企业应如何看待安全问题，特别是工业和核电站等有可能造成灾难的企业（Ciria，1981；Royal Society，1983）。针对此类问题，相应的措施已经出现，这些企业要达到一个可接受的安全水平，特别是对人身安全风险而言，应至少是过去类似风险可接受的安全水平。不仅要考虑风险的性质，还要考虑到承担风险的人群的特征（Rowe，1977）。对此已经收集了大量不同类型的人为和自然灾害的统计和轶事信息（Rasmussen，1975；Nash，1977），为措施和方法的提出提供了有效的资源。如果某个企业存在某种从未经历过的危险，那么情况就会变得相当复杂和困难。如果基因工程企业失去了对放射性物质的控制，那么核灾难或恶性物种发展后放射性物质的沉降物所带来的风险就是此类危险的关注对象。对风险的感知起着至关重要的作用，要知道什么是可接受的，什么是不可接受的。有关安全评估这方面的详细审查可查阅（Royal Society，1983）。

英国健康与安全管理局（HSE，1987）的一份文件深入探讨了核电站的风险承受能力。他们认为，如果公众每年因任何大规模工业危害而面临每万人中有 1 人死亡的风险，那将是不可容忍的。如果每年低于 $1/10^6$，这种风险将被广泛接受。在这两个标准之间，"尽可能低的合理可行（ALARP）"的原则起了关键作用。在核设施发生事故，导致 100 多人死于癌症的可能性应该小于 $1/10^6$。最近，在重大工业危害附近的土地使用规划中，建议采用更为严格的标准，尤其是针对个人风险的标准（HSE，1989）。

就消防安全而言，由于一直在与公众熟知的危害打交道，多年以来出台了各种法律法规，为人们提供了安全保障。此外，近年来，许多国家对火灾的发生和影响进行了综合统计。当前，社区内的消防安全水平存在潜在的定量措施。假设这些水平是可接受的，则可以分析这些信息，以生成安全基准，这些基准可成为消防安全设计的定量方法。在此基础上，Rasbash（1984）针对导致个人或多人死亡的火灾提出了火灾死亡的可接受性标准。对于个人的火灾风险，根据风险和从风险行为中得到的补偿，建议每年 $10^{-5} \sim 10^{-7}$ 的目标可接受概率。表 2.7 总结了针对特定建筑物导致多人死亡的火灾，并提出了建议和意见。该表主要基于 1946～1982 年期间西方国家发生此类火灾的频率。此类标准的使用方式与流程工业定量风险评估中标准的使用方式类似。然而，这一要求似乎比上述工业核设施的要求更为严格。因此，不是 100 人死亡，而是每年有超过 5 人以上死亡的火灾风险目标概率为每年 1×10^{-6}。这个目标是 F 与 p_i 的乘积 [方程(1.1)～(1.3)]，其中 F 是火灾发生的频率，p_i 是给定火灾发生 5 人以上死亡的有害影响的概率。表 2.7 中考虑的建筑物 F 值按 10 年一次至 100 年一次的顺序排列（第 7 章）。这意味着，在发生火灾的情况下，要达到可接受的安全水平，人们需要 1/10000 到 1/100000 的 p_i 值。

在实践中，一般来说，建筑物的定量消防安全设计存在困难。这主要是由于控制火灾的有限性和火灾蔓延的潜在性，这意味着缺乏有关消防安全的许多因素的信息，特别是人为因素的信息（严格控制危险工业过程的难度可能较小）。因此，计算可靠的风险定量评估值是相当罕见的。可以很容易地应用基准，例如上文所示的基准。在定量模型中，往往会出现这样的情况：如果缺少某一方面的知识而只靠判断，那么就会出现安全问题。因此，对风险的最终估计，特别是基于大量影响要素的评估，往往超过可接受的目标，如表 2.7 中提出的目标。一般来说，在消防安全定量模型中通常采用的方法是将涉及新要素的消防安全估计值与在类似情况下获得的估计值进行比较，在这种情况下，以前的规定性要求可以满足实际需要。

表 2.7　建筑消防安全的目标概率

建筑中遭受风险的最大人数	N（死亡人数）			
	>5	>15	>100	>500
<15	5×10^{-7}	—	—	—
15~100	1×10^{-6}	3×10^{-7}	—	—
100~500	2×10^{-6}	5×10^{-7}	6×10^{-8}	—
>500	4×10^{-6}	8×10^{-7}	1×10^{-7}	5×10^{-8}

因此，正在发展的做法是针对被认为可接受的类似风险情况校准定量方法。在这个过程中，需要特别考虑各种风险的存在，例如建筑物内的风险。针对这些风险，需要按照规定进行立法（第 4 章），并需要严格遵守，以确保安全。因此，在清楚了这些目标的基础上，我们可以进行不同国家之间通用方法的比较，或将传统方法与替代方法或新技术开发的新方法进行比较。该方法既可用消防安全数学模型，也可用指数方案。事实上，这是制定指数方案过程的一部分，以针对类似的已知可接受风险进行校准。然而，在所有这种定量方法中，我们必须小心，不要把相似性的界限扩展到可信性之外。值得注意的是在这种比较中，至少有两个主要要素是相似的，即可靠的火灾场景和人的行为。

🔔 符号说明

f_c	消防安全设计的费用
f_d	火灾现场造成的损失
F	火灾发生的频率
H_{ai}	与火灾有关的有害影响
p_i	与火灾有关的特定有害影响的概率
T_a	警报的响应时间
T_f	从点火到产生不稳定条件所经过的时间
T_p	从点火到收到火灾警报所经过的时间
T_{rs}	到达相对安全场所所需的时间
T_s	到达露天出口的时间

参考文献

Beard, A N (1986). Towards a systemic approach to fire safety. *Proc. 1st Int. Symposium on Fire Safety Science*, Hemisphere Publishing Co. New York, p. 943.

CIRIA (1981). *Rationalisation of Safety Serviceability – Factors in Structural Codes*, Construction Industry Research and Information Association.

Crockford, N (1980). *An Introduction to Risk Management*, Woodhead Faulker, Cambridge.

Fiskel, J and Rosenfield, D B (1982). Probabilistic methods for risk assessment. *Risk Analysis*, **2**(1), 1.

Hauan, O (1980). *Classification of Fire Risks in Industrial Plants*, Seminar on Industrial Safety, Det Norske Veritas.

HSE (1987). *The Tolerability of Risk from Nuclear Power Stations*, HMSO.

HSE (1989). *Risk Criteria for Land-use Planning in the Vicinity of Major Industrial Hazards*, HMSO.

Kanury, A M (1987). On the craft of modelling in engineering and science. *Fire Safety Journal*, **12**(1), 65.

Malhotra, H L (1991). The role of a fire safety engineer. *Fire Safety Journal*, **17**, 131.

Marchant, E (1980). *Modelling Fire Safety and Risk. Fires and Human Behavior*, D Canter (Ed.), John Wiley & Sons, Chichester, Chapter 16.

Munday, G *et al* (1980). *Instantaneous fractional annual loss – a measure of the hazard of an industrial operation. 3rd Int. Symposium, Loss Prevention and Safety Promotion in the Process Industries*, Basle, Switzerland.

Nash, J R (1977). *Darkest Hours*, Pocket Books, New York.

Nelson, H E (1977). *Directions to Improve Application of Systems Approach to Fire Protection Requirements for Buildings*, SFPE Technology Report 77-8, Boston, USA.

NFPA (1980). Fire Safety Concepts Tree, NFPA Standard 550.

Rasbash, D J (1977). The definition and evaluation of fire safety. FPA, *Fire Prevention Science and Technology*, (16) Supplement to Fire Prevention (Suppl. 118).

Rasbash, D J (1980). Analytical approach to fire safety. *Fire Surveyor*, **9**(4).

Rasbash, D J (1984). Criteria for acceptability for use with quantitative approaches to fire safety. *Fire Safety Journal*, **8**, 141–158.

Rasmussen, N C (1975). An Assessment of Accident Risks in US Commercial Power Plants, WASH 1400.

Rowe, W D (1977). *An Anatomy of Risk*, John Wiley & Sons.

Royal Society (1983). *Risk assessment – a study group report*, Royal Society, London.

Watts, J, Milke, J A and Bryan, J L (1979). *A Study of Fire Safety Effectiveness Statements*, College of Engineering, University of Maryland, College Park.

Woolhead, F E (1976). Philosophy of risk management. *Fire Engineers Journal*, **36**(102), 5.

3 重大火灾爆炸事故综述

3.1 引言

　　火灾和爆炸灾害事故以及随之而来的社会关注和调查可能是提高消防安全要求的主要因素。本章将回顾过去几十年中发生的一些灾害，特别强调的是已经学到的重要经验教训，这些经验教训目前已纳入消防安全措施之中。建筑物中许多灾害的一个共同特征是从规模较小的局部火灾突然蔓延成为极具威胁性和灾难性的火灾。在火灾中，烟气迅速蔓延是造成灾难的主要原因。事故灾害的一个主要特征是爆炸，特别是在工业和运输过程中。它要么是灾难的主要成因，要么大大加剧火灾危害后果。这里特别考虑具有这些特点的灾难。

3.2　突发与快速发展的重大建筑火灾

3.2.1　1973 年马恩岛 Summerland 休闲中心火灾

　　Summerland 休闲中心综合体的视图如图 3.1 所示，图 3.2 显示的是日光浴室水平房屋的一部分构造图（Government Office，1974）。这一层是人们进入日光浴室的第一层，它包括一个日光浴室、一个通向日光浴室的长 32m、宽 17m、高 4m 的娱乐拱廊和一个餐厅。后两个区域上方还有三层楼房，在那里可以进行各种活动，并能俯瞰日光浴室。此外还有一个叫作新奇高尔夫球场的露天公共区域。

　　该休闲中心有三个广阔的区域存在易燃表面，并在火灾的蔓延中发挥了重要作用。首先，如图 3.1 所示，屋顶和大部分墙壁都是由奥罗格拉斯（聚甲基丙烯酸甲酯）的大窗格构成。那些关注建筑设计的人并不完全熟悉这种材料的可燃性。其次，靠近奥罗格拉斯并从娱乐拱廊的后部向上伸展到建筑物顶部的是石棉覆盖层墙体。这是一块两面都涂有树脂的钢板，它通过了屋顶系统将样品暴露在 $12kW/m^2$ 的辐射下的标准防火测试。最后，在钢板外墙和游乐场之间有一个宽 0.3m、长 12m 的空腔，其内壁是十字形的一种纤维板（耐火性能是 BS 476 中的最低等级 4 级，见第 7 部分火灾测试的传播）。

　　当时在日光浴室举行音乐会时发生了火灾。随着游乐场远端出现火灾警报和烟气，火灾沿着娱乐拱廊的纵向发生第一次迅速蔓延。由此产生了一个在拱廊前端的火焰，起火区

图 3.1　Summerland 休闲中心的外部视图

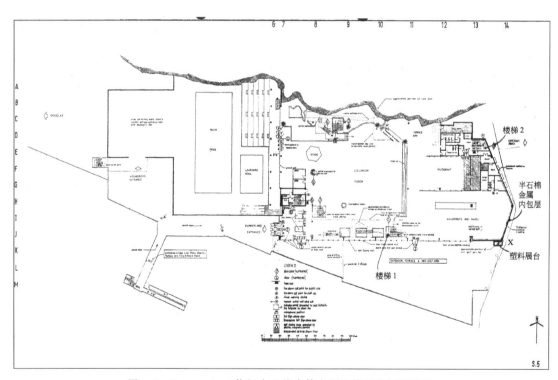

图 3.2　Summerland 休闲中心综合体主要日光浴室层平面图

域包括上层楼层和由奥罗格拉斯装修的墙体。然后火焰迅速蔓延到整个墙壁和屋顶，此时的火灾情况如图 3.3 所示。

另一个起火点是位于图 3.2 中 X 点的被儿童引燃的塑料展台。这样就点燃了钢板上的树脂，火灾很快蔓延到空腔内的树脂和纤维板材料以及另一侧的木质支撑支柱上。建筑物外墙的火灾受到了灭火器的抑制，但在狭小的空腔范围内，火焰依旧存在。因为空间狭小，供氧受限，所以在纤维板墙壁烧透前约 20min 内空腔内充斥着大量可燃气体。随着火灾燃烧的蔓延，空气开始从建筑中的一些密封不严的角落进入空腔，而游乐场的空气流入点就在拱廊的封闭端附近。

图 3.3　涉及奥罗格拉斯墙体和 Summerland 屋顶的火灾蔓延图

在空气进入的情况下，富含燃料的气体迅速燃烧，可燃气体向拱廊中喷射，形成了连续的火焰。这成为拱廊的可燃壁表面的重要点火源。火焰在 1～2min 内迅速沿着拱廊的纵边蔓延。

当时建筑物内有 3000 人，在火灾中有包括男人、女人和儿童在内的 50 人丧生。他们的尸体分布在建筑内的不同区域。许多人在一个开放式楼梯（图 3.2 中的楼梯 1）上死亡，当时他们正从这个楼梯向上层逃生。楼梯 1 完全暴露在从娱乐拱廊的开口端喷射而出的火焰以及来自奥罗格拉斯墙附近的火焰之中。在楼梯 2 上也发现了许多尸体。这本是一个暂停使用的楼梯间，但它仍作为疏散楼梯使用，因此在其中一楼层和楼梯之间打开了一个永久性开口，在大火期间必然有大量烟气进入楼梯间。此外，在大火中，日光浴室的一些疏散出口的门被锁上了，且没有疏散应急程序，这同样延误了人员疏散工作。另一个延误原因是父母需要寻找散落在休闲中心不同地方的孩子。

3.2.2　1981 年都柏林 Stardust 舞蹈俱乐部火灾

这次事件中有 48 名年轻人死亡。火灾发生时，舞厅里约有 800 人（Keane，1982）。在火灾初期，火灾发生在西凹室区域（图 3.4），西凹室尺寸为 17m×10m，地板朝向后方倾斜，高度为 2.4m。通过卷帘（图 3.5），凹室内是空的，由防火卷帘和舞厅主体进行分隔，并且部分地从舞厅的主体上切下。地板上有几排座椅，每个座椅长 0.9m，聚氨酯泡沫座椅和靠背上覆盖着 4cm 厚的 PVC。最后一排座椅安装在后墙上，后墙上安装着毛毯。这些毛毯在火焰标准燃烧性能测试中的燃烧性能为 3～4 级。凹室的天花板由不燃的矿物纤维绝缘砖装修，在天花板与屋顶之间形成了一个空间。后排座椅因某些原因被引燃，形成线状火焰。大约过了 6～7min，大厅里的人才知道这个区域已经起火了，在此期间防火卷帘被打开，火焰冲向毛毯，后墙迅速被点燃。随后几十秒内，凹室中的所有座位开始燃烧，火焰和烟气迅速蔓延到舞厅的主体。

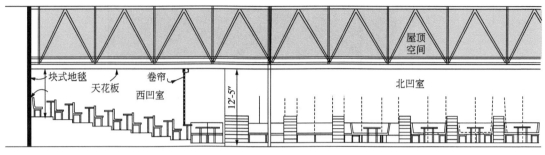

图 3.4　Stardust 俱乐部内部（部分）西面凹室

图 3.5　Stardust 俱乐部内部——在卷帘后面的凹室

在调查期间进行的实验表明，当其中一个 0.9m 的座位完全被点燃时，可以在后墙上产生 $100kW/m^2$ 的热传递。凹室后方座椅和毛毯砖一起燃烧时，燃烧速率高达 $800kW/m^2$，足以在天花板下产生强大的火焰，并对前方座椅产生强烈的热辐射。全尺寸实验表明，后墙处的火焰热释放速率可以迅速上升至 $250kW/m^2$ 的峰值。而当后墙座椅顶部受到超过 $60kW/m^2$ 的热传递时，座椅将在几秒内被引燃。天花板下方的座椅阵列变成了大面积的可燃表面，产生非常高的热释放速率。

值得注意的一点是，凹室中部分天花板发生坍塌，导致屋顶破碎，一些热量和烟气由此排出，否则大厅里 800 人中的更多人可能会被烧死。

3.2.3　1987 年伦敦国王十字地铁站火灾

国王十字地铁站火灾造成 31 人死亡。火灾起源于一个从铁路平台通往售票大厅（地下）的约 40m 长的木制自动扶梯。这是位于直径为 8m 的半圆形轴内的一组三人的左手自动扶梯。该自动扶梯的侧栏杆和扶手被一个 0.3m 宽的可燃水平表面与自动扶梯竖井壁和天花板分开。自动扶梯上表面的火焰蔓延等级是 3 级或 4 级,包括台阶的立管和踏板、栏杆以及可能还有将自动扶梯彼此分开的层压表面和墙壁。此外,墙壁和天花板的最靠前 1m 的区域囤积有大量涂料或者附着塑料的广告,这是自动扶梯竖井内最易燃的物品。还有证据表明,天花板刚刚进行过刷漆装修,涂料的火焰传播等级约为 3 级或 4 级。实验证明,当有含石膏和混凝土的涂料样品在锥形量热仪中受到传热速率为 $75kW/m^2$ 的热源加热时,涂料会在 2~3s 内分层,在 5s 内点燃,热释放速率在 $200~450\ kW/m^2$ 之间,并在 20s 内释放出大量烟气。

调查(Fennell,1988)发现,起火原因是一个掉入自动扶梯边缘的缝隙的火柴点燃了缝隙中的润滑脂残留物,此时火灾规模较小。大约 15min 后,火灾突然扩大,烧穿了自动扶梯,并迅速将自动扶梯竖井的上部以及上方售票大厅的可燃材料引燃起来,售票大厅的火灾和有毒烟气迅速向人群蔓延。

在调查期间,调查人员对于火灾突然迅速蔓延的原因有着不同的意见,其中一种意见认为是天花板上厚油漆出现了分层的现象。调查后期,在哈威尔进行的一项现场模拟研究报告称,自动扶梯缝隙内的火焰并没有竖直向上移动,而是沿着自动扶梯传播,正如当时所假设的那样,火焰很可能在很长一段时间内被限制在扶梯缝隙之内。由健康与安全执行委员会进行的 1/3 规模的小尺寸实验验证了这一判断。经测量,自动扶梯沟槽内的传热速率约为 $150kW/m^2$,且热对流远远大于热辐射,这才是火灾快速蔓延的原因。

然而,也有人表示(Rasbash,1991),在火焰从扶梯沟槽到广告的蔓延过程中,可能产生一个 $100kW/m^2$ 量级的线热源向天花板传热。紧接着,火灾约在 20s 内分别从广告板和天花板蔓延至售票大厅。因此,在售票大厅的人可能会受到火灾的双重威胁。大多数伤亡都在售票大厅,许多人从地铁站通过一个单独的自动扶梯到达售票大厅,而在他们看来,这本应是逃离火灾现场的方式。

3.2.4 1985 年布拉德福德市足球场火灾

1985 年 5 月 11 日大约 15 点 40 分,在一场足球比赛中,布拉德福德市足球场主看台发生火灾。看台长约 90m,在人们发现火灾的 7min 内,看台完全被点燃了,56 人丧生。Popplewell(1985)给出了完整的报告。

主看台坐落在山坡上。由 1.5m 高的木栅栏沿纵向分成两个大致相等的部分。在看台上方,观众的木质座椅固定在围栏上;围栏下面的混凝土上有固定座椅。可以沿看台后方的走廊进入座椅区,走廊位于展台的最高点,紧靠有出口和通往外部道路的旋转门的围墙。

由于山坡存在坡度,在水平面的木地板下方存在空隙,深度从 0.21m 到 0.75m 不等。此外在地板和座椅之间也存在缝隙。多年来,空隙中的可燃垃圾已经累积到约 0.2m 厚。看台上还有一个封闭的屋顶,屋顶上覆盖着毛毡。

当日 15 点 40 分,靠近支架一端的木栅栏上的木质座椅下方空隙起火。随后,附近的人感觉到了温度的上升,并发现了火焰。图 3.6 是火灾初期拍摄的照片,照片显示了通过地板缝隙溢出的烟气和座椅 J141 下方的火焰。15 点 43 分,火焰向上蔓延穿过地板下的空隙。在 1min 之内,地板的过火面积从几平方米扩大到约 10 平方米,此时火焰高度已达到屋顶。15 点 46 分,火灾在屋顶上发生严重蔓延;到 15 点 47 分,如图 3.7 所示,整个看台、屋顶和座椅都燃烧起来。

图 3.6　布拉德福德市火灾的早期阶段：火焰在座位下方

图 3.7　布拉德福德市火灾中的屋顶以及支架完全燃烧

大多数死者都是因为试图通过后走廊疏散。在火灾发生的最初几分钟内，观众没有急于逃生，因为火灾似乎没有威胁。然而，随着火灾过火面积直径达到数米，人们开始急于逃生，特别是通过座位后方的走廊逃生。可能在这个时候烟气已经充满了整个走廊。虽然从走廊出口到街道很近，但大多数出口都被关闭。其中一些出口（特别是旋转门）被上锁，可用的安全出口数量无法保证人员在一到两分钟的安全疏散时间内被疏散，大多数死者位于走廊中心靠近出口的地方并朝向火灾发生的走廊尽头。

3.2.5　1988 年洛杉矶洲际银行火灾

1988 年 5 月 4 日到 5 月 5 日，洛杉矶市中心一座 62 层高的高层建筑发生火灾。大火从各层的外部开口处向上蔓延。大火烧毁了四层，损坏了 1/5 的建筑，造成 1 人死亡，约 35 名乘客和 14 名消防人员受伤，财产损失超过 2 亿美元。Routley（1989）和 Klem

（1989）的报告中给出了该起建筑火灾的详细信息。

　　该建筑建于 1973 年，围绕建筑中心的为办公区，每层面积约 1625m² （见图 3.8）。地下有一个地下宿舍、一个车库和一个地下人行道。大约有 4000 人在大楼工作，主要是银行员工，但部分楼层被租出。大楼有四个主要楼梯。北部两个楼梯位于同一个封闭竖井内，而东南楼梯则有一个加压前室，将每个楼层区域与楼梯竖井隔开。建筑采用钢框架结构，钢结构表面喷涂防火涂层，并由钢制地板和轻质混凝土装饰。外部玻璃幕墙使用铝制框架。

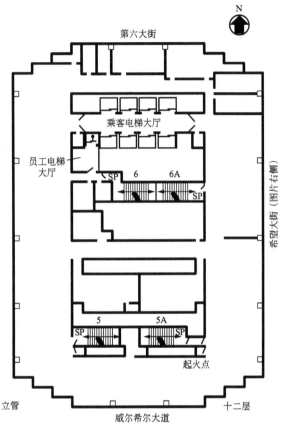

图 3.8　洲际银行大楼的典型楼层布局（Nelson，1987）

　　建筑内安装设有大量的烟气探测器装置，包括能够控制起火楼层（第 12 层）电梯大厅两端电磁门开关的探测器。然而据报道，这些探测器没有连接到火灾报警系统。此外喷淋灭火系统还正在安装，系统虽然已基本完成，但每层楼的系统与消防干管相连接的阀门尚未打开。

　　在大火发生的当天晚上约 10 点 25 分，负责安装喷淋灭火系统的员工听到玻璃掉落的声音，并在五楼的天花板上看到烟气（G4），于是按下一个手动报警按钮，但警报只响了几秒钟，有人认为是一楼的保安人员关闭了报警器。火灾起源于 12 楼东南角的开放式办公区（见图 3.8）。初始起火点附近有家具，并有众多个人电脑和终端设备。起火原因应该是电气故障，具体原因尚未确定。火灾蔓延到整个开放区域和几个办公室房间，除了由自动关闭的防火门保护的乘客电梯大厅以外，大火波及了整个 12 楼。

火灾也通过建筑物的外墙蔓延到上面的楼层，在高温炙烤下，外墙窗户玻璃破碎并释放出巨大的火焰。火焰还穿透幕墙板与楼板端部之间的缝隙。由于幕墙结构的存在，玻璃板存在缝隙，随着火灾从第12层向上延伸至第16层（G＋15），各楼层的窗户暴露在建筑外连续火焰的炙烤之下。估计火焰通过建筑物外表面向上蔓延高度达到9m。过火楼层的幕墙，包括窗户、拱肩板和竖框几乎被大火完全摧毁。火灾以每层45min的速度蔓延，在每层上强烈燃烧的时间约90min。这导致在大部分时间内至少有两层楼处于大火的猛烈燃烧之中。最终消防救援的灭火行为阻止了火灾继续向16层以上蔓延。

　　在这次灭火行动中，消防员面临着严峻的挑战。钢结构框架干扰着无线电通信。通往楼上的楼梯间充满了高温气体，烟气向上升起，消防水向下流动。两架"航空发动机公司"直升机被用来灭火。消防干管上的减压阀出现了故障，超压导致消防软管破裂并且难以控制。火灾的热量导致消防软管柜中的几个铝合金阀门漏水，致使水压不足。这些从供水管网泄漏的水本可用于消火栓，但却造成了严重的水渍损失。32家单位在起火楼层上使用了大约20条水带。起火楼层的水带流量为150L/s（2400gal/min）。

　　起火层以下遭受了巨大的水渍损失，起火层以上则被热量和烟气严重损坏。尽管四层半的建筑被完全烧毁，但建筑主要承重构件没有受到损坏，只有一个次梁和少量结构受到轻微损坏。虽然在大火中，人们对建筑结构完整性存在担忧，但是火灾后的检测分析表明建筑结构没有重大或轻微结构崩塌的危险。这说明喷涂防火涂层的防火效果是非常好的。

　　该银行立即启动火灾应急预案。如果在正常工作时间内发生这场火灾，将会有更多人丧生。然而，起火的12楼有很多人，因而本应有更早的警报和更早的灭火措施。幕墙和楼板连接处的防火封堵不严密的问题现已得到公认，并且很容易改正。如果自动喷淋灭火系统已投入运行，则生命和财产损失的风险将大大降低。Nelson（1989）通过对火灾进行工程分析，重现了火灾蔓延和火灾行为的重要方面。他在分析中使用的模型之一是包括ASET（可用安全疏散时间）的FPETOOL（Nelson，1990）的早期版本，用于模拟初始火灾燃烧的热释放速率曲线的数据来源是基于类似计算工作单元的测量数据。如图3.9所

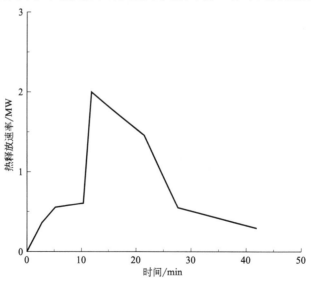

图 3.9　典型计算工作单元的热释放速率（Nelson，1987）

示。轰燃前的热释放速率增长与 NFPA 72E（1990）的快速和中等火灾增长曲线进行的比较如图 3.10 所示。Nelson（1989）拓展了这项研究，以研究轰燃的可能性。图 3.11 显示了天花板高度和楼层面积是如何影响产生轰燃所需的热释放速率的（三条曲线代表 1.8m、2.7m、3.7m 三种不同的天花板高度。横坐标是建筑面积，坐标区间为 50～1400m²，纵坐标是热释放速率。三角形表示楼层的分界点，低于该分界点，由于氧气不足，烟气温度不会超过 600℃）。

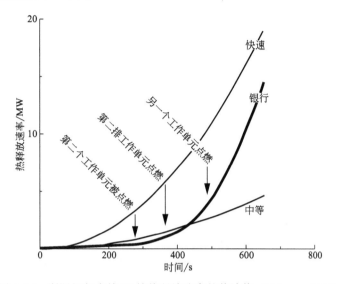

图 3.10　洲际银行大楼 12 楼热释放速率的估计值（Nelson，1987）

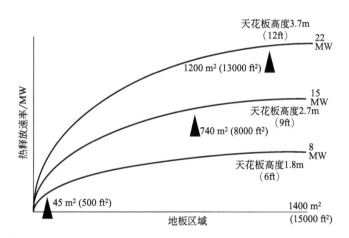

▲　分界点——在低于此温度的楼层区域，火灾会消耗足够的氧气，限制火灾蔓延，
使烟气温度低于1112F（600℃）。在这一点之上，楼层上有足够的空气使火灾
继续升温。

图 3.11　封闭空间内的最大火灾面积和建筑面积与火灾到天花板的距离的关系（Nelson，1987）

3.2.6　1986 年波多黎各杜邦广场酒店火灾

1986 年 12 月 31 日中午，在波多黎各圣胡安的杜邦广场酒店和赌场发生火灾，导致 97 人死亡，140 多人受伤，财产损失数百万美元。消防救援部门在接警后大约 5min 到

达，但由于火灾的严重程度以及救援问题的复杂性，耗时近 5h 才将火灾扑灭。USFA、北极星研究发展公司（Polaris Research Development，1987）和 Klem（1987）的报告全面描述了这起火灾。

这座 22 层高的酒店建于 20 世纪 60 年代初，呈 L 形，主疏散出口位于一楼，稍高于地面，可通过大型坡道抵达。地面层设有宴会厅，入口处有赌场，还有各种商店、餐厅和会议室，大楼有 17 层，423 间客房。

舞厅区包括无保护的不燃和易燃材料。赌场、大堂区和高楼都有防火结构。宴会厅被用作一个具有通用功能的会议室，可以通过单个自由悬挂式面板进行划分。在火灾发生时，一部分宴会厅被用于储存。赌场和宴会厅都吊装了天花板，这在建筑上方形成了较大空隙。赌场的三面都有落地窗，连接宴会厅和赌场的中庭也是如此。赌场有两个安全出口：在舞厅一侧有一对可以双侧推开的钢化玻璃门，另一端有一个实心的内开木门。

建筑内没有火灾自动报警系统。在高楼中安装了仅限本地使用的手动火灾疏散报警系统。建筑未设置自动喷淋系统，楼内只有一个消防干管和消火栓系统。

火灾于下午约 3 点 22 分发生，在宴会厅的南部的无人房间被发现。消防救援部门于下午 3 点 45 分左右得到通知。后来确定火灾起火源是暂时存放在宴会厅的最近交付的一大堆客房家具。火灾蔓延如图 3.12 所示。火灾迅速发展，波及宴会厅的储存物、内部可燃物如纸板和木质包装、铺有地毯的墙壁、堆叠的椅子以及一个将隔壁的南宴会厅与相邻的北部宴会厅隔开的可移动、可拆卸的隔板。当南部宴会厅接近完全燃烧时，火焰穿透可燃隔板，将燃烧产物散布到北部宴会厅和连接舞厅（地面层）与正上方入口的门厅。北部宴会厅的火灾增长和损坏程度较小，但火灾在大约 10min 后通过门厅大厅层面的玻璃隔板缺口重新蔓延至北部宴会厅的上部，这可以用在阳台区域和宴会厅天花板上发现的损坏现象来解释。

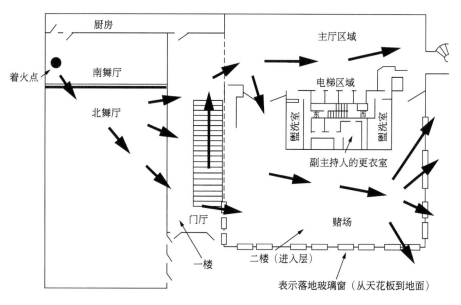

图 3.12　杜邦广场酒店火灾蔓延路线（Nelson，1989）

目击者的记录表明，烟气从北宴会厅的一扇敞开的门进入门厅，用了大约7min的时间。这是人们首次发现烟气。最初它温度比较低，厚度也比较薄。门厅设有通往大堂的主楼梯。在燃烧后约10min，南宴会厅发生轰燃。大部分可燃壁材料起火，点燃了南北之间的隔断、木地板和堆叠的椅子。轰燃释放的巨大热量打破了南宴会厅和门厅之间的玻璃隔断，大量的烟气和火焰进入门厅。

随着火灾蔓延到赌场，烟气通过多种方式蔓延到高层大楼，比如电梯井、酒店的暖通空调系统、厕所的排气管道、建筑物的外部以及连接赌场和每个客房层的楼梯。高楼的居民意识到火灾后，许多人疏散到了建筑物的屋顶，等待直升机救援，而其他人则在客房的阳台上等待救援。

据估计，在火灾发生时有200～250人在赌场。随着烟气通过玻璃墙进入中庭和舞厅，他们就开始离开赌场。他们中的大多数逃到了赌场西部，那里有外部的螺旋楼梯通向酒店的大厅和地面。在火焰通过大厅排出并通向螺旋楼梯的开口之前，并非所有人都能够安全地到达这个出口。当发生这种情况时，赌场剩余人员的主要疏散出口已经被大火阻挡。随着火焰越来越强烈，越来越多的人意识到发生了火灾，他们冲到了唯一可用的疏散出口——赌场远端的木门。不幸的是，这个木门是内开门，需要两边同时动作才能打开它，因此在拥挤的条件下很难通过这条路线来逃生。于是，人们开始寻找其他的逃生途径。有些人开始打破赌场后面的外部玻璃墙，然后从5m高的地方跳到地面。

现场发现93名遇难者，另有4人在医院死亡。死亡人员主要集中在赌场西口附近。其他尸体在大堂区的乘客电梯内，四楼客房发现1人死亡（G3）。除了酒店的8人之外，其他所有人都被烧得面目全非。对血液样本的分析表明，这些未受到烧伤的遇难者的主要死亡原因是一氧化碳中毒或一氧化碳与氰化氢结合中毒，但这对于那些被烧伤的遇难者来说可能并不是主要的死亡原因（Clark等，1990）。

Nelson（1987）对火灾的蔓延和增长及其影响进行了工程分析，并对火灾的过程进行了描述，也提供了可用的信息。例如，他得出的结论是，在南方舞厅轰燃大约40s后，一股浓而热的有毒烟气横穿大厅，迫使人员从赌场到大厅的出口逃离。此外，一道火焰墙从舞厅蔓延到了门厅的木质天花板上，并穿过了天花板的主要部分。很快这给火灾增加了燃料。在轰燃约2min后，门厅周围的大部分玻璃窗都发生破裂，突然流动的热气体和未燃烧的燃料从门厅进入赌场。它迅速变成了一个在大约20s内横扫赌场的火焰前沿。然后一大片火焰冲破了赌场西墙的窗户。表3.1列出了该分析中描述的具体火灾特征。图3.13显示了北部和南部宴会厅以及门厅中预测的烟层温度。这些与火灾后观察到的损坏模式一致。Nelson的报告说明了工程分析方法的价值和它们应如何用于评估潜在的火灾危险，以及不同情况和不同防火措施对火灾过程的影响。

表3.1　在杜邦广场酒店火灾工程分析中计算的火灾特征（Nelson，1987）

质量燃烧速率
• 轰燃前燃烧最初点燃的燃料包
• 燃烧后在南宴会厅燃烧材料
• 在南舞厅轰燃之后但在进入赌场之前燃烧门厅天花板

热释放速率

- 轰燃前的可燃物
- 在南宴会厅轰燃之前,热量从南宴会厅传向北舞厅
- 在南宴会厅轰燃之前,热量从北宴会厅传向门厅
- 轰燃后来自南宴会厅的热量流
- 在南宴会厅轰燃之后但在进入赌场之前,从门厅天花板释放的能量

火灾烟气温度

- 南宴会厅
- 北宴会厅
- 在南宴会厅轰燃前的门厅
- 在南宴会厅轰燃后的门厅

其他火灾特性

- 烟层厚度
- 烟/火前沿的速度
- 烟气层中的火灾产物
- 烟气层中的氧气浓度
- 烟气层的可见性
- 火焰长度(延伸)
- 火灾蔓延
- 喷淋喷头的潜在响应
- 烟气探测器的潜在响应
- 火灾持续时间

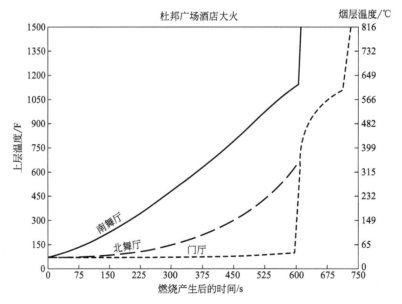

图 3.13　杜邦广场酒店火灾烟气层的平均温度估计值（Nelson，1987）

　　人们认为，这场火灾是由于员工不满而故意纵火引起的。随之而来的广泛诉讼包括了许多独立分析，以确定可能导致死亡事故的任何材料或结构组件的行为、响应和性能。由

于诉讼的对抗性质，这项工作大部分都是在合法披露之前进行的。在火灾发生 9 年之后，一个小组召集一个研讨会，讨论了这场火灾的不同分析的一些研究成果（Lund，1995）。报告的成果包括新的中等规模量热仪，更先进的火灾玻璃破碎模型，建筑物烟气流动的比例建模的进一步发展，以及计算流体动力学（CFD）模型与计算机数据可视化的增强集成。

3.3 烟气蔓延为主要危险因素的火灾

3.3.1 1977 年肯塔基的比弗利山庄超级俱乐部火灾

1977 年 5 月 28 日晚上 8 点 45 分左右，位于肯塔基州 Southgate 的比弗利山庄超级俱乐部发生火灾。大火除了彻底烧毁俱乐部外，还导致 164 人死亡。Best（1978）和 Lawson（1984）提供了有关这场悲剧性火灾的详细信息。

俱乐部设有餐饮设施、带现场娱乐表演的夜总会、休息室以及多间用于私人聚会的客房。重建的俱乐部于 1972 年开放，但自那时起已经进行了大量的扩建和改建，最近一次是在 1976 年。到火灾时，总建筑面积约为 $5000m^2$（见图 3.14）。

该建筑主要是没有防火保护的不可燃建筑。一个小两层前部的一楼包括主入口、门厅、主餐厅、主要酒吧区、斑马厅、办公区、衣帽间和维也纳厅的一部分。二楼包含许多小型宴会厅、洗手间和更衣室。建筑的其余部分是单层的，包含维也纳厅的其他部分、厨房、各种公用设施和存储区、歌舞厅、帝国客房和花园房。

室内装修主要是墙壁上的木板、致密纤维板和地板上的地毯。悬挂式天花板采用不燃的天花板嵌入式照明灯具。起火点位于建筑最古老的地方，之前在那里安装天花板时，有部分可燃的天花板安装组件。起火部位附近的家具有桌子、桌布和其他餐饮和娱乐配件，包括各种房间的软垫和聚乙烯椅子。

大楼有 10 个疏散出口，包括一个厨房的员工出口。一条主走廊将一楼所有用餐区和娱乐区与大门连接起来。但这条走廊没有任何防烟分隔或者复合分隔构件。建筑物内没有任何防火墙、火灾自动报警装置，也没有自动喷淋灭火系统。火灾发生时，俱乐部约有 3500 名顾客和 250 名员工。主要房间和大多数较小的房间都正式投入使用。调查发现火灾发生在建筑物前部的斑马厅（图 3.14）。最可能的起火原因是位于那里的电气故障点燃了可燃物。隐藏的可燃瓷砖和木质支撑为火灾的持续蔓延提供燃料。有证据表明，在晚上 8 时 45 分火灾被发现之前，这些可燃物已经燃烧了相当长的一段时间。消防指挥中心于晚上 9 点 10 分接到火警通知。尽管有人试图扑灭火灾，但在斑马厅发生了轰燃。火灾随后通过北侧大门从房间中喷出，然后在整个建筑物迅速蔓延开来。

此时，建筑内大约 1000 人在距离起火房间约 45m 的歌舞厅（图 3.14），大多数遇难者都死于歌舞厅。在一名男孩警告歌舞厅里的顾客发现火灾并指示紧急出口后，人们开始逃离歌舞厅。不久之后，烟气从主入口进入歌舞厅。这个主入口是在无火灾情况下人群疏散的主出口。还有另外两个出口，一个在西北角，通过双开门进入服务台区域，然后通过另一对双开门逃出室外。另一个在东北角，人们穿过一扇门和一条短走廊，可以到达直通室外的疏散门。

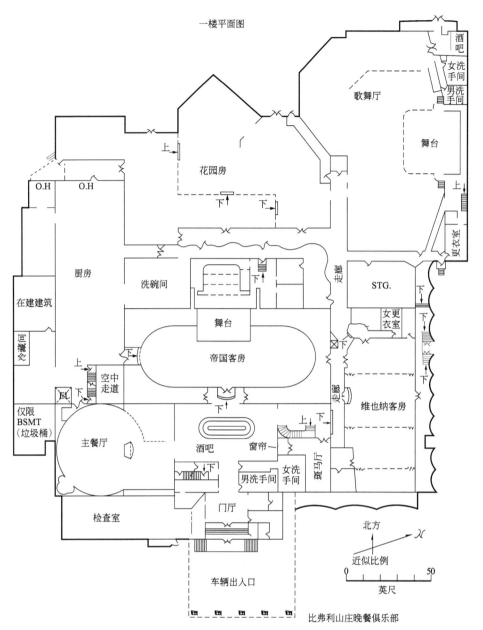

一楼平面图

酒吧

女洗手间

男洗手间

歌舞厅

舞台

上

更衣室

花园房

上

下

下

O.H

O.H

厨房

洗碗间

走廊

STG.

在建筑

舞台

女更衣室

帝国客房

冷藏间

上

空中走道

EL.

下

仅限BSMT（垃圾桶）

主餐厅

下

走廊

维也纳客房

酒吧

窗帘

上

下

斑马厅

男洗手间

女洗手间

检查室

门厅

北方

近似比例

0   50

英尺

车辆出入口

比弗利山庄晚餐俱乐部

图 3.14　比弗利山庄超级俱乐部平面图（Emmons，1983）

　　Bright（1977）对从斑马厅到歌舞厅的火灾蔓延进行了定性分析。他的结论是，主走廊的火灾蔓延速度很快，大火大约在 2～5min 就席卷了整个走廊，这无疑是歌舞厅死伤人数较多的一个原因。

　　走廊里有可燃的墙面装修材料和可燃的地毯，这加快了火灾的快速蔓延。Emmons（1983）采用流体动力学原理，应用数值模拟方法来研究此火灾，进而解释火灾行为。研究发现火灾有一个明显的不连续性，这是因为火灾和烟气蔓延的速度在刚发现后约 15min 是很小的，但随后在长走廊中突然增加，在不到 5min 内蔓延约 45m。他假设烟气蔓延速率最初很小，因为此时所有门都处于关闭状态，没有明显的压力。但随着花园房的门被打开，烟气开始迅速向北蔓延，这与当地主风向为南风的事实是一致的。Emmons 估计了烟气行进的速度，图 3.15 为烟气体积与时间的关系曲线，这是基于流体网络中能量和质量守恒的原理，并辅之以目击者的信息而确定的。他还对火灾沿南北走廊蔓延的速度进行了估计，他得出的结论是，无论墙面装饰材料的可燃性如何，大火都会迅速蔓延。

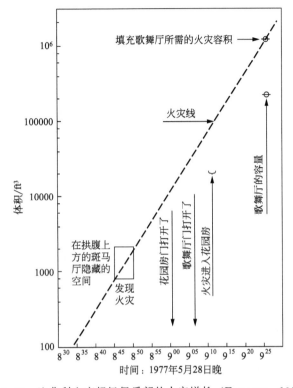

图 3.15　比弗利山庄超级俱乐部的火灾增长（Emmons，1983）

3.3.2　1974 年诺丁汉郡费尔菲尔德之家火灾

1974 年 12 月，英国诺丁汉郡 Edwalton 的费尔菲尔德之家发生火灾，造成 19 人死亡。1975 年 7 月，一个调查委员会对火灾情况进行了报道（DHSS，1975）。这场大火很重要，因为该建筑是一种 CLASP 建筑，这种建筑已经被密切关注了约 5 年。

CLASP 是指地方政府特别设计联合会。该组织提出了一种建筑结构，即在具有结构地板和屋顶隔板的薄板基础上的轻型销接钢框架。这种建筑设计可用于存在沉降的区域，这种设计可以使建筑承受各个方向的拉力而不会垮塌。然而，采用该设计的建筑会形成大空腔。这种空腔将穿过整个建筑物，这些空腔以下层的天花板作为下表面，以上层的地板或顶部的地板作为上表面，主要应用于一些高层建筑。在这些建筑中，一般假定天花板和地板作为钢框架的膜保护，从而使其在地板之间具有必要的防火措施。

这类建筑的主要特点是存在空腔，这可能导致烟气的扩散和火灾的蔓延。在许多情况下，空腔的上表面是可燃材料，通常是木材，但偶尔也是胶合板；空腔的下表面可能由纤维绝缘板或穿孔板构成。空腔水平延伸到整个建筑物的水平空间。

费尔菲尔德之家是一幢单层建筑，由一个中心区和五个外围宿舍组成，所有宿舍都通过走廊与中心区相连。一个独立的屋顶覆盖了整个建筑。火灾发生在凌晨2点左右的一号房，并且可能在采取有效行动之前已经燃烧了一段时间。调查委员会分析得出造成多人死亡的主要原因是火灾初期烟气通过空腔的扩散。在起火房间的一号房内有9人死亡，此外，烟气通过空腔进入了二号房，烟气以同样的方式通过防火门和通往两间屋子的大厅。二号房同样有9人死亡。尽管二号房大多数卧室的门处于关闭状态，但依旧无法阻止烟气的蔓延。此外，火灾也传到了建筑物的其他部分，特别是五号房，它基本上被烧毁了。建筑物的天花板是石膏板，厚度为3/8in，落入由低碳钢带支撑的铝制T形管中。玻璃纤维绝缘被子放在天花板上，但没有直接覆盖它。起火区域的天花板被大火烧毁。屋顶下侧有木头和沥青。在走廊的某些区域，石膏板吊顶被烧穿。起火房间的门是开的，这导致大量空气进入房间，促进火灾发展。同时烟气也可以由此进入到空腔中，或者进入走廊并通过走廊的吊顶穿孔进入空腔。此外，通过外缘被烧透的天花板，烟气也可以进入封闭的卧室。

这起火灾蔓延的主要因素是建筑存在大量空腔，这导致建筑本身的消防安全水平严重不足。该建筑设计是一种新潮的设计，在充分意识到这种设计的火灾危险性之前，人们已经建造了大量这样的建筑物，这也埋下了重大的安全隐患，为我们留下了一个主要问题，即如何提高这类CLASP建筑物的消防安全水平。比如可以采取火灾自动报警系统、自动灭火系统和空腔的防火分区等手段，这样即使不可能彻底消除火灾风险，也可以尽量降低火灾风险。

3.4　包含爆炸的火灾

3.4.1　1979年爱尔兰MV Betelgeuse油轮火灾

MV Betelgeuse是一艘注册总吨位为61776t的油轮，载有来自阿拉伯地区的75000t重质原油和40000t轻质原油。当它在爱尔兰班特里湾Whiddy岛附近400m处的一个码头卸货时，发生了第一次的爆炸。Costello（1980）给出了船舶在码头停泊时的示意图，图3.16显示了船舶油舱的布局。18个油舱分为6组，每组的3个油舱分别是中央油箱、左舷翼舱和右舷翼舱。其中第四组的两翼油舱进一步分为两个压载舱4a和4b。

1月8日大约0点30分，在从机翼油箱2号、3号、4b号和5号卸载轻质原油之前，已经卸下了1号和6号油罐和中央油箱的重质原油。而已经卸货的2～5号中间舱正在进行加水压载活动，这时，在靠近船中心的4a油舱中发生了爆炸，炸坏了3号油舱后面的船尾，并导致轻质原油从侧翼油舱中泄漏出来。大火在船中心附近燃烧了起来，并随着原油的泄漏路线向船的侧向蔓延。在1点06分，船后的三个6号油舱和5号中央油舱发生了猛烈爆炸，船的后部进一步破碎，轻质原油的进一步泄漏，导致火灾不断加强。因为从码头到岛上没有可供逃生的疏散通道，50名船员因大火死亡。图3.17显示了在12h后炸成三部分（水下中心部分）的船。

公开的调查证据表明，造成这场灾难的主要原因是由于卸货和加压作业造成的压力差导致船舶结构损坏。卸下货物的船舶部分受到向上的力，货物或压载物存在的部分受到向下的力。而在油轮航行期间，船舶的结构构件受到严重腐蚀，并最终报废。根据灾害发生

Betelgeuse货油舱排列

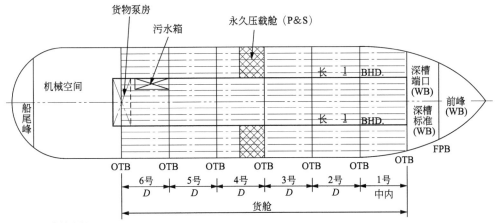

WB：水镇流器
FPB：前峰舱壁（碰撞舱壁）
OTB：油密封舱壁

图 3.16　停泊在码头的 MV Betelgeuse 油轮
D—油轮吃水深度

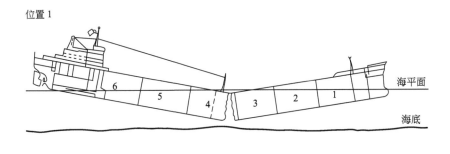

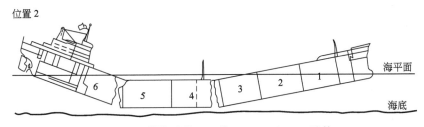

图 3.17　爆炸后约 12h 的 MV Betelgeuse 油轮

时船舶的载荷压载状况进行的计算表明，4 号压载舱甲板附近的纵向结构构件在应变作用下会发生弯曲。有证据表明这种弯曲发生在 4a 油舱爆炸之前。据推测，这种扭曲导致包含轻质原油的 3 号侧翼油箱和 4 号压载舱的蒸气空间之间发生结构性故障，导致蒸气进入并在后者内形成爆炸性混合物。此外，弯曲过程中引起的钢部件之间的摩擦或冲击，可能产生火花点燃了气体混合物。压载舱中的爆炸导致船底破裂，最终导致船舶两侧轻质原油大量泄漏。

　　针对这次火灾，专家提出了许多建议，其中，专家强烈建议使用惰性气体置换卸货后储罐上方的空气。此外，还要求对卸货和压载作业期间的结构应力进行更密切的监督，并采取有效的措施来监测和消除储罐的腐蚀问题。

3.4.2　1968 年伦敦罗南角火灾

罗南角是一个 22 层高的公寓楼，每层有 5 个房间，底层设有汽车库。它是使用拉森尼尔森系统建造的，这是一种可以减少所需熟练劳动工人的工业化建设方法。1968 年 5 月 16 日大约 5 点 45 分，位于第十八层一角的 90 号房间发生爆炸（见图 3.18）。90 号房间上方和下方的房间有着相同的布局。住建部和地方政府（1968）对该事件进行了全面介绍。

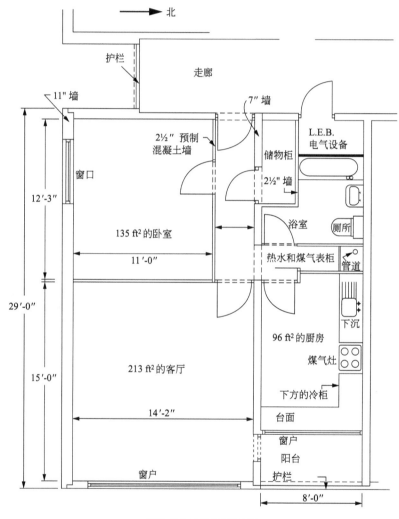

计划（b）90号公寓的布局

图 3.18　爆炸前罗南角 90 号公寓的平面图

爆炸炸毁了厨房和客厅非承重面墙以及客厅和卧室的外部承重墙，导致上方楼板一角掉落，然后楼体这一角发生了垮塌（见图 3.19）。由于上方的侧壁和地板依次坍塌，墙壁和楼板砸落在地板上形成的冲击力导致下方地板和墙板同样发生坍塌，并一直坍塌直至地面（见图 3.20）。

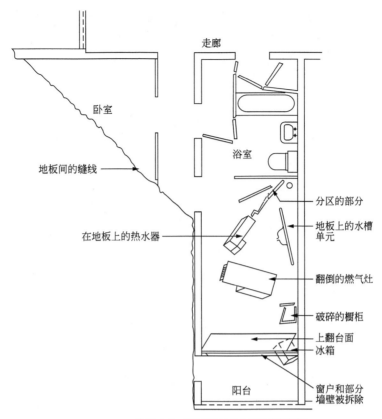

走廊

卧室

地板间的缝线

浴室

分区的部分

地板上的水槽单元

在地板上的热水器

翻倒的燃气灶

破碎的橱柜

上翻台面

冰箱

阳台

窗户和部分墙壁被拆除

计划（c）对罗南角90号公寓的损害程度

图 3.19　爆炸后罗南角 90 号公寓的平面图

事后进入 90 号公寓的第一位消防官发现，厨房的物品、卫生间以及部分大厅已经全面起火，厨房的燃气管道发生泄漏，喷出的煤气被点燃。他迅速喷水并控制了火灾，随后消防员关闭了燃气主阀门，燃烧的气体火立即熄灭。

建筑的多次坍塌造成 4 人死亡，其中 2 人在 19 楼，2 人在 17 楼，灾难还造成 17 人受伤，其中 1 人因其他原因死亡，剩下的人没有受到永久性伤害或毁容。1 个住在发生爆炸的房间里的人被掀翻，她恢复意识后，发现自己躺在地板上，随后开始寻找逃生出口。她受到了轻微的震动伤和烧伤。

整栋建筑的位于发生垮塌角落的各层客厅和 16 层以上的各层卧室几乎都被爆炸毁掉了，而 16 层以下的卧室未受到重大损坏（见图 3.20）。客厅和厨房之间的一个主承重横墙也没有倒塌。除了爆炸引起的 90 号厨房的损坏外，其他厨房几乎不受爆炸影响。除了坍塌的角落之外，其他部分受到爆炸的影响也不大。该公寓楼对面的公寓楼受到了爆炸的冲击，防火门和电梯门受到了影响，其他地方没有受到影响。

住建部和地方政府（1968）的调查表明，本次事故的原因是 90 号公寓内的燃气发生爆炸。这是因为燃气灶和供气管道之间的柔性连接的黄铜螺母不合格导致燃气泄漏，并在住户点燃火柴时发生爆炸。于是得出结论，本次爆炸是因为当时大厅内煤气压力大约为 83kPa（12lbf/in^2），超过了 70kPa（10lbf/in^2）的爆炸下限，而不是某些暴力操作导致的结构性损坏。根据消防队 1966 年的报告估计，对于供应燃气的住房，燃气爆炸频率约为

图 3.20　罗南角和梅里特角的鸟瞰图

每百万套住宅中有 8 套,其中百万分之三点五是因为爆破力导致的结构性损坏。根据这些数字,调查组认为燃气仍是一种安全和稳定的家用燃料。而对于此类高层建筑,一旦一个套间发生爆炸,有可能导致整个建筑结构的损坏,此时每个住宅的风险则将发生变化,从爆炸冲击波转为建筑倒塌。有学者指出,导致建筑结构损坏的原因往往是某种设备的故障而非人员操作的失误。

　　有三种可能的方法来处理危险:(a) 通过断开高层建筑的供气来防止爆炸;(b) 通过通风、防爆和强化来防止承重墙坍塌;(c) 通过提供替代负载路径防止建筑逐层崩溃。

　　调查否定了第一种方法,理由是燃气在住宅楼宇中是一种安全和可接受的燃料,并且在通过北海公司供应时可能会更受欢迎。此外,除了城市的燃气之外,还存在其他物质爆炸的可能性和其他形式的意外损坏。尽管不建议切断气体供应,但专家们建议按照规范要求对燃气设施进行检查。根据调查结论,如果 90 号公寓的窗户是打开的,那么爆炸就不会发生,因此专家建议应考虑改善高层公寓的通风情况。最后,建议在建筑规范中同时考虑到通风、火灾和爆炸,从而避免倒塌事故的发生。

3.4.3　1988 年北海 Piper Alpha 海洋石油平台火灾

　　Piper Alpha 平台于 1976 年投入使用 (Drysdale 和 Sylvester-Evans,1998)。在灾难发生之前,它每天可生产约 125000 桶石油,占其总产能的 1/3。1988 年 7 月 6 日 22 时左右,生产层发生爆炸,引发大火。该平台被大火摧毁,在 Cullen 调查 (1990) 中幸存者的陈述至关重要。爆炸前平台的东面如图 3.21 所示。

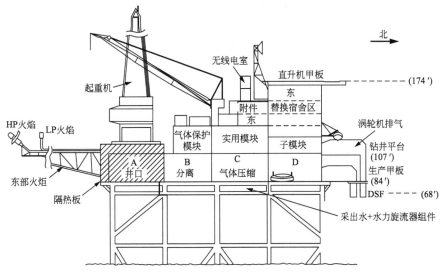

图 3.21　Piper Alpha 平台：东立面

生产平台分为四个模块：A—井口；B—分油设施；C—该模块下方的气体压缩与气体冷凝物收集装置；D—控制室、车间、开关装置、发电机、柴油发电机。

员工宿舍位于模块 D 上方，包括一个四层楼的东部替换区（ERQ），用作主要的集合区。各模块有防火墙分隔：在 A 模块与 B 模块和 B 模块与 C 模块之间的防火墙耐火极限为 4.5h，在 C 模块与 D 模块之间为 6h。但这些防火墙并未经过超压测试。

Cullen 调查得出的结论是，最初爆炸发生在模块 C 中，由于法兰盲板安装不牢固，导致冷凝液泄漏而引发。泄漏时并不具备燃烧条件。但爆炸引起的超压导致 B、C、D 模块之间的防火墙被破坏。墙板的碎片导致模块 B 的管道破裂，从而导致原油泄漏，同时从 C 模块到 B 模块的冷凝管道被毁坏，产生了直径约 28m 的火球。而模块 B 中未燃烧的富燃料气体和来自模块 C 的残余燃料流向模块 D，并在 ERQ 下方产生火灾。模块 B 中的原油发生火灾并持续燃烧至 22：50。一架立管在 22：20 时发生灾难性垮塌，导致整个平台下方产生大火，此时 ERQ 中的环境已经严重恶化。第二个立管在 22：50 垮塌，又一个大火球燃烧起来。在 23：00 和 23：30 之间，另外两个立管失去支撑作用，井架倒塌，平台中心坠落。此后不久，ERQ 倒入大海。

在 226 人中有 61 名幸存者。爆炸发生后，烟羽阻止了人员进入 B 模块或 C 模块进行逃生，但可以通过模块 A 向低处逃生。在找到的 135 具尸体中（79 具来自 ERQ），只有 4 具是烧死的。大多数人死于吸入有毒烟气。烟气阻断了人们通往救生艇的路线，直升机无法降落至直升机甲板。避难所也未能有效地阻止烟气进入。

由于这场灾难，全世界在减轻爆炸和火灾的灾害方面付出了很多努力。人们可以使用各种经验方程估计超压，并开始安装防爆墙和泄压板。管道库存已从固定装置中分离出来。增加了紧急切断阀的数量，并将其安装于受保护的位置。人们已经认识到防止烃类化合物泄漏的重要性，然而在截至 1994 年 10 月的两年期间，英国健康与安全执行委员会报告了约 523 次灾害，其中 70% 的灾难有超过 10kg 的烃类化合物泄漏。幸运的是，点火频率仅为 3％（HSE，1996）。减少烟气危害的方法包括对安全区域进行加压、设置防烟阀、设置防烟分隔构件和自动喷淋灭火系统以及进行防烟封堵。

上述措施与新的终身管理系统一起已经取得了相当大的进步，导致 Drysdale 和 Sylvester-Evans（1998）认为近海重大灾害的风险可能减少了约 90％。

参考文献

Best, R L (1978). Tragedy in Kentucky. *Fire Journal*, **72**(1), 18–35.

Bright, R G (1977). An analysis of the development and spread of fire from the room of origin (Zebra Room) to the Cabaret Room. Appendix C of Best, R L. *Reconstruction of a Tragedy: The Beverly Hills Supper Club Fire*, National Fire Protection Association, Quincy, MA.

Clark, H M, de Cabrera, F M, Droz, L, Gurman, J L, Kaye, S, Levin, B, Landron, F, Rechani, P R, Rodriguez, J R and Yoklavich, M F (1990). Analysis of carboxyhemoglobin and cyanide in blood of victims of the Dupont plaza fire in Puerto Rico. *Journal of Forensic Sciences*, **35**(1), 151–168.

Costello, J D (1980). *Report on the Disaster at Whiddy Island*, Bantry, Co. Cork on 8 January, 1979, The Stationery Office, Dublin.

Cullen, L (1990). *The Public Inquiry into the Piper Alpha Disaster*, Department of Energy, HMSO, London.

DHSS (1975). *Report of the Committee of Inquiry into the Fire at Fairfield Home*, Edwalton, Nottinghamshire on 15 December, 1974, HMSO, London.

Drysdale, D D and Sylvester-Evans, R (1998). The explosion and fire on the piper alpha platform, 6 July 1988. A case study. *Philosophical Transactions of Royal Society of London, Series A*, **356**, 2929–2951.

Emmons, H W (1983). The analysis of a tragedy. *Fire Technology*, **19**(2), 115–124.

Fennell, D (1988). *Investigation into the Kings Cross Underground Fire*, HMSO, London.

Government Office (1974). *Report of the Summerland Fire Commission*, Government Office, Isle of Man.

HSE (1996). *Offshore Accident and Incident Statistics Report 1995*, Offshore Technology Report O.T.O./96/950, HMSO, London.

Keane, J R (1982). *Report of the Tribunal of Inquiry on the Fire at the Stardust*, Artane, Dublin on the 14th February, 1981, The Stationery Office, Dublin.

Klem, T J (1987). Ninety-seven die in arson fire at Dupont plaza hotel. *Fire Journal*, **81**(3), 74–77.

Klem, T J (1989). Los Angeles high-rise bank fire. *Fire Journal*, **83**(3), 72–74.

Lawson, R G (1984). *Beverly Hills: The Anatomy of a Nightclub fire*, Ohio University Press, Athens, OH.

Lund, D P (Ed.) (1995). Defining fire and smoke spread dynamics in the Dupont plaza fire of 31 December 1986 (Panel). *Proceedings, International Conference on Fire Research and Engineering*, Society of Fire Protection Engineers, Boston.

Ministry of Housing and Local Government (1968). *Report of the Inquiry into the Collapse of Flats at Ronan Point*, HMSO, Canning Town, London.

National Fire Protection Association (1990). Guide for automatic fire detector spacing. Appendix C in *Standard on Automatic Fire Detectors*, NFPA 72E, Quincy, MA.

Nelson, H E (1987). *Engineering Analysis of the Early Stages of Fire Development – The Fire at the Dupont Plaza Hotel and Casino*, December 31, 1986, NBSIR 87–3560, National Bureau of Standards, Gaithersburg, MD.

Nelson, H E (1989). *Engineering View of the Fire* of May 4, 1988 in the First Interstate Bank Building, Los Angeles, CA, NISTIR 89–4061, National Institute of Standards and Technology, Gaithersburg, MD.

Nelson, H E (1990). *FPETOOL: Fire Protection Engineering Tools for Hazard Estimation*, NISTIR 4380, National Institute of Standards and Technology, Gaithersburg, MD.

Popplewell (1985). *Committee of Inquiry into Crowd Safety and Control at Sports Grounds, Interim Report*, Home Office, HMSO, London.

Rasbash, D J (1991). Major fire disasters involving flashover. *Fire Safety Journal*, **17**, 85–93.

Routley, J G. (1989). *Interstate Bank Building Fire*, Los Angeles, CA, May 4, 1988, USFA Fire Investigation Technical Report Series, Report 022, TriData Corp, Arlington, VA.

US Fire Administration (USFA) and Polaris Research Development (1987). *The Dupont Plaza Fire: Lessons in Hotel Safety*, USFA, Emmitsburg, MD.

4 政府和私人组织对消防安全的要求

4.1 引言

几个世纪以来，甚至几千年来，消防安全一直是人类关注的问题。在重大火灾或爆炸事故之后，根据当时的调查和研究结果，将消防安全的要求以消防规范的形式呈现出来。世界上较为发达的国家，将大量有关消防安全的规范和要求沿用至今，这些规范要求来自主管风险管理和应急处置的多个政府部门，而不是仅限于主管火灾和爆炸的部门本身。此外，管理部门、保险公司、标准机构和专业组织，以及一个负责国际贸易运输消防安全的国际部门也同样关心消防安全规范和要求的制定。这些消防规范和要求大多都是指令性的。然而，近年来，特别是随着越来越多的人了解到火灾危险性，一些更开放消防安全立法方式逐步得到了发展。

设计特定危险区域消防安全的工程师的首要任务是了解有关该区域消防安全的法律要求以及满足这些要求的相关建议。本章概述了美国（第 4.2 至 4.6 节）、加拿大（第 4.7节）和英国（第 4.8 节）的消防安全法律法规，这些法律法规具有广泛的适用性。

消防安全的法律法规经常变化，并不像科学规律那样稳定。从狭义上说，这一章的大部分内容已经过时了。然而，过去的许多法律法规体现了当时很多很好的想法和做法。从这个角度来看，它们仍然具有研究价值。对这些规范的研究有助于增加对消防安全的判别力，这也是消防安全评估的重要组成部分。作为消防安全工程师，他们需要知道项目中涉及的法律法规要求，也应该了解这些要求的来龙去脉。

4.2 美国法规标准

多年来，为了公共安全，大多数美国司法管辖区都制定了建筑规范。建筑规范和类似规定的制定都是遵循同一个原则，即确保建筑结构功能完善，达到一定的防火性能，进而保证住户的安全。随着新材料、新防火技术的出现和保护公民生命安全方法的进一步发展，建筑防火规范变得更加复杂。此外，该规范已成为制定实现其他社会目标的法规的参照工具，比如为残疾人提供便利或者节约能源等社会目标。

与其他发达国家相比，美国的法律制度是高度分离的。许多部门都有权制定规范和标准。美国的 50 个州都有自己不同的宪法，许多州的消防安全监管由当地社会组织（local community）负责。

由于人口众多，消防安全的监管与联邦政府关系不大，人们往往坚持本级政府自主制定相应的法律法规，而对上级政府直接干预地方立法的行为持怀疑态度。因此，对公共卫生、安全和福利的监管大多数由州政府、市政当局或地区司法机构负责。地方政府的这种自主权导致了规范的不统一性，给那些需要跨司法区域工作的消防安全设计人员带来了一些困难。

4.2.1　规范和标准

在法律体系中，规范和标准通常可互换使用。此外，文献中也经常出现"推荐性规范"一词。只要能够明确表达意图，这两种术语在实践中可以相互交换。但实际上，这两种术语确实存在一定的差异，人们应该注意到这一点。

规范是规定保护公众健康、安全和一般福利的最低要求的法律文件。司法管辖区可以选择编写自己的规范。例如，1968 年纽约市（New York City）耗资 160 万美元用于编写纽约市建筑规范。但是，司法程序中更常见的是将推荐性规范纳入其立法，由各种组织编写适用于众多立法部门的推荐性规范。

标准是针对特定活动的规则，其范围比规范窄。它们往往有着特定的主题，例如规定测试方法或零件规格的标准等。与推荐性规范一样，它们是为一般用途所编写的，在写入法律或被采用之前不具有强制性。规范通常会包含或参考一些标准。比如纽约市建筑规范就参考了 300 多个标准。美国有超过 620 个独立部门发布标准（SP 806，1996）。有关美国法规和标准的更多详细信息，可以参考 Boring 等（1981）和 Cote and Grant（1997）的文献。

在美国发布推荐性规范和标准的机构见第 4.3 至 4.6 节。

4.2.2　规范和标准的共识

编写推荐性规范的目的是达成共识，能够被广泛接受。编写它们是为了在现实可行的情况下，使某些利益团体（制造商、设计师、用户、政府等）就具体消防安全要素的设计和实施达成共同协议。共识标准一般符合某些标准，以确保正当程序，避免贸易限制。

共识通常不仅仅是大多数的意见，更是大家一致的意见。在大多数情况下，它涉及各种立场的妥协。共识标准可能会有不同程度的共识，具体取决于标准制定过程中所代表的各方。

充分的共识意味着所有利益方是高度一致的。这些利益方可以分为生产者、用户、消费者和普遍利益方。在公共福利方面，各方往往容易达成一致共识。

美国国家标准协会（ANSI）是一个由 400 多个负责编写标准的美国组织自愿组成的联合会，其职能是协调国家共识标准，所有标准都必须满足 ANSI 的标准要求。ANSI 本身不是一个标准编写组织。每个 ANSI 标准都是由另一个组织编写，并提交 ANSI 批准后才能作为美国国家标准。ANSI 是美国在国际标准化组织（ISO）的唯一官方代表，因此如果美国标准要成为国际标准，它必须要先被 ANSI 接受。

由建筑官员或特定行业成员等非代表性团体作出决定的，达成有限共识的规范和标准也很重要。在这些规范和标准中，美国建筑示范规范备受争议，因为在编写过程中，消防部门的成员和其他利益方都被排除在投票体系之外。

如果有一部分人（他们可能是也可能不是这一领域的专家）可以擅自决定该领域的标准，那么美国政府出台的标准就会受到怀疑。建筑领域的人大多会受到强制性国家法规的困扰。因此，对联邦政府干预的恐惧促使各种组织要求自己编写美国的规范和标准。

4.2.3 现有规范的局限性

很多美国法规都有一个公认的局限性，即它们只适用于新建筑。另一个局限是它们的强制性，因为规范既不适用于新的建筑设计，也不适用于既有建筑物的升级或改造。对此，性能化设计方法通常更为合适。

（1）既有建筑和历史建筑

建筑规范和标准通常是用来规定新建筑的建设方法、建筑材料或标准而制定的。他们假设建筑设计师、建筑所有者或建造师是从零开始的。当这些标准应用于历史建筑时，需要对建筑物进行重大改造。但通常情况下，这种改造不适合历史建筑，而且可能会导致一些历史建筑的重要功能失效，例如天花板高度，装饰木材点缀物或开放式巨型楼梯（Watts，1999a）。

最初避免这些冲突的最简单方法是允许执行官员有一定的酌情处理权，以保证建筑的安全水平。通常，只有在项目的建筑功能没有变化的情况下，才行使这种权力。20 世纪 70 年代末通过的复原规范和文件制定了更具体的处置方法。然而，这些标准也未能就如何保留历史要素、重要的特征因素提供有意义的引导。最近，几个州采用了适用历史建筑的特定规范（Kaplan 和 Watts，2000）。

（2）性能化设计倡议

美国正在效仿英国、澳大利亚和新西兰等其他国家对消防安全采取性能化设计办法。对建筑组成的各部分进行性能化评估的应用可以通过规范中的等效条款实现。然而现在的人员安全规范（NFPA 101，2000）中已经规定了建筑系统的性能化方案，以及已经有了系统的绩效期权，消防工程师协会（SFPE）已公布了基于性能化的建筑物防火分析与设计工程指南（SFPE，2000）。

4.2.4 规范的采用和强制执行

在美国，至少有 14000 个建筑法规。根据其他学者估计甚至高达 20000 个（Toth，1984）。虽然有三种主要的建筑规范模式，在其相关领域内为消防法规带来了一些秩序和一致性，但由于建筑规范和消防法规是由县、市、州各级地方政府具体制定的，地方政府可以采用模板法规，也可以自行制定，大多数州和地方司法机构只将推荐性规范作为对政府制定法规的修订或补充。

消防安全条例是通过建筑许可机构、许可证颁发机构和建筑物占地监管机构来执行的。在大多数司法管辖区,建筑部门负责管理建筑规范,消防部门或消防执行官负责执行消防规范。

通常,建筑部门审查计划以确保新建建筑符合建筑规范的要求,并在允许建设之前检查完成建筑物的合规性。一旦签发建设许可证,建筑部门不再承担任何责任(除了建筑或类型发生重大变化)。然后,消防规范变得适用并且在建筑物的使用寿命范围之内都是有效的。因此,在内容、执行权限和应用期限方面,建筑规范和消防规范之间存在一些传统的区别。

消防局长是各州或市司法管辖区的首席消防官。采用一个全州范围的消防规范,州政府通常会设置一个消防局长办公室。消防局长往往也负责火灾调查。在大多数司法管辖区,消防局长或同等机构的责任人负责维持现有公共建筑的消防安全。

美国在 1989 年成立了国家消防队长协会(NASFM),其成员为各州最高级别的消防官员及其下属。通过这样一个组织,各州消防官可以进行沟通和交流,进而可以通过这个组织建立一个统一的论坛来解决问题,交流新的研究和发展。这也使该组织有能力代表各州的高级消防官在国家舞台上进行发言。

4.3 美国国家消防协会(NFPA)

美国国家消防协会(NFPA)是一个非营利组织,约有 68000 名成员。成员非常广泛,包括几乎所有对消防安全感兴趣的人或组织。其中,约 10% 的会员来自美国以外的70 多个国家和地区。美国国家消防协会的基本技术性活动包括制定、出版和传播协商一致的标准。由 5500 多人组成的 211 个技术委员会共编制了超过 291 个 NFPA 技术文件,NFPA 出版了消防手册(Cote,1997)和国家消防规范。除了人员安全规范外,以下还列举了美国国家消防协会制定的、使用非常广泛的规范和标准:

NFPA 1:防火规范

NFPA 13:喷淋灭火系统的安装

NFPA 30:易燃和可燃液体规范

NFPA 70:国家电气规范

NFPA 72:国家火灾报警规范

NFPA 550:消防安全概念树

NFPA 909:文化资源保护守则

NFPA 914:历史建筑防火规范

NFPA 1600:灾害应急管理

4.3.1 NFPA 规范和标准的颁布过程

图 4.1 总结了 NFPA 技术文件的颁布和变更过程。任何 NFPA 的成员都可以就新标准或对现有标准的修改提出建议。相关的技术委员对该提议进行讨论、研究和修订,并印发一份"提案报告"作为反馈。收

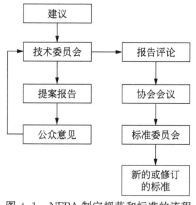

图 4.1 NFPA 制定规范和标准的流程

到的每一条建议以及委员会所采取的相应措施，随后都会以"评论报告"的形式发布，也可供任何相关方使用。

提交评论的人有权在春季（年度）或秋季会议上向协会成员提出意见，届时全体成员将对委员会的报告进行表决。一般情况下，成员们会赞同技术委员会的裁定，因为技术委员会具备处理这一具体问题的全面的、专业性的知识。然而，很多时候，会议也会根据现场的意见推翻技术委员会的裁定。由13名成员组成的标准理事会，负责审查各委员会的裁定，并向NFPA协会报告，并在制定新的消防标准之前做出最终决定。

4.3.2 执行过程

1993年，美国国家消防协会设立了一个内部工作组，研究性能化设计方案的影响以及美国国家消防协会在制定性能化设计规范和标准方面的作用。根据这项研究，NFPA正在对其规范和标准寻求双轨办法。美国国家消防协会以后的文件既有性能式的，也有规范性的，目的是使文件更为正式，两种功能同时具备，可以使规范和标准都更加完善（Puchovsky，1997）。

未来，NFPA文件将包括关于消防安全目标、对象、假设、火灾场景和火灾风险评估的章节。虽然这些要素的纳入是因为性能化设计的要求，但其中许多方面也适用于处理方式设计，这些考虑将有助于使规范条款更具有科学性。下面描述的人员安全规范和其他几个NFPA标准已经加入了性能化选项。

4.3.3 人员安全规范

在美国，NFPA人员安全规范（NFPA 101）是使用最广泛的建筑火灾人员安全指南。"人员安全规范"起源于1918年的工厂疏散规范，因为1911年发生了一场灾难性火灾，造成146名工人死亡。随后，百货公司疏散规范出版，不久后，学校疏散规范也出版了。

建筑疏散规范最早于1922年提出。这则规范将工厂、百货公司、学校以及其他场所的相关要求和建筑施工规范以及自动防火规范结合起来。建筑疏散规范在1927年通过并出版。在接下来的37年中，该规范进行了18次修订，极大地丰富了其内容。1963年，该文件进行了重组，并更名为建筑人员安全防火守则，或称为人员安全规范。目前，已经有11个新版本。我们今天用的是2016年出版的版本（译者注：这是本书中文版出版时的最新版本，原英文版为2000年版本）。

与推荐性建筑规范不同，人员安全规范重点解决既有建筑的防火问题，分为新建筑和既有建筑两个章节。人们认识到，今后投入使用的绝大多数建筑已经建设完毕，为了使这些建筑达到新规范的要求而对建筑进行改造，无论在经济上还是实际工程上都难以实现。美国联邦政府要求医疗机构遵守"医疗补助计划"或"联邦医疗保险"关于患者的生命安全规范，因为该规范的应用范围包括既有建筑。

2000年版的人员安全规范引入了性能化设计选项。在这种方法中，性能化设计的目标是确保建筑内人员生命安全。通过确定火灾场景和明确的假设，将消防模型和其他计算方法与建筑设计规范相结合，从而判断建筑是否符合性能化设计标准。如果符合这些条件，那么该性能化设计方案是合理的（Watts，1999b）。

4.3.4 NFPA 建筑规范

美国国家消防协会在 2000 年编制了一套新的建筑规范，对其他规范和标准进行了补充。它以现有的 EPCOT 建筑规范为基础，是为佛罗里达州里德克里克改进区而颁布的，其目的是在 2002 年颁布美国国家消防协会建筑规范。

4.4 建筑模型和消防规范

建筑规范的目的是防止建筑倒塌和限制火灾的蔓延。防火规范的目的是确保建筑物内的工艺、材料和设备具有防火和保护人身财产安全的性能。

从 1800 年到 1900 年，大火摧毁了美国 11 个主要城市，造成无数人死亡和数亿美元的财产损失。正是因为这些火灾，大城市开始制定和执行建筑规范。例如，芝加哥于 1875 年制定了建筑法规，这是由于国家火灾保险商委员会（NBFU）在 1871 年大火之后威胁要停止该市的保险业务的直接结果。到世纪之交，大多数主要的城市都制定了自己的建筑规范。

1904 年马里兰州巴尔的摩大火后，火灾保险公司的大量损失促使美国火灾保险商委会于 1905 年颁布了"推荐的国家建筑规范"，以指导降低建筑火灾风险。直到 1927 年，国际建筑官员会议（ICBO）的前身出版了统一建筑规范，这一直是唯一的全国公认的"推荐性"建筑规范。南方建筑规范国际委员会（SBCCI）在 1945 年出版了"标准建筑规范"，以解决南方建筑物的特殊问题。1950 年国际建筑官员和规范管理协会（BOCA）首次发布了"基本建筑规范"。1985 年，BOCA 已经开始使用"国家建筑规范"这个名称。此时，原版的 NBFU 推荐性规范已经不再使用。

这些推荐性规范最初是为了使各建筑单位的官员寻求解决共同问题的办法，从而避免规范的制定和执行不一致。由于规范通常在制定方当地使用，因此每一类规范只负责一个特定的区域，主要可以考虑到不同地区的地理和气候差异。

每个小组编写、改进、修改和分发一系列推荐性规范，包括建筑规范、消防规范、机械规范、管道规范以及其他规范和文档。这些推荐性规范每三年出版一次，每年更新一次，这是因为这些所涉及的城市、县和州的情况每年都会有很大的变化，所以需要进行修改。

4.4.1 推荐性规范的起草单位

目前有三个主要的非营利的建筑规范制定组织：
（1）国际建筑官员会议（ICBO）

该组织由其成员城市、县和州控制，这些城市，县和州往往集中在西部各州，但并非完全集中在西部各州。ICBO（1999a，b）公布了"统一建筑规范"和"统一消防规范"。
（2）南方建筑规范国际委员会（SBCCI）

该组织也是 BOCA 下属的一个专业协会，主要目标之一是制定适合东南各州气候和建筑特点的基本法规。其成员主要集中在南部各州。SBCCI 出版了"标准建筑规范"和"标准消防规范"（1997）。

（3）国际建筑官员和规范管理协会（BOCA)(1996a，b)

这是一个负责规范的管理和执行的服务性组织。凡管理、制定或执行与建筑、消防安全、财产保护或土地开发使用有关的法律、法令、规章的政府单位、部门或局均可成为其积极会员。私营部门可以成为其他类别的会员。其成员主要集中在东北部和中西部各州。BOCA 发布了"国家建筑法规"和"国家消防法规"。

4.4.2 国际规范委员会（ICC)

国际规范委员会是由 4.4.1 节所述的三个规范小组在 1994 年设立的，它是一个非营利组织，致力于制定一套全面和一致的国家规范。到目前为止，由于三种推荐性规范之间的技术差异的存在，建筑业人员只能在同一地域进行建筑设计。国际规范委员会打算提出一套统一的、完整的、没有区域差异的建筑规范。为此，国际规范委员会于 2000 年公布了"国际建筑规范"（IBC）和"国际消防准则"。

任何感兴趣的个人或团体均可向 ICC 提出"国际规范"的变更建议，国际规范委员会会对这些建议进行审议。在收到规范变更建议后，ICC 会对建议的完整性进行检查，并将接受的建议向其成员公开。

随后，规范变更委员会会就这些提案进行公开听证，以便获得更多的资料以指导规范的修订。无论委员会接受这些提案，还是对提案进行修正或者拒绝，都需要将最终决议及其理由和证据一同公开。只有符合条件的、具有投票资格的国际规范委员会成员才能批准委员会的决定，投票结果会公布在国际规范委员会发展听证会的年度报告中。

所有感兴趣的组织或个人都有权对委员会的建议提出质疑。各种质疑也会在审议之前公布。质疑方也将有权在年度听证会上进行听证。所有受到质疑的规范更改提案的最终结果由在 BOCA、ICBO 和 SBCI 的年度会议上的投票决定。有资格表决的成员可以表决通过修正并将其纳入规范，也可以拒绝修正。无论结果怎样，这些过程都将作为规范的补充内容或下一版规范的增加内容。

4.5 其他非营利组织

美国还有许多其他类型的消防安全组织，比如标准组织、工程协会和保险利益组织。

4.5.1 产品标准和测试

美国检测与材料学会（ASTM，1999）是技术信息的开发者和出版商，其任务是确保服务质量与产品安全，其成员有 26000 人左右，分成很多委员会，其中一半人负责进行测试，另一半人负责制定特定类别产品的标准。这些委员会完成了超过 5000 个标准。委员会规定是，负责工业的成员人数必须始终低于总人数。ASTM 中对防火领域最感兴趣的是 ASTM E-5 美国材料实验学会火灾测试标准委员会，该委员会负责材料燃烧特性、耐火性能、烟气、毒性以及火灾风险评估等领域的测试标准。

对新标准的建议可以由 ASTM E-5 以外的成员或组织提出。标准流程如下：

首先，提出的建议需要引起相关组委员会主席的注意，委员会主席在确定了该提案的合理性和价值后，将成立一个工作组。提议人和相关方面负责人（赞成和反对）将组成工作组，负责编写一份或多份测试方案。

如果工作组就提案达成某种共识，将会进行一系列的比较实验。提议的火灾实验方法需要具有可重复性和可再现性。可重复性是指该实验可以通过同一个实验室进行多次重复，再现性是指在不同实验室对同一产品进行实验时，测试结果中的变化程度不能过大。随后，组委会将就拟定的测试方法草案进行第一次正式表决，这次表决包括实验的全部信息，也包括可重复性和可再现性的结果。每张反对票必须注明否定的原因。

对于正当程序而言，ASTM 程序的一个重要部分是小组委员会必须对每一张否决票进行讨论，确定否决理由是否有说服力。如果组委会认为否决票无效，小组委员会必须说明原因。此外，小组委员会对于通过该标准所需的最低赞成票数也有要求。

这一过程需要重复进行，因为所有反对票都包含理由，且这些反对票的问题必须得到解决。随后，被否决的反对票和赞成票的票数综合必须要超过最低票数。最后，技术委员会对整个过程进行评审。

E-5 委员会在其出版的"火灾实验标准"中收集了所有与消防安全有关的标准，包括所有由 E-5 委员会颁布的标准以及由 ASTM 其他委员会编写的产品、组件、材料的防火特性标准。这些标准也可单独使用。

4.5.2　保险商实验室

保险商实验室（UL）是一个独立的组织，致力于公共安全产品的各种指标的检测。它成立于 1894 年，也就是在 1893 年芝加哥哥伦比亚博览上，人们看到了电力的可怕力量和它引发火灾的潜在风险之后成立的。UL 最初是由保险业赞助的。它很快成为电气产品安全和防火方面的权威，后来独立出来并拓展到其他安全领域。它制定和修订了 UL 和其他第三方安全测试和认证组织使用的标准，以评估消费品的安全性。

4.5.3　消防工程师协会

消防工程师协会（SFPE）于 1950 年成立，成员包括从事消防工作或消防安全工程的专业人员。其宗旨是推进消防安全科学的发展，保持会员道德水平，促进消防安全工程教育。SFPE 在澳大利亚、加拿大、欧洲和美国设有分会。由 SFPE 协会赞助制作的"消防工程手册"（DiNenno 等，2001）是消防安全应用技术方面的权威著作。SFPE 最近开始编制消防安全工程实践指南，其中第一部是"基于性能化的建筑物防火分析与设计的 SF-PE 工程指南"（SFPE，2000）。

美国其他工程协会也制定了与消防安全评估相关的标准。其中包括美国土木工程师协会（ASCE）制定的建筑规范、美国机械工程师协会（ASME）制定的压力容器和电梯标准，以及美国化学学会（AIChE）的化工工艺安全标准。

4.5.4　保险组织

正如第 4.4 节所论述的那样，许多消防安全监管单位的出现都是因为保险业。NBFU

制定了美国第一个推荐性建筑规范与许多消防安全标准，这些标准现在都属于 NFPA 的管辖范围。保险组织由数百个独立的公司、协会和服务组织组成，在财产保护方面有着强大的影响力。其中服务组织包括工业互助组织和保险服务办公室。

工业互助研究（FMR）是一个由 FM global 公司下属的科学研究和检测机构，FM global 公司是由保险公司与前工业互助组织合并组建的。FMR 主要研究领域为火灾损失和火灾损失控制，特别是在防火保护、建筑材料、建筑结构和风险工程方法领域。通过对工业危害、实验数据、损失统计和现场经验的研究，FMR 制定了详细的保护指南，该指南涵盖了预防财产损失的全部方面。这些财产保护标准已被多地的政府、行业和保险公司接受。FMR 还提供第三方产品的认证服务。相关的可以减少损失的产品和材料必须经 FMR 测试和批准才能上市。

在美国，保险业是由各州各自管理的。根据国家法律，保险事务局（ISO，不要与国际标准组织混淆）是作为保险评级机构、保险精算服务机构、咨询组织以及统计代理机构来行使职能的。ISO 需要向州政府提交保险评级表，现在被称为特定商业财产评估表（SCOPES，Specific Commercial Property Evaluation Schedul，ISO Commercial Risk Services，Inc.，1990）。此外 ISO 还负责管理灭火等级表（ISO Commercial Risk Services，Inc.，1980）。该文件是保险事务局对美国 24000 多个市的消防部门进行评估和分类的基础。

4.6　美国联邦机构

在 20 世纪 70 年代之前，美国联邦政府在消防安全管理方面的作用是微乎其微的。从公众的角度来看，政府甚至不负责监管，只对联邦政府的财产、雇员和公众的财产提供保护。随着各类技术的发展、民众安全意识的不断提高以及立法机关服务民众的观念的日益增强，联邦政府才开始了在消防安全方面的政府活动。

到了今天，联邦政府已经开始从多方面参与消防安全监管工作，许多联邦组织颁布、表决通过了消防安全标准。美国联邦政府的 12 个行政部门和 10 个独立机构都拥有一定程度的消防安全职能。住房和城市发展部（HUD）负责解决住房方案，制定了公共建筑的标准，标准对材料燃烧性能和其他消防安全指标进行了规定；核管制委员会则负责核电站的火灾危险；卫生与公众服务部和退伍军人部关心的是医院的安全问题；国家总务管理局负责联邦大楼的消防安全。但美国政府没有处理消防安全的中央机构，也没有一个中央执法机构。此外，美国政府不受州和地方法规的约束，因此政府必须出台自己的消防安全规范。现在大多数人都承认地方法规，每个机构都需要避免自己辖区内的财物起火。

美国政府最重要的消防安全工作就是对工作场所、消费产品和交通运输的消防监管。

4.6.1　工作场所消防安全

劳动安全与健康管理局（OSHA）的主要任务是制定和执行保护工作场所人员健康和安全的标准。在很大程度上，OSHA 选择了 NFPA 规范确定工作场所消防安全的标准。

然而，OSHA 最近发布了一项管理高危化学品工艺危害的标准，该标准需要防止或减少雇员面临毒性、火灾或爆炸危险的重大工业事故的风险，并列举了一个集技术、程序和管理实践为一体的方法。

矿山的火灾危险属于矿山卫生与安全管理局的职责范围。

4.6.2　消费产品

消费者产品安全委员会（CPSC）是一个独立的政府监管机构，成立于 1972 年。该委员会的目的是减少产品质量不合格带来的风险，保护公众免受消费品的伤害。为达到此目的，它帮助消费者评估产品的安全性，并为产品制定了统一的安全标准，其目的是尽量减少各地方规范的冲突。它对因产品质量不合格而产生的相关问题进行研究和调查并采取预防措施，比如产品不合格造成的死亡、疾病和伤害等。委员会的主要责任是制定强制性产品的安全标准，此外，它还有权禁止生产有害产品。通过对产品标准进行的广泛研究，委员会参与并制定广泛的消费者、行业信息和教育方案，并经营管理一个综合问题信息处理机构。它拥有"易燃织物法"的执行权和类似的消防安全法规的立法权。

4.6.3　交通运输

交通部（DOT）负责制定国家运输政策。交通部的几个下属机构可以参加与消防安全有关的管制行动。国家公路交通安全管理局（NHTSA）负责制定机动车和类似运输车辆安全性能方案。他们出台的标准规定了汽车等车辆的安全特性和安全性能水平，比如燃烧性能法规。NHTSA 也会开展汽车重大火灾事故的调查。联邦航空管理局（FAA）负责空中安全，他们制定了管理飞机材料的燃烧特性的法规，此外还有飞行器的防撞性，以及预防和控制因碰撞而导致火灾的法规。船舶火灾危险属于海岸警卫队的管辖范围，海岸警卫队是商务部的一个下设机构。

4.6.4　非规范组织

联邦紧急事务管理局（FEMA）是一个独立的机构，成立于 1979 年，负责协助各级政府处理各类紧急情况，这里的紧急情况包括自然灾害、人为灾害和核灾害。其重点是减灾防灾、灾害救济和重建援助。FEMA 的国家应急培训中心图书馆收集了大量关于应急管理的参考资料。两个与消防安全有关的联邦政府单位都在 FEMA 内，即美国消防局（USFA）和国家消防学院（NFA）。美国消防局（USFA）负责支持各级政府消防部门的工作和开展对民众的消防培训和教育工作。国家消防学院（NFA）位于马里兰州埃默斯堡，负责培训消防人员、编制和发放消防培训教学资料。

美国国家标准与技术研究所（NIST）没有制定消防安全领域的标准，但它会间接地为消防标准的制定提供技术方面的支持。建筑和火灾研究实验室是 NIST 的一个组成部分，是美国火灾研究的重点单位，拥有多学科的技术人员和完善的实验室、图书馆等研究设施。

4.7 加拿大规范

加拿大国家研究委员会颁布了一些国家推荐性规范："国家建筑规范"（NBC）规定了新建筑群中人员生命、健康安全最低标准以及建筑结构安全的最低标准。"国家消防法规"（NFC）规定了建筑、建筑结构和使用危险材料的区域的最低消防安全要求，此外还规定了正在使用建筑防火能力的可接受标准。

这些规范只是推荐性文件，必须由拥有管辖权的政府管理部门通过方能生效。但国家推荐性规范不能原封不动地直接用作各地方政府的法规，需要针对各地区情况进行适当地修改。加拿大的建筑规范通常关注的是消防安全、建筑结构稳定性和人员生命健康安全。它们既适用于新建筑物的建设，也适用于既有建筑物的拆除或改建。当建筑物的使用功能发生变化或建筑需要翻新或改变时，也应遵循该规范。在加拿大，建筑规范的规定范围一般限于人员安全和疏散方面；一些省级的建筑规范还涉及节能方面的问题。

消防规范通常适用于已经使用的建筑物，可以约束有可能诱发火灾的活动。规范规定了消防设施、疏散设施、家具的燃烧性能以及建筑中易燃材料和危险化学品的管理，还要求提前制定消防安全应急预案。消防规范降低了火灾发生的可能性，特别是那些可能对人员造成危险的火灾，同时也控制了火灾的损失。与建筑规范不同的是，消防规范可能包含一些追溯性要求，适用于所有建筑，而不管它们是什么时候建造的。执行机关必须对这些要求的适用性做出判断。

4.7.1 国家研究委员会

根据英属北美法及其之后的宪法，地方政府拥有加拿大法规的立法权。在过去，立法权一般下放给市政当局，因此造成了每个城市为满足自己的需求而制定了各种各样的法规。法规的区别让设计师和产品制造商很难在不同地区和承包商开展业务。1937 年，财政部要求国家研究委员会（NRC）制定一个可以被所有城市采用的推荐性建筑规范，于是 NRC 在 1941 年出版了第一版的"加拿大国家建筑规范"。

第二次世界大战以后，建筑业的迅速发展要求对 NBC 进行修订。1948 年，NRC 设立了 NBC 联合委员会对规范进行更新，并最终于 1953 年修订了该规范，此后大约每五年对版本进行一次更新。1995 年的"加拿大国家建筑规范"是第 11 版。

1956 年，NRC 成立了 NFC 联合委员会，该委员会在 1963 年制作了第一版的 NFC。这两个联合委员会于 1991 年 10 月解散，由加拿大建筑与消防规范委员会（CCBFC）取代。

4.7.2 加拿大建筑规范与消防规范委员会

加拿大国家建筑规范（NBC）和加拿大国家消防规范（NFC）由 CCBFC 编制和维护，并由 NRC（1995a，b）出版。它们是由相应机构采用的推荐性规范。建筑研究所（IRC）为 CCBFC 及其相关委员会提供服务与技术支持。这些服务由加拿大规范中心（CCC）在 IRC 内进行协调。CCC 的工作人员还向各委员会提供了一个与专家进行通信和联系的途径。它们向规范用户提供关于规范的适用范围、应用、制定意义以及规范研发过程的信息。

国家推荐性规范的制定和维护需要达成广泛的共识。建筑业各个环节的人或部门都可以直接向委员会成员提议或间接地就提案的变动提出修改建议的方式，来影响规范的变更。

委员会的工作由负责各技术领域的常务委员会协助。这些专业领域如下：

① 消防安全和人员安全；

② 建筑服务；

③ 结构设计；

④ 房屋设计；

⑤ 环境分隔；

⑥ 危险材料和活动；

⑦ 建筑节能。

反过来，常务委员也需要依靠专题小组和任务小组就委员会管辖范围内特别感兴趣的领域提供建议。因为专题小组涉及特殊利益的需要，所以它们进行日常的活动，而任务小组则是根据某个短期目标而设立的。常务委员会以外的专家也可用于这两个小组。

这些委员会及小组的成员来自建筑行业的各个方面，包括监管机构、消防服务机构、建造师、工程师、制造商、产品供应商、业主、开发商以及建筑使用者。这些成员来自国家的各个地区，代表个人，而非某个特定协会或公司。目前共有 200 多名成员在大约 25 个委员会、专题小组和任务小组中工作。

常务委员会愿意听取任何方面的建议，这些建议应有合理的技术性依据，以便提交各委员会进行审议，委员会通常不会受到非技术性意见的影响，如市场份额和国际贸易等。

规范的制定和维护需要公众的参与。在每一个五年的规范更新周期内，由常委会商定的技术改动有三个月的公开征求意见期。这样做可以接受更多的反馈，并扩大相关的知识范围。专门的技术委员会也会对每个反馈意见进行审查。

收到反馈意见后，各常委会会将最后的修改意见提交 CCBFC 核准。从常委会做出最后的修改决定到规范正式公布之前，大约有 20 个月的时间来提出建议。这意味着各常委会必须提前两年收到修改现行规范的提案。

在下一个修订周期中，协商制定国家规范的流程已经改变。各地区将通过协调地方审查，更直接地参与到整个过程中，以保证国家规范改革的同步性。向 CCC 提出的提案也将自动分给各省和地区。在规范常委会做出决定时，这些提案将以同样的方式分发。CCC 会在向民众公开前，将地方司法机构提出的问题交由 CCBFC 及其各委员会进行审议。

4.7.3 基于目标的规范

在 1995 年的战略计划中，CCBFC 呼吁努力使国家规范文件更加清晰和易于使用。选择的机制是将规范转换为基于目标的格式。为进行该项目的准备工作，在委员会收到规范修改建议时，会成立一个基于目标的规范工作小组，其成员向委员会和省/地区建筑标准委员会报告工作。

目前的一个局限性是，这些规范通常是在原有规范无法解决现有问题的情况下提出的，现有的规范会直接提出具体的要求和标准，无法说明具体的原因。许多新的技术或设计，可能会达到同样或甚至更好的效果，但传统规范并未考虑在内。这使得可能创造更高效益的新技术、新方法无法得到应用。随着性能化设计方案的提出，这个问题得到了有效的改善。然而，CCBFC 没有完全采用性能化设计方法，原因有二：

①并不是所有用户都希望采用性能化设计的方案；

②没有足够的数据用于开发性能化设计规范，或者说，无法为当前规范的大多数条款制定定量的性能化标准。

因此，CCBFC 提出了"基于目标的规范"的概念。这一概念有五个要点：

①提前提出规范的基本目标（例如人员生命健康、安全）；

②以定量的形式对产品、材料、过程和系统必须满足的一些更具体的功能要求进行说明；

③无论是现行规范还是性能化规范，都可以作为建筑设计的方案，并列入规范之中；

④在信息数据充足的情况下，提供定量的性能化标准用于衡量新的设计方案的可靠性；

⑤阐述每项条款要求背后的意图以及其与规范目标之间的关系。

基于"目标"规范工作小组正在试图将现有规范转换为基于目标的规范。这是一项巨大的任务，凝聚了各常委会和各工作小组工作人员的努力。这项工作的一部分是分析 NBC 和 NFC 这两部规范中的每一项条款，以确定其意图和关联（据估计，这两部规范有超过 5000 项条款）。

新的规范将分为两部分：A 部分包括规范的目标和要求。只有在不得已的情况下才会对这一部分进行修订。预计 A 部分将有一个"树状"结构，包含越来越具体的目标、子目标和功能需求。

B 部分主要用于实际应用，规定了性能化设计方案必须遵守的定量标准，以及符合当前规范的解决方案。该部门将按照目前的规范，按正常的时间表进行修订。

4.7.4 建筑结构研究所

在战后的建设热潮中，NRC 成立了建筑研究部，以满足建筑业迅速扩张的需求。该部门于 1986 年改名为建筑研究所（IRC）。其最初的任务之一是为加拿大国家建筑规范的研究提供支持。目前建筑研究所参与了国家规范的全面制定。

规范委员会主要通过 CCC 与 IRC 的研究人员进行沟通。各委员会不断收到建造业各部门对规范修改的建议。IRC 的顾问会从技术和执行角度对这些建议进行衡量，并提出适当的方案。但是，最终的决定是由规范委员会做出的，而非 IRC 的工作人员。

当委员会需要更多的信息来做出决策时，就会开展相关研究以获得缺失的数据。这些研究不仅在研究中心进行，而且也在各相关领域、制造业团体和相关财团之内进行。

4.7.5 加拿大标准

加拿大标准包括了公认的实践方法、技术要求和专业术语等内容。加拿大国家规范直接参考了 200 多份文件，也间接地引用了其他更多的文件。一般而言，这些标准是由加拿大标准委员会（SCC）认可的标准制定、组织编写的。这些组织包括加拿大天然气协会（CGA）、加拿大通用标准委员会（CGSB）、加拿大标准协会（CSA）、加拿大保险商实验室（ULA）和魁北克省标准局（BNQ）。在加拿大的规范中也参考了来自美国组织的标准，如 ASTM 和 NFPA。

评估

建筑产品、材料或系统是否达标，需要由 CSA、CGA 和 ULA 等多个组织进行评估，这些组织可以为与安全相关的产品提供完整的第三方认证。NBC 并不要求这种认证，只要求产品或系统达到某些最低要求。然而在实践中，执法人员常常需要通过第三方认证确保产品的质量。为了给建筑业提供新式材料、产品和系统的全国评估服务，NRC 成立了加拿大建筑材料中心，以便对尚未制定标准的新产品和虽有标准但未制定第三方认证方案的产品提供质量评估服务。大多数省和地区使用该中心的评估报告可以作为新产品被接受的依据。

SCC 是一个联邦皇家公司，其任务是高效准确地制定标准。SCC 认可测试实验室和标准编写机构。SCC 是国际电工委员会（IEC）和国际标准化组织（ISO）的成员，并作为加拿大在两个组织的代表机构。两个组织都负责制定国际标准以促进国际贸易。SCC 与 SCC 认可的标准制定组织一起代表加拿大参与 ISO 和 IEC 的技术委员会（TCs）。

4.8 英国规范

4.8.1 建筑

Read 和 Morris（1993）就人们对英国建筑的防护需求进行了广泛的调查。一般而言，控制建筑物火灾危险的规范与控制其他灾害的规范的内容是不同的，差别主要体现在两个方面：新式建筑的设计和建筑营业期间的火灾预警。这些要求适用于全国各地，由地方住建部门和消防部门进行执法。改建后的建筑视为新建筑。

规范规定了疏散通道、内部防火、结构防火、外部防火措施和消防设施的要求。在国家层面上，有三套独立的建筑规范：英格兰和威尔士规范、苏格兰规范以及北爱尔兰规范。对于英格兰和威尔士规范并不是唯一的权威，以前制定的规范制度仍然有效。但是在苏格兰和北爱尔兰，技术标准是强制执行的。

关于营业建筑的法律规定也有很多，特别是 1971 年出台的"防火法案"。该法案在 1972 年规定了旅馆和寄宿处的消防要求，在 1976 年规定了对工厂、商店和铁路房舍的消防要求。根据"防火法案"，内政部为上述场所都发布了消防指南。其内容主要包括疏散设施的保护、火灾自动报警和初期灭火与救援能力。一些场所未囊括在该法案中，但其他法律有要求，比如电影院、剧院、学校、多个俱乐部、有营业执照的场所（酒类经营许可证）和医院。然而，由于这些建筑中往往又包括办公区域，因此这些建筑的消防条例可能与"防火法案"的规定产生冲突。

建筑消防条例一般由地方的建筑管理部门负责执行，"防火法案"由地方消防部门执行。

英国保险条例通常会参考英国预防损失委员会颁布的规则（the Loss Prevention Council，1986）。已经在防火防灾领域活跃了一个多世纪的消防局委员会正是该委员会的下属机构。这些保险条例载于"一、二级建筑建造规则"。一级建筑一般有资格缴纳较低的保险费，而二级建筑通常不用缴纳额外保险费。

英国众多的规范和标准均符合相关建筑消防安全法规的要求，包括不同类型建筑的防火措施以及建筑材料和消防设施的性能化标准。尽管国际标准化组织（ISO）和欧洲标准化委员会（CEN）制定了国际通用的标准，但英国标准协会、政府部门（特别是内政部）、卫生和社会保障部（医院）以及教育和科学部（学校）依然制定了各种规范和标准。它们涵盖了公寓住宅、办公楼、商店等火灾危险较大区域的主要防火措施，比如建筑的防火设计、自动探测报警系统以及消防电梯等。Read 和 Morris（1993 年）列出了这些规范和标准的详细列表。Malhotra（1992）介绍了欧洲标准委员会列出的规范和标准。

4.8.2　工业和工艺危险

工业和工艺危险由卫生和安全委员会负责，该委员会的执行机构是从属于劳工部卫生和安全管理局（HSE）。主要的法规是因弗利克斯伯勒镇（Flixborough）爆炸事故灾难而广受关注的 1974 年工作场所健康与安全法令（HMSO，1974）。该法令涵盖了工作场所人员健康与安全的所有方面，并提出了一系列规章制度。就消防安全方面而言，最主要的条例是"消防证书（特殊场所）条例"（1976）和"工业重大事故危险控制条例"（CI-MAH，1984）。第一个条例涉及具有特殊风险的工业区，比如存在特别危险的易燃或有毒材料，或者生产工艺具有不可避免的危险性。执法部门是 HSE 而非消防部门，这是因为 HSE 对有关工艺和原材料特性非常熟悉（HSE，1985）。第二个条例涉及消防安全要求和消防安全管理，主要针对可能造成危险事故的生产过程。这些条例往往是功能性的，而非"处方式"的。条例要求通过公司对事故危险性的评估，提出合理的应对方式。1987 年北海帕玻尔·阿尔法（Piper Alpha）钻井平台爆炸事故发生后，卫生和安全委员会还接管了近海区域的天然气和石油设施的安全管理工作。因为这些地区的火灾和爆炸的风险很大。因此新法规要求，与 CIMAH 一样，所有海上的天然气、石油设施都必须向 HSE 提交自己的应对方案。此外，HSE 也是负责执行欧盟委员会关于工业健康和安全指令的机构。

HSE 提供了全面的规范和指南，还有很多专业组织在这一领域开展的各类活动，特别是化学工程师学会（1992）提供了侧重于危险和风险量化的培训和教学录像。这些往往侧重于危害和风险的量化。工程委员会（1992，1993）还编写了风险评估文件，供专业工程师使用。

4.8.3　商品消防安全

人们通常不会意识到，日常的商品同样需要消防安全规章制度的管控。这些商品主要有两种。第一种是含有可燃物的商品，它们一旦被点燃，可能对人员造成直接威胁或造成迅速蔓延的火灾。第二种是人们所使用的热源和电源，它们可以引燃可燃物并造成火灾蔓延。为此，不同的政府管理部门颁布了许多相关法规。目前，贸易和工业部的消费者保护科是管理这些商品的主要部门，他们印发了一份咨询文件（DTI，1976），对当时的商品的消防安全性进行了调查，并提出了改进措施。该文件表明人们充分支持英国标准，以立法的形式将消防安全管理要求转化为法规。

纺织品和家具是受到消防安全控制的两种主要类型的可燃物品。易燃衣服是发生烧伤事故的主要原因。英国标准 BS 5438（1976）描述了使用 62cm×17cm（高×宽）的垂直样品测试材料的方式，BS 5722（1984）根据 BS 5438 测试的结果提出了睡衣和浴袍的可燃性标准。窗帘和悬垂物可能很容易被点燃和蔓延火灾，因为它们是自由悬挂的。因此，公共场所的窗帘和悬垂物，消防机构要求对它们进行处理是正常的，以便它们能够抵抗小的点火源。这些物品的正常使用，需要根据许多相关英国标准中的一个或多个，例如如上所述的 BS 5438，BS 5867（1980）以及对于 PVC 窗帘的 BS 2782（1987，1988）提供的测试证书作为证据。

直到 20 世纪 60 年代，人们才把家具视为重大消防安全隐患，当时消防部门的报告清楚地表明，人们引入聚氨酯泡沫作为室内装饰和床垫的主要填充物是住宅火灾的主要原因。该部门撰写了研究方案，提出了一系列测试方法，并最终于 1988 年制定了"家具和装修防火条例"。Paul（1989）总结了 BS 5852（1990）和 BS 6807（1990）中的实验方法。水平铺在地板上的地毯一般情况不会使火灾迅速蔓延。但国王十字火车站火灾表明，大火可以沿着自动扶梯的毛毯向上蔓延（第 3 章），所以条例中关于地毯防火这一点可能会得到修正。地毯的可燃性根据 BS 4790（1987）通过金属热源进行检测。

加热器，特别是家用加热器，已经引发了许多火灾。人们通常使用防火罩将暴露的加热器保护起来。燃煤明火曾经是英国火灾的主要点火源，但随着集中供暖的开始，其威胁程度有所下降。BS 6539（1991）和 BS 3248（1986）中规定这些热源必须设置火灾、火花保护装置。所有开放式加热器都需要使用保护罩，BS 1945（1991）和 BS 6778（1991）分别对气体和电加热器的防火措施进行了规定。1959 年便携式煤油取暖器引发了火灾，造成 5 名儿童死亡，此后的立法便规定了便携式取暖器的消防安全措施。当时，大厅里装了一个明火加热器，孩子的母亲因某些事离开，忘了将大门关上，大风使火焰燃烧极不均衡，引燃了加热器和燃料。针对此次火灾，BS 3300（1974）要求所有便携式煤油加热器应在 8m/s 的风速下安全运行。催化加热器通常使用液化石油气钢瓶中的气体燃料。这些气体燃料需要按照 BS 5258（1983a）的规定进行检测，以确保催化剂均匀运行并且不排放过量的未燃烧蒸气（BS 5258，1983b）。集中供暖系统一般比明火或便携式加热器安全得多。当使用气体或石油燃料时，需要确保有可靠的人员进行监测（BS 5258，1983a）。电气供应的要求参照"电气工程师协会条例"（1981）。

4.8.4 交通运输

这部分内容关系到公路、铁路、海运和航空运输的消防安全。在英国，由交通部下属的独立部门负责交通运输的消防安全，卫生安全局也会负责危险货物运输的消防安全。此外，一些运输要求还需要符合国际协定，这是因为运输往往需要跨越国界，特别是海运和航空运输。

交通运输的消防要求分为两类，一类是持有运载乘客许可证的车辆，另一类是持有运载危险货物许可证的车辆。公共汽车和长途客车必须取得交通部颁发的资格证书。"工作健康和安全规程"等法规对货运车辆进行了规定。特别是 1981 年的 HSE 条例。BS 6853（1987）就铁路车辆的灭火器材料和安装进行了规定。此外，英国铁路公司也有内部规章制度。

在航运方面，主要的立法机构是国际海事组织（IMO），直到最近改变为政府间海事协议组织（IMCO）。该组织在 1913 年、1929 年、1948 年、1960 年和 1974 年先后发布了五版"国际海上人命安全公约"（SOLAS）。这些公约产生了一些涉及商船和海上货物运输的法规。Rushbrook（1979）在他的著作《船舶火灾》中对海上货物运输及其应用进行了详细的叙述。航运消防安全的另一个主要负责机构是国际航运公会（ICS）。其下属的石油公司和国际海洋论坛出版了"游轮和码头安全指南"（1974）和"船舶间输送液化气体指南"（1980）。

在英国，民用航空管理局（CAA）负责制定机场空域、地域以及加油区的消防安全标准。该组织与美国的联邦航空管理局（FAA）、国际民用航空组织（ICAO）等相关国际机构一同制定了国际标准。1985 年 8 月曼彻斯特（Manchester）机场发生事故，造成55 名乘客死亡，此后相关部门颁布了新的规定（1987），要求提高飞机座椅、机壁和天花板装饰的阻燃质量。

4.8.5 消防安全监督和检查

对于某些已经依照法规采取了防火措施的危险区域，可以继续采取如下检查和维修方法进行消防安全水平的评估：

① 火灾风险是否改变；

② 所要求的防火措施是否可以按预期有效地运行。

这种评估通常是通过按检查表逐项核对和安全审计完成的，这是消防安全管理的重要内容之一。管理层负责制定审计方案，并确保其被有效执行。不论采取的防护措施是什么，都有必要对其进行评估。官方、半官方和专业组织编制了一些示范评估清单。例如，内政部出版的关于家庭火灾危险的清单、消防协会出版的关于多种行业消防安全的刊物和化学工业协会编制的化学工业安全审核指南（1977）。这些检查表主要关注的是典型场所的潜在风险以及消除这些风险的安全措施。国王十字地铁站火灾的 Fennell 报告（1988，见第 3.2.3 节）和随后的机械工程师学会专题讨论会（1989）特别强调了对消防安全和消防安全审计的管理。

参考文献

American Society for Testing and Materials (1999). *Fire Test Standards*, 5th Edition, American Society for Testing and Materials, West Conshohocken, PA.

Boring, D F, Spence, J C and Wells, P E (1981). *Fire Protection through Modern Building Codes*, 4th Edition, American Iron and Steel Institute, Washington, DC.

BS 1945 (1991). Specifications for Fire Guards for Heating Appliances (gas, electric and oil burning).

BS 2782 (1987, 1988). Methods of Testing Plastics, Part 1, Tests for Flammability, Method 140D (1987), 140E (1988).

BS 3248 (1986). Specifications for Spark Guards for use with Solid Fuel Appliances.

BS 3300 (1974). Specification for Kerosene (paraffin) Unflued Space Heaters, Cooking and Boiling Appliances for Domestic Use.

BS 4790 (1987). Method for Determination of the Effects of a Small Source of Ignition on Textile Floor Coverings (hot metal nut method).

BS 5258 (1983). Safety of Domestic Appliances: (a) Part I. Specification for Central Heating Boilers and Circulators (b) Part II. Flueless Catalytic Combustion Heaters.

BS 5438 (1976). Methods for Tests for Flammability of Vertically Oriented Fabrics and Fabric Assemblies Subjected to a Small Igniting Flame.

BS 5722 (1984). Specification for Flammability of Fabrics and Fabric Assemblies Used as Sleepwear and Dressing Gowns.

BS 5867 (1980). Specification for Fabrics for Curtains and Drapes, Part 2, 1980, Flammability Requirements (when tested by BS 5438).

BS 5852 (1990). Method of Test for Assessment of Ignitability of Upholstered Seating by Smouldering and Flaming Ignition Sources.

BS 6539 (1991). Specifications for Fireguards for Use with Solid Fuel Fire Appliances.

BS 6807 (1990). Methods of Test for Assessment of Ignitability of Mattresses, Divans, and Bed Bases with Primary and Secondary Sources of Ignition.

BS 6778 (1991). Specifications for Fireguards for Use with Portable Free Standing or Wall Mounted Heating Appliances.

BS 6853 (1987). Code of Practice for Fire Precautions in the Design and Construction of Railway Passenger Rolling Stock.

Building Officials and Code Administrators International (1996). National Fire Code, Country Club Hills, IL.

Building Officials and Code Administrators International (1996). *National Building Code*, Country Club Hills, IL.

Chemical Industries Association (1977). *Safety Audits - A Guide for the Chemical Industry*.

Cote, A E (Ed.) (1997). *Fire Protection Handbook*, 18th Edition, National Fire Protection Association, Quincy, MA.

Cote, A E and Grant, C C (1997). Building and fire codes and standards. *Fire Protection Handbook*, A E Cote (Ed.), 18th Edition, National Fire Protection Association, Quincy, MA, Section 1, Chapter 4.

DiNenno, P J et al. (Eds.) (2001). *SFPE Handbook of Fire Protection Engineering*, 3rd Edition, National Fire Protection Association, Quincy, MA.

DTI (1976). *Consumer Safety: A Consultative Document*, Department of Trade and Industry, HMSO, London.

Engineering Council (1992). *Engineers and Risk Issues*, Code of Professional Practice, London.

Engineering Council (1993) *Guidelines on Risk Issues*, London.

Fennell, D (1988). *Investigation into the King's Cross Underground Fire*, HMSO, London.

Fire Protection Association (undated). *Planning Programme for the Prevention and Control of Fire*, London.

HMSO (1974). Health and Safety at Work Act, London.

HSE (1985). *Control of Industrial Major Accident Hazards*, HMSO, London.

Institution of Chemical Engineers (1992). Safety Training Packages, I. Chem. E., Institution of Chemical Engineers, Rugby, UK.

(IEE) (1981). *IEE Wiring Regulations*. Institution of Electrical Engineers, 15th Edition, London.

Institution of Mechanical Engineers (1989). *The King's Cross Underground Fire: Fire Dynamics and the Organisation of Safety*, M.E.P., London.

International Conference of Building Officials (1999). *Uniform Building Code*, Whittier, CA.

International Conference of Building Officials (1999). *Uniform Fire Code*, Whittier, CA.

ISO Commercial Risk Services, Inc (1980). *Fire Suppression Rating Schedule*, Parsippany, NJ.

ISO Commercial Risk Services, Inc (1990). *Specific Commercial Property Evaluation Schedule*, Parsippany, NJ.

Kaplan, M E and Watts, J M Jr (2000). *Draft Code for Historic Buildings*, Association for Preservation Technology, Williamsburg, VA.

Loss Prevention Council (1986). Rules for Construction of Buildings, Grades 1 and 2.

Malhotra, H L (1992). Recent developments in the European fire scene. *Fire Surveyor*, **21**, 4.

National Research Council (1995). *National Building Code of Canada*, Ottawa.

National Research Council (1995). *National Fire Code of Canada*, Ottawa.

Oil Companies International Marine Forum (1974). *International Tanker and Terminal Safety Guide*, 2nd Edition, Applied Science Publishers Ltd, London.

Oil Companies International Marine Forum (1980). *Ship to Ship Transfer Guide (Liquefied Gases)*, Witherby & Co. Ltd, London.

Paul, K T (1989). Furniture and furnishing regulations. *Fire Surveyor*, **18**(1), 5–13.

Puchovsky, M (1997). Performance-based fire codes and standards. *Fire Protection Handbook*, A E Cote (Ed.), 18th Edition, National Fire Protection Association, Quincy, MA, Section 10, Chapter 13.

Rushbrook, F (1979). *Fire Aboard*, Brown, Son and Ferguson.

Read, R E H and Morris, W A (1993). *Aspects of Fire Precautions in Buildings*, Building Research Establishment, UK.

SFPE (2000). *SFPE Engineering Guide to Performance-Based Fire Protection Analysis and Design of Buildings*, Society of Fire Protection Engineers, Bethesda, MD.

Southern Building Code Congress International (1997). *Standard Fire Code*, Birmingham, AL.

SP 806 (1996) *Standards Activities of Organizations in the United States*, U.S. Government Printing Office, Washington, DC.

Toth, R B (Ed.) (1984). *Standards Activities of Organizations in the United States*, NBS Special Publication 681, National Bureau of Standards, Gaithersburg, MD.

Watts, J M Jr (1999a). Rehabilitating existing buildings, fire protection engineering. *Fire Protection Engineering*, **1**(2), 6–15.

Watts, J M Jr (1999b). Y2K performance-based life safety code. *Proceedings, Third International Conference on Fire Research and Engineering, Society of Fire Protection Engineers*, Bethesda, MD, pp. 146–151.

第**2**篇

消防安全
的量化

5 物理数据

5.1 引言

在过去的二三十年中，开展了大量与消防安全相关的实验和其他调查。这项工作的大量研究成果已经以消防研究摘要、期刊论文、消防安全领域期刊以及教科书的形式进入了公共领域。近年来，国际消防安全科学学会也举办了多次专题研讨会，消防安全领域的一些主要出版物见表 5.1。这项工作为消防安全科学问题的量化研究逐步奠定了坚实的基础。

表 5.1　消防安全工程定量化数据来源

参考期刊	火灾与材料——Wiley and Sons
	消防安全杂志——Elsevier
	消防技术——美国国家消防协会
	日本消防研究所报告
	消防工程学报——消防工程师协会
	燃烧与火灾——燃烧研究所
	消防科学与技术——东京大学
专题研讨会	可燃材料消防安全——爱丁堡大学
	第一届,第二届国际消防安全科学研讨会——半球出版社
	第三届和第四届国际消防安全科学研讨会——Elsevier
	第五届和第六届国际消防安全科学研讨会——国际消防安全科学协会
	第一届,第二届和第三届消防研究与工程国际会议——消防工程师协会
汇编文献	S. F. P. E. 消防工程手册——消防工程师学会,美国国家消防协会(1995)
其他	消防研究摘要和评论 1958—1977 美国国家科学院,国家研究理事会
	消防研究,消防研究所年度报告,1947—1973 伦敦,H. M. S. O

本章将概述这项工作开展的主要领域，特别是那些应用于评估火灾行为和消防安全的物理数据的领域。物理数据与表 2.4 中的子系统（ⅰ）至（ⅴ）关系尤其密切。到目前为止，大多数使用物理数据的模型都已经在消防子系统（ⅱ）和（ⅴ）中，即火灾发展与直接危害子系统。用一个章节对整个领域进行详细的论述是不可能的。然而，我们的目的是

调查可用数据，从而为消防安全定量建模提供数据来源，并指出相关数据存在的主要差距和矛盾。

5.2 燃烧与点燃

5.2.1 燃烧机理

表 2.3 中的步骤 3 涉及燃料的识别，即可燃烧的材料。火灾表现出两种主要的燃烧机制，即气相火焰燃烧和固相阴燃或发光燃烧。在这两种情况下，空气均向燃料进行扩散。事实上，气相火焰燃烧是燃烧的主要机制，火焰本身的热反馈使液体或固体燃料产生气体和蒸气。爆炸通常与火焰通过预混燃料的传播有关，其中空气混合物浓度在爆炸极限之间（参见第 5.14 节）。

燃料最重要的特性是燃烧热（H），它可以通过标准仪器测量得到。气体、液体和固体燃料更多的信息可以通过查询相关文献获得。一般情况下，液体燃料在燃烧时完全蒸发，唯一的燃烧形式是有焰燃烧。然而，大多数固体燃料，特别是纤维素燃料，仅部分蒸发或分解以产生称为热解产物的易燃蒸气。这些蒸气脱离燃料表面，与燃烧所需空气相混合，这个过程不仅发生在燃烧的初期阶段，而且尤其发生在燃料正上方的燃烧区。剩余的部分为焦炭，其通常小于一半。焦炭的燃烧发生在固体与空气的接触界面，且燃烧受到接触界面氧气的限制。因此，焦炭燃烧总是伴有发光的，在燃料被挥发性部分剥落后可以持续相当长的一段时间。但是，有一些固体燃料，特别是某些聚合物，不会产生焦炭燃烧。

火灾的主要危险条件是由火焰燃烧方式决定的。可燃物产生燃料蒸气的难易程度，特别是生成燃料蒸气所需的热量（L），是评估燃料在火灾中潜在危害的主要因素。对于液体燃料来说，可以用燃料被加热到蒸发温度所需的热量加上蒸发潜热来进行估算。对于固体燃料，形成热解产物的过程通常涉及化学分解以及蒸发，并且必须直接测量它。这可以通过在热解开始后将燃料暴露于已知的传热速率（通常是辐射）并测量燃料质量损失的增加速率来完成。

5.2.2 液体和固体有焰燃烧的特性

H/L 比值是决定液体或固体燃料能否燃烧的主要因素。在没有外在独立热源的情况下，只有当 H/L 比值大于等于 1 时，可燃物才能够持续地燃烧。表 5.2 给出了一些常用燃料的 H/L 比值，比值变化范围为 3～90。对于发光火焰，从给定尺寸的火焰到燃料表面的热传递，在很大程度上不会取决于燃料的性质。然而，进入火焰的燃料的蒸气量却取决于 H/L 的比值，因此 H/L 的比值是火焰尺寸（特别是火焰高度和宽度）的主要决定因素。对于具有给定燃烧热的燃料，具有高 H/L 值的燃料将倾向于快速燃烧并产生大火焰。因此，它们将对火灾蔓延的速度产生重大影响。具有低 H/L 值的燃料将倾向于长时间燃烧并且对暴露于它们的结构具有更深层次的影响。

表 5.2 燃料的 H/L 比值（Tewarson，1980 年）

燃料[1]	H/L[2]	燃料[1]	H/L[2]
红橡木（实心）	2.96	聚甲基丙烯酸甲酯（颗粒）	15.46
刚性聚酰亚胺泡沫(43)	5.14	甲醇（液体）	16.5
聚甲醛（颗粒）	6.37	柔性聚氨酯泡沫(25)	20.03
刚性聚氨酯泡沫(37)	6.54	刚性聚苯乙烯泡沫(47)	20.51
柔性聚氨酯泡沫(1-A)	6.63	聚丙烯（颗粒）	21.37
聚氯乙烯（颗粒）	6.66	聚苯乙烯（颗粒）	23.04
聚乙烯含 48% 氯（颗粒）	6.72	聚乙烯（颗粒）	24.84
刚性聚氨酯泡沫(29)	8.37	刚性聚乙烯泡沫(4)	27.23
柔性聚氨酯泡沫(27)	12.26	刚性聚苯乙烯泡沫(53)	30.02
尼龙（颗粒）	13.1	苯乙烯（液体）	63.3
柔性聚氨酯泡沫(21)	13.34	庚烷（液体）	92.83
环氧树脂/阻燃剂/玻璃纤维（固体）	13.38		

① 括号中的数字是 PRC 样本号。

② H 在氧弹量热仪中测量，对于无法获取数据的燃料用水蒸气进行校正；通过测得在 N_2 环境下热解的质量损失率作为无法获取数据的燃料的外部热通量函数的数据来源，求得 L。

　　来自小尺寸和低燃料流率的燃料源的扩散火焰往往是层流的（Drysdale，1985a）。氧气通过分子扩散到达燃料蒸气流。火焰表现为光滑的表面，燃烧发生在该表面的薄反应区。与燃料源的尺寸相比，火焰高度较长，并且在火焰尖端处，与火焰相关的燃烧空气大约为化学计量的量。然而，随着来自燃料源的尺寸和流速增加，在燃料源上方一定距离处出现涡流和凸起。这可能是由于燃料源上方有空气横向流入，导致更多的空气被夹带到火焰中。

　　在实践中，当燃料源尺寸大于 100mm 时，尽管靠近火焰底部处仍可能存在层流区域，但是上升的火焰主要是湍流火焰。通常，湍流火焰表现为火焰的膨胀，随着火焰向上，火焰尺寸决定了湍流火焰消失的频率，一般来说，火焰的间歇高度要比垂直高度大一半左右。见图 5.1 示例，图中展示了在直径为 0.3m 且有 20mm 高的容器中，燃烧速率为 1.65g/s 的一系列汽油火焰（Rasbash 等，1956）。假定燃烧热为辛烷的数值，则火焰表面的理论产热量为 1040kW/m²。火焰产生的自然浮力会引起湍流。空气被夹带进入除燃料表面附近以外的火焰内部，并发生燃烧反应。焰舌处的温度约达到 500℃，其产生的浮力柱约等于 12 倍的化学计量气流（Heskestad，1986）。一般来说，易燃液体池火的燃烧和建筑物中大多数可燃物的燃烧都是以这种方式进行的。图 5.2（Rasbash 等，1956）显示了直径为 30cm 的容器中乙醇、煤油、汽油和苯燃烧时火焰连续部分的平均形状。理论产热量范围为 21~163kW（燃料表面为 300~2300kW/m²），并且清楚地表明了产热量对火

图 5.1　汽油火焰的影像记录，表明火焰向上移动（底片）

焰高度和直径的影响。在实验中，火焰部分的高度和平均直径不断发生变化，在90%的时间内，火焰高度和平均直径分别为理论产热量的0.61次幂和0.30次幂。McCaffrey (1979) 详细研究了类似的甲烷火焰，这种火焰来自0.3m²的多孔燃烧器，在不同气流流量下，对应的热量产出为14.4~57.5kW（160~639kW/m²）。连续火焰区和火焰上方羽流区的温度、速度和质量流量的平均关系已被广泛应用于确定性火灾模型（第12章）。图5.3所示为一个发展中火灾的湍流火焰，燃烧木垛为0.91m×0.91m×1.07m，木棒截面2.5cm²（O'Dogherty 等，1967）。图中表明如果火源上方的火焰不立即变窄，就不会产生膨胀。这次火灾实验中，木垛上方的火焰已是湍流，在图5.2（b）和图5.2（c）中，火焰遍布整个木垛的横截面，其理论产热量约为1500kW/m²和3000kW/m²。Markstein (1978) 给出了在0.31m²容器中，塑料燃烧的平均火焰形状，理论产热量介于250kW/m²和550kW/m²之间（图5.4）。聚甲基丙烯酸甲酯和聚丙烯的火焰与图5.2中的酒精火焰形状相似，单位面积的燃烧热也相同（250~350kW/m²）。但聚苯乙烯火焰的形状（540kW/m²）与相同燃烧热的煤油火焰形状并不同。

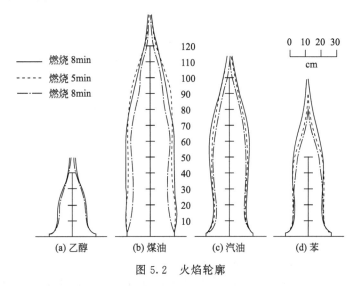

图5.2　火焰轮廓

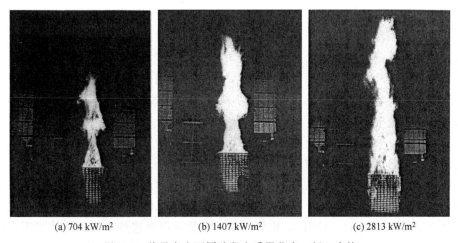

(a) 704 kW/m²　　　(b) 1407 kW/m²　　　(c) 2813 kW/m²

图5.3　热量产出不同阶段木质婴儿床（板）火焰

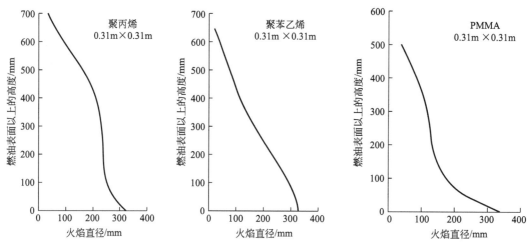

图 5.4　塑料池火灾时火焰直径与燃料表面高度的关系（Markstein，1978）

当燃料表面与水平面的角度超过 15°时，火焰倾向于贴近表面燃烧。随着角度增加到直角甚至超出直角，火焰以湍流形式沿表面燃烧。但是，当角度朝下时，火焰会变成层流，然后又是蜂窝状（de Ris 和 Orloff，1974）。如果燃料以高速射流进入火焰，那么不需要自然浮力的作用就会有大量空气被吸入火焰。在这种情况下火焰会变短以增加燃烧温度和强度。这种火焰在流程工业火灾中更常见，因为在流程工业中有大量的气态和液态物料需要在一定压力下进行处理。

5.2.3　点燃

表 2.3 中的步骤 4 涉及点火源。为了产生导致火焰的点火，首先必须存在能够产生火焰的气体（或蒸气热解产物）——空气混合物，其次需要能够产生引燃点火的点火源或者能够产生引燃点火的温度条件——混合物可能导致自燃。例如，不同燃料气体和蒸气的燃烧下限和燃烧上限的范围已被广泛记载在大量的文献中（Bond，1991；Drysdale，1985a，b；Kanury，1977）。这些表格还提供了点燃这种混合物所需的点火源能量的信息。对于给定的燃料，最小点火能是空气与燃料严格按照化学计量比配平后能够点燃混合物的最小能量。在燃烧极限范围内，最小点火能随着燃烧极限的增加而增加。然而，随着混合物的温度升高，燃烧极限确实会增大，因此，强力点火源能够加热低于下限的大量混合物，并在混合物内产生显著的火焰传播。一般来说，点燃易燃混合物需要小火焰和电气或机械火花；对于各种易燃气体和蒸气，火花的最小能量约为 0.3MJ，含氢混合物的最小点火能约为其 1/10。

然而，随着混合物温度的升高，可燃性限值确实会增大，能够加热低于下限的大量混合物的强大火源将能够在混合物内产生显著的火焰传播。

为使液体或固体燃料被引燃，通常需要对燃料进行加热，使燃料表面生成的可燃气体浓度达到或高于燃烧下限。对于可燃液体，发生这种情况的温度称为闪点。许多燃料的闪点被记录在文献中（Bond，1991），比如己烷、酒精或汽油这些挥发性液体的闪点低于室温，可以被小火花或火焰引燃。然而，挥发性较低的液体和几乎所有常见的可燃固体如纤维素和塑料燃料等，在燃料表面产生足够的可燃蒸气之前，都需要吸收大量的热量。一般来说，燃料吸收的热量与点燃混合气所需热量在数量级上有很大的差别，而且很大程度上吸收热量取决于燃料的物理条件和几何构型。

为了使固体和液体燃料持续燃烧，把燃料加热到产生可燃蒸气的混合气体温度是不够的，还需要火焰向燃料表面反馈足够的热量以维持火焰继续燃烧。使可燃物发生持续燃烧反应时的温度叫做着火点，着火点一般要比闪点略高。着火点高低也与挥发物的临界流速相关，这取决于燃料的性质、几何形状和氧气浓度（Rasbash，1975a，1976）。如果点火源不断给燃料提供热量，那么额外的热量将会反馈给燃料表面，燃料表面温度不断增加，使燃料蒸气率和燃烧速率升高。然而，若在点火之时或之后，点火源的热量就消失，且火焰传递的热量不足以产生挥发物并补偿燃料被加热到着火点的损失温度（Drysdale，1985c），则火焰可能会熄灭。

可燃液体的闪点和着火点温度应当用标准仪器测量，且保持较慢的升温速率（以 5～6℃/min 的速率）。在加热过程中，扰动液体或液体内部循环有助于液体保持均匀温度。然而，固体燃料的闪点和着火点一般是通过固体燃料表面暴露于热辐射中测量的。随着表面温度的升高，当小火源置于释放的可燃蒸气中时，可以观察到闪燃的临界条件。发生闪燃需要的时间取决于点火温度（即发生火灾所需的表面温度）、燃料的厚度和热惯性以及辐射热通量的水平。

在高辐射热传递速率下，暴露的固体表面达到给定温度所需的时间取决于固体是热厚型的还是热薄型的。对于热薄型材料，热量在其厚度上均匀传递，若到达热平衡的时间为 t_s，则热平衡关系为：

$$q'' t_s = (T_s - T_0) \rho c \tau \tag{5.1}$$

式中　q''——表面吸收的热通量；

　　　t_s——达到着火点温度 T_s 的时间；

　　　T_0——固体的初始温度；

　　　ρ——固体密度；

　　　c——比热容；

　　　τ——固体厚度。

对于热厚型材料，暴露的表面下存在有温度梯度，并且：

$$q'' t_s^{1/2} = (T_s - T_0) \left(\frac{\pi}{4} k \rho c \right)^{1/2} \tag{5.2}$$

式中　k——固体的热导率；

　　　$k\rho c$——固体的热惯性。

一般来说，如果厚度符合以下方程，则平板可看作是热厚型：

$$\tau > 2 \left(\frac{k t_s}{\rho c} \right) \tag{5.3}$$

假设热损失与吸收热量相比可忽略不计，且被加热材料的热惯性不变，方程（5.1）和（5.2）才能够成立。当材料被加热到其着火点时，这些假设可能就不合理，因为着火点大多在 300～400℃ 范围内，随着温度越来越接近着火点，对流和辐射会产生大量热损失。实际上，这些热损失产生了引起点火的临界传热速率。当材料在点燃之前烧焦时，会发生更复杂的反应，因此它们对辐射的吸收性增加。焦炭长时间暴露后会积累下来，并发生炭氧化反应。此外，材料可能会熔化或变形，复合材料会分层，从而使其有从厚到薄的变化。由于平板的临界厚度 [方程（5.3）] 随着暴露时间 t_s 的增加而增加，因此，对于加热速率较高而言，厚平板在临界值附近的加热速率也可能变低。

由于上述困难的存在，可以通过辐射来解释燃烧实验，以获得可用于预测点燃条件的数据。因此，对辐射通量作点火时间的-0.5次幂和-1次幂的曲线，当外推到零时，可以得到着火的临界辐射速率。

在存在火灾隐患的情况下，最好知道将材料加热到燃点所需的临界传热条件以及超过临界传热速率发生火灾所需的时间。为了计算这些，需要知道燃料的燃点以及控制加热和热损失过程的燃料的热性质和其他性质。虽然 Thomson 和 Drysdale（1989）对固体可燃物的着火点进行了测量，见表 5.3，但实际上测量着火点温度是非常困难的；这是因为着火点需要通过临界传热速率推导得出，而临界传热速率则是从不同辐射热传递速率的点燃时间的实验中推导得出的，这些参数与热损失状况有关。而在实验条件下，大多会有对流和辐射热损失。最新出现的锥形量热仪（Babrauskas 和 Grayson，1992）和标准的引燃点火装置促进了这种测量。根据方程（5.1）和方程（5.2），Mikkola（1992）绘制了热厚型材料的热辐射对 $t_{ig}^{-1/2}$ 的曲线和热薄型材料热辐射对 t_{ig}^{-1} 的曲线。最近，Delichatsios 等（1991）提出了一种基于热厚型材料实验值和高传热速率的方法，又作出了热辐射对 $(1/t_{ig})^{1/2}$ 的曲线并校正了燃料表面着火之前的热量值变化。Janssens（1992b）提出了热厚型燃料的着火时间、辐射热通量（q''）和着火的临界热通量（q''_{cr}）的方程：

$$q'' = q''_{cr}[1+0.73k\rho c/(h_{ig}t_{ig})^{0.547}] \tag{5.4}$$

式中　h_{ig}——表面到环境的总传热系数。

表 5.3　几种可燃物的着火点

聚合物燃点	着火点/℃
聚甲基丙烯酸甲酯（PX）	310
聚甲基丙烯酸甲酯（FINN）	309
聚甲醛	281
聚乙烯	303
聚丙烯	334
聚苯乙烯	366

注：数据来自 Thomson 和 Drysdale（1989）。

5.2.4　点火源的辨识和能量

对于具有一定燃点的燃料，点火源能否将燃料加热到燃点取决于点火源与燃料之间的热传递以及燃料与环境之间的热损失条件。Rasbash 基于 10cm 尺寸的平板实验对固体可燃物的燃点进行了测量，发现固体可燃物的尺寸越小，其燃点越高，特别是在通风良好的条件下。这是因为在通风的情况下需要燃料蒸气的临界流速更高（Rasbash，1976）。但是，由于燃料尺寸较小，也可能有较高的对流传热速率以及较少的加热燃料所需的热量。

点火源可以是热源或燃烧火焰，它可以是点燃的火柴、来自炊具的火焰、燃烧的废纸篓、大量的垃圾火或故意和恶意的纵火。点火源的特征可以用总燃烧热和根据燃烧量和燃烧速率得到的热量来表示（Babrauskas 和 Walton，1986）。即使是对于较大的火源，耗氧量热计也能提供现成的测量热输出的方法。目前有用于家具测试的各种标准化点火源（BS 5852，1990）。然而，控制火灾蔓延的重要参数不是热量输出，而是热量传递到可燃物表面以将温度升高到相关的燃点。

当可燃物温度达到燃点时，可燃物能否着火取决于是否存在可以点燃可燃蒸气的点火源。如果通过与火焰直接接触的方式进行传热，那么火焰就是点火源。远距离火焰的火花、余烬或小火焰也可以作为点火源。要想在没有这些火源的情况下着火，必须将燃料加热到放出的燃料蒸气的温度，使其在空气中氧化自发点燃。这个温度取决于燃料的化学成分。对于纤维素燃料，它比 300～350℃ 的引燃点火温度高约 200℃。对于液体燃料，可以在不同温度的容器中测量蒸气与空气混合物的自燃温度（Mullins 和 Penner，1959）。自燃温度随着容器尺寸的增加而减小。Bond（1991）记录了大量可燃物的自动点火温度，现在通常称为自燃温度。

点燃的香烟不会产生可燃气体/空气混合物的燃烧。然而，这种点火源能够导致固体材料发生阴燃，尤其是在固体材料质地非常疏松的情况下。阴燃区的温度取决于助燃气体流速和随后的燃烧，特别是在适当流速条件下接触到热薄型燃料（Drysdale，1985d）。由于固体内部发生的自加热氧化过程在微生物反应过程之前，可能在多孔固体的大部分区域内就已经自发地发生阴燃。对于给定的燃料，燃烧的发生取决于燃料的尺寸、燃料的加热和热损失环境（Bowes，1984）。

5.3　火灾蔓延

与火灾蔓延有关的现象是火灾发生子系统（ⅰ）和火灾发展子系统（ⅱ）的主要输入（表 2.4）。子系统（ⅰ）中包含的内容在很大程度上取决于如何定义火灾。如果火灾与某种最低损失相关，那么它与某个最小尺寸火灾也相关。因此，一根点燃的火柴不会导致火灾，除非它落在易燃的热薄型材料上，即使在有这种材料的情况下，该火灾是否需要消防队来灭火或具有明显损失将取决于点火源和其他可燃燃料的距离和布局。一块在木地板上燃烧的纸不太可能点燃地板，即使地板被点燃，当纸张燃烧殆尽时，地板很有可能便自熄了。一般来说，垂直的表面更易被引燃。在热量损失受限的垂直通道中更容易发生点火和火灾蔓延。就建筑物的火灾蔓延而言，热烟气主要存在于两个区域，即燃料表面发生对流传热和辐射热传递的区域，这两个区域通常是移动的。首先是来自燃烧物的火焰和羽流，其次是在顶棚下形成的热气层，可能会延伸至填满整个房间。这些有着复杂形态结构的热烟气为传热速率的计算带来了非常大的困难，而且这方面数据在一定程度上具有不一致性。在达到燃点的受热过程中，被加热燃料表面的热传导起主要作用。有关辐射、对流和热传导的内容可以参考 S.F.P.E. 消防工程手册（1995，1988）的相关章节，其中涵盖了一些必要的基础知识。

5.3.1　火焰的热辐射

辐射传热取决于火焰的辐射率、温度和尺寸。辐射有两个组成部分——来自烟气的辐射和来自烟灰的辐射。通常，对于发光火焰，辐射由烟灰发光度决定，并受火焰中烟灰浓度的控制，火焰中的烟灰浓度根据材料燃烧而变化（Delichatsios 等，1992）。表 5.4 给出了许多可以产生发光火焰的常用燃料以及具有非发光火焰的乙醇的吸收系数和火焰温度，所列举的火焰都是湍流火焰。有证据表明，吸收系数随火焰厚度的增加而增加。尤其是，随着火焰厚度从 15cm 增加到 200cm，木材的吸热系数从 0.7 增加到 1.4。有文献记载了气体燃烧产生的层流火焰的相关数据。由于反应区很薄，吸热系数太大，并且不能认为其代表了火焰的总厚度，所以文献没有记录这些值。Orloff 和 de Ris（1982）分别使用 $0.6 \mathrm{m}^{-1}$ 和 $1.3 \mathrm{m}^{-1}$ 的吸收系数值表示湍流甲烷和丙烷火焰以及 1200 K 的温度，以从辐射火焰映射中获得火焰尺寸和体积的估计值。这些值与表 5.4 中的数据一致。Delichatsios（1993）用数据推导了庚烷的吸收系数为 $0.85 \mathrm{m}^{-1}$（Ndubizu 等，1983）和有着近似值的丙烷吸收系数。这远小于表 5.4 中给出的汽油和煤油的吸收系数，但这些燃料的数值可能受到燃料宽沸点范围内的高级烃类化合物的影响。下列方程（5.5）和（5.6）给出了火焰的辐射率 ε 和辐射热通量 q''_{rad}：

$$\varepsilon = 1 - \mathrm{e}^{-\alpha L} \tag{5.5}$$

$$q''_{\mathrm{rad}} = \varepsilon \sigma T^4 \tag{5.6}$$

式中　α——吸收系数，m^{-1}；

　　　L——火焰厚度，m；

　　　T——火焰温度，K；

　　　σ——Stephan Boltzmann 常数，$5.67 \times 10^{-8} \mathrm{W}/(\mathrm{m}^2 \cdot \mathrm{K}^4)$。

表 5.4　燃料燃烧火焰的辐射特性

燃料(沸点范围)/℃	表面形状和尺寸	距燃料表面高度/mm	火焰厚度/mm	吸收系数 α/m^{-1}	火焰温度/K	燃烧速率/(g/s)	参考
乙醇(77~79)	圆形	150	180	0.37	1491	13.2	Rasbash 等(1956)
汽油(30~200)	0.30m	300	220	2.0	1399	23	
煤油(155~277)	直径	300	180	2.6	1263	14	
苯		300	220	3.9	1194	27	
		300	290	4.1	1194	43	
		300	300	4.2	1194	60	
聚甲醛	0.3m 正方形	5.1	60	0.3	1380	6.4	Markstein (1978)
聚甲基丙烯酸甲酯		150	150	1.3	1380	10.0	
聚丙烯		100	250	2.2	1310	8.4	
聚氨酯		51	162	1.3	1408	n.a.	
		50	310	5.3	1190	14.1	
聚苯乙烯		100	300	4.8	1180	14.1	
		200	230	3.1	1020	14.1	
		250	200	4.2	1000	14.1	

燃料(沸点范围)/℃	表面形状和尺寸	距燃料表面高度/mm	火焰厚度/mm	吸收系数α/m^{-1}	火焰温度/K	燃烧速率/(g/s)	参考
聚甲基丙烯酸甲酯	圆形直径0.73m	200	520	1.5	1350	20.0	Markstein (1978)
含8%水分的木材	长度不同,1.2m等宽的不同木垛	300	150～2000	0.7～1.4	1300	n. a.	Hagglund 和 Persson(1976)
		500	250～1600	0.5～1.15	1300	n. a.	

表5.4中的数据表明,相似化学成分的燃料火焰的吸收系数大致相近。苯和聚苯乙烯的经验分子式是CH,它们燃烧产生大量烟气灰尘,因此火焰具有较高的吸收系数($3.1\sim5.3m^{-1}$),随着火焰厚度增加到1m,辐射率接近1。煤油、汽油和聚丙烯的经验分子式为CH_2,吸收系数为$1.6\sim2.6m^{-1}$,而1m厚的火焰辐射率约为0.9。若燃料的分子式中加入氧元素和氮元素,其吸收系数将降低。因此,聚甲基丙烯酸甲酯($C_5H_8O_2$)的吸收系数为$1.3\sim1.5m^{-1}$。有着与火焰相当厚度的木材($C_6H_{10}O_5$)的吸收系数为$0.8m^{-1}$;一个2m厚的火焰才有0.94的辐射率。乙醇(C_2H_6O)燃烧产生烟气灰尘较少,吸热系数为$0.37m^{-1}$。由于辐射只发生在部分光谱范围中,随着火焰厚度的增加,辐射率最大上升到0.4左右。上述观察结果表明,对于具有中间经验公式的聚合物,可以用插值法求得吸收系数。这种插值可以通过测量燃烧热解产物或相关蒸气或气体的层流扩散火焰的烟点长度来推导(de Ris,1988)。

在火灾发展中,人们通常关注的是厚度大于0.1m的火焰的传热,而且发射率可以基于表5.4中的吸收系数。通常,这些火焰是充分混乱的,燃烧被认为是在整个火焰厚度上发生的。

为了估算热辐射,还需要知道火焰的尺寸,特别是火焰的高度和宽度。火焰高度又与燃料的燃烧速率、自由燃烧时的燃料尺寸有关,而这些因素之间也存在一些相互作用(Heskestad,1988;McCaffrey,1988)。然而,关于测量火焰宽度的系统信息很少,但是这对于控制火焰在横向上对附近物体的发射率很重要。

可以由燃烧热求得火焰体积,再得到火焰宽度的近似值。然后,通过假设一定形状的火焰,可把火焰直径作为火焰高度的函数。把湍流火焰的已有数据信息作为燃烧热的函数,绘制了图5.5的相关函数图。引用了以下四组信息:

① 通过一个直径为12.7mm的喷嘴以$44\sim412cm^3/s$流速燃烧的丙烷(Markstein,1976)。

② 图5.2的火焰体积(Rasbash 等,1956)。

③ 丙烷、甲烷和聚甲基丙烯酸甲酯在直径为0.38m 和0.76m 的容器的表面燃烧(Orloff 和 de Ris,1982)。

④ 图5.3测量的火焰体积(O'Dogherty 等,1967)。

为求得燃烧效率,应该对图5.2中烃类化合物燃烧火焰的燃烧热进行校正(汽油0.92,煤油0.91,苯0.69;数据源自 Tewarson,1995)。以 Tewarson 给出的"化学"燃烧热12.4kJ/g 和参考文献给出的理论值18.6kJ/g,绘制了与图5.3相关的点。火焰体积

与燃烧热值 Q 在 $20\sim2800$kW 范围内的平均关系为：

$$V(\text{m}^3) = 1.21Q(\text{MW})^{1.18} \tag{5.7a}$$

或

$$V(\text{L}) = 0.35Q(\text{kW})^{1.18} \tag{5.7b}$$

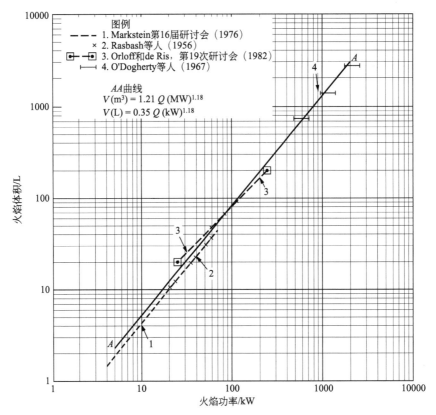

图 5.5　火焰体积对火焰功率的依赖关系

　　由图 5.2 中的火焰体积可初步得出以下结论，在研究范围（$20\sim60$kW）内由对流湍流浮力控制的火焰燃烧强度与火焰功率无关（$20\sim160$kW），约为 1.9MW/m³（kW/L 或 W/cm³）。其他作者也运用了类似的假设（de Ris，1978；Back 等，1994）。但是，方程（5.7）表明，在更大的燃烧热范围内，随着火焰功率的增加，如果用不完全燃烧对燃烧热进行校正，燃烧强度会有所减小。

　　图 5.2～图 5.4 表明火焰的主要部分形状是圆柱形，其上部为锥形。从火焰高度与燃烧热和燃料尺寸的相关公式中可以求得火焰高度 L_f。如果假定整个火焰是圆柱形的，则火焰直径可以用公式 $\sqrt{4V/\pi L_f}$ 进行估算。如果假定火焰有一半或 1/3 是圆柱体，且圆柱体上方是锥体，则圆柱和锥体部分的直径分别为比原直径大 1.22 和 1.13 倍。一般在区域建模中，人们常假设火焰是一个底面积与燃料容器面积相同的圆锥形火。但如果采用这种假设方法，火焰高度就要用公式 $12V/\pi D_b^2$ 求得，其中 D_b 是火焰底部直径。因此，平均火焰形状的经验数据是非常有用的。

　　这种估算热辐射的方法只适用于持续燃烧火焰的下半部分，以及表 5.4 中火焰辐射性能的大部分测量值。通过对实验结果的分析，发现浮力火焰的总辐射能量与火焰全辐射能量的比值是一个常数，这个常数仅与燃料的燃烧特性和产烟特性相关，而这些又与测得的层流扩散火焰燃烧得到的无烟火焰长度（Markstein，1984；Delichatsios 等，1993）有关。由此可以推算火焰的热辐射。由直径为 12.7mm 的喷嘴能产生高达 40kW 的湍流喷射火焰，Markstein 测得了烟尘最少的甲烷火焰和烟尘最多的 1,3-丁二烯火焰的辐射级数分别为 0.18 和 0.429。对于从直径 4.4mm 喷嘴喷出的层流火焰，其燃烧热为 140～300W，特别是对于甲烷、乙烷和丙烷火焰的下半部分。就远处的物体而言，可以认为该辐射均匀地从火焰中心点发出。

在高 2.2m 的冷却壁以及自由燃烧的条件下，Markstein 和 de Ris（1990）测量了深 16mm 和长 380mm 的槽式燃烧器在燃烧热值为 10～60kW 时的前向辐射值。继而又在自由燃烧的条件下，维持原燃烧热不变，与直径为 28mm 的喷射燃烧器进行比较。虽然在任何情况下燃烧器的出口附近都会有层流区域，而此时的火焰是压力控制的湍流扩散火焰。实验所使用的燃料有甲烷、乙烷、乙烯和丙烯。根据燃料的产烟量，自由燃烧喷射火焰和线状火焰的辐射比率从总热释放速率的 0.18 到 0.4 变化。然而，把线状火焰贴近冷却壁时，总辐射比率明显降低了 18%～36%。但在自由燃烧条件下，尽管火焰高度增大了近 1.8 倍，但是辐射的峰值也降到 40%左右。实验没有测量到壁的热传递，但必须假设至少对于薄槽火焰，由对流热传递到壁上引起的冷却大大减少了向前和向后的辐射传递。有证据（Kulayne，1984）表明，当火焰厚度为 95mm 时，总辐射率所受到的影响要小很多，但是，当自由辐射热中加入对流热传递后，获得了从火焰到与之接触的墙壁的总传热时，由于火焰延长，仍然需要减少峰值辐射。

5.3.2 火焰的对流

为了估算对流传热，需要知道流体的运动速度和温度。Heskestad（1988）也给出了这些参数的相关数据。对流传热的有关方程如下：

$$q''_{conv} = h(T_h - T_b) \tag{5.8}$$

式中　T_h——接触点处火焰或羽流的温度；

　　　T_b——被加热物体的冷表面温度；

　　　h——传热系数。

传热系数 h 取决于火焰或热气体的速度以及被加热物体的尺寸和形状，具体数值可参考标准传热学教材。对于与火焰大小相比较小的物体，可以直接使用关于火焰的速度和温度的信息来估计对流热传递。然而在火焰相对于墙壁或天花板表面移动的情况下，基于自由向上移动的火焰和羽流的数据可能无法使用，此时直接测量的方法估算总的热传递要比计算值更真实可靠（第 5.3.3 节）。

当可燃物分解形成可燃蒸气时，分解产生的蒸气流会减少火焰对燃料表面的对流热。对不可燃表面和对应的临界燃烧速率，即在 1～4g/(m² · s) 的非常低的燃料供给速率下，传热可高达 20～25kW/m²。但对于能够产生发光火焰的燃料来说 f，向表面的辐射热传递将大幅提高燃烧速率，并减少对流传热的影响。燃料单位面积的燃烧速率（m''）的一般关系式（Spalding，1955，Rasbash 等，1956）为：

$$m'' = (h/c)\ln(1+B) \tag{5.9}$$

式中　h——相关的对流传热系数；

c——气体（在室温下通常为空气）的比热；

B——传输数。

对于垂直或向上的光滑表面，湍流火焰的自然对流 h/c 值为 $10g/(m^2 \cdot s)$，传输数 B 约等于空气的燃烧热（约 $3000J/g$）除以向燃料表面的对流传热 H_f，与产生在表面燃烧的 1g 燃料挥发物有关。H_f 可以远大于热解物在燃料表面燃烧的热解热。它还包括来自燃料表面的热损失和未燃烧燃料的热解热，这些热量也可能是从实验品的背面释放的。如果 H_f 较大，那么 B 就很小，而对流传热 $m''h_f$ 会趋向于 hBH_f/c，也就是 $3000h/c$。如果 H_f 很小，尤其是由于受辐射的较大影响，那么 B 就会变大，这时对流传热与 $\ln(1+B)/B$ 成正比下降。

因为在火焰使燃料表面产生蒸气的过程中，缺乏热传递的实验数据，所以目前没有统一的方法来估算辐射和对流传热占总传热量的比重。某些情况下假定辐射热传递可以忽略不计，这是因为火焰的尺寸很小或者是火焰并非发光火焰。这样就可以估算对燃料表面的热辐射，并通过差值法计算对流传热，以解释观察到的汽化和来自表面的热损失。蒸气流吸收的辐射热常常忽略不计，而这样会高估辐射热的作用。

在图 5.2 所示的 4 种火灾中，酒精的火焰是不发光的，辐射中只有 17% 的热量对汽化产生影响。对流热传递允许基于 $13.4g/(m^2 \cdot s)$ 的方程（5.9）的估计燃烧速率，其与 $13.2g/(m^2 \cdot s)$ 的测量值非常好比较。然而，对于另外三种具有发光区的火焰，蒸气火焰吸收的未经校正的辐射热估计值已经超过了蒸发所需的热量（Rasbash 等，1956 年）。当对流传热为零时，B 变为无穷大，此时不能使用方程（5.9）来估计燃烧速率。

在宽度为 0.406m 的聚甲基丙烯酸甲酯板上，对垂直燃烧的火焰向燃料表面进行的热传递进行分析，并对烟气吸收辐射热的 7% 进行了校正（Orloff 等，1974），分析表明，随着火焰高度从底部上方 38.1cm 增加至 152.4cm，辐射传热从 $13530W/m^2$ 增至 $21510W/m^2$，这是火焰厚度增加而造成的。对流（按差值估算）从 $6480W/m^2$ 降至 $5540W/m^2$。在这种情况下，方程（5.9）估算的燃烧速率的 h/c 值较低，约为 $6g/(m^2 \cdot s)$，因此需要更多的实验数据来量化 h/c。在此期间，当对流主导时，可以将其取为 $10g/(m^2 \cdot s)$；当辐射主导时，可以取 $6g/(m^2 \cdot s)$。Delichatsios（1986）使用了参数 $0.088\rho_\infty (\nu_\infty g \Delta T_m/T_\infty)$ 来代替参数 h/c，其中 ρ_∞、T_∞、ν_∞ 是环境空气的密度、温度和运动黏度，g 是重力加速度，ΔT_m 是火焰最大升温。在计算 B 时，他还通过未用于提供火焰的对流热输出的部分来减少空气的燃烧热。一般来说，对发光火焰的湍流状态进行建模时，除了假设对流传热包括燃料表面的辐射热损失，还需要假定燃烧速率（L）可以由辐射热除以燃料蒸气的蒸发热得到。

5.3.3　火焰热传导的测量

表 5.4 中的数据适用于从水平基座向上移动的火焰。在这里，火焰的燃烧强度是由自由浮力空气夹带控制的。在天花板下方，空气夹带将受到更多限制，并且在天花板可燃的情况下，燃烧产物会在顶棚和燃烧区域之间积聚一个较厚的区域。

Hinkley 等（1968，1984）以城市燃气和木垛为载体，实验设定的燃烧热输入介于 $140 \sim 600kW$ 之间，在距走廊式顶棚不同距离的条件下做了相关实验。他测得了顶棚的传热速率，在空气充足的火焰冲击点处，峰值增加到了 170kW/m²。根据 McCaffrey（1979）的标准，峰值并不取决于热量输入，而是出现在连续火焰区内的某一点。在从撞击点后面一定距离处的虚拟原点的水平距离位置上的热传递呈指数下降。

You 和 Faeth（1979）使用高达 3.5kW 的热量输入，可以在最高 40kW/m² 的火焰冲击范围内测量传热速率，一旦超过此范围，功率会有所降低。当火焰高度的 40% 以上撞击顶棚时，热传递速率达到峰值。在上述两种情况下，很大一部分传热可能是对流造成的。当火焰高度 L_f 为 $1.5 \sim 3.5 H_r$ 时，其中 H_r 为燃烧器表面到上方顶棚的高度，Kokkala（1991）使用热输入为 $2.9 \sim 10.5$kW 的天然气进行燃烧，测得传热率为 60kW/m²，此时的辐射率在 40%～60% 之间。You 和 Faeth 将顶棚的传热速率 q'' 归并到一个无量纲数，则有 $q'' H_r^2 / Q$，其中 Q 是火焰的热输出。这个数与羽流瑞利数的 1/6 次方的恒定乘积中也包含 Q 和 H，这表明火焰冲击点附近，峰值传热速率随 $Q^{0.15}$ 的增加而降低。然而，Alpert 和 Ward（1984）指出，热对流通量的峰值随着 $Q^{0.2}$ 的增加而增加，当火焰顶部撞击顶棚时达到最高，但不超过 100kW/m²。Kokkala 发现在火焰撞击区域 $0.7 < L_f / H_r < 2$ 时，对流通量增加了近 4 倍。因此，这些理论存在一定矛盾。

有学者发现，当甲烷在较薄的线型燃烧器中沿垂直表面燃烧时，热传递损失为 $20 \sim 30$kW/m²（Hasemi，1986；Saito 等，1986）。当丙烷在尺寸为 0.3m 的燃烧器中，以 150kW 的燃烧功率紧贴垂直表面燃烧时，热损失为 60kW/m²（Williamson 等，1991）。而在长度为 $0.280 \sim 0.7$m 的方形砂炉中，Back 等（1994）测量了丙烷传热率 q'' 的极大值为 $40 \sim 120$kW/m²，与燃烧器有一定缝隙的相邻壁面上热释放速率 Q 为 $50 \sim 500$kW/m²。Back 通过方程（5.10）得到了相关的热通量值：

$$q''_p = E \left[1 - \exp(-k_a Q^{1/3}) \right] \tag{5.10}$$

式中，E 为火焰的黑体辐射功率，其值为 200kW/m²；k_a 为吸收系数，其值为 0.09kW$^{-1/3}$。

上述关系式受限于一个假设，即火焰体积与热量输出 Q 成正比，且火焰厚度的线性尺寸与 $Q^{1/3}$ 成正比。这表明 q'' 与火焰长宽比 L_f / D_b 无关。方程（5.7）的方法是为了计算火焰宽度，而上述方法不是。在推导方程（5.10）中，忽略了可能是较低传热速率的主要部分的对流传热，并且使用的 200kW/m² 的黑体辐射，其辐射率大约是测得的火焰温度（900℃）的两倍。

一把 460mm 高、背部带有聚氨酯泡沫且有 50mm 厚的坐垫的椅子，坐垫上有一个 PVC 盖子，燃烧时对邻近壁面的热传递达到 115kW/m²（Rogowski，1984；Morris，1984）。Babrauskas（1982）测量了一些家具的热辐射，并记录了距离可燃物 0.05m 和 0.88m 处的热通量分别为 80kW/m² 和 20kW/m²。如果燃烧空气与燃料蒸气的混合效率大于通常在自由夹带浮力火焰中发生的效率，那么就能达到更高的火焰温度和更高的传热速率。因此，喷射火焰的热传递可高达 $600 \sim 700$kW/m²（Odgaard 和 Solberg，1981）。在一个仿制的都柏林 Stardust 火灾的全尺寸实验中，实验测得高达 250kW/m² 的传热率以及 1350℃ 的火焰温度（Morris，1984）。测得数值较高的原因可能是由于空气被夹带进入火焰而引起湍流。关于传热率的一些更系统的数据还有很大的探索空间，尤其是不同类型的火焰与火焰内外表面之间的传热率，而这些数据一定与影响辐射和对流传热的参数有关。

5.3.4　热烟气层的热辐射

来自热烟气层的辐射热传递也取决于烟气灰尘、二氧化碳和水蒸气浓度。烟气灰尘的吸收系数由 $7f_v/\lambda$ 得出，其中 f_v 是烟尘的体积分数（de Ris，1978）。它与辐射波长 λ 成反比，当对应于最大黑体辐射的波长从 2.06×10^{-6} m 增加到 7.27×10^{-6} m 时，温度从 1400K 降低到 400K，吸收率和辐射率也会随之降低。气体只吸收部分光谱中发生的辐射，但这里的吸收是关于气体温度的函数。二氧化碳量是相对恒定的，但也会随着水蒸气温度的降低而降低。上述烟气层的浓度是根据燃烧效率、燃料的化学性质以及夹带空气的稀释程度等数据而确定的。烟气灰尘密度也可以通过测量烟气的遮光性求得，这是因为只要燃料在供气充足的条件下燃烧，烟气灰尘就是遮光的主要原因，而且 $1b_n/m$ 的遮光性相当于密度为 130mg/m^3 的烟尘（第 5.10 节）。如果给定光的平均波长为 0.55×10^{-6} m，这就表明烟气灰尘密度为 1.66g/cm^3。因此，如果以 b_n/m 为单位测量烟尘密度，那么对于 $1b_n/m$，f_v 就等于 78×10^{-9}。

若可以获得所需的全部数据，就可以计算烟气层的平均吸收系数，进一步计算出邻近表面的热辐射。如果需要计算烟气层的平均温度，那么就要求得绝对温度四次方的均值（Orloff 等，1978）。但估算热辐射仍是一个比较复杂的问题，通常方法是对烟气层进行简化。因此，如果涉及几米厚的烟气层，并且正在估计可能导致物理伤害或燃料着火的热传递，则可以假设该层以单位辐射率辐射到安全一侧。如果少于 2% 的燃料转化为烟气灰尘，则气体辐射将倾向于占主导地位；如果燃料转化率超过 2%，则烟气灰尘辐射将占主导地位。Quintiere（1977）提供了烟气层发射率 ε 的方程：

$$\varepsilon=1-\exp\left[-(0.33+0.47C_s)l\right] \tag{5.11}$$

式中，l 是烟气层厚度；C_s 是烟气浓度，单位为 g/m^3 或 mg/L。

基于烟气层含有 12% 的二氧化碳和 12% 的水蒸气的设定，此方程成立。

5.3.5　热气层的对流

从热烟气的上层到与其接触的顶棚和墙壁的对流传热的相关数据，与现有文献中的数据存在很大的差异。如果热气层是静态的，那么向表面的热传递将受到湍流自然对流的控制。根据 S. F. P. E. 消防工程手册，这是由下式给出的：

$$\frac{hx}{k}=Nu=0.16(Gr\times Pr)^{0.33}=0.16\left[(g\beta\Delta Tx^3/\nu)(\nu/\alpha)\right]^{0.33} \tag{5.12}$$

当考虑 k，ν，α 随温度变化的范围时，可以简化为

$$h=2.66\Delta T^{0.25} \tag{5.13}$$

式中　　ΔT——气体与表面之间的温差；

β——气体膨胀系数；

x——线性尺寸［这取决于方程（5.12）中的参数关系］；

k，ν，α——分别为气体的热传导系数、运动黏度、散热速率；

Nu、Gr、Pr——分别为努塞尔数、格拉晓夫数和普朗特数。

然而，当羽流中的热气体向上受到顶棚的阻挡时，烟气将沿顶棚下表面水平流动，形

成顶棚射流。其特征在于羽流中心撞击天花板的停滞点，速度先增加到羽流半径的近似值，然后又迅速下降到羽流半径以下。当羽流冲撞壁面时，顶棚射流变换方向并形成壁面射流。一种简便的方法是使用平板上强制湍流流动的方程进行计算（S. F. P. E. 消防工程手册，1988）：

$$Nu = 0.0296 Re^{0.8} Pr^{0.33} = 0.0296 \left(\frac{Vx}{\nu}\right)^{0.8} \left(\frac{\nu}{\alpha}\right)^{0.33} \qquad (5.14)$$

式中，Re 是雷诺数；V 是气体流速；x 是距离驻点的距离。由于顶棚射流的边界层与平板上气流边界层的形成方式不同，因此不清楚预期关系下的 x 值是多少。Atkinson 和 Drysdale（1992）指出，顶棚上的大部分热传递遵循湍流自然对流规律，尽管在方程（5.10）中使用的常数为 0.193 而不是 0.13。在靠近受羽流影响的区域，他们使用了下列关系式：

$$h = 0.45 \frac{k}{(\nu)^{1/2}} \frac{V}{x} \qquad (5.15)$$

该关系式表示被加热的层流射流热传递。有人指出，对于湍流射流应该是上述关系式的 1.4~2.3 倍大，但有人质疑，方程（5.13）中的系数可能要小得多。

Zukoski（1987）的一些实验表明，当比较薄的热气层在顶棚下流动时，就可以表示热量重力流，此时有更强的热传递：

$$Nu = 0.013 Re \qquad (5.16)$$

热传递变强的原因在于热烟气层内发生翻滚运动。

Cooper（1982）以及 Cooper 与 Woodhouse（1986）提出了有关热传导系数和温度差之间的关系，这些传热系数和温度差用于从顶棚射流到对应于火源上方天花板高度两倍的停滞点的对流热传递。这些关系是基于这样的假设，即羽流对天花板的动量和热传递都遵循湍流射流相对于墙壁的类似关系。这一点受到批评，因为自然浮力产生的湍流的特征长度尺度，特别是火焰达到天花板下方的实际高度，可能比强制湍流射流大得多，这往往会高估传播热量。

可以通过将不同方法应用于特定情况来进行上述方法之间的比较。Kung 等（1988）提供了一系列的羽流轴心以及顶棚射流温度和速度的数据，求得了两个储存燃料的货架对流热输出数据。在输出功率为 1000kW 的特定情况下，顶棚下方 5m 处的上表面轴向温度上升至 200K，向上的线速度为 7.5m/s，而羽流理论半径为 0.72m，最高温度上升至 44K，羽流向外的速度为 1.64m/s，羽流轴心距驻点 5m。给出的温度和向外速度的相关性也表明，在羽流理论半径处，这些参数与向上轴流的有关参数是一致的。在这些数据的基础上，表 5.5 给出了不同关系下传热系数和对流传热的估计值。

有学者经论证指出，热传导系数的范围为 $6.7~10^4 W/(m^2 \cdot K)$。但目前缺乏测量热传导系数的规模合理的火灾实验，特别是受到羽流冲击的顶棚区域。在实际应用 Zukoski 的参数关系理论时，需要分析其理论适用性。建模方法见 Mitler（1978）和第 12 章，方法虽然承认系数是有范围的，但指出了系数从低到高的变化是在顶棚温度适度升高的情况下进行的，并适用于整个烟气层。这至少会高估远离羽流区域的热传递。数据的不一致造成了分歧，因为传递给顶棚的热量可以预测轰燃和窜火（第 5.5 节）。为安全起见，应该用较低数值的系数来预测轰燃，以确保传递给烟气层的实际热量小于计算量。但在顶棚可燃烟气层可能会发生火灾的位置，则需要使用较高数值的系数预测窜火。来自热烟气层的传热速率也会影响烟气层积聚所需的时间，这是因为气体体积会随着热量的降低而减小。

表 5.5　热烟气层的对流传热速率

计算方法	顶棚上的位置					
	羽流轴驻点处		羽流的理论半径处(0.72m)		距驻点5m处	
	系数	热传递	系数	热传递	系数	热传递
	$h/[W/(m^2 \cdot K)]$	$q''_{conv}/(kW/m^2)$	$h/[W/(m^2 \cdot K)]$	$q''_{conv}/(kW/m^2)$	$h/[W/(m^2 \cdot K)]$	$q''_{conv}/(kW/m^2)$
1. 湍流自然对流 [方程(5.12)]	10.0	2.0	10.0	2.0	6.9	0.30
2. 湍流强制对流	①	①	18.3	3.66	6.7	0.294
3. Atkinson [方程(5.15)]	44	8.8	44	8.8	③	③
4. Zukoski [方程(5.16)]	n.a.	n.a.	104	20.8	27.9	1.23
5. Cooper(参考文献 中的方程)②	61	11.35	37.8	5.55	11.8	0.487

① 不适用。

② 基于传热系数和 ΔT，顶棚下方距火源5m处的对流传热估值为1000kW。

③ 对于湍流自然对流，由于系数较大，约比表中数据大1.5倍。

5.3.6　沿着表面的火焰蔓延

在实践中，若给定热传递方式，一般需要估算火焰沿表面的蔓延速率。这取决于羽流是否沿表面传播，是否与火焰蔓延方向相同。羽流沿表面传播被称为并流火焰，当火焰沿着垂直表面向上蔓延或在顶棚下水平方向传播时就会出现这种现象，且在表面上同时有火焰对流和辐射。另外，若向上的斜坡超过约15°，夹带条件可能导致火焰弯曲并以相同方式加热表面（Markstein 和 de Ris，1972；de Ris 和 Orloff，1974）。

当火焰一侧沿着垂直表面蔓延以及在朝上的水平面上蔓延时，火焰的热传递被限制于火焰前沿，只能给火焰前方的燃料补以限量的热辐射。这被称为逆流火焰，理由是火焰的供给气流与火焰蔓延的方向相反。

向未燃烧区域燃料的热传递和蔓延速度远远小于并流火焰的热传递和蔓延速度。燃料表面被加热到燃点的速率取决于材料是热薄型还是热厚型，如方程（5.1）和方程（5.2）所示。分别对辐射热和测得的直线斜率绘制 $t_{ig}^{-1/2}$ 或 t_{ig}^{-1} 曲线，从而得出热薄型或热厚型材料的相关参数。Quintiere 和 Harkleroad（1984）根据 LIFT 测试的火焰蔓延标准实验结果，分析了许多材料的火灾侧向对流蔓延特性，并根据这些结果给出了燃点和热惯性。这些数据可用于估算逆流火焰的蔓延速率。但文献中所给出的对逆流火焰蔓延产生的热通量与实际测量值相差20倍（Babrauskas 和 Witterland，1995）。这些文献作者在 LIFT 测试中测得了火焰边缘处的最大热通量，对于木质刨花板热通量峰值为 $25kW/m^2$，而刚性阻燃、聚氨酯泡沫塑料的热通量峰值为 $92kW/m^2$。在传热速率为 $30kW/m^2$ 的条件下，有研究人员对燃烧表面的火焰向上蔓延进行了分析（Quintiere 等，1986）。Janssens（1992b）给出了火焰沿表面蔓延的综述。

5.4 有利于火焰快速蔓延的环境

除了火焰在燃料表面蔓延外，对流和辐射热传递都会对远离火焰一定距离处的燃料产生作用，许多其他条件也可以加快火灾的蔓延。因此，在尖角处，来自火焰的热传递可以进入两侧，并且在两个表面以小于 180°的角度相交的角落处，来自表面的热损失较少。在后一种角落的火灾已经成为许多房间火灾测试的基础。与开放条件下相比，在空腔中的热损失也更少，特别是在空腔中，有多于一侧的地方存在着燃料。以类似的方式，在两个相对的表面靠近的情况下，如果两侧都在燃烧，则相互的辐射可以减少热损失。特别是墙壁或天花板上的厚漆层，会导致燃料状态从厚到薄变化，使其燃烧得更快。此外，由于涂料在远离墙壁或天花板时在两侧燃烧，这可能导致火焰变厚，从而增加向前方燃料的热传递。走廊内的多层油漆燃料燃烧时火焰蔓延非常迅速，可能就是这个机理（Meams，1986）。对于在斜坡上燃烧的火焰，特别是火焰向斜坡倾斜的情况下，火焰和表面之间的配置系数增加。在有风的条件下，火焰也会以更高的传热速率向表面弯曲。火焰也可以通过火花或飞火、释放熔滴、燃烧液体的流动或火焰传播来进行蔓延，在特殊的情况下，火焰也可以通过灰尘云来蔓延。在后一种情况下，燃烧的灰尘有沉积在暴露表面上的倾向，这将有助于火灾的蔓延。

5.5 建筑物内的突发大规模燃烧

建筑物发生火灾的一个主要危险是，虽然火灾在局部区域燃烧了很长时间，但是火焰燃烧有可能在不到一分钟的时间内充满整个空间。这种灾难性的增加可能是火灾的一个主要特征。在过去，这种现象被定义为轰燃。但是最近，这种火灾突然变得猛烈的现象根据不同机制分别有三个不同的名字，即轰燃、闪燃以及回火（英国）或者回燃（美国）。

保留轰燃名称是因为它是最常见的现象，它可以发生在任何房间内，只要每种燃料以正常类型分布位于房间的下部。发生轰燃的原因在于顶棚下积聚的热气层向下进行热辐射。在温度达到 $500 \sim 600 \, ℃$ 时，热气层向下辐射的可燃表面的单位辐射率达到 $20 kW/m^2$，高于大多数可燃物的临界辐射强度。因此，整个房间内的所有朝上的物体表面都将在短时间被引燃。要形成足够热的气层与局部火焰的大小 Q 和热气层到室内物体表面的热损失有关。已经有人提出了上述各种参数之间的相关性（Walton 和 Thomas，1995，1988），其中最被大众所接受的是 McCaffrey 等（1981）的方程，如下：

$$Q = 610 (h_K A_T A_o \sqrt{H_o}) \tag{5.17}$$

式中　Q——火焰功率，kW；

　　　h_K——有效传热系数，$kW/(m^2 \cdot K)$；

　　　A_T——室内总表面积，m^2；

　　　A_o——空间开口面积，m^2；

　　　H_o——开口高度，m。

可能导致轰燃的另一种机制是在下层富燃料气体之间的界面处发生火焰传播（Beyler，1984）。Hinkley（1984）的实验表明，在可燃顶棚下移动的火焰向下传热，传热强度为 $40kW/m^2$。在都柏林 Stardust 迪斯科火灾中，顶棚下的火焰对在下面的家具的传热强度达到 $60kW/m^2$；这导致其在几秒钟内自发点火。洛杉矶的洲际银行大楼灾难性的火灾蔓延和都柏林的 Stardust 火灾中的凹室和宴会厅家具的火灾蔓延（第 3.2.5 和 3.2.2 节）都是发生轰燃的案例。

当可燃表面被局部火焰预热或已达到较高的局部传热速率时，火焰将沿着连续可燃表面快速蔓延，这种非常迅速的火焰蔓延被称为窜火。一般来说，上述表面包括墙壁和顶棚下表面，在带有硬质纤维板的走廊尽头的房间中燃烧小火的实验说明了这种效应（Malhotra 等，1971）。图 5.6 分别显示了实验 7min 和 8min 后的火灾，表明了火灾发展迅速。在 Summerland 火灾中（3.2.1 节）沿有机玻璃墙和顶棚迅速蔓延的火灾就是典型的窜火。由于火焰倾向于弯曲并附着在大于 15°的向上斜坡上，所以闪燃也是建筑物楼梯火灾和丘陵地带的石楠花及森林大火的特征。因此，国王十字火灾（第 3.2.3 节）中的木制自动扶梯的火灾蔓延可以被称为窜火，此火灾蔓延到了竖井顶棚上的油漆层（Moodie and Jagger，1989）。一般来说，为了使窜火能够发生，点燃的燃料必须燃烧足够长的时间，以至于在热解之前加热未点燃的燃料，直到它达到燃点为止。如果在远低于燃点的温度下，有较厚涂漆面的表面发生脱层，将大大减少将涂料加热到燃点所需的时间，从而利于墙壁和顶棚发生窜火。

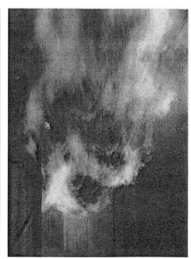

(a) 7min   (b) 8min

图 5.6　火灾蔓延至铺设硬木板的 13m 长的走廊

鉴于过去发生过的火灾，可燃墙壁和天花板对火灾迅速增长的贡献早已得到了认可，并且在过去的半个世纪中，已经存在采用这种方式对材料进行分类的各种测试方法。这些测试被赋予了对火灾测试反应的一般名称，这些测试是在不同国家开发的，通常与其他地方的测试无关。关于居民住所、公共聚集场所和安全疏散等场所，有关国家制定了许多使用这些材料的法规，这些法规将取决于测试结果。一般来说，测试不能直接给出导致火灾快速传播的量化数据。此外，使用不同材料的对比试验显示，不同材料的放置顺序与其对火灾危害的贡献之间的差异很小（Emmons，1968）。造成这种现象的原因包括接触面的多种传热方式、样品的不同几何特性以及不同材料不仅对这些因素作出不同的反应，而且对于通过变形、分层、熔化或膨胀来改变形状，使反应更为复杂。这导致在协调不同国家的测试使用方面遇到困难（Malhotra，1992）。直到可以通过材料的耐火性能的基本信息来预测材料在测试中的反应行为，人们才能解决这些困难。令人鼓舞的是，目前已经向前迈出了关键的几步。如前所述，Quintiere 和 Harkleroad 已经使用标准的火焰蔓延试验来估算一系列材料的燃点温度和热惯性。在室内角落火灾试验中，不同材料产生窜火的能力也与在锥形量热计和其他此类试验中测量的材料的基本燃烧性能有关（Karlsson 和 Magnussen，1991；Quintiere，1993）。总的来说还有很多工作要做。

回火或回燃是指因氧气供给不足，导致可燃蒸气积聚在房间或腔体内，之后由于大量氧气进入房间，而导致屋内可燃气体全面燃烧甚至发生爆炸的现象。发生回火或回燃有两种方式。首先，局部燃烧区域产生的蒸气与少量空气发生不完全燃烧，火焰会向空间其他部分移动，特别是向燃烧产物温度降低且氧浓度不足的区域上方移动；H/L 的值越高，这种趋势就越大。其次，阴燃将继续在氧浓度过低以至于燃烧不能继续进行的区域进行。这个过程中释放的热量可以使未燃烧的蒸气从燃料进入到环境空气中。然后，空气可以通过一些开口进入，例如门上的破窗、门以及烧穿或倒塌的隔墙。火焰可能会伴有压力脉冲，这种火焰不仅会遍布整个空间，而且还会蔓延到空间之外。这是消防员在打开一个空气不足的房门时会受到伤害的原因所在（Bukowski，1995）。从诸如 Summerland 灾难中的空腔中射出的火焰也是这种现象的一个例子（第 3.2.1 节）。值得注意的是，1 体积的可燃气体（如丙烷）可以与 20 倍体积的空气发生反应，并产生超过其体积 100 倍的火焰。因此，有限体积且未燃烧的可燃气体通过开口进入建筑物，可燃气体的火焰喷发会遍及建筑物大部分的空间，使室内发生剧烈燃烧，火焰通过开口持续喷出。如果建筑物其余部分的开口位于房间内较高的位置，并且与其他开口高度相当，那么在房间内发生轰燃后，大量火焰会蔓延到建筑物的其他地方。这种现象发生在波多黎各的火灾中（第 3.2.6 节）。

5.6　流程工业火灾中的突发大规模燃烧

流程工业中常常处理大量的易燃和液化可燃气体。如果突然泄漏出来，就可能导致大规模的火灾。经验证明，发生这种情况主要有三种方式——沸腾液体扩展蒸气云爆炸（BLEVE）、无约束可燃蒸气云爆炸和沸溢。

BLEVE 常见于在压力下储存在球形或圆柱形罐中的液化可燃气体。当火焰加热容器内的物料时，容器可能猛烈地爆裂并且物料将经历爆炸性的物理蒸发。一旦遇到点火源，蒸气可以产生巨大而强烈但短暂的火球。在大型球罐的情况下，可以在直径几百米的区域内产生威胁人体安全的热辐射。Venart 等（1992）表示，罐体撕裂是在加热过程中可能发生的众多现象之一，是蒸气核的相干气泡破裂后对容器的冲击破坏。气泡破裂是由于蒸气流通过小孔阻塞而导致的压力增加造成的，而这些小孔是由于加热而在容器中形成的。Venart 建议将这种现象已更名为沸腾液体压缩气泡爆炸（BLCBE），他建立了一个模型用来估算 LPG 发生 BLEVE 时的辐射热和冲击波的危险。

一个无约束的可燃蒸气云爆炸会产生数十吨的可燃气体，蒸气或雾气大量泄漏继而进入周围环境。可燃的燃料与空气混合物在开放环境中被点燃，虽然能够发出大量闪火，但通常不会产生危险的压力，除非被强大的引爆源点燃。然而，当燃料大量泄漏到有许多分隔物和半封闭的空间中时，即使是非常小的点火源也可能在大空间中产生显著的压力。虽然超压可能不超过 1bar，但压力的上升足以摧毁建筑物并破坏储罐和流程工业的厂房。随后，将在几百平方米的范围内产生大面积的火灾。这样的爆炸也被称为无约束蒸气云爆炸（Gugan，1979）。近年来，普遍认为是部分受限引起压力影响，因此"无约束"一词趋于被放弃。"蒸气"一词也可能具有误导性，因为如上所述，易燃气体和雾气会引起这种灾难。还有可能与物理蒸气爆炸混淆（见下文）。

在含有原油和某些燃料油的储罐火灾中可能会发生沸溢。火焰会在油罐产生超过200℃的热区。火焰呈稳定燃烧状态下，发热区在储罐内向下进行热传递，一般储罐底部都会含有一些水分，这些水分可能作为单独液体存在，也可以分散在储罐的物料中。此外，在浮顶上进行的灭火行动也可能导致储罐的中间部分存在一些水分（Steinbrecher，1987）。当热波接触水分时，水蒸气会突然释放，并将储罐中的已加热的储料推出顶部，产生很高的火焰，将燃烧的液体扩散到更大的区域。这对于消防员和储罐附近的其他人来说可能是致命的。1982 年委内瑞拉塔泰肯（Tacon）的一个固定顶储罐发生爆炸和火灾后，导致 150 人死亡，而且引燃了另一储罐内的储料。

由于蒸气的突然产生和膨胀，热区和水分之间的相互作用可能会产生称为快速相变（RPT）或快速蒸气爆炸（Fletcher，1991）。这可以解释为什么会突然出现沸溢现象。当水与熔融金属混合以及与某些液化气混合时，这种爆炸（融水爆炸）也可能发生（Hogan，1982）。在后一种情况下，产生蒸气的是液化气体。在海上发生碰撞后，水和易燃液态气体之间可能发生相互作用，例如液化天然气混合后会产生大范围的闪火，如果蒸气进入建筑物区域，甚至会产生开放的蒸气云爆炸。

5.7　烟气和有毒气体的产生和运动

火灾产生的烟气和有毒气体，特别是一氧化碳和氰化氢，是导致火灾伤亡的主要因素之一（Kingman 等，1953）。近年来，在研究量化这些产物方面给予了大量投入。常见的测量方法是将一定体积的气体与一定量材料混合燃烧，通过测定燃烧产物的不透明度来测量烟气产量。不透明度的表达方法可以参考相关消防安全文献。

贝尔和分贝是用于比较对数级别强度的单位，因此可以用"比尔-朗伯定律"来量化通过烟气的光的透过率。贝尔每米（b/m）和分贝每米（db/m）的不透明度由方程（5.18a）和方程（5.18b）给出：

$$\text{Opacity(b/m)} = \frac{1}{d}\lg\frac{I_0}{I} \tag{5.18a}$$

$$\text{Opacity(db/m)} = \frac{10}{d}\lg\frac{I_0}{I} \tag{5.18b}$$

式中　I_0——光路始端的光强；

I——光路末端的光强；

d——光路长度，m。

自然对数也广泛用于表示烟气中的光衰减。为了减少混淆的情况，有人建议（Rasbash，1995a）使用自然对数时应使用单位 ben（b_n），如方程（5.18c）所示：

$$\text{Opacity}(b_n/m) = \frac{1}{d}\ln\frac{I_0}{I} \qquad (5.18c)$$

术语"光密度"已被广泛用于烟气测量，但在不同的文献中，它代表 $\lg(I_0/I)$ 或方程（5.18a，b，c）中任一表示的不透明度。

欧洲的烟气探测器标准中也用了方程（5.18b）中表示不透明度的方法（第5.11节）。有人建议（Rasbash 和 Philips，1978；Rasbash 和 Pratt，1979）将单位 db/m 称为"暗度"（ob）。这将导致每单位质量的燃料挥发物的产烟量和烟气潜能或特定产烟量（Rasbash，1995b）的单位变为 ob·m^3。若以这种方式表示，则有机材料自由燃烧的特定产烟量范围降到约 0.2ob·m^3/g（木材产烟量）至 7ob·m^3/g（聚苯乙烯产烟量）。术语"消光系数"也常用于表达不透明度，如方程（5.18c）所示，但习惯上也以类似的方式在方程（5.18a）中使用。在火灾有烟气产生的情况下，Rasbash 曾用"烟度"来表达不透明度。因此，单位烟度即 1ob 等于 0.23bn/m 和 0.1b/m。由于这个单位被广泛使用，因此如果给烟度单位 b_n/m 命名，将会是非常有用的。

使用 Seader 和 Ou（1977）提供的数据，可以合理准确地将烟度与颗粒质量浓度直接联系起来。对于以烟灰为主要成分的火灾烟气，1db/m、1bn/m 和 1b/m 的烟度分别对应于每平方米上 30mg、130mg 和 300mg 烟气颗粒。对于以液滴为主要成分的无焰火灾，相关的数值较高，对应数值分别为 53，227 mg/m^3 和 530mg/m^3。然而后者的结果与 Tewarson 的数据（见下文）不符，Tewarson 的数据表明颗粒浓度的数据应该更高。对于来自家用固体燃料加热器产生烟气的一系列条件，测得了 340mg/m^3 的烟气状颗粒物的值为 1b/m（Shaw 等，1952）。

随着学者们通过锥形量热仪和家具量热仪在通风条件良好的情况下进行的火灾测试，可用数据越来越多（Babrauskas 和 Grayson，1992；Mulholland，1988；Tewarson，1995）。尽管这些实验获得了不同材料和可燃物产烟特性相关数据，但这些数据并不适用于大规模火灾或轰燃后的情况。有迹象表明，在后一种情况下，木材产生的特定烟气输出可能非常高。但是，对于自由燃烧的小尺寸火灾，随着空气燃料比变小，烟气成分从以烟灰为主变为以分解产物为主，空气与燃料之比对产烟量影响并不大（Tewarson，1995）。这可能导致木材燃烧产生的烟气遮光能力增强，某些塑料产生的烟气减弱。一氧化碳和其他毒害性气体的产生量在很大程度上取决于空气燃料比，并且对于化学计量小于1的比率，要比大于1的比率高得多（Tewarson，1995）。另一种预测火灾产生烟气的方法是与层流火焰发烟点高度作对比（Delichatsios，1993）。

关于烟气和有毒气体的危险程度的数据越来越多。烟气的主要影响，特别是在火灾的早期阶段和相对较低的烟气浓度时，是降低能见度，从而导致混乱，阻碍逃生。目前学者们已经获得了大量关于烟气不透明度对可见度影响的相关数据（Rasbash，1967；Jin，1971）。一般来说，给定照明条件的可见度与烟气不透明度大致成反比。依据经验法则，1ob（或 1db/m）烟气对应于在漫射照明条件下非自发光物体约 10m 的可见度。自发光标识在烟气中的可见度可达非自发光物体的三倍。有证据表明，10m 的一般可见度是安全疏散的可接受的临界值。于是，对经历过真实火灾的人员的反应进行分析（Wood，1972；Rasbash，1975b）后表明，随着可见度降低到 10m 以下，人们倾向于见到烟气即转身逃离（图 5.7）。这对感烟探测器的灵敏度有一定的影响，而通常情况下，烟气浓度小于 1ob 时感烟探测器就应该反应（见 5.11 节）。当烟气浓度大于 1ob 时，烟气的催泪及其他影响可能导致人丧失行为能力，尤其是吸入了阴燃产生的无烟尘颗粒的白烟。Jin 发现消光系数大于 $0.4b_n/m$（1.7ob）时，可见度下降。在模型中为烟气可见度设置标准时，合理的方法是将安全点可视化。因此，在一个房间内，研究烟气中房门的可见性将是可行的方法。

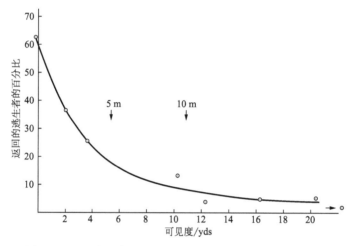

图 5.7　可见度对尝试穿过烟气却返回的人数百分比的影响

对于通往走廊的门，且走廊两端都有一个防烟门的情况来说，假设走廊尽头的可见度是合理的。在这种情况下，可以采用照明的出口标志来增强可视性。EXITT 模型中使用的标准 S（Levin，1989；Fahy，1991）采用了 Jin 的成果，其定义如下：

$$S = 2\sigma \frac{H_r}{D_s} \tag{5.19}$$

式中　σ——消光系数，b_n/m；

　　　H_r——房间高度；

　　　D_s——烟气层深度。

S 的推荐值为 0.4。对于完全充满烟气的房间，这将对应于 $0.2b_n/m$ 或 0.9ob 的消光系数（烟气）。

在高浓度烟气造成的各种危害中，有毒气体的危害最为严重。而关于有毒气体危害的最主要研究问题则是有毒气体如何导致人丧失行为能力，尤其是丧失意识（Purser，1995）。随着气体浓度的增加，人丧失行为能力的时间越来越短，HCN 和 CO 气体浓度与丧失意识的时间的具体关系如图 5.8 所示。丧失行为能力时间与一氧化碳浓度的曲线相对平滑；而对于 HCN 气体，一旦达到临界浓度 $200\mu L/L$，人在几分钟之内就会丧失行为能力，但当 HCN 浓度较小时，人体受到的影响则很小。

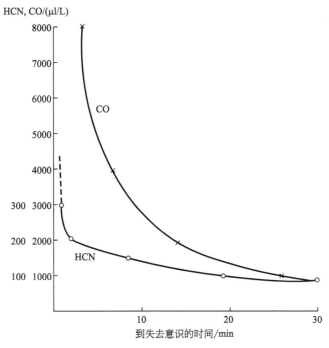

图 5.8　人暴露在 HCN 和 CO 气体中，丧失行为能力时间与浓度之间的关系比较

5.8　建筑内闪燃后火灾

根据房间内燃料和通风条件，轰燃后火灾可以分为三个阶段（Thomas 等，1967）。当通风口小于地板面积，流入房间的空气由通过通风口的浮力头驱动，并且房间内的平均温度超过 300℃，则空气流量与开口的关系式如下：

$$M = 0.5A_{\circ}\sqrt{H_{\circ}} \tag{5.20}$$

式中　M——空气流量，kg/s；

　　　$A_{\circ}$——开口面积，m^2；

　　　$H_{\circ}$——开口高度，m。

燃料蒸气的产生速率通常与燃料表面的表面积成正比，尤其是在密闭空间内，与具有大量辐射火焰的区域的表面积成正比。对于某些燃料，特别是纤维素燃料，在除去挥发物后，在焦炭表面也会发生燃烧。如果在上述条件下提供的空气足以使产生的燃料蒸气燃烧以及焦炭的表面燃烧，则开始进入燃料主导的阶段。于是在密闭空间发生的燃烧将由燃料控制，随着燃料表面的面积增加，燃烧速率也会增大。如果气流不足以使燃料表面及产生的挥发物燃烧，则开始进入通风主导的燃烧阶段。在这些条件下，密闭空间内燃烧量大小与火灾荷载无关。密闭空间中未燃烧的挥发物在通过通风口进入外界环境时就会燃烧。燃料蒸气的产生速率主要取决于火焰对暴露表面的辐射，即便是厚纤维素材料燃烧时，高浓度燃料区域的燃料蒸气也会被炽热表面的热传导带走。

当通风口与房间地面面积差不多大，并且火焰达到房间高度时，开始进入火灾第三阶段。在这些条件下，向上移动的火焰的夹带作用使空气进入封闭空间，有以下关系式：

$$M = 0.13A_o\sqrt{H_o} \tag{5.21}$$

如果已知封闭房间内产生的气流和热量，并假设气体充分混合，则可以建立热平衡关系。产热量等于传递到内表面的热量与通风口损失的辐射热以及流动的热燃烧产物（包括未燃烧的空气或挥发物）与通风口发生对流的热量三者之和。这个计算的主要结果是封闭空间内燃料燃烧期间的温度历程（Walton 和 Thomas，1995，1988）。这样就可以使用该温度来估算封闭空间内的暴露物体，特别是建筑物构件被加热的方式。封闭空间内燃烧木材（尤其是木垛）的早期实验表明，在通风主导的情况下，燃料的质量损失率（R_f）与燃料荷载无关，但与进气量的化学计量比有近似关系：

$$R_f = 0.09A_o\sqrt{H_o} \tag{5.22}$$

这可能是由于后一阶段的燃烧主要是炭的燃烧，并且只有一小部分木材表面暴露于来自火焰的辐射热。然而，在计算纤维素燃料占主导地位时，这些观察结果导致了普遍的简化，即没有产生过多的挥发物，所有通过排气口进入的氧气都发生燃烧。这会使封闭空间的温度升高，使燃烧时间延长。H/L 值较高的燃料，包括许多聚合物和液体燃料，不仅更容易达到通风控制的条件，同时也会产生比在封闭空间内燃烧更多的挥发物。过量蒸气在通风口外部燃烧产生的火焰取决于燃料蒸气的量与开口的尺寸（Drysdale，1985e）。

5.9　火焰与建筑结构之间的相互作用

火灾产生的热量会影响建筑结构，从而使建筑无法发挥其正常功能。建筑构件失效有两种主要方式可能导致重大损失或者火灾规模的增大。第一种方式是建筑构件的承载能力降低会导致建筑结构发生倒塌。第二种是允许热量或火焰穿透建筑构件，从而导致火灾蔓延到远端。后者尤其可以应用于将房间分隔的建筑物的墙壁和地板以及火焰可以穿过的门、管道和设施等物品。

一旦火焰的热量传递到建筑构件，建筑便面临着可能导致坍塌的加热过程。然而，对于建筑火灾，特别是那些具有中等大小的房间火灾来说，一般将火灾发展分为两个阶段，第一阶段是忽略热量对建筑构件影响的轰燃前阶段，第二阶段是轰燃后阶段，此阶段假设空间内燃料彻底燃尽，且热量从室内火焰传递到整个房间的内表面。对于流程工厂的建筑构件，一般不会像小房间那样发生轰燃，火焰对承重构件的直接影响占主导因素。在了解火灾特性的基础上，可以通过前面概述的方式估算此类火灾的热传递（第 5.3 节）。但是，某些火灾的热传递速率非常高，比如燃料射流火焰，而且此类火灾缺乏热传递速率的相关数据。值得注意的是，在 PiperAlpha 火灾（第 3.4.3 节）之后，这已成为探寻更多信息以量化消防安全的领域之一（Renwick 和 Tolloczka，1992）。另一方面，目前已有燃烧堆垛到一定距离物体的热辐射以及大型池火的大量数据（Mudan 和 Croce，1995，1988）。

在测试建筑构件耐火性能时，根据预设的时间-温度曲线，一般是将其置于气体温度不断升高的炉子中。对于建筑物中使用构件的测试，有一个国际标准的时间-温度曲线表示的关系：

$$T = T_0 + 345\lg(0.133t + 1) \tag{5.23}$$

消防安全评估
Evaluation of Fire Safety

其中，T_0 和 T 分别为 $t=0$，$t=t$（s）时的温度。

对于可能暴露于石油火灾的建筑构件，使用的关系式中温度值更高。两个关系表达式都绘制在图 5.9 中。虽然可以控制炉中气体的温度，但是由于建筑构件接收热传递的差异性，会导致不同炉中的建筑构件的性能有很大的差异。出现这些情况的原因如下：

① 根据测定温度的方法，将测得气体与壁面温度之间的中间值；

② 来自气体的火焰辐射可以根据所使用燃料及火焰的厚度（即炉子的几何形状）而变化；

③ 壁面产生的热辐射可以根据其隔热性能和辐射率而变化。

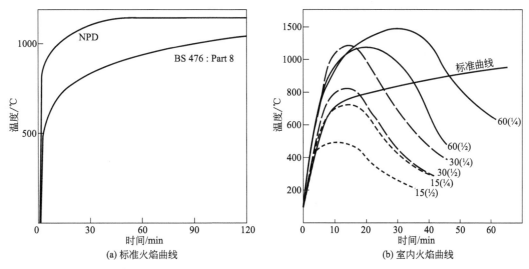

图 5.9　标准火焰曲线（a）和室内火焰曲线（b）

C.I.B. 研讨会第 14 号文件中已经概述了建筑物结构消防安全的各种方法（1983，1986）。根据热暴露模型复杂程度和使用的结构模型（图 5.10），可能有九种不同的方法。其中热暴露模型 H_1、H_2 和 H_3 对应于暴露于：（a）炉中，（b）炉中相当于在实践中可能发生的条件和（c）在实践中实际发生的条件。

三个结构模型（S_1、S_2 和 S_3）对应于简单支撑的单个结构元素、元素组合成子组件和完整结构。

最简单也是使用最广泛的方法（S_1H_1）是直接测量，将单个简支结构置于实验炉中，按照标准升温曲线观察构件在高温环境中的变化，然后确定结构能否达到耐火时间。这些实验的花费很大，一般只做一次测试。应该注意的是，即使对于给定的燃烧炉，测试样品之间存在差异也会造成不同的实验结果。因此，计算建筑构件在炉中暴露时的响应可能更合适。但这样的计算需要对建筑构件的耐热性能有一定深度的了解。在许多承重结构中，钢结构的承载能力发挥了主要作用，需要估计承重钢构件达到某一临界温度的时间才能进行上述计算。这取决于钢构件覆盖的绝缘材料保护层的厚度。假设绝缘材料外层（暴露在燃烧炉中的结构表面）遵循炉内气体的温度-时间变化曲线，那么可以估算出安全面的耐火性能。

实际火灾的温度-时间曲线与燃烧炉中指定的温度-时间曲线不同。已经开发出等效火灾暴露 H_2 的概念，这将有助于计算在轰燃后火灾中防止房间烧毁的耐火要求。火灾暴露

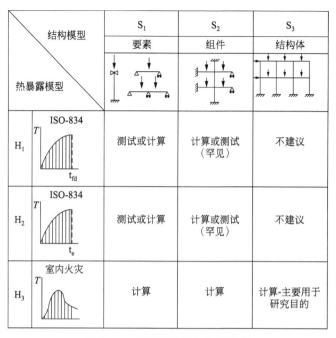

结构模型 热暴露模型	S_1 要素	S_2 组件	S_3 结构体
H_1 ISO-834 T t_{fd}	测试或计算	计算或测试 (罕见)	不建议
H_2 ISO-834 T t_e	测试或计算	计算或测试 (罕见)	不建议
H_3 室内火灾 T	计算	计算	计算-主要用于 研究目的

图 5.10　热暴露模型和结构模型

不仅受燃料性质和房间内火灾荷载的影响，还受到潜在通风和不同表面热损失的影响，而后者又受表面积和热性能因素的控制。很多研究方法是在燃烧炉中指定等效火灾暴露时间来处理一个或多个影响因素，例如 Ingberg（1928），Law（1971），Pettersson（1985），DIN 18230（1986），Harmathy（1980）等的研究方法。Ingberg 的方法只研究火灾荷载。其他方法不同程度地涉及其他因素。然而，Harmathy 的方法注意到一个细节是进行对比的炉子可能有所不同。尽管引入的因素将取决于未指明的通风方式，但 DIN 方法是唯一一个考虑到燃料性质的方法。

考虑到轰燃前后的火灾荷载和通风条件可能会发生变化（比如轰燃后通风条件会从单独的窗户加上其他开口），轰燃后的火灾条件可能会有所不同，可以使用上述某一方法，评估建筑构件因火灾失稳倒塌的概率。Harmathy（1987）比较了估算等效火灾暴露的不同方法。Butcher（1991a）指出，当这种方法应用于火灾荷载极高的建筑物时，基于等效火灾暴露的估计可以给出过高的值。一般来说，这些等效暴露模型依赖于这样一个假设，即进入建筑构件的总热量决定其火灾行为，而不是它被吸收的速率。

如果可以指定火灾的温度-时间曲线，比如，通过第 5.8 节所述的热平衡计算，可以按照方法 H_3 直接估计某些建筑构件的响应。为此，需要指定温度相关的热传递。可以合理断定的是，火焰以单位辐射率辐射到表面，并通过自然对流将热量传到物体表面。然而，如上所述，如果出现高度湍流的喷射火焰，当假设强制或冲击对流可能更合适时，则可能不是这种情况。如果有绝缘层覆盖敏感构件时，那么安全的假设则是暴露的表面温度等于气体温度。

ECCS（1983，1984，1985，1988）和结构工程师学会（1978）提供了关于火灾中钢筋混凝土结构性能的详细信息。这些数据也可用于木材构件（White，1988）、混凝土构件（Fleischmann，1988）和砖墙（Fisher，1975）。上述计算方法主要用于评估承载构件是否失效。而热传导会使建筑物构件倒塌，特别是墙壁和顶棚，热传导将使未暴露表面的温度迅速上升，破坏构件的隔热完整性，从而导致火焰和热量穿过墙面。了解了构件的导热性能，就可以计算构件热传导的热量（参见 Drysdale，1985f）。目前并没有计算构件失去完整性时间的可靠方法，但是可以从耐火性测试结果评估这种情况发生的趋势。

5.10 防烟

鉴于第 5.7 节中提到的不确定性，在增加烟气和有毒气体数量方面，特别考虑到轰燃与空气燃料比的影响，现有的烟气模型难以评估真实情况下烟气或有毒气体的影响。这些模型假设有一种防烟机制，可以防止火灾烟气作为一个整体进入人们面临危险的空间。

阻止烟气蔓延最重要的是关闭门，特别是从可能着火的房间通往可能被逃离的人使用的其他空间（如走廊或楼梯）的门。防烟门用于分隔走廊从而限制受火灾威胁部分的面积，也可用于无烟密闭环境的入口，尤其是楼梯间。防火门和防烟门的应用难点在于它们只能在关闭时才发挥作用。如果要求它们在正常使用时处于关闭状态，可以设计成自动关闭式。但是，如果它们的功能除了消防安全之外是多余的，那人们更愿意让这些门一直敞开，因此如果发生火灾它们将失去保护作用。这通常可以通过安装门保持器来克服，门保持器响应于检测到火灾或局部烟气而自动关闭门。

另一种防烟的方法是利用分层，而且建筑物中有许多专门应用此方法的火灾区域模式。这些将在第 11 章和第 12 章中进行讨论。如果给定火灾的热量输出，可以对位于房间上部的烟气积聚进行评估或建模，比如烟气通过一个或多个门进入邻近的空间。一般来说，只要高浓度烟气的积聚仍然高于房间人员的头顶，并且只要烟气层温度不超过对下方人员造成辐射危害的临界温度，那么可以认为此空间是安全的。但是随着烟气的冷却，烟气分层会消失，因此该方法存在局限性。此外，分层法也具有一定缺陷，例如，由于壁面气流和空气夹带的烟气通过门或通风口进入烟气层，上层的烟气会导致较低水平的洁净层受到污染。为了确保有持续足够的能见度，需要量化下层进入的烟气，而这取决于燃料的性质。量化烟气体积的模型很大程度上受烟气和空气流夹带的影响。虽然在上升的火羽流中有夹带空气（Zukoski，1994 年）被一致认同，但对于烟气从一个房间流入到另一空间（比如中庭）的计算方式存在异议（Morgan 和 Marshall，1975 年；Law，1，1986；McCaffrey 羽模型，见第 11 章，第 11.4.9 节）。全面测试和使用更多基于计算流体动力学的场模型（第 11 章和第 12 章）将有助于解决这些差异性问题。

防烟的第三个主要措施是安装烟气控制系统。系统一般使用抽烟或加压的方式实现控烟。抽烟一般是室内或建筑物上方安装一个烟气储存器，其可以通过屋顶或烟囱的通风口，在自然浮力的作用下抽出烟气（Thomas and Hinkley，1964；Hinkley，1995；Cole，1989）或者通过机械抽出烟气。通常在房间下部的开口需要允许空气流入以替换被抽出的烟气。而加压的方法需要保证无烟空间形成正压，特别是疏散楼梯和走廊，以抵消烟气流入空间的倾向（Butcher，1991）。进入防火分区的空气还应能排出，以防止压力增加，从而影响加压排烟的过程。这可以通过在加压过程中向外界环境开放通风口或者通过加压与从防火分区抽烟结合的方式来实现。目前有大量关于控烟系统的文献（Klote，1995；

Klote 和 Milke，1992）。

5.11　火灾探测

目前有很多火灾探测的方法。最广泛用于建筑物的探测器，特别是存在生命安全风险的场所，是热探测器和烟气探测器。红外和紫外探测器更多地用于工业建筑，特别是在存在室外风险的情况下。目前，与火灾探测器相关的国家标准和国际标准越来越多。

热探测器设计用于探测火灾环境中升高的温度，特别是火焰羽流中的气体温度。火灾探测器的主要热量来源是火羽流的对流传热，并且由于探测器敏感元件的特性而发生响应。常用的特性为热膨胀（例如喷淋的玻璃球）、链接点熔化或电气特性的变化。当敏感元件的温度达到一定值（例如熔点）时，固定温度检测器便会响应。当气流流经探测器的温度超过最低速率时，升温速率探测器便发生响应。热探测器的灵敏度取决于时间常数，即敏感元件的热容（C）和传热系数（H）的乘积与元件的面积（A）之比。热探测器的时间常数一般为 $20\sim40s$，而标准喷头的时间常数为 $2min$。热探测器的欧洲标准（EN54，第 7 部分，1984）规定了一种灵敏度测试方法，把探测器置于气流速度为 $0.8m/s$，空气升温速度保持恒定变化速率 $5\sim30℃/min$ 的风洞中。根据探测器的灵敏度等级，探测器最长报警时间取决于它的升温速度。此外，还指定一个最短报警时间以避免发生误报。

烟气探测器依赖于检测烟气中的颗粒物质。遮光性和光散射探测器分别依靠颗粒的遮光和散光能力。电离室探测器则依靠颗粒降低电离作用产生电流的能力。遮光性和光散射探测器对粒径大小远低于光波长的颗粒并不敏感，也就是粒径大小约为 $0.3\mu m$，而电离探测器的灵敏度较高，甚至能检测到 $0.01\mu m$ 的颗粒。然而，这些探测器中没有一个能够探测到诸如酒精甚至是威士忌之类的无烟火灾。除此之外，虽然随着烟气的增多，灵敏度和输出信号趋于降低，但电离探测器对自由燃烧的初期火灾反应是最有效的。与遮光性探测器相比，光散射检测器对高烟灰烟气的响应性显著降低。但自由燃烧通常有大量无烟尘颗粒物产生，也就是冷凝水，使光散射探测器对产生少量烟尘的火焰特别敏感。光散射探测器对阴燃产生的烟气反应十分灵敏。

烟气探测器标准的制定在很大程度上需要参考探测器对各种测试火焰产生烟气的响应能力，探测器的响应能力则通过对探测器附近的不透明度、电离电流和温度这些参数进行监测获得。点型感烟探测器的欧洲标准（1984）要求探测器应能够检测四种指定烟气，在探测器附近的烟气不透明度可达到 $2db/m$。最敏感的探测器要在 $0.5db/m$ 的不透明度之前动作，并且最不敏感的探测器需要在不透明度达到 $2db/m$ 之前动作。含有警报的点型感烟探测器的英国标准（BS 5446，1990），特别是在用于住宅楼宇的情况下，要求探测器应在 $10s$ 内对附近烟气做出响应，对缓慢或快速燃烧的木材火灾不透明度达到 $0.5db/m$ 时以及液态烃或聚氨酯泡沫火灾不透明度达到 $0.8db/m$ 时做出响应。美国保险商实验室（1970）标准要求探测器对纤维素产生烟气的响应值为 $0.6db/m$，煤油火灾烟气为 $1.4db/m$。因此，作为一个广泛的经验法则，当附近烟气的不透明度达到 $1.0db/m$ 时，可以认为烟气探测器工作。

热探测器和烟气探测器的响应与火灾的放热量和产烟量有关，对稳定或发展中的火灾可以用顶棚射流的关系进行类比（Evans，1995，Schifiliti，1995）。除了纤维板等清洁燃烧材料外，烟气探测器比热探测器的响应要早得多。此外，对于自由燃烧的火灾来说，1db/m的遮光度远低于气体因含有一氧化碳或氰化氢而有毒的剂量值（Rasbash，1975b）。

5.12 灭火

灭火的主要形式有三种：

① 早期手动灭火，特别是使用灭火器灭火；

② 自动灭火，特别是喷头作用灭火；

③ 消防队灭火行动。

在火灾建模程序中，必须注意到这三种形式对于控制以及最终抑制火灾的效果。

用灭火器实现手动灭火的方法只适用于火灾的初期阶段，此阶段火焰尺寸较小，通常在1m以下。灭火器的能力按照经过培训的人员（BS 5423，1987）的试验程序分类，测试场景可以是不同长度的木垛火或不同面积的液体火。灭火器的灭火能力由灭火剂及其量决定，总质量的上限略微超过20kg。影响灭火器使用效能的主要因素是是否对使用者进行培训，需要注意的是，这些人大多是首次使用灭火器。有证据表明，使用水剂灭火器灭火的时间与所尝试次数的立方根成反比（Rasbash，1962，P.38）。那么可以估算出一个训练有素的操作者可以扑灭的火焰大小比未经过训练的操作者扑灭的要大3～4倍。

喷淋系统是主动防火的主要方式。一个多世纪以来，喷淋系统一直被广泛应用，许多机构特别是保险行业，为应对各种火灾风险已经制定了详细的设计和维护标准（NFPA，1980；ComiteEuropeen des Assurances，BS 5306 Pt.2，1990）。直到最近，喷淋系统多用于保护财产而不是生命安全。与喷淋系统一起使用的热探测元件相对不太敏感，响应时间约为2min。因此，正常高度的房间起火后，在喷淋系统工作之前，火焰的产热量能达到约0.5～1MW。这种不敏感性可能是为了应对喷头在所使用的非常广泛的位置所需的坚固性，以及作为避免非火灾热源的误报的手段。

但最近为了一个专门用途，新一代喷头已经开发出来了，它的反应时间常数变低，因此能够在更小的尺寸的火灾中发挥作用（Theobald，1987）。这些"快速响应"喷淋喷头的用途是为了保护生命安全，因为火焰强度达到0.5～1MW时喷淋才会动作，这对于人身安全来说很危险，特别是在喷淋导致房间上部的燃烧产物与下部安全区域中的空气混合的情况下。快速响应喷淋装置的另一个主要用途是安装在高架仓库中，此类仓库需要在火灾发生初期就必须检测到火灾（Field，1985）。这种情况下，火焰通过垂直通道迅速向上蔓延。为了解决这个问题，不仅要有快速响应的喷头，而且喷头还要能抑制火焰迅速向上蔓延。在美国工厂互保研究中心实验室的一项研究中，已经运用动量下传技术以及大尺寸喷头能够克服火焰的向上推力的原理来满足这一要求（Yao和Marsh，1984）。

尽管喷淋系统的使用长达一个世纪，但对喷淋系统有效性和可靠性的量化理论中仍存在许多不同的意见。这主要是因为有效性问题的评定标准不同。不同的维护方式对可靠性有很大影响。有些寒冷地区需要采用干式系统以避免管道内的水结冰，但这会增加充水时间，从而对喷淋的性能产生影响。根据英国火灾统计数据（Rasbash，1975c），消防队称喷淋系统只控制了约 80％的火灾事故，而在澳大利亚，消防队称喷淋系统（Marryat，1971）有效控制了超过 99％的火灾事故。Miller（1974）把喷淋灭火的有效率评估为 86％。实际上，很难区分喷淋与消防队的灭火作用，喷淋的灭火效能通常包含二者的共同作用。因此，喷头动作时的火灾可能仍然不受控制，但要远小于没有喷头动作情况下的火灾，这样就减轻了消防队的负担。英国内政部（Rutstein 和 Gibert，1978）对火灾损失地区进行的详细研究，表明喷淋成功扑灭火灾的概率为 94％～96％，这个值包含了可靠性和有效性。当然，对于有喷头预期动作的火灾而言，室内安装喷淋的预计火灾损失远小于未安装喷淋的火灾损失，这就降低了安装喷淋建筑的保险费率（第 10 章）。在消防安全模型中，通常假设在可靠性限度内，喷头动作后的对流热输出和跟随的烟气以及有毒气体的产生量不会增加。

喷淋和其他水系灭火系统都是自动灭火的主要方式，但对于某些特殊火灾，比如气体或液体火灾，则需要使用其他非水系灭火系统。因为这些火灾如果用水进行处置可能导致严重后果。这些非水系灭火系统包括干粉、二氧化碳和哈龙灭火系统。数据表明，这些系统的可靠性要弱于喷淋系统（Miller，1974），而且由于哈龙灭火剂对环境产生危害，所以目前要逐步淘汰。这些系统的主要优点是它们不会产生有毒气体，尤其是基于哈龙 1301 用于全淹没灭火时，这个特殊的优点更加难以取代。然而，在基于氩气和氮气的惰性气体中引入少量二氧化碳，允许由于呼吸速率的增加而降低可耐受的氧气浓度（Cox-on，未注明）。有人发现某些全氟烃化合物也比较有效（Moore，1996）。还有一种可能性是使用足够细的水喷雾来扑灭火灾。但是，这种喷雾需要比目前在喷淋系统中使用的水雾更加精细。浮力控制的扩散火焰可以通过质量中值液滴尺寸在 0.3～0.6mm 之间的雾滴扑灭（Rasbash，1986a）。然而，扑灭强制喷射火焰和预混火焰需要更小的液滴尺寸（Jones 和 Thomas，1993），尽管在有利的条件下，液滴的分解可能是由喷射力或爆炸冲击引起的。近年来，有许多研究活动，致力于开发比抑制扩散火焰燃烧的喷淋系统的水滴更精细的细水雾系统（Smith，1995）。

承担灭火的主战力量是消防队。鉴于消防队通用的出警和装备标准，消防队出警有效性的最重要因素是着火后的报警时间和消防队到场时间。到场时间取决于消防队的数量和分布情况，还要在通过缩短响应时间提高灭火效率和加大新建消防站的投入之间达成平衡。这在第 10 章中将进一步讨论。消防队对消防安全的一个主要贡献在于救援人员免于火灾危险。然而，在量化消防安全设计和模式的问题上，由于响应时间的延误，很少考虑消防队在这方面做出的直接贡献。消防安全模型通常依赖于人们从建筑物中安全逃生而不是消防队的灭火行动。

5.13　火灾与人员之间的相互关系

除了火灾对人体造成的直接伤害之外，火灾与人员之间还有两个相互作用的方式，对消防安全设计至关重要。第一个是人为引起火灾的方式，第二个是人对火灾做出反应并安全逃离火场的方式。人是汇集火灾元素的主要起因，特别是点火源和可燃材料以及火灾蔓延的情况。虽然有火灾发生这方面的统计信息，但对这些信息的系统分析很少，而且这是一个很难进行直接观察实验的领域。然而，已经进行过调查，通过分析它们对火灾发生的影响，评估了人们的教育和培训的效果。这些将在第 9 章中讨论。

详细的规范，例如提供逃生方法的 NFPA 生命安全规范，已经在消防安全文献中存在了相当长的时间。然而，直到最近才对人们在火灾中的行为方式进行系统的调查（Wood，1972；Bryan，1989）。此外，近几十年来，也有人详细研究了人从建筑安全出口撤离的问题（Predtechenskii 和 Milinskii，1978；Fruin，1971；Pauls，1980；Kendik，1986）。现在可以整合这些信息来定量预测人从建筑物疏散所需的时间（Nelson 和 McLennan，1988）。这已经成为火灾中生命安全定量模型的一个日益增长的特征，它可以与在逃生路线上受到威胁的时间的补充信息进行比较（第 12 章）。在评估逃生时间的问题上，需要考虑到现场情况和人员行为的变化可能导致的低效率。

5.14 爆炸

消防安全系统的一个主要功能是预防爆炸或者消除爆炸的潜在风险。建筑物或工厂中发生的意外爆炸绝大多数都是由于燃料-空气混合物被引燃而引起的。这些燃料可以是易燃气体、蒸气、灰尘或雾气。燃烧过程发生在短短几秒或不到一秒钟的时间之内。与火灾不同，在爆炸过程开始以后，没有较长的火灾发展期可以让人有时间逃生。其主要伤害是由压力和爆炸效应引起的，而小程度伤害是由火焰和热气体通过人员引起的灼伤造成的。另外，由于不相容的液体混合而导致物质不稳定的物理效应也可能是爆炸的根源。

无论对于泄爆还是自动熄灭，防止燃料与空气形成大体积的可燃混合物是预防爆炸的主要措施（Rasbash，1986b；Zalosh，1995）。防爆措施依赖于气体和蒸气处理系统的防泄漏工程（King 等，1977）。在可能发生泄漏的情况下，主要的防御措施是通风以及使用防爆电气和其他不点燃可燃气体的设备（BS 5501，1977），其中，通风措施使得可燃燃料形成混合气体的体积保持在非危险尺度（Harris，1983）以下。可燃气体自动探测也是重要的防爆措施，尤其应用于工业厂房中的处理易燃气体的设备，需要在这种设备内提供惰性空间。泄爆措施要求在空间一侧装有薄弱面板，使爆炸产生的膨胀气体可以从此处安全地排出。通常来说，对于体积近似立方体的空间，空间的一侧要有很大面积作为通风口。就建筑物内的爆炸而言，往往是窗户进行爆炸泄压，这也是防止爆炸毁坏建筑物的主要方式。在单层建筑中，轻型屋顶可以产生类似的效果。但是，如果在像地下室这样几乎没有或没有自然泄爆的空间内发生爆炸，则爆炸可能导致整个建筑物遭到破坏。不幸的是，地下室通常是存放可燃燃气和气体设备的地方，也可能是可燃气体从建筑物外燃料管道裂缝处泄漏的地方。如果爆炸的时间尺度大约是 1s，那么就足以探测到爆炸的发生，而且灭火剂也会自动喷射到火焰传播的路径，从而抑制爆炸。如果爆炸时间远小于 1s，特别是从高度湍流燃烧或爆轰开始，那么自动熄灭就不可能发生。爆炸泄压措施也可能会变得非常困难。然而，通过插入阻火器仍然可以阻止气体和蒸气爆炸从厂内一个设备到另一个设备之间的传播（HSE，1980）。这样的设计还可以抑制爆轰（Barton 等，1974）。

出于多种原因，在发生火灾期间，可能伴随压力脉冲甚至剧烈的爆炸。此外，爆炸产生的压力效应可能会引起火灾的迅速蔓延。如前所述（第 5.5 节），一个普遍现象是由于火灾的通风条件不良，而在受限空间内形成富含燃料"混合气体"，然后在火灾发展后期被空气稀释。一般来说，火焰传播造成的压力并不显著，因为这些压力通常是由提供稀释空气的开口排出的。然而，确实存在消防员被压力脉冲击倒的现象。这种压力效应也可能造成防火隔板发生移动，从而降低其防护的有效性。当流经室内墙壁的热量使另一侧的有机材料发生破坏性蒸馏以至于在点燃时会发生爆炸，在这种情况下，更有可能导致巨大的压力作用。当阴燃材料产生易燃烟气时会出现类似的情况，该烟气可能积聚在封闭的空间中并在点燃时爆炸。当燃烧条件的略微变化使阴燃源得到强化时，也会发生上述情况。当然，压缩可燃气体气瓶或是压缩空气、压缩氮气也存在被火灾和爆炸烘烤的危险，混有可燃燃料的气溶胶容器也存在同样的危险。用于放置或储存可燃液体（如酒精）的建筑物内，由于爆炸引起火灾的突然加剧造成严重危害，这就要有保护消防员的专门设计（Home Office，1973）。

5.15 消防安全设计中的火灾场景

消防安全模拟需要将相关的火灾场景引入到建模程序中。就建筑物而言，特别是那些储存常见的有机固体可燃物的建筑物场所，这些场景通常假设已经建立了火灾并产生可能随时间变化的热量的输出。然后估算建筑内热量、烟气和有毒气体的总释放量及流动情况。利用这些数据可以对现有的消防安全系统的有效性进行测试，也可用于改进系统或设计一个安全性更高的新系统。一般来说，模拟过程中最需要关注的问题是建筑内人员的安全疏散问题，当然，消防员的生命安全问题和建筑财产安全问题也同样重要。就流程工业而言，气态、液态燃料从封闭系统泄漏是造成火灾的主要原因，因此火灾的整体场景应包括泄漏方式、时间、地点、泄漏物的引燃的方式以及引燃后果，特别是造成大规模火灾或爆炸的场景；当然，除了工厂内部人员存在风险外，在工厂以外的人员也存在风险，他们的安全也是要考虑的一个重要因素。

建筑火灾模拟中的最简单的方案是假设热释放速率恒定。这种简化已经使用了一段时间，作为购物中心的烟气控制设计的辅助手段（Gardner 和 Morgan，1990）。在这种情况下，假设喷淋系统把火焰功率限制在 5MW 内，并且遵循这种规模火焰产生烟气的规律，设计出相应的烟气控制程序。另一个简化方法是假设火灾由一个主要可燃物引起，其热量、烟气和有毒气体的相关数据可以从已发表的数据或实验中获得，或者是假设火灾的发展遵循既定的增长规律。许多典型燃料的火灾发展阶段可由平方定律来描述：

$$Q_t = b(t - t_i)^2 \tag{5.24}$$

式中　Q_t——t 时刻的产热量，kW；

　　　t_i——着火时间，s；

　　　b——增长因子。

基于方程（5.24）的许多燃料的相关数据已在 NFPA 204M 规范中给出。平方定律是均匀性质的燃料火焰和木垛火沿水平方向发展的预期规律（Heskestad 和 Delichatsios，1978）。对于货架仓库火灾，火灾初期的对流换热与时间的三次方相关（Yu，1990）。根据燃料的整体可燃性，可以使用更简单的平方定律来表示建筑物中的火灾增长（NFPA92B，1991）：

$$Q_t = 1000(t/t_g)^2 \tag{5.25}$$

式中　Q_t——t 时刻的产热量，kW；

　　　t_g——火焰达到 1000kW 的发展时间。

火灾发展时间 t_g 等于 600s、300s、150s 和 75s 的火灾分别为慢速、中速、快速和超快速火灾。令 t_i 等于零，b 等于 $1/t_g^2$，由方程（5.24）求得单个可燃物的相关数据，然后求得 t_g 的平均估值。

使用基于火灾发展的平方定律模型，可以预测火灾发生后探测器和喷头的动作时间、产烟量的增加及烟气进入热层和相邻空间的情况。当然，也可以假设方程（5.25）适用于火灾的其他阶段，包括火灾发展阶段的轰燃，或室内所有可燃物参与的全面燃烧。

另一种方法是使用指数增长曲线：

$$Q_t = Q_0 e^{at} \tag{5.26}$$

式中　Q_t——t 时刻的产热量；

　　　Q_0——零时刻的产热量；

　　　a——火灾增长因子。

只有当总产热量中的部分恒定热量用于将周围的可燃物加热到燃点时，该方程才是合理的。某些可燃物的燃烧数据符合上述方程（Friedman，1978）。此外也可以使用 Ramachandran 从火灾大小和火灾发展时间的统计信息中估算的数据（第 7 章）。火灾增长速率取决于燃料的性质，分析应提供初始火焰尺寸和增长率，如方程（5.26）（带有置信区间）所示。基于最终火灾尺度的数据包括火灾蔓延的影响、轰燃、建筑分隔和实际发生火灾时的控制行为。

更详细的建模形式包括估计着火房间之外的火灾蔓延以及对热量和烟气输出的相应影响。如第 5.3 节所述，除了可燃物的燃点和物理性质之外，还需要了解火焰与环境的热传递，特别是从火焰、羽流以及顶棚下的热烟气层对未着火可燃物的热传递。一种方法是将房间内主要可燃物点燃，将已知产热量和产烟量作为着火时间函数（Babrauskas，1995）的自变量，估算对其他可燃物的传热速率。为了得到结果，应根据第 5.3.1 节的要求，将适当火焰尺寸作为热量输出函数的自变量。由于热烟气层的额外辐射传热，还要对燃烧速率进行补充计算。然后就可以评估在初始物料燃烧殆尽之前是否能够引燃邻近可燃物。另一种方法是在房间不同位置设定"假想火"，对此后的火灾进展情况进行评估。在确定"假想火"的设定位置时，可以根据建筑点火源位置的统计数据或建筑内主要可燃物位置的相关资料进行确定。

一般我们默认这些"假想火"的辐射传热能力大于对流传热能力，这已经成为一种不成文的规定。假设火焰对未燃烧的邻近表面的对流传热为 20kW/m² 时，表 5.4 中的数据表明，假想的木材或纤维火灾将具有 18cm 的厚度。假设高度为直径两倍的圆柱形火焰产生的火焰体积为 9L，因此产热量为 16～18kW（图 5.5），这大约是废纸篓着火产生的热量。然而，当火源位于可燃物表面附近时，火焰会拉长（第 5.3.1 节），并且在点燃前，在下部约 0.05m² 的范围内，火焰对流传热与辐射传热之和约为 30kW/m² 而非 40kW/m²。可燃物是否被引燃取决于设定火灾燃尽的时间，对于纤维素火灾可以通过假设燃烧速率为 1g/s 来给出。在可燃物被引燃之后，可按照上述针对主要可燃物的程序进行评估。然后可以评估建筑内部火灾随时间变化的函数关系。也可评估不同时刻手动与自动干预对火灾发展的影响。对一些点火位置和干预方案执行此过程，可以得到火灾发展场景的概率分布，其中包括发生轰燃的可能性。

在流程工业中，尤其对于可燃液体和气体火灾来说，失去控制后的火灾和爆炸情况，在很大程度上取决于失控方式和燃料点燃方式。物料失控的原因可能是操作设备时的人为失误，容器和管道的结构缺陷，垫圈、法兰、阀门等部件发生故障。此外，由于设备附近物体的爆炸，可能会有碎片飞出以及局部压力升高。容器损毁的机理决定了开口大小。开口与火灾损失紧密相连，开口大小与容器压力对燃料流速和持续时间产生决定性影响。因不同位置的局部泄漏火灾造成的容器损毁，从而产生不同的火灾场景，这会导致容器内部物料被加热，也会导致池火。着火燃料流经建筑构件，从高压源产生喷射火冲撞建筑构件，产生大火球、火焰或者导致爆燃甚至可燃蒸气云爆炸（见5.6节）。如果延迟点火，会出现后两者所述的情况。泄漏位置被引燃后是否会出现喷射火或者火球取决于泄漏口大小和泄漏持续时间（Makhviladze等，1995）。场景需要包含可以集成到事故树或事件树中的所有元素。有关工厂的详细危害和可操作性研究给进一步的分析提供了数据（第17章）。除火灾对人员和厂区的直接危害之外，热辐射会对一定距离之外的人员造成影响，尤其是火球或大型池火的热辐射（Mudan和Croce，1995，1988；Shield，1995）以及开放空间的可燃蒸气云爆炸产生的压力作用对爆炸火焰覆盖区域以及建筑物和距离火焰很远的人员都造成极大破坏（Puttock，1995；Barton，1995）。

符号说明

a	火灾增长因子（指数）
A	元件面积（探测器）
A_o	空间开口面积
A_T	室内总表面积
b	贝尔符号（常用对数）；火灾增长因子（平方律）
b_n	ben 符号（自然对数）
B	传输数
c	比热
C	敏感元件的热容（探测器）
C_s	烟尘浓度
d	光路长度
db	分贝
D_b	火焰底部直径
D_s	烟气层厚度
E	火焰的黑体辐射功率
f_v	烟尘的体积分数
g	重力加速度
Gr	格拉晓夫数
h	传热系数
h_{ig}	表面到环境的总传热系数
h_K	有效传热系数
H	燃烧热（kJ/g）；传热系数（探测器）
H_f	产出 1g 燃料挥发物的对流传热

H_o	开口高度
H_r	燃烧器表面到上方顶棚的（房间高度）高度
I	光路末端的光强
I_0	光路始端的光强
k	固体的热导率
k_a	吸收系数
l	烟气层厚度
L	生成燃料蒸气所需的热量（kJ/g）；火焰厚度
L_f	火焰高度
m''	单位表面积的燃烧率
M	空气的质量流
Nu	努塞尔数
Pr	普朗特数
q''	表面吸收的热通量；辐射热通量
q''_{conv}	火焰的对流热通量
q''_{cr}	着火的临界热通量
q''_p	火焰的热通量峰值
q''_{rad}	火焰的辐射热通量
Q	火焰热输出（功率）
Q_0	零时刻的产热量
Q_t	t 时刻的产热量
Re	雷诺数
R_f	燃料的质量损失速率
S	出口模型的可见度标准
t	时间
t_i	着火时间
t_{ig}	固体引燃时间
t_g	火焰达到 1000kW 的发展时间
t_s	达到着火点温度 T_s 的时间
T	绝对温度 t 时刻的温度
T_∞	环境空气温度
T_b	被加热气体的冷表面温度
T_h	接触点处火焰或羽流的温度
T_0	固体的初始温度
T_s	固体燃料的燃点温度
ΔT	气体与表面之间的温差
ΔT_m	火焰最大升温
V	火焰体积（m^3 或升）；气体流速
x	线性尺寸

α	吸收系数（辐射）；热扩散速率
β	气体膨胀系数
ε	火焰的辐射率
λ	辐射波长
ν	运动黏度
ν_∞	环境空气的运动黏度
ρ	固体密度
ρ_∞	环境空气密度
σ	斯蒂芬玻尔兹曼常数；消光系数 $[b_n/m$ 方程（5.19）$]$
τ	固体厚度

参考文献

Alpert, R L and Ward, E J (1984). Evaluation of unsprinklered fire hazards. *Fire Safety Journal*, **7**, 127–143.

Atkinson, G T and Drysdale, D D (1992). Convective heat transfer from fire gases. *Fire Safety Journal*, **19**, 217–245.

Babrauskas, V (1982). Will the second item ignite. *Fire Safety Journal*, **4**, 281–292.

Babrauskas, V (1995). Burning rates. *SFPE Hand book of Fire Protection Engineering*, 2nd edition, Society of Fire Protection Engineers, Boston.

Babrauskas, V and Grayson, S J (1992). *Heat Release in Fire*, Elsevier Applied Science, London, New York.

Babrauskas, V and Walton, W O (1986). A simplified characterisation of upholstered furniture heat release rates. *Fire Safety Journal*, **11**, 181–192.

Babrauskas, V and Witterland, I (1995). The role of flame flux in opposed flow flame spread. *Fire and Materials*, **19**, 275–291.

Back, G, Beyler, C, di Nenno, P and Tatem, P (1994). *Wall incident heat flux resulting from an adjacent fire*. Proc. 4th. Intl. Symp. Fire Safety Science, pp. 241–251.

Barton, R R *et al* (1974). *The use of reticulated metal foam as flashback arrester elements*. Proc. of Symp. on Chemical Process Hazards with special Reference to Plant Design, pp. 223–233.

Barton, R F (1995). Fuel/gas explosion guidelines-practical applications. I. Chem. E, *Major Hazards Onshore and Offshore II*, pp. 285–296.

Beyler, C L (1984). Ignition and burning of a layer of incomplete combustion products. *Combustion Science and Technology*, **39**, 287–303.

Bond, J (1991). *Sources of Ignition, Flammability Characteristic of Chemicals and Products*, Butterworth, Heinemann, Oxford.

Bowes, P C (1984). *Self Heating Evaluating and Controlling the Hazards*, Building Research Establishment, Elsevier.

B.S. 5501 (1977). Electrical Apparatus for Potentially Explosive Atmospheres, Parts 1–9.

B.S. 5423 (1987). Specifications for Fire Extinguishers.

B.S. 5306 part 2. (1990). Sprinkler Systems.

B.S. 5446 (1990). Specification for Automatic Fire Alarm Systems for Domestic Premises. Part I. Specification for Self Contained Smoke Alarms and Point Type Smoke Detectors.

B.S. 5852 (1990). Methods for Test Assessment of the Ignitability of Upholstered Seating by Smouldering and Flaming Ignition Sources.

Bukowski, R W (1995). Modeling a backdraft: the fire at 62 Watts street. *Fire Journal*, **89**(6), 85–89.

Butcher, E G (1991a). Fire resistance and buildings. *Fire Surveyor*, **20**(6), 6–12.

Butcher, E G (1991b). Pressurisation systems as a fire safety measure. *Fire Surveyor*, **20**(3), 29.

Cole, J (1989). Smoke movement in single storey buildings. *Fire Surveyor*, **18**(1), 25–32.

Cooper, L Y (1982). Convective heat transfer to ceilings above enclosed fires. *19th. Symposium (International) on Combustion*, pp. 933–939.

Cooper, L Y and Woodhouse, A (1986). The Buoyant plume – driven adiabatic ceiling temperature revised. *Journal of Heat Transfer*, **108**, 822–826.

Coxon, P (Undated). Inergen, Wormald Britannia.

Delichatsios, M A (1986). *A simple algebraic model for turbulent wall fires*. 21st. Symp. (International) on Com-

bustion, pp. 53–63.

Delichatsios, M A (1993). Some smoke yields from buoyant turbulent jet flames. *Fire Safety Journal*, **20**, 299–312.

Delichatsios, M A, Panagiotou, Th. and Kiley, F (1991). The use of time to ignition data for characterising the thermal inertia and the minimal critical heat flux for ignition or pyrolysis. *Combustion and Flame*, **84**, 323.

Delichatsios, M A *et al*(1992). The effects of fuel sooting tendency and the fire flow on flame radiation in luminous jet flames. *Combustion Science Techniques*, **84**, 199.

de Ris, J (1978). *Fire radiation – a review. 17th. Symp. (International) on Combustion*, pp. 53–63.

de Ris, J (1988). *A scientific approach to flame radiation and material flammability. Proc. 2nd. Intl. Symp. on Fire Safety Science*, pp. 29–40.

de Ris, J and Orloff, L (1974). *The role of buoyancy direction and radiation in turbulent diffusion flames. 15th. Symp. (International) on Combustion*, pp. 175–182.

DIN 18230 Pts 1 and 2 (1986). *Structural Fire Protection in Industrial Buildings*, Beath Verlag GmbH, Berlin, p. 30.

Drysdale, D D (1985). *An Introduction to Fire Dynamics*, John Wiley & Sons.

(a) 78 – Limits of flammability.

(b) 186 – Ignition of flammable vapor/air/mixture.

(c) 215 – Ignition during discontinuous heat flux.

(d) 274 – Transition from smoldering to flaming combustion.

(e) 313 – Fully developed fire behavior.

(f) 339 – Methods of calculating fire resistance.

ECCS (1983). European recommendations for fire safety of steel structures: calculation of the fire resistance of load bearing elements and structural assemblies exposed to the standard fire. *European Convention for Constructional Steelwork*, Elsevier, Amsterdam-Oxford-New York.

ECCS (1984). Calculation of the fire resistance of composite concrete slabs with profiled steel sheet exposed to the standard fire. *European Convention for Constructional Steelwork*, Technical Note Publication No. 32, Brussels.

ECCS (1985). Design manual on the European recommendations for the fire safety of steel structures. *European Convention for Constructional Steelwork*, Technical Note Publication No. 35, Brussels.

ECCS (1988). Calculation of the Fire Resistance of Centrally Loaded Composite Columns Exposed to the Standard Fire. *European Convention for the Constructional Steelwork*, Technical Note Publication No. 55, Brussels.

Emmons, H W (1968). Fire research abroad. *Fire Research Abstracts and Reviews*, **10**, 133–143.

EN 54 (1977). Part 5, Components of Automatic Fire Detection Systems. Heat sensitive detectors – point detectors containing a source element. (1984) Part 7, Specification for point type smoke detectors using scattered light, transmitted light or ionisation.

Evans, D D (1995). Ceiling jet flows. *SFPE Handbook of Fire Protection Engineering, pp. 2–32.*

Fahy, R F (1991). *EXIT 89. An evacuation model for a high rise building. Proc. 3rd. Intl. Symp. of Fire Safety Science*, Elsevier, pp. 815–823.

Field, P (1985). Effective sprinklered protection for high racked storage. *Fire Surveyor*, **14**(5), 9–24.

Fisher, K (1975). The performance of brickwork in fire resistance tests. *Jubilee Conference, Structural Design for Fire Resistance*, Midlands Branch, Institution of Structural Engineers, Eng.

Fleischman, C (1988). Analytical Methods for Determining Fire Resistance of Concrete Members, *S.F.P.E. Handbook of Fire Protection Engineering*, pp. 3–113.

Fletcher, D F (1991). An improved mathematical model of melt water detonations. Parts I and II, *International Journal of Heat and Mass Transfer*, **34**, 2435–2460.

Friedman, R (1978). Quantification of threat from rapidly growing fire in terms of relative material properties. *Fire and Materials*, **2**, 27–33.

Fruin, R F (1971). *Pedestrian Planning Design*, Metropolitan Association of Urban Design and Environment Planners Inc, New York.

Gardner, J P and Morgan, H P (1990). *Design Principles for Smoke Ventilation in Enclosed Shopping Centres*, Building Research Establishment, Department of Environment.

Gugan, K (1979). Unconfined Vapour Cloud Explosions, I. Chem. E.

Hagglund, B and Persson, L E (1976). An experimental study of the radiation from wood flames. FoU-Brand, 1, 2–6.

Harmathy, T Z (1980). The possibility of characterising the severity of fires by a single parameter. *Fire and Materials*, **4**, 71.

Harmathy, T Z (1987). On the equivalent fire exposure. *Fire and Materials*, **11**, 95–104.

Harris, R J (1983). *The Investigation and Control of Gas Explosions in Buildings and Heating Plant*, British Gas, E. & F. N. Spon, London.

Hasemi, Y (1986). Thermal modelling of upward flame spread. *1st International Symposium Fire Safety Science*, pp. 87–96.

Health and Safety Executive (1980). *Guide to the use of Flame Arresters and Explosion Reliefs*, H.S.G. 11, HMSO, London.

Heskestad, G (1986). Fire plume air entrainment according to two competing assumptions. 21st. Symp (International) on Combustion, pp. 111–120.

Heskestad, G (1988). Fire plumes. *SFPE Handbook of Fire Protection Engineering*, pp. 1–107.

Heskestad, G and Delichatsios, M (1978). Reference not identified.

Hinkley, P L (1995). Smoke and heat venting. *SFPE Handbook of Fire Protection Engineering*, pp. 3–160.

Hinkley, P L *et al*(1968). *The Contribution of Flames under Ceilings to Fire Spread in Compartments. Part 1, Incombustible Ceilings*, Fire Research Note 712, Fire Research Station, Borehamwood.

Hinkley, P L *et al*(1984). Contribution of flame under ceilings to fire spread in compartments. *Fire Safety Journal*, **7**, 227–242.

Hogan, W J (1982). *The Liquefied Gaseous Fuels Spill Effects Programme*, A Status Report, Fuel, Air Explosions. University of Waterloo Press, pp. 949–967.

Home Office (1973). *Fire Precautions in New Single Storey Spirit Storage and Associated Buildings*, HMSO.

Ingberg, S H (1928). Tests of severity of building fires. *NFPA Quarterly*.

Institution of Structural Engineers (1978). *Design and Detailing of Concrete Structures for Fire Resistance*, London.

Janssens, M (1992a). Room fire models. *Heat Release in Fire*, Vol. 113, V Babrauskas and S J Grayson (Eds.), Elsevier Applied Science, London, New York.

Janssens, M (1992b). Determining flame speed properties from cone calorimeter measurements. *Heat Release in Fire*, Vol. 265, V Babrauskas and S J Grayson (Eds.), Elsevier Applied Science, London, New York.

Jin, T (1971). Visibility through smoke. Part III, *Bulletin of Japanese Association of Fire Science and Engineering*, **22**(1, 2), 11–15.

Jones A and Thomas G O (1993). The action of water sprays on fires and explosions – a review of experimental work. *Trans. I. Chem. E*, **71**, Part B, 41–49.

Kanury, A M (1977). *An Introduction to Combustion Phenomena*, Vol. 130, Gordon & Breach.

Karlsson, B and Magnusson, S E (1991). Combustible wall lining materials. Numerical simulation of room fire growth and the outline of a reliability based classification procedure. *Proceedings of the 3rd. Int. Symp. on Fire Safety Science*, pp. 667–678.

Kendik, E (1986). Methods of design for means of egress towards a quantitative comparison of national code requirements. *Proceedings of the 1st. Int. Symp. Fire Safety Science*, pp. 497–678.

King, P J *et al*(1977). *Report of the Inquiry into Serious Gas Explosions*, Department of Energy, London.

Kingman, F E T *et al*(1953). The products of combustion in burning buildings. *Journal of Applied Chemistry*, **3**, 463–468.

Klote, J H (1995). Smoke control. *SFPE Handbook of Fire Protection Engineering*, pp. 4–230.

Klote, J H and Milke, J (1992). *Design of Smoke Control for Buildings*, N.B.S. Handbook 141, ASHRAE and SFPE.

Kokkala, M A (1991). Experimental study of heat transfer to ceiling from impinging diffusion flame. *3rd. Intl. Symp. Fire Safety Science*, Elsevier.

Kung, *et al*(1988). Ceiling Flow of Growing Rack Storage Fires. *21st. Symp. (International) on Combustion*, pp. 121–128.

Law, M (1971). *A Relationship between Fire Grading and Building Design and Contents*, Fire Research Station, Fire Research Note No. 877.

Law, M (1986). A note on smoke plumes from fires in multi-level shopping malls. *Fire Safety Journal*, **10**, 197.

Levin, B M (1989). *A simulated model of occupant decisions and actions in residential fires. 2nd. Int. Symp., Fire Safety Science*, pp. 561–570.

Makhviladze, G *et al*(1995). Criterion for the formation of a 'cloud like' release upon depressurisation of a gas vessel. I. Chem. E, *Major Hazards Onshore and Offshore, II*, pp. 97–112.

Malhotra, H L (1992). Recent developments in the European fire scene. *Fire Surveyor*, **21**(4), 4–8.

Malhotra, H L *et al*. (1971). *The Fire Propagation Test as a Measure of Fire Spread and Correlation with full Scale Fires in Corridors*, Fire Note 876, Fire Research Station, Borehamwood.

Markstein, G H (1976). Scaling of radiative characteristics of turbulent diffusion flame. *16th. Symp. (International) of Combustion*, pp. 1407–1419.

Markstein, G H (1978). Radiative properties of plastic fires. *17th. Symp. (International) on Combustion*, pp. 1053–1062.

Markstein, G H (1984). Relation between smoke point and radiant emission from buoyant turbulent and laminar diffusion flames. *20th. Symp. (International) on Combustion*, pp. 1055–1061.

Markstein, G H and de Ris, J (1972). Upward fire spread over textiles. *14th Symp. (International) on Combustion*, The Combustion Institute, Pittsburgh, pp. 1085–1097.

消防安全评估
Evaluation of Fire Safety

Markstein, G H and de Ris, J (1990). *Wall-fire Radiant Emissions, Part I.: Slot-burner Flames, Comparison with Jet Flames*, Technical Report FMRC J.I. OQON5.BU, Factory Mutual Research Corporation, Norwood, MA.

Marryat, H W (1971). *Fire Automatic Sprinkler Performance in Australia, New Zealand 1886–1968*, Australian Fire Protection Association, Melbourne.

Meams, R (1986). A case for flame retardant paints. *Fire Surveyor*, **15**(2), 4.

McCaffrey, B J (1979). *Purely Buoyant Diffusion Flames: Some Experimental Results*, National Bureau of Standards, NBSIR, pp. 79–1910.

McCaffrey, B J *et al*(1981). Estimating room temperatures and the likelihood of flashover using fire test data correlations. *Fire Technology*, **17**, 98–119, **18**, 122.

McCaffrey, B J (1988). Flame height. *SFPE Handbook of Fire Protection Engineering*, pp. 1–298.

Mikkola, E (1992). Ignitability of solid materials. *Heat Release in Fire*, Vol. 225, V Babrauskas and S J Grayson (Eds.), Elsevier Applied Science, London, New York.

Miller, M J (1974). Reliability of fire protection systems. *Chem. Eng. Progress*, **70**, 62–67.

Mitler, (1978). *The Physical Basis for the Harvard Computer Fire Code*, Division of Applied Science, Harvard University, Home Fire Project Technical Report.

Moodie, K and Jagger, S E (1989). *Results and Analysis from the Scale Model Tests The King's Cross Underground Fire: Fire Dynamics and the Organisation of Society*, Institution of Mechanical Engineers, pp. 27–40.

Moore, P E (1996). Fluorocarbon halon alternatives. *Fire Safety Engineering*, **3**(6), 20.

Morgan, H P and Marshall, N R (1975). *Smoke Hazards in Covered, Multi-level Shopping Malls: An Experimentally Based Theory for Smoke Production*, Building Research Establishment, CP48/75, Borehamwood.

Morris, W A (1984). Stardust disco investigation – some observations on the full scale fire tests. *Fire Safety Journal*, **7**, 255.

Mudan, K S and Croce, P A (yr1995, 1988). Fire hazard calculations for large open hydrocarbon fires. *SFPE Handbook of Fire Protection Engineering*.

Mulhollland, G. W (1988). Smoke production and properties. *SFPE Handbook of Fire Protection Engineering*, pp. 1–369.

Mullins and Penner (1959). *Explosions, Detonations, Flammability and Ignition*, Pergamon Press, London.

National Fire Protection Association (1980). National Fire Code 13, Standard for Installation of Sprinkler Systems.

National Fire Protection Association (1991). Guide for Smoke and Heat Venting, Code 204M.

National Fire Protection Association (1991). *Smoke Management in Malls, Atria and Large Areas*, NFPA 92B.

Nelson, H E and McLennan, H A (1988). Emergency movement. *SFPE Handbook of Fire Protection Engineering*, pp. 2–106.

Ndubidzu *et al*(1983). A model of freely burning fuel fires. *Science and Technology*, **31**, 233.

Odgaard, E and Solberg, D M (1981). *Heat Loads from Accidental Hydrocarbon Fires*, A.P.S. Seminar, Fire Protection Offshore, No. 81, p. 75, Det Norske Veritas.

O'Dogherty, M J, Nash, P and Young, R A (1967). *A Study of the Performance of Sprinkler Systems*, Fire Research Technical Paper, No. 17, HMSO, London.

Orloff, L and de Ris, J (1982). Froude modelling of pool fires. *19th. Symp. (International) on Combustion*, pp. 885–895.

Orloff, L *et al*. (1974). Upward turbulent fire spread and burning of fuel surface. *15th. Symp. (International) of Combustion*, pp. 183–192.

Orloff, L *et al*(1978). Radiation from smoke layers. *17th. Symp. (International) on Combustion*, pp. 1029–10938.

Pauls, J L (1980). Effective width Model for Evacuation Flow in Buildings, *Prac. Engineering Applications Workshop*, SFPE, Boston.

Pettersson, O (1985). Structural fire behaviour. *Proc. of 1st. Int. Symp. Fire Safety Science*, Vol. 229, Hemisphere.

Predtechenskii, V M and Milinskii, A I (1978). *Planning for Foot Traffic Flow in Buildings*, American Publishing Co. Inc, New Delhi.

Purser, D A (1995). Toxicity assessment of combustion products. *SFPE Handbook of Fire Protection Engineering*, pp. 2–85.

Puttock, J S (1995). Fuel Gas Explosion Guidelines – The Congestion Assessment Method, I. Chem. E. *Major Hazards Onshore and Offshore II*, pp. 285–296.

Quintiere, J G (1977). *Growth of Fire in Building Compartments*, Fire Standards and Safety, ASTM STP 614, Philadelphia, pp. 131–167.

Quintiere, J G *et al*. (1986). Wall flame and implications for upward flame spread, *Combustion Science and Technology*, **48**.

Quintiere, J G (1993). A simulation model for fire growth in materials subject to a room corner test. *Fire Safety Journal*, **20**, 313–340.

Quintiere, J G and Harkleroad, M (1984). New concepts for measuring flame spread properties. *Symposium, Application of Fire Science to Fire Engineering*, ASTM, SFPE.

Rasbash, D J (1962). The extinction of fires by water sprays. *Fire Research Abstracts and Reviews*, **4**(1–2), 28–53.

Rasbash, D J (1967). Smoke and toxic gases produced at fires. *Trans. J. Plast. Inst. Conference*, Supplement No. 2, pp. 55–62.

Rasbash, D J (1975a). The relevance of fire point theory to the evaluation of the fire properties of combustible materials. *Proc. Int. Symp. on the Fire Properties of Combustible materials*, Edinburgh University, pp. 169–178.

Rasbash, D J (1975b). Sensitivity criteria for detectors used to protect life. *7th International Seminar on Problems of Automatic Fire Detection*, Tech Hoch, Aachen, pp. 137–154.

Rasbash, D J (1975c). Interpretation of statistics on the performance of sprinkler systems. *Control*, **2**(2), 63–73.

Rasbash, D J (1976). Theory in the evaluation of fire properties of combustible materials. *Proc. 5th Int. Fire Protection Seminar*, Vol. **1**, Karlsruhe, V.F.D.B., p. 113.

Rasbash, D J (1986a). The extinction of fire with plain water. *Proc. 1st Int. Symp. on Fire Safety Science*, pp. 1145–1163.

Rasbash, D J (1986b). Quantification of explosion parameters for combustible fuel-air mixtures. *Fire Safety Journal*, **11**, 113–125.

Rasbash, D J (1995a). Units for expressing light attenuation in smoke. *Fire and Materials*, **19**, 51–52.

Rasbash, D J (1995b). Measurement of smoke. *Fire and Materials*, **19**, 241.

Rasbash, D J and Philips, R P (1978). Quantification of smoke produced by fires. *Fire and Materials*, **2**, 102–109.

Rasbash, D J and Pratt, B T (1979). Estimation of smoke produced in fire. *Fire Safety Journal*, **2**, 23–37.

Rasbash, D J *et al*(1956). Properties of fires of liquids. *Fuel*, **35**, 94–106.

Renwick, P and Tolloczka, J (1992). Offshore safety. *The Chemical Engineer*, **525**, 17–18.

Rogowski, B (1984). A critique of fire test methods used to assess individual products involved in the Artane Fire. *Fire Safety Journal*, **7**, 213.

Rutstein, R and Gibert (1978). *The Performance of Sprinkler Systems*, Memorandum 9/78, Home Office Scientific Advisory Board.

Saito, K *et al*. (1986). Upward turbulent flame spread. *1st Int Symp. Fire Safety Science*, pp. 75–86.

Seader, J D and Ou, S S (1977). Correlation of the smoking tendency of materials. *Fire Research*, **1**, 3–9.

Schifiliti, R P (1995). Design of detection systems. *SFPE Handbook of Fire Protection Engineering*, pp. 4–1.

S.F.P.E. Handbook (1995, 1988). *Fire Protection Engineering*, Society of Fire Protection Engineers, National Fire Protection Association.

Shield, S R (1995). The modelling of BLEVE fireball transients, I. Chem. E. *Major hazards Onshore and Offshore II*, pp. 227–236.

Smith, D P (1995). Water mist: fire suppression systems. *Fire Safety Engineering*, **2**(2), 10–15.

Spalding, D B (1955). *Some Fundamentals of Combustion*, Butterworths, London.

Steinbrecher, L (1987). Analysis of tank fire 'Classic'. *Fire Engineers Journal*, **47**, 15–17.

Tewarson, A S (1980). *Fire and Materials*, **4**, 185–191.

Tewarson, A S (1995). Generation of heat and chemical compounds in fires. *SFPE Handbook of Fire Protection Engineering*, pp. 3–534.

Theobald, C R (1987). Heated wind tunnel for testing fast acting sprinklers. *Fire Surveyor*, **16**(20), 9.

Thomas, P H and Hinkley, P L (1964). *Design of Roof Venting Systems for Single Storey Buildings*, Fire Research Technical Paper, No. 10, HMSO, London.

Thomas, P H *et al*. (1967). *Fully Developed Compartment Fires*, Joint Fire Research Organisation, HMSO, London.

Thomson, H E and Drysdale, D D (1989). Critical mass flow rate of the fire point of plastics. *Proc. of 2nd. Int. Symp. Fire Safety Science*, pp. 67.

Underwriters Laboratories (1970). Standards for Single and Multiple Station Smoke Detectors, UL 217, Northbrook.

Venart, J E S *et al*(1992). To BLEVE or not to BLEVE: anatomy of a boiling liquid expanding. *AIChE Meeting on Loss Prevention*, American Institute of Chemical Engineers, New Orleans, LA, pp. 1–21.

Walton, W D and Thomas, P H (1995, 1988). Estimating temperatures in compartment fires. *SFPE Handbook of Fire Protection Engineering*, pp. 3–134.

White, R H (1988). Analytical methods or determining fire resistance of timber members. *SFPE Handbook of Fire Protection Engineering*, pp. 3–130.

Williamson, R B *et al*. (1991). Ignition sources in room fire tests. *3rd Int. Symp. Fire Safety Science*, pp. 657.

Wood, P G (1972). *The Behaviour of People in Fires*, Fire Research Station, FR Note No. 953.

Workshop, I. B. W14 (1983). A conceptual approach towards a probability based design guide in structural fire safety. *Fire Safety Journal*, **6**, 1–79.

Workshop, C. I. B. W14 (1986). Design guide structural fire safety. *Fire Safety Journal*, **10**, 77–136.

You, H Z and Faeth, G M (1979). Ceiling heat transfer during fire plume and fire impingement. *Fire and Materials*, **3**, 140.

Yu, H Z (1990). Transient plume influence in measurement of convection heat release rates of fast growing fires using a large scale fire products collector. *ASME Journal of Heat Transfer*, **112**, 186–191.

Zalosh, R G (1995). Explosion protection. *SFPE Handbook Fire Protection Engineering*, pp. 3–312.

Zukoski, E E (1987). *Heat transfer in unwanted fires. ASME – JSME Thermal Engineering Conference*, Honolulu, pp. 311–317.

Zukoski, E E (1994). *Mass flux in fire plumes. Proc. 4th. Intl. Symp. in F ire Safety Science*, pp. 137–147.

6 统计数据的来源

6.1 引言

当前，人们普遍认为，需要收集有关火灾的统计信息，同时还应该收集背景信息。根据这些背景信息，为与火灾预防、保护和保险等有关活动的经济合理投入和支出做出决策。火灾统计数据可以对火灾风险进行详细评估；根据这些基本数据，可以制定针对社区不同部门或区域中的风险的消防措施。通过这种方式，支持对各种风险情况的评估，以指导行政活动政策和制定消防安全法规、法律、标准和规范。

近年来，消防科学家和工程师利用火灾统计信息丰富了实际情况下关于火灾技术性质的知识。这些数据增强了在受控条件下进行的实验结果，可以为开发消防安全定量模型提供改进的工具。这些模型加上有关火灾情况下人员行为的信息，将使管理部门和规范编委会能够采用更灵活的方法来确定适当的措施，以满足可接受的消防安全定量水平。

因此，火灾统计数据对所有的团体和个人都应该是可用和有用的，尽管不同的人或团体可能有着不同的直接目标，但他们的最终目标都是减少火灾造成的生命和财产损失。比如管理人员和研究人员可能需要统计数据用于完全不同的目的。然而，在实质上并没有什么区别，因为涉及使用统计数据的研究工作正是做出行政决策过程中的重要一步。

有时候为了应对火灾中的一些特殊情况，需要收集特定部门火灾的详细信息。预见到这种特殊情况下的所有结果并建立一个涵盖所有结果的统计系统是不可能的。而且这种系统运行起来也会非常复杂。不过在持续收集信息的基础上，建立一个可靠的火灾数据信息模块对所有用户来说都是非常有价值的。同时也可以以这个信息模块为起点，通过特殊调查收集更多的数据。持续收集的统计数据应足以显示火灾发生的频率、地点、规模以及生命财产损失的变化趋势，还应该可以提供必要的数据，预测未来对灭火资源的需求程度以及评估消防安全措施的有效性。

定期对火灾统计数据进行分析本身就具有很大的价值，但是出于某些目的，必须将它们与其他各种不同来源的统计数据相联系。这些辅助统计数据包括人口数据、住房和建筑统计数据、工业产值、消防队经费、交通运输财政支出、社会经济数据和气象数据等。此外，火灾统计数据也应与保险机构收集的信息和火灾测试及实验结果相联系。因此，火灾统计数据并不是一个完全独立的、适合解决所有的火灾问题的数据集合。

本章的目的是简要回顾不同国家，特别是英国、美国和日本可用的火灾数据以及火灾损失统计数据。除了主要的和专业的数据库之外，本次回顾还涵盖了其他次要信息来源，比如特殊的调查研究以及辅助统计。这些统计信息在消防安全评估领域的应用已被广泛地讨论，相关内容可以参考其他章节的详细论述。本章讨论的主题还包括当前统计数据的差距、使用局限性和国家间的比较。

6.2　消防部门和消防队

6.2.1　英国

质量良好的国家火灾统计数据主要来自组织良好的公共消防服务组织。例如第二次世界大战期间，英国国家消防局的组建为其在全国范围内统计火灾信息创造了条件。从那时起，内政部开始通过地方政府消防队收集火灾统计数据。不过当时的消防队是自愿地提供有关火灾的资料，而不是根据政府的相关规定提供的。

1977 年，英国的消防队提交了一份名为 K433 的标准报告表，这张报告表包括了除烟囱火灾（未扩散至烟囱以外）以外的每一次火灾。Wallace（1948）对这种以报告表统计火灾的新形式进行了研究，阐述了该方法产生的背景以及分析火灾事故的方法。为了简化消防队的任务，人们在 1960 年提出了一份新的火灾数据报告表 K433H，但这份报告表中关于草原、荒地以及铁路路堤的火灾信息却相当有限。1970 年，K433H 被重新修订，其适用范围扩大到更多的小型火灾。1978 年 1 月，人们又提出了另一份报告表 FDR1 来代替 K433，FDR1 充分考虑到了各政府部门与社会组织对火灾统计的需求，随后 FDR1 于 1994 年被修订。

关于建筑火灾的 K433 和 FDR1 的主要问题包括以下方面：

① 时间　火灾发生的日期和月份、火灾被发现的时间、火灾接警时间、消防队到达火场的时间、火灾被扑灭的时间以及最后一台消防设备返回消防局的时间。

② 地点　火灾地址、单位责任人姓名以及该场所开展的业务。

③ 起火点情况　起火部位的财产类型、建筑物情况描述、地面材质、起火房间（如卧室）及其功能（如生产、储存、办公、装配、烹饪、休息）。

④ 工程情况　建造时间、地下室数量、建筑层数、房屋及起火室大致尺寸，以及直接受火灾影响的建筑材料与衬里材料等。

⑤ 灭火设施　可工作喷头数和自动喷淋灭火系统灭火效果（如果已安装）、消防队赶到前使用的灭火装备（如便携式灭火器）以及由消防队使用的灭火装备（如消防水喉、细水雾、可用细水雾数量及其他灭火装备）。

⑥ 蔓延　火灾是否蔓延到起火物质之外，如果是，是否蔓延出起火房间或建筑。

⑦ 起火原因　最可能起火物、最初起火材料、引起失火的缺陷、行为或疏忽以及导致火灾增长的物质。

⑧ 生命危险　发现火灾时因火灾而逃生的人员数目、通过特殊路线逃生的人员数目、遭受致命伤或非致命伤的人和被救者的姓名、年龄和其他细节以及获救者。

⑨ 爆炸危险物质　是爆炸引起火灾还是火灾引起爆炸、燃烧的材料以及影响火灾扑救和火灾发展的危险物质的细节。

在 FDR1（自 1978 年以来）中，消防队需要根据以下四个等级估算从点火到发现的时间间隔：

（ⅰ）起火时被发现；

（ⅱ）起火后 5min 内被发现；

（ⅲ）起火后 5～30min 被发现；

（ⅳ）起火后超过 30min 被发现。

在 1994 年出现的修订版中，第四等级被修改为起火后 30min 到 2h 内发现火灾，同时规定起火后超过 2h 发现的火灾为第五等级。

只有在建筑结构发生热损坏的情况下才需要在 FDR1 中给出建筑物的工程情况（即第④项）。该表还包含直接燃烧损坏的总水平面积和总面积损坏的信息，包括烟气损失和水渍损失。

直到 1973 年，消防队的火灾统计报告才被整理校对，报告中的统计信息由位于赫将福德郡博勒姆伍德的消防研究站（FRS）处理。这项工作目前仍在 Borehamwood 进行。不过自 1974 年来，英国内政部开始直接管理火灾统计部门。近年来，火灾报告中的许多信息都被编辑并放在磁盘上（而不是磁带）。在计算机制表的基础上，部分火灾信息被编入每年出版的火灾年鉴中，但一般来说，每年出版的消防年鉴都要滞后两年左右。这本小册子现在被称为英国火灾统计年鉴，可以从内政部购买。

当前发布的信息仅代表了存储在计算机磁盘上的一小部分数据。磁盘上存储的信息可以从内政部计算机的编码列表中识别出来，个人和团体在获取相关火灾信息的时候需要支付一定费用，以维持计算机的运行。更多的信息可以从原始报告（FDR1）中获得，这些原始报告通常不对外开放，不过有时可以从消防队获取原始报告的副本。通过使用这些已发表和未发表的数据，很多单位与个人特别是在 FRS，进行了一些统计分析和评估，评估不同入住率的建筑的火灾风险。由于各种原因和其他因素的影响（如 Fry，1969；Chandler，1978 以及 North，1973），也有一些研究人员利用英国消防队提供的统计数据，开发并验证用于处理消防问题的统计模型（这些模型在第二部分的其他章节中已有详细阐述）。

在过去的时间里，英国消防界取得了一项重要的成果，即建立了国家消防信息服务系统（FINDS）。该系统由首席和助理行政消防官协会（CACFOA Research Ltd）负责管理，可以为全英国的消防队提供服务。这个协会是由英国消防协会建立的一个慈善组织。除了消防部门感兴趣的火灾信息，FINDS 还准备提供一个全国性的研究与发展目录、火灾调查报告及收集系统、国家应急装备及人力响应服务、国际消防通信服务、信息管理服务及国家火灾数据参考及检索服务。在适当的时候，它还将包括 FDR1 的信息，英国和其他国家的用户可以借助现有的计算机网络或个人计算机，通过一个国际数据网络（X25）访问 FINDS。但用户必须每年支付一定的订阅费和一次性的注册费。FINDS 包括电子邮件功能和数据传输设施。

6.2.2　美国

在美国，国家火灾事故报告系统（NFIRS）在 20 世纪 70 年代末开始发展起来，首次使详细的国家火灾统计成为可能。该系统由联邦紧急事务管理局（FEMA）下属的美国消防管理局（USFA）管理。NFIRS 根据火灾事故提供年度计算机化的数据，并根据国家消防协会（NFPA）901 火灾事故报告标准中规定的格式对数据进行分类。

最初，只有少数几个州参与了 NFIRS 活动。现在，全美约 3/4 的州有 NFIRS 协调员，他们在各自所在的消防部门统计火灾事故数据，并将数据整合到州的数据库中。这些数据随后被传送到 USFA 下属的 FEMA。各州及各地方消防部门的参与是自愿的。NFIRS 每年可以获得大约 1/3 的火灾信息。在美国，超过 1/3 的消防部门被列为 NFIRS 的参与单位，尽管这些部门不能保证每年都提供数据。

NFIRS 的一个优点是它提供的火灾信息比美国任何一个国家的数据库更详细，且不只限于大型火灾。NFIRS 是唯一一个能够通过特定的房屋用途和特定的火灾原因处理各种规模的火灾数据的国家数据库。它还收集了相关建筑类型的信息、火灾蔓延、烟气扩散的途径和范围的信息以及火灾探测器和自动喷淋灭火设施的相关信息。到 1982 年，FE-MA 出版了第二版《美国火灾》，这是第一个主要基于 NFIRS 的研究成果。此后，基于 NFIRS 的分析被广泛运用。

NFIRS 的一个缺点是由于它的自愿特性，因为它不包括向美国消防部门报告所有火灾，所以每年的样本的内容都是变化的；另外，不同的区域和不同的地区，消防部门的 NFIRS 参与率并不一致，因为不同的区域和地区的火灾频率和严重程度是不同的。这就意味着 NFIRS 可能会受到系统误差的影响，因为它的数据分析所基于的火灾样本、消防部门样本以及人口样本并不是随机抽取的。

由于上述原因，一些分析人员将基于 NFIRS 的百分比统计数据与基于 NFPA 的调查总计数据（下一段）结合起来，完成对火灾、伤亡人数、伤害程度和经济损失的评估。然而不同的用户做出评估的计算法则是不同的，因此，Hall 和 Harwood（1989）提出了一种详细的、统一的程序方法，根据评估的计算法则完成计算。该方法利用 NFPA 的年度调查数据，可以称之为多重校准方法。原则上，由于 NFPA 年度调查数据直接提供国家火灾经验总数，可以使用 NFPA 的火灾数据对 NFIRS 的 17 个不同的财产类别的火灾数据分别进行校准调整。在 Hall 和 Harwood（1989）所述的基本方法中，通过分别度量四种主要的火灾种类（住宅建筑火灾、非住宅建筑火灾、车辆火灾和其他）的严重程度（火灾事故影响、人员死亡、人员受伤和直接财产损失），按照相应比例评估国家的火灾损失。

NFPA 年度统计调查数据是基于大约 3000 个美国消防机构的分层随机抽样得出的，约占美国 30000 个消防机构的 10％，分层的依据是人口的规模。该调查收集了火灾事故、人员伤亡数量以及 NFPA 901 所定义的各主要财产类别的财产损失总额（以美元计算）。类似的数据收集还用于纵火和有纵火嫌疑的火灾，只不过火灾财产损失种类只包括建筑结构和车辆，因为和纵火有因果关系的火灾一般只有建筑火灾和车辆火灾，而不是所有类型的火灾。研究人员对火灾的结果和上文提到的第一类财产的火灾损失总额进行了分析，并在 NFPA 的年度研究成果"美国的火灾损失"中做出报告。该调查还收集了消防员受伤人数、受伤责任归类以及伤病性质的数据，这些统计数据被分析并发表在 NFPA 的年度报告"美国消防队员伤亡"中。NFPA 的调查还收集了不同受保护类型地区（如城市、县与乡镇）和不同受保护人口规模的信息。这些数据可以用于通过样本结果预测国家人员伤亡、重大火灾、消防员伤亡的估计值的统计公式。NFPA 调查为衡量火灾事故影响、人员伤亡、直接财产损失以及确定地区规模和主要区域的模式、趋势提供了有效的依据。

NFPA 火灾事故数据组织（FIDO）系统提供了被认为具有高技术价值火灾的详细信息。它涵盖了几乎所有向消防部门报告的火灾事故，包括三人或更多人死亡、一名或多名消防员死亡或严重财产损失的火灾（严重财产损失的具体额度受到通货膨胀的影响，需要定期更新，1980 年以来被定义为 100 万美元以上的财产损失）。FIDO 还收集了高层建筑、危险品以及火灾探测器或喷淋系统喷头的性能等较小技术利益的事件数据。FIDO 的火灾是从新闻报纸、保险公司报告、NFIRS 和 NFPA 年度调查中选出的，一旦得知有一个符合条件的火灾，NFPA 就会让对应的消防部门获取火灾事故信息，并征求有关各方准备的其他报告副本。

FIDO 的优势在于它对个别事件的详细程度。FIDO（而不是 NFIRS）收集的信息包括火灾探测系统、灭火系统、防排烟系统的类型和性能、导致火灾和烟气蔓延的原因、起火与探测到火灾的时间间隔估计、探测到火灾与火灾报警的时间间隔估计、间接损失和直接损失的详细分类，以及逃生人数、救援人数和居住人数。FIDO 发布了三份年度 NFPA 报告——美国消防人员死亡火灾报告、美国多人死亡火灾报告以及美国的重大火灾报告。FIDO 的一个缺点是，它主要涉及较大的火灾事故，无法比较大型火灾和小型火灾的特征。

6.2.3 日本

日本市政消防部门需要根据"火灾和火灾死亡报告系统手册"规定的统一格式编写火灾事故报告和火灾死亡报告。火灾事故报告和火灾死亡报告系统由日本民政部消防署组建。民政部消防署需要收集所有的火灾报告，处理并分析报告中包含的信息，并在日本的消防白皮书中公布结果。

这些报告包含的信息主要有以下几项：

① 火灾类型　建筑火灾、森林火灾、汽车火灾、船舶火灾、飞机火灾等；

② 火灾损失　（适用于房屋和家庭）可以分为三种类别，完全烧毁、半烧毁或部分烧损；

③ 过火面积（m^2）；

④ 伤亡人员　伤亡人数（包括在火灾中受伤后 48 小时死亡的人）；

⑤ 经济损失　（日元）；

⑥ 接警途径　如火警、火灾报警服务电话（拨打 119）、手机、警用电话；

⑦ 初期控火设施　简单灭火设备、灭火器、固定灭火设施等（并且没有初始灭火）；

⑧ 起火原因（或点火源）　意外失火(分为几类)、纵火和疑似纵火、自燃和复燃以及自然灾害。

日本火灾统计的特点是通过建筑材料（木质材料、防火材料、简单耐火材料、耐火材料等）和楼底层（包括地下室）对死亡事故进行分析。并根据年龄和原因（如一氧化碳中毒、窒息、烧伤、瘀伤和骨折）对死亡人数进行分类。Sekizawa（1991）对住宅火灾中死亡特征进行了详细的分析。

6.2.4 其他国家

其他一些国家也是通过消防队或消防部门收集国家火灾统计数据的。但一般来说，它们的统计数据的详细程度较低，起步也不像英国那么早。在加拿大，火灾统计数据是由国家消防协会的主编、会长以及国家消防专员编写；在荷兰，国家火灾统计数据由内政部消防局检查组编写，新西兰则是消防委员会编写，丹麦由国家消防检查组编写，芬兰由内政部编写，挪威由国家防火防爆理事会编写。法国国家消防统计则提供了不同月份、不同入住率以及不同火灾风险等级的详细火灾数据。值得一提的是，因为德国拥有权力下放的联邦政府（就像美国一样），它的国家火灾统计只有最近几年的数据，但这些数据提供了火灾蔓延和引起火灾的原因的有效信息。

在澳大利亚，尽管各州的消防部门已经在很长一段时间内收集了数据，但直到1983年才公布了一项用于收集、处理和分析火灾统计数据的国家标准。这个描述澳大利亚火灾事故报告系统（AFIRS）的标准最近被修订，充分考虑了消防部门和社会的要求。尽管已经出台了相关标准，但不同州在执行该标准时仍不统一。为此，一个由联邦科学工业研究组织（CSIRO）和国家消防部门为代表组成的工作团队正在尝试建立一个能让联邦各州统一执行的 AFIRS 标准。

1990年，CSIRO 和澳大利亚消防联合会（AAFA）同意在收集和分析国家火灾统计数据上进行合作。火灾事故数据将由每一个 AAFA 下属的消防队收集，并输入 CSIRO 的数据库。1991年 AAFA 进行了第一次的数据收集，统计信息包括1989年到1990年间除昆士兰州、澳大利亚北部和首都直辖区外的所有消防队的81％的接警电话，并在1992年10月 CSIRO 出版的第一份国家消防统计报告中对1989年到1990年的火灾数据进行了分析，这份报告包括一些可用于火灾风险分析的有趣表格。一个值得特别提及的例子是消防队出勤时间与火灾损坏程度之间的关系，分别用于喷淋系统运行的火灾和喷淋系统没有运行的火灾，还针对火灾损失（以美元衡量）制作了类似的表格。

6.3　保险组织和消防协会

6.3.1　英国

许多国家的消防协会（FPAs）和保险组织的数据是火灾统计数据的另一个主要来源，特别是经济损失超出普通火灾阈值的大型火灾，这些损失主要发生在工商业建筑火灾中。比如在英国，英国保险协会 BIA（现在称 ABI）多年前就已开始公布关于此类火灾的信息。保险理算人员在火灾发生后对火灾经济损失作初步估计，但这并不是保险公司确定的最终理赔金额。火灾损失与直接物质（财产）损失有关。1965年以来，英国保险协会按建筑类型和起火物种类将以上火灾数据进行分类，并通过消防协会（FPA）将数据提供给火灾研究站。大型火灾的财产损失阈值水平在1973年为10000英镑，多年来逐步增加到50000英镑。这是因为需要考虑通货膨胀的影响，同时还要将大型火灾的起数控制在一定范围内。

自1965年以来，FPA 将大型火灾损失数据与消防队的统计数据（如1978年以来的 K433 或 FDR1）相结合。在1968年至1973年，英国火灾研究站（FRS）公布的英国火灾和损失统计包括了一个单独的部分，专门以表格的形式统计了一些大型火灾的损失。但由于经济原因，在1974年，内政部停止发行这些火灾损失表。不过将大型火灾损失数据与消防队统计数据相结合的做法被内政部保留了下来。经过匹配的数据反馈给 FPA 进行数据分析，并在 FPA 的防火杂志中发布。

FPA 编制的大型火灾损失统计表的主要数据来源是保险损失理算人员记录并提交给预防损失委员会（LPC）的损失报告表。这种方式已经存在了 20 多年，几年前该表格被修订为两部分。损失报表 A 由损失理算人员统计，内容包括物质损失超过 50000 英镑或（和）发生人员伤亡的火灾损失、爆炸损失、水喷淋灭火系统的泄漏损失，但不包括家庭火灾损失，除非发生死亡事故。事故报告表 B 由损失理算人员和保险公司共同统计，包括设置了喷淋系统的建筑火灾经济损失、爆炸损失或喷淋灭火系统泄漏的损失（无论损失值多少，都纳入统计范围内）。损失由理算员和保险公司完成。损失报告的原始版本也包括配备自动消防报警装置、固定二氧化碳或固定干粉灭火系统的事故。损失报告表 B 按季度提交给 ABI。

除了将事故的直接财产损失分为建筑本身和建筑内财产两部分之外，损失报告表还包括起火房间、水渍损失区域的几何尺寸和过火面积的信息；在安装有喷淋设施的场所，还包括喷头安装情况及其工作情况信息。最初的表格需要估计间接损失（如果可知），但这一项并未列入修订的表格，因为统计间接损失是一个复杂的统计问题（见 Ramachandran，1995）。

损失报告表提供的统计数据也要对 LPC 和保险公司保密。LPC 每年都会对表 A 和表 B 的数据进行分析，并与来自欧洲保险委员会（CEA）的类似报告进行比对，这些数据是欧洲喷淋系统统计信息的唯一来源。

6.3.2 美国

正如第 6.2.2 节所述，NFPA 通过其 FIDO 系统收集了有关大额损失（一百万美元或以上）的火灾的直接财产损失的详细信息。然后将这些火灾中的经济损失数据和从保险公司报告中获得的其他数据以及消防救援部门报告中包含的信息进行整理，这些信息由英国的 FPA 进行整理。FIDO 似乎是研究性的科学家、统计学家和其他对大火分析感兴趣的人可以轻易获得数据的唯一来源。

纽约的保险服务办公室（ISO）为全美约 80% 的保险公司收集、分析和分发保业绩统计数据。这样做的主要原因是帮助建立无数保险范围的精算合理的费率结构。这项工作的成果是收集主要工业的损失数据。火灾损失数据针对 ISO 定义的四个主要损失区域进行编译，即建筑物、可燃物、业务中断和其他时间要素。

在 ISO 统计中，主要分类涉及建筑物的耐火特性——无论是耐火还是非耐火。耐火建筑物是指由混凝土或钢框架支撑屋顶甲板不可燃的建筑物。非耐火建筑物具有可燃地板和由木制或砖石框架支撑屋顶的建筑物。ISO 统计中包含的其他信息涉及各种建筑特征，例如结构类型及其条件、容积、高度、安全装置、危险物等。这些统计数据必须包括有关喷淋装置、自动火灾报警器和便携式灭火器的安装以及它们在火灾中的表现等信息。

火灾损失的统计分析结果被纳入保险等级表，例如在美国广泛使用的 ISO 商业火灾等级表。一般而言，列表值和转换因子是基于保险公司支付并报告给 ISO 的火灾损失（索赔）的精算分析的。ISO 表格现在是子公司 ISO 商业风险服务公司的财产。

也许是出于损失控制和消防工程的目的，最全面的数据库是由工厂互研公司（FMRC）

维护的数据库。该组织是工厂互助工程与研究组织的一部分，工厂互助工程与研究组织是财产损失控制领域的全球领导者，特别是在工业和商业领域。除了损失数据外，FM 工程风险数据库还包括建筑特征（建筑类型、楼层数和总楼面面积）、喷淋灭火系统（覆盖范围、类型和供水）、火灾探测系统类型和特殊项目的信息，例如暴露于特殊危险（易燃液体、气体、爆炸性粉尘和放射性物质）的信息。还有一些其他与保险信息相关的项目。

FMRC 的损失和运营分析部门收集、存储、检索和分析全球的损失数据。除了关于总体损失统计、燃烧成本、损失率和经常揭示变化模式的损失趋势的报告之外，该部门还编写了个别研究报告。这些数据解释了损失发生的位置、方式和原因。有关个别事件的原始数据，FMRC 对外保密，与英国的保险公司和 ABI 是一样的。

除了测试数据外，FMRC 收集的损失统计数据还为来自不同工程学科的专家撰写的工厂互研公司防损数据表提供了输入内容。数据表已纳入防损数据手册，目前有 10 卷，包括自动喷淋装置、建筑、供暖和机械设备、电气危险、化学过程、存储、灭火设备、锅炉、压力容器等关键部分。随着设备、技术和使用模式的变化以及发现新的危害，数据手册为业界提供了持续的损失控制信息流。

6.3.3 其他国家

与英国和美国一样，一些国家的消防/损失预防/防护组织收集统计数据和其他数据，以支持其宣传活动，使人们（儿童和成年人）了解火灾的危险性以及在消防安全各个方面的教育计划和培训。这些统计数据也可用于评估火灾风险和消防安全措施的有效性。然而，关于经济损失的数据通常仅限于大的火灾，因为收集所有火灾的统计数字是一项昂贵且耗时的工作。

在英国和美国以外的其他国家的保险组织中，瑞士的国家保险防火改革机构收集了一些有价值的统计数据。这些数据提供了有关各种类型风险的消防成本以及保险范围的信息。丹麦的保险组织技术委员会（SKAFOR）、瑞典的保险公司协会和芬兰的保险公司联合会都收集了一些有用的统计数据。斯德哥尔摩保险统计局负责维护所有斯堪的纳维亚火灾损失的综合数据库。在其他国家的组织中，日本的保险评估局收集有用的统计数据，这些统计数据对确定保险费用结构以及进行风险分析都是很有用的。

6.4 特殊数据库

6.4.1 英国

在许多国家，一些政府或私人机构会在火场的特定区域收集火灾信息，这可以帮它们确定合理的安全措施以达到消防法规所要求的安全水平。在英国，铁路检查局（健康与安全主管部门）会收集除了旅客列车事故和载有危险品（如液化石油气）的火车的数据之外的火车和火车站的火灾统计数据。相似地，地铁和地铁站的火灾数据以及公交车和公交站的火灾数据的收集由伦敦交通运输局负责；公路车辆火灾数据的收集由中央政府交通运输局负责；矿井火灾数据的收集由矿井安全部门负责；航空火灾数据的收集由民航局负责。多年来，国家医疗服务体系（NHS）一直在收集医院和其他医疗保健场所火灾的统计数据。在 1994 年，国家卫生组织执行机构 NHS Estates 制定了一份标准的火灾发生率报告表。1996 年该报表首次分析并发布了 1994 年和 1995 年的统计数据。然而，上述数据库只包含一些关于火灾起数和火灾原因等一些基本信息，几乎没有涉及火灾时间和破坏严重程度的信息，而这些信息是火灾风险评估的数学模型所必要的。

对于属于政府（皇室）财产发生的每起火灾，都会完成一份报告。该报告记录了火灾原因、火灾监控（如巡逻队）、火灾目击者（何人、何时）、灭火方法、火灾伤亡、火灾损失及损失成本。此外，该报告还记录了消防队接警出动的延误情况和到场情况。政府部门会对这些涉及皇室财产火灾的报告进行整理，以确定相应的消防安全要求，但是政府并没有发布关于这些火灾数据的分析。相似地，军事机构也编制了有关军事设施火灾的报告。

值得特别一提的是，化学工程师学会也开发了一个数据库，它包括全球范围内化学工厂、炼油厂和化学品制造场所的火灾年度数据。这些数据汇集在一起，可以帮助各国研究人员从事化工方面的风险分析。人们对化工产业的研究推动了相关风险评估技术的发展，如事故树（第 14 章）和 HAZOP（第 17 章）。这些方法可用于发生爆炸或核事故的可能性危险分析。英国皇家事故预防协会（ROSPA）建立了一个涵盖家庭火灾及其他事故的数据库，并定期对数据进行分析并发布分析结果。

6.4.2 美国

美国消费品安全委员会（CPSC）建立了一个统计医院急诊室火灾的计算机数据库。在 1972 年，国家电子伤害监测系统（NEISS）统计了家庭日用品造成的伤害数据，这些消费产品造成的火灾伤亡信息与 NFPA901 中的伤亡信息类似，但涉及的类型更加详细。NEISS 数据库特别适用于分析电击或烧伤（非火灾引起）引起的严重伤害。在美国烧伤协会的年度调查中，严重烧伤患者接受国家专业烧伤护理单位治疗的问题在一定程度上得到了解决，并以表格的形式统计了烧伤患者的入院率及其他情况。

国家运输安全委员会（NTSB）对飞机事故、铁路事故以及涉及危险品的高速公路事故编制了统计报告，但他们倾向于强调事故的基本情况，很少讨论事故中发生的火灾，只有一些补充报告讨论了涉及火灾信息的问题，如人员疏散。1975 年，美国国家公路交通安全管理局（NHTSA）建立了高速公路机动车事故的电子档案。美国海岸警卫队（US Coast Guard）收集有关娱乐游船和商船事故的报告。与其他交通事故的数据库相似，这些报告几乎没有关于这些事故中的火灾原因和发展的标准化信息。

美国林务局发布年度报告，题为"野生生物统计和国家森林火灾报告"，该报告的统计范围包括国属森林、州属森林和私人森林，统计内容包括火灾起数、火灾损失估计（每英亩过火面积）与起火原因的信息。美国内政部下属的土地管理局发布了一份国有土地的年度火灾报告，对管理局辖区内的火灾进行统计，所涉及的信息包括起火原因、火灾损害程度、火灾蔓延速度和灭火方法。同样，军方的各个部门也建立了自己的军事设施火灾数据库。从 1985 年开始，位于弗吉尼亚州诺福克的海军安全中心成为美国所有军事部门的火灾报告接收中心，它会将火灾记录提交给 NFIRS。国际电气检验员协会和承销商实验室建立了由剪辑文件汇总而成的数据库，不仅包括电气火灾，还包括电击事故。

6.4.3　国际

除了各国的国家数据库，还存在有关负责统计火灾和航空事故信息的国际数据库。英国航空注册局发布的"世界航空公司事故摘要"中对这些事故做了简要介绍。总部位于加拿大的国际民航组织在其"航空事故文摘"中刊登了由国际航空安全组织编写的标准叙述性报告，该报告的内容由原始事故报告中提取而来。世界卫生组织的年度统计数据中也包括国家火灾死亡率的信息，然而，在同一年获取不同国家的数据是很困难的。

总部设在伦敦的劳埃德海运认证社（LR）收集了所有排水量超过100t的商船、油轮（包括混合运输船、气体运输船）的重大事故和一般事故的伤亡人数和总损失的详细信息。但是这个国际数据库只包括被报道为火灾和爆炸的事故（除了因船体或机械故障引发的火灾和爆炸）。根据这一定义，因碰撞、搁浅而引起的火灾和爆炸的伤亡被归为"碰撞"和"搁浅"，如排气管道和曲轴箱爆炸。LR通过130多个国家的代理商和调查人员，自1978年以来一直在收集伤亡数据，自1975年以来一直在收集油轮事故数据。部分统计数字载于LR每年出版的"伤亡反馈"中，这些信息包括航线（往返）、运载货物、航行环境和地点的信息。

6.5　其他数据来源

6.5.1　小型数据库

现在还有一些未在国家或行业层面上得到支持的小型数据库，一个重要的例子是处于领先地位的汽车制造商（如福特和沃克斯豪尔）的厂房火灾的数据库。有关这些火灾的详细报告是由汽车制造商的专职消防队编制的，他们有责任进行初期的灭火工作，以防止火灾发展到全面燃烧阶段。只有在大火无法被专职消防队扑灭的情况下，政府消防队才会出动。主要的百货公司如塞恩斯伯里百货、玛莎百货、沃尔沃斯百货和西尔斯百货都编制了详细的火灾报告。

一些消防灭火系统的制造商，如消防喷头、火灾探测器和火灾自动报警装置的生产商，也会编制其灭火系统保护的建筑的火灾报告。例如Mather与Platts的火灾报告中包含有其喷淋灭火系统保护的室内火灾的信息。这些统计报告既包括灭火系统的基本信息，也包括该系统直接扑灭而没有向当地消防队报告的小火灾。相似地，格林内尔公司还收集了关于喷头性能的统计数据。

在瑞士，Cerberus是一个生产自动火灾报警系统的公司，它统计了使用该公司报警系统的场所的火灾数据，并对这些火灾数据进行定期分析，通过对比安装与未安装报警系统的平均损失，确定报警系统在减少金融损失方面的作用。这里所说的金融损失是根据保险理赔统计出来的。在这里，这些研究意义上的"火灾"被视为一个由火灾自动报警系统探测到的事件并且该事件几乎肯定会导致保险公司的赔偿。Cerberus公司并未对此进行保密，它公布了记录统计结果的小册子，里面包括每一场火灾的详细信息，只不过没有公布其用户的信息。

英国灭火贸易协会收集有关使用便携式灭火器的统计数据，获得了有关使用灭火器的使用场所、灭火器类型（如二氧化碳灭火器、粉末灭火器、水基灭火器等）以及政府消防队是否出动的信息。这些统计数据包括灭火器扑灭的小火和未报告给消防队的火灾。这些数据的分析发表在 FPA 期刊"防火"杂志上。

6.5.2 研究机构

在一些国家开展的研究中也包含了一些统计数据，特别是一些引人注目的特殊火灾。例如英国的消防研究站（FRS）深入研究了发生在酒店、医院、洗衣间、公寓、零售店、购物中心的群死群伤火灾和大型火灾。FRS 的其他研究包括由于电气原因造成的火灾，这些火灾是以一种特殊形式报告的，其中主要包括涉及的机器设备、设备的作用和工作年限、机器的恒温设施、设备的功率、电路中的保险丝和造成火灾的原因（过热、过载、短路等）。

在 1965 年前，英国把至少有 5 台消防车出动并以特殊表格（K433A）上报的火灾定义为"大火"。该报表中包含以下信息：建筑物每层楼的过火面积、每层楼的损坏面积、不同火灾发展阶段的时间点、火灾射流的发生时间、火灾探测器、防火门、水系统的工作情况。FRS 与消防队合作进行了一项特别调查，统计安装有自动火灾探测系统的建筑物的误报率（误认为是真实火灾的百分比）。报告中包含了许多与探测系统相关的信息（如系统类型、线路类型、探测到火警如何联系消防队以及可能的误报原因）。

英国内政部还通过业务研究表格 SAF1 和 SAF2 开展了一项特别研究，完成了所有火灾的统计，之前的表格 K433 并未统计废弃建筑物的小火灾。这份表格包括的火灾细节有：起火和发现火灾之间的时间间隔、报警和扑灭火灾时的时间间隔、建筑结构细节、建筑总经济价值、建筑内的财物、火灾蔓延过程、房屋和地板受损程度、经济损失。FPA 还对大火进行了调查，并对特别感兴趣的火灾进行了案例研究。

在美国，一些特殊研究产生的数据库和统计数据有助于火灾分析学家的研究。1985 年，美国消费品安全委员会（CPSC）统计了未向消防队报告的家庭火灾及其特征的信息，形成的数据库可以使用多年。CPSC 还承担了一些其他的特殊研究项目，包括对涉及电气系统和供暖系统等设备的家庭火灾样本的研究。相似地，20 世纪 70 年代末，住房和城乡发展部（HUD）对房车火灾样本进行了深入研究。

截至 1984 年，由 FEMA 和国家标准局（现为国家标准与技术研究所）支持的 NFPA（美国）火灾调查计划已经产生了一些深入的事故报告。任何一处房产在使用中都不会引起足够的事件以形成具有统计意义的数据库。然而有一些情况，比如大型建筑火灾中大量人员受火灾威胁，可能会为数据库的建立提供数据。这些事故报告包含有关火灾发展、烟气蔓延、人员疏散以及消防系统和功能表现的详细资料。

国家标准局（NBS）通过收集软包家具火灾的损失数据，对使用三种不同方法减少火灾损失的效果进行了比较，调查结果发表在 Helzer 等（1979）的报告中。NBS 的另一项研究与减少住宅火灾损失的三种对策的效能评估有关（详见 Gomberg 等，1982）。上述两项研究构建了一个系统地评估不同的防火策略对火灾损失的影响的框架，包括感烟探测器、CPSC 在正在制定的标准（第一项研究中）以及住宅喷淋灭火系统（在第二项研究中）。

加拿大的安大略省住房公司收集了住宅火灾中由该公司生产的感烟探测器性能的统计数据。自 1975 年开始安装感烟探测器以来，公司收集了起火点、火灾原因、火灾人员伤亡和财产损失等数据，并在公司年度报告中对这些统计数字进行分析。

6.6　辅助统计数据库

6.6.1　人口数据

正如引言中所提到的，仅通过定期地分析火灾统计数据，并不能很好地评估各种风险，还需要将其与相关统计数据联系在一起。例如，考虑每一年发生的住宅火灾和火灾伤亡（致命和非致命）分布的地区差异，可能还有逐年变化。这些差异可以归因于不同地区人口规模和家庭数量的不同。以上信息可以从政府的人口普查信息中得到，比如可以从英国和美国的人口统计调查局的人口普查中获得本国的相关数据。英国中央统计办公室（Central Statistical Office，UK）和美国统计局（Bureau of Census，USA）每年会公布人口统计摘要，可以从摘要中获得人口（包括工作人口）数量和家庭数量的统计数据。比较一个国家的不同地区或不同国家之间差异应当以火灾发生率和每百万人口或家庭的火灾伤亡率为基础。

人口的构成也影响火灾的频率和火灾伤亡。例如，遭遇火灾的家庭比例将随着家中的孩子数量的不同而有所不同。人口年龄分布则是另一个影响因素。许多国家的研究显示，儿童（5 岁以下）和老年人（65 岁以上）是火灾的主要伤亡人群，这证明人口的年龄分布会对伤亡人数产生影响。火灾的发生和火灾伤亡还与社会经济发展因素有关，如房屋产权（房屋所有人或承租人）、房屋建造质量是否符合标准、人员是否拥挤、社会阶层与家庭收入差异、种族问题以及家庭是否稳定等。尽管这并不意味着确定的因果关系，但不可否认这些因素的影响。以上提到的因素的重要性已经在各种研究中得到讨论（详见 7.8 节）。

6.6.2　建筑物数据

不同火灾风险等级的建筑物发生火灾的频率或不同建筑发生火灾的可能性（第 7 章）取决于有火灾隐患的建筑物的总数。火灾发生概率与建筑物的几何尺寸也有关系，如首层占地面积、楼层数或建筑总面积等。火灾可能造成的损失也与建筑物的几何尺寸相关。大多数国家普遍都提供存在火灾风险的住宅建筑数量以及火灾风险随建筑几何尺寸变化而分布的一些信息。

对于处于危险中的工业和商业建筑，可能有必要进行特殊调查以获得上述统计数据（参见，例如，Rutstein，1979）。英国中央统计局在其年度统计数据摘要中，公布了一些雇用 10 人以上的工业企业的相关统计信息。商务统计办公室出版的"商业监测"会经常公布不同的工业集团、地理区域和企业员工规模的数据并将其分类，这些数据不是有规律地公布。在英国，环保部门会收集工业建筑、工业仓库和商店的一些数据，并由商贸部负责印发并提供其他服务。而在美国，以上统计数据则是通过制造商和服务部门的普查编制的。

建筑物的建造年代也可以作为评估建筑防火能力有效性的辅助性手段。比如英格兰和威尔士，在 1953 年引入建筑防火规范，自 1965 年开始用更科学的新规范替代原有规范。因此，一般来说，1953 年后建造的建筑，尤其是那些在 1965 年之后建造的建筑，应该比

1953 年之前建造的建筑防火能力更强。为了验证这个假设，可以根据建筑物的建造年代来估计火灾发生的概率和人员伤亡率（见第 10 章）。为此，对于不同种类不同时期的建筑，除了统计这种类型建筑物内发生的火灾起数和火灾死亡人数之外，还需要统计其他类型的有火灾风险的建筑物的数据。有风险的建筑物的建造时间分布很可能只适用于住宅。我们还需要对工业建筑的情况进行特殊的调查。

6.6.3　经济数据

通货膨胀是导致一段时间火灾财务损失增加的经济因素之一。不过在零售（消费）价格指数的帮助下，我们可以在一定程度上减少货币贬值对火灾损失数据的影响。这些价格指数可以从大多数国家出版的统计数据中查到，比如英国的统计年鉴摘要。除了消费指数，这些年鉴还包含国民生产总值（GNP）的估计值，国民生产总值是指以货币形式表示的全体国民在本年度新生产的产品和服务价值的总和，因此，国民生产总值是衡量一个国家经济实力的重要指标。某一年份火灾损失占国民生产总值的百分比可以作为衡量忽略通货膨胀影响后的火灾损失大小的指标（见下一节）。

在瑞士等一些国家，社会服务创造的价值在国民生产总值中的比例较高，如银行业和旅游业。另外，国民生产总值不适用于衡量有火灾隐患的建筑物及其财物（目前已经离开建筑物和就在建筑物内）的价值总量。由于以上原因，用火灾损失占国民生产总值的百分比来衡量火灾损失程度是不合适的。固定资本总量是总体风险价值估计的另一个指标。它适用于一些国家，比如英国，人们分别估计建筑和建筑内的机器和设备等固定资产的价值。但是估计耐用消费品和固定资产的价值是非常困难的，我们不妨假设这些资产的价值与建筑的价值相同。在这个假设下，Ramachandran（1970a）使用固定资本总量代表不同工业建筑及其内部的机器设备等固定资产，并计算了在大火中每一百英镑的资本量的火灾损失。任何工业建筑的固定资产价值都可以用来估计总损失，包括作为产出损失的间接损失评估（见 Ramachandran，1995）。

对本年度资本构成的评估也可以作为衡量火灾风险损失的价值增长的一种手段。英国固定资本形成总值（GFCF）的数据载于英国中央统计办公室出版的"国民收入和支出（蓝皮书）"中，其他国家的相关数据也可以在各国的出版物中获得。从国际对比的角度出发，相比于用火灾损失在 GNP 中的比例衡量火灾损失，用火灾损失占 GFCF 的比例衡量火灾损失更为合适（详见 Ramachandran，1970b 和第 6.7.4 节）。

6.6.4　其他辅助统计数据

发生火灾的主要原因涉及使用诸如天然气、电力、石油和固体燃料的能源（燃料）的设备或设施的故障和误用。这些设施的实际（内在）安全性可能不是几年内火灾风险发生变化（增加或减少）的全部原因。火灾风险变化的部分原因可能是由于燃料使用性质发生的变化导致消耗的能源量的变化。大多数国家编制的能源消耗统计数据可以表明火灾风险的相对增加或减少可归因于燃料使用量的增加或减少（见第 7.8 节）。同样，可以利用无线电、电视机和卷烟等消费品的销售统计数据来评估因使用这些物品而引起的火灾风险的增加或减少。火灾风险也受恶劣天气条件的影响（见第 7.8 节）。

6.6.5 国际数据源

经济合作与发展组织（OECD，简称经合组织）编制了与其成员国有关的国家统计数据，包括地区、人口、劳动力人数、国内生产总值（GDP）、总固定资本构成、消费价格增长百分比、能源消耗（人均消耗）和电视机的数量（每千人）。这些统计数据由经合组织出版。1963 年及以后各年的统计数据都可以获得。

位于纽约的联合国组织（UNO）统计办公室编制了本节所提到的一些辅助项目的国家统计数据，这些辅助项目包括人口特征、消费价格指数和国民生产总值。这些统计数据可以从联合国组织出版的"统计年鉴""人口年鉴""工业统计年鉴""国民账目统计年鉴"中得到。

6.7   讨论

6.7.1   统计数据的使用

前面各节已经提到了一些火灾统计数据的一般用途。这些用途涉及火灾问题的各个方面，构成火灾风险的整体情况及其在一段时间内的趋势。在随后的章节中，我们将讨论火灾统计数据在火灾风险定量评估中的应用。

在方程（1.1）中，火灾风险被定义为两个组成部分的乘积——火灾频率和火灾后果。如果使用概率术语，第一个部分可以定义为火灾发生的概率（第 7 章），第二个部分可以定义为发生火灾时可能的后果或损失。火灾对生命的伤害（第 8 章）可以分为致命伤害、非致命伤害；火灾造成的财产损失（第 9 章）除了这些直接损失外，还可能造成间接损失。第 10 章涉及防火和保护措施的工作性能，可以通过消防设施减少的财产损失来评估其性能。为了实现预定的安全目标，业主、社会和整个国家必须承担额外的消防安全措施的费用，即成本（见第 1.4 节）。同时，还应当考虑到经济合理性，即使用消防设施的收益应该超过成本。

6.7.2   统计数据使用的局限性

人们有时候会怀疑火灾事故的报告的准确性，但随着分析数据样本的增加，这种不准确性无疑会减少。数据库的数据质量控制一直是一个难题，为确保事故报告尽可能地完整和准确，需要花费大量的精力和时间，所以保持数据质量和数据量的平衡是不容易的。因此，分析师在进行分析之前，必须了解数据源的完整性和局限性。

第 16 版的 NFPA 防火手册（1986）中讨论了两个例子（第 2.30 页），用以解释火灾数据库和假设的差异是如何产生不同的结果的。第一个例子是通过执法机构制定的统一犯罪报告（UCR），美国司法部对国家纵火案件规模进行估计；NFPA 通过对消防部门的年度调查，估计国家由纵火嫌疑的火灾的规模。这两个例子中，有两个关于纵火火灾的数据，一个来自 UCR，一个来自 NFPA，这两个数据库并没有显著的差异，这是因为 UCR 关于纵火的定义与 NFPA 对纵火的定义非常相似。然而，NFPA 和其他消防组织通常上将放火和可疑的火灾视为确定纵火案的最有力指标。

第二个例子是美国联邦应急管理局和 NFPA 在 1981 年对火灾中人员总死亡人数的估计。NFPA 的评估基于一项调查，而联邦应急管理局则是通过国家卫生统计中心报告的死亡证明信息这一个多步骤程序，对死亡人口做出估计。联邦应急管理局的估计值刚好超出了 NFPA 调查中估计值的上限，并且随机（统计）变化具有适当的允许值。两种方法的 5 个显著不同可以解释 NFPA 和 FEMA 的估计值的差异。

英国在内政部公布的联合王国年度火灾统计年度报告中也遇到了死亡人数有类似差异的问题（见 1988 年火灾问题第 111 页）。根据消防队的报告，这些数字与人口普查和调查办公室（OPCS）公布的死亡率以及"火灾和火灾事故"造成的死亡数据不同。这种差异主要是由于以下原因造成的。OPCS 的统计并未将火灾中死亡的所有人数记为火灾死亡人数，比如火灾会引起人们身上的疾病的恶化而导致死亡，这种情况被 OPCS 归为疾病死亡；但在消防队报告中，则被统计为火灾死亡。同样，机动车火灾造成的人员死亡被 OPCS 归为交通死亡，但消防队报告会将其记录为火灾伤亡。还有一些消防部门没有到场的火灾，OPCS 统计了这些火灾的死亡人数，消防队报告则没有。

下面的例子与数据库所包含信息的有用性有关。消防服务报告中记载的"房间"不一定是消防法规或规范规定的有防火性能的防火分区。在统计火灾数字的时候，火灾从起火房间蔓延出去的方法有很多，可以破坏建筑物的分隔构件（墙壁、天花板等）而传播，也可以通过对流从敞开的门、窗蔓延到另一个房间，不能认为所有火灾的蔓延都是通过破坏建筑构件而实现的。火灾服务报告关于区域损失的估计往往是不准确的，因为在某种程度上报告中给出的信息是不充分的，甚至是不准确的，虽然可以根据结构的耐火性能将建筑物分为高、中、低三个耐火等级，但仅根据耐火性能将建筑分成不同种类是不合理的。在英国，FPA 根据保险损失理算员的初步（第一）估计编制财产损失，但这个初步估计值与火灾发生后几个月的最终索赔金额有很大的不同。

另一个不足是我们不可能将火灾各方面的数据都输入到计算机里，并由计算机进行处理和制表，那些不在计算机磁盘中存储的数据虽然可以从原始报告中获得，但这将是一个复杂且费时的任务。另外，编码系统可能无法完全识别某些类型的火灾。例如英国内政部处理的消防队数据中，火车站（地下火车站或地上火车站）、铁路隧道、火车和发电站四种类型的火灾不能被计算机所区分。隧道火灾包括所有的户外隧道，即包括公路隧道、铁路隧道和其他隧道，不过公路隧道里的所有火灾都可以单独识别。

6.7.3 国家火灾统计数据的不足

国家火灾数据库的一个主要不足是缺少消防队未参与处置的火灾或没有向消防队报告的火灾，这些火灾通常是由企业消防队、自动喷淋系统、手提式灭火器及其他方法快速扑救（如人们通过一桶水或沙子灭火）方法扑灭的，这些未报告的"成功扑救案例"可以用于评估灭火方法的效率。

一般而言，国家数据库不收集火灾中建筑内房屋数量和大小以及建筑特征的信息，比如建筑建造时间、建造条件、建筑物几何尺寸、墙壁、天花板和地板的建筑材料等。英国消防队只提供有关火灾和建筑物的资料。国家数据库也缺乏火灾损失小于统计门槛的财产损失信息和建筑物的损失信息（包括建筑和建筑内）。许多重要数据库没有统计起火建筑中的常住人数，而这些信息是评估建筑中人员生命风险的必要条件，特别是大型建筑。

国家火灾统计数据中关于建筑物中火灾蔓延程度信息并不多。由于这些数据的缺乏，一旦火灾从起火物蔓延到整个房间，我们无法确定火灾的最坏结果（起火房间内所有可燃物都将燃烧，房屋结构也将严重受损）是否发生。没有这些数据，我们也难以确定火灾是否会蔓延到毗邻建筑。通过这类数据，我们可以评估一些建筑防火分区的有效性，比如按照规范要求将半独立住宅分隔为小的屋子的界墙。1962 年到 1977 年的英国火灾统计数据中提供了有关火灾蔓延到毗邻建筑物的信息，但没有 1977 年以后的信息。1978 年引入的火灾报告表需要统计墙壁完整稳定性丧失的火灾信息，但这些信息没有被编入计算机数据库中。

　　因为缺少相关统计数据，国家数据库中还存在一些其他的缺陷，主要体现在火灾危险性大的建筑物，尤其是工商业领域。无论起火的还是未起火的建筑物，国家数据库都缺少有关建筑物几何尺寸、建设时间、财产价值和使用性质（生产、储存等）以及是否设置消防设施（如水喷淋、火灾探测器和防排烟装置）的信息及数据分布；此外，还缺少消防设施（包括建筑结构保护设施）的安装和维护费用的可靠的统计数据；而且由于火灾间接损失难以估计，所以国家数据库同样不包括间接火灾损失数据。

6.7.4　国际统计数据的比较

　　美国的 NFPA、英国 FPA 和为数不多的其他组织对近年来发达国家的火灾损失进行了比较，估计火灾损失的主要指标是火灾起数、财产损失和人员伤亡。目前世界上最全面、最新的国家消防支出统计数据或许就是在 Wilmot 的指导下由世界火灾统计中心编制的。世界火灾统计中心由日内瓦保险经济研究协会赞助，它出版的期刊报告包含的统计信息有火灾间接损失、用于消防队的财政支出、火灾保险管理以及建筑物的防火措施。这些信息通过向参与国发放调查表获得，并由统计中心对这些数据进行适当调整。为了便于比较，选择火灾直接损失、间接损失和其他消防支出占 GDP 的百分比和每 100000 人的火灾死亡人数来表示火灾损失。文献（Ramachandran，1998）中给出了统计中心关于 1991 年至 1993 年编制的最新数据的摘要，Wilmot（1996）对这些数据进行了分析，结果发现，在大多数火灾数据比较完整的国家中，火灾的总成本超过直接火灾损失的 3 倍。

　　目前国际上关于火灾损失的比较主要以国民生产总值（GNP）或国内生产总值（GDP）作为衡量标准，但在第 6.6.3 节中已经指出，以 GNP 和 GDP 作为衡量可燃烧价值总量的一种标准并不合理。相比之下，占总固定资本存量总值（GFCS）或固定资本形成总值（GFCF）的百分比似乎更适合表示火灾损失和支出成本，尽管这种方法只考虑了固定资产而没有考虑消费耐用品。Ramachandran 在 20 世纪 70 年代给出了这一比例从 1963 年到 1968 年的变化趋势，文献（Ramachandran，1998）给出了这一比例从 1984 年至 1993 年的变化趋势。对大多数国家来说，这一比例在近几年没有显著的增长。

　　Ramachandran（1970b）在考虑通货膨胀的基础上对不同国家的直接火灾损失值进行了修正，火灾损失按照 1955 年的价值用英镑（£）表示。他对修正后的火灾损失进行了分析，表明在 1955 年至 1968 年期间，通货膨胀和火灾发生起数的增加是导致火灾损失上升的主要原因。经过修正后，大多数被调查国家每次火灾平均损失并没有显著增加，但大多数国家的人均损失（人均总数）却增加了，而且由于生活水平的差异，国与国之间也有所不同，因此可以用人均损失除以生产的平均每小时收入（Fry，1964）来消除这些差异。

由于火灾损失数据的收集和分类方法不同，Ramachandran（1970b）认为不同国家的数据不具有严格的可比性。例如，大多数国家的主要数据库中只记录政府消防部门扑救的大火，而不包括企业消防队、喷淋系统和手提灭火器扑灭的小火（详见 6.7.3 节）；另外，不同国家政府收集的火灾类别也是不同的，一些国家不包括烟囱火灾、灌木丛火灾、垃圾火灾和森林火灾，而有些国家则包括；在统计范围方面，一些国家统计了除政府财产以外的所有损失，其他国家则没有；最后，火灾财产损失价值的计算也有很大的差异，因为不同国家对火灾损失的评估方法不同，各国的汇率波动也会对火灾损失的估计造成影响。

Rardin 和 Mitzner（1977）在美国国家火灾预防控制管理局和国家火灾数据中心的支持下，在一个详细的调查中对前文提出的用于解释各国火灾损失差异的各种假设和理论进行了系统地论述。前文所列举的因素可以分为三大类：首先是人文方面的差异，即经济、科学技术发展水平和社会文化模式；其次是物理类差异如建筑物结构、建筑物财产、建筑物使用、天气等方面；第三个差异集中体现在不同国家消防团体的组织结构和功能上的不同。除以上三点，还有其他一些次要的因素，如消防安全规范执行的严格程度以及火灾保险对消防规划的影响等。

缩略语

AAFA	澳大利亚消防联合会
ABI	英国保险公司协会
AFIRS	澳大利亚火灾事故报告系统
BIA	英国保险协会（现为 ABI）
CACFOA	首席和助理行政消防官员协会（英国）
CEA	欧洲保险委员会
CPSC	消费品安全委员会
CSIRO	联邦科学工业研究组织（澳大利亚）
FEMA	联邦紧急事务管理局（美国）
FIDO	火灾事故数据组织（美国）
FINDS	国家消防信息服务系统（英国）
FMRC	工厂互研公司（美国）
FPA	消防协会（英国）
FRS	消防研究站（英国）
GDP	国内生产总值
GFCF	固定资本形成总值
GFCS	固定资本存量总值
GNP	国民生产总值
ISO	保险服务办公室（美国）
LPC	预防损失委员会（英国）
LR	劳埃德海运认证社（英国）
NBS	国家标准局（现为 NIST）

NEISS	国家电子伤害监测系统（美国）
NFIRS	国家火灾事故报告系统（美国）
NFPA	国家消防协会（美国）
NHS	国家医疗服务体系（英国）
NHTSA	国家公路交通安全管理局（美国）
NIST	国家标准与技术研究院（美国）
NTSB	国家运输安全委员会（美国）
OECD	经济合作与发展组织
OPCS	人口普查与调查办公室（英国）
ROSPA	皇家预防事故协会（英国）
SKAFOR	保险组织技术委员会（丹麦）
UCR	统一犯罪报告（美国）
UNO	联合国组织
USFA	美国消防管理局

参考文献

Chandler, S E (1978). *Fires in Hospitals*, Building Research Establishment, Fire Research Station, Current Paper CP 67/78.

Fry, J F (1964). The Cost of Fire. *Fire International*, **1**(5), 36–45.

Fry, J F (1969). *An Estimate of the Risk of Death by Fire when Staying in a Hotel*, Fire Research Station, Fire Research Note No 797.

Gomberg, A, Buchbinder, B and Offensend, F J (1982). *Evaluating Alternative Strategies for Reducing Residential Fire Loss – The Fire Loss Model*, National Bureau of Standards Center for Fire Research Report NBSIR 82–2551.

Hall, J R Harwood, B (1989). The National estimates approach to US fire statistics. *Fire Technology*, **25**(2), 99–113.

Helzer, S G, Buchbinder, B and Offensend, F J (1979). *Decision Analysis of Strategies for Reducing Upholstered Furniture Fire Losses*, National Bureau of Standards, Center for Fire Research. Technical Note 1101.

NFPA (1986). *Fire Protection Handbook*. 16th edition, National Fire Protection Association, Quincy, MA.

North, M A (1973). *The Estimated Fire Risk of Various Occupancies*, Fire Research Station, Fire Research Note No 989.

Ramachandran, G (1970a). *Fire Loss Indexes*. Fire Research Station, Fire Research Note No 839.

Ramachandran, G (1970b). *Fire Losses in Different Countries*, Fire Research Station, Fire Research Note No 844.

Ramachandran, G (1995). Consequential/Indirect loss. *SFPE Handbook of Fire Protection Engineering*, 2nd Edition, National Fire Protection Association, Quincy, MA, USA, Section 5, Chapter 7, pp. 63–68.

Ramachandran, G (1998). *The Economics of Fire Protection*, E. & F. N. Spon, London.

Rardin, R L and Mitzner, M (1977). *Determinants of International Differences in Reported Fire Loss*, Georgia Institute of Technology, Sponsored by National Fire Prevention and Control Administration, National Fire Data Center.

Rutstein, R (1979). The estimation of the fire hazard in different occupancies. *Fire Surveyor*, **8**, 21–25.

Sekizawa, A (1991).Statistical analyses on fatalities characteristics of residential fires. *Fire Safety Science – Proceedings of the Third International Symposium*, G Cox and B Langford (Eds), Elsevier Science Publishing Co, New York, pp. 475–484.

Wallace, J (1948). The fire census and technical field intelligence work of the Joint Fire Research Organisation. *Journal of the Royal Statistical Society, Series A (General)*, **CX1**, Part 11.

Wilmot, R T D (1996). *United Nations Fire Statistics Study*, World Fire Statistics Centre Bulletin No 12, The Geneva Association.

7 火灾的发生与发展

7.1 引言

根据英国火灾统计部门采用的定义，英国将火灾分为有人居住的建筑物火灾和室外火灾两种类型。与有人居住的建筑物火灾相比，废弃建筑物火灾和室外火灾的特征基本相同，因此将废弃建筑物火灾列为室外火灾。有人居住的建筑物是指正在使用的建筑物，而不是已经废弃的建筑物，但是发生火灾时未必一定有人在建筑物内。在建建筑被认为是有人居住的建筑物，而拆除的建筑被认为是废弃的建筑物。

室外火灾主要分为次生火灾和非次生火灾两类。次生火灾包括单一的废弃建筑物火灾、单一的拆除建筑物火灾，或者室外的草地、铁路路基、垃圾车或废弃车辆的火灾。这些火灾会造成人员伤亡，有人员需要被救助或者有人员逃出火场，还可能通过起火点向外蔓延，或者有 5 辆及以上消防车到场参与灭火行动。非次生火灾主要包括室外仓库、室外机器设备、道路上的车辆、小型面包车、船舶和铁路列车等发生的火灾。

第三类火灾是特殊火灾，如烟囱火灾，这类火灾起数很大，但是损失较小。不要把烟囱火灾误认为是次生火灾或非次生火灾。

导致人员伤亡和财产损失的大部分火灾发生在有人居住的建筑物内，本书讨论的火灾风险评估方法尤其适用于这类建筑物。对于这类建筑物，起火原因或点火源可以分为人为原因和非人为原因两类。人为原因主要包括儿童玩火如点燃火柴、纵火（恶意或故意点火）、随意丢弃火柴和烟头。非人为原因包括电、气和其他点火源。其他点火源主要包括烹饪、局部取暖、集中供暖和其他电气等。非人为原因也包括工业建筑物内的机械加热或火花、自燃和雷击等自然因素。

除了纵火火灾可能有多个起火点外，大部分火灾发生时只有一个起火点。建筑物任何一个房间起火时，通常都是某个物体先被点燃。火灾是否在房间内蔓延受燃烧物质的燃烧特性，尤其是热释放速率和可燃物数量的影响。地板、墙壁和天花板上的可燃物会促进火灾蔓延。受房间尺寸和房间分隔耐火性能的影响，火灾会在起火房间内蔓延，通常这个房间就是一个防火分区。耐火等级是衡量火灾导致建筑物受损程度的标度。耐火等级是火灾荷载密度、起火房间的体积、起火房间边界材料的热惯性和通风口面积的函数，可以利用工程经验公式来确定。长期以来，耐火的防火分区被人们认为是建筑物消防安全措施的核心。

火灾是否在起火房间或防火分区内蔓延也受房间内物体布局的影响，因为房间内物体的布局对火灾荷载的影响较大。物体间的距离及其堆放的严密程度是发生轰燃或者火灾充分发展的重要因素。轰燃和火灾充分发展能使火灾达到最严重的程度。多种可燃物燃烧时会使火灾的物理过程和化学过程在不同时间段发生相互作用，同时也受风速和风向、湿度和起火时房间温度的影响。由于上述影响因素的不确定性，火灾在建筑物内的蔓延不是确定性现象，而是随机现象，会有多种可能性，详见第 15 章，也可能发生意外火灾（不是人为纵火）。本书中的火灾是指蔓延出起火点的火灾，详见第 1 章。

7.2　概率方法

对于有类似火灾风险的建筑物，本章所讨论的概率方法能够量化其火灾风险值，以达到实用性的目的。在火灾风险评估的概率方法中，一定时期内（如 1 年）火灾导致的损失，可以表达为以下两个因素的乘积：

① 年均起火概率（F）；

② 一旦发生火灾，火灾对人员和财产造成的损失。

人员生命损失用人员伤亡数量表示（见第 8 章），财产损失用烧损面积（D）表示，火灾在空间蔓延的程度用经济损失值（L）表示。本章只考虑财产损失，详细的讨论见第 9 章。

公共宣传、消防安全教育、消防安全检查等防火措施能降低年均起火概率；采用消防保护措施如喷淋系统、消防自动报警系统和探测器、耐火的建筑构件、烟气控制系统和逃生设施等能降低火灾发生后的人员伤亡和财产损失。不可避免的一些残余风险可以通过火灾保险来降低其不利影响。实际上，完全消除火灾风险是不可能的，但是火灾风险可以降低到建筑物业主和全社会可接受的最低水平。没有绝对的安全。

7.3　火灾发生的概率

消防安全规范的主要目标是防止火灾向外蔓延、降低火灾向外蔓延而发生大火的可能性、防止火灾从一栋建筑物蔓延到另一栋建筑物。起火建筑物被定义为暴露建筑物，而火灾蔓延到的附近建筑物被称为暴露于火灾中的建筑物。这样分类有历史依据，因为在许多国家都有严重火灾事故导致几栋建筑物被破坏的案例。在这些火灾事故中，火灾很容易从一栋建筑物水平蔓延到另一栋建筑物。建筑物间的临界距离取决于建筑物的尺寸、用途和建筑物的外墙。如果两栋建筑物之间的距离小于临界距离，火灾会通过两栋相邻建筑物之间的空间向外蔓延。

根据英国的火灾统计数据，火灾蔓延出起火建筑物的频率是很小的，大约占所有有人居住建筑物火灾的 1%。不同类型建筑物的起火频率不同。火灾蔓延的统计数据在某种程度上表明了当前消防技术的进步和消防救援部门灭火的有效性。外部蔓延的火灾很少导致人员伤亡。基于上述原因，本书中讨论的风险评估方法主要和起火建筑物有关。

建筑物起火概率受点火源性质和数量的影响。建筑物类型不同，点火源类型也不同。同一建筑物的不同部位，点火源的性质和数量也有所不同。例如，工业建筑的生产区、储存区和其他区域，点火源的类型和数量不同，起火频率也不同。再如商店和百货店、人员密集场所的起火频率不同于存储区和其他区。在住宅建筑物内，起火部位主要有厨房、客厅、餐厅、卧室和浴室。

Ramachandran（1979/80）对建筑物不同部位起火的主要原因进行了分类，见表7.1所示。

表 7.1　纺纱工业起火部位和点火源之间的关系

| 点火源 | 生产和维修区 | | 组装区 | 存储区 | | | 混杂区 | 总计 |
	非离心式除尘器	其他区域		贮藏室	装卸区包装部	其他区域		
A. 工业电器								
(i)电除尘器	14	3	—	—	—	—	—	17
其他可燃物	12	—	—	—	—	—	—	12
(ii)其他电器	6	111	—	—	—	—	—	117
其他可燃物	—	22	—	1	—	—	2	25
B. 焊接和切割设备	—	10	—	6	—	—	7	23
C. 发动机(不是其他电器的部件)	—	7	—	—	—	—	—	7
D. 电线电缆	1	12	—	—	—	—	2	15
E. 机械加热或电火花	27	194	—	—	—	—	—	221
其他	52	387	—	2	—	—	—	441
F. 恶意或故意点火	—	9	—	3	—	—	3	15
可疑的点火源	—	13	—	7	—	—	—	20
G. 吸烟	2	29	1	15	1	—	7	55
H. 儿童玩火（如火柴）	3	4	—	12	2	4	5	30
J. 其他	4	29	2	3	2	—	12	52
K. 未知的	11	78	—	14	—	—	9	112
总计	132	908	3	63	5	4	47	1162

例如，生产和维修区起火的主要原因是机械加热或电火花，其次是工业电器。吸烟是存储区起火的主要原因，接下来是儿童玩火和恶意点火（包括可疑火灾），这些都是人为原因。除了存储区起火外，人为因素导致的混杂区起火占多数。

建筑物某个部位由于某种类型的点火源引发火灾的概率取决于该部位点火源的数量和建筑物暴露在该风险下的时间。例如由于机械加热或电火花导致的起火概率和生产区机器的数量及机器的运行时间有关。类似地，电气设备导致起火的概率取决于电气设备的数量及其使用时间。再以人为因素为例，随意丢弃烟头导致的起火概率取决于吸烟人的数量及香烟或雪茄等的数量。

为确定某种类型的点火源导致起火概率的绝对值，需要将点火源导致的火灾起数、建筑内点火源的总数以及建筑物在该风险中暴露的时间三者之间建立起联系。因此，有必要对建筑物进行分类调查，这是一个既费时又需要付出代价的过程，可以采用下面讨论的间接方法来估计起火概率的近似值。

Ramachandran（1970，1979/80，1988）采用统计方法来计算建筑物起火概率：

$$F(A) = KA^{\alpha} \tag{7.1}$$

式中，$F(A)$ 指面积为 A 的建筑年均起火概率；A 是建筑面积；K 和 α 是与建筑类型有关的参数。

方程式（7.1）中的参数 K 是 n/N 的比值，其中，n 是某类风险下火灾起数，N 是相应风险下建筑物的数量。参数 α 表示起火概率随建筑面积增加的幅度。α 等于 1 时，表示起火概率和建筑面积成正比，这也说明了建筑所有部位起火概率相同。实际上，建筑物不同部位有不同类型和数量的点火源，不同部位的起火概率是不同的。建筑物墙体上通常有电器和加热设备等点火源，墙的长度和表面积的比值随建筑面积的增加而降低。基于上述原因，起火概率不随建筑面积成比例增加，因此 α 小于 1。如果一栋建筑的面积是另一栋建筑面积的 2 倍，那么面积大的建筑物的起火概率比面积小的建筑物起火概率的 2 倍要小。精算研究证实了这些理论观点，即保险索赔的频率是被保险建筑经济价值的函数（见Ramachandran，1970；Benktander，1973）。

Rutstein（1979）估算了英国大部分建筑物的参数 K 和参数 α 值，见表 7.2 所示。这些参数是根据建筑面积确定的起火频率分布和有风险的建筑（起火和未起火）分布之间的相关性确定的。建筑起火频率分布源于火灾统计，抽样调查法可以获得有风险的建筑分布情况。根据 Rutstein 的研究结果，对于英国所有生产类的工业建筑，在面积 A 的单位为 m^2 时，$K=0.0017$，$\alpha=0.53$。欧洲一些国家（Benktander，1973），工业建筑的 $\alpha=0.5$。

表 7.2　不同类型建筑起火概率计算方程式的参数

建筑类型	每年起火概率[1]		平均烧损面积/m^2[2]	
	K	α	C	β
工业建筑				
食品、饮料和烟草	0.0011	0.60	2.7	0.45
化工和相关工业	0.0069	0.46	11.8	0.12
机械工程和其他金属品	0.00086	0.56	1.5	0.43
电子工程	0.0061	0.59	18.5	0.17
车辆	0.00012	0.86	0.80	0.58
纺织品	0.0075	0.35	2.6	0.39
木材和家具	0.00037	0.77	24.2	0.21
纸制品，印刷物和出版物	0.000069	0.91	6.7	0.36
其他生产类建筑	0.0084	0.41	8.7	0.38
所有的制造工业	0.0017	0.53	2.25	0.45
其他建筑				
存储类	0.00067	0.5	3.5	0.52
商店	0.000066	1.0	0.95	0.50
办公楼	0.000059	0.9	15.0	0.00
旅馆等	0.00008	1.0	5.4	0.22
医院	0.0007	0.75	5.0	0.00
学校	0.0002	0.75	2.8	0.37

① 方程式（7.1）。
② 方程式（7.4）。

根据某些企业建筑面积的统计数据，可以得到有风险的建筑分布情况（见 Ramachandran，1979/80）。例如，在英国，根据雇佣人员划分单元，不同工业建筑的分布情况可以查阅商业统计办公室定期出版的国际商业观察杂志。一个生产单元可能有多栋建筑，可以用人均建筑面积来估计有风险的建筑分布情况（见 Ramachandran，1970）。

方程式（7.1）给出了所有原因导致的起火概率，其计算方法是对不同原因导致建筑不同部位起火概率求和。某种类型建筑由于某种原因导致某个部位起火的概率是方程式（7.1）的计算值乘以某种原因导致某个部位起火的条件概率。条件概率反映了某个部位由于某种原因导致起火的相对风险，可以采用分组统计方法获得，见表 7.1。如吸烟导致储藏室起火的条件概率为 0.0129 （=15/1162）。例如，某纺织工业建筑的总面积为 2500m²，$K=0.0075$，$\alpha=0.35$，利用方程式（7.1）可以计算得到 1 年内起火的概率为 0.116。因此，该纺织工业建筑在储藏室由于吸烟导致的年起火概率为 0.0015 （=0.0129×0.116）。估算采用消防保护措施后的建筑起火概率，也可以采用上述类似的方法。

对于某种类型的建筑，建筑第 j 个部位由于第 i 种原因导致起火的条件概率为：

$$I_{ij}P_{ij} \tag{7.2}$$

式中，P_{ij} 是建筑第 j 个部位由于第 i 种原因导致起火的概率，起火部位的数据见表 7.1 所示。如果建筑第 j 个部位起火不是由于第 i 种原因导致的，则在估算风险时参数 I_{ij} 为 0，否则 I_{ij} 是一个正数，其大小取决于该原因导致第 j 个部位起火的程度，这个值可能大于 1。如果评估的建筑类似于定义的 "平均建筑"，则 I_{ij} 是平均值。Ramachandran（1979/80，1988）对上述方法进行了实例应用。他指出，参数 I_{ij} 可能有些主观，其精确度取决于计算时利用的相关信息的范围和准确性。

辨识建筑不同部位的起火原因或点火源后，估计 I_{ij} 值，得到建筑起火的总概率：

$$F(A)\sum_i \sum_j I_{ij}P_{ij} \tag{7.3}$$

其中，$F(A)$ 是根据方程式（7.1）得到的计算值。在方程式（7.3）中，除了 $F(A)$ 外的参数都可能大于 1 或者小于 1。如果评估的建筑起火原因或者点火源类似于定义的建筑，该参数等于 1。因此，方程式（7.3）中总概率值大于或小于 $F(A)$。该方法已用于核电站的火灾风险评估（见 Apostolakis，1982）。

7.4 火灾的可能损失

起火后的可能损失计算如下：

$$D(A)=CA^{\beta} \tag{7.4}$$

式中，A 同方程式（7.1），是建筑面积，C 和 β 是和建筑类型有关的参数。

面积较大的建筑起火后火灾大，比面积小的建筑更容易发现起火，在整个建筑全部过火前火灾更容易被扑灭。因此，起火后面积较大的建筑破坏比例要小于面积小的建筑的破坏比例。这表明损失率 $[D(A)/A]$ 随着建筑面积的增加而降低，换句话说，β 值小于 1（Ramachandran，1970，1979/80，1988）。精算研究（Benktander，1973）和统计调查（Benktander，1973）证实了上述结论。Rutstein（1979）通过专题调查，估算了英国大部分建筑的 C 和 β 值（见表 7.2）。这些数据是有最低防火要求（没有喷淋系统）建筑的参数值。方程式（7.1）和方程式（7.4）的乘积就是火灾风险值。

如果建筑内有消防设施，损失率和 β 值都会降低。以喷淋系统为例，对于工业建筑，A 的单位是 m²，$C=2.25$，没有喷淋系统时，Rutstein 估计 β 的值为 0.45。假设有喷淋系统的工业建筑面积为 1500m²，平均烧损面积 $D(A)$ 为 16m²，将这些数值代入方程式（7.4），可以得到有喷淋系统的工业建筑的 β 值为 0.27。推导时，Ramachandran（1988）假设参数 C 的值和没有喷淋系统的工业建筑相同，都是 2.25。

Ramachandran（1990）在另一项研究中利用了纺织工业的数据（见 7.5 节）。结果表明，

$C=4.43$ 时，没有喷淋系统的建筑，β 值为 0.42；有喷淋系统的建筑起火后产生的热量会启动喷淋系统，β 值为 0.22。基于建筑面积为 8000m^2 的参照建筑，估计的平均烧损面积有些不切实际，会导致有喷淋系统的建筑烧损面积估计过高，即有喷淋系统，面积为 A_s 的建筑烧损面积等效于没有喷淋系统面积为 A_u 的建筑。所以，Ramachandran 利用超出起火房间蔓延造成的最大烧损面积而不是总的烧损面积，估计没有喷淋系统的建筑，β 值为 0.68；有喷淋系统的建筑，β 值为 0.60。烧损面积和建筑面积的关系如图 7.1 所示。图 7.1 适用于面积大于 105m^2 的建筑。如果起火时喷淋系统启动，面积 A_s 为 33000m^2、有喷淋系统的建筑，烧损面积等效于没有喷淋系统、面积 A_u 为 10000m^2 的建筑的烧损面积。据统计，喷淋系统没有启动的概率为 0.1，则有喷淋系统、面积为 28000m^2 的建筑烧损面积等效于没有喷淋系统、面积为 10000m^2 的建筑的烧损面积。从另一个角度看图 7.1，面积为 10000m^2 的建筑，有喷淋系统时，预期的烧损面积为 1200m^2；没有喷淋系统时，预期的烧损面积为 2300m^2。这些数据可以用于确定有喷淋系统的建筑火灾保险费率。

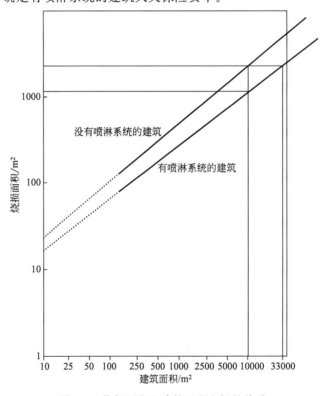

图 7.1　烧损面积和建筑面积之间的关系

Ramachandran（1990）采用方程式（7.4）中的幂律关系估计房间起火后可能的烧损面积，烧损面积是房间面积的函数。没有喷淋系统的房间，β 值为 0.57；有喷淋系统的房间，β 值为 0.42。进行上述估计时，以面积为 800m^2 的房间为参照房间，C 值为 4.43。图 7.2 显示了房间面积和起火后房间预期烧损面积之间的关系。该图适用于面积大于 32m^2 的房间。由图 7.2 可知，如果房间内喷淋系统启动，面积为 4000m^2 的房间的烧损面积等效于没有喷淋系统、面积为 500m^2 的房间。如果喷淋系统没有启动的概率为 0.1，则等效的房间面积为 3000m^2。

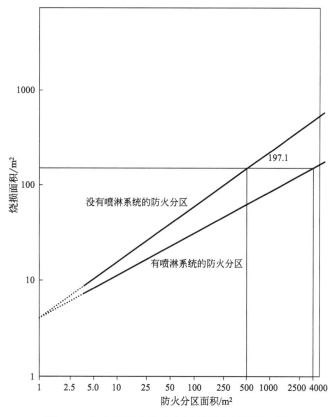

图 7.2　烧损面积和防火分区面积之间的关系图

由图 7.2 可知，根据消防安全规范的规定，建筑有喷淋系统时防火分区的面积可以达到最大值，也可以根据可接受的最大财产损失值确定没有喷淋系统的防火分区的最大面积，可接受的最大烧损面积是 $153m^2$。在确定可接受的最大烧损面积时也应该考虑人员生命安全和消防救援部门的救援能力和效率。方程式（7.1）和方程式（7.4）的乘积就是年均烧损面积。

假设经济损失值 V 在建筑内是均匀分布的，根据方程式（7.4），建筑起火后的经济损失值 $D(V)$ 为：

$$D(V) = C'V^{\beta} \tag{7.5}$$

其中

$$v = V/A$$

是经济密度，即单位面积（每平方米上）的经济值，令

$$C' = Cv^{-\beta}$$

则方程式（7.1）转化为

$$F(V) = K'V^{\alpha} \tag{7.6}$$

其中

$$K' = Kv^{-\alpha}$$

式中，v 是单位面积即每平方米的经济损失值；$F(V)$ 是经济价值为 V 的建筑年均起火概率。

将方程式（7.5）和方程式（7.6）相乘，得到火灾保险费率（见 Benktander，1973）。利用方程式（7.4），火灾烧损面积可转换成经济损失值。参考 1978 年的货币价值，英国所有的制造工业建筑的火灾损失为£ 140（140 英镑）（见 Rutstein，1979）。通过第 9 章的概率分布可以估计预期的 $D(A)$ 或 $D(V)$ 值。

7.5 火灾蔓延的程度

根据火灾蔓延的不同情况及不同情况发生的概率可以估算起火后可能的烧损面积。英国火灾统计数据将火灾蔓延程度分为如下五类：

① 起火物燃烧。

② 超出起火物，但在起火房间内蔓延：

　　a. 房间内物质燃烧。

　　b. 整个房间都过火。

③ 超出起火房间，但是在起火楼层。

④ 超出起火楼层，但是在起火建筑内。

⑤ 通过起火建筑向外蔓延。

通常，不容易估计房间起火后向上层蔓延但起火层没有过火情况下的火灾起数。所以，在表 7.3 中，第三行和第四行显示火灾蔓延到起火房间但在起火建筑内的情况，不包括火灾蔓延出起火建筑的情况。对于火灾蔓延的每种可能，表中的烧损面积都是平均值，相对频率用百分数表示。有喷淋系统的建筑，大约有 1/3 的火灾（包括没有向当地消防救援部门报警的火灾）被喷淋系统扑灭（Rogers，1977）。假定这些小火只有起火物燃烧。

表 7.3 英国纺织工业火灾蔓延程度和平均烧损面积之间的关系

火灾蔓延程度	有喷淋的建筑物[①]			没有喷淋的建筑物		
	平均烧损面积/m²	火灾起数的百分比[②]	燃烧时间/min	平均烧损面积/m²	火灾起数的百分比/%	燃烧时间/min
仅有起火物燃烧	4.43	72	0	4.43	49	0
通过起火物蔓延到整个起火房间						
a. 房间内物品燃烧	11.82	19	8.4	15.04	23	6.2
b. 整个房间都过火	75.07	7	24.2	197.41	21	19.4
蔓延出起火房间	1000.00	2		2000.00	7	
平均值	30.69	100		187.08	100	

① 表示喷淋系统启动。

② 包括没有向消防部门报警的火灾。

无论建筑内是否有喷淋系统，房间内仅有起火物燃烧时，烧损面积是相同的，平均值为 4.43m²。假设整栋建筑都有喷淋系统，在其他蔓延情况时，喷淋系统能降低烧损面积。当火灾超出起火房间蔓延时，烧损面积降低的幅度相当大。表 7.3 中火灾起数的百分数也显示，喷淋系统启动后能将火灾控制在起火物附近，从而降低向起火房间外蔓延的概率。喷淋系统不能启动的概率为 0.6，主要是火灾中产生的热量不能启动和激活喷头。有时，喷淋系统机械缺陷和没有开启也是其不能启动的主要原因。上述结果适用于房间平均面积为 800m² 的纺织工业建筑。

美国消防管理部门收集的火灾统计数据包括火灾不同蔓延情况的概率及其经济损失值。Gomberg 等（1982）估计了住宅建筑在不同蔓延情况下的经济损失值，研究结果表明有无喷淋系统，经济损失值都是相同的，这似乎有些不切实际。由表 7.3 可知，除了仅有起火物燃烧的情况外，喷淋系统能降低其他蔓延情况下的预期经济损失值。Gomberg 等区分了灭火的概率，以反映喷淋系统的有效性。他们也研究了烟感探测器的有效性和人员生命伤亡之间的关系。

Gomberg 等（1982）使用概率树方法估计了火焰蔓延的范围和用经济损失值以及人员生命伤亡数量度量的火灾后果。火灾蔓延的三种可能性包括在起火点附近蔓延（O）、超出起火点但是在起火房间内蔓延（<R）和超出起火房间蔓延（>R），如图 7.3 所示。和英国火灾统计数据一样，美国火灾统计数据库没有灭火行动开始时火灾面积的概率，因为火灾报告中记录的是灭火后的火灾面积。所以，采用专家判断法评估开始灭火行动时火灾的面积。表 7.3 中的概率树数据参考了火灾蔓延的随机模型，在第 15 章将详细讨论。

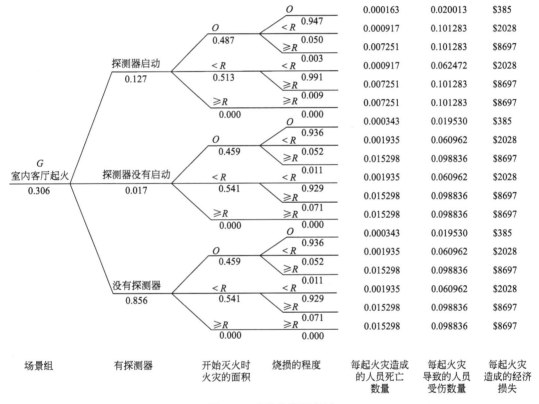

图 7.3　喷淋替代概率树

7.6　火灾增长速率

建筑消防安全设计和防火措施制定时最核心的参数是起火房间火灾发展速率以及向建筑其他部位蔓延的速率。除了受起火房间的面积和通风等影响外，火灾增长速率主要取决于物质燃烧时释放的热量。利用第 11 章中的确定性模型及计算机程序可以估算火灾增长速率，并且进行实验验证。但是，实验获得的是某些材料释放的热量值，因此，利用实验数据不可能估算有多种可燃物或可燃物分布不同的起火室的火灾增长速率，而且，可燃物在真实火灾和在实验条件下或可控条件下的性能是不同的。

所以，有必要采用统计方法确定火灾蔓延的增长速率。通常采用指数模型（Ramachandran，1986）描述火灾在一定时间内的确定性增长。燃烧 T(min) 时火灾的烧损面积计算如下：

$$A(T)=A(O)\exp(\theta T) \tag{7.7}$$

其中，$A(O)$ 是刚开始燃烧时火灾的烧损面积，θ 是火灾增长速率。

根据 Thomas（1974）和 Friedman（1978）的研究，方程式（7.7）中火灾释放的热量随时间指数增长。火灾烧损面积和释放的热量成正比，实验结果证实了指数模型（见 Labes，1966）。有时，火灾可能随燃烧时间呈平方（抛物线）或者其他形式增长（见 Friedman，1978 和 Heskestad，1982）。根据 Butcher（1987）的研究结果，火灾指数增长和抛物线增长的区别不大。需要强调的是，方程式（7.7）中 $A(T)$ 是灭火时（T）的累计烧损面积。$A(T)$ 不是 T 的中间某时刻导致的烧损面积。当消防救援部门到达火场时，火灾统计数据不能提供任何特定时刻的火灾面积。

从概念上看，当 $T=0$ 时，$A(T)=0$，这不符合方程式（7.7），但是修正方程式使指数曲线经过原点也不符合实际。Butcher（1987）指出，虽然初始阶段的火灾面积很小，但是持续时间会变化很大，或阴燃几小时或在几分钟后熄灭。所以，在方程式（7.7）中，可以把火灾初始阶段结束的时刻作为原点，这似乎是最合理的。如果火灾经过第一个阶段，即初始阶段后火灾稳步增长，其释放热量和烧损面积会随时间呈指数增加。

英国火灾统计数据统计了 $A(T)$ 和燃烧持续时间 T 的数据，T 是如下四个时间段的和：

T_1：发现火灾或探测到起火的时间；

T_2：探测到起火到向消防救援部门报警的时间；

T_3：报警到消防救援部门到场的时间；

T_4：到场到火灾被消防救援部门控制住的时间。

根据如下情况估计 T_1：

① 起火时立即被发现（$T_1=0$）；

② 起火后 5min 内被发现；

③ 起火后 5～30min 内被发现；

④ 起火 30min 后被发现。

在估计总持续时间 T 时，对于②、③、④三种情况，T_1 的平均值分别为 2min、17min 和 45min。从火灾被控制住到灭火结束在第五个阶段，火灾实际上是负增长的。

利用上述方法，采用表 7.3 中的原始数据，Ramachandran（1988）估算了火灾增长指数模型的参数。以火灾超出初始阶段的时刻作为原点，然后火灾增长，如果没有喷淋系统，总的增长速率 θ 为 0.083；如果有喷淋系统，则总的增长速率 θ 为 0.031。根据方程式（7.7），采用回归方法估计的这些值是火灾在建筑内蔓延的平均值，燃烧持续的最长时间为 250min。

火灾增长速率除了和初始燃烧物有关外，也受房间内建筑结构分隔及其耐火性的影响。所以火灾在房间内蔓延的速率和在建筑内蔓延的总速率是不同的。房间内火灾增长如

图 7.4 所示。起火后第二个阶段和第三个阶段的平均时间见表 7.3。在图 7.4 中，$A(O)$ = 4.43m²。有喷淋系统的房间，火灾增长速率 θ 为 0.117；没有喷淋系统的房间，火灾增长速率 θ 为 0.196。

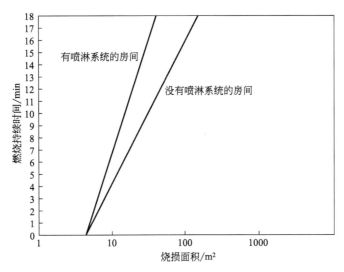

图 7.4 起火房间内的火灾增长

上述举例表明：建筑内喷淋系统和耐火的结构材料能降低火灾增长速率。早期探测到火灾，如火灾自动探测系统的启用能降低 T_1，从而降低控制火灾的时间 T_4。这主要是由于起火后立即被探测到，使火灾处于增长的初期阶段，消防救援部门到场后能快速控制火灾。所以能降低总的燃烧持续时间 T 和烧损面积 $A(T)$，详见第 10 章，参考火灾探测器的经济损失值。优化消防站的选址能降低消防救援部门到场的平均时间 T_3，有效的灭火策略能降低控制火灾的平均时间 T_4，从而降低起火后的预期损失（见第 10 章）。

方程式（7.7）中的指数模型也可以估计倍增时间。

$$d = (1/\theta)\ln 2 = (1/\theta)0.6931 \tag{7.8}$$

倍增时间一般是描述和比较不同物质或材料火灾增长速率的参数，它是火灾烧损面积增加到原来面积的 2 倍时所需要的时间，在指数模型中是个常数。例如，烧损面积从 20m² 增加到 40m² 可能需要 5min，从 30m² 增加到 60m² 可能需要 5min，从 40m² 增加到 80m²，从 50m² 增加到 100m²，从 80m² 增加到 160m² 都需要 5min。

对于表 7.3 和图 7.4 中的例子，有喷淋系统的房间，火灾倍增时间为 5.9min；没有喷淋系统的房间为 3.5min。假设火灾垂直蔓延速率和水平蔓延速率的比值是已知的，则根据火灾水平蔓延导致烧损面积量化的倍增时间就能转换为根据烧损体积量化的倍增时间（见 Ramachandran，1986）。正如人们预料的一样，根据烧损体积估计的倍增时间会小于根据烧损面积估计的倍增时间。根据 Thomas（1981）引用的一些数据，用烧损体积量化的倍增时间范围在 1.4～13.9min。在美国工厂互研公司实验室（Friedman，1978），一系列不同物质火灾增长速率的实验研究表明倍增时间范围为 21s～4min。

对方程式（7.7）进行回归分析，可以估计火灾增长的平均速率 $\overline{\theta}$，根据统计学理论计算，其标准偏差为：

$$\overline{\sigma_\theta} = (\sigma/\sqrt{n})\sigma_T \tag{7.9}$$

式中，σ 是标准化残差；n 是火灾样本数量；σ_T 是 T 的标准偏差。

假设服从正态分布，则 $\overline{\sigma_\theta}$ 的真实值一定落在置信区间内，设置信区间为 $[\overline{\theta}-1.96$ $\overline{\sigma_\theta}, \overline{\theta}+1.96\overline{\sigma_\theta}]$。平均增长速率小于置信区间下限和大于置信区间上限的概率为 0.025。上述置信区间是 Ramachandran（1986）利用某工业建筑生产区、储存区和其他起火区获得的平均增长速率。

每起火灾都有一个火灾增长速率 θ，设平均值为 $\overline{\theta}$。这些值的标准偏差计算如下：

$$\sigma_\theta = \sigma / (\sigma_T^2 + \overline{T}^2)^{\frac{1}{2}} \tag{7.10}$$

其中，$\overline{T}$ 是参数 T 的平均值。根据 σ_θ 值和任意设定的概率值就可以估计最大的 θ 值。例如，某次火灾增长速率小于置信区间下限 $(\overline{\theta}-1.96\overline{\sigma_\theta})$ 和大于置信区间上限 $(\overline{\theta}+1.96$ $\overline{\sigma_\theta})$ 的概率为 0.025。在 θ 范围内和 $\overline{\theta}$ 范围内的区别详见图 7.5 和表 7.4。其中表 7.4 是瑞典国家消防研究委员会研究项目的研究成果（见 Bengtson 和 Ramachandran，1994）。

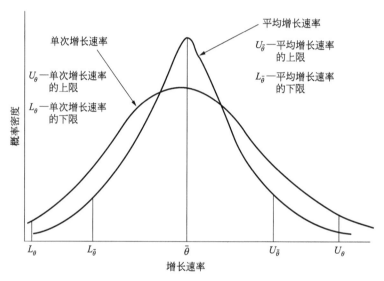

图 7.5　平均增长速率和单次增长速率

表 7.4　所有火灾的平均增长速率和单次火灾的增长速率

建筑类型	所有火灾的平均增长速率(θ)			某次火灾的增长速率(θ)		
	预期值(θ)	标准偏差(σ_θ)	最大速率	预期值(θ)	标准偏差(σ_θ)	最大速率
铁路设施	0.0376	0.0021	0.0417	0.0376	0.0352	0.1066
公共停车场	0.0362	0.0025	0.0411	0.0362	0.0318	0.0985
公路隧道和地铁	0.0220	0.0024	0.0267	0.0220	0.0176	0.0565
发电站	0.0208	0.0029	0.0265	0.0208	0.0210	0.0620

单次火灾的增长速率 θ 和所有火灾的平均增长速率 $\overline{\theta}$ 都有相同的预期值 $\overline{\theta}$，即均值相同，但是标准偏差不同。一般来说，方程式（7.9）中 $\overline{\theta}$ 的标准偏差 $\overline{\sigma_\theta}$ 要小于方程式（7.10）中 θ 的标准偏差 σ_θ。所以，θ 的最大值表示最坏的场景，要大于 $\overline{\theta}$ 的最大值。

利用方程式（7.7）中的指数模型可以计算烟气快速增长蔓延的速率，从而确定包括烟气导致的总烧损面积。英国火灾统计数据可以估计每起火灾包括水渍损失的总烧损面积。通过火灾增长速率也可以推导烟气增长的速率，因为产生的烟气量和释放的热量有关。

Butcher（1987）建立了火灾烧损面积和释放热量之间的指数关系模型。1996 年，Butcher 在英国火灾研究所分期进行了一系列大规模的火灾测试，测试的起火室面积为 $85.5 m^2$，考虑了起火室内火灾荷载和两个窗户开口的情况。通过测试获得时间和温度信息，Butcher 推导了最大火灾荷载密度为 $60 kg/m^2$ 的起火室的时间-温度曲线。利用曲线估计的释放热量和 Ramachandran（1986）得到的火灾增长导致烧损面积的增加值，就可以获得火灾增长任意时刻释放的总热量。Ramachandran（1995）建立了热释放速率值、可燃物的质量损失值和基于统计数据的烧损面积及火灾持续时间确定的火灾增长速率之间的耦合方法。

Bengtson 和 Laufke（1979/80）采用指数模型和二次方程与指数联用的综合模型估算不同危险情况下火灾烧损面积和喷淋启动时间，他们也估算了不同房间体积及有无通风系统时的轰燃时间、烟感探测器的启动时间、消防救援部门灭火的时间对人员疏散的效果。Bengtson 和 Hagglund（1986）论述了指数型火灾增长曲线在消防工程领域的应用。

7.7　火灾的严重程度

Harmathy（1987）推导了防火分区内预期的火灾最严重程度的计算方程，预期的火灾最严重程度 S_b 是火灾荷载（即用可燃物数量量化）、防火分区面积、边界材料热惯性和通风面积的函数。在此基础上，Baldwin（1975）估计了办公楼房间火灾燃尽时火灾严重程度超过 S_b 的概率 P_{S_b}，它是一个指数分布，见方程式（7.11）。

$$P_{S_b} = \exp(-0.04 S_b) \tag{7.11}$$

防火分区内火灾的蔓延也取决于防火分区内物体的布局情况，因为物体的布局影响火灾荷载。在火灾荷载调查时一般只考虑了火灾荷载总量或者不同起火室火灾荷载密度的变化情况，并没有考虑防火分区内物体的布局情况，因为调查防火分区内物体布局情况不仅费时，而且代价很高。

Al-Keliddar（1982）对防火分区内物体位置的详细信息进行了调查。利用这种火灾荷载调查估算的火灾严重程度和真实火灾中的严重程度差不多。在真实火灾中，防火分区完全燃尽的概率非常低，因为火灾增长和蔓延的过程是随机的，详见第 15 章。

根据 Ramachandran（1990）的研究，真实火灾中的严重程度 S_f 计算如下：

$$S_f = k \ln d \tag{7.12}$$

式中，d 是烧损面积。

假设方程式（7.11）服从指数分布，采用方程式（7.12）计算火灾超过严重程度 S_f 的概率：

$$P_{S_f} = d^{-\lambda k} \tag{7.13}$$

根据表 7.3 中的数据，设没有喷淋系统的参照防火分区面积为 $800 m^2$，火灾蔓延出起火房间导致建筑受损的概率为 0.28，平均烧损面积为 $197.41 m^2$，通过这些数据计算得到 λ 与 k 的乘积为 0.24。

根据图 7.2，没有喷淋系统的参照防火分区面积为 1600m²，烧损面积为 300m²，λ 与 k 的乘积为 0.24，则建筑结构受损的概率为 0.25。如果防火分区面积为 2400m²，烧损面积 d 为 374m²，则建筑结构受损的概率为 0.24。对于有喷淋系统的防火分区，类似计算得知 λ 与 k 的乘积为 0.54。参照防火分区面积为 800m²，烧损面积为 75.07m²，建筑结构受损的概率为 0.097。当防火分区面积增加到 1600m² 和 2400m² 时，烧损面积将分别增加到 98.21m² 和 116.44m²，结构受损的概率分别为 0.084 和 0.077。由此可见，不论防火分区面积多大，喷淋系统启动发挥作用都能降低结构受损的概率。

上述分析表明，无论是否有喷淋系统，建筑结构受损的概率都会随着防火分区面积的增大而降低。Harmathy 等（1989）通过第 5 章 5.5 中定义的轰燃现象证实了这一结论。Harmathy 认为轰燃的概率随着防火分区面积的增加而降低。在较大的防火分区内，所有可燃物表面完全过火需要很长一段时间，这就增加了灭火的机会，从而降低了结构受损的概率。一般来说，较大的防火分区内火灾荷载分布不均匀，可燃物堆积不紧密。

根据方程式（7.12），预期的火灾严重程度将随烧损面积的增加而增加。如表 7.3 和图 7.2，对于没有喷淋的防火分区，面积从 800m² 增加到 1600m² 时，火灾最严重程度将增加 7.6%（ln300/ln200）。如果防火分区面积增加 3 倍，即 2400m² 时，火灾最严重程度将增加 11.8%（ln374/ln200）。Ramachandran（1990）认为：有喷淋系统的防火分区，火灾最严重程度增加的百分率随防火分区面积的增加而增加。只要保持通风口面积和外墙表面积的比值不变，没有喷淋的防火分区的变化趋势和有喷淋系统的防火分区的变化趋势一样。上述结论已经被确定性计算方法所证实（Malhotra，1987）。

随着火灾严重程度的增加，面积较大的防火分区的耐火性会提高，但结构受损或轰燃概率的降低在某种程度上抵消了增加的耐火性能。根据轰燃概率和防火分区失效概率乘积的可接受值，就可以确定有喷淋系统或者没有喷淋系统的防火分区要求的耐火性（见 Ramachandran，1990 和第 10 章）。这个概率积表示火灾蔓延出防火分区的概率。应当指出的是，建筑不发生轰燃也会导致结构受损。结构受损并不意味着结构失效。但是轰燃后长时间暴露在较高热量中会导致结构严重受损以至于结构失效。上述方法为降低有喷淋系统的防火分区需要的耐火性奠定了坚实的基础（见第 10.7.3）。

7.8　特殊因素

综合火灾起数、火灾损失值和火灾中人员伤亡数量、建筑数量或人员数量等信息就可以评估火灾风险。North（1973）采用 1968～1970 年的英国火灾数据估计了不同用途建筑的火灾风险。他的工作包括：

① 所有的制造工业，每年每栋工业建筑起火概率为 0.092。

② 以所有制造工业 1968～1970 年的价值为基础，每栋工业建筑年预期火灾损失为 610 英镑（£610），化学工业建筑预期火灾损失最大，平均为 1600 英镑（£1600）。

③ 旅馆人员死亡风险最大，暴露一亿小时死亡约为 3.6 人，是住宅人员死亡风险平均值（0.19）的 20 倍以上，是医院人员死亡风险平均值（0.35）的 10 倍以上，是所有制造工业人员死亡风险平均值（0.12）的 30 倍以上。

在某种程度上，North 的估计有些不公平，因为不同工业建筑的规模、数量、资金和雇佣人数不同，他估计的是不同工业建筑的平均火灾风险。Hogg 和 Fry（1966）应用主成分分析方法评估了不同因素对起火频率的影响，主要包括规模、竞争力、生产率、与规模对应的存货值、管理支出的比例和对外部经济状况的敏感性等 6 个因素。

Hogg 和 Fry 发现工业建筑起火频率取决于工业建筑的规模，而不取决于其他因素。工业建筑的规模由如下因素导出：

① 设施的数量；

② 购买的材料、燃料等；

③ 待售的产品；

④ 材料和燃料的存货量；

⑤ 运输费用；

⑥ 净产值减去工资和薪金；

⑦ 工资和薪金；

⑧ 平均雇佣人数；

⑨ 新建建筑；

⑩ 机械和设备（购买的减去已出售的）；

⑪ 车辆（购买的减去已出售的）。

假设不同类型工业建筑的规模相同，作者们计算了每类工业建筑的火灾起数，并根据相对起火频率对工业建筑进行了排序。他们的成果是包含生产区和储存区火灾相对可能性排序的两张表格。其中，混杂有木制品和软木制品的制造加工业、家具和家具装饰用品业、木制的集装箱等生产区和存储区起火频率较高，承包商的工厂和采石机械、工业发动机、工程师的小型工具和测量仪表的生产区和存储区起火频率较低。这些表格有一些不确定性，随着时间的推移，排序也会发生变化，因为工业生产材料或生产方法会随时间发生变化。

不同类型的建筑有不同类型的可燃物。可以根据可燃物数量对建筑分类，并通过比较不同类型建筑的起火数量，获得可燃物数量和建筑起火数量之间的相关性并预测趋势。Chandler（1968）利用英国 1956～1966 年电器火灾数据得出可燃物数量和建筑起火数量是线性相关的，并预测 1970 年电输出量为 $210 \times 10^2 kW \cdot h$ 时，会发生 25500 起火灾，在 1970 年实际起火的数量与预测值非常吻合。

1957～1966 年，煤气火灾起数并没有随着城市煤气销售量而呈现线性变化。实际上每销售一亿兆焦煤气，煤气火灾的起火频率呈现下降趋势。基于该趋势外推，1970 年将发生 7000 起煤气火灾，而实际发生 7100 起。销售的固体燃料数量下降导致固体燃料火灾起数降低。1955～1966 年，每百万吨燃油起火频率呈现下降趋势，这可能是由于集中供暖比便携式燃油取暖更安全。

美国进行的多项研究表明火灾发生率（及其造成的火灾后果，即人员伤亡数量）与多种因素有关，但并不一定是因果关系（Bertrand 和 McKenzie，1976；Munson 和 Oates，1977；Gunther，1975）。这些因素包括贫穷、不符合标准的住房、拥挤、社会地位、家庭不稳定、年轻人或老人的比例等。

Chandler（1979）详细分析了英国伦敦火灾的社会经济方面。该研究的结论表明火灾发生率和住房及社会因素间有相关性。在住房变量中，租房和缺乏便利设施是火灾发生率中最相关的因素，因为有自己房子的人们会比租住别人的房子更小心谨慎。与火灾发生率最相关的社会指标是照顾儿童的比例，这个因素反映了家庭的不稳定性。尽管火灾频率不受人员年龄分布的影响，但是年轻人和老人伤亡的比例最高。蓄意点火和严重犯罪之间，严重犯罪率和由于吸烟和儿童玩火导致发生火灾之间都具有强相关性。参考伯明翰和泰恩河畔的纽卡斯尔，Chandler 等（1984）分析了伦敦的数据。上述关于英国研究的综述和建筑火灾的其他人为方面参见 Ramachandran（1985）的论文。

在冬天极端气候条件下，火灾起数增加，火灾中人员伤亡数量也增加。例如，Chandler（1982）分析了 1978~1979 年冬天发生在住宅建筑内的火灾数据。他利用的是气象部门的地理区域数据和每周的火灾数据，主要有点火源如空间加热和电热毯、被救援的人员和逃生人员的数据。从气象站获得的每个地区的数据，普遍代表该地区的平均天气条件。与周平均值相关的数据有日最低温度、降雨量、日照时间、风速、蒸汽压和相对湿度等。把这些因素作为自变量，火灾发生率作为因变量，采用多元回归方法进行分析，分析前要将火灾发生率的数据进行对数转化。

Chandler 研究发现，在所有地区，温度和蒸汽压都与总的火灾起数及由于空间加热、电热毯和电线电缆导致的火灾起数明显相关。由于空间加热导致人员伤亡的火灾也是如此。家庭火灾中由于烹饪电器导致的火灾一般不受天气条件的影响。分析显示，温度从 0℃降到 -5℃时，温度每下降 1℃，在英格兰和威尔士每周增加 30 起火灾。该结论和基于 1962~1963 年冬天起火频率的估计值（见 Gaunt 和 Aitken，1964）比较吻合。1979 年初的英国春寒期，火灾中最脆弱的群体是 65 岁及 65 岁以上的老人，尤其是女性，因为她们通常独自待在起火房间内。

符号说明

A	建筑面积
A_s	有喷淋系统的建筑面积
A_u	没有喷淋系统的建筑面积
$A(O)$	刚开始燃烧时火灾的烧损面积
$A(T)$	燃烧 $T(\mathrm{min})$ 时火灾的烧损面积
C	方程式 $D(A)$ 中的常数（与建筑类型有关的参数）
C'	$=Cv^{-\beta}$
D	烧损面积
$D(A)$	面积为 A 的建筑预期的烧损面积
$D(V)$	经济价值为 V 的建筑预期的烧损价值
d	倍增时间；烧损面积
F	年均起火概率
$F(A)$	面积为 A 的建筑年均起火概率
$F(V)$	经济价值为 V 的建筑年均起火概率
I_{ij}	建筑第 j 个部位是否有第 i 种原因导致起火的概率
K	方程式 $F(A)$ 中的常量（与建筑类型有关的参数）

K'	$=Kv^{-\alpha}$
k	方程式 S_f 中的常量
L	经济损失值
N	某类风险下建筑物的数量
n	某类风险下火灾的起数
O	起火物
P_{ij}	建筑第 j 个部位由于第 i 种原因导致起火的概率
P_{S_b}	火灾严重程度超过 S_b 的概率
R	起火房间
S_b	火灾预期的严重程度
S_f	真实火灾中的严重程度
T	火灾持续时间
V	建筑的经济价值
α	方程式 $F(A)$ 中的常量（与建筑类型有关的参数）
β	方程式 $D(A)$ 中的常量（与建筑类型有关的参数）
λ	方程式 P_{S_f} 中的常量
θ	火灾增长速率
σ	标准化残差
σ_T	T 的标准偏差
σ_θ	θ 的标准偏差
v	$=V/A$

参考文献

Al-Keliddar, A (1982). *Dwelling Design and Fire Hazard*, Ph.D. Thesis, School of Architecture, University of Manchester, UK.

Apostolakis, G (1982). *Nuclear Engineering and Design*, **71**, 375–381.

Baldwin, R (1975). *Economics of Structural Fire Protection*, Building Research Establishment, Fire Research Station, UK, Current Paper CP 45/75.

Benktander, G (1973). Claims frequency and risk premium rate as a function of the size of the risk. *ASTIN Bulletin*, **7**, 119–136.

Bengtson, S and Hagglund, B (1986). The use of a zone model in fire engineering application. *Fire Safety Science: Proceedings of the First International Symposium*, Hemisphere Publishing Corporation, New York, pp. 667–675.

Bengtson, S and Laufke, H (1979/80). Methods of estimation of fire frequencies, personal safety and fire damage. *Fire Safety Journal*, **2**, 167–180.

Bengtson, S and Ramachandran, G (1994). Fire growth rates in underground facilities. *Fire Safety Science: Proceedings of the Fourth International Symposium*, Ottawa, T Kashiwagi (Ed.), National Institute of Standards and Technology, Gaithersburg, MD, USA, pp. 1089–1099.

Bertrand, A L and McKenzie, L S (1976). *The Human Factor in High Risk Urban Areas: A Pilot Study in New Orleans, Louisiana, US*, Department of Commerce, Washington, DC.

Butcher, G (1987). The nature of fire size, fire spread and fire growth. *Fire Engineers Journal*, **47**(144), 11–14.

Chandler, S E (1968). Fire Research Station, UK, Fire Research Note No 716.

Chandler, S E (1979). *The Incidence of Residential Fires in London – The Effect of Housing and Other Social Factors*, Building Research Establishment, Fire Research Station, UK, Information Paper IP 20/79.

Chandler, S E (1982). The effects of severe weather conditions on the incidence of fires in dwellings. *Fire Safety Journal*, **5**, 21–27.

Chandler, S E Chapman, A and Hollington, S J (1984). Fire incidence, housing and social conditions the urban situation in Britain. *Fire Prevention*, **172**, 15–20.

Friedman, R (1978). Quantification of threat from a rapidly growing fire in terms of relative material properties. *Fire and Materials*, **2**(1), 27–33.

Gaunt, J E and Aitken, I S (1964). *Causes of Fires in Dwellings in London, Birmingham and Manchester and Their Relationship with the Climatic Conditions During the First Quarter of 1963*, Fire Research Station, UK, Fire Research Note No 538.

Gomberg, A, Buchbinder, B and Offensend, F J (1982). *Evaluating Alternative Strategies for Reducing Residential fire Loss – The Fire Loss Model*, National Bureau of Standards Center for Fire Research Report NBSIR 82–2551.

Gunther, P (1975). *Fire Journal*, **3**, 52–58.

Harmathy, T Z (1987). On the equivalent fire exposure. *Fire and Materials*, **11**, 95–104.

Harmathy, T Z *et al.* (1989). A Decision Logic for Trading Between Fire Safety Measures. *Fire and Materials*, **14**, 1–10.

Heskestad, G. (1982). *Engineering Relations for Fire Plumes*, Technology Report 82–8, Society of Fire Protection Engineers, Boston.

Hogg, J M and Fry, J F (1966). *The Relative Fire Frequency of Different Industries*, Ministry of Technology and Fire Offices' Committee Joint Fire Research Organisation, UK, Fire Note No 7.

Labes, W G (1966). The Ellis parkway and Gary dwelling burns. *Fire Technology*, **2**(4), 287–297.

Malhotra, H (1987). *Fire Safety in Buildings*, Report, Building Research Establishment, UK.

Munson, M J and Oates, W E (1977). *Community Characteristics and the Incidence of Fire: an Empirical Analysis*, Princeton University, Princeton, NJ.

North, M A (1973). *The Estimated Fire Risk of Various Occupancies*, Fire Research Station, UK, Fire Research Note No 989.

Ramachandran, G (1970). *Fire Loss Indexes*, Fire Research Station, UK, Fire Research Note No 839.

Ramachandran, G (1979/80). Statistical methods in risk evaluation. *Fire Safety Journal*, **2**, 125–145.

Ramachandran, G (1985). *The Human Aspects of Fires in buildings – A Review of Research in the United Kingdom Fire Safety: Science and Engineering*, ASTM STP 882, American Society for Testing and Materials, Philadelphia, pp. 386–422.

Ramachandran, G (1986). *Exponential Model of Fire Growth Fire Safety Science: Proceedings of the First International Symposium*, Hemisphere Publishing Corporation, New York, pp. 657–666.

Ramachandran, G (1988). Probabilistic approach to fire risk evaluation. *Fire Technology*, **24**, 204–226.

Ramachandran, G (1990). Probability based fire safety code. *Journal of Fire Protection Engineering*, **3**(2), 75–91.

Ramachandran, G (1995). Heat output and fire area. *Proceedings of the International Conference on Fire Research and Engineering*, Orlando, FL, Society of Fire Protection Engineers, Boston, MA, USA, pp. 481–486.

Rutstein, R (1979). The estimation of fire hazard in different occupancies. *Fire Surveyor*, **8**(2), 21–25.

Thomas, P H (1974). *Fires in Model Rooms: CIB Research Programmes*, Building Research Establishment, Fire Research Station, UK, Current Paper CP 32/74.

Thomas, P H (1981). Fire modelling and fire behaviour in rooms. *Eighteenth Symposium (international) on Combustion*, The Combustion Institute, pp. 503–518.

Rogers, F E (1977). Fire Losses was the Effect of Spinhler Protection of Buildings is a Vanity of Industries and Trades, Building Research Establishment, Current Paper CP9/77.

8 人员伤亡

8.1 引言

　　了解火灾中人员伤亡的特征、影响人员生命风险的因素及起火时建筑内人员的行为，对于研究消防规定、规范和标准中采取的确保建筑内人员生命安全的措施是十分必要的。英国、美国和日本等许多国家通过统计数据获得这些方面的信息。这些统计数据显示了火灾中人员伤亡的一般趋势。本章简略地描述这些趋势和人员伤亡的模式。

　　火灾统计数据表明，火灾中建筑结构不稳定或建筑倒塌导致人员伤亡的情况很少发生。火灾中人员生命风险主要是由于人员暴露在烟、热和燃烧物质或产物如软垫家具产生的有毒气体中。空气中分布的烟气颗粒降低了火场的能见度，也能刺激人们的感觉器官。火场中人员吸入的热空气，虽然不会立即致人死亡，但是当温度超过特定值时，人员在短时间内就能死亡。暴露在大剂量的有毒气体中能导致人员失去行动能力甚至死亡。

　　利用火灾统计数据可以得到衡量人员生命风险的定量指标——人员伤亡率。借助英国火灾统计数据，可以建立起每起火灾的人员伤亡率和建筑火灾人员疏散过程的时间因素及其他因素之间关系的指数分布模型。该指数分布源于估计多人员伤亡率是疏散时间的泊松概率模型。多人员伤亡率主要用于有大量人员的建筑发生火灾时导致人员生命风险的度量。

　　通常，致死事故发生率（FAFR）是工业建筑和工厂火灾中人员生命风险的另一种度量方式。不同风险区起火后导致的致死事故发生率可以和其他因素导致的致死事故发生率相比较。如果已知不同类型建筑处于风险中的人员数量，可用每起火灾人均死亡率，或每年人均死亡率来衡量人员生命风险。

　　本章最后一节主要讨论最近美国开发的火灾风险评估方法。该方法用于分析易燃材料的变化对人员生命风险的影响。案例研究中采用的易燃材料是软垫家具，该方法的基本特点和讨论结果详见本章最后一节。

8.2 火灾中人员伤亡特征

　　分析火灾中人员伤亡的统计数据可以正确地理解人员生命风险。Chandler 分析了 20 世纪 70～80 年代英国火灾中人员死亡的数据，出版了一些研究笔记和报告（见 Chandler，

1971，1972）。这些研究表明，吸烟是火灾中人员伤亡，尤其是老年人伤亡的主要原因。每年 NFPA 都在其期刊上分析火灾中人员死亡，包括多人员死亡的原因。Sekizawa（1988，1991）和 Hall（1990）调查了美国和日本火灾人员伤亡率差别的原因。

他们得出的结论如下：在日本，火灾中每百万人口人员死亡率大大低于美国。除了纵火自杀外，在美国，火灾中每百万人口人员死亡率是日本的 2.5 倍。但是，在过去十年里，两国的每百万人口人员死亡率的差别缩小了，因为在 1982 年前，美国火灾中每百万人口人员死亡率明显下降，而日本每百万人口人员死亡率下降得非常小。这是因为日本由于纵火自杀导致的人员死亡数量在增加，这在某种程度上抵消了由于其他原因导致的人员死亡数量的下降。

Sekizawa（1991）将日本住宅建筑内人员死亡模式主要分为两种：灾难性的——脆弱人员和白天发生的火灾；非灾难性的——脆弱性人员和晚上发生的火灾。前者是指火灾时需要他人帮助才能行动的人员，白天发生火灾时他们独自在家，不能逃出火场的情景。后者是指晚上睡着了或者喝醉了而没有发现火灾，能正常行动的人员在火灾中死亡的情景。在灾难性模式中，脆弱人员大部分是年龄在 65 岁及以上的老人。因此，火灾中这部分人员死亡率要比其他群体高。在英国和美国，老年人也是高风险群体。在日本，火灾中年龄在 65 岁及以上的老人死亡率几乎和美国年龄在 71～80 岁的人员死亡率相同，是 80 岁及以上人员死亡率的 1/4。

在日本，火灾中人员死亡数量的 2/3 是由于纵火自杀导致的，死亡人员是年龄在31～50 岁的成年人。在美国没有纵火自杀的问题，火灾中年龄在 31～50 岁的成年人死亡率是日本的 3 倍以上。在日本，只有儿童和年龄在 61 岁及以上的大部分人员死亡是由于偶然原因。美国家庭火灾中人员死亡也有类似的模式（Karter，1986）。

和英国一样，美国 5 岁及以下的学龄前儿童是高风险群体，火灾中人员死亡率几乎是所有年龄段平均值的 2 倍。在日本，火灾中学龄前儿童死亡风险比年龄大的儿童要高，但是排除纵火自杀的比例，人员死亡率和总体平均值一样。这个差别的原因之一是美国单亲家庭发生火灾概率要高，在孩子监管方面的差别较大（Fahy，1986）。这个因素和照顾儿童的比例也反映了 Chandler（1979）辨识的家庭不稳定性因素，这一社会指标和火灾发生率相关性大。在日本，学龄前儿童可能睡在父母的房间内，发生火灾时他们的父母能正确地应对火灾。因此，美国的学龄前儿童在火灾中的死亡率是日本学龄前儿童死亡率的 4 倍。

火灾中大部分人员死亡在住宅建筑内。在英国和美国，偶然的突发火灾中大部分人员死亡是空间加热器使用不当或可燃物距离这些加热器太近、儿童玩火柴和误操作烹饪电器导致的，较少一部分人员死亡是由于随意丢弃烟头。在误操作空间加热器或烹饪电器引发的火灾中，电器是人员死亡的主要可燃物。正如第 7.8 节提到的，冬季火灾中人员死亡的主要原因是使用便携式加热器。

在美国，加热器导致人员死亡的主要原因是便携式加热器和空间加热器，尤其是在贫穷地区和乡村地区。日本也有类似的问题。在日本，火灾中人员死亡的高风险群体是老年人，主要原因是使用老式的便携式加热器、煤油加热器距离房间内的可燃物太近等。

在英国，突发的住宅建筑火灾导致人员受伤的模式类似于误操作烹饪电器，如电和残余的气体导致人员受伤的模式。除此之外，还有随意丢弃烟头、电加热器和气体空间加热器、电线、电热毯和电褥子。电视、洗衣机和洗碗机是人员受伤的次要原因。电热毯或电褥子导致人员受伤数量有下降趋势。美国和日本的火灾中人员受伤的特征和英国类似。

8.3　人员伤亡的位置

根据表 8.1 中 1978～1991 年英国火灾统计数据，单一用途的住宅建筑火灾中大约有一半的人员伤亡发生在起火房间。其余的大部分伤亡发生在起火层或起火层上层，只有相对少的人员伤亡发生在起火层下层。多用途的住宅建筑火灾中人员伤亡的位置与单一用途的住宅建筑火灾类似。

表 8.1　单一用途的住宅和多用途的住宅建筑火灾中人员伤亡的位置

住宅建筑类型和人员伤亡位置	人员的数量	
	死亡人员数量	受伤人员数量
单一用途的住宅建筑		
起火房间	3539(58.2)	26259(44.6)
起火层的其他位置	1216(20.0)	15500(26.3)
起火层上层	1267(20.8)	14835(25.2)
起火层下层	54(1.0)	2330(3.9)
总计	6076(100.0)	58924(100.0)
多用途的住宅建筑		
起火房间	2347(66.8)	15353(35.0)
起火层的其他位置	823(23.4)	18245(41.6)
起火层上层	330(9.4)	9066(20.6)
起火层下层	16(0.4)	1233(2.8)
总计	3516(100.0)	43897(100.0)

注：括号内的数字表示人员伤亡数量的百分率。

来源：1978～1991 年英国火灾统计数据。

一般来说，起火层上层的人员风险要比起火层下层高，因为火灾、烟气和有毒气体向上蔓延。无论起火层上层的人员待在起火房间，还是逃到起火建筑内部或起火建筑外的安全地方，他们都可能受到烟气的威胁。在较低楼层的人员可以免受可燃产物的威胁，安全逃离的概率较大。

一般来说，烟气运动速度要比火焰运动速度快，因此，烟气和有毒气体比火焰和热量对被困人员的威胁更大。即使较小的火灾也能产生大量的烟气和其他可燃物，对起火房间以外的大部分人员构成威胁。大部分建筑火灾通过热对流的方式蔓延出起火房间，起火房间的边界构件并没有遭到破坏（Harmathy 和 Mehaffey，1985）。住宅建筑火灾中人员伤亡最多的场所是起火房间（见表 8.2）。

表 8.2　住宅建筑火灾的蔓延（建筑内房间起火或防火分区起火）

蔓延程度	火灾起数	火灾起数的百分比/%
起火物燃烧	308844	40.2
起火房间内的物品燃烧	184020	24.0
整个房间过火	215464	28.1
超出起火房间但在起火楼层蔓延	25540	3.3
超出起火楼层蔓延	33527	4.4
总计	767395	100.0

注：只考虑火灾蔓延，而没有考虑热量和烟气等蔓延。

来源：1978～1991 年英国火灾统计数据。

8.4 人员伤亡的根本原因

与表 8.1 人员伤亡位置的统计数据较一致，起火房间人员伤亡比例最高的是烧伤，但是烟气是主要原因，占住宅建筑人员伤亡总数量的 50% 以上，见表 8.3。20 世纪 70 年代，英国火灾统计调查研究（Bowes，1974）表明，大部分人员伤亡是由于烟气和有毒气体，而不是热量和烧伤。在 1955～1971 年，由于烟气和有毒气体导致人员伤亡的数量增加了 4 倍。在美国，20 世纪 70 年代没有详细的国家火灾统计数据，报纸和消防期刊上报道的重大火灾中人员死亡的原因是有毒烟气及燃烧产物。

表 8.3 住宅建筑火灾中人员死亡的位置和原因

住宅建筑类型和人员死亡的位置	人员的数量		
	死亡的原因		
	有毒气体或烟气熏死[①]	烧死或者烫死	其他或未知原因
单一用途的住宅建筑			
起火房间	1653	953	328
起火层	731	133	116
其他位置	868	130	118
总计	3252	1216	562
多用途的住宅建筑			
起火房间	1217	510	200
起火层	504	66	67
其他位置	217	37	40
总计	1938	613	307

① 包括烧死和烟气熏死。

来源：1978～1988 年英国火灾统计数据。

表中没有 1989～1991 年人员死亡数量及原因数据。

事实上，有毒的燃烧产物是火灾中人员失能和死亡的主要原因（Berl 和 Halpin，1976；Harland 和 Woolley，1979）。大多数火灾中，人员伤亡不是由于燃烧产物的毒性效应直接导致的，而是在逃离火场过程中由于刺激和浓烟导致视线模糊，或者由于麻醉性气体导致失去行动能力。所以，被困火场的人员由于烧伤或长时间暴露在高剂量的有毒产物中而导致伤亡。根据英国火灾统计，50% 以上的人员死亡和 30% 以上的人员受伤是有毒烟气或着火时他们睡着了或其他原因被困。火灾中的幸存者也经历了肺部并发症和烧伤，从而导致延迟死亡。

20 世纪 70 年代，研究人员致力于烟气和其他燃烧产物导致火灾风险增加的毒理学方面的研究（Purser，1988），主要包括基本的热分解实验研究、气体分析、生物鉴定、火灾中受害者的病理学实验研究。他们开发了两种模型——质量损失模型和有效剂量比例模型。采用这两种模型时，需要输入的是威胁人员生命的燃烧产物生成速率和导致人员失能或者死亡的耐受极限时间。可以利用计算机程序计算这些值。一个计算机程序是由英国消防研究站开发的 ASKFRS（Chitty 和 Cox，1988），另一个计算机程序是 TENAB，是由美国国家技术和标准研究所消防研究中心研制的 HAZARD 程序的一部分。

8.5　最先燃烧的物质

在过去几年内，由食物中的脂肪引发的火灾事故在英国逐年增加，但是仅有少量人员死亡。除了脂肪外，纺织品、室内装饰品和家具引发火灾的事故排在第二位，占住宅火灾的20%以上，导致死亡人数也很多。这类物品中大部分是床上用品、室内装饰品、垫子和衣服。大部分住宅建筑火灾中先燃烧的物品是电绝缘材料、纸制品或者硬纸板。

上述研究结论差不多是20年前的了。1970年英国火灾统计分析表明，家具和装饰品导致火灾中人员死亡的概率是房间内其他物品引发火灾的2倍（见Chandler和Baldwin，1976）。床上用品和室内装饰品导致的火灾中，约有90%以上是由于吸烟、电热毯、空间加热、儿童行为和人为纵火导致。几乎所有的人都是被烟气或有毒气体熏死在起火房间内，大部分是年轻人或者65岁以上的老人。主要的危险源是坐轮椅和卧床的人员使用了可能引发火灾的点火源，如吸烟或空间加热器，由于睡着了或失去行动能力不能报警，然后被烟气或有毒气体熏死（见Clarke和Ottoson，1976）。研究表明美国住宅建筑火灾中，超过1/4的人员死亡是由于室内装饰品火灾导致的。由于疏忽，掉落在家具上的烟头阴燃是这些火灾的常见原因。

20世纪70年代，家具和装饰品中大量使用现代合成材料，导致家庭火灾中由于烟气而伤亡的人员数量在增加。纤维材料已经被热塑性塑料纤维和聚氨酯泡沫材料所代替。人员伤亡数量的增加和现代材料没有直接的相关性，但是，人们生活方式的变化使得家庭使用更多的家具和装饰材料。家居设计师更追求式样、颜色、耐用性和抗污染性，因此，传统的垫子等饰物已经被合成装饰材料所代替。

毫无疑问，从天然材料到合成材料的变化使得装饰材料具有一定的防火性能。天然材料在较小的点火源，如接触点燃的烟头时更易阴燃。而点火源较小时，合成材料不容易被点燃。合成纤维主要是热塑性塑料，接触火焰时燃烧迅速，织物熔化成易燃性的加密纤维和泡沫。天然纤维，如羊毛和棉花，在燃烧时更易形成含碳的烧焦物，能有效地阻止火灾的蔓延。一系列实验结果（Woolley等，1978）表明：在小的点火源下，现代室内装饰材料更容易被点燃。

8.6　每起火灾中人员死亡率

可以用人员伤亡数量和火灾起数的比值来衡量建筑火灾中人员生命风险。根据英国内政部每年出版的火灾统计数据（数据一般有两年的滞后），计算每年每起火灾人员伤亡率，见表8.4和表8.5所示。由表8.4和表8.5可以看出人员生命风险的总趋势。

由表8.4和表8.5可以看出，火灾中人员伤亡率每年变化不大，实际上，呈现逐年下降的趋势。在美国和日本也有同样的趋势。火灾起数的增加表面上是人员伤亡数量增加的主要因素。虽然英国、美国和日本都有效地采取了灭火和包括消防安全规范的防火策略，但是降低起火频率的防火行动仍需要加强。

根据Hall（1990）引用的数据，1987年美国每起火灾人员死亡率是0.0025，日本是0.0316。除了纵火自杀外，日本每起火灾人员死亡率是0.0185。根据1981～1991年的火灾统计数据，英国每起火灾人员死亡率是 0.0026，有人居住的建筑火灾人员死亡率是 0.0075。在英国，火灾中人员受伤率的平均值是 0.0346，美国有人居住的建筑火灾中人员受伤率是 0.0121，日本有人居住的建筑火灾中人员受伤率是 0.1306。英国火灾中人员伤亡率比美国高，比日本低。存在这种区别的主要原因是火灾中人员伤亡的分类方法和人员伤亡数量的估计方法不同。因此，比较不同国家火灾中人员伤亡率时要谨慎。

表 8.4　每起火灾中人员死亡率

年份	单一用途的住宅建筑			多用途的住宅建筑		
	人员死亡数量	火灾起数	每起火灾中人员死亡率	人员死亡数量	火灾起数	每起火灾中人员死亡率
1978	473	35049	0.0135	251	15830	0.0159
1979	575	38629	0.0149	282	17223	0.0164
1980	533	33886	0.0157	268	15683	0.0171
1981	496	35230	0.0141	279	18274	0.0153
1982	457	34994	0.0131	257	18826	0.0137
1983	432	34667	0.0125	274	20195	0.0136
1984	436	34972	0.0125	250	21020	0.0119
1985	438	36905	0.0119	255	22468	0.0113
1986	462	37313	0.0124	283	22389	0.0126
1987	441	36669	0.0120	267	23286	0.0115
1988	445	36251	0.0123	269	24331	0.0111
1989	394	34947	0.0113	234	25514	0.0092
1990	372	33535	0.0111	246	25328	0.0097
1991	382	33876	0.0113	208	25632	0.0081
总计	6336	496923	0.0128	3623	295999	0.0122

来源：英国火灾统计数据。

表 8.5　每起火灾中人员受伤率

年份	单一用途的住宅建筑			多用途的住宅建筑		
	受伤人员数量	火灾起数	每起火灾中人员受伤率	受伤人员数量	火灾起数	每起火灾中人员受伤率
1978	3503	35049	0.0999	1835	15830	0.1159
1979	3712	38629	0.0961	2265	17223	0.1315
1980	3463	33886	0.1022	2017	15683	0.1286
1981	3755	35230	0.1066	2471	18274	0.1352
1982	3966	34994	0.1133	2605	18826	0.1384
1983	4239	34667	0.1223	2809	20195	0.1391
1984	4546	34972	0.1300	3112	21020	0.1480
1985	4836	36905	0.1310	3506	22468	0.1560
1986	5459	37313	0.1463	3736	22389	0.1669
1987	5362	36669	0.1462	3932	23286	0.1689
1988	5590	36251	0.1542	4399	24331	0.1808
1989	5594	34947	0.1601	4607	25514	0.1806
1990	5233	33535	0.1560	4647	25328	0.1835
1991	5676	33876	0.1676	4976	25632	0.1941
总计	64934	496923	0.1307	46917	295999	0.1585

来源：英国火灾统计数据。

8.7 时间因素

建筑火灾中人员伤亡率会随人员在火场停留时间（t）的增加而增加。假设单位时间，每分钟内人员伤亡率的增加值为常量 λ，利用总的人员伤亡率和平均停留时间之间的关系可以确定参数 λ 值，但是目前没有充足的数据估计人员平均停留时间。

借助英国内政部出版的火灾统计数据，基于火灾中人员伤亡率和发现火灾的延迟时间之间的关系，可以估计任一类型建筑的参数 λ 值。例如，基于 1978~1991 年 14 年间单一用途的住宅建筑和多用途的住宅建筑的火灾起数、人员死亡数量的统计数据，估计的人员死亡率见表 8.6 所示。这些数据参考了 Ramachandran（1993a）发现火灾和人员生命风险之间关系的研究，人员受伤率和人员死亡率的分析思路是一样的。

起火后立即发现火灾时的人员死亡率似乎有点高，因为在 8.3 中讨论过，人员死亡数量最多的部位是起火房间。由表 8.6 可以看出，发现火灾的其他三种情况中，发现火灾时间越早，人员死亡率越低。最后一种情况，起火 30min 后发现火灾的时间范围很宽，在第 7 章 7.6 中，建议此种情况的平均时间为 45min。

基于上述原因，仅考虑起火 5min 内发现火灾和起火 5min 到 30min 之间发现火灾这两种情况，对参数 λ 进行合理的估计。设平均发现火灾时间为 2min 和 17min，这两种情况下人员死亡率的增加值除以 15 就是参数 λ 的值，见表 8.6。基于发现火灾时间的方法类似于 Maclean（1979）评估消防救援部门到场时间和火灾损失关系采用的纵向分析方法。

表 8.6　发现火灾时间和人员死亡率的关系

发现火灾时间和住宅建筑物类型	人员死亡数量	火灾起数	每起火灾的人员死亡率
单一用途的住宅建筑			
起火后立即发现火灾	445	76243	0.005837
起火后 5min 内发现火灾	686	212519	0.003228
起火后 5min 到 30min 内发现火灾	2156	141462	0.015241
起火 30min 后发现火灾	2766	53677	0.051530
总计	6053	483901	0.012509
多用途的住宅建筑			
起火后立即发现火灾	204	27805	0.007337
起火后 5min 内发现火灾	334	123648	0.002701
起火后 5min 到 30min 内发现火灾	1281	110078	0.011637
起火 30min 后发现火灾	1703	28125	0.060551
总计	3522	289656	0.012159

注：单一用途的住宅建筑 $\lambda = 0.000801$，$K = 0.001626$；多用途的住宅建筑 $\lambda = 0.000596$，$K = 0.001509$。
来源：1978~1991 年英国火灾统计数据。

利用估计的 λ 值，得到人员死亡率和发现火灾时间的线性关系，如图 8.1 所示。设发现火灾的时间为 D，则每起火灾人员死亡率为 λD 加上表 8.6 中的常量 K，即直线在纵轴上的截距。其中，参数 K 表示疏散过程中的其他时间对总人员死亡率的影响（Ramachandran，1990），将在下一节中进行讨论。和总时间相比，疏散过程中的其他时间比较短，所以 K 比较小。一般来说，参数 λ 和 K 适用于起火时没有被立即发现（即火灾 $D > 0$）

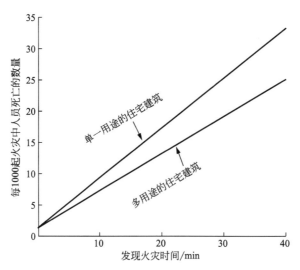

图 8.1   发现火灾时间和人员死亡率的关系（当前的风险等级）

的情况。图 8.1 可以估计发现火灾时间在 40min 内的人员死亡率，当发现火灾时间超过 40min 时，不适合采用外推法估计。

如果人员没有立即发现火灾，自动探测系统快速发现了火灾，则能减少发现火灾的时间，降低人员死亡率。探测器的启动时间受探测器的类型，如温感还是烟感探测、起火位置和烟热发展速率等因素的影响。假设发现火灾的时间平均降低 1min，人员死亡率的降低值是 $(\lambda + K)$。单一用途的住宅建筑，人员死亡率的降低值为 0.0024；多用途的住宅建筑，人员死亡率的降低值为 0.0021（见 Ramachandran，1993a）。在美国，对于单一用途的住宅建筑和多用途的住宅建筑，有探测器时每起火灾的人员死亡率为 0.0043，没有探测器时每起火灾的人员死亡率为 0.0085（Bukowski 等，1987）。

8.8   疏散模型

根据 Ramachandran（1990）的研究，设发现火灾时间为 D，发现火灾时间是火灾发生时人员总疏散时间 H 的主要组成部分，按照时间顺序，这是第一个时间段。第二个时间段 B 是识别时间或者人员行为研究中的聚集时间（Canter，1985）。第三个时间段 E 是运动时间，即人员实际开始运动至到达建筑安全位置，如受保护的楼梯入口或建筑外部的时间。虽然统称为疏散时间 E，但是这段时间实际上是指应急情况下的时间。总的疏散时间是发现火灾时间、识别时间和运动时间三者之和。即 $H = D + B + E$。其中，分量 E 是消防安全法规、规范和标准中明确规定的值。根据总的疏散时间可以设计最大疏散距离、楼梯数量及宽度等逃生设施。

烟气等燃烧产物从起火位置到达火灾对人员造成严重伤害的时间为 F。如果总疏散时间 H 大于 F，则可能造成人员伤亡，人员伤亡的严重程度与 F 有关。人员安全疏散时应满足 $H \leqslant F$，设计疏散逃生设施、烟气控制系统和应急照明系统时应满足这个目标。Marchant（1980）提出了 H 和 F 比值的模型，并被多个作者进行了修正，即在总疏散时

间 H 中增加了几个时间段（见 Sime，1986）。

疏散时间 E 和总时间 H 都受火灾时控制人员行为因素的影响（见 Canter，1985）。在这些因素的影响下，一些人员可能疏散，一些人可能忽视火灾报警，仍然待在房间。发现火灾的人员可能会帮助试图利用手提式灭火器灭火的人员。一些人可能因为他们的身体状况如卧床、心理因素、睡着、醉酒或毒品导致的行动能力降低而被困在房间内。还有一些人在疏散前和疏散过程中都需要帮助，如医院的病人等。

建筑火灾中人员能否成功疏散除了与上述因素有关外，还和他们相对起火点的位置有关，当 $H \leqslant F$ 时，人员安全疏散，否则有人员伤亡。人员伤亡率随着暴露在火灾中、对人员造成严重伤害时间的增加而增加，时间 t 计算如下：

$$t = H - F \tag{8.1}$$

表 8.6 中的参数 λ 是基于发现火灾时间来估计的，它表示建筑火灾中每分钟人员伤亡率的增加值。参数 λ 和稀有事件的发生有关，一般来说，它的值很小。所以，采用指数形式估计参数 p。

$$p = 1 - \exp(-\lambda) \tag{8.2}$$

当 t 小于 F 时，没有导致人员死亡的概率为 $\exp(-\lambda t)$，因此死亡 1 人及以上的概率为：

$$P_d(t) = 1 - \exp(-\lambda t) \tag{8.3}$$

在大部分火灾中 λt 很小，所以可以近似计算 $p(t)$。根据发现火灾时间，利用方程式（8.1）和方程式（8.3），可以计算每起火灾的人员死亡率，如下：

$$\begin{aligned} P_d(t) &= 1 - W\exp(-\lambda D) \\ &= 1 - W(1 - \lambda D) \\ &= K + W\lambda D \end{aligned} \tag{8.4}$$

其中

$$K = 1 - W$$
$$\begin{aligned} W &= \exp[-\lambda(B + E - F)] \\ &= 1 - \lambda(B + E - F) \end{aligned} \tag{8.5}$$

两种类型住宅建筑的参数 K 值见表 8.6。

在图 8.1 中，W 和 λ 合并，因为它们的和为 1。

Ramachandran（1990）认为对于不同时间段，B、E、F 应该有不同的权重，类似于方程式（8.4）和方程式（8.5）：

$$K = \lambda(B + E - F) \tag{8.6}$$

根据方程式（8.6）(Ramachandran，1993a) 可以看出：对于单一用途的住宅建筑，$(B + E - F)$ 的平均值是 2.0min；对于多用途的住宅建筑，$(B + E - F)$ 的平均值是 2.5min。任何类型建筑的 B、E、F 值都和人员相对起火点的位置、人员的移动能力和人员是否决定疏散有关。根据方程式（8.4）和方程式（8.6），设 W 为 1，则近似地有：

$$P_d(t) = \lambda(H - F) \tag{8.7}$$

以多用途住宅建筑为例，如果没有自动探测系统，每起火灾的人员死亡率为 0.0122，见表 8.4 或表 8.6。这个数值符合发现火灾的平均时间 18min，根据方程式（8.1）计算，t 为 20.5min。换句话说，0.0122 是人员暴露在火灾中不可忍受的条件下 20.5min 内的死亡率。所以，方程式（8.6）中（$B+E-F$）的值是 2.5min，计算得知表 8.6 中的 K 为 0.0015。

在多用途的住宅建筑内安装自动探测器，能使火灾的平均探测时间降低 1min，人员死亡率的降低值为 0.0021。此时，$H-F$ 为 3.5min。假设火灾探测时间为 3min，喷淋系统成功启动后能降低火灾的严重程度，即降低火灾和烟气的增长速率，喷淋系统灭火的概率也很高，此时 F 为 4min。上述计算表明：如果多用途的住宅建筑内安装喷淋系统，$B+E-F$ 为 -1.5min，$H-F$ 为 1.5min，人员死亡率大约降为 0.0009（见 Ramachandran，1993a）。安装探测器和喷淋系统能将人员死亡率大约降为零。如果设定探测器和喷淋系统不启动的概率，上述结果可能会有所变化。

由此可见，多用途住宅建筑火灾人员疏散时，如果建筑内只有探测器，人员平均有 17min 的额外时间；如果只有喷淋系统，人员平均有 19min 的额外时间，如果探测器和喷淋系统都安装了，人员平均有 21min 的额外时间。这三种情况表明，建筑设计的疏散时间 E 要超过没有主动消防保护设施时规定的疏散时间 E。例如，在英国，英国标准 BS5588 推荐的办公楼设计疏散时间为 2.5min。

E 值受主动消防保护设施的可靠性和疏散人员的身体状况或心理能力的影响，但是其增加值不能超过可接受的每起火灾的人员死亡率。例如，如果可接受的每起火灾人员死亡率为 0.005，则 $t=(H-F)$ 不能超过 8.4min。如果没有自动火灾探测系统，发现火灾的平均时间 D 小于 5.9min 时才能保证 t 不超过 8.4min，（$B+E-F$）的值是 2.5min。如果有自动探测器，D 值为 1min 时，（$B+E-F$）的值能增加到 7.4min。假定 B 和 F 为常量，则设计的疏散时间 E 能增加 4.9min。所以有探测器的建筑，设计的疏散时间 E 值能增加到 7.4min；没有探测器的建筑，E 值是 2.5min。类似计算表明：如果仅有喷淋系统，设计的疏散时间不超过 9.4min；如果有喷淋和探测系统，则设计的疏散时间为 11.4min。有消防保护系统的建筑，设计的疏散时间的松弛量允许将最大的疏散距离增加到消防安全规范或标准中规定的数值。

利用回归分析方法可以分析人员死亡率和时间 t（$=H-F$），即人员在不可忍受条件下的暴露时间之间的相关性。设变量 t 是正数，不考虑随机变量 H 和 F 标准偏差的不确定性，利用大量数据建立 H 和 F 的概率分布，采用复杂的概率方法（Ramachandran，1993b）可以估计设计的疏散时间。

8.9 多人死亡的火灾

火灾不仅能导致直接损失，如人员伤亡，而且能导致间接损失，如给受害者家庭和全社会带来痛苦和经济损失。火灾导致 1 人死亡的负面后果可能较低，而多人死亡的火灾，负面后果是非常高的（Ramachandran，1988）。一次火灾导致 10 人死亡的负面效应要比一次死亡 1 人的 10 次火灾的负面效应要大。因此，灾难有严重的社会和政治影响。

基于上述原因，有必要分析多人死亡火灾事故的特征及发生率的变化趋势。美国 NF-PA 定期进行这样的研究，研究成果出版在他们的期刊上。根据 Miller 和 Tremblay（1992）的报告，1991 年在美国发生了 52 起多人死亡的火灾事故，导致 342 人死亡。这些火灾中有一半以上发生在住宅建筑内，其他的 25 起火灾包括 15 起非住宅建筑火灾，9

起车辆火灾和 1 起山火。约有 160 人死于住宅建筑中，几乎占总死亡人数的一半以上，92 人死于非住宅建筑火灾，90 人死于其他火灾。

上述研究和早期的 NFPA 报告显示，遵守 NFPA 规范、标准及基本的消防安全准则，能防止灾难性悲剧的发生。在多人死亡的火灾中，主要因素包括烟感探测器和喷淋系统不启动，延误了向消防救援部门报警的时间，安全出口被堵或者上锁。其他因素包括社会经济因素，如贫困和无家可归、集中供暖系统不发挥作用或不能正常运行、违反电气规范、缺乏疏散预案等。

在英国，消防协会出版的消防期刊上也偶尔有多人死亡火灾的案例研究。Chandler（1969）曾对多人死亡火灾事故的特征进行了详细分析。报告显示：在 1960～1966 年，多人死亡火灾事故中的 3/4 发生在住宅建筑内，大部分火灾发生在住宅而不是公寓内。大部分火灾发生在多用途的住宅建筑内，暴露在火灾中的人员比单一用途住宅建筑内的人员多。在其他用途的建筑中，商店火灾死亡 10 人，工业建筑上面的俱乐部火灾死亡 19 人，自助洗衣店上面的住宅火灾死亡 5 人。在室外的多人死亡火灾事故中，大约有 1/3 发生在车辆内，1/4 发生在小型面包车内。大约有 2/3 的多人死亡火灾事故发生在冬季的几个月内。

根据 Chandler（1969）的研究，导致多人死亡火灾发生的主要原因是烟蒂、油类加热器、儿童玩火和车辆相撞。家居用品和家具是最先被点燃的主要物品。与导致人员死亡的总火灾事故相比，在多人死亡的火灾事故中，幼儿死亡的比例更高，老年人死亡的比例较低。在导致人员生命损失较大的火灾中，约有 21% 的火灾在起火房间内，11% 的火灾超出起火建筑蔓延。Chandler 提出的在多用途的住宅建筑楼梯口处安装自动关闭门、改善住房的条件是降低多人死亡火灾频率的主要措施。

英国内政部每年都会出版火灾统计手册，手册中将火灾中人员死亡的数量分为四类：死亡 1 人、死亡 2～4 人、死亡 5～9 人和死亡 10 人及以上。根据 1991 年统计数据，在 1981～1991 年的 11 年间，死亡 10 人及以上的火灾有 5 起，包括 1981 年的德特福德建筑火灾导致 13 人死亡，1984 年的阿贝斯特德（Abbeystead）自来水厂火灾导致 16 人死亡，1985 年的曼彻斯特机场火灾导致 55 人死亡，1985 年的布拉德福德城市足球场火灾导致 56 人死亡，1987 年的英国国王十字地铁站火灾导致 31 人死亡。

英国内政部每年的出版物也根据火灾中人员死亡数量对火灾进行分类，主要分为无人死亡、1 人死亡、2 人死亡、3 人死亡、4 人死亡、5 人及以上死亡。1978～1991 年单一用途和多用途的住宅建筑火灾中人员死亡数量见表 8.7。适用于随机变量为整数值的离散分布，可以用来估计造成特定数量人员死亡的火灾发生概率。统计学中广泛应用的柏松分布可以对发生的稀有事件建模。采用其扩展形式（Beard 等，1969）：

$$p(x,t) = \exp(-\lambda t)(\lambda t)x/x! \tag{8.8}$$

其中

$$x! = x(x-1)(x-2)\cdots\cdots 2 \times 1$$

$p(x,t)$ 是暴露在燃烧产物 t min 内导致 x 人死亡的概率。参数 λ 详见表 8.7，即 1min 内人员死亡率或死亡 1 人及以上的概率，近似为方程式（8.2）中定义的指数函数。$p(0,t) = \exp(-\lambda t)$，是 t min 内没有人员死亡的概率，$1-p(0,t)$ 是方程式（8.3）中定义的 t min 内导致 1 人或 1 人以上死亡的概率。

表 8.7　人员死亡数量的频率分布

人员死亡数量	单一用途的住宅建筑		多用途的住宅建筑	
	火灾起数	火灾起数的百分比/%	火灾起数	火灾起数的百分比/%
0	491532	98.9151	292747	98.9014
1 人	4794	0.9648	3002	1.0142
2 人	421	0.0847	194	0.0655
3 人	110	0.0221	40	0.0135
4 人	45	0.0091	10	0.0034
5 人及以上	21	0.0042	6	0.0020
总计	496923	100.0000	295999	100.0000

注：单一用途的住宅建筑，每起火灾中人员死亡数量的平均值 $\lambda\bar{t}$ 为 0.012705，$\lambda=0.000801$，$\bar{t}=15.9$min。多用途的住宅建筑，每起火灾中人员死亡数量的平均值 $\lambda\bar{t}$ 为 0.012153，$\lambda=0.000596$，$\bar{t}=20.4$min。

来源：1978～1991 年英国火灾数据。

对于所有的火灾事故，变量 t 的平均值为 $\bar{t}$。根据柏松分布的特征，基于每起火灾中人员死亡数量的平均值和表 8.7 中频率分布就可以估计 $\lambda\bar{t}$。假设死亡 5 人或以上的情况，设死亡 8 人，对于单一用途的住宅建筑，$\lambda\bar{t}$ 大约为 0.0127；对于多用途的住宅，$\lambda\bar{t}$ 大约为 0.0122。根据表 8.6 中 λ 值，计算单一用途住宅建筑的 $\bar{t}$ 值为 15.9min，多用途住宅建筑的 $\bar{t}$ 值为 20.4min。表 8.7 中的数据包括突然暴露在危险条件下导致人员立即死亡的火灾场景。

对于多用途的住宅建筑，假设死亡 5 人或者 5 人以上的情况，设平均有 15 人死亡，$\lambda\bar{t}$ 变化不大，$\lambda\bar{t}$ 为 0.0123，计算得知 $\bar{t}$ 为 20.6min。考虑到人员死亡最大数量的平均值，必要时要修正 $\lambda\bar{t}$ 和 $\bar{t}$ 的值。人员死亡数量的最大值取决于建筑内人员数量的平均值 $\overline{N}$，利用表 8.7 中的数据估计 $\lambda\bar{t}$。如果通过实验和科学调查获得了 $\bar{t}$ 值，则要根据 $\overline{N}$ 来调整 λ。

每起火灾中人员死亡数量的平均值 $\lambda\bar{t}$ 是死亡总人数和火灾总数的比值，这个参数类似于表 8.6 中每起火灾中总人员死亡率。表 8.6 和表 8.7 中的总人员死亡率略有不同，因为表 8.6 不包括无法得知发现火灾时间的那些火灾。

在方程式（8.8）中，尽管 λ 和 t 是 x 的函数，但是假设它们都是常量。人员死亡数量会随着人员在火灾中暴露时间的增加而增加，因此，t 随 x 增加。如果考虑 λ 和 t 的变化，修正方程式（8.8），这是一个复杂的泊松分布模型，其应用超出了本书的范围。所以，方程式（8.8）的简单模型可以用于解决 λ 和 t 都是常量的实际问题。

如果 t min 内有一群人暴露在威胁人员生命的火灾中，利用方程式（8.9），估计导致 r 人或 r 人以上死亡的概率，计算方程式为：

$$q_r(x,t)=1-p_r(x,t) \tag{8.9}$$

其中

$$p_r(x,t)=\sum_{x=0}^{r-1}p(x,t)$$

正如人们所预料的，$q_r(x,t)$ 会随暴露时间 t 的增加而增加。例如，在多用途的住宅建筑内，暴露 30min 导致 2 人或 2 人以上死亡的概率为 0.00020，暴露 50min 和 60min 时导致 2 人或 2 人以上死亡的概率分别为 0.00044 和 0.00060。

在对较大型建筑进行消防安全设计时，可根据火灾导致多人死亡的风险值，如可接受的导致 2 人或 2 人以上死亡的概率 $q_r(x,t)$ 来确定 t 值。反过来，t 的设计值可用于确定疏散时间 E 的设计值。受 t 值的限制，疏散时间 E 可以根据建筑内是否有喷淋系统、探测器和烟气控制系统等消防保护措施来进行相应地调整。

在统计学中，$q_r(x,t)$是残差或尾部函数，即累积分布函数 $p_r(x,t)$ 的补集。Rasmussen（1975）使用了这个函数，后来被 Fryer 和 Griffiths（1979）称为 $f(N)$ 曲线，用于人为危险源导致多人死亡和美国压水堆导致人员死亡之间的比较。图 8.2 中的数据在定量风险评估领域被广泛引用。在调查不同类型危险源的风险时，几个作者提出了 $f(N)$ 的关系式。Rasbash（1984）定义了不同建筑火灾风险的目标概率（见表 2.7）。

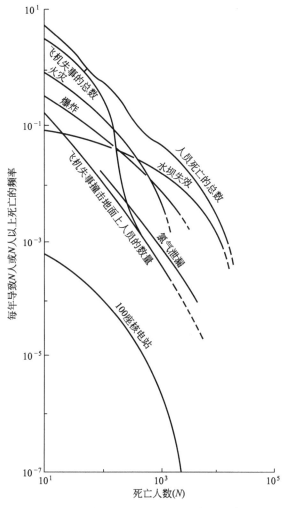

图 8.2 美国人为原因导致的事件频率

8.10 人员生命风险的其他度量方法

表 8.6 和表 8.7 用单一用途和多用途住宅建筑火灾中总的人员死亡率表示目前人员生命风险的等级，这些数值表示建筑发生火灾导致 1 人或 1 人以上死亡的概率。如果这个概率值乘以建筑每年起火概率，就是每年导致人员死亡的概率。建筑年均起火概率在第 7 章已经详细讨论，起火概率与建筑类型和面积有关，详见表 7.2。

影响火灾中人员生命风险的另一个因素是建筑内人员的数量（N）。对于大型建筑，以中人员死亡率度量人员生命风险。对于任一类型的建筑，每起火灾中人员死亡率除以建筑内的平均人数($\overline{N}$)就可以估计这个参数。可以采用问卷调查法获得建筑内的平均人数($\overline{N}$)。每年每起火灾人均死亡率可以表示为年均人员死亡率乘以年均起火概率。

致死事故发生率（FAFR）是另一个衡量生命风险的指标，通常用累计 1 亿小时的工作或活动中发生的死亡人数来表示。可以计算不同类型的工业建筑，如核电站和化工厂和非工业活动如乘坐汽车、火车或飞机旅行、乘独木舟和攀岩运动的 FAFR。例如，化学工业的 FAFR 是 4。在此基础上认为化工厂人员进行某项活动时 1 亿小时死亡率不会超过化学工业总 FAFR 的 10%，即 0.4（Kletz，1976）。

在 7.8 节中，North（1973）计算了英国不同类型建筑火灾的 FAFR。这些值是根据 1967～1969 年的数据估计的，那几年人员死亡数量很少，估计值的置信区间很宽。住宅建筑火灾的 FAFR 是 0.19，旅馆火灾 1 亿小时死亡率是 3.6。由于在 1967～1969 年发生了一些严重的旅馆火灾事故，导致很多人员死亡，因此旅馆火灾中 1 亿小时死亡率比较高。

美国的一份报告（Balanoff，1976）显示，可以用火场上或灭火时牺牲的消防员数量来估计 FAFR 值。该报告显示每年每十万消防员中有 86 人死亡，估计 FAFR 值为 42。这

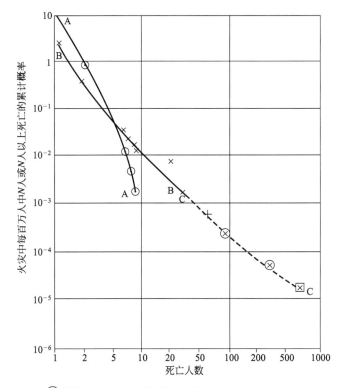

A ⊙ 英国1963～1973年D类（住宅建筑）火灾

B ✕ 英国1963～1973年D类（非住宅建筑）火灾

C ＋ 不列颠群岛1949～1978年最大火灾

C ⊗ 富裕国家1949～1978年4起最大的火灾（除日本外）

C ⊠ 可疑点，1879～1978年富裕国家和平时期最大的火灾

图 8.3　火灾中每百万人中 N 人或 N 人以上死亡的累计概率和死亡人数 N 之间的关系图

些死亡人数中，一半是由于心脏衰竭，10％是由于建筑倒塌、烧伤和烟气窒息。假设消防员实际的灭火时间占 5％，则灭火活动的 FAFR 值大约为 800 （Rasbash，1978）。实际上，消防员在从事高风险的灭火行动中，仅有一小部分时间要忍受极高的风险。

衡量人员生命风险的另一种方法是实际火灾事故记录和经历火灾人数之间的关系。该方法表示的安全等级并非偶然，而是一个社会环境和技术发展及多年来立法和管理过程相互作用的连续的过程。图 8.3 （Rasbash，1984）就是这种方法的实例，是和平时期人们日常生活中发生的多人死亡和灾难性火灾事故安全的度量方法。

图 8.3 中的数据不包括消防救援部门没有到场的火灾，尤其是矿井火灾和海上船舶火灾。利用西欧、北美洲和澳大利亚等国家或地区的信息，外推英国死亡 100 人甚至 1000 人的概率。利用已有趋势进行简单的外推是合理的。

8.11　美国的评估方法

美国最近研发了燃烧产物的变化对人员生命风险影响的火灾风险评估方法 （见 Bukowski 等，1990）。该方法可以计算每个火灾场景预期的火灾严重性（每起火灾导致人员死亡的数量）和起火概率。简单地说，火灾风险是起火概率和火灾后果（火灾中死亡人数）的度量，即预测燃烧产物的可燃性、热释放速率、毒性等燃烧特性的变化如何影响建筑内人员生命风险的。

上述提到的火灾风险评估方法是由美国国家标准技术研究所消防研究中心开发的 HAZARD1 计算机程序，该程序将基于火灾事故数据库估计的起火概率和火灾的后果或严重性结合起来计算火灾风险。利用基于已知的火灾物理定律的模拟模型、人员在火灾中的行为信息和热量及烟气对人员的效应，来估计特定火灾的严重性。该方法为构建包括所有可能的火灾场景提供了一个组织框架。

一个火灾场景详细描述了起火建筑、起火物品、起火时建筑内人员等信息。国家火灾事故数据有关于起火建筑、起火房间、房间内易燃的物品、点火源（火焰或者阴燃）、火灾蔓延程度、影响火灾蔓延的因素和死亡人员相对火灾的位置等信息，也有建筑特性，如数量、类型、房间和各层的布局、房间的大小、开口的面积等信息。

图 8.4 是火灾风险评估的流程图。可能的火灾场景包括一系列定义好的场景，所以，每个火灾场景都要利用图 8.4 中的流程。利用建筑内人员数量来估计选择的场景中每起火灾的人员死亡数量。利用火灾场景概率和总的火灾起数估计该场景的火灾起数。结合该场景火灾起数和每起火灾中的人员死亡数量，就可以获得该场景的人员死亡数量。所有火灾场景的和就是估计的火灾风险。

火灾风险评估流程需要运行两次。第一次计算得到的是火灾风险的基准值，即多种可燃物的平均特性或加权值。第二次计算得到的是燃烧产物热释放速率的峰值及相对可燃性等特性描述的火灾风险值。比较两次计算结果，衡量新产品的变化对火灾风险的影响。利用住宅内软垫家具、办公楼内的地毯、旅馆内隐藏的可燃物和饭店的内部装修四个案例证实了上述过程。

以住宅内软垫家具火灾案例研究（July，1990）为例，该方法的输出包括火灾中人员死亡率的一系列表格，如年龄或性别、火灾发生时间、建筑类型和起火房间等。不同火灾场景有共同的特征，例如，首先燃烧的是家用软垫家具、除了烟头外的点火源、在低矮平

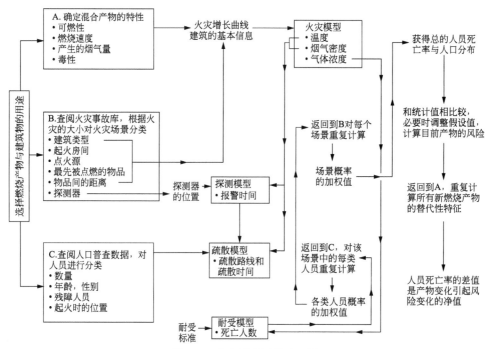

图 8.4　火灾风险评估流程图

房的客厅内起火、卧室门开着时火灾蔓延出客厅。表 8.8 是研究报告中的一个例子，显示了白天、傍晚和晚上，有烟感探测器或没有烟感探测器时，每 100 起火灾预期的人员死亡数量，导致该结果的主要原因是热对流。每 100 起火灾预期的人员死亡数量为 0 时的其他两个原因是缺氧和烟气的毒性（浓度和时间的乘积）。表 8.8 是根据建筑类型对每起火灾中死亡人员进行了分类，估计的人员死亡总数是 155 人。对于基准案例——客厅和卧室火灾，考虑的几个场景中人员死亡总数是 624 人。

表 8.8　美国住宅建筑内软垫家具火灾风险模型输出——每 100 起火灾中人员死亡数量

项目	有烟感探测器			没有烟感探测器		
	白天	傍晚	晚上	白天	傍晚	晚上
所有原因	2.73	1.50	1.00	2.73	1.50	29.74
原因						
氧气[1]	0.00	0.00	0.00	0.00	0.00	0.00
时间和浓度的乘积 CT[2]	0.00	0.00	0.00	0.00	0.00	0.00
热对流	2.73	1.50	1.00	2.73	1.50	29.74
人员						
成年人	0.13	0.17	0.00	0.13	0.17	0.19
老人	0.00	0.00	0.00	0.00	0.00	0.00
12～18 岁的人员	0.00	0.00	0.00	0.00	0.00	0.00
3～12 岁的孩子	0.00	0.00	0.00	0.00	0.00	0.00
0～3 岁的儿童	0.13	0.17	0.01	0.13	0.17	28.18
受伤的人	2.47	1.16	0.99	2.47	1.16	1.08
醉酒的人	0.00	0.00	0.00	0.00	0.00	0.00

① 缺氧。

② 时间和浓度的乘积。

选择某案例进行研究，测试结果对假设条件变化的敏感性。主要包括三个输入——人员、火灾模型和建筑面积或体积。人员变量是假设通过窗户逃生、被建筑外面的人员救出、晚上意识到有烟气、晚上醉酒人的位置。火灾模型变量包括家用软垫家具阴燃时间内火灾蔓延的程度、轰燃时打开起火房间窗户和有氧气进入。

选择的新软垫家具和上述讨论的基准火灾特性一样，但是新产品使用的材料产生烟气的毒性比基准案例中的毒性增加 10 倍，导致火灾中死亡人员从 624 人增加到 909 人，增加了 46%。其中，阴燃火灾场景中增加的死亡人员占 3/4，有焰燃烧占 1/4。对于基准案例中，人员死亡的主要原因是热对流，而新产品火灾中，毒害性是 96% 人员死亡的主要因素。

符号说明

B	识别时间；人员聚集时间
D	发现火灾的时间
E	人员开始移动至到达建筑内安全位置的时间
F	燃烧产物从起火位置到达火灾对人员造成严重伤害的时间
FAFR	致死事故发生率
H	$=D+B+E$
K	$=1-W$
N	人员数量
p	$=1-\exp(-\lambda)\approx\lambda$
$P_d(t)$	t min 内死亡 1 人或 1 人以上的概率，$p=1-\exp(-\lambda t)\approx\lambda t$
$p(x,t)$	暴露在燃烧产物中 t min 内导致 x 人死亡的概率
$p_r(x,t)$	x 从 0 到 $r-1$ 时，扩展的泊松分布的累计概率，即 $=1-\exp(-\lambda t)\approx\lambda t$
$q_r(x,t)$	死亡 r 人或 r 人以上的概率 $=1-p_r(x,t)$
r	方程式 $p_r(x,t)$ 和 $q_r(x,t)$ 中人员死亡数量
t	不可忍受的时间 $=H-F$
W	$=\exp[-\lambda(B+E-F)]\approx1-\lambda(B+E-F)$
x	方程式 $p(x,t)$ 中人员死亡数量
λ	单位时间人员死亡率的增加值

参考文献

Balanoff, T (1976). *Fire Fighter Mortality Report*, International Association of Firefighters, Washington, DC.

Beard, R E, Pentikainen, T and Pesonen, E (1969). Risk theory. *Methuen's Monographs on Applied Probability and Statistics*, Mehuen & Co Ltd, London.

Berl, W G and Halpin, B M (1976). Fire related fatalities. *An Analysis of their Demography, Physical Origins and Medical Causes*, Fire Standards and Safety ASTM STP 614, A F Robertson (Ed.), American Society for Testing and Materials, Philadelphia, pp. 26–54.

Bowes, P C (1974). *Annals of Occupational Hygiene*, **17**, 143.

Bukowski, R W *et al* (1987). Hazard 1 Vol 1, *Fire Hazard Assessment Method*, National Bureau of Standards, Centre for Fire Research Report NBSIR 87–3602, p. 96.

Bukowski, R W et al (1990). *Fire Risk Assessment Method: Description of Methodology*, National Fire Protection Research Foundation, Quincy, MA, USA.

Canter, D (1985). *Studies of Human Behavior in Fire: Empirical Results and their Implications for Education and Design*, Building Research Establishment Report, Fire Research Station, UK.

Chandler, S E (1969). *Multiple Death Fires*, Fire Research Technical Paper No 22, Ministry of Technology and Fire Offices' Committee, Joint Fire Research Organization, UK.

Chandler, S E (1971). *Deaths in Fires Attended by Fire Brigades, 1969*, Fire Research Technical Paper No 26, Ministry of Technology and Fire Offices' Committee, Joint Fire Research Organization, UK.

Chandler, S E (1972). *Deaths in Fires Attended by Fire Brigades, 1970*, Fire Research Technical Paper No 28, Ministry of Technology and Fire Offices' Committee, Joint Fire Research Organization, UK.

Chandler, S E (1979). *The Incidence of Residential Fires in London – The Effect of Housing and Other Social Factors*, Information Paper IP 20/79, Building Research Establishment, Fire Research Station, UK.

Chandler, S E and Baldwin, R (1976). Furniture and furnishings in the home – some fire statistics. *Fire and Materials*, **7**, 76.

Chitty, R and Cox, G (1988). *ASKFRS: An Interactive Computer Program for Conducting Fire Engineering Applications*, Fire Research Station, UK.

Clarke, F B and Ottoson, J (1976). Fire death scenarios and fire safety planning. *Fire Journal*, **70**(3), 20–22, 117–118.

Fahy, R (1986). Fatal Fires and Unsupervised Children *Fire Journal*, 19–24.

Fryer, L S and Griffiths, R F (1979). *United Kingdom Atomic Energy Authority*, Safety and Reliability Directorate, SRD R 149.

Hall, J R (1990). Fire in the U.S.A. and Japan, *International Fire comparison Report 1*, National Fire Protection Association, Quincy, MA, USA.

Harland, W A and Woolley, W D (1979). *Fire Fatality Study*, University of Glasgow, Building Research Establishment Information Paper IP 18/79, Fire Research Station, UK.

Harmathy, T Z and Mehaffey, J R (1985). *Design of buildings for Prescribed Levels of Structural Fire Safety: Fire Safety Science and Engineering*, ASTM STP 882, T Z Harmathy (Ed.), American Society for Testing and Materials, Philadelphia, pp. 160–175.

Karter, M J (1986). Patterns of fire deaths among the elderly and children in the home. *Fire Journal*, **March–April**, 19–25.

Kletz, T A (1976). *The Application of Hazard Analysis to Risks to the Public at Large. World Congress of Chemical Engineering*, Session A5, Amsterdam, July 1976.

Maclean, A D (1979). *Fire Losses – Towards a Loss – Attendance Relationship*, Fire Research Report No 17/79, Home Office Scientific Advisory Branch, UK.

Marchant, E W (1980). *Modelling Fire Safety and Risk. Fires and Human behaviour*, D Canter (Ed.), John Wiley & Sons, pp. 293–314.

Miller, A L and Tremblay, K J (1992). 342 die in catastrophic fires in 1991. *NFPA Journal*, 63–73.

North, M A (1973). *The Estimated Fire Risk of Various Occupancies*, Fire Research Note No 989, Fire Research Station, UK.

Purser, D A (1988). Toxicity assessment of combustion products. *SFPE Handbook of Fire Protection Engineering*, National Fire Protection Association, Quincy, MA, USA, Section 1, Chapter 14, pp. 200–245.

Ramachandran, G (1988). Utility theory. *SFPE Handbook of Fire Protection Engineering*, National Fire Protection Association, Quincy, MA, USA, Section 4, Chapter 8, pp. 64–73.

Ramachandran, G (1990). Probability-based fire safety code. *Journal of Fire Protection Engineering*, **2**(3), 75–91.

Ramachandran, G (1993a). Early detection of fire and life risk. *Fire Engineers Journal*, **53**(171), 33–37.

Ramachandran, G (1993b). Probabilistic evaluation of design evacuation time. *Proceedings of the CIB W14 International Symposium on Fire Safety Engineering*, University of Ulster, Northern Ireland, Part 1, pp. 189–207.

Rasbash, D J (1978). *Statement of the Fire Problem and Formulation of Objectives for Fire Safety*, Lecture at University of Edinburgh, Department of Fire Safety Engineering.

Rasbash, D J (1984). Criteria for acceptability for use with quantitative approaches to fire safety. *Fire Safety Journal*, **8**, 141–158.

Rasmussen, N C (1975). *An Assessment of Accident Risks in US Commercial Power Plants*, WASH 1400.

Sekizawa, A (1988). *Comparison Analysis on the Characteristics of Residential Fires Between the United States and Japan, Summaries of Technical Papers of Annual Meeting*, Architectural Institute of Japan.

Sekizawa, A (1991). Statistical analyses on fatalities. Characteristics of residential fires. *Fire Safety Science – Proceedings of the Third International Symposium*, Elsevier Applied Science, London and New York, pp. 475–484.

Sime, J D (1986). Perceived time available: the margin of safety in fires, *Fire Safety Science: Proceedings of the First International symposium*, Hemisphere Publishing Corporation, New York, pp. 561–570.

Woolley, W D, Ames, S A, Pitt, A I and Buckland, K (1978). *The Ignition and Burning Characteristics of Fabric Covered Foams*, Building Research Establishment, Current Paper CP30/78, Fire Research Station, UK.

9 财产损失

9.1 引言

像 7.2 节中定义的一样，建筑火灾风险是起火概率和起火后可能损失的乘积。第 8 章讨论了人员生命损失，本章主要讨论建筑及其内部的直接财产损失。火灾也能导致间接损失（见 Ramachandran，1995）。根据火灾的烧损面积、火灾在空间上的蔓延程度、燃烧时间或经济损失可以估计直接损失。这四个随机变量的期望值和它们之间的相互关系可以用 7.4～7.6 节中的统计模型进行估计。确定烧损面积或经济损失的随机变量符合某种概率分布，概率分布的性质及其在消防领域的应用将在下一节讨论。

把建筑起火后造成的年均损失看成是观测样本，这些样本有"母体"分布，火灾损失较大值在该分布的尾部。利用在实际工程中有广泛应用的极值分布（见 9.3 节），可以研究一段时期内样本的尾部分布情况。如果没有较小火灾损失的数据，可以利用较大损失的数据，采用极值模型估计某类建筑火灾的平均损失。

把经济损失或烧损面积作为因变量，利用多元回归分析方法（见 9.4 节），可以同时评估几个自变量及这几个自变量之间的相互影响。也可以把超出某一损失的概率或火灾蔓延出起火房间的概率值作为因变量，此时要对概率进行对数转化，使其满足某种统计假设。

9.2 概率分布

建筑火灾蔓延受许多因素的影响，所以，火灾损失是具有某种概率分布的随机变量，这种分布是火灾损失达到某种程度的可能性。概率分布的形式是建筑火灾风险评估和防火要求的核心。

设火灾的经济损失值是 x，其概率分布的性质详见参考文献（Ramachandran，1974，1975a and Shpilberg，1974）以及其他作者的研究成果。根据这些研究，火灾损失是非正态或不均匀分布的。一般来说，需要对变量 x 进行对数转换，$z = \lg x$。火灾损失对数的概率符合指数型分布。Gumbel（1958）将随机变量在尾部的渐近行为定义为指数型分布，包括指数、正态、对数正态、卡方、伽马分布和 logistic 分布。

在指数型分布中，z 的正态分布和 x 的对数正态分布都被广泛用于火灾保险理赔的建模之中。假设图 9.1 是 z（以 10 为底的火灾损失的对数）的正态分布，密度函数为

$f(z)$。x 的密度函数是 $f(\lg x)/x$。这个密度函数也称为频率分布，用于估计观测样本在 z_p 和 z_q 之间的相对频率。该频率是阴影部分的面积占频率曲线和 x 轴面积的比例。相对频率是火灾损失在 z_p 和 z_q 之间的对数的概率。

图 9.2 是火灾损失 z 的累积分布曲线。图 9.1 中密度函数 $f(z)$ 是函数 $F(z)$ 的导数。小于或等于 z 的火灾损失对数的概率是 $F(z)$，这也是损失概率小于或等于 x 的概率。残余函数 $\phi(z)=1-F(z)$ 表示超出火灾损失 z 的对数或超出损失 x 的概率。

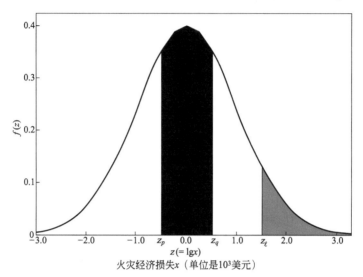

图 9.1 火灾经济损失的密度函数 $f(z)$ 曲线

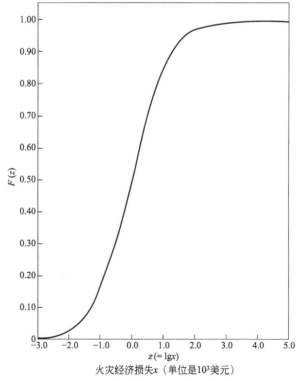

图 9.2 火灾经济损失的累积分布 $F(z)$ 曲线

消防安全评估
Evaluation of Fire Safety

有些精算师在确定火灾保险索赔数额时也使用 z 的指数分布或者 x 的帕累托分布。该分布理论上认为火灾损失是随机过程的结果（见15.7节）。对于指数分布：

$$F(z)=1-\exp(-hz);\phi(z)=\exp(-hz);z\geqslant0$$
$$f(z)=h\exp(-hz)$$

其中，$\lg\phi(z)$ 和 z 呈现线性关系。当 $z=\lg x$ 时，x 的帕累托分布函数如下：

$$V(x)=1-x^{-h},x\geqslant1$$

其导数

$$v(x)=hx^{-h-1}$$

是密度函数。

对于指数分布，失效率为：

$$h=f(z)/[1-F(z)]=f(z)/\phi(z)$$

失效率是一个常量，与 z 无关。实际上可以把 h 看成是 z 的函数，类似于浴缸曲线（见15.7和Ramachandran，1975a）。

如果火灾处于增长的初始阶段，经济损失可以忽略，h 是火灾损失较大值的递增函数。如果线性增加，则

$$\phi(z)=\exp\left[-(c_1z+c_2z^2)\right] \qquad c_2>0$$

其中，c_1 和 c_2 都是常量。这时，火灾损失值 x 的尾部概率为：

$$\phi(x)=x^{-(c_1+c_2\lg x)} \qquad x\geqslant1 \tag{9.1}$$

利用方程式（9.1）对图9.3中英国火灾损失数据进行分析，结果表明该分布比 $c_2=0$ 时的帕累托分布更精确（Ramachandran，1967）。假设 h 指数增长，则 x 是韦伯分布中的一种形式（Ramachandran，1974，1975a）。

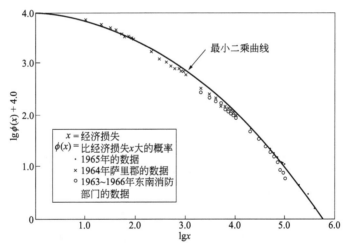

图9.3　有消防部门参与灭火时的火灾损失频率的分布函数

如果已知火灾经济损失的数据，可以利用标准的统计方法或者图表法表示概率分布，从而拟合数据。但是，大多数国家一般只有大规模火灾的数据，例如英国定义经济损失为50000英镑或50000英镑以上火灾的为大火。1973年以前大火的限值是10000英镑，因为多年来通货膨胀和保险公司将大火的数量控制在一定范围，经济损失值逐渐增加了，这也

促进了极值统计模型的发展。

　　利用英国不同规模的火灾数据建立了烧损面积的概率分布。小于或者等于烧损面积 d 的概率符合累积分布函数 $G(d)$，超过 d 的概率为 $1-G(d)$。基于英国消防部门纺织工业有喷淋系统和没有喷淋系统的建筑火灾数据，d 和 $1-G(d)$ 之间的关系见图 9.4（Ramachandran，1988a）。和统计研究一样，烧损面积的对数和经济损失的对数一样，是个随机变量，符合对数正态概率分布。不同类型的建筑，分布的参数不同；建筑消防保护措施的有效性不同，分布的参数也不同。

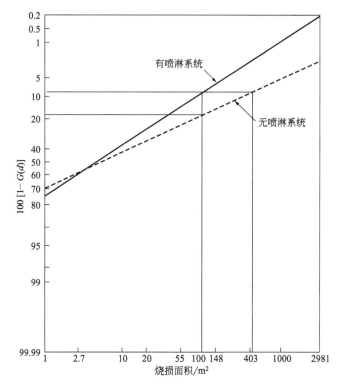

图 9.4　英国纺织工业火灾烧损面积的概率分布
$G(d)$—小于或等于火灾烧损面积 d 的概率
$1-G(d)$—超过火灾烧损面积 d 的概率

　　除去烧损面积小于 $1m^2$ 的火灾，采用适当的方法校正样本，使用对数正态分布对图 9.4 中的数据进行拟合。对于有喷淋系统的建筑，当烧损面积大于或者等于 $1m^2$ 时，烧损面积自然对数的均值 μ_{zd} 是 0.02，标准方差 σ_{zd} 是 2.46；没有喷淋系统的建筑，烧损面积自然对数的均值 μ_{zd} 是 0.75，标准方差 σ_{zd} 是 2.87。

　　根据统计理论，大于或者等于 $1m^2$ 时，预期烧损面积的均值计算如下：

$$\exp\left[\mu_{zd}+(\sigma^2_{zd/2})\right]\frac{1-H(h_0-\sigma_{zd})}{1-H(h_0)} \tag{9.2}$$

其中

$$h_0=-(\mu_{zd}/\sigma_{zd})$$

$H(h)$ 是标准正态变量 $h=(z_d-\mu_{zd})/\sigma_{zd}$ 的累积分布函数，而 z_d 是烧损面积的对数。

　　利用式（9.2），计算得到有喷淋系统的建筑的平均烧损面积为 $42m^2$，没有喷淋系的建筑的平均烧损面积为 $217m^2$。根据烧损面积和每平方米经济损失值，可以估计经济损失（Ramachandran，1988a）。

由图 9.4 可知，当火灾中产生的热量不能启动喷淋系统时，初始烧损面积为 $3m^2$。很显然，当烧损面积大于 $3m^2$ 时，喷淋系统成功启动，不仅能降低预期的平均损失，而且能降低损失概率。保险公司根据这些数据确定安装了喷淋系统的建筑火灾保费的折扣。

根据图 9.4，如果没有喷淋系统，烧损面积超过 $100m^2$ 的概率是 0.18；如果起火时喷淋启动，烧损面积超过 $100m^2$ 的概率是 0.08。所以，有喷淋系统的建筑业主可以选择免赔额相当于烧损面积 $100m^2$ 的等级。除了喷淋系统能降低火灾保费外，建筑业主能将保费降低到可免赔偿的等级。图 9.4 中的数据也能帮助保险公司计算有喷淋或没有喷淋的建筑在不同免赔偿等级下风险溢价的降低值。风险溢价会随免赔偿额度的增加而降低。计算建筑火灾保费时，保险公司通常将两种类型的附加费率加到风险溢价中，一种是安全附加费率，另一种是保险人的营业成本，包括收益利润、纳税和其他企业管理费用。Ramachandran（1994）开发了用于计算免赔额折扣和有消防保护措施的工业建筑火灾保险的统计技术。

根据消防安全规范，如果可接受的火灾烧损面积为 $100m^2$，有喷淋系统的建筑可以增加防火分区的面积或者降低防火分区的耐火性。如果可接受的概率为 0.08，没有喷淋系统时火灾烧损面积为 $500m^2$，有喷淋系统时火灾烧损面积为 $100m^2$。图 9.4 也适用于不同面积的防火分区，从概率上讲，防火分区内的烧损面积占建筑预期烧损面积的绝大部分。火灾超出防火分区向外蔓延的概率非常小。

烧损面积的帕累托分布如图 9.5 所示。和图 9.4 一样，它描述了残余函数 $1-G(d)$ 的对数和损失 d 的对数之间的关系。如果 d 符合方程式（9.1）中的帕累托分布，则

$$1-G(d)=d^{-W}, d \geqslant 1 \qquad (9.3)$$

采用 15.4 节中随机行走模型推导方程式（9.3），详细见 15.7 节。

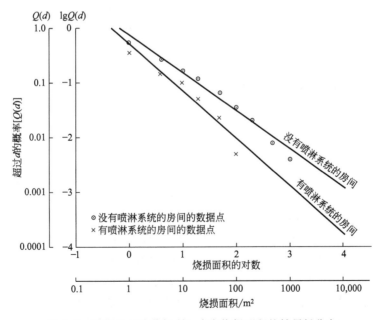

图 9.5 零售业（公共场所）火灾烧损面积的帕累托分布

9.3 极值理论

9.3.1 简介

根据极值理论，经济损失或烧损面积的概率分布是初始分布或母体分布。较大损失落在母体分布尾部，如图 9.1 所示。设分布最右侧 z_1 的阴影部分表示阈值。一般来说，经济损失数据只有超过阈值的、大火灾的数据，这些数据仅是总火灾起数的一小部分，所以，不能利用标准统计方法来分析火灾损失。Ramachandran 在一系列论文中提出的极值理论可以更好地利用火灾损失较大的数据，详见 Ramachandran（1982a，1988b）。

利用渐近论时，一段时间内火灾的起数 n 可能很大，如超过 100 起。因此有必要考虑有相同火灾风险的建筑火灾损失数据。Gumbel（1958）的研究表明渐近论对三类母体分布得出了几乎相近的结果。其中一类是指数型分布，包括指数、正态和对数正态。实际上，火灾起数 n 较大时，不可能获得精确的结果。母体分布符合正态分布，样本数量较小，n 不超过 50 时，有可能获得精确的结果。

9.3.2 极值序列分布

n 起火灾损失的对数组成母体分布 $F(z)$ 的观测样本。如果这些数值按照数量级降序排列，则第 m 个数值表示为 $z_{(m)n}$，是第 m 起火灾损失的对数。最大值的下角标 m 取 1，表示排序第一。随机变量 $z_{(m)n}(m=1，2，\cdots，r)$ 是极值顺序统计量。除了 n 起火灾外，可以利用排序较大的 r 起火灾损失数据。

把 1 年内 n 起火灾的观测值看成是一系列样本中的一个样本，每个样本都有 n 个观测值。这些样本中与 $z_{(m)n}$ 有关的数值根据概率规律进行分布（根据通货膨胀对损失数据进行校正，用校正后的数值进行分析）。如果母体分布是指数型，n 很大，m 值相对较小时，$z_{(m)n}$ 的概率密度函数如方程式（9A.1）~式（9A.4）。

参数 $b_{(m)n}$ 是 $z_{(m)n}$ 和 $a_{(m)n}$ 的最常见的值。z 在 $b_{(m)n}$ 处的强度函数见方程式（9A.5）。该函数在可靠性理论中也被称为失效率或故障率函数，在保险精算数学中称为死亡率。方程式（9A.2）中的变量 $y(m)$ 在极值理论中被称为简化变量。

9.3.3 极值序列参数的估计

已知 n 值和母体分布 $F(z)$ 的类型、z 的均值和标准差以及损失的对数，利用方程式（9A.3）和（9A.4）可以估计 $a_{(m)n}$ 和 $b_{(m)n}$。假设变量 z 是正态分布，即损失是对数正态分布，但是 z 的均值和标准差未知（因为仅有火灾经济损失较大的数据，并没有所有火灾经济损失的数据），可利用较大火灾经济损失数据估计母体分布的这两个参数，见 9.3.6。但是，如果已知 N 个样本，N 年 n 起火灾中每起火灾的 $z_{(m)n}$ 值，则可以利用 9A.2.2 中三种方法中的任一种，估计 $a_{(m)n}$ 和 $b_{(m)n}$ 值（Ramachandran，1982a）。这些方法不需要假设母体分布的类型，只需假设母体分布是指数型分布即可。

假设样本数量 n 不变是很难的，因为火灾起数一般会逐年变化。如果 n 变化很大，在估计过程中要利用附录 9A.3 进行校正（Ramachandran，1974，1982a）。

例如，以 5 年内建筑火灾损失较大的前 5 起火灾（$m=1\sim5$）为例。由于通货膨胀，以第一年的零售价格对这些损失进行校正。校正后的损失对数为 z，是按照极值顺序递增的，见表 9.1。假设校正后的火灾损失的对数是指数型母体分布，采用完整的伽马函数表可以获得简化值（见 9A.2）。用 y 表示的极值见表 9.1 所示。

对于每个 m 值，校正后的简化极值（表 9.1 中的 y'）计算如下：

$$y'=y+\ln(n_j/n) \tag{9.4}$$

其中，n_j 是第 j 年的火灾起数。n 为 1200，反映了 5 年内火灾起数的平均值。每年的校正因子 $\ln(n_j/n)$ 见表 9.1 的下部。方程式（9.4）是从附录方程式（9A.16）中得到的。

对于表 9.2 中每个 m 值，利用最小二乘法拟合下式进行线性估计：

$$z_{(m)n}=b_{(m)n}+[1/a_{(m)n}]y'_{(m)n} \tag{9.5}$$

$b_{(m)n}$ 值对应样本 $n=1200$，$a_{(m)n}$ 不随样本数量明显变化。

便于比较，按照 9A.2.2 中的计算步骤，$a_{(m)n}$ 和 $b_{(m)n}$ 值的矩估计方法见表 9.2 所示。因为 n 是变化的，所以计算时要利用校正的简化极值的均值和方差，而不能利用没有校正的极值。

如果样本数量 N 较大，不是 5 年，则 n 不变化。$y(m)$ 渐近的均值和方差见方程式（9A.6）和（9A.7）。矩阵法和线性法估计的结果很接近。

表 9.1　由于通货膨胀校正的较大损失值的自然对数（z）和对应的根据样本数量 n_j 调整的简化极值 y'

序(m)	变量	年数				
		1	2	3	4	5
1	z	9.3525(1)	9.9573(3)	10.7529(5)	9.6262(2)	10.0868(4)
	y	−0.5821	0.3665	1.6998	−0.0950	0.9040
	y'	−0.5964	0.2885	1.7446	−0.0542	0.9848
2	z	9.1429(1)	9.3605(2)	10.1955(5)	9.5995(3)	9.7619(4)
	y	−0.4812	−0.1355	1.0070	0.1751	0.5198
	y'	−0.4955	−0.2135	1.0518	0.2159	0.6006
3	z	9.1355(1)	9.3151(2)	9.8309(5)	9.4945(3)	9.6145(4)
	y	−0.4197	−0.1352	0.7620	0.1147	0.3871
	y'	−0.4340	−0.2132	0.8068	0.1555	0.4679
4	z	9.0836(1)	9.2937(2)	9.8050(5)	9.4633(3)	9.5735(4)
	y	−0.3776	−0.1299	0.6321	0.0853	0.3171
	y'	−0.3919	−0.2079	0.6769	0.1261	0.3979
5	z	8.9906(1)	9.2682(2)	9.7231(5)	9.4232(4)	9.3249(3)
	y	−0.3468	−0.1240	0.5483	0.2728	0.0680
	y'	−0.3611	−0.2020	0.5931	0.3136	0.1488

注：1. 括号内的数字表示变量 z 增加的数量级。

2. $y'=y+c$，其中，c 是样本数量的调整因子，根据下表确定，设 $n=1200$。

	年数				
	1	2	3	4	5
n_j	1183	1110	1255	1250	1301
$c=\ln(n_j/n)$	−0.0143	−0.0780	0.0448	0.0408	0.0808

表 9.2　极值参数

序(m)	线性估计法		矩估计法	
	$a_{(m)n}$	$b_{(m)n}$	$a_{(m)n}$	$b_{(m)n}$
1	1.7556	9.6855	1.7215	9.6800
2	1.5560	9.4630	1.5414	9.4616
3	1.8809	9.3948	1.8703	9.3944
4	1.6074	9.3690	1.5884	9.3681
5	1.5303	9.2816	1.4550	9.2783

9.3.4　较大火灾损失的特征

参数 $b_{(m)n}$ 是 z 的最常见值，是 n 个样本中最顶部样本的第 m 个损失的对数。样本数量为其他值时，利用方程式（9A.17）计算参数值，概率为 p 的 $z_{(m)n}$ 计算如下：

$$z_{(m)n}(p) = b_{(m)n} + [1/a_{(m)n}]y_{(m)p} \qquad (9.6)$$

式中，$y_{(m)p}$ 是与 p 对应的简化变量 $y_{(m)}$ 值。

当 m 为 1~20 时，不同概率值下的 $y_{(m)p}$ 见表 9.3，这些是基于方程式（9A.8）和方程式（9A.9）推导的。

表 9.3　不同概率下的 $y_{(m)}$ 值

序(m)	概率												
	0.005	0.010	0.025	0.050	0.100	0.250	0.500	0.750	0.900	0.950	0.975	0.990	0.995
1	−1.667	−1.527	−1.305	−1.097	−0.834	−0.327	0.367	1.246	2.251	2.971	3.677	4.601	5.296
2	−1.312	−1.199	−1.204	−0.863	−0.665	−0.297	0.175	0.733	1.325	1.728	2.112	2.600	2.962
3	−1.128	−1.030	−0.878	−0.741	−0.573	−0.268	0.115	0.552	1.002	1.300	1.579	1.929	2.184
4	−1.009	−0.920	−0.784	−0.661	−0.512	−0.245	0.086	0.456	0.830	1.075	1.301	1.581	1.784
5	−0.923	−0.841	−0.717	−0.604	−0.469	−0.227	0.068	0.395	0.721	0.932	1.125	1.364	1.535
6	−0.857	−0.781	−0.665	−0.560	−0.435	−0.213	0.057	0.352	0.644	0.832	1.003	1.213	1.362
7	−0.805	−0.733	−0.623	−0.525	−0.408	−0.201	0.048	0.320	0.587	0.757	0.912	1.100	1.235
8	−0.761	−0.693	−0.589	−0.496	−0.386	−0.191	0.042	0.295	0.542	0.698	0.840	1.013	1.136
9	−0.724	−0.659	−0.560	−0.472	−0.367	−0.183	0.037	0.275	0.505	0.651	0.783	0.943	1.056
10	−0.693	−0.630	−0.535	−0.451	−0.351	−0.175	0.034	0.258	0.475	0.612	0.735	0.885	0.990
11	−0.665	−0.605	−0.513	−0.433	−0.336	−0.169	0.031	0.244	0.450	0.579	0.695	0.836	0.936
12	−0.640	−0.582	−0.494	−0.416	−0.324	−0.163	0.028	0.232	0.428	0.550	0.661	0.794	0.887
13	−0.619	−0.562	−0.477	−0.402	−0.313	−0.157	0.026	0.221	0.408	0.526	0.631	0.757	0.846
14	−0.599	−0.544	−0.462	−0.389	−0.303	−0.153	0.024	0.212	0.391	0.504	0.604	0.725	0.810
15	−0.581	−0.528	−0.448	−0.377	−0.294	−0.148	0.022	0.203	0.376	0.484	0.581	0.697	0.778
16	−0.565	−0.513	−0.435	−0.367	−0.285	−0.145	0.021	0.196	0.363	0.467	0.560	0.671	0.749
17	−0.550	−0.500	−0.424	−0.357	−0.278	−0.141	0.020	0.189	0.351	0.451	0.541	0.648	0.720
18	−0.536	−0.487	−0.413	−0.348	−0.271	−0.138	0.019	0.183	0.340	0.437	0.524	0.627	0.700
19	−0.524	−0.475	−0.403	−0.339	−0.264	−0.134	0.018	0.178	0.330	0.424	0.508	0.608	0.679
20	−0.512	−0.465	−0.394	−0.332	−0.258	−0.131	0.017	0.173	0.320	0.412	0.493	0.591	0.658

Ramachandran（1974）以 1947~1967 年 21 年间（$N=21$）英国纺织工业火灾损失前 17 位的数据（$m=1~17$）为例，他利用方程式（9.5）中的线性方法和方程式（9.4）中的校正因子估计 $a_{(m)n}$ 和 $b_{(m)n}$。以 1947 年价格计算火灾损失的对数（以 e 为底）。表

9.4 是 465 起火灾在 1947 年的频率。$a_{(m)n}$ 值显示了失效率随火灾损失的对数即变量 z 值的增加而增加。

表 9.4　英国纺织工业

序 (m)	$a_{(m)n}$	$b_{(m)n}$
1	2.247	5.214
2	1.785	4.829
3	1.626	4.534
4	1.460	4.327
5	1.387	4.113
6	1.424	3.988
7	1.239	3.749
8	1.163	3.564
9	1.212	3.448
10	1.034	3.259
11	0.973	3.137
12	0.925	2.972
13	0.886	2.832
14	0.924	2.749
15	0.937	2.680
16	0.950	2.583
17	1.002	2.537

根据方程式（9.6）和方程式（9A.17），纺织工业年均起火频率和以 1947 年价格衡量的经济损失之间的关系见图 9.6 的对数图。一年内火灾损失是按照数量级降序排列，最

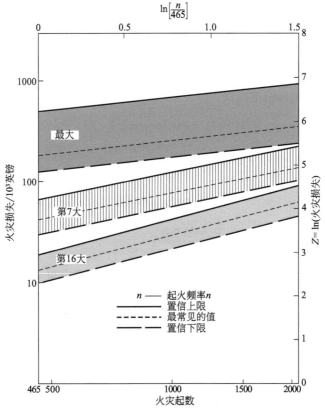

图 9.6　起火频率和较大火灾损失之间的关系

大的 $m=1$，第 7 大的 $m=7$，第 16 大的，$m=16$。

在这三种分类中，每类的损失值都在置信区间内。任一年内估计的火灾起数与相应置信区间的上限和下限相交，则超过上限或低于下限的概率是 1。例如，以 1947 年的价格衡量，如果纺织工业一年预期的火灾起数是 1000 起，在置信区间（180000 英镑，700000 英镑）内，最大火灾损失的可能值是 260000 英镑。

置信线表示 1947~1967 年较大火灾损失趋势的控制图。纺织工业 n 起火灾起火频率的增加，一部分是由于工业活动的增加，另一部分是由于消防保护措施不足。此外，如果通货膨胀校正后的火灾损失超过了对应的上限，可能是灭火和防火方法发生了变化，或者工业过程正在发生的变化使情况变得更糟。如果校正后的火灾损失小于下限，表示火灾形势正在好转。1968 年及 1968 年之后的几年火灾起数和损失的数据表明当时的防火和灭火方法能很好地应付英国纺织品工业发生的火灾。但是为评估目前的趋势，有必要分析近年来的火灾损失数据。本章的例子主要说明极值理论的应用。

9.3.5　重现期

假设表 9.4 中的数据有效，在过去的几年内纺织工业每年平均发生 1000 起火灾，根据方程式（9A.17），

$$b_{(1)n} = 5.214 + (1/2.247)\ln(1000/465) = 5.555$$

按照 1974 年的价格，计算该工业火灾最大损失的对数，损失的原始值是 259000 英镑。

按照目前的情况，损失增加 1 倍，最大损失超过 $b_{(1)n}$ 的平均时间为 1.582 年，损失增加 2 倍，大约为 3 年。

该结果是基于最大值的重现期

$$\text{R. P.} = \{1 - \exp[-\exp(-y)]\}^{-1} \tag{9.7}$$

$$y = a_{(1)n}(z_{(1)n}^{-b}b_{(1)n}) \tag{9.8}$$

方程式（9.7）符合最大值的累积分布函数

$$\exp[-\exp(-y)]$$

当 $z_{(1)n} = b_{(1)n}$，$y = 0$ 时，R. P. $= 1.582$。

按照 1974 年的价格，最大损失是 500000 英镑时，$z_{(1)n} = 6.215$。根据方程式（9.7）和式（9.8），该损失的重现期为 4.921 年。也就是说，在未来以 1 倍速率增长，超过最大损失的重现期为 4.9 年。相反，固定重现期为 10 年，方程式（9.7）中，$y = 2.25$。$b_{(1)n} = 5.555$，$a_{(1)n} = 2.247$，$z_{(1)n} = 6.556$。所以，按照 1974 年的价格，每 10 年以 1 倍速率增长，最大火灾损失可能超过 704000 英镑。

上述计算方法假设在英国纺织工业火灾起数维持在每年 1000 起的平均数。如果未来几年年均起火数量明显增加，重现期将小于估计值。采用消防保护措施如喷淋系统能降低最大火灾损失的对数值 $b_{(1)n}$，进而降低设定的最大损失的概率（1/R.P.），因此重现期延长。极值顺序统计方法分析的重现期小于最大值，这不是本书讨论的内容。

9.3.6 平均损失和总损失

为评估工业建筑内防火设备的价值，有必要估计各种类型工业建筑火灾及某类型工业建筑内每类重点危险源引发火灾的平均损失和总损失。估计平均损失时要利用所有火灾的数据，但是仅有较大损失的数据。因此假设母体分布的形式，利用较大火灾的损失数据，合理地估计母体概率分布的参数。

极值序参数 $a_{(m)n}$ 与 $b_{(m)n}$ 与母体分布 $F(z)$ 的位置参数 μ 和尺度参数 σ 有关：

$$b_{(m)n} = \mu + \sigma B_{(m)n} \tag{9.9}$$

$$a_{(m)n} = A_{(m)n}/\sigma \tag{9.10}$$

$$G(B_{(m)n}) = 1 - (m/n) \tag{9.11}$$

$$A_{(m)n} = (n/m)g(B_{(m)n}) \tag{9.12}$$

$G(t)$ 和 $g(t)$ 是标准变量 t 的密度函数

$$t = (z - \mu)/\sigma \tag{9.13}$$

$G(t)$ 和 $F(z)$ 的分布形式一样。例如，$F(z)$ 是正态分布，$G(t)$ 也是正态分布。对于正态分布，变量 z 位置参数的均值是 μ，变量 z 尺度参数的标准方差是 σ。如果是指数分布，则有

$$F(z) = 1 - \exp[-\lambda(z - \theta)], z \geqslant \theta \tag{9.14}$$

θ 是变量 z 的位置参数，不是均值，$1/\lambda$ 是变量 z 的标准方差 σ，此时，$t = \lambda(z - \theta)$，z 的均值是 $\theta + (1/\lambda)$。

如果是正态分布，标准变量 t 的均值为 0，标准方差是单位值 1。如果是指数分布，t 的均值和标准方差都是单位值 1。(m/n) 的值在 $0.001 \sim 0.100$ 之间时，标准正态分布 $A_{(m)n}$ 和 $B_{(m)n}$ 值见表 9.5。对于指数分布，m 值为任意值时，$A_{(m)n}$ 都是不变的单位值 1。

$$B_{(m)n} = \ln(n/m)$$

如果 $z_{(m)n}$ 是从顶部数的第 m 个极值顺序统计变量，则变量

$$t_{(m)n} = (z_{(m)n} - \mu)/\sigma \tag{9.15}$$

服从方程式（9A.1）中的极值顺序分布。

$$y_{(m)} = A_{(m)n}(t_{(m)n} - B_{(m)n}) \tag{9.16}$$

极值序参数是 $A_{(m)n}$ 和 $B_{(m)n}$，而不是 $a_{(m)n}$ 和 $b_{(m)n}$。

根据方程式

$$t_{(m)n} = B_{(m)n} + (1 + 1/A_{(m)n})y_{(m)} \tag{9.17}$$

可以看出 $t_{(m)n}$ 的均值是

$$\bar{t}_{(m)n} = B_{(m)n} + (1 + 1/A_{(m)n})\bar{y}_{(m)} \tag{9.18}$$

其中，$\bar{y}_{(m)}$ 是方程式（9A.6）中简化变量的均值。

由方程式（9.15）可知

$$\bar{z}_{(m)n} = \mu + \sigma\bar{t}_{(m)n} \tag{9.19}$$

其中，$\bar{z}_{(m)n}$ 是 N 个样本（N 年）第 m 个观测值的均值。如果已知火灾损失数据，r 起大火（m 从 1 到 r），N 个样本，利用方程式（9.19）中的直线可以大致获得 μ 和 σ 的值。将 r 个 $[\bar{z}_{(m)n}, \bar{t}_{(m)n}]$ 点拟合成一条线，直线在纵轴上的截距 $\bar{z}_{(m)n}$ 是 μ，直线的斜率是 σ。可以采用最小二乘法估计这些参数。方程式（9.19）也适用于单一样本，即 $N = 1$ 的情况。

表 9.5　标准正态分布的极值顺序参数

m/n	A	B	m/n	A	B
0.001	3.3700	3.0902	0.051	2.0545	1.6352
0.002	3.1700	2.8782	0.052	2.0463	1.6258
0.003	3.0500	2.7478	0.053	2.0383	1.6164
0.004	2.9625	2.6521	0.054	2.0304	1.6072
0.005	2.8920	2.5758	0.055	2.0225	1.5982
0.006	2.8333	2.5121	0.056	2.0150	1.5893
0.007	2.7843	2.4573	0.057	2.0074	1.5805
0.008	2.7400	2.4089	0.058	2.0000	1.5718
0.009	2.7011	2.3656	0.059	1.9925	1.5632
0.010	2.6650	2.3263	0.060	1.9853	1.5548
0.011	2.6327	2.2904	0.061	1.9782	1.5464
0.012	2.6025	2.2571	0.062	1.9713	1.5382
0.013	2.5754	2.2262	0.063	1.9643	1.5301
0.014	2.5493	2.1973	0.064	1.9575	1.5220
0.015	2.5247	2.1701	0.065	1.9506	1.5141
0.016	2.5019	2.1444	0.066	1.9439	1.5063
0.017	2.4800	2.1201	0.067	1.9375	1.4985
0.018	2.4594	2.0969	0.068	1.9309	1.4909
0.019	2.4395	2.0749	0.069	1.9245	1.4833
0.020	2.4210	2.0537	0.070	1.9181	1.4758
0.021	2.4029	2.0335	0.071	1.9118	1.4684
0.022	2.3859	2.0141	0.072	1.9056	1.4611
0.023	2.3691	1.9954	0.073	1.8995	1.4538
0.024	2.3533	1.9774	0.074	1.8934	1.4466
0.025	2.3380	1.9600	0.075	1.8875	1.4395
0.026	2.3231	1.9431	0.076	1.8814	1.4325
0.027	2.3085	1.9268	0.077	1.8756	1.4255
0.028	2.2946	1.9110	0.078	1.8697	1.4187
0.029	2.2810	1.8957	0.079	1.8641	1.4118
0.030	2.2680	1.8808	0.080	1.8584	1.4051
0.031	2.2555	1.8663	0.081	1.8527	1.3984
0.032	2.2428	1.8522	0.082	1.8471	1.3917
0.033	2.2309	1.8384	0.083	1.8416	1.3852
0.034	2.2191	1.8250	0.084	1.8361	1.3787
0.035	2.2077	1.8119	0.085	1.8307	1.3722
0.036	2.1967	1.7991	0.086	1.8253	1.3658
0.037	2.1857	1.7866	0.087	1.8200	1.3595
0.038	2.1750	1.7744	0.088	1.8148	1.3532
0.039	2.1646	1.7624	0.089	1.8096	1.3469
0.040	2.1543	1.7507	0.090	1.8043	1.3408
0.041	2.1444	1.7392	0.091	1.7992	1.3346
0.042	2.1345	1.7279	0.092	1.7941	1.3285
0.043	2.1249	1.7169	0.093	1.7891	1.3225
0.044	2.1157	1.7060	0.094	1.7840	1.3165
0.045	2.1064	1.6954	0.095	1.7792	1.3106
0.046	2.0974	1.6849	0.096	1.7743	1.3047
0.047	2.0885	1.6747	0.097	1.7694	1.2988
0.048	2.0798	1.6646	0.098	1.7645	1.2930
0.049	2.0712	1.6546	0.099	1.7597	1.2873
0.050	2.0628	1.6449	0.100	1.7550	1.2816

利用上述的普通最小二乘法得到的结果有些不精确，因为方程式（9.19）中排序的变量有一些残余误差，随着排序值变化并且有相关性。为解决这个问题，Ramachandran（1974，1982a）开发了基于极值理论的变异数协方差矩阵的广义最小二乘法，该方法可以确定 μ 和 σ 的无偏估计值，但需要利用复杂的计算机程序。

最大似然估计法（Ramachandran，1975a，1982a）是相对较好地估计 μ 和 σ 值的另一种方法。当 $N \geqslant 2$ 时，需要对该方法的方程进行迭代求解，这是一个冗长而费时的过程。但当 $N = 1$ 时，每个样本的 σ 可以简化为

$$\sigma = \frac{1}{r} \sum_{m=1}^{r} A_{(m)n} \left[z_{(m)n} - z_{(r)n} \right] \tag{9.20}$$

采用下式计算 μ：

$$\mu = \frac{1}{r} \sum_{m=1}^{r} z_{(m)n} - (\sigma/r) \sum_{m=1}^{r} t_{(m)n} \tag{9.21}$$

方程式（9.20）得到的 σ 是有偏估计值。如果偏差值为 σ，利用下式计算无偏估计值。

$$\sigma' = \sigma/\sigma_s \tag{9.22}$$

其中

$$\sigma_s = \frac{1}{r} \sum_{m=1}^{r} A_{(m)n} \left[t_{(m)n} - t_{(r)n} \right] \tag{9.23}$$

为更好地估计 μ，在方程式（9.21）中要利用方程式（9.22）中的 σ'，而不是 σ。基于 z 的正态母体分布，最大似然方法适用于表 9.6 中的每个样本。比较不同样本（不同时期）的估计值 μ 和 σ，能发现这段时期内母体分布形状的变化。

表 9.6 对数标准正态分布参数的最大似然估计

序(m)	火灾损失 x (10^3 英镑)	以 e 为底的火灾损失的对数 z_m	m/n	A_m	A_m $[z_{(m)} - z_{(r)}]$	B_m	y_m	t_m	A_m $[t_{(m)} - t_{(r)}]$
1	503.7	6.220	0.003	3.0500	9.5081	2.7478	0.5772	2.9370	3.7305
2	411.3	6.0193	0.007	2.7843	8.1154	2.4573	0.2704	2.5544	2.3402
3	212.3	5.3580	0.010	2.6650	6.0053	2.3263	0.1758	2.3922	1.8077
4	131.5	4.8790	0.014	2.5493	4.5235	2.1973	0.1302	2.2484	1.3626
5	72.7	4.2863	0.017	2.4800	2.9306	2.1201	0.1033	2.1618	1.1108
6	47.7	3.8649	0.021	2.4029	1.8269	2.0335	0.0857	2.0692	0.8538
7	32.5	3.4812	0.024	2.3533	0.8863	1.9774	0.0731	2.0085	0.6933
8	31.2	3.4404	0.028	2.2946	0.7705	1.9110	0.0637	1.9388	0.5161
9	25.6	3.2426	0.031	2.2555	0.3113	1.8663	0.0565	1.8913	0.4001
10	25.3	3.2308	0.034	2.2191	0.2801	1.8250	0.0508	1.8479	0.2974
11	24.5	3.1987	0.038	2.1750	0.2047	1.7744	0.0461	1.7956	0.1777
12	23.5	3.1570	0.041	2.1444	0.1124	1.7392	0.0422	1.7589	0.0965
13	22.3	3.1046	0.045	2.1064	0	1.6954	0.0390	1.7139	0
		53.4848			35.4751			27.3179	13.3867

注：$t_m = B_m + (y_m/A_m)$

σ'（无偏）$= \sigma/\sigma_s = 2.6502$

σ'（有偏）$= 35.4751/13 = 2.7289$

$\sigma_s = 13.3867/13 = 1.0297$

μ'（无偏）$= (53.4848 - \sigma' \times 27.3179)/13 = -1.4549$

$x = \exp\left(\mu' + \frac{\sigma^2}{2}\right) = 7.822$

291 起火灾的平均损失为 7822 英镑。

参数 μ 和 σ 是损失 z 的对数的均值和标准方差。假设 z 服从正态分布，也就是 x 的对数分布，则在 $0\sim\infty$ 之间所有火灾损失数据的平均值 x 如下：

当 $z=\ln x$ 时，$x=\exp\left(\mu+\dfrac{\sigma^2}{2}\right)$。

当 $z=\lg x$ 时，$x=\exp\left(c\mu+\dfrac{c^2\sigma^2}{2}\right)$，$c=\ln 10$。

假设火灾损失是对数正态分布，利用广义最小二乘法和较大火灾损失数据，Rogers（1977）估计了有喷淋系统和没有喷淋系统的工业建筑和商业建筑火灾的平均损失，结果如表 9.7，表中排除了总样本数量 n 中非常小的火灾。调查的实例如图 9.7 所示。

表 9.7　以 1966 年价值衡量的每起火灾的平均损失　　　　　单位：10^3 英镑

项目	有喷淋的单层	有喷淋的多层	没有喷淋的单层	没有喷淋的多层
纺织品	2.9	3.5	6.6	25.2
木材和家具	1.2	3.2	2.4	6.5
纸制品，印刷物和出版物	5.2	5.0	7.1	16.2
化学及附属业	3.6	4.3	4.3	8.2
批发业		4.7	3.8	9.4
零售业		1.4	0.4	2.4

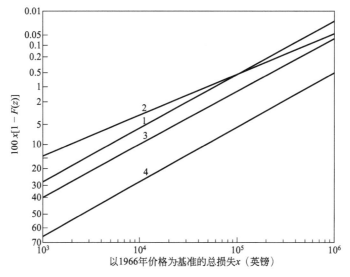

线的序号	分类	参数
1	有喷淋的单层	$\mu=-0.616$　$\sigma=1.024$
2	有喷淋的多层	$\mu=-1.419$　$\sigma=1.340$
3	没有喷淋的单层	$\mu=-0.334$　$\sigma=1.062$
4	没有喷淋的多层	$\mu=0.401$　$\sigma=0.992$

$F(z)$（z 的累积分布）=小于或等于 z 的损失的概率
残余概率 $1-F(z)=1-V(x)$=大于 x 或 z 的损失的概率
$V(z)$（x 的累积分布）=小于或等于 x 的损失的概率

图 9.7　纺织工业每类建筑火灾损失的残余概率分布

极值理论在正态母体分布中应用的调查（Rogers，1978）表明：利用相同风险建筑的20个较大损失数据，就可以较准确地估计参数 μ 和 σ 值。该结论认为没必要收集所有火灾的经济损失数据，那是既费时成本又高的过程。实际应用中，保险公司对于每类建筑都有大约 20 起较大火灾的数据，且每起火灾的损失值都要比阈值大。必要时可以利用同类建筑 2～3 年内发生的火灾起数。

9.4　多元回归

9.2 节中讨论的火灾损失的概率分布可以估计喷淋系统、火灾探测器和结构耐火性等消防保护措施的有效性。该方法假设安装的消防设施能降低火灾损失或降低火灾蔓延的概率。严格来讲，这不是很确切，因为启动安装的其他消防设施、其他因素、消防设施和其他因素之间的相互作用都能降低火灾损失。有些因素如发现火灾较晚或者灭火较晚还能增加损失。全面地评估火灾风险应该考虑所有的相关因素，并评估这些因素对损失的影响。这可以通过多元回归分析来实现。

在多元回归模型中，经济损失 x 或者烧损面积 d 是因变量。基于 9.2 节中的解释，在实际计算中，应该用 x 的对数或者 d 的对数。影响经济损失或烧损面积的因素作为自变量，用字母 v 表示，与第 i 个因素相关的自变量为 v_i。对于定量的自变量，如有喷淋系统，v_i 值为 1，如果没有喷淋系统，v_i 值为 -1。定量因素需要赋予实际的测量值。有时需对定量的自变量进行转化。如，建筑面积和以烧损面积或损失衡量的建筑及其内部财产的投保价值之间有量化关系（7.4 节）。对于定量自变量，如可燃物，可通过实验或统计研究获得的热燃烧速率或增长速率来量化。

设有 p 个自变量，多元回归分析的目的是估计线性模型的回归参数 $\beta_i (i = 0, 1 \cdots p)$。

$$z = \beta_0 + \beta_1 v_1 + \beta_2 v_2 + \cdots + \beta_p v_p \tag{9.24}$$

对于有 $v_i (i = 0, 1, \cdots, p)$ 个特征值的建筑物，火灾预期的损失或烧损面积的对数都可以利用方程式（9.24）预测，分析中的残余误差可以估计预期值的置信区间。利用统计学计算机程序估计误差和回归参数 β_i。如果初步研究显示两个定量因素之间有相互关系，则可以考虑在方程式（9.24）中增加一个自变量，如果两个因素都在或都不在，这个自变量值为 1，如果只有一个因素，则该自变量值为 -1。

根据方程式（9.24）进行多元回归分析时有一些数据是可以利用的。但是根据已出版的关于防火问题统计方面的研究，还没有获得这方面的数据。然而，也有一些作者试图用多元回归模型来研究以超出起火房间蔓延概率为因变量的问题。Baldwin 和 Thomas（1968）把火灾蔓延出起火房间的概率 p_s 作为因变量，利用回归模型度量不同建筑结构的有效性。他们使用"logit"变换，对有效性赋值，近似于加法。logit 变换如下：

$$P_s = \frac{1}{2} \lg [p_s / (1 - p_s)] \tag{9.25}$$

在后续研究中，Baldwin 和 Fardell（1970）利用 logit 变换分析火灾统计数据，估计不同因素对火灾超出起火房间蔓延可能性的影响。根据这项研究，不同用途的建筑之间、多层和单层建筑之间有明显的差异。影响火灾蔓延的最重要的单因素是发现火灾的时间，火灾在晚上蔓延的可能性是白天的 2 倍，这可能是因为发现火灾时间较晚。对于现代建筑，尤其是多层建筑，火灾蔓延的可能性很小，这可能是由于建筑管理和安全意识提高了。消防救援部门到场时间对火灾蔓延概率的影响不大，因为消防救援部门到场后火灾规模变化的范围较大。不同风险的建筑起火时，消防救援部门立即到场，火灾蔓延速度和过火面积的差别很小。

Shpilberg（1975）利用 logit 模型量化了建筑结构类型、建筑层数、喷淋保护、消防救援部门的类型、美国工厂互保研究中心确定的总体分级的主观值对火灾损失概率的影响，目的是预测损失超过或低于 10000 美元的概率。例如，Shpilberg 利用 1970～1973 年间被美国工厂互保研究中心分类为工厂商店的工业火灾损失理赔数据，进行了实例验证。其中，美国工厂互保研究中心采用的总体分级可以很好地预测损失面积和损失程度，也就是损失值占总财产价值的比例。喷淋系统也是影响预期损失面积和损失程度的主要因素。

如果已知不同损失范围，如 10000～50000 英镑、50000～100000 英镑的火灾起数的数据，Shpilberg 采用的方法是合理的。如果已知所有在阈值 25000 英镑以上的损失数据，采用这种方法就浪费了信息。此时，基于极值理论（Ramachandran，1975b）的多元回归模型能计算火灾的预期损失，这比仅给出超过阈值的损失的概率更有用。利用较大的损失，该模型能估计回归参数，和已知所有火灾损失数据时的计算结果很相近。

Ramachandran（1982b）应用极值回归模型，权衡了喷淋系统和建筑结构耐火性在降低火灾损失方面的效果，通过下述因素的组合，把发生在五种类型工业建筑的火灾分为 3 类：

① 单层和多层；

② 有喷淋和没有喷淋；

③ 高的耐火性和低的耐火性。

对于每类建筑，利用如下的回归模型：

$$z = \beta_0 + \beta \lg A \tag{9.26}$$

式中，z 是经济损失的对数，A 是建筑面积。

根据建筑面积估计的年均起火概率乘以利用方程式（9.26）回归模型估计的火灾预期损失，就可以估计建筑预期的年均损失。结果显示，对于有喷淋系统的多层建筑，无论是否有高耐火性，都能大大降低年均火灾损失，尤其是总面积为 93000m² 的大型建筑与面积为 9300m² 的小型建筑相比时。

附录　极值序列统计的性质

9A.1　基本性质

如果一个样本中有 n 个观测值，该样本是指数型分布 $F(z)$，密度函数是 $f(z)$，观测值是按照样本的数量级降序排列的，设 $z_{(m)n}$ 是第 m 个次序统计量。通过重复样本，n 比较大时，$z_{(m)n}$ 的密度函数是

$$\frac{m^m a_{(m)n}}{(m-1)!} \exp\left[-m y_{(m)} - m \exp(-y_{(m)})\right], -\infty \leqslant z_{(m)n} \leqslant \infty \tag{9A.1}$$

$$y_{(m)} = a_{(m)n}(z_{(m)n} - b_{(m)n}) \tag{9A.2}$$

其中，$a_{(m)n}$ 和 $b_{(m)n}$ 是下式的解。

$$F[b_{(m)n}] = 1 - (m/n) \tag{9A.3}$$

$$a_{(m)n} = (n/m)f[b_{(m)n}] \tag{9A.4}$$

参数 $b_{(m)n}$ 是 $z_{(m)n}$ 的最常见的值，且 $a_{(m)n} = h(b_{(m)n})$，其中，$h(z)$ 是失效率或强度函数。

$$h(z) = f(z)/[1 - F(z)] \tag{9A.5}$$

$y_{(m)}$ 的均值是 $\overline{y}_{(m)}$，方差是 $\sigma_{(m)y}^2$。

$$\overline{y}_{(m)} = \gamma + \ln m - \sum_{v=1}^{m-1}(1/v) \tag{9A.6}$$

其中，$\gamma = 0.5772$，是欧拉常数

$$\sigma_{(m)y}^2 = \pi^2/6 - \sum_{v=1}^{m-1}(1/v^2) \tag{9A.7}$$

其中，$\pi^2/6 = 1.6449\cdots$。

利用

$$u_{(m)} = m\exp(-y_{(m)}) \tag{9A.8}$$

计算 $y_{(m)}$ 的概率值。

（9A.8）是伽马分布

$$\{1/(m-1)!\}\exp(-u)u^{(m-1)} \tag{9A.9}$$

9A.2 极值序列参数的估计

如果已知 n 值和 $F(z)$ 的分布形式，利用方程式（9A.3）和方程式（9A.4）估计 $a_{(m)n}$ 和 $b_{(m)n}$ 的值。否则，假设 $F(z)$ 是指数型分布，已知 N 个样本的 $z_{(m)n}$ 值，采用如下三种方法之一估计这两个参数。

9A.2.1 线性估计

设 $z_{(m)j}$ 是从上面数第 j 个样本的第 m 个极值序统计。如果观测值 $z_{(m)j}$ （$j=1, 2\cdots N$）是升序排列，$R_{(m)j}$ 是 $z_{(m)j}$ 的等级。则有

$$p_{(m)j} = \frac{R_{(m)j}}{N+1} \tag{9A.10}$$

根据（9A.8），与 $z_{(m)j}$ 对应的 $y_{(m)j}$ 值为 $u_{(m)j} = m\exp(-y_{(m)j})$。

其中，$u_{(m)j}$ 采用不完整的伽马积分确定：

$$\frac{1}{\tau(m)}\int_{u_{(m)j}}^{\infty} u^{m-1}e^{-u} = p_{(m)j}$$

$z_{(m)j}$ 的累积频率是 $p_{(m)j}$，$y_{(m)j}$ 对应于伽马分布的尾值 $[1-C.F.]$。（$y_{(m)}$ 从 $-\infty \sim +\infty$ 变化时，u_m 从 ∞ 变为 0）。利用 $[z_{(m)j}, y_{(m)j}]$ 值，$j=1, 2, \cdots, N$ 和线性关系式

$$z_{(m)j} = b_{(m)n} + (y_{(m)j}/a_{(m)n}) \tag{9A.11}$$

采用图表法或者最小二乘法估计 $a_{(m)n}$ 和 $b_{(m)n}$ 值。

9A.2.2 矩估计

$z_{(m)j}$ 的方差为

$$\sigma_{(m)z}^2 = \sigma_{(m)y}^2/a_{(m)n}^2 \tag{9A.12}$$

$z_{(m)j}$ 的均值为

$$\bar{z}_{(m)n} = \frac{1}{N}\sum_{j=1}^{N} z_{(m)j} = b_{(m)n} + \left[\bar{y}_m / a_{(m)n} \right] \tag{9A.13}$$

其中，y_m 的均值为 $\bar{y}_m$，y_m 的方差为 $\sigma_{(m)y}^2$，见方程式（9A.6）和方程式（9A.7）。

9A.2.3 最大似然估计
估计值是

$$\sum_{j=1}^{N} \exp\left[-y_{(m)j} \right] = N \tag{9A.14}$$

$$\left[1/a_{(m)n} \right] = m\bar{z}_{(m)n} - \frac{m}{N}\sum_{j=1}^{N} z_{(m)j} \exp\left[-y_{(m)j} \right] \tag{9A.15}$$

的解，需要采用迭代过程来获得。

9A.3 样本数量的变化

假设极值 $z_{(m)j}$ 来自不变的样本数量 n。但是在实际上是不可能的。不同时期的火灾起数是不同的，此时

$$z_{(m)n_j} = b_{(m)n} + \frac{y_{(m)j} + \ln(n_j/n)}{a_{(m)n}} \tag{9A.16}$$

其中，$z_{(m)n_j}$ 来自样本 n_j。参数 $a_{(m)n}$ 和 $b_{(m)n}$ 是特定样本数 n 或假定的平均样本 n〔有参数 $a_{(m)n}$ 和 $b_{(m)n}$〕。

方程式（9A.16）是基于下列关系

$$b_{(m)n_j} = b_{(m)n} + (1/a_{(m)n})\ln(n_j/n) \tag{9A.17}$$

其中，$b_{(m)n_j}$ 是每个样本数 n_j 中 $z_{(m)}$ 最常见的值。

🔔 符号说明

A	建筑面积
$A_{(m)n}$	t 在 $B_{(m)n}$ 时标准母体分布的失效率或强度函数
$a_{(m)n}$	z 在 $b_{(m)n}$ 时母体分布的失效率或强度函数
$B_{(m)n}$	$t_{(m)n}$ 最常见的值
$b_{(m)n}$	$z_{(m)n}$ 最常见的值
c	样本数量的调整因子
d	火灾的烧损面积
$F(z)$	z 的累积分布函数
$f(z)$	z 的密度函数（$F(z)$ 的导数）
$G(d)$	d 的累积分布函数
$G(t)$	标准方差 t 的累积分布函数
$g(t)$	标准方差 t 的密度函数〔$G(t)$ 的导数〕

$H(h)$	h 的累积分布函数
h	z_d 的标准值
h_0	$=-(\mu_{zd}/\sigma_{zd})$
$h(z)$	母体分布在 z 时的失效率或强度函数
m	损失对数按照降序排列的顺序值
N	样本数量
n	一个样本中的火灾起数
n_j	第 j 年的火灾起数
P_s	p_s 的 logit 值
p	概率
p_s	火灾超出起火房间蔓延的概率
R	按照数量级升序排列的 $z_{(m)j}$ 的序值
R. P.	重现期
r	较大火灾的数量（m 从 1 到 r）
t	z 的标准值
$t_{(m/n)}$	$z_{(m)n}$ 的标准值
$V_{(x)}$	x 的帕累托分布
v	影响经济损失或烧损面积的自变量
$v_{(x)}$	x 的帕累托密度函数 [$V_{(x)}$ 的导数]
W	d 的帕累托分布参数
x	火灾经济的损失值
y	简化的极值
y'	校正的简化极值
$y_{(m)}$	$z_{(m)n}$ 的简化值
$y_{(m)p}$	与 p 对应的 $y_{(m)}$ 的简化变量
z	$=\lg(x)$
z_d	火灾烧损面积的对数
z_l	较大火灾损失或较大烧损面积的阈值
$z_{(m)n}$	有 n 起火灾的样本，从上部数第 m 个损失的对数
$\Phi(z)$	$=1-F(z)$
λ	z 标准方差的倒数（指数分布）
μ	母体分布的位置参数（正态分布时是标准方差）
μ'	μ 的无偏估计值
μ_{zd}	d 对数的均值
θ	z（指数分布）的位置参数
σ	母体分布的尺度参数（正态分布时是标准方差）
σ'_s	μ 的无偏估计值
σ_{zd}	d 对数的标准方差

参考文献

Baldwin, R and Fardell, L G (1970). *Statistical Analysis of Fire Spread in Buildings*, Fire Research Station, UK, Fire Research Note No. 848.

Baldwin, R and Thomas, P H (1968). *The Spread of Fire in Buildings – The Effect of the Type of Construction*, Fire Research Station, UK, Fire Research Note No. 735.

Gumbel, E J (1958). *Statistics of Extremes*, Columbia University Press, New York.

Ramachandran, G (1967). *Frequency Distribution of Fire Loss*, Fire Research Station, UK, Fire Research Note No. 664.

Ramachandran, G (1974). Extreme value theory and large fire losses. *ASTIN Bulletin*, **7**(3), 293–310.

Ramachandran, G (1975a). *Extreme Order Statistics in Large Samples from Exponential Type Distributions and their Application to Fire Loss*, Statistical Distributions in Scientific Work, Vol. 2, D. Reidel Publishing Company, Dordrecht, Holland, pp. 355–367.

Ramachandran, G (1975b). Factors affecting fire loss – multiple regression models with extreme values. *ASTIN Bulletin*, **8**(2), 229–241.

Ramachandran, G (1982a). Properties of extreme order statistics and their application to fire protection and insurance problems. *Fire Safety Journal*, **5**, 59–76.

Ramachandran, G (1982b). *Trade-offs Between Sprinklers and Fire Resistance*, Fire, October 1982, pp. 211–212 (Corrections in Fire, November, 1982, p. 283).

Ramachandran, G (1988a). Probabilistic approach to fire risk evaluation. *Fire Technology*, **24**(3), 204–226.

Ramachandran, G (1988b). *Extreme Value Theory. SFPE Handbook of Fire Protection Engineering*, 1st Edition, National Fire Protection Association, Quincy, MA, USA, Section 4, Chapter 4, pp. 28–33.

Ramachandran, G (1994). *Rebates for deductibles and protection measures in industrial fire insurance. Proceedings of the XXV ASTIN Colloquium*, Cannes, France, September 1994, pp. 299–325.

Ramachandran, G (1995). Consequential/Indirect loss. *SFPE Handbook of Fire Protection Engineering*, 2nd Edition, National Fire Protection Association, Quincy, MA, USA, Section 5, Chapter 7, pp. 63–68.

Rogers, F E (1977). *Fire Losses and the Effect of Sprinkler Protection of Buildings in a Variety of Industries and Trades*, Current Paper CP9/77, Building Research Establishment, UK.

Rogers, F E (1978). *The Estimation of Parameters of Normal Distributions from Data Restricted to Large Values*, Current Paper CP8/78, Building Research Establishment, UK.

Shpilberg, D C (1974). *Risk Insurance and Fire Protection: A Systems Approach, Part 1: Modelling the Probability of Fire Loss Amount*, Technical Report No 22431, Factory Mutual Research Corporation, USA.

Shpilberg, D C (1975). *Statistical Decomposition Analysis and Claim Distributions for Industrial Fire Losses*, Paper for 12th ASTIN Colloquium, Report RC75-TP-36, Factory Mutual Research Corporation, USA.

10 消防安全措施的实施

10.1 引言

　　根据本书的总体安排，本章涉及消防安全措施的三个方面——性能、有效性和可靠性。第一个方面涉及火灾中消防安全措施的操作或行为，它们受到许多因素的影响，例如房间内或房间外的火灾位置、热量或烟气的生长速度以及环境因素等。消防系统（例如自动探测器或洒水喷头）的令人满意的操作也取决于可靠性因素。第三方面，在本章的上下文中，是根据"故障率"来衡量硬件的可靠性的。虽然已经有关于消防保护系统组件的故障率这个方面研究，例如评估探测器感应头故障率，但目前几乎没有开展多个组件构成的消防保护系统或通信系统可靠性研究，也少见相关研究成果的发表或出版。Bowen（1988）讨论了组件串联、并联以及混合系统的可靠性统计模型。

　　第二方面涉及防火措施在降低火灾发生频率方面的有效性以及在发生火灾时减少损害的保护措施的有效性。安全措施的有效性可以通过减少对生命和财产的损害的可能性来评估。消防安全措施只有在火灾中执行或运行令人满意的情况下，才能产生某种程度的有效性。

　　消防活动和消防系统的成本费用由建筑业主、政府、地方、中央及其他个人和组织承担。为了经济上的合理性，这些活动和系统带来的好处应该超过所涉及的成本。有关成本效益或经济效率的这一方面已在 Ramachandran（1998）最近的一本书中详细讨论过。

10.2 防火措施

10.2.1 简介

　　大多数国家，消防活动由消防队和消防管理部门负责，除此之外消防协会和保险组织也参与其中。这些旨在减少火灾发生数量的消防活动主要有公众消防宣传和消防检查两种方式。公众消防宣传活动包括参观学校和社区团体、海报、电视广告、消防活动周和其他宣传活动等。而消防检查主要是针对危险设备、建筑物等危险源展开的。

　　由于公众消防宣传活动收集的数据通常不适合统计分析，所以评估公众消防宣传的有效性是困难的。但有证据表明，针对特定类型的火灾（如油脂或油锅火灾）的宣传的有效性可以通过分析得到。例如，消防宣传活动在得克萨斯州基林市的"防火教育方案审查"

中作了描述（National Fire Prevention and Control Administration，Office of Public Education，USA，August 1975）。本章 10.2.2 到 10.2.4 部分也描述了在英国实施的油锅和空间加热器火灾宣传活动情况。此外，Swersey 等（1975）讨论了几种公众宣传项目，消防部门也逐渐认识到需要投入更多的精力进行公众消防宣传。随着公众宣传活动有效性的充分证明，寻找最有效的公共教育活动方式和数量成为可能。

汽油供应系统的法规及有关检查有助于减少该地区的火灾起数，消防部门通过积极参与危险品和相关场所的检查活动来完善辖区的消防工作。虽然人们都普遍认为这种方案是必要的和有效的，但通过现有数据的分析是难以确定其具体有效性。Schaenman 等（1976）提出了一种评估消防检查活动有效性的方法，这种方法将火灾发生起数与消防检查工作相联系，利用这种方法计算出了每 1000 个场所经消防检查后可预防的火灾起数。Hall 等（1978）采用上述方法，利用 17 个城市和农村的数据发现："每年检查所有或几乎所有可检查项目的城市的火灾率似乎都低于其他城市"。

10.2.2　住宅火灾——逐户查访

地方性消防宣传的效果可通过将宣传前后的火灾起数与在"标准地区"发生的火灾起数或在全国发生的火灾起数进行比较得到。在英国消防研究所制作的"火灾研究记录"773、801 和 802 中，Chambers 分析了三个案例。一是关于伍斯特（Worcester）市区和农村住宅火灾发生频率问题。在火灾数据被收集分析之前，这个方案已经被连续实施了 11 年（1956～1967 年）。该方案包括一系列的持续的住宅查访活动，并对火灾危险出具整改意见。据估计，持续 11 年的查访活动结束时，该地区的住宅发生火灾的频率降低到全国火灾频率预期值的 2/3 水平。

Chambers 第二项研究是关于埃克塞特市（Exeter）油煎锅火灾短期宣传活动。统计分析表明，在 18 个月左右的宣传活动中，火灾发生频率呈现下降趋势，这个统计结果在统计学意义上处于边缘状态，无法准确地证明宣传活动的积极效果。第三项研究莱斯特（Leicester）地区的集中宣传活动。宣传活动的效果是通过与诺丁汉地区相比较进行判断的，诺丁汉地区被认为是一个风险倾向和行业类型与莱斯特地区大致相似的城市。通过密集宣传，消防队未扑灭的火灾起数减少了；在超过六个月的时间里，火灾的平均规模也有所下降。然而，随着向消防队报警的火灾的增多，火灾频率又呈现上升趋势。因此，研究结果很难说明宣传活动的积极作用和具体效果。

10.2.3　厨房油锅火灾——电视广告

1976～1977 年，英国内政部发起了防止和消灭厨房火灾为主题的电视宣传活动（见 Rutstein 和 Butler，1977）。电视宣传活动三个地区对比研究，分别是约克郡、兰开夏郡和西密德兰郡；约克郡的电视广告水平很高，兰开夏郡的广告水平较低，西密德兰郡没有广告宣传，并将之作为一个控制区。在三个地区的消防队仍旧组织进一步的地方宣传，包括逐家逐户的查访。

在约克郡和兰开夏郡地区，电视宣传活动分为三个阶段：第一阶段 1976 年 1 月 12 日至 2 月 1 日，第二阶段 2 月 16 日至 3 月 7 日，第三阶段 4 月 19 日至 5 月 16 日。约克郡电视台上的广告的频率是兰开夏郡电视台的两倍。第一阶段，约克郡每天至少有三个广告时间点；第二阶段，每天有两个到三个广告时间点；第三阶段，每天有两个广告时间点。1977年1月10日至20日和2月3日至3月6日，兰开夏郡以每天1个广告时间点的频率开展广告宣传活动。电视广告试图传达两个信息：（a）油煎锅不应该无人照看，也不要盛量过半；（b）灭火的最好方法是关掉火，用湿布把锅盖盖住。在以上两个地区都有新闻广告。约克郡的五家报纸上分别刊登了四则广告，兰开夏郡仅刊登了两则。

西约克郡、大曼彻斯特和西密德兰郡的消防队组织挨家挨户地走访，并散发印有火灾警示宣传单。消防队还组织了其他形式的宣传活动。在西约克郡，当地电台会通知公众查访的时间地点，这引起了公众的极大兴趣。在大曼彻斯特，部分活动是与消费者委员会联合进行的，并且使用了当地电台。西密德兰郡的消防队利用当地媒体，在当地电视台和电台上做了几次采访。

Rutstein 和 Butler（1977）分析了家用炊具或电热板引起的厨房火灾，这种分析必然受到消防队统计的火灾数据的局限和影响。第一个研究的问题是讨论宣传活动对消防队统计的厨房火灾起数的影响。由于厨房火灾的发生具有季节性，宣传后的火灾起数不能简单地与宣传前或一年前的火灾起数进行比较。如果简单、机械地进行比较，很难得出有价值和意义的结论。因此，为了分析宣传活动的具体效果，需要找出消防队过去一段时间火灾发生的规律和模式，并假设这一既定模式还会继续延续，从而利用此规律预测出未来的火灾起数。为了分析宣传活动的影响和作用，统计分析以4个周的时间为一个周期，一年包括13个周期。在受季节影响较为明显的消防队辖区，火灾的季节性效应被考虑在其中；而其他的消防队辖区只预测火灾发生的趋势。

在所有消防队中预测显示火灾下降的趋势可能是由马铃薯供应短缺造成的，这种现象在1975年开始变得比较明显，并影响了1975年的火灾发生率，从而影响了对1976年的火灾预测；1976年未作任何宣传的控制区的火灾发生率与预测值非常接近，这证明了以上的假设。研究还发现，在所有进行过电视宣传的消防队辖区，实际的火灾发生率明显低于预测水平。

在每种情况下，预测了如果不开展宣传活动1976年将会发生的火灾起数。然后将预测的火灾起数与宣传活动期间和之后发生的实际火灾起数进行比较，以获得宣传效果的准确度量。油锅火灾数量的变化表示为实际数量对预测数量的比值。在电视高收视区和低收视区，有宣传活动和没有宣传活动的消防队之间，火灾起数没有明显的差别。在控制区西密德兰，零点线附近有一个随机散布，比1977年的预测水平有所增加。这些消防队积极开展宣传活动地区的火灾发生率与那些完全没有宣传的地区没有显著差异。分析发现，消防队宣传活动没有明显的影响是因为这次活动引起的火灾发生率变化很小，影响微弱。

因此，在 Rutstein 和 Butler 的分析中，忽略了消防队开展的宣传活动。图10.1显示的是在这份报告中展示的三个主要地区的电视宣传效果。图中显示了高电视收视率、低电视收视率、无电视收视率的地区厨房火灾发生率的变化曲线，清楚地显示了宣传活动的效果。在电视广告的高、低水平地区，在宣传活动结束后的6个月里，厨房火灾都降低了大约30%；一年之后，这两个地区又减少了约20%～25%。由此可见，这两种电视宣传水平下，不论电视广告水平高低，在效果上都没有明显的差别，分析原因可能是因为相对较低的水平的电视广告足以达到宣传饱和效果。大约6个月后，宣传活动的效果开始减弱，火灾的数量又逐渐恢复到原来的水平。兰开夏郡地区的火灾，在进一步宣传后发生率再次降低，并且至少与最初宣传后一样低。

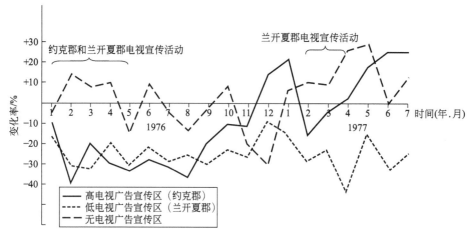

图 10.1　三大电视广告宣传区域，电视广告宣传造成油锅火灾报警数量的变化

电视宣传区大部分消防队辖区的火灾发生率与煤气灶和电灶火灾一致，都按比例减少。唯一的例外是兰开夏郡和默西郡，那里电饭煲的火灾起数按比例减少的幅度更大、更为明显。在高电视收视区，消防队到达时已经扑灭的油炸火灾，其比例从 62％增加到 67％；在低电视收视区到达前扑灭火灾的比例从 54％增加到 61％。在活动的 6 个月内，油锅火灾的数量减少了 30％；这些被消防队消灭的火灾比例减少了 40％。在电视区和无电视区，在宣传运动后油火灾损害均有轻微的减少（但不具备统计意义）。对于所有厨房火灾，每 1000 例火灾的伤亡人数有轻微的增加，但不明显。

就每个人态度的而言，灭火信息比火灾预防信息更为强烈。虽然在宣传活动其后的一段时间内，火灾更多的是被预防而不是扑灭；但显而易见预防信息容易被遗忘，而灭火信息容易被大家牢记。

为了给宣传活动提供更多的有用信息，我们进行了市场调研，在宣传活动前、活动过程中、活动后采访了一些代表性的家庭主妇。掌握她们对活动的认识和看法、电视中广告的内容、对厨房油锅火灾原因的了解以及发生火灾时应采取的正确行动。总体而言，火灾统计结果与市场调查结果吻合较好。

10.2.4　大空间火灾——电视广告

厨房火灾宣传活动获得成功之后，英国内政部在 1978 年针对空间加热器火灾问题发起了类似的宣传活动。活动从 1978 年 2 月 1 日至 1978 年 3 月 25 日在约克郡电视收视区进行。这一时期每天电视宣传一次空间加热器火灾。选择每天一次这个级别频率是因为早前厨房火灾研究结果显示，更高级别的广告不会对人的态度或行为产生更明显的效果。宣传活动期间选择了一个实验控制区，这样可以排除研究期间可能影响空间加热器火灾起数的外来因素。

空间加热器活动集中在滥用家中特别是移动电辐射空间加热器的危险。该活动的目标是：

① 提高对便携式加热电器火灾潜在危害的认识水平；

② 重点提高人们对保持"安全距离"必要性的认识，杜绝将加热器放置于"安全距离"警戒线内部的危险行为。

以上宣传活动的目标是根据活动前社会调查的结果确定的，该社会调查以扩大小组成员的形式，讨论了空间加热器的使用和已知的危险。电视宣传活动的目的是使大家充分认识到社会调查中确定的对加热器存在危险的应对方式；因为大部分空间加热器火灾是由靠近热源的可燃材料引起的，因此避免空间加热器火灾的重点是保持加热器处于"安全距离"的位置。

为了更好地确认宣传活动的作用和影响，在宣传活动开始前后，分别记录了一般空间加热器、特别是电辐射空间加热器引起的所有国内火灾的数量和严重程度。为此，从年度火灾统计中提取的 1968～1977 年期间的数据，并由 Gilbert（1979）进行分析，通过考虑每年的火灾起数，获得了以下关系：

所有大空间加热器：$N = 550 - 35.7t - 6.4y$

电辐射大空间加热器：$N = 172 - 13.0t + 0.6y$

式中，t 是年平均气温；y 是指年，取 1968 年 = 1 计算；N 是百万人口的火灾起数。

上面关系方程根据每年记录的空间加热器的火灾起数估算出来的，方程排除了天气因素的影响。

在第二个方程中，变量 y 的系数 0.6 相关的标准误差非常大，以至于与系数取 0 值时没有明显的差别。这意味着电辐射空间加热器火灾的发生率没有十分明显的时间变化趋势；但对于所有空间加热器火灾的组合存在明显的时间趋势。为了更清楚地看到时间效应，借助于上述方程，将 1968～1976 年期间的空间加热器火灾的发生率校正为恒定的 9.9℃ 的年温度，这个温度是与 1941～1970 年期间年温度平均值相符。

温度校正后数字显示，1968～1977 年期间的住宅中的空间加热器火灾的发生率与空间加热器火灾具有一致的下降方式。这种下降趋势一致的一个重要原因是住宅区内越来越多地使用集中供热。在对照区和宣传活动实施区，空间加热器火灾发生率没有显示出任何可归因于宣传活动的显著变化。这两个地区的正常季节变化掩盖了火灾发生可能存在的任何差异。为了区别这一差异，Gilbert 进行了进一步的分析，他认为调查研究的四个周时间内空间加热器火灾发生的起数与同一时期的温度之间的关系更为密切。图 10.2 是利用研究结果得出的关系图，该图显示了与月平均气温有关的活动和控制区的火灾发生率的关系。图 10.2 中考虑了四种情况，并估算了 N、t 和 y 之间的相互关系。

图 10.2 没有显示任何明显的减少空间加热器火灾的起数可以归因于电视宣传活动的结论。因此，Gilbert 使用原来的关系表达式预测宣传后火灾发生的数量，并将预测结果与火灾发生的实际起数进行比较，发现实际和预测的火灾起数值是合理的、一致的，并没有发现由于宣传活动导致的火灾发生起数数量上的重大变化。该分析未发现宣传活动对以下两种情况发生任何改变：

① 空间加热器火灾的类型：器械类别（电器、燃气等）、起火原因（器械故障、干燥衣服等）和燃烧材料（衣服、床上用品等）。

② 消防队灭火扑救方法对空间加热器火灾严重程度的影响。

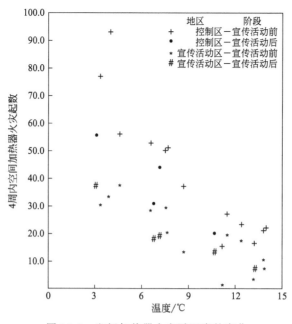

图 10.2　空间加热器火灾随温度的变化

10.3　自动探测器

10.3.1　实施

自动探测系统主要用于火灾发展早期阶段探测火灾产生的热或烟等物理特征，并发出可听见的警示信号；如果探测系统直接连接到消防队，则同时实现报警。这样能够保证灭火救援在第一时间开展，从而迅速控制火灾，防止造成更大的破坏。与既能探测火灾信息又能积极参与灭火的自喷淋系统不同，探测器具有被动的属性，在火灾控制过程中不起作用。Custer 和 Bright（1974）在回顾探测器的研究现状时曾详细地描述了各种类型的探测器。Schifiliti（1988）详细讨论了探测系统的设计和火灾报警的对人听觉感知方面的问题。

虽然热、烟探测器的响应时间可以根据已知顶棚高度、探测器间距和火灾、烟气强度等测试结果来计算，但在实际火灾中探测器感应头的工作时间取决于许多因素，火灾产物、热量、烟气或辐射到达探测头的时间取决于火源的扩散速度，而扩散速度则由房屋、建筑布局和环境条件控制。上述因素会造成探测器性能在实际火灾中运行具有不确定性；如果它能运行，则可能在一个随机时间内运行。统计数据不可用于评估火灾中探测器运行的概率。Helzer（1979）在评估减少室内装潢家具火灾损失的不同策略的经济价值时，假设 80% 的探测器能够有效地对火灾做出反应，但是如果火灾中产生的热量或烟气不足以激活探测器感应系统，则探测器将无法运行。

英国内政部编制的火灾统计数据可以识别出哪些火灾是烟气报警器首次发现的，哪些不是由烟气报警器首先发现的，这并不意味着现场没有烟气报警器，只能说火灾可以首先由其他一些方式探测到，有很多时候火灾是由人发现的。由烟气报警器发现的住宅火灾起数在 1988～1991 年期间上升了 164％。在此期间，拥有烟气报警器的家庭数量从 15％增加到超过 50％。根据英国内政部公布的 1991 年火灾统计数字，住宅火灾发生 5min 内被烟气探测器发现比例为 69％，所有火灾中未被烟气报警器或其他探测器发现的占 53％。在其他被占用的建筑物中，与其他探测器探测到 45％的火灾起数相比，78％的火灾是由烟气报警器探测器在 5min 之内探测到的。

根据 Buttson 和 Lufkk（1979/1980）的研究，发现热探测器的工作时间从类似于塑料制品厂"超高危险"区域（XHH）的 2min，到诸如公寓和其他住宅区的"超轻危险"（XLH）的 20min 不等。烟气探测器的工作时间为木材材料的 0.5min（XHH）至 2.25min（XLH）和聚苯乙烯的 0.75min（XLH）。木本材料从炽热的燃烧中会散发出大量的烟气，但是因燃烧条件下聚苯乙烯能够产生更多的烟气，从而获得更快的烟气报警响应时间。根据 Custer 和 Bright（1974）引用的有关住宅火灾的一些测试结果，对于以升温速率和固定温度为检测量的探测器，阴燃室内火灾的探测时间会更长。在另一个垃圾桶中迅速发展火灾的测试中，温度上升速率探测器在 2min 内工作，而固定温度探测器在 5min 内响应，光电检测器则在 8min 内响应。有证据表明，烟气探测器对引燃火灾更为灵敏，因此在发生阴燃火灾风险的地区应安装烟气探测器。

Nash 等（1971）进行了一些测试，包括在高堆叠存储区域使用各种类型的探测器。在一系列类似的测试中，热探测器在着火 1min16s～3min58s 之间工作，电离探测器在 1min5s～4min30s 之间工作，而光学探测器在着火 3min 以上工作。若探测器恰好在火焰的上方，红外探测器大约需要 3min 左右运行，激光探测器需要大约 5min 才能运行。

10.3.2 有效性——财产保护

安装探测器首先考虑的是财产保护。根据 Baldwin（1971，1972）的研究，早期探测到或及时发现火灾，可以降低火灾蔓延或大火发生的概率。进一步研究发现，如果火灾能够被及时探测发现，夜间发生并扩大蔓延的火灾起数将会减少 2/3。1991 年"英国火灾统计"公布的数据表明，由烟气报警器发现的建筑物火灾中，67％的火灾被控制在开始燃烧阶段，0.2％的火灾蔓延到建筑物之外。如果烟气报警器没有安装在这些建筑物中，只有 36％的火灾被控制在开始着火的物品上，而 2.5％的火灾将蔓延到建筑物之外。对于住宅，如果火灾是由烟气报警器发现的，则火灾被控制在首次点燃的物品上的概率为 0.68％，如果未被烟气报警器或任何其他探测器发现的话，则概率降为 0.41％。

电离探测器的制造商 Cerberus 保存着瑞士境内受其系统保护的房屋火灾的档案。对于火灾警报系统探测到的每次火灾，记录了若干条信息，这些信息已经导致或者几乎肯定会导致保险公司的索赔损失。在平均保险损失的计算中不包括火灾保险索赔，统计数据仅包括发生在自动火灾报警系统监测的房间内的火灾。根据对 1960～1967 年期间统计数据的分析，由 Cerberus 火灾报警系统监测的瑞士建筑物的平均火灾损失（房屋和内部财产）仅为没有这些系统的建筑物的平均火灾损失的 1/3。

在第 7.6 节已经提及，火灾增长指数模型可用于评估探测器在降低财产损失方面的经济价值。通过自动探测系统早期探测火灾将缩短从火灾发生到发现火灾所经过的时间 T_1；

因为在火灾发生后不久就会探测到火灾，这也会减少火灾控制所用的时间 T_4。火灾初期增长阶段，消防队接收到报警信息，此时火灾较小，消防队能及时到达现场并能迅速控制火灾。因此，燃烧的总持续时间 T 和面积损伤 A（t）将大大减少，表达式如下：

$$T_4 = a + bT_A \tag{10.1}$$
$$T_A = T_1 + T_2 + T_3$$
$$T = T_A + T_4$$

式中，T_A 是消防队从火灾发生到抵达火灾现场所需要的时间。

上述模型被应用于纺织工业自动火灾探测器经济价值的初步研究（Ramachandran，1980 年）。在方程（7.7）和方程（10.1）中得到下列参数的值。

$\theta = 0.0632$（倍增时间为 11min）

$A(O) = 4.6852\text{m}^2$

$a = 6.90$

$b = 0.83$

参数 b 表示，在消防队到达火灾现场每延迟 1min，控制时间 T_4 将增加 0.83min。表 10.1 估算了两种情况下自动探测器（探测器未连接到消防队和探测器连接到消防队）的结果。每起火灾的保护财产数额是着火时未发现的火灾造成的损失。在表中，假设自动火灾探测器的平均工作时间为 1min，发现火灾后人工报警 2.5min，与消防队相连的探测器的报警时间假定为 15s，消防队的出警到达时间假定为 5min。

表 10.1　探测器对纺织业的保护效果

分类	平均时间/min					平均受损面积 $A(T)$ /m²	火灾平均直接损失 (L)/£[①]	火灾平均保护财产数额/£
	探测时间 (T_1)	报警时间 (T_2)	出警时间 (T_3)	火灾扑救时间(T_4)	火灾总时间(T)			
探测器与消防队未连接	1.0	2.5	5.00	13.96	22.46	19.37	4358	7448
探测器与消防队连接	1.0	0.25	5.00	12.09	18.34	14.93	3359	8447
火灾发生时没被发现	9.66	2.63	4.84	21.08	38.21	52.47	11806	—

① 按 1978 年的价格计算，每平方米 225 英镑。

火灾演化过程如图 10.3 所示，图中显示了三种情况下消防队到达和控制时火灾的规模，以及由于安装自动探测器带来的损失的减少。在没有消防队灭火情况下，火灾会燃烧超过 54min，损失超过 140m²。火灾情况下人员成功逃生的时间重点是在前 5min 进行，在这段时间内火释放的热量较少，因此烟的温度也相对很低，浮力运动相对缓慢，更加有利于被困人员逃生。

表 10.1 是一个说明火灾增长指数模型在评估探测器经济价值中的应用的例子。此表中的输入数字可根据探测器类型、占用类型、最近消防队的位置以及建筑物中的通信系统等因素而发生变化。例如，基于实验结果探测器不同运行时间可以任意被假设，而不仅仅是 1min。特定建筑的出警时间可能少于或超过 5min，这取决于消防队对它的风险类别和等级的评估。对于特定建筑物，可以通过进行火灾荷载调查来估计 A（O），但 θ 的值对

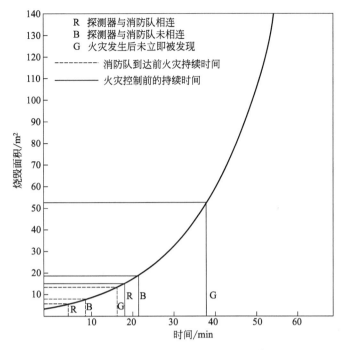

图 10.3　燃烧破坏区域随平均时间的变化关系

于任何风险类别都可以保持不变。对于特定的输入值，可以为任何建筑绘制类似于图10.3所示的曲线。

在进一步的应用中，Ramachandran 和 Chandler（1984）应用了以下扩展版的指数模型：

$$A(T) = A(O)\exp[\theta_A T_A + \theta_B T_B] \tag{10.2}$$

上式中 $T_B = T_4$，表示火灾总增长率的参数 θ 被分为两部分——θ_A 为 T_A 期间的增长率，θ_B 为 T_B 期间的增长率。通过用方程（7.8）中的 θ_A 或 θ_B 代替 θ，可以得到这些周期的"倍增时间"。

方程式（10.1）中的关系也用于 a 和 b 的估计值。针对每组工业和商业场所，形成了一个类似于表10.1的表格，来估算与消防队相连的自动探测器所节省的费用，以降低着火时未发现或发现火灾两种情况下可能造成的损失。表10.2中显示的这些结果仅略高于由于没有连接到消防队的探测器而节省的结果。通过紧急灭火方法解决的火灾，发现时间比没有解决的火灾更短。因此，由于这种建筑物中的自动探测系统而导致的额外节省很小。很明显，对于没有提供紧急灭火的建筑物而言，探测器带来的经济效益特别高。

表 10.2　探测器与消防队相连时平均费用（英国，1983 年价格）　　　　单位：£

项目	生产		储存	
	是否与消防队相连急救灭火		是否与消防队相连急救灭火	
是否占用	是	否	是	否
食物,饮料和烟草	6730	7980	2170	①
化学品和合成品	120	2750	195	2925
金属加工	60	520	75	295

项目	生产		储存	
	是否与消防队相连急救灭火		是否与消防队相连急救灭火	
机械、仪器和电气工程	105	2450	195	1545
纺织	180	980	580	3390
采购产品衣服、鞋类、皮革、毛皮	730	20710	4280	2185
木材、家具等	625	4175	610	2350
纸张、印刷和出版	60	6625	25	2570
分销贸易-批发	225[2]	2985[2]	120	3880
分销行业-零售	15[2]	370[2]	340	730

① 估算方程不稳定。

② 公共/装配区。

根据方程式（7.4），Rutstein 和 Cooke（1979）使用以下方程估算了无保护建筑中受损的平均面积：

$$p_1 C_1 A^\beta + p_2 C_2 A^\beta + p_3 C_3 A^\beta \tag{10.3}$$

式中，p_1 和 p_2 分别是人在火灾发生房间和在火灾发生时建筑物（非房间）内的火灾发生比例；p_3 是发生火灾但建筑物内没人的火灾比例。这些比例是根据火灾发生地点最近的人的位置而定的。对于给定的 β 值，C_1、C_2 和 C_3 是基于某些假设下估计的预期破坏系数。例如，对于工业建筑，获得了 C_1、C_2 和 C_3 的值分别为 1.5、1.9 和 3.9。对于这些建筑物，$\beta=0.45$，$p_1=0.55$，$p_2=0.18$，$p_3=0.27$，方程式（10.3）给出的值可以看作是 $2.22A^{0.45}$。

假设"建筑物中有人"的火灾和"建筑物中无人"的火灾的损失分别减少了 60% 和 55%，受保护建筑的火灾面积估计为 $1.44A^{0.45}$。这相当于无论建筑物的面积 A（m^2）有多大，探测系统会将总的损失减少 35%。这一减少适用于本地的警报系统，而直接线路系统估计减少其中总量 45% 的损失。

10.3.3 有效性——人员生命保护

虽然热探测器对于减少工商业建筑的财产损失具有很好的经济价值，但是烟气探测器对于住宅火灾来说却是必不可少的。烟气是住宅场所火灾发生死亡的主要原因。Helzer 等（1979）研究了烟气探测器在国家经济发展中的价值和作用。

如果及早发现火灾，就可以在着火后不久开始对建筑物内人员进行疏散。这将增加被困人员逃离到安全地点的机会，避免因高温、烟气或有毒气体而无法逃生的不利情况。根据参数 λ 的讨论部分 8.7 和 8.8，疏散时间每节省 1min，单用途住宅和多用途住宅每次火灾死亡率分别会降低 0.0008 和 0.0006。

对于单用途和多用途建筑火灾，平均发现时间分别为 14min 和 18min。如果按照 10.3.2 节的假设安装自动探测器将发现时间减少 1min，那么单用途和多用途建筑的火灾发现时间将降低到 13min 和 17min。此时，根据上面提到的 λ 的值，这两种类型的建筑物的死亡率都会降低 0.01。根据统计结果，建筑每年约有 5.5 万起火灾，如果在所有建筑中安装烟气探测器，每年可拯救 550 人的生命。因此，生命风险的降低与烟气探测器的运行有直接关系。

根据 8.7 节中提到的关于美国的研究，探测器可以将单户和两户住宅的每次火灾死亡率降低 0.0042。值得一提的是，自 1977 年以来加拿大安大略住房公司所有的每一个住宅单位都安装至少一个烟气探测器来保护住户安全。这个组织的统计数字清楚地表明烟气探测器能拯救生命。McGuire 和 Ruscoe（1962）分析了安大略省 342 起住宅火灾的数据，推算出烟气探测器可以拯救 41% 的受害者。

10.3.4 可靠性

本节我们讨论自动探测器硬件的可靠性问题。到目前为止，由于缺乏组成这些系统组件的"故障率"数据，对消防安全设施这方面的研究非常有限。然而，正如 Custer 和 Bright（1974）所讨论的那样，基于现场、实验室经验和制造商的文献可以对探测系统的某些关键部件做一些一般性的说明。本研究的总结如下。

就部件故障而言，热探测器通常是最可靠的，因为这些设备是通过探测器工作元件的物理变化直接响应热量的存在；热探测器在安装后可能由于机械损坏、滥用或由于电源或报警指示设备等外围设备的元件或电路故障而失效。

光电型烟气探测器中使用的灯具对探测器的工作性能至关重要。白炽灯泡的使用寿命从 1 个月到 37 个月不等。为增加灯丝的使用寿命，通过降低工作电压减少了灯丝的蒸发，这样可以减少损坏。震动和冲击也经常会导致脆弱的灯丝损坏；电涌现象和停电也是其中重要的因素。目前，灯泡寿命问题可以通过使用发光二极管来解决。这种光源在机械上是稳定的，不容易受到震动的损坏。探测器中光电管的灵敏度随着年头的增长，可能会有一定的漂移倾向。这种方法通常是通过使用不同配置的补偿电池来实现的。这些电池起着保持电路平衡的作用。

电池作为单探测器的主电源存在着一些问题，这些问题会影响探测器的可靠性。电池驱动的设备通常需要 1 年的寿命，并且声音信号能持续 7 天。碱性电池磨损时，其电压曲线会不断下降。使用这些电池的探测器需要定期调整灵敏度，以保持设计的报警阈值。水银电池在使用寿命的大部分时间里电压都是恒定的，但在使用寿命结束时电压会迅速下降。这将降低灵敏度，可能会缩短报警器的工作时间，或在某些情况下，阻止其工作。

在通风系统中，当检测到变压器冒烟时，探测器的工作可能会引起警报。这些故障引发火灾的可能性不应被忽视。固态元件的失效可能是由于电流瞬变超过了内置的瞬变保护。

Gupta（1984/85）通过分析某精神病院自动火灾探测（AFD）系统的组件结构和配置，估算了该系统组件的硬件故障率。该系统由电离型烟气探测器、玻璃破碎装置和热探测器组成的分布式系统组成。它们都连接到不同的区域面板，而区域面板又连接到一个中央控制单元和三个中继板。该控制单元携带有一个火区识别报警器，它可用于接收警报以激活医院的可听见的火警警报和传送消防队呼救信号。电子元器件故障率可以通过军用标准化（Military Standardization，1974）获得。

对于电离烟气探测器，Gupta 预计总的模式故障率为每年 0.057 个，其中每年 0.04 个故障属于安全类型，每年 0.017 个故障属于危险类型。由于这些数据适用于一级的环境，当考虑风速和湿度等因素后，故障率估算为每年 0.46 次，是一级环境下的 8 倍。对于一个玻璃破碎装置，总的相关故障率为每年 0.032 个故障，其中每年 0.018 个故障属于安全类型，每年 0.014 个故障属于危险故障。这些数字不包括由于系统误用而产生的虚假报警率。对于控制单元，Gupta 预测未发现危险类型，指示器控制模块每年 0.06～0.042 个故障，监控单元每年 0.018 个故障。

可靠性工程师完成的研究表明（Finucane 和 Pinkney，1988），控制单元的总故障率从每年 0.25 次故障到每年 1 次故障不等，未披露的故障率通常为每年 0.1 次故障。研究发现，探测器的总体故障率为每年 0.1 个故障，报警故障率从每年 0.01 个故障到每年 0.1 个故障不等。

10.3.5　可寻址系统

虽然上述讨论的传统探测器系统仍在一些建筑物中使用，但许多国家大约在 15 年前就开始使用可寻址系统技术。在这些系统中，来自每个探测器和每个调用点的信号分别在控制面板上识别。每个电路都是一种简单的数据通信形式，而不是简单的电路。在可寻址系统的软件中，设备标识可以转换为预先编程的位置，然后显示在某种形式的文本显示器上，如 LCD 或真空荧光显示器上。

可寻址系统本质上包含四种类型——双态系统、模拟系统、多态系统和多准则系统。在第一种类型中，探测器自己决定是否有火灾。这与第二种类型模拟系统的情况不同，在第二种系统类型中，探测器充当传感器，只是向控制设备发送一个电信号，表示所感知到的热量、烟气或火焰的数量。如果信号超过某一阈值级别，将发出"预警报"；如果信号超过较高阈值级别，将发出"火灾警报"。在非常低的阈值水平下，可能给出一个故障信号，表明探测器已经变得非常不敏感。在多态系统中，每个探测器都能发送多个状态，如故障、正常、预警和火灾。在多准则系统中，每个检测器头包含多个传感器，能够探测热、烟或火焰等信号特征。

大多数已安装的可寻址系统是模拟类型的，其中一些系统包括复杂的测试记录设备，从而可以为评估提供可靠性数据，这些先进探测系统的不可靠性将大大低于现代传统的探测系统（0.02/年)(见 Appleby 和 Ellwood，1989）。

10.3.6　误报

实际上，利用现有技术可以实现对火灾、特别是不同程度燃烧信号的准确探测。但是，如果将灵敏度设置在高值水平，探测器可能会接收到来自吸烟和烹饪等正常活动的虚假火灾信号。相反的情况，低水平的敏感度会增加真正火灾未发现的风险。到目前为止，还没有足够的研究来解决探测器的可靠性和火警误报率之间的不匹配问题。例如，Cholin（1975）认为可以通过探测器的交叉分区在一定程度上解决这个问题；在该分区中，警报的激活会延迟到第二个探测器被激活。Custer 和 Bright（1974）提出了另一种方法是使用多模探测器，在启动火灾警报之前需要多个火灾信号相互确认才会发出火灾警报。新一代使用计算机的探测器系统能够实现检查火灾信号，并发现错误的或不必要的警报。

虚报火警对正常工作造成干扰，尤其对消防队来说，虚报火警会浪费宝贵时间和大量金钱。而真正的火警发生时，可能会因不必要的假火警而被延误或推迟。除了恶意报警外，住宅居住者和消防队可能会对炊烟、浴室水蒸气、烟草烟气和其他无害的空气悬浮微粒等发出的信号做出反应。产生假警报的其他原因还包括感应室中的灰尘、碎片和昆虫。除了灵敏度高造成报警外，探测器的位置、类型和缺乏维护也是过度报警的原因。

美国消费品安全委员会（US Consumer Product Safety Commission）开展的国家烟气探测器项目已经确定了家庭烟气探测器产生有害警报的原因。这些资料记载在安全委员会第一项研究最后的报告中（November，1993），即"烟气探测器可操作性调查——调查结果报告"。正如报告中指出的那样，很多家庭因警报误报而有意断开烟气探测器的电源；报告还提出了几个解决这个问题的潜在方案。对一个部门，重复的火警误报可能会导致消防队取消报警连接，从而使该组织暴露在火灾风险中。

在英国，Fry 和 Eveleigh（1975）对误报火警做了最全面的研究，分析了探测器启动专项调查中收集的数据。根据 1968 年的 5930 份火灾报警报告，只有 489 份火警真正来自火灾，火警误报比例为 11∶1；组合式烟热探测器的比例最高，误报比例达 23∶1；热探测器的误报比例为 11∶1；烟气探测器的误报比例为 14∶1。自喷淋灭火系统激活的警报显示误报比例为 10∶1，手动操作警报的误报比例为 4.4∶1。在 5441 个误报火警中，机械和电气故障，尤其是线路故障或磁头故障占了 46%。环境条件，尤其是外来热量和烟气，占误报的 26%，其中 16.5% 是通信故障。该分析还根据占用率和一天中的时间对虚假呼叫进行分类。

根据 Davies（1984）的研究，一个瑞士制造商的 95 个探测系统发出 85 个真正的警报，而误报警报却高达 1329 个，比率为 16∶1；在 1329 个错误报警中，有 1194 个被描述为"火灾激发事件"。Bridge（1984）的一封致"火灾"的信中指出，新西兰每年有 10000 起误报火警，其中约 20% 是恶意的。以上所述的错误警报其原因是众所周知的，因为保险公司使用喷淋设施和探测器作为消防检查系统。

Gupta（1984/85）对导致自动探测系统故障和正常运行的原因事件进行了分类，将误报火警分为四个类别：

① 设备故障；

②"非火灾"干扰；

③"外部"效应；

④"未知"警报原因。

关于第一类故障率的信息可以从硬件可靠性数据库获得，例如从英国原子能局（AEA）维护的、正式称为安全和可靠性理事会（SRD）的部门获得。第二类包括吸烟、蒸气、灰尘和烹饪产生的烟气或蒸气等原因。第三类包括人为失误、漏水、电源中断或浪涌、电弧或开关等电气干扰以及鸟类、动物和昆虫等。

Gupta 分析了除第一类外的其他火警误报情况，收集了不同地点连续事件时间间隔数据。为了了解事件的统计特征，他将 Weibull 概率分布拟合到这些数据中，采用了最大似然法和最小二乘法对分布参数进行估计。第二类（"非火灾"）"尺度"参数（连续事件之间的间隔）的平均值在 10~42 天之间变化；第三类（"外部影响"）在 16~40 天之间变化，第四类（"未知"）在 14~60 天之间变化。除了一个"外部效应"，三类中"形状"参数的值均小于 1.0，这表明事件发生的失败率降低。

另一方面，不同地点两次连续假误报的平均持续时间在 5~15 天之间变化。根据本书的研究结果，这种持续时间与场地类型几乎没有关系。在一个给定类别中，不同站点观察到的"形状"参数变化很小，这表明了错误警报的常见原因。对这种现象的解释可能是由于现场消防人员的效力、效率和越来越好的维修政策。在对不同地点的查访的过程中，观察到探测系统有些令人不满意的特征，如探测头的位置、配置和维护等。

10.4 水喷淋

10.4.1 实施

虽然水不是所有火灾的完美灭火剂，但由于广泛可用、价格低廉且无毒的特性，仍然是喷淋设施中最常用的灭火剂。水具有许多理想的灭火特性，即使在喷淋水不能灭火的情况下，也能通过冷却起到保护建筑物的作用，从而实现保护建筑、控制火灾，直到它可以被其他方法熄灭为止。这样的行动可以降低火场温度和烟气以及大气中的其他有毒物质的浓度。这些相对良好的条件和对火灾的早期处置，将为逃生、救援或疏散提供更多的时间。

根据 Fleming（1988）观点，有四种基本类型的喷淋灭火系统，它们在如何将水注入火灾区域的最基本方面有所不同。湿式系统和干式系统使用自动喷淋装置，而雨淋系统不使用自动喷淋装置，而是使用开放式喷淋装置。第四种类型类似于雨淋系统，只是使用了自动喷淋装置。有许多其他类型的喷淋系统，根据它们保护的目标（如住宅、机架或暴露保护）、喷淋系统的添加剂（如防冻剂或泡沫）以及与系统的特殊连接（如多用途管道）等条件来分类。但所有的喷淋灭火系统仍然可以归类为四种基本类型之一。Fleming 描述了所有喷淋灭火系统的基本特征。他还详细讨论了确定供水要求的简单水力计算、系统管道悬挂和支撑的选择计算以及系统的灭火性能。

喷淋设施一般要求在平均温度 68℃ 以下运行，但对诸如火灾中热气体的流动的区域会有特殊要求，确定合适的位置，以保持喷头良好运行状态。与探测系统一样，在实际火灾中，虽然已经开发出科学方法来估算响应时间，但有几个因素会导致喷淋器的启动和运行时间不确定（例如，见 Evans，1985）。Bengtson 和 Laufke（1979/80）根据温度上升速率、地板上方火焰的高度和房间估算 XHH 占用情况下喷头的运行时间为 2.5min，XLH 占用情况下为 16.8min。在几项研究中，特别是由英国消防研究所、美国工厂互研公司（FMRC）和美国国家标准与技术研究所（National Institute of Standards and Technology，USA）估算了实验火灾中喷淋设施的工作时间。

在已安装喷淋设施的建筑物中，火灾可能不会产生足够的热量来激活系统，实现火灾自动扑救熄灭或通过消防出警急救方式扑灭。根据英国火灾统计数据，在消防队所参与的或向消防队报告的火灾数据中，"小"的火灾的概率约为 55%；剩下的 45% 是需要喷淋设施干预的"大"的火灾，其中 87% 的情况下使用喷淋设施灭火；13% 的情况下未使用，占总量的 6%。在消防队到达之前，有喷淋设施工作的火灾有些被系统扑灭，有些则是消防队到达后扑灭的。

根据英国消防研究所 Rogers（1977）进行的一项调查，在喷淋建筑物中有 1/3 的火灾是由该喷淋系统扑灭，而没有向消防队报告。因此，消防队只处理有喷淋设施建筑火警的 2/3，若要估计这些建筑发生火灾的总数，则须增加 50%。分析发现，在这个总数中，37% 是前面定义的"小"火灾。在 63% 需要喷淋设施干预的"大"火灾中，喷淋设施的运行率为 59%，在 4% 的火灾中无法运行。因此，喷淋设施在 94%（＝59/63）的火灾中发挥作用，需要采取相应措施。如果情况需要，喷淋灭火设施会在大多数"小"火灾中运行并发挥作用，这些"小"火灾是自行熄灭或通过消防救援手段扑灭的。

为了实际评估喷淋设施的可靠性，需要进行如上所述的内容分析。基于英国火灾统计数据，扩展了一个类似的分析。Rutstein 和 Cooke（1979）估计，有 10% 的喷淋设施运行的火灾没有报告给消防队。应用该修正得出了喷淋故障率为 2.2% 的数值，表示喷淋设施的性能可靠性为 97.8%。Rutstein 和 Cooke 还估计，对于不同类型的居住区喷淋系统正常工作的火灾百分比在 92%～97% 之间。对于所有工业建筑，其比例为 95.6%。在剩余的 2.2% 的喷淋故障中，火灾出现"失控"现象，并发展成一个非常大的火灾，在火灾中有超过 35 个喷头运行（见图 10.4，Baldwin 和 North，1971）。

澳大利亚和新西兰汇编了关于喷淋设施性能最可靠和最准确的统计数据。在这些国家，按照法律规定所有的喷淋灭火系统都是直接相连到消防队的。因此，喷淋系统报警后自动伴随着消防队出警。此外，必须每周检查所有警报。根据这两个国家 1886 年以来的统计数据，Marryatt（1988）得出喷淋设施的运行率超过 99%。根据美国国家消防协会（NFPA）的调查，1897～1964 年期间美国喷淋设施的运行率约为 96%；根据工厂互研公司（FMRC）的报告，1970～1972 年期间运行率为 85%；根据美国海军的数据，1966～1970 年期间运行率为 95%；Miller（1974）在一项研究中引用了上述数据，他利用 FMRC 经验估算了湿式系统运行率为 86%，干式系统运行率为 83%，自动喷淋系统运行率为 63%。

Nash 和 Young（1991）研究了 1965～1969 年英国喷淋系统发生故障的原因，发现故障的主要原因是阀门被关闭，这种情况占所有故障的 55%，占已知故障原因中的 87%；在所有故障中，有 7% 的故障是由于设计或制造方面的问题造成的。其他的和未知原因占所有故障的 36%。在上述 NFPA 调查中，在 4% 的故障中，有 36% 是由于系统关闭造成的，其中 85% 可能是人为错误造成的。

喷淋系统控制火灾蔓延的作用可根据在火灾中工作的喷头数量进行评估［参见 Baldwin 和 North（1971）制作的图 10.4］。图 10.4 中的美国和英国数据没有显著差异。结合这两组数据，Baldwin 和 North 对 $\lg q(N)$ 和 $\lg N$ 拟合了回归曲线，其中 $q(N)$ 作为 N 个或多个自动喷淋装置运行的火灾比例。根据这一分析，75% 的火灾由 4 个或更少的喷头控制或扑灭，80% 由 5 个或更少的喷头控制或扑灭，98% 由 35 个或更少的喷头控制或扑灭。澳大利亚和新西兰的相应的统计分析结果（Marryatt，1974）分别为 90%、92% 和 99%。最近由 FMRC 发表的美国的研究成果（Rees，1991），成果涵盖了 1978～1987 年的数据统计。这些数据表明，69% 的火灾由 5 个或少于 5 个喷头控制，83% 由 10 个或少于 10 个喷头控制，94% 由 25 人或 25 人以下控制。上述数字表明，只有用足够的喷头来控制火灾才是积极有效的，这样可以减少灭火用水量，而且还可以减少火灾损失。

此外，火灾处理中会出现一系列由水造成的破坏和意外的水泄漏造成的损失，这种损失作为反对在计算机中心、图书馆和画廊等特殊区域安装喷淋装置的依据。但目前仍没有可靠的数据来评估这些损失。根据个别火灾提供的信息，由于水的损毁造成的损失并非十分明显，发生水泄漏的可能性也很小。由于水损坏而造成的额外损失，可能小于在没有喷淋装置的情况下火灾进一步蔓延所造成的损失。

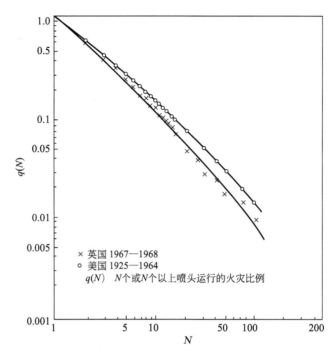

图 10.4　英国和美国在火灾中使用的喷头数量

10.4.2　有效性——保护财产

喷淋系统对保护财产的作用在许多消防文献中已经进行了充分地探讨和阐述。关于这些方面英国也做了相关研究，表 7.3 中提到了关于火灾蔓延的问题，图 9.4 和图 9.5 中提到了关于区域损害的研究，图 9.7 和表 9.7 中提到了关于财务损失的研究。Rutstein 和 Cooke（1979）研究了 $1500m^2$ 建筑不同行业中喷淋设施对平均面积损失量的影响，发现医院和其他企业的减少幅度在 40%，学校的减少幅度在 93% 左右（见表 10.3），工业建筑减少幅度为 73%。

表 10.3　喷淋设施对火灾损失减少量的估算

行业	$1500m^2$ 大厦的平均火灾规模/m^2		喷淋设施对损失减少量的贡献/%
	无喷淋设施	有喷淋设施	
各行业	60	16	73
食物、饮料和烟草	72	6	92
化学品及合成	28	12	57
机械工程	44	5	88
电气工程	64	6	91
车辆	56	4	93
金属制造	34	7	79
纺织业	45	20	56
木材业	112	14	87
造纸业	93	17	82
其他制造业	140	24	83

行业	1500m² 大厦的平均火灾规模/m²		喷淋设施对损失减少量的贡献/%
	无喷淋设施	有喷淋设施	
其他行业			
存储	157	23	85
商店	37	6	84
办公场所	15	3	80
宾馆	27	3	89
医院	5	3	80
酒吧	33	3	91
学校	42	3	93

根据英国内政部 1981～1987 年的统计数据，Beever（1991）发现，超过给定面积的火灾破坏概率在有喷淋设施灭火保护的情况下要比没有喷淋设施保护的情况下小得多。根据 Morgan 和 Hansell（1984/1985）的一项研究，有喷淋设施的办公室火灾，1/10 的火灾面积会超过 $16m^2$，而在没有喷淋装置的建筑物中有 1/10 的火灾会超过 $47\ m^2$。在最近的研究中，Ramachandran 定义了一个参数 K，即无喷淋系统轰燃概率和有自动喷淋系统轰燃概率的比值，把火灾破坏用房间大小表示。如第 10.5.1 节所述，该概率可视为轰燃或严重的结构破坏的概率。对于办公建筑（所有房间）和零售场所（区域面积），平均房间面积为 $100m^2$ 的 K 值分别为 3.5 和 3.3；对于酒店卧室，K 值估计为 3.3。因此，喷淋设施可使轰燃或严重结构损坏的概率降低 3 倍。

关于有无喷淋设施建筑火灾损失的最全面的数据来源之一是美国的工厂互研公司（FMRC）。FMRC 收集的 1980～1989 年期间的各种生产、仓储和其他非制造业的建筑火灾损失数据，表明没有喷淋设备的建筑的平均火灾损失大约是喷淋设施充足的建筑损失的 4.5 倍（Rees，1991）。NFPA 对 1980～1990 年的数据的分析表明，商店和办公写字楼的平均火灾损失减少了 43%，教育机构减少了 74%（Hall，1992）。

如第 7.6 节所述，喷淋设施降低了火灾发展到"猛烈燃烧"阶段的可能性。纺织工业建筑的总体增长率降低了 2.7 倍，而公寓房间内的增长率降低了 1.7 倍。在最近的一项调查中，Melinek（1993）评估了用面积损失表示喷淋设施在减少火灾的严重性方面的有效性。他估计，喷淋装置将使工业和商业建筑的达到 $100m^2$ 规模的火灾概率降低 5 倍。他还发现，建筑物结构的损坏将减少 2.5 倍。在上面提到的研究中，Melinek 将喷淋实施扑灭或控制的火灾与无法扑灭或控制的火灾进行了比较；他没有比较分析无灭火喷淋系统建筑的火灾规模大小。

10.4.3　有效性——人员生命保护

在人数众多的危险建筑物中估算喷淋设施装置可以挽救多少生命是一项困难的工作。目前没有足够的统计数据来分析这个问题，只能采用第 8.8 节中提出的疏散模型做出相应的估算。正如本部分所讨论的那样，自动喷淋设施能及时发现火灾，降低火灾、烟气的增长速度，尤其是在火灾的初始发展阶段，及时发现火灾会提高扑灭火灾的可能性。因此，喷淋设施有可能将多住户住宅的每次火灾死亡率从目前的 0.0122 人降至 0.0009 人。

澳大利亚和新西兰 1986 年前 100 年的综合数据显示，这一时期在 9022 起装有喷淋设施的火灾中有 11 人死亡（Marryatt，1988）；从而可知每起火灾的死亡率为 0.0012（11/9022），与上述 0.0009 的数字没有太大的不同。Hall（1992）引用了美国国家标准技术研究所（NIST，USA）对单户和两户家庭房屋火灾中喷淋设施可能对死亡造成影响的分析结果。这是根据实验室测试数据、火灾研究人员的分析，以及某些情况造成的生命威胁可能性等统计数据得出的。根据这项研究，如果在有、无烟气探测器的住宅中分别安装喷淋设施，每千起火灾的死亡率可以分别降低 63％和 69％。

Melinek（1993b）预估喷淋灭火后的伤亡人数。如果所有火灾都被喷淋灭火，假设每起火灾的平均伤亡人数仅取决于火灾的传播程度和蔓延范围，则伤亡人数取决于现有喷淋建筑物自身属性。研究结果已经表明，死亡人数因喷淋设施的作用减少到一半左右，非致命伤亡人数减少到 20％左右。他还指出，喷淋设施显著减少了重大伤亡火灾的数量。

10.5 建筑（被动）防火系统

10.5.1 阻燃

设置防火分区一直是消防安全的核心措施。通过防火分区可使建筑物视为完全相互独立的组成部分，火灾蔓延通常由防火分区边界遭到破坏或受热损坏造成的。有人认为，如果边界具有足够的耐火性和阻燃性能，则火灾蔓延到防火分区之外的概率就能保持在可接受的范围内。虽然防火分区的性能假定为 100％令人满意，但可靠性取决于防火分区对火灾热量的承受水平。

如果火灾产生的高温破坏了建筑体的稳定性、完整性或隔热性能，此时称之为建筑结构"失效"。对于 100m² 左右的建筑物，这种高温破坏现象都发生在轰燃后期。建筑倒塌和破坏与建筑的稳定性有关，尤其是与建筑物梁和柱有关。如果建筑完整性或隔热性能丧失，地板和墙壁也会失效。

当时间、温度或机械强度等方面达到"极限状态"就会发生"失效"现象。CIB（1986）报告中描述了三种根据热暴露确定这种极端情况条件的计算方法。在这些分析模型中，通常首选的方法是"等效火灾暴露时间"，它与建筑的稳定性关系最密切。该时间（T_e）由火灾荷载密度（q）、通风系数（w）和与所考虑建筑构件的热性能相关的常数（c）所构成的方程估算。方程如下：

$$T_e = cwq \tag{10.4}$$

通风系数（w）是基于 CIB 方程的，该方程涉及窗户面积、平均窗高、边界表面积和地板面积。根据 ISO 834 测量，建筑构件所需的耐火期（T）等于 T_e，这是火灾可能达到的"潜在"严重程度的估测值：

$$T = T_e \tag{10.5}$$

为了通过方程式（10.4）获得潜在最大严重程度的估计值，CIB 报告（1986）建议火灾荷载密度（q）对应于 80％的荷载分布。通过提供相当于火灾荷载密度值估计的最大严重程度的耐火性，可以认为完全燃尽时，建筑完好的概率可能值为 0.8，建筑破坏的概率值为 0.2。

如第 5.9 节所述，当建筑物中所有物体都被点燃时，在轰燃后阶段极易发生严重的建筑损坏。火灾对建筑的影响将取决于轰燃后的燃烧持续时间，而轰燃的持续时间又取决于通风、火灾荷载和某些其他物理参数。根据上述假设，在统计学上轰燃可定义为一个建筑物大部分地板区域受火灾影响的阶段，损伤区域面积的统计数据可用于预测该阶段发生的概率（Ramachandran，1993）。

根据上述提到的定义和假设，结构倒塌概率（C）通常被称为建筑破坏，它是由两个分量的乘积，即"轰燃"概率（A）和建筑破坏"条件"概率（B）。如果设计的耐火时间（t）超过实际在火灾中达到的严重程度，便会发生建筑破坏。由于连续性效应，实际火灾中建筑物框架的结构破坏与耐火实验中的建筑破坏不同；如前所述，概率 B 取决于设计火灾荷载密度的数值。

建筑倒塌概率用数学方程表示为

$$C = AB \tag{10.6}$$

根据寿命损失和其他因素的结果，可以为乘积 C 规定可接受的水平。例如，如果为 C 确定的值为 0.02，并且如果房间轰燃概率为 0.1，则根据方程式（10.6）可得：

$$B = 0.02/0.1 = 0.2$$

根据上面的结果，总消防安全 C 目标值为 0.02，将通过提供耐火系数为 0.8（$=1-0.2$）或荷载密度为 80% 的结构消防安全来满足。

上述方法是一种半概率方法，因为在评估给定轰燃的建筑破坏条件概率 B 时，未考虑实际火灾的严重性和耐火性（R）的不确定性。由于影响火灾发展的几个因素，通过方程式（10.4）估计的潜在最大严重性在实际火灾中可能无法达到。建筑房间的耐火性与任何建筑构件（地板、墙壁或天花板）的耐火性不同。它是一个随机变量（不是常量），取决于建筑类型和结构材料。房间的耐火性也会受到穿透物、门或结构屏障中其他开口造成的弱点的影响。

在一个简单的建筑可靠度概率模型中，可以忽略阻燃性的随机性，将 R 视为一个常数，该常数等于最大的 S 值。对于严重性超过它的概率的值被指定为一个取决于 S 的概率分布较小的数值。在一个扩展的概率模型中，R 和 S 都被视为概率分布随机变量（以时间单位）（见 CIB W14，1986；Ramachandran，1990，1995）。在这种方法中，安全指数通常被表示为

$$\beta = (\mu_r - \mu_s)/(\sigma_r^2 + \sigma_s^2)^{1/2} \tag{10.7}$$

式中，μ_r 和 σ_r 是 R 的平均值和标准偏差，μ_s 和 σ_s 是 S 的平均值和标准偏差。可借助参数 β 来评估 μ_r 和 μ_s 不同值的建筑物破坏的概率。

例如，我们假设 R 和 S 都有正态概率分布，这样 β 有一个标准正态分布，平均值为零，标准偏差为单位 1。在这种情况下，方程（10.7）中 $\beta = 1.96$ 的部件边界平均阻燃性（μ_r）的规定将确保建筑物失效的概率仅为 0.025。如果 $\beta = 2.33$，失效概率为 0.01；如果 $\beta = 3.09$，失效概率则为 0.001。标准正态分布表将提供与任何 β 值相关的失效概率。如果 $\mu_r = \mu_s$ 且 $\beta = 0$，则失效概率等于 0.5；如果 $\mu_r < \mu_s$ 且 β 为负值，则失效概率大于 0.5；如果 $\mu_r > \mu_s$ 且 β 为正值，则失效概率小于 0.5。Elms 和 Buchanan（1981）提出了对上述线路的耐火性能破坏分析。

为方便起见，安全系数 θ 可由以下方程定义：

$$\theta = \mu_r/\mu_s \tag{10.8}$$

在这种情况下

$$\beta = (\theta - 1)/(\theta^2 C_r^2 + C_s^2)^{1/2} \tag{10.9}$$

这里 C_r 和 C_s 是 R 和 S 的变化系数：

$$C_r = \sigma_r/\mu_r \; ; C_s = \sigma_s/\mu_s$$

代入方程式（10.9），整理可得

$$\theta = \frac{1 + \beta(C_r^2 + C_s^2 - \beta^2 C_r^2 C_s^2)^{1/2}}{1 - \beta^2 C_r^2} \tag{10.10}$$

如果数据不适于估算标准偏差 σ_r 和 σ_s，则可以假设 C_r 和 C_s 的合理值进行计算。

进一步假设 $C_r = C_s = C$，则方程式（10.10）化简为：

$$\theta = \frac{1 + \beta C (2 - \beta^2 C^2)^{1/2}}{1 - \beta^2 C^2} \tag{10.11}$$

在这种特殊情况下，根据方程式（10.7），

$$\beta = (\mu_r - \mu_s)/C(\mu_r^2 + \mu_s^2)^{1/2} \tag{10.12}$$

例如，如果建筑物破坏的概率为 0.0014，则 $\beta = 2.99$；根据 Elms 和 Buchanan（1981）的假设 $C = 0.15$，代入方程式（10.11）得 $\theta = 2$。因此，如果建筑物的平均耐火性 μ_r 等于实际火灾中可能遇到的平均火灾严重性 μ_s 的两倍，则满足提出的结论。

μ_s 的平均值可通过在方程式（10.4）中代入火灾荷载密度 q 的平均值来估算。利用下面的方程可估算出变化系数 C_s

$$C_s^2 = C_w^2 + C_q^2$$

式中，C_w 和 C_q 是通风系数和火灾荷载密度的变化系数，这些系数的数据可用于某些类型的建筑。一般来说，如果 C_o 是 R 或 S 的总变异系数：

$$C_o^2 = C_1^2 + C_2^2 + \cdots$$

式中，C_1，$C_2 \cdots$ 是影响 R 或 S 的因素的变化系数参量。

标准偏差和变化系数量化了影响阻燃性和火灾严重程度等因素所造成的不确定性。在任何建筑可靠性分析中，不确定性评估是至关重要的。各种因素和不确定性将根据所考虑的建筑要素类型（钢、混凝土或木材）而变化。这些类型的防火性能已经在"SFPE 防火工程手册"（1988）的第 3～6 章（J. Milke）、第 3～7 章（C. Fleischmann）和第 3～8 章（R. H. White）中讨论过。例如，建筑构件的耐火性取决于建筑构件的横截面积、暴露在火中的钢构件的周长、钢材的比热容、钢材的密度、隔热层厚度、热导率和隔热层的比热容。建筑构件的耐火性能通常基于 ISO 834 标准的耐火实验为基础，这是另一个不确定因素。由梁、柱和地板等之类的构件组成的结构框架的火灾行为不同于这些构件的行为。如前所述，火灾的严重程度取决于通风系数和火灾荷载，而火灾荷载在建筑物的不同房间中可能有所不同。

尽管为了简化和说明概率模型应用的目的，已经提出了正态分布，但是没有足够的数据来估计 R 和 S 的概率分布。从方程式（10.10）可以看出，可变性大的 R 可能意味着 θ 的值超出合理范围。为此，给予以下规定：

$$\beta_{ER} = \ln(\mu_r/\mu_s)/(C_r^2 + C_s^2)^{1/2} \tag{10.13}$$

这可被视为安全指数（见 Rosenblueth 和 Steva，1971）。在这种情况下，安全系数由下式给出：

$$\theta_{ER} = \exp[\beta_{ER}(C_r^2 + C_s^2)^{1/2}] \tag{10.14}$$

方程式（10.13）和方程式（10.14）适用 R 和 S 具有对数正态概率分布（另见 CIB W14，1986）。

本节所描述的方法将提供"部分安全因素"，这构成了一种实用的设计模式。基于概率分析的这些因素比通常赋予它们的任意值更现实。基于方程式（10.7）中的安全指数的方法在可靠性理论中被认为是"近似概率的"，通常被称为一阶（二阶矩阵）分析。全概率可靠性分析涉及 R 和 S 的联合概率密度函数和"卷积积分"，该积分的计算是一个复杂的数学问题。

在实际火灾中 μ_s 值可能与通过方程式（10.4）估计的值有所不同。目前还不知道 μ_s 的实际值和潜在值之间的确切关系。可以借助方程式（10.4）和方程式（7.12）推导出关系近似方程，其中严重性定义为实际火灾中受损的区域。这需要对方程式（7.12）中的参数 K 进行估算，该参数与真实火灾的严重性有关。因此，需要对方程式（7.12）中与实际火灾的严重程度有关的参数 K 进行认真估计。

火灾统计数据无法对防火分区在减少火灾蔓延概率方面的有效性提供可靠的估计，原因如下：消防队报告中记录的"房间"不一定是防火分区；蔓延到起火房间以外的火灾起数包括因建筑边界破坏而蔓延的火灾以及通过开着的门或窗户或通过其他开口蔓延的火灾。在后一种情况下，边界元素在结构上仍然是合理的。根据火灾统计，火灾中的结构倒塌很少发生；因此，不能假定在所有的火灾中，房间之外的火灾蔓延是由于建筑边界的倒塌造成的。

1962～1977 年，英国每年都公布在用建筑火灾蔓延到邻近建筑物的统计数字。统计表中提供了入住率，并近似估算了防火性能且没有被门、管道等穿透分隔墙和边界墙的建筑的火灾蔓延的可能性。以住宅和零售分销行业（即商店）为例，Rasbash（1994）利用合理的假设，对 1972～1974 年这三年的数据进行了分析。发现在涉及该类建筑的火灾中，2.8% 的住宅房屋和 7% 的商店火灾蔓延到相邻的建筑。这些数字近似地表达了两种状态下结构破坏的概率。

10.5.2　防火分区

在建筑规范中，防火分区被定义为建筑物的一个组成部分，它由建筑耐火构件围合而成，其设计目的是限制火灾的规模，减少发生火灾的可能性，防止对建筑物内的财物产生的破坏。防火分区需要将一个建筑划分成许多个更小的"火灾单元"，任何一个单元中的火灾都会包含在该单元中。例如，在相邻的房屋中，半独立式房屋，诸如分隔界墙之类的屏障通常足以防止火灾蔓延到相邻的房屋。但在特殊情况下，如公寓，每一处房产可能都必须被封闭在一个防火单元内。

预防和控制火灾与消防队的灭火救援能力以及其他因素（如建筑物之间的分隔以及是否有安装的喷淋装置）是相互关联的。因此，消防队的灭火效能性和处置能力似乎是决定建筑物耐火性、尺寸和隔间数量以及建筑物高度的一个重要因素。理想情况下，在低层建筑中防火分区不超过两层或三层，在高层建筑和地下室中防火分区每一层都有设置。因此，高层建筑的每一层都是防火分区。高层建筑和地下室的火灾扑救难度大，需要尽可能多的平行分区；目前，还没有公认的确定分区大小的技术规范。

如前一节所述，假设防火分区的性能或使用100％令人满意。没有可用的统计数据来评估分区划分的有效性，即确定建筑物中分区的数量。然而，一些涉及未做防火分区的建筑火灾引起了人们的注意，因为没有设置防火分区，导致了巨大的损失。英国消防协会（1979）在分析超市、大型超市和仓库中的大火时发现，没有适当的对大型储存区进行防火分区是一个大问题。1983年在英国唐宁顿陆军基地发生的一起火灾中，由于火灾迅速蔓延，造成了巨大的经济损失。

10.5.3 逃生设施

在建筑物内提供逃生途径的主要目的是确保在发生火灾时所有人员能够安全地疏散至安全地点。逃生路线应能从建筑任何地方获知，在需要的时间内保持安全和有效，对所有人员都清晰可见，并且其位置和大小应能满足所有人员的需要，同时考虑到建筑物的使用。因此，应根据人员的数量和特征（平均年龄、流动性等）设计逃生设施。

尽管有关于逃生或获救人数的统计数据，但仍不知道每年有多少人暴露在火灾危险之中。如果给出不同类型建筑的平均占用率水平，那么可以将这些占有率水平与每次火灾成功逃生的平均人数进行比较，这样可以大致了解逃生路线的有效性。在一些事件中，由于没有适当设计的路线、保护措施不足、警报或警报系统失灵或其他一些缺点而造成严重的生命损失，突显了逃生手段不足带来的后果。

根据"消防安全守则"中的逃生方法规定，在发生火灾时，建筑物中的人员应能在限定的时间内到达封闭楼梯的入口或其他安全场所。对于许多大型建筑来说，完全疏散人群是漫长和困难的；而根据规范，考虑到建筑物分区的属性，假设只疏散建筑物内的一部分人员，通常是火灾楼层和上面的楼层。由于火灾的影响，假定一个楼梯不能使用。这些标准，连同不同楼层的居住人数及其通过门口、走廊等的速度的数据，决定了允许人员畅通无阻运动所需的楼梯的数量和宽度。用于此目的的方程将设计疏散时间（E）作为一个重要参数。这是人员离开他或她的工作地点到达楼梯入口所花费的时间。

如第8.8节所述，时间E是构成总疏散时间（H）的三个主要周期之一；发现时间（D）和识别时间（B）是其他两个时间；$H=D+B+E$。对于一个成功的疏散，H不应超过被烟气和有毒气体从着火点出发并在逃生路线上产生不稳定条件所耗费的时间（F）。H和F的值取决于逃生人群占用的楼层和起火地点位置。

根据设计标准$H<F$，第8.8节讨论了一个简单的指数模型，该模型根据每起火灾的可接受死亡率水平确定E值。在这一节中，有人认为E值可以在装有喷淋设施和探测器的建筑物的可接受的限值内增加。如该节所述，应通过考虑这两个变量在任何情况下的概率分布来考虑与H和F相关的不确定性（见Ramachandran，1993，1995）。

根据H和F的值，有可能有一群逃生人员遇到大量燃烧产物。如果有足够的数据可用，可通过考虑类似于方程式（10.7）中的安全指数来评估该概率：

$$\beta' = (\mu_f - \mu_h)/(\sigma_f^2 + \sigma_h^2)^{1/2}$$

式中，μ_f 和 σ_f 为 F 的均值和标准差，μ_h 和 σ_h 为 H 的均值和标准差，这种情况下的安全系数为 $\theta = \mu_f / \mu_h$。在正态分布假设下，如果 $\theta = 1$，表示疏散失败的概率等于 0.5。$\theta > 1$ 时小于 0.5，$\theta < 1$ 时，则大于 0.5。如果遇到燃烧产物，有可能有一个或多个逃生的人员死亡。

对于某些情况，变量 H 可能具有对数正态分布。在残疾人比例较高的医院或建筑物中，有些人可能能够迅速逃离，而有些人需要帮助疏散，这会导致需要更长的时间才能到达安全的地方。根据热、烟和其他燃烧产物的扩散速率，变量 F 也可以有对数正态分布。

10.5.4 防火门

建筑物发生火灾时，合理的建筑防火门是建筑物中最重要的保障生命安全要素之一。关于逃生的消防安全规范依赖于防火/防烟门实现成功逃生。如果没有这样的防火门，任何建筑甚至是单层建筑的消防安全可能变得困难，并且常常需要非传统和不受欢迎的手段，例如从窗户跳下去。

尽管防火门具有足够的耐火性且被设置在建筑物内，但是如果防火门保持开启状态，它们是没有价值的。即使是出于便利目的，如果关闭也只会在某种程度上延迟火灾的发展和蔓延。一些门，例如住宅中父母的卧室门，可能必须保持打开，这样可以在没有烟气探测器的情况下尽早发现厨房或起居室中的火灾。尽管是否应该关闭或打开是有争议的，但要保证用于逃生目的的防火门或防烟门处于有效状态就必须保持关闭。通常情况下，设计用于安全目的的门很少被大量的人使用。当然，这方面也有例外，如公寓和小屋的板门。

为了确定建筑物中的防火门开启的问题到底有多严重，英国消防研究站根据消防队在正常检查期间收集的信息，对防火门的使用进行了分析。分析结果在 Langdon-Thomas 和 Ramachandran（1970）的一篇论文中进行了阐述。作者发现，消防队检查时防火门开启的频率从装配楼的 5% 到公共建筑楼房的 39% 不等，在储存场所频率高达 37%。在大多数情况下，有人声称这些门打算在夜间或紧急情况下关闭。在 1%~7% 的案例中，发现门是开着的，且被其他物品堵住了，因此无法关闭。

Langdon-Thomas 和 Ramachandran 还发现，要求人们保持防火门关闭的告示通知，虽然不能完全有效，但在一般情况下还是减少了防火门处于开启状态的可能性。为了实现防火门处于关闭状态，可以加装诸如单作用或双作用地板弹簧、高架门关闭装置和弹簧铰链的机械关闭装置。作者发现，在关闭动作方面，第三种类型是最令人满意的自动关闭装置。63% 的高架门关闭装置和 35% 的地板弹簧式关闭装置存在缺陷，此外，作者还建议使用烟气探测器和门固定器相结合的方式。

工业建筑中的防火门，如果保持在关闭状态，可以预期减少火灾中的财产损失。为了估计这种减少（节省），Ramachandran（1968）分析了 1965 年和 1966 年大火灾的一小部分数据样本。这 17 起火灾中的每起损失为 10000 英镑或更多；其中 5 起火灾，门处于开启状态。其中包括一家纸管厂发生的特大火灾，许多防火门都被打开了，损失超过一百万英镑。除此之外，其余 4 起火灾的平均损失为 13.5 万英镑。在 12 起火灾中，门被关闭，并且性能良好，即使损失 45 万英镑的特大火灾在内的情况下，平均损失仅为 10.6 万英镑。据统计在工业建筑中保持防火门关闭，每次火灾至少可节省 30000 英镑（以 1965 年的价格计算）。在另外两种情况下，关闭的门控制了火灾——零售杂货店和食品商店损失

1 万英镑，电影院和游戏厅损失 7.5 万英镑。

10.6 其他消防设施的有效性

10.6.1 灭火器

在一些火灾中，建筑物中的人员在消防队到达之前会使用许多紧急处置方法来扑救火灾。除利用水桶或沙子、花园水管和遮盖窒息等灭火方法紧急处置以外，便携式灭火器被认为是一种有效的灭火方法。目前市场上灭火剂主要有以下几种类型：干粉、水、四氯化碳、泡沫以及其他易汽化液体和二氧化碳等。

有些火灾是通过紧急手段扑灭或控制的。人的初始灭火行为确实降低了火灾的严重程度；但在某些情况下，这种行为导致了致命或非致命的人员伤亡。在工业和商业建筑中（表 10.3），通过喷淋设施、灭火器或其他手段进行早期探测，然后采取快速措施灭火减少损坏；但如果紧急消防处置不能够保证合理有效，就会导致整体费用的增加。这意味着如果早期发现火灾是由人或自动探测装置发现的，最佳措施还是迅速呼叫消防队，而不是通过紧急处置手段来灭火。

火灾初始阶段发现并呼叫消防队似乎比自行急救处置更有效，英国的进一步研究对灭火器的有效性也提出了一些新的疑问。Ramachandran 等（1972）对消防队灭火数据进行了分析，结果表明：灭火器在扑灭住宅火灾时不太可能像"其他各式各样"手段那样有效。在这项研究中，紧急处置手段的有效性是根据这些方法扑灭火灾所占的比例和各消防队控制未扑灭火灾所用的平均时间来评估的。人们能够自行扑灭 43% 的火灾，但只有27.5% 的情况下使用灭火器。消防队用其他方法控制火灾的时间平均为 6.5min，使用灭火器的平均控制时间为 8.9min。如果没有进一步的统计分析，很难判断这种差异在平均控制时间上的显著特征。

住宅中的灭火器可能位于距离火灾发生地点较远的地方，例如汽车和车库。Sime 等（1981）的分析指出人们对灭火器的位置知之甚少。一个户主可能更倾向于解决在扶手椅上、而不是在一个油锅里的一场火灾。根据 Chandler（1978）的研究，人们很少在小规模火灾中使用灭火器，这可能部分地解释了在医院使用灭火器的成功率远低于其他方法的原因。Canter（1985）也证实了这一结论，他发现灭火器对灭火的作用在实际火灾中受到许多因素的限制。Canter 还建议人们（尤其是医院、酒店等员工）应了解灭火器的位置，并对不同类型和尺寸的灭火器的使用和能力进行培训。

在有喷淋设施的情况下，一些由便携式灭火器扑灭的小型火灾没有向消防队报告。在英国，消防行业协会（Fire Prevention，March 1990）提供的统计数据表明，超过 70% 的火灾没有报告给消防队，因为它们是由灭火器扑灭的。此外，17% 报告给消防队的火灾在消防队到达之前已经被工作人员或居民使用灭火器扑灭。在确定灭火器有效性的详细统计分析中，应考虑上述所有因素和数据。

10.6.2 通风系统

在受限区域内发生的火灾，如关闭所有门窗的住宅和厨房中，可能由于缺氧，火灾会在无人注意的情况下自动熄灭。然而，在一个大型的未做防火分区的建筑中，空气会通过建筑缝隙渗透到室内，这足以提供给火焰氧气。随着火灾的发展，烟气和热气会在相当短的时间内（取决于燃烧的材料）聚集在屋顶；如果没有办法尽快将其排出，则会从地板延伸到天花板。热烟气体也会在部分或完全卷入火灾的房间的上部聚集。这些气体最初在天花板下面形成一个分层，在不通风的情况下，它会加深，并在较短的时间内与下面的清新空气混合。在许多火灾中，没有通风的建筑房间被烟气笼罩的速度已经得到了证明。

通风是指从一个房间或建筑物的上部排出热的烟气气体，并将外部空气引入下部。这一过程可能涉及通过偶然发生或有目的地提供开口形成自然对流，也可能涉及机械动力通风排烟，或两者兼而有之。Hinkley（1988）讨论了整个通风系统设计的基本工程概念，包括提供开口（通风口和入口、风扇以及其他相关功能，例如提供屏幕窗帘）以限制天花板下的烟气扩散。考虑到其他消防安全措施，包括提供建筑消防设施、逃生路线和洒水装置，将通风系统设计为一个整体系统是很重要的。

满足下面三个中的一个或多个目标即可采用通风手段：

① 通过限制逃生路线上的烟气和热气的扩散来促进人员逃生；

② 通过使消防员能够进入建筑物并看到火灾的位置来促进灭火；

③ 减少因烟气和热气对人员、建筑等造成的损坏。

上述目标是衡量通风系统有效性的指标，但在不同系统和不同类型建筑中其有效性可能会有所不同。

在英国、美国和其他国家进行的实验表明，在无喷淋的火灾中，通风口能有效地去除对流热，极大地延缓烟气的积聚，提高能见度。因此，如果在未安装喷淋设施的建筑中发生火灾，通风系统可以满足上述三个目标。然而，有人认为，在喷淋设施运行后，热通风和排烟的效果可能较差。在过去的几年里，通风孔和喷淋设施之间的相互作用（第10.7.4节）一直是激烈辩论和调查的主题。

目前，仍然缺乏评估通风系统有效性的统计数据。然而，几年前 Ramachandran 分析了一小部分工业建筑的数据，表明通风减少了消防队的控制时间。在没有喷淋设施的建筑物中，无通风情况下平均控制时间估计为 119min，而有通风条件下仅为 57min。样本量分别为 21 起和 26 起火灾。这一结果表明，通风能使消防员迅速控制火灾。目前，还没有足够的信息来评估通风、通风与喷淋装置之间的相互作用所导致的破坏程度。

10.7 相互作用

10.7.1 自动探测与消防队

如第 10.3.2 节所述，及早发现或探测火灾将减少消防队控制火灾所需的时间。这是因为当消防队及时接到火灾报警并且到达火灾现场时，火灾规模会控制在较小的范围内。因此，尽早发现火灾会减少对生命和财产的损害。但是，如果火灾损害控制要求较低，也可以适当容忍对事件最初派遣人员和设备的响应时间出现一些延迟。

自动探测系统和响应时间之间的平衡关系对消防部门的部署和为各种风险类别提供消防服务的相关政策产生影响。Halpern（1979）在保护单户和双户住宅的问题上，对探测器报警系统的投资、特别是替代传统消防部门在消防站和设备上的支出进行了研究。Halpern 提出了一个模型,该模型对探测器报警系统和消防站在减少火灾损失方面的效率进行了成本效益比较。模型参数基于加拿大卡尔加里收集的数据。假设每个家庭有 10 个探测器能满足需求,并以纽约的一项研究为总指南,Halpern 得出如下结论:相对于增加消防站而言,探测器报警系统是一个可行的和具有竞争力的替代方案。

10.7.2　喷淋设施与消防队

喷淋设施有很高的灭火潜力。如果火灾初期不能被扑灭,喷淋设施将通过限制火灾蔓延来减少控制时间,直到消防队到达。英国的统计数据可用于估计喷淋设施所减少的火灾控制时间。在确定消防站的数量和规模时,应考虑水喷淋和消防队行动之间的相互作用。在美国弗雷斯诺市,1970 年后为减少火灾损失设置了一个提高喷淋设施能力的实验设备。在这座城市中,两个独立的区域(从 1～16 层楼高)的所有建筑都安装了完整的喷淋保护装置。这使得这两个区域中 93.5% 和 96% 的空间受到了喷淋装置的保护。尽管由于消防站关闭了,火灾起数增加了 8%,但这些地区的火灾损失还是大大减少了。

10.7.3　喷淋设施与结构防火系统

众所周知,喷淋设施可以减少火灾的面积损失、扩散范围、轰燃概率以及降低经济损失和减少生命风险等。因此,在不影响财产损失和生命损失的情况下,以下一项或多项情况出现时,可对建筑物实施完全喷淋设施保护,这些情况包括:

① 耐火性降低;

② 建筑规模的增加;

③ 防火分区面积的增加;

④ 设计的疏散时间增加。

首先考虑一个建筑的耐火性。由于喷淋设施降低了轰燃发生的概率(A),建筑破坏的条件概率(B)可以增加到一个极限水平,这样乘积 C($=A \times B$)的值就不会超过任何规定的水平 [见方程式(10.6)]。允许 B 增加的一个简单机制是第 10.4.2 节中提到的系数 K。可以回忆一下,K 是无喷淋设施和有喷淋设施建筑 A 值的比值。增加的 B 值由 B_s 表示:

$$B_s = K B_0$$

式中,B_0 为不带喷淋设施的建筑指定的 B 值。无喷淋设施的建筑房间的火灾荷载密度分位数为 F_0($=1-B_0$),有喷淋设施的房屋的火灾荷载密度分位数为 F_s($=1-B_s$)。

例如,如果 $B_0 = 0.2$ 和 $K = 3$,$B_s = 0.6$ 和 $F_s = 0.4$。因此,根据第 10.5.1 节中提出的半概率方法,根据与 40%(0.4)分位数相对应的火灾荷载密度,可通过方程(10.4)确定有喷淋设施房屋的耐火性。这一过程降低了喷淋房屋的耐火性,因为非喷淋房屋的耐火性基于 80%(0.8)的火灾荷载密度值。Ramachandran(1993a,1995)建议采用这种方法来推导"喷淋系数"。B_s 的值也可以通过遵循第 10.5.1 节中讨论的扩展概率方法来确定。

根据方程式(7.4),考虑到图 7.1 所示的结论,在第 7.4 节中讨论了可允许增加的喷淋建筑尺寸。通过图 7.2 中的示例，还讨论了喷淋房屋建筑可允许增加的尺寸。建筑物或房屋尺寸的范围也可根据有喷淋设施和无喷淋设施建筑物的面积损伤概率分布确定（图 9.4 和图 9.7）。第 8.8 节使用方程（8.3）中的指数模型讨论了设计疏散时间的变化范围（增加），以及配备自动喷淋系统和探测器的建筑物的最大行程距离。根据这方面的建议，在两个消防系统相互作用的基础上，可以允许配备喷淋设施和探测器的建筑物适度增加设计疏散时间。

10.7.4　喷淋设施与通风系统

如第 10.6.2 节所述，喷淋设施和通风系统之间存在相互作用。迄今为止，消防领域科学家和工程师尚未对其进行明确评估。这种相互作用产生于这样一个事实：水从动作的喷淋装置中喷出，并抑制燃烧产生气流上浮，抵消从排风口出来的气流，并将燃烧产物控制在地板上。通风系统的使用可能会减少喷淋系统的总需水量，但通风系统使用的具体效益作用尚未明确。喷头和通风口之间也可能存在其他类型的相互作用。这两种消防措施之间的相互作用还需要进一步研究和实验，才能得到很好的确定和评估；在评估其相互作用对生命财产损害和消防服务性能的影响之前，还需要收集足够的统计信息。

在喷淋系统运行之前，存在支持和反对排风口运行的论点。目前的研究表明，通风对第一个喷头的动作和控制火灾的能力的影响很小。也有迹象表明，越早打开通风口，它们就越有可能有效地防止建筑的烟气积聚。对于任何类型的建筑来说，喷淋装置和通风口之间的争论也许可以通过决定财产保护还是生命安全作为主要目标来解决。在火灾发展的初始阶段，如果在酒店、购物中心和办公楼中，生命安全是主要目标，则应在喷淋装置前操作通风口；而在工业建筑中，第一个喷头可以在任何通风口打开之前就开始工作。

符号说明

A	建筑面积；轰燃概率
$A(O)$	最初点燃的区域
$A(T)$	平均受损面积
a, b	控制时间方程中的常数
B	建筑破坏的条件概率或识别时间
B_0	B（失效概率），无喷头
B_s	B（失效概率），带喷头
C	结构倒塌概率或变异系数
C_0	R 或 S 的总变异系数
C_q	q 的变异系数
C_r	R 的变化系数
C_s	S 的变化系数

C_w	w 的变化系数
c	与建筑构件的热性能相关的常数
D	发现时间
E	设计疏散时间
F	达到不稳定条件的时间
F_0	$=(1-B_0)$
F_s	$=(1-B_s)$
H	总的疏散时间$=(D+B+E)$
K	无喷淋系统轰燃概率与有自动喷淋系统轰燃概率的比值
L	火灾的直接损失
N	每百万人口的火灾起数或自喷淋系统数量
p_1	人在火灾发生房间时的火灾比例
p_2	火灾发生时，人员在建筑物（非房间）内的火灾比例
p_3	火灾发生但建筑物内无人时的火灾比例
q	火灾荷载密度
$q(N)$	N 个或多个自动喷淋装置运行的火灾比例
R	实际火灾中的耐火性
S	火灾严重程度
T	燃烧或耐火期的总持续时间
T_1	从火灾发生到发现火灾所经过的时间
T_2	从探测到报警所用的时间
T_3	从报警到消防队到达现场所用的时间
T_4	火灾控制所用的时间
T_A	$=(T_1+T_2+T_3)$
T_B	$=T_4$
T_e	等效火灾暴露时间
t	年平均气温
w	通风系数
y	计算的年份从 1968 年（$=1$）开始
β	安全指数；无保护建筑物中表达平均破坏的方程中的常数
β'	$=(\mu_f-\mu_h)/(\sigma_f^2+\sigma_h^2)^{1/2}$
β_{ER}	$=$对数正态概率分布 R 和 S 的安全指数 β
λ	每分钟每起火灾的死亡率增加
μ_f	F 的平均值
μ_h	H 的平均值
μ_r	R 的平均值
μ_s	S 的平均值
θ	总体火灾总增长率或安全系数（μ_r/μ_s）
θ'	安全因子$=\mu_f/\mu_h$

θ_A	θ 在 T_A 期间的增长率
θ_B	θ 在 T_B 期间的增长率
θ_{ER}	对数正态概率分布 R 和 S 的安全系数 θ_s
σ_f	F 的标准差
σ_h	H 的标准差
σ_r	R 的标准差
σ_s	S 的标准差

参考文献

Appleby, D and Ellwood, S H (1989). *A fire detection system using distributed processing. Proceedings of the 9th International Conference on Automatic Fire Detection (AUBE)*, Duisberg, Germany, 1989, pp. 101–115.

Baldwin, R (1971). *A Statistical Approach to the Spread of Fires in Buildings*, Fire Research Station, UK, Fire Research Note No. 900.

Baldwin, R (1972). *Some Notes on the Mathematical Analysis of Safety*, Fire Research Station, UK, Fire Research Note No. 909.

Baldwin, R and North, M A (1971). *The Number of Sprinkler Heads Opening in Fires*, Fire Research Station, UK, Fire Research Note No. 886.

Beever, P (1991). *How fire safety engineering can improve safety. Presented at Institution of Fire Engineers Meeting*, Torquay, UK, October 1991.

Bengtson, S and Laufke, H (1979/80). Methods of estimation of fire frequencies, personal safety and fire damage. *Fire Safety Journal*, **2**, 167–180.

Bowen, J V (1988). Reliability. *SFPE Handbook of Fire Protection Engineering*, National Fire Protection Association, USA, Chapter 4–5, pp. 34–42.

Bridge, N W (1984). *How New Zealand Deals with its False Alarm Problems*, Letter to Fire, Fire, December 1984.

Canter, D (1985). *Studies of Human Behaviour in Fire: Empirical Results and their Implications for Education and Design*, Report to Building Research Establishment, Fire Research Station, UK.

Chandler, S E (1978). *Some Trends in Hospital Fire Statistics*, Building Research Establishment, Current Paper CP 67/78, Fire Research Station, UK.

Cholin, R R (1975). Reappraising early warning detection. *Fire Journal*, **69**(2), 54–58.

CIB W14 (1986). Design guide: structural fire safety. *Fire Safety Journal*, **10**(2), 75–137.

Custer, R L P and Bright, R G (1974). *Fire Detection: The State-of-the-Art, NBS Technical Note 839, National Bureau of Standards*, Washington, DC.

Davies, D (1984). *Means of Cutting Down False Alarms in Automatic Systems Fire*, June 1984.

Elms, D G and Buchanan, A H (1981). *Fire Spread Analysis of Buildings*, Report R 35, Building Research Association of New Zealand, Judgeford, NZ.

Evans, D D (1985). Calculation of sprinkler actuation time in compartments. *Fire Safety Journal*, **9**, 147–155.

Finucane, M and Pinkney, D (1988). *Reliability of Fire Protection and Detection Systems*, Report SRD R431, Safety and Reliability Directorate, UK, Atomic Energy Authority, Culcheth, Warrington, UK.

Fleming, R P (1988). Automatic sprinkler systems calculations. *SFPE Handbook of Fire Protection Engineering*, National Fire Protection Association, USA, Chapter 3–2, pp. 22–34.

Fry, J F and Eveleigh, C (1975). *The Behaviour of Automatic Fire Detection Systems*, Building Research Establishment, Current Paper CP 32/75, Fire Research Station, UK.

Gilbert, S (1979). *Fire Prevention Publicity – Statistical Analysis of the 1977 Spaceheater Campaign*, Memorandum 5/79, Scientific Advisory Branch, Home Office, UK.

Gupta, Y P (1984/85). Automatic fire detection systems: aspects of reliability, capability and selection criteria. *Fire Safety Journal*, **8**, 105–117.

Hall, J R (1992). *US Experience with Sprinklers: Who Has Them, How Well Do They Work*, National Fire Protection Association, USA, June 1992.

Hall, J, Karter, M, Koss, M, Schainblatt, A and McNerney, T (1978). *Fire-Code Inspections and Fire Prevention: What Methods Lead to Success?* The Urban Institute, Washington, DC.

Halpern, J (1979). *Fire Loss Reduction: Fire Detectors vs Fire Stations*, Working Paper No. WP-08-79, Faculty of Management of the University of Calgary, Calgary, Alberta, Canada.

Helzer, S G, Buchbinder, B and Offensend, F L (1979). *Decision Analysis of Strategies for Reducing Upholstered Furniture Fire Losses*, NBS Technical Note 1101, National Bureau of Standards, Washington, DC.

Hinkley, P L (1988). Smoke and heat venting. *SFPE Handbook of Fire Protection Engineering*, National Fire Protection Association, USA, Chapter 2–3, pp. 33–44.

Langdon-Thomas, G J and Ramachandran, G (1970). Improving the effectiveness of the fire-check door. *Fire International*, **27**, 73–80.

Marryatt, H W (1974). The Australasian experience with automatic sprinklers. *Australian Fire Protection Association Journal*, 2–7.

Marryatt, H W (1988). *Fire: A Century of Automatic Sprinkler Protection in Australia and New Zealand*, Australian Fire Protection Association, pp. 1886–1986.

McGuire, J and Ruscoe, B (1962). *The Value of Fire Detector in the House. Division of Building Research*, National Research Council of Canada, Ottawa, Fire Study No. 9.

Melinek, S J (1993a). Effectiveness of sprinklers in reducing fire severity. *Fire Safety Journal*, **21**, 299–311.

Melinek, S J (1993b). Potential value of sprinklers in reducing fire casualties. *Fire Safety Journal*, **21**, 275–287.

Military Standardization MIL-HDBK-217B (1974). *Reliability Prediction of Electronic Equipment*, Naval Publications and Forms Centre, Philadelphia.

Miller, M J (1974). *Reliability of Fire Protection Systems Chemical Engineering Progress*, **70**(4), 62–67.

Morgan, H P and Hansell, G O (1984/85). Fire sizes and sprinkler effectiveness in offices – implications for smoke control design. *Fire Safety Journal*, **8**, 187–198.

Nash, P, Bridge, N W and Young, R A (1971). *Some Experimental Studies of the Control of Developed Fires in High-racked Storages by a Sprinkler System*, Fire Research Station, UK, Fire Research Note No. 866.

Nash, P and Young, R A (1991). *Automatic Sprinkler Systems for Fire Protection*, Paramount Publishing Ltd, UK.

Ramachandran, G (1968). *Fire Doors and Losses in Large Fires*, Fire Research Station, UK, Fire Research Note No. 690.

Ramachandran, G (1980). *Economic Value of Fire Detectors*, BRE Information Paper IP 27/80, Fire Research Station, UK.

Ramachandran, G (1990). Probability-based fire safety code. *Journal of Fire Protection Engineering*, **2**(3), 75–91.

Ramachandran, G (1993a). Fire resistance periods for structural elements. The sprinkler factor. *CIB W14 International Symposium on Fire Safety Engineering*, University of Ulster, Northern Ireland.

Ramachandran, G (1993b). Probabilistic evaluation of design evacuation time. *CIB W14 International Symposium on Fire Safety Engineering*, University of Ulster, Northern Ireland.

Ramachandran, G (1995). Probability-based building design for fire safety. *Fire Technology*, **31**(3), 265–275 (Part 1) and **4**, 355–368 (Part 2).

Ramachandran, G (1998). *The Economics of Fire Protection*, E. & F. N. Spon, Chapman & Hall, London.

Ramachandran, G and Chandler, S E (1984). *Economic Value of Early Detection of Fires in Industry and Commercial Premises*, BRE Information Paper IP 13/84, Fire Research Station, UK.

Ramachandran, G, Nash P and Benson, S P (1972). *The Use of Fire Extinguishers in Dwellings*, Fire Research Station, UK, Fire Research Note No. 915.

Rasbash, D J (1994). The effectiveness of fire resistant barriers. *Fire Safety Engineering*, **1**(5), 13.

Rees, G (1991). Automatic sprinklers, their value and latest developments. *Fire Surveyor*, **20**, 9–13.

Rogers, F E (1977). *Fire Losses and the Effect of Sprinkler Protection of Buildings in a Variety of Industries and Trades*, Current Paper CP 9/77, Building Research Establishment, UK.

Rosenblueth, E and Esteva, L (1971). *Use of reliability theory in building codes. Conference on Application of Statistics and Probability to Soil and Structural Engineering*, Hong Kong, September 1971.

Rutstein, R and Butler, A J (1977). Cost effectiveness of fire prevention publicity. *Final Report of the 1976/77 Fat Pan Fire Publicity Campaign*, Report No 9/77, Scientific Advisory Branch, Home Office, UK.

Rutstein, R and Cooke, R A (1979). *The Value of Fire Protection in Buildings*, Report 16/78, Scientific Advisory Branch, Home Office, UK.

Schaenman, P, Hall, J, Schainblatt, A, Swartz, J and Karter, M (1976). *Procedures for Improving the Measurement of Local Fire Protection Effectiveness*, National Fire Protection Association, USA.

Schifiliti, R P (1988). Design of Detection Systems. *SFPE Handbook of Fire Protection Engineering*, National Fire Protection Association, USA, Chapter 3-1, pp. 1–21.

SFPE (1988). SFPE Handbook of Fire Protection Engineering (First Edition) Society of Fire Protection Engineers, National Fire Protection Association, Quincy, MA.

Sime, J, Canter, D and Breaux, J (1981). University team studies. Use and success of extinguishers, *Fire*, **73**(909), 509–512.

Swersey, A, Ignall, E, Corman, H, Armstrong, P and Weindling, J (1975). *Fire Protection and Local Government: An Evaluation of Policy-Related Research*, Report R-1813-NSF, The Rand Corporation, Santa Monica.

第3篇

消防安全的确定方法

11 消防安全的确定性模型

11.1 引言

火灾是自然界中发生的最复杂的现象。火灾的研究涵盖了热力学、化学、燃烧学和流体力学等自然科学研究领域中几乎所有的学科。任何建模方法——无论采用物理方法建模还是采用数学方法建模——对于研究者来说，都是一项十分艰巨而具有挑战性的任务。

对术语"建模"的各种解释都暗含了它的意义。一种解释是一个对象能被感知的属性即是"模型"。还有一种解释则认为"模型"只能被解释为对物体的一种抽象、一种限制、一种粗糙的简化或真实对象的外表。前者属于美学的客观范畴，而后者则是一种理解客观现象存在的有力工具。正是在这种背景下，"模型"被用于工程科学，用以对自然现象进行定量化的研究。Kanury（1987）将模型分为物理模型和抽象模型。在本章中，我们关注的是成功应用于火灾现象调查的抽象模型（也称为数学模型）。

在实验证据的支持下，已经产生了许多理论来辨识和区别那些可能引起观测现象的潜在组成过程。数学表述可以清晰地描述确定性变量之间的相互依存关系，能有效地表达观测现象和抽象的概念理论之间的相互关系。通过这种方式，人类的知识就可以被看作仅仅概念化（心理结构）的知识，而不是现实世界本身。因此，从定义上看，认知是超越现实的一个步骤，而且认知与现实之间并不能形成一对一的关系。在这方面，所有的数学模型都需要进行验证，进行有效性检验，以减少内在的不确定性。

不确定性在所有模型的构建中都是不可避免的。"模型"这个术语本身就意味着考虑到对现实的相似和模拟。在任何建模过程中，都有两种不确定性：统计不确定性和知识状态不确定性。这些将在后面的第 12 章中讨论。而本章讨论的是室内火灾行为模型（11.2～11.6 节）和建筑火灾疏散模型（11.7 节）。

11.2 室内火灾模型

在过去几十年左右的时间里，利用计算机程序对火灾现象进行建模和模拟迅速发展起来。这些程序大多是对潜在的火灾危险性进行评估（包括毒害性和热力学角度的评估）。从简单的规则式确定性计算到有限差分场模型，这些模型算法的复杂性各不相同，但需要采用严格的数值分析技术，甚至借助大型计算机强大的计算能力来分析简单的火灾场景。

然而，正是由于计算机技术的进步，场模型已经变得更加普遍，并被广泛使用。

基本上，有两种类型的模型可用：确定性模型和概率性模型。前者得到的火灾发展演变结果是唯一的、确定的，而后者则试图研究在这些条件下，所有可能出现的火灾场景，给出不同的火灾发展演变结果。多年来，前者在消防安全工程师中越来越受欢迎，这主要是因为它们能使消防安全工程师很容易使用数值作为结论（通常这些数值是保守估计的数字）。这些确定性模型依赖于基本假设，即对于给定的初始条件，完全确定火灾现象的结果。也就是说，在火灾的背景下，对于给定的条件，火灾发展过程、火灾特征以及火灾后果是可以预测的。然而经验表明，没有两场火灾是完全相同的。因此在这方面，上述假设难以得到证实。与此相反，概率性模型考虑了一系列的火灾发展可能的变化情况，但它们的实际用途相当有限。在本章中，我们将仅限于讨论确定性模型。在实际应用中，这些模型已经被证实更加有用，因为它们可以用来评估一个房间或一栋建筑对于人员来说何时不再安全。

广义上讲，有两种类型的确定性模型：区域模型和场模型。前者主要依赖于实验室的小规模实验得出的特定变量之间相关的经验公式而进行计算。区域模型被细分为单层、双层和 HVAC（供暖、通风和空调）模型，这取决于解决的问题类型（参见图 11.1）。场模型使用的假设中经验公式较少，并且尝试采用数值技术求解控制守恒方程组（质量、动量和能量）。

单层模型试图模拟计算远离火灾的区域的烟气运动，并可以处理具有多个楼层及房间的大型复杂建筑物。而双层模型则是限于小范围内的火灾（没有竖井），考虑的是火灾

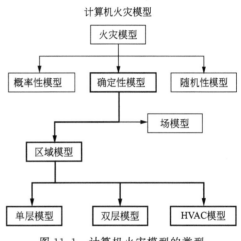

图 11.1 计算机火灾模型的类型

附近的烟气运动。HVAC 模型计算了 HVAC 系统中的烟气扩散，理论上与单层模型相似。

11.2.1 区域模型的理论和概念

区域模型的概念非常简单，并且是基于在真实的室内火灾中观察到的物理现象进行建模。其最简单的形式是，在轰燃发生之前的起火房间的环境被假定为由两个不同的均质区域或层组成：下部温度较低的冷层和上部温度较高的热层。这种两层概念是基于 Thomas 等（图 11.2a）所进行的实验室尺度中的温度测量，后来这种现象被 Quintiere 等（图 11.2b）证实。

区域的概念可以进一步扩展到包括其他可识别的区域，如燃烧区、热烟羽、薄的热气体层和墙体。假定每个区域的各个物理量和属性都是连续均匀分布，这样才能利用通过经验和理论得到的数学方程来近似。然后，在各个区域的边界耦合这些方程，就可以对室内火灾的完整行为进行描述。

然后，这些模型被用于预测火灾增长的各个方面及其对建筑的影响。这些研究预测了

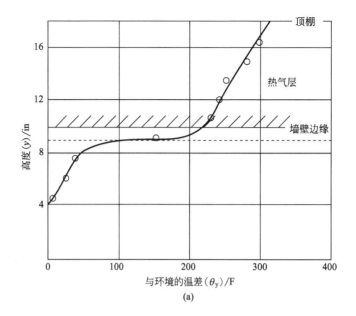

(a)

室内温度与高度的关系
实验300

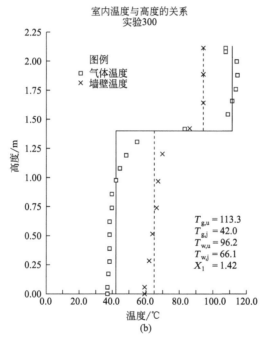

图例
□ 气体温度
× 墙壁温度

$T_{g,u} = 113.3$
$T_{g,j} = 42.0$
$T_{w,u} = 96.2$
$T_{w,j} = 66.1$
$X_1 = 1.42$

(b)

图 11.2　典型的垂直温度分布（a）及室温与高度关系曲线（b）

火灾发展过程中的许多变量，如热层温度、热层烟气组分浓度和热层厚度。多年来，人们也尝试用这种方法来进一步处理多室火灾问题，因为在此类建筑火灾中也存在类似的区域划分。这些模型还有助于理解材料对火灾增长的贡献以及火灾对周围环境的影响。

　　根据所调查的火灾方面的资料，这些模型可用于轰燃前和轰燃后的火灾。在这里，我们将描述这两种方法的理论基础。描述轰燃前火灾发展模型通常涉及人身安全，而轰燃后火灾发展模型则涉及对建筑结构的热影响。

在对这些模型进行更详细的研究之前，对室内火灾的现象进行回顾将是有益的，因为正是在此基础上建立了区域模型。

11.3 室内火灾动力学

11.3.1 热释放

火灾中燃料的热释放速率是决定其对周围环境影响的最重要因素之一：建筑结构和人员。由于燃料表面对自身存在有辐射反馈，因此热释放速率也决定了火灾的蔓延速度。为了估计火灾的潜在危险，有必要能够在给定燃料和环境条件下计算出燃料的热释放速率。

燃料表面加热所释放的热解产物（材料蒸气）与空气中的氧气发生反应，产生热量和火焰。燃料热解率取决于燃料类型、几何形状和火灾产生的环境，即辐射反馈和空气中的氧气浓度。热释放速率与材料蒸气（挥发物）的产生速率成正比。热释放速率 $\dot{Q}_f$ 通常表示为：

$$\dot{Q}_f = \chi \dot{m}'' A_f \Delta H_c \tag{11.1}$$

式中，A_f 是燃料的表面积，m^2；ΔH_c 是挥发物的燃烧热，kJ/g；χ 是燃烧效率（< 1.0）；$\dot{m}''$ 是燃料单位表面积的质量损失率，$g/(m^2 \cdot s)$。

在实际火灾中，燃料蒸气的燃烧并不总是完全的，因此燃料燃烧释放的热量总是小于完全燃烧时产生的净热。不完全燃烧的特征通常表现为释放出未燃的蒸气，在可见的火焰上方产生黑烟和一氧化碳。燃料燃烧释放的热量与完全燃烧产生的燃烧热的比值被称为燃料的燃烧效率（χ）。

燃料燃烧效率取决于多种因素，如燃料中各种原子间化学键的性质、通风特性以及燃烧过程中燃料蒸气和空气的混合情况。随着供给新鲜空气的减少或限制，燃烧效率会降低。燃烧效率还反映了这样的一个事实，即不是所有的燃料离开燃烧表面都会参与燃烧过程。也就是说，燃烧速率可能略低于材料的质量损失速率。

在自由燃烧的火灾中（从空气中不受限制地供应氧气），燃料的热解速率和热释放速率只受燃料本身燃烧情况的影响。燃料的主要加热来自燃烧物品的火焰。这种类型的火灾通常被称为燃料控制火灾。

在室内火灾中，燃烧速率以及热释放速率都会受到可用氧气量的限制。因此，火灾的热释放速率与通过门窗等开口流入的空气有关。这种类型的火灾被称为通风控制火灾。在这样的火灾中，假设所有的氧气都在燃烧中被消耗掉，热释放速率可以通过以下方程计算：

$$\dot{Q}_f = \dot{m}_{air} \Delta H_{c,air} \tag{11.2}$$

式中，$\dot{m}_{air}$ 是指流入室内的空气流动速率；$\Delta H_{c,air}$ 是消耗单位质量空气时燃料的燃烧热。

Kawagoe（1958）研究了大量室内火灾，得出的结论是，对于轰燃前和轰燃后的火灾，燃烧速率都是由通风决定的，可以表示为：

$$\dot{m}_b = K A_w \sqrt{H} \tag{11.3}$$

这里，常数 K 的值通常取决于开口的形状，一般估计约为 $0.5\,kg/(s \cdot m^{5/2})$。其中 $A_w\sqrt{H}$ 有时被称为通风因子。

从以上简要的讨论中可以看出，热释放速率不只是由燃料的类型决定，而更重要的因素是燃烧场所的通风条件，也就是说，受可供燃烧所用的氧气量所影响。此外，其他燃烧产物如黑烟、一氧化碳和二氧化碳的生成速率也会受通风情况影响。显然，任何火灾建模方法都必须考虑到这些重要的影响因素。

11.3.2　热量产生流动

如前所述，所有区域模型都是基于室内火灾产生的烟羽流动现象的观测结果而提出的。这些流动情况在日本（Kawagoe，1958）和美国（Emmons、Rockett 和 Quintiere）都得到了广泛的研究。Zukoski（1985）总结了这些流动的显著特征。

在对室内火灾烟羽流的描述中，火焰被认为是一个点热源，产生一个垂直上升的浮升烟羽柱，一直上升到天花板，并不断吸入周围的空气，因此热烟羽在上升过程中不断冷却，直径不断扩大。它是否达到天花板是由物理条件决定的——建筑高度和火焰的大小（即热释放速率）。在一个稳定的烟羽层中，温度和密度随高度的变化而变化，因此，烟羽流能上升的最大高度可以通过（Quintiere，1983；Heskestad，1989）下面的方程来计算：

$$Z_{max} = 3.79 F_0^{1/4} G^{-3/8} \tag{11.4}$$

其中

$$G = \frac{g}{\rho_{\infty 1}} \times \frac{d\rho_\infty}{dz} \tag{11.5}$$

和

$$F_0 = \frac{g\dot{Q}_C}{\rho_{\infty 1} T_{\infty 1} c_p} \tag{11.6}$$

式中，F_0 是由于火焰存在而产生的浮力（或重量不足）的通量；G 则是密度分层参数；g 是重力加速度；$\rho_{\infty 1}$，$T_{\infty 1}$ 是环境空气的密度和温度；c_p 是环境空气的比定压热容；z 是对流热释放率为 $0.5\dot{Q}_C$ 时火源上方的垂直高度；$d\rho_\infty/dz$ 是周围环境空气的密度梯度。

虽然，在 Morton 等的最初研究工作中，上述关系［方程（11.4）］是由分层液体实验得出的，但是随后的研究表明，对于大型石油火灾（Turner，1973）产生的漂浮烟羽流也是正确的。

如果建筑高度大于 Z_{max}，则不会在天花板下形成热层。在这种情况下，火灾很可能不会蔓延，也不会对建筑内的消防安全造成严重后果。然而，如果羽流到达天花板（即 Z_{max} 大于建筑高度），那么烟羽流很快就会在天花板下形成一个越来越大的热气层（即顶棚射流），可能导致火灾和烟气蔓延到相邻区域。大多数麻烦来自足以克服分层的火灾。

在火的初始阶段，由于浮力的作用，气体羽流（燃烧产物）上升，空气不断卷入，升至天花板后沿着天花板流动。随着它的扩散，将以顶棚射流的形式，卷入更多的空气，之后烟羽流冷却，浮力逐渐减小。在碰到墙壁时，它会向下流动，与房间内较冷的空气混合。这一不断混合与流动过程最终导致的结果是，随着火灾的发展，热层厚度逐渐增加

（图 11.3）。当冷热两层界面到达墙壁开口的顶部，例如门窗的时候，热气体（烟气）流到房间外的其他的邻近区域。一个复杂的流动模式是建立在与热气体流出和冷空气流入基础上的。

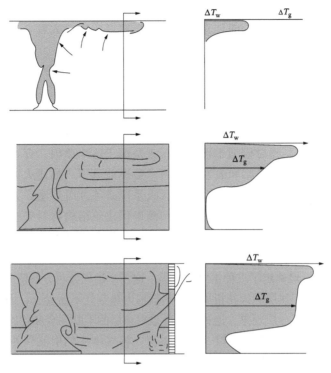

图 11.3　天花板层烟羽流的发展（Zukoski，1985）

因此，根据这些观测结果，可以将室内火灾的烟气层描述为三个截然不同的层：一个相对较冷的底层、一个热的上层以及一个在天花板附近较热的薄层。Zukoski（1985）指出了这一流动模型对于室内热力学的一些影响。第一，薄热层与天花板的对流换热由该层的温度决定，而这一点并未在双层模型中加以阐述。因此，至少需要对上层内的流动有个粗略的描述，以允许描述对流和辐射换热传递到天花板。第二，火羽流（火羽有部分处在热层）不断卷吸入空气从而不断扩大，并且这些被卷入的空气的组分和温度因高度不同而不同。当羽流穿透厚度不断增加的上层时，导致薄天花板层的温度会进一步升高。第三，在这个深热层中，可能存在相当大的温度变化，而这一点在区域模型中没有考虑到。

11.3.3　分层

在稍后将要详细讨论的室内火灾的区域模型方法中，假设只存在两个分层，即把顶棚层（Zukoski，1985）忽略，把羽流作为热层物质的主要来源。顶棚层的分层情况取决于层内气体流动情况、火灾的热释放速率变化情况，以及由于开口处气体流入流出而产生的热量流动、与墙体热交换产生的热损失。确定分层的一个重要参数是理查森数（Richardson，Ri），它定义为作用于单位高度上的浮力与层内动量通量的比值，表示为：

$$Ri = \frac{\Delta \rho g h}{\rho U^2} \qquad (11.7)$$

式中，$\Delta\rho$ 是上、下层之间的密度差；g 是重力加速度；h、ρ、U 是其中一层的垂直高度、密度和速度。

根据上述的定义，可以定义两个理查森数，这取决于用哪一层的 h、ρ 和 U 定义。对于湍流层，尤其当湍流是由某一层在固定表面的运动产生的时是非常有用的。当考虑两层之间的速度差时，可以定义另外的理查森数。根据两者中的较大者，理查森数决定了这两层之间的演变。

当 Ri 较大时，浮力占主导，两层之间有明显的分层，并且两层之间的相互作用也很弱。当 Ri 较小的时候，两层将很快混合，形成一个混合的单层，在天花板和地板之间延伸，这种情况在距烟气产生源较远的地方很容易出现。当然单层也可能由于混合不均匀和流动条件改变演化成两层，这时 Ri 变大。一旦发生轰燃（在书中其他地方讨论过），双层模型的假设就失效了，此时模型不再适用。正是由于这个原因，存在两种不同的模型来研究不同的阶段，即轰燃前模型和轰燃后模型。轰燃前模型（描述火灾增长）通常涉及人身安全。在火灾的初始阶段，火灾探测器和灭火系统必须及时启动，人员才能在安全的时间段内完成疏散。而研究轰燃后火灾是为了预测确保建筑结构材料安全所需要达到的防火性能要求。由于这个时候火灾产生的热量最多，因此模型通过计算此时的热量传递情况来确定建筑结构需要达到的耐火性能。

Zukoski（1985）已经确定了三种主要的过程，这三个过程会对分层情况有显著影响。第一个过程，在热层内，由于热层和天花板周围的热烟羽内热空气不断卷入，因此有不断的气体流动循环，这大大地减弱了分层现象。这种再循环也对该层的不断混合和均质化有影响。

第二个过程是通过墙壁上的开口（如门和窗）将气体从热层流到外面，同样这个过程也减少了分层现象。这种情况下，可能会发生层间混合。

第三个过程取决于它撞击墙壁时更热的顶棚射流的理查森数。因此，热层内部的流动情况将决定热层的分层情况。

对于一些典型的 U、h、$\Delta\rho$ 的理查森数如表 11.1 所示。

表 11.1　理查森数的典型值

$U/(\mathrm{m/s})$	h/m	$\Delta\rho/\rho$	Ri
10	0.35	1.17	0.04
		2.33	0.08
	1.5	1.17	0.20
		2.33	0.04
1.0	0.35	1.17	4.0
		2.33	8.0
	1.5	1.17	18.0
		2.33	35.0

理查森数是用于热上层的评估准则参数。对 1000K 左右的烟气层有着较大的密度比，而对 650K 左右的烟气有着较小的密度比，这两种气体层的下边是 300K 左右的烟气层。在 1000K 处的厚层会通过辐射放热引燃下层未燃物质，进而导致轰燃的产生。

显然，表 11.1 所示影响 R_i 的最主要因素是烟气层的流动速度。当流动速度较大时，理查森数 R_i 很小。对于我们选择的数字，总是小于 1（尽管与 0.01 相比，从不觉得小）。烟气流动速度在建筑的各个区域会有很大的变化，并且很大程度上会受到火灾的大小和通风量的影响。因此，我们可以得到结论，在某些情况下或在建筑物的某些部分，可能会出现不分层的现象，而其他情况下则有可能出现明显的分层现象。对于远离火源的地方来说，情况确实如此。

11.3.4　混合

火焰和烟气（燃料燃烧产物）在起火房间及相邻区域的扩散对火灾蔓延起到十分重要的作用。此外，这个过程中，由于有各种气体的进入与掺混，影响建筑物内烟气的运动，因此烟气会不断稀释和冷却，从而影响建筑物内的人员安全。正是由于这个原因，在建模中必须对这些过程加以考量。

为了简化室内火灾的模型，之前我们通常假定发展到顶棚的热层和下降到地面的冷层是均匀的（在温度和组分浓度上），并有明显的分层。换句话说，我们假定起火房间有一个两层的烟气层，除了羽流本身之外，在两层烟气层的界面上没有其他的流体对流与交换，当然实际情形远非如此。事实上，由于存在着混合现象，实际情形要比这种双层模型复杂得多，并且在烟气的传播中起着重要的作用。

已经确定了许多混合过程发生的现象（Quintiere，1984）。它们是：

① 由于相对的流动造成在门廊附近上的混合（Zukoski 等，1985）（图 11.4）。

② 由于壁面温度差异造成与壁面热边界层的交互（Jaluria，1988；Cooper，1984）（图 11.5）。

③ 由羽流和顶棚射流造成的混合（Zukoski-etal.，1985）。

④ 双层流动模型中上下两层之间的混合（Zukoski 等，1985）。

Zukoski 等（1985）已经通过实验研究了门廊附近的混合现象。他们发现，以界面高度作为特征长度，用这个特征长度和垂直开口流速计算出理查森数 Ri，混合速率是关于理查森数 Ri 的函数。他们还基于密度和速度梯度提出了理查森数 Ri 数的修正定义，并用这个定义去研究层的稳定性。

由燃烧产物形成的顶棚热层逐渐变厚，然后通过敞开的门廊或通风口流向邻近的房间［图11.4（a）］。新鲜空气通过门的下半部分进入房间，补充卷入烟羽中的空气［图11.4（b）］。在门口附近，由于热气和新鲜空气的运动方向相反［图11.4（c）］，形成一个剪切（混合）层。两层之间的湍流混合主要受惯性力和浮力的控制［见理查森数的定义，方程（11.7）］。混合过程受到重力（高理查森数）的抑制，并由惯性力（低理

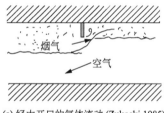

(a) 经由开口的气体流动 (Zukoski 1985)

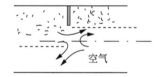

(b) 在开口附近可能的混合机制 (Walto Jones, 1985)

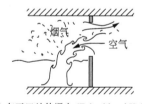

(c) 在开口处的混合 (Zukoski and Kubota 1980)

图 11.4　经由开口的气体流动
（Zukoski，1985）(a)、
在开口附近可能的混合机制
（Walto Jones，1985）(b)
及在开口处混合
（Zukoski 和 Kubota，1980）(c)

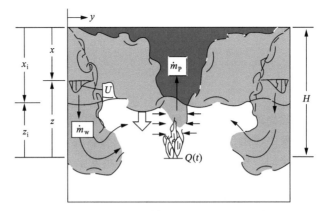

图 11.5 在室内火灾的早期阶段，墙体效应的重要特征示意图（Cooper，1984）

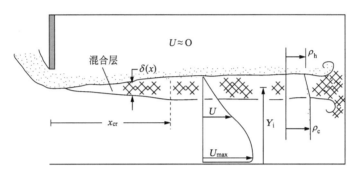

图 11.6 湍流混合层的形成（Zukoski 等，1985）

查森数）推动。Zukoski 等（1985）的实验表明，混合层在流入的气流的下游不断增长，直到达到临界点。在这一点之外，浮力的影响足够强，可以抑制混合和夹带的过程，使得气体不再进入混合层（图 11.6）。

　　一般来说，烟气可以在开口处混合的数量很大，这取决于开口的方向和相对于可能存在的任何分层界面的开口位置。混合是由开口的强剪切力推动，也会由浮力产生的推动力，或者是由上升的羽流或射流进入到对面的气流起到的反推力推动。图 11.4（a）表示的是简单的在门口和窗口的流动情况，热烟气和冷空气对向流动，在某些情况下，这个流动可能是极其复杂的。从邻近房间流入的新鲜空气进入到起火房间的下部烟气层，可能会带着热气体进入起火房间的下部烟气层，因此可以导致该层空气发生混合。这个混合过程如图 11.4（b）和图 11.4（c）所示。

　　Zukoski 等（1985）也研究了烟气沿天花板的传播。他们得出的结论是，虽然顶层天花板的烟气流不会明显地进入到周围的其他流体中，但不代表周围的气流也不会流入。也就是说，环境周围的气流将被带入顶层天花板的烟气层之中，他们建议在建立模型时应该考虑到这一点。他们还得出结论，顶层天花板烟气传播速度最快约为 2m/s，因此，它是决定沿着走廊的烟气早期传播所涉及的时间的一个重要因素。

　　在一个房间内的实体垂直墙壁上，由于对流和热辐射引起的局部墙壁和气体温度之间存在差异，因此可能有显著的浮力引起的流动，从而导致层界面的额外混合（Jaluria，1988）。在烟羽层上部，墙的旁边形成了一个热边界层，从而形成向下的气流，这个气流穿透两层分界界面，当它碰到下部烟羽层时，就会上升。在某个高度，它开始再次向界面上升，导致进一步的混合（图 11.5）。Jaluria 提出一种将这种混合现象纳入区域模型的分析方法。本章讨论的区域模型没有考虑到这种现象。然而，必须指出的是，对于相对较大的场所，这种类型的局部混合可能不会对上层的动力学机制产生明显影响。虽然这种现象很重要，但在某些火灾情况下可能会被忽略。

在这个简短的讨论中，我们已经展示了在火灾产生的房间环境中混合过程的重要性。我们还说明了在某些情况下理查森数（Ri 数）可能会有很大的差异，而且 Ri 在某些情境中可能会有非常小的情况出现。在这种情况下，垂直方向的混合不会受到抑制，导致快速形成单层。因此，烟气运动模型中通常在整个建筑物中忽略两层之间的混合的假设，在某些火灾情况下可能是无效的。

11.3.5　表面热传导和质量损失

正如之前所讨论的，浮力是造成建筑物内烟气运动的最重要因素，从而影响火灾蔓延和人员安全。浮力主要是在高温下由烟气产生的。这不仅在于它对室内火灾的影响是重要的，而且是因为通过房间边界的传热可能导致相邻房间发生二次火灾或使建筑结构失效，因此研究烟气的浮力十分重要。此外，热损失过程决定着火房间的温度。烟气的危害性随温度升高而增加，而这是研究热损失的另外一个原因。

一个房间内的环境温度是由火灾产生的热释放速率和对外部环境的热量损失速率之间的相对平衡产生的。因此预测环境温度必然涉及热损失的计算。来自建筑物内的火源的热传递涉及通过辐射和对流到墙壁、地板、天花板和其他物体的热传递，通过传导进入这些物体的内部引起热传递。

通常要考虑到辐射传热，因为它对有火灾的房间内的热传递很重要。其重要性体现在两个方面：一是对燃料表面的辐射反馈，二是对周围表面的辐射传热（Quintiere，1984）。前者决定了燃烧速率和火灾蔓延，而后者对建筑结构的耐火性能产生影响。一般来说，表面间的辐射传热取决于几何形状、取向和温度特性（Tien 等，1988）。在实践中，大多数热表面被认为是等温的。每一个热表面的几何形状和方向通常在计算配置因子时都要考虑到，这些因子也被称为视角因子、形状因子、角度因子或几何因子。配置因子纯粹是两个表面之间的几何关系，它被定义为离开一个表面的辐射热有多少比例投射到另一个表面。火焰辐射热流的预测对于研究确定引燃起火、火灾蔓延危险和火灾探测装置的发展具有重要意义。然而火焰与其他辐射表面（如热层）的实际形状是任意的并随时间变化而变化，这使得详细的辐射分析非常麻烦。然而，在大多数情况下，一些简化处理可得到相当好的答案。在这些假设中，火焰被理想化为简单的几何形状，如平面层或轴对称圆柱和锥形体（Mudan 和 Croce，1988）。

在室内火灾中，虽然有可能对辐射传热进行严格的计算，但是要考虑天花板、墙壁和地板有不同的温度，并把烟气层分为具有不同温度的两层，这十分耗费时间和精力。正是由于存在烟气和一些明显辐射的气体，如水蒸气和二氧化碳，使计算变得复杂。燃烧产物中的烟气的存在显著地改变了热层和热烟羽的辐射特性。不完全燃烧和凝聚产生的烟尘粒子，且烟尘粒子具有中位数约为 $1\mu m$ 量级的分布（Drysdale，1985）。Tien 等（1988）提供了一种计算烟气颗粒的热辐射贡献的方法。由于前面所述的种种困难，在双层火灾模型中处理辐射效应时往往会进行简化，所用方法的实例可以在 Siegal 和 Howell（1981）的文献中找到。

在火灾情况下，对流换热通常分为强制对流、层流自然对流和湍流自然对流。哪个占主导地位取决于房间的尺寸、大气和表面的温差以及房间内的流速。在某些条件下，自然对流和强制对流可能同时发生，形成对流传热的混合机制。相关研究已经有了进展，并且在完整的室内火灾模型中加以阐述（参见 McAdams，1954）。然而这些应用于理想化的流动，虽然很合理，但是在实践中可能会出现许多现象，会使得火灾风险评估变得复杂。复杂性的例子表现在天花板、墙壁和门射流中，更一般地，是房间里任何一个复杂的流动模式。通常，这些复杂性往往会被忽略掉。在起火房间内，当强制对流是由供暖、通风和空调（HVAC）系统产生的时候，强制对流是极其重要的。关于强制对流火灾的研究由 Alvares 等（1984）进行，稍后我们将进行讨论。Atkinson 和 Drysdale（1992）也研究了火灾引起的对流传热。

烟气通过传导而产生的热损失取决于材料的热容、热导率和结构材料的厚度。由于建筑物结构的复杂性，固体构件的传热只能进行近似计算。通常假设是把热传导看作一维的。因此，像墙壁这样的部件被当作平板，在它们的边缘处完全绝缘，表面温度均匀。在特殊情况下，如具均匀组成和稳定边界条件的构件，可以用简单的方程来确定热损失（Carslaw 和 Jaeger，1980）。否则，必须用数学的方法来求解每个部分的热传导方程。

向表面的质量传递对于评估烟气的危害能力是很重要的。其中，烟气粒子的沉积、冷凝和对化学反应产生的蒸气如氯化氢的吸附作用是最重要的。此外，对于核设施，过滤器中的烟气沉积尤其值得注意，因为它可能对过滤器的性能产生不利影响。沉积现象对电气安全的相关设备正常运行也很重要。

烟气粒子可能会由于重力、布朗运动和热泳（其他机制也是可能的，但在目前的情境下它们并不重要）而在表面沉积。哪个机制占据主导地位取决于颗粒的性质，尽管热力学因素也起作用（Friedlander，1977）。

化学反应产生的蒸气的沉积和吸附是通过蒸气对表面的对流传热或由于蒸气吸附到表面上而发生的。前者可以用类似处理对流换热的方法来处理（Collier，1981）。传输速率取决于表面的蒸气压，因此研究蒸气与表面的化学反应很重要。

在一些区域模型中（例如，FAST，火灾增长和烟气传输模型）包含了物质传递过程，这些模型是否有实用价值还有待证明。

11.3.6 开口的热流动

任何建筑物内，由于渗漏和压力分布的影响，空间中会存在一定的内部流体（如房间、竖井和走廊）。平时，这些流动可能并不重要，但是在火灾情况下，这些气体流动会导致烟气传播到远离火源的位置。

建筑物中最明显的渗漏点是门窗的周围缝隙。通风管道以及墙壁和隔板上的小裂缝也是烟气运动的重要途径。即使是在密封建筑物的情况下，这样的裂缝也不可避免。由于气体膨胀，密闭房间中的火灾很快就会产生足够的压力，可能导致门和窗户爆裂。

驱动这些气体流动的压力差是由许多因素引起的。它们包括：建筑烟囱效应、燃烧气体的浮力、燃烧气体的膨胀作用、自然风、机械通风系统以及电梯的活塞效应等。Klote

（1989）对它们进行了详细地研究，并提供了计算各自影响的方法。

（1）垂直开口

一般来说，两个房间的开口之间存在多种几何关系，并且两者之间存在浮力（可能是分层的）。特别值得注意的是经过垂直开口并且不会蔓延到天花板（如门道和窗户附近）的热烟羽层的流动。Kawagoe（1958）最早建立了适用于这种情况的模型，他研究的情况是开口一边有热气体，而另一边是环境空气。随后，当裂缝两边的任一边气体是双层流动时（Quintiere 和 Denbraven，1978；Steckleretal.，1982；Emmons，1987），已经有了好几种模型来对不同情形进行研究。流速不仅取决于开口两侧的压力差，还取决于任一侧的分层界面的高度和层的密度。

Bodart 和 Curtat（1989）建立了 CIFI 模型（建筑烟气流动模型），用来预测流经垂直的开口进入房间的物质流量。直到现在，很少有人对通风口复杂的流动模型加以研究。通常，流速都是通过对排气口静压差的积分来估计的。Bodart 和 Curtat 使用修正后的模型解释了通风口的流动中夹带的物质流量。正如作者所指出的那样，这种方法仅适用这个场景，不适宜被推广。但是它具有如下优点：它易于在计算机程序中实现，并且可以尝试所有可能的物质输送机制，而不会产生相互矛盾的流动模式。当考虑到定义烟气层高度的任意性会带来不利影响时，该模型与 Jones 和 Quintiere（1984）所做的实验相比较，对于起火房间内温度和烟气层高度与实验数据吻合较好。结论表明，这些预测结果对如何确定通风口的羽流的虚拟源的细节不敏感。

最近，Cooper（1988，1989a）建立了一个通过垂直通风口的流体模型，该模型允许穿过通风口的任意（大）压力差，因为当房间完全密封的时候，极有可能出现这种情况。该方法是对垂直通风口的烟气流速建立一个分析模型，在垂直开口两侧都有平行的双层烟羽层，而之前的模型都假设在通风口两侧压力差很小，所以，该模型是原模型的拓展和延伸。

对于一个压力随高度而变化的开口，当烟羽层有均匀统一的密度时，则开口两侧的压力差是高度的一个分段线性函数，函数分成三段，分段依据是层分界面相对于另一个分界面以及相对于开口的位置的不同。由于压力差在每一段上最多改变一次标志，因此可以定义多达 6 个垂直段，其压力差随高度而线性变化，且不改变标志。整个开口的流量被认为是每段的流量的总和（更多细节见第 11.4.9 节）。

为了确定单个段的流量，假设流体是一维和等熵的，并且在给定的高度上，与其他流体独立、互相不干扰。这种气体被认为是理想气体。这样可以使用 Shapiro（1953）的方程，把质量流速作为高度的函数得到流速计算方法，然后对每段进行分析。流量系数是开口处的压力比（下游压力超过上游压力）的线性函数（在 0.68～0.85 之间）。假定在穿透流的高度，穿透流与下游层均匀混合。因为假定流动是等熵的，所以将穿透流的温度作为上游侧的停滞温度。

严格地说，当开口处的压力差会随着高度变化时，Shapiro 的方程是不能使用的，因此，上面描述的方法应被看作是获得质量流速的一种特殊方法。将其系统地与实验进行比较将是非常有意义的，以得到在实际感兴趣的自变量范围内的流速的令人满意的预测结果。

这些模型能够处理垂直开口双侧的双层的一般情况，因此，当一侧或两侧仅存在一层时，可以应用于特殊情况。

（2）水平开口

乍一看，如果假设通风口处的压力场在水平方向上是均匀的，那么在水平开口上确定流动比垂直开口要简单得多。Thomas 等（1963）针对屋顶通风系统的设计，对这种情况做了最早的研究。Kandola（1990）后来针对流动风对屋顶通风口性能的影响进行了研究。然而，由于一系列动压效应发生可能性，这使流动模型变得很复杂。

当开口下方的流体密度小于上方的流体密度时，排气口附近的流体场可能在流体力学上是稳定的；当不稳定的情况发生时，开口处可能产生逆向流。Cooper（1989a）讨论了这一点，而这显然与我们通常用来计算气体流速方程所得到的推论相矛盾。尤其是依据方程推论可以得到，当开口附近气体单向流动，并且流动方向由出口压差的正负号决定，则可以根据伯努利的流量计算方程来计算流量，这样当压力差为 0 的时候，开口附近的气流也就是 0（压力差并不意味着稳定的界面）。

当压力差为零时，可以使用 Epstein（1988）的方程来计算通过圆形通风口的交换流量。当然，当排气口附近的气流界面是动力稳定的时，流量是无法预测的。Cooper 建议，将通常的压力驱动流和 Epstein 的交换流方程结合在一起，这样不管通风口两侧的任何压力和密度差的参数条件如何，都可以估计到两个方向上的流量。

我们认为每个方向上的流速是由压力差和交换流引起的流速之和。后者通过一个因素进行修正，当压力差超过一个临界极限值（称为淹没压力）的时候，交换流量变成零。淹没压力表示压力驱动的流量超过逆流交换流，导致流向成为单向的这样一个临界点。淹没压力是根据倾斜通风孔内的交换流来估算的，并且本质上获得的压力差是导致压力驱动和交换流率相等的压力差。

Shanley 和 Beyler（1989）通过实验研究了在一个矩形房间内，气体通过水平圆形天花板通风口的运动。在这个房间中，上层的密度小于下层。上层包括氦气和空气的混合物，用以模拟热气体的低密度情况。

研究发现，当上层厚度与排气孔直径相似或比值略大时，浮力层是稳定的，对于均匀气体混合物，开口流量系数在 15% 以内。而上层厚度较小时变得不稳定，形成了一种特殊的堰型流动，导致通过排气口的流量显著减少（达到 3 倍），因此流量系数变小。

这些结果表明了双层动力学对于确定通过水平通风口流量的重要性。注意，这个效果与 Cooper 所考虑的完全不同，后者关注到了排气口的流体力学不稳定性。因此，在火灾区域模型中考虑这些影响是非常必要的。

（3）狭窄的裂缝开口

通过狭窄的裂缝（例如门和窗户的裂缝）的羽流，是由流动的雷诺数决定的（Kandola，1979）。Gross 和 Haberman（1989）已经得出门边缘狭窄裂缝中确定影响气流速率的因素。它们的结果适用于很宽的压差范围内的稳定的层流，并且显示出提高了相关系数：

$$Q = AC_d(p)^n \qquad (11.8)$$

式中，流量系数 C_d 和指数 n 并非总是已知的，Q 是体积流量，A 是缝隙的面积。通过对预测值与楼梯间门的实测流量进行比较，得出的结果只有 20% 相符合。它们的相互关系适用于直通、单弯道和双弯道的固定宽度缝隙。在一些扩展的模型里，可用于不同宽度且连接在一起的缝隙。对于通过门缝隙的热空气流动，可以根据各变量之间的相关性来预测，随缝隙尺寸和流动模式的不同，流量是会随温度的变化而增加或减小。

这种相关性是基于无量纲方程：

$$N_Q = \frac{Qd}{L\nu x} \qquad (11.9)$$

和

$$N_P = \frac{\Delta p d^2}{\rho v^2}\left(\frac{d}{x}\right)^2 \qquad (11.10)$$

式中，Q 是通过缝隙的体积流量，L 是外侧缝隙长度（如门的周长），ν 是液体的运动黏度，d 是缝隙水力直径（对于矩形缝隙它等于两倍的厚度），x 是纵向缝隙长度（在流动方向上的），Δp 是缝隙两侧的压差，ρ 是流体密度。注意，在 N_Q 中，右边的第一组变量是缝隙的雷诺数，在 N_P 中，右边的第一组变量是黏性压力系数。

从而可以得出，直通缝隙的相关性为：

$$N_Q = 0.01042 N_P, \quad N_P \leqslant 250 \qquad (11.11)$$

$$N_Q = -3.305 + 0.2915 N_P^{\frac{1}{2}} + 0.01665 N_P^{\frac{3}{4}} - 0.0002749 N_P, \quad 250 < N_P < 10^6 \qquad (11.12)$$

和

$$N_Q = 0.555 N_P^{\frac{1}{2}}, \quad N_P \geqslant 10^6 \qquad (11.13)$$

对于在具有尖锐 90°弯曲的缝隙中的流动，他们认为应该把用在直缝隙上的方程乘上一个额外的校正因子，且校正因子以图形的形式提供。当 N 低于 4000 时，校正因子为 1，否则校正因子小于 1。校正因子的减少取决于是否出现一个或两个弯折缝隙。

对于不同厚度的连接缝隙，他们建议应确定各个部分的压降，同时考虑上游部分中的边界层在较宽时进入相邻的下游部分。他们得到了图形化的相关性关系，以确定在较宽的下游部分的入口处的边界层的生长情况。利用这种方法，可以看出，根据窄缝和宽缝出现的顺序，流速会受到显著的影响。

11.4 轰燃前室内火灾的区域模型

11.4.1 质量和能量守恒

对于多室建筑，每个房间上下层流的质量和能量守恒方程可以写成（Jones，1990）：

（1）质量守恒定律方程

$$\frac{dm_L}{dt} = \sum_i \dot{m}_{L,i} \qquad (11.14)$$

$$\frac{dm_1}{dt} = \sum_i \dot{m}_{1,i} \qquad (11.15)$$

其中，字母 i 表示相应层的质量 m 的第 i 个来源，下标 L 和 1 分别是指上下两层。

（2）能量守恒定律方程

下层的热平衡表示为

$$\frac{\mathrm{d}}{\mathrm{d}t}(c_v m_1 T_1) + P\frac{\mathrm{d}V_1}{\mathrm{d}t} = \dot{Q}_1 + \dot{h}_1 \qquad (11.16)$$

上层的热平衡表示成

$$\frac{\mathrm{d}}{\mathrm{d}t}(c_v m_L T_L) + P\frac{\mathrm{d}V_L}{\mathrm{d}t} = \dot{Q}_L + \dot{h}_L \qquad (11.17)$$

式中，$\dot{Q}_1$ 是由于燃烧热、热对流、热辐射形成的流向下层区域的显热净输入量；$\dot{h}_1$ 指的是相较于原始输入的质量对于低层的热焓贡献；c_v 是空气的定容比热容；T_R 是焓参考温度；T_L 是上层温度；T_1 是下层的温度。同理，带有 L 下标的其他参量都表示的是上层的物理量，带有 1 下标的其他参量都表示的是下层的物理量。

$P\dfrac{\mathrm{d}V_1}{\mathrm{d}t}$ 和 $P\dfrac{\mathrm{d}V_L}{\mathrm{d}t}$ 两项用以描述两个层之间交界面上的压力作用所产生的效果。假设房间内气体的比热保持不变，并且在初始室温下进行估计。

此外，还进一步对模型做了简化，将房间内的静压 P 假设为常数。这一假设因静压力随着流体静力效应改变而改变，使计算引入了轻微的误差。由于这些影响相对较小，大约为 $\rho g h$，可以忽略不计。Zukoski 为了说明这一点，假设了一个高度为 2.5m 的房间的场景，在这个房间里，静压力与室内静压的比例为：

$$\frac{\rho g h}{P} < 3 \times 10^4 \qquad (11.18)$$

Emmons（1987）还指出，对于 100m 高的建筑来说，建筑物顶部的压力变化小于环境压力的 1%。然而，这里必须指出，虽然大多数现有的计算机模拟软件的模型都是基于上述假设，但现实中的起火房间的压力可能会随着时间和海拔的变化而变化，从而很大程度上影响气体流量。Brani 和 Black（1992）研究了这种变化的影响，他们得出的结论是，房间压力随时间变化情况同样重要。在他们的模型中，通过动量守恒方程将这一点纳入考虑。

利用这个假设（即恒压），上述几个守恒方程可以由以下关系形成闭合的方程组。

我们认为状态方程同时适用于上下两层，因此有：

$$P = \rho R T = \rho_L R T_L = \rho_1 R T_1, \quad m = \rho V \qquad (11.19)$$

因为房间体积 V 保持不变，所以有：

$$V = V_L + V_1 \qquad (11.20)$$

用规定的源项和初始条件求解上述控制方程，可以计算随着时间变化的层的温度及其厚度。

初始条件（例如加热、通风和自然风）决定了火灾发生时的状况。源项在燃烧过程中决定了火灾自身发展的特点，例如燃烧特性以及相关的热通量。它们还包括了引燃、火焰蔓延、气体燃料供应率、碳化率、热释放、溶化、烟气释放等（Thomas，1992）。如果没有确切说明这些条件，这些模型在实际火灾问题上的应用是相当有限的。

而这些源项一经确定，那么热层温度和厚度的计算就可以按照下面的方式进行。

11.4.2 热层

在任意给定的时间，上层的温度 T_L 是质量、能量以及该层比热的一个函数。假设比热与室温为 25℃ 环境空气相同：

$$T_L = \frac{E_L}{m_L c_p}$$ (11.21)

式中，E_L 是热层总的能量；c_p 是定压比热容；m_L 是热层的总质量（Emmons，1978）。

忽略燃料燃烧产生的已燃和未燃物质的分子量的微小变化，层的质量可以通过以下方程计算：

$$m_L = \frac{\rho_a T_a}{T_L} LW h_L$$ (11.22)

此处，h_L 是热层的厚度。结合以上方程有：

$$h_L = \frac{E_L}{LW c_p T_a \rho_a}$$ (11.23)

$$\dot{h}_L = \frac{h_L \dot{E}_L}{E_L}$$ (11.24)

热层在燃烧开始时刻到给定时间 t 的总能量可以通过层能量变化速率的积分来计算：

$$E_L = \int_0^t \dot{E}_L \mathrm{d}t$$ (11.25)

此处 $\dot{E}_L$ 是指热层内部能量总变化率，它是由下边的几个部分的能量组成：

$\dot{E}_L$	=	$\Sigma \dot{E}_P$	−	$\Sigma \dot{E}_V$	+	$\Sigma \dot{E}_{LW}$	+	$\Sigma \dot{E}_{LR}$
热层能量交换速率		从烟羽进入热层的焓		通风口流出的焓		热层对壁的对流热损失速率		热表面层能量变化

上述方程右半部分是由源项计算得到的。

区域模型建模的理论基础很简单，就是直接把一个区域的输出作为下一个区域的输入。起主导作用的守恒方程（质量守恒与能量守恒方程）是在考虑源项的情况下进行求解得到，在下面 11.4.3～11.4.10 节有详细的描述。本章讨论的内容是基于哈佛大学的 Emmons 和 Mitler 所做的开创性的工作（哈佛消防规范系列），也包含了一部分 NIST（美国国家标准与技术研究所）火灾与烟气流动软件 FAST（Walter Jones）的部分工作。

11.4.3 火焰与燃烧物质源项

假设每个房间都包含了指定位置、大小、形状和材料构造的物体。当涉及这些物体之间的火焰不断扩大时，热解速率、热释放速率、火焰半径、火焰形状都是随着时间变化的函数。假设单位面积热解速率与净表面热流密度成正比，这个热流密度是包括了火焰所有的辐射和对流以及再辐射的代数和。燃烧物体上方的火焰区域表示为均匀的灰色辐射的气体圆体，其半顶角为 ψ（图 11.7），由 Mitler 和 Emmons（1981）的方程进

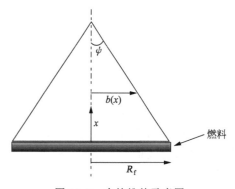

图 11.7　火焰锥的示意图

行计算：

$$\tan\psi = \chi \tan\psi_0 \frac{|\dot{m}_\mathrm{f}|}{\dot{m}_\mathrm{b}} \tag{11.26}$$

式中，$\dot{m}_\mathrm{b}$ 是质量燃烧率，kg/s；$\dot{m}_\mathrm{f}$ 是质量热解速率，kg/s；χ 是燃烧效率；ψ_0 是 ψ 的初始值（默认=30°），锥温度假设为 1260K。当为通风控制型燃烧时，我们认为上述关系是有效的。

受燃烧效率影响的燃烧速率由下面的方程得到：

$$\dot{m}_\mathrm{b} = \chi |\dot{m}_\mathrm{f}| \tag{11.27}$$

当氧气不足时，燃烧减缓，由下述方程计算：

$$\dot{m}_\mathrm{b} = \frac{\dot{m}_\mathrm{air}}{\gamma} \tag{11.28}$$

式中，$\dot{m}_\mathrm{air}$ 是下方进入的空气质量流率；γ 是物质自由燃烧时的空气/燃料的质量比。

实际的燃烧速率是受到燃烧效率 χ 限制或者氧气不足的限制的，可以根据下述方程计算：

$$\dot{m}_\mathrm{b} = \min \left[-\chi\dot{m}_\mathrm{f}, \frac{(\dot{m}_\mathrm{p} + \dot{m}_\mathrm{f})}{\gamma} \right] \tag{11.29}$$

热解速率与表面和瞬时燃烧区域的净热流成正比。它的计算考虑到了使燃料耗尽时尽可能平稳燃烧。

$$\dot{m}_\mathrm{f} = \dot{m}_\beta - \left[1 - e^{(m_\mathrm{f}/2\dot{m}_\beta)} \right] \tag{11.30}$$

其中 m_f 为物体的剩余质量，仅由初始质量（m_0）减去到 t 时刻已经燃烧的总质量：

$$m_\mathrm{f} = m_0 + \int_t^0 \dot{m}_\mathrm{f} \mathrm{d}t \tag{11.31}$$

火焰燃烧速率 $\dot{m}_\beta$（kg/s）、燃烧半径 R_f、净辐射热通量 ϕ（W/m^2）和热解的比热 H_v（J/kg）关系是由下式计算：

$$\dot{m}_\beta = -\frac{\pi R_\mathrm{f}^2 \phi}{H_\mathrm{v}} \tag{11.32}$$

可以对三种火灾进行建模（例如，在哈佛的系列火灾模型中）：气体火灾、池火灾以及扩散火灾。现在对每一个数学模型进行描述。

① 气体火灾　气体火灾指定的燃料的质量热解速度（$\dot{m}_\mathrm{f}$）根据用户输入的气体流速计算得到。假定气体流速和时间的关系是随着用户在一组离散点输入和固定输入点之间线性变化的。

② 池火灾　池火区即是燃料区域，假定火焰有一个恒定的最大半径 R_max。燃料可以是固体，也可以是液体。当燃料的整个水平表面温度被加热到它的着火点 T_ig 时，燃烧就被假定从一个"热点"开始，并且在整个表面迅速扩散。假设火焰半径从用户指定的初始值逐渐增加到用户指定的最大值，在点火后 60s 达到最大尺寸。假设每单位面积热解率与表面净热通量成正比，计算方程为：

$$\dot{m}_\mathrm{f} = -\frac{\pi R_\mathrm{f}^2 \phi}{H_\mathrm{v}} \tag{11.33}$$

通过以下方程计算点燃后燃烧表面的半径：

$$R_f = R_{max} [1 - e^{-(t-t_{ig})/2}], 0 < (t-t_{ig}) \leqslant 60 \quad (11.34)$$

和

$$R_f = R_{max}, (t-t_{ig}) > 60$$

③ 扩散火灾

对于一个燃烧物体来说，由于单位面积热通量 $\dot{q}''$ 导致的热解率可以由下式计算：

$$\dot{m}_\beta = \frac{\pi R_f^2 \dot{q}''}{H_v} \quad (11.35)$$

扩散火灾的半径是由下式计算：

$$R_f = R_0 + \int_0^t \dot{R}_f \mathrm{d}t \quad (11.36)$$

R_0 是初始火灾半径。

根据燃烧效率，燃烧速率与热解速率相关，χ 定义为

$$\chi = \frac{\dot{m}_\beta}{\dot{m}_f} \quad (11.37)$$

到燃料表面的净辐射热通量的组成如下：

$\dot{q}''$	=	$(\dot{q}'')_{LF}$	+	$(\dot{q}'')_{WF}$	+	$(\dot{q}'')_{PF}$	−	$(\dot{q}'')_{RR}$
燃料表面到物体的热通量		从热层到物体的辐射热通量		墙壁和顶棚到物体的辐射热通量		从火焰到物体的辐射热通量		物体的辐射热通量

各部分的辐射传热模型如下［详见 Mitler 和 Emmons（1981）］：

① 热层向物质传热 $(\dot{q}'')_{LF}$　该热层的模型是一种具有热的、均匀灰色气体的正圆柱体，它的有效辐射率是 e_i。假定圆柱层在中心位置被分成四个象限。

② 墙向物质传热 $(\dot{q}'')_{WF}$　来自房间墙壁和顶棚的热通量 $(\dot{q}'')_{WF}$，它的计算是把房间分为四个矩形部分，并将每个部分等价于圆柱的一个象限。

③ 火焰对物体（水平面）传热 $(\dot{q}'')_{PF}$　到达一个水平方向扩散燃烧的物体的辐射热通量包括了房间内所有的火焰锥和燃烧物体本身的火焰。计算中考虑了每个对象的相对位置和大小。火焰锥到物体的辐射取决于火焰锥的温度、有效平均不透明度和视角因子。更多的细节在 Mitler 和 Emmons 的文章（1981）中给出。物体本身可能会燃烧，也可能不会燃烧。

由另一个火焰引起的燃烧物体的热通量由其自身的火焰的辐射加上来自另一个火焰的辐射所构成：

$$(\dot{q}'')_{PF} = (\dot{q}'')_{FO} + (\dot{q}'')_{12} \quad (11.38)$$

一般认为热解速率是正比于流过表面的净热通量，而热通量又由火焰的对流加热减去再辐射 $(\dot{q}'')_{RR}$ 决定。对于较小的火焰，对流传热是很重要的，而随着火焰的增长，再辐射变得越来越重要。表面的再辐射是由下式给出：

$$(\dot{q}'')_{RR} = \sigma T_s^4 \tag{11.39}$$

式中，T_s 是物体表面的温度，K。

在 HarvardV 的计算模型中，假定有：

$$(\dot{q}'')_{RR} = \min(13200, 217000\kappa R_f) \tag{11.40}$$

式中，κ 是吸收系数，假定为 1.55m^{-1}，R_f 是火灾半径。

11.4.4 火羽源项

在区域模型中对火羽流的处理是基于在第 11.3 节中描述的 Morton 等所做的开创性工作。Thomas 等（1963）最早将这一成果应用于火灾的相关问题中。他们利用火羽流理论预测了屋顶的水平通风口的气流情况。

在燃烧的物体上形成了一个湍流浮力羽流，包含了气体燃烧产物、黑烟颗粒和未燃烧的气体。上升的羽流径向扩散，夹带周围的冷空气，降低了中心的温度。当它到达天花板时，它会横向扩散，在天花板下形成一个热层。通过这种方式，羽流将质量和热量传递到热层。

用于描述这些流动的火羽流模型是基于 Morton、Taylor 和 Turner 为点源羽流所做的研究。在火灾的情况下，可以认为点源是在实际燃料表面一个虚拟的点，这样燃料表面的羽流宽度就等于火的半径。

对于一个点热源，沿着羽流的轴线上任意距离 x 的羽流半径 $b(x)$ 是：

$$b(x) = 1.2\alpha x \tag{11.41}$$

式中，α 是羽流的卷吸系数（假定为 0.1）。

与火源距离 x 处的速度为：

$$u^3(x) = \frac{25g\dot{Q}_f}{48\pi\alpha^2 c_p T_a \rho_a} \times \frac{1}{x} \tag{11.42}$$

式中，$\dot{Q}_f$ 是热释放率；α 是卷吸系数；T_a，ρ_a 是环境空气的温度和密度；c_p 是空气的比热。

对于由有限大小火焰产生的羽流，可以认为羽流源于火焰下的距离为 x_s 的一个虚拟点热源，由下式给出：

$$x_s = \frac{R_f}{1.2\alpha} \tag{11.43}$$

其中 R_f 是火灾半径。

流入热层的燃烧产物的质量是：

$$\dot{m}_P = \pi\rho_a(b^2 u - R_f^2 u_f) + |\dot{m}_f| \tag{11.44}$$

其中 $\dot{m}_f$ 是燃料热解速率。羽流半径和中心线速度是在燃料层上面的气流层高度测得，即 $x = h_p + x_s$。

由羽流能量平衡计算出从羽流到热层的焓流。该物体的火焰被作为羽流的一部分所包含。物体燃烧时，假设以 $\dot{Q}_f$ 的速率产生热量。这些能量中一部分由火焰辐射散失，用 $\dot{E}_{PR}$ 表示。另一部分由于燃烧产生的能量则是用于维持物质的热解温度 T_P。而这个温度可以由用户指定输入。来自物体燃烧时产生的剩余能量，加上夹带在羽流中空气中所含的能量，都被带入了热层。

$$\dot{E}_{P} = \dot{m}_{p} c_{p} T_{a} + |\dot{Q}_{f}| - \dot{E}_{PR} \tag{11.45}$$

火焰的总辐射热损失由以下表达式计算：

$$\dot{E}_{PR} = A\sigma T^{4} \left[1 - e^{\frac{-4\kappa V_{f}}{A}} \right] \tag{11.46}$$

式中 A 是火焰锥的截面积，而 V_{f} 是火焰锥的体积。

除了 Morton 等的工作之外，McCaffrey（1983，1988）和 Zukoski（1985）进一步改进了模型。他们对空气进入羽流做了经验研究。根据 McCaffrey 模型，火焰和烟羽被划分为三个区域：连续火焰区、间歇火焰区和浮力羽流区。每个区域的质量流量以高度和火焰的能量产生速率表示。

三个方程式是：

连续火焰区

$$\frac{\dot{m}_{p}}{\dot{Q}_{f}} = 0.011 \left(\frac{Z}{\dot{Q}_{f}^{2/5}} \right)^{0.566} \qquad 0.0 \leqslant \frac{Z}{\dot{Q}_{f}^{2/5}} < 0.08 \tag{11.47}$$

间歇火焰区

$$\frac{\dot{m}_{p}}{\dot{Q}_{f}} = 0.026 \left(\frac{Z}{\dot{Q}_{f}^{2/5}} \right)^{0.909} \qquad 0.08 \leqslant \frac{Z}{\dot{Q}_{f}^{2/5}} < 0.20 \tag{11.48}$$

浮力羽流区

$$\frac{\dot{m}_{p}}{\dot{Q}_{f}} = 0.124 \left(\frac{Z}{\dot{Q}_{f}^{2/5}} \right)^{1.895} \qquad \frac{Z}{\dot{Q}_{f}^{2/5}} \geqslant 0.20 \tag{11.49}$$

其中 $\dot{m}_{p}$ 和 $\dot{Q}_{f}$ 分别是羽流在高度为 Z 时的质量流速和火焰总热释放量。

注意，如果卷吸进入羽流的空气量是 $\dot{m}_{e}$，则有：

$$\dot{m}_{p} = \dot{m}_{f} + \dot{m}_{e} \tag{11.50}$$

换句话说，羽流中总的质量流量是空气卷吸量和燃料热解产物的产生量之和。稍后将会看到，McCaffrey 的这个表达式在计算机模型 FAST 中得到应用。

11.4.5 热层源项

撞击天花板上的浮力羽流径向扩散，在天花板下方形成一个燃烧产物的热层。在这种处理中，我们忽略热层形成的初期阶段。如前所述，层厚度和层温度（假定为均匀）是由层的质量和能量守恒决定的。

由于能量守恒，源项的计算考虑到了热层的可变发射率和波束长度。热辐射率和吸收系数考虑到了热层的组成，主要包括了燃烧产物的浓度，如黑烟和二氧化碳的浓度。

来自热烟气层的辐射通量，辐射到延伸的天花板上（天花板加上由热烟气层包围的墙壁的上部），由下述方程计算：

$$\dot{q}''_{LWR} = \sigma \varepsilon T_{L}^{4} \tag{11.51}$$

其中该层发射率 ε 有下式给出：

$$\varepsilon = 1 - e^{-\left(\frac{\zeta}{1 + 0.18\zeta} \right)} \tag{11.52}$$

其中 ζ 是层的平均不透明度，由下式得到：

$$\zeta = \frac{4\kappa V_L}{A_L} \tag{11.53}$$

A_L 是热层的边界区域，由下式进行计算：

$$A_L = 2WL + 2(W+L)h_L \tag{11.54}$$

式中，W 和 L 是房间的宽度和长度；V_L 是热层体积；κ 是热层气体的吸收系数，m^{-1}；σ 是 Stephan-Boltzmann 常数，$5.67 \times 10^{-8} W/(m^2 \cdot K^4)$。

通过考虑热层与壁、通风口之间的辐射热交换，由于辐射，热层的总热量增益为：

$$\dot{q}_{LR} = -\varepsilon\sigma \left[A_L T_L^4 - (WL + A_V)T_a^4 - (A_L - WL - A_V)T_W^4 \right] \tag{11.55}$$

式中，T_L 为热层平均温度；T_W 为延长的顶棚温度；A_V 是层所覆盖的通风口部分的面积（假设如果通风口在层的外边则为0）；T_a 为周围空气温度。

该层还需要从火焰中吸收辐射 $\dot{E}_a$ 来完成辐射传热。这是通过计算火焰锥体发出的平均能量乘以视角因子的值来完成的（Mitler，1978）。

室内各种热源辐射导致的热层的总的能量变化率是：

$$\dot{E}_{LR} = \dot{q}_{LR} + \dot{E}_a \tag{11.56}$$

从该层到扩展顶板的对流热通量，通过下式计算：

$$\dot{q}''_{LW} = h_i(T_L - T_W) \tag{11.57}$$

式中，h_i 为层与延伸顶板之间的对流换热系数，假设在静止大气中是 $5W/(m^2 \cdot K)$。T_L 和 T_W 分别为层温和壁温，K。

对于不断增长的火焰，一般认为热传递系数为在层温度（Mitler，1978）上升 100K 时，可线性增加到最大值 $50W/(m^2 \cdot K)$。h_i 的中间值由下式给出：

$$h_i = h_s + (h_{max} - h_s)\left(\frac{T_L - T_a}{100}\right) \tag{11.58}$$

其中 $h_s = 5W/(m^2 \cdot K)$，$h_{max} = 50W/(m^2 \cdot K)$，$T_a$ 是环境温度。

从延伸的天花板表面散失到环境的热损失，由下述方程计算得到：

$$\dot{q}''_{AW} = h_e(T_a - T_N) \tag{11.59}$$

通过考虑热层的通风口，从热层到壁的对流损失的总功率为：

$$\dot{E}_{LW} = \dot{q}''(A - A_V) + q'' h_L \frac{\dot{E}_L}{E_L}(2L + 2W - b_V^*) \tag{11.60}$$

其中：

$$q'' = \int_0^t (\dot{q}_{LW} + \dot{q}''_{AW}) \, dt \tag{11.61}$$

式中，A_V 是通风口的面积；b_V^* 是浸没在热层中的宽度。

该层的能量 E_L 是由下述方程给出：

$$E_L = (c_p)_L T_L \rho_L V_L \tag{11.62}$$

式中，$\dot{E}_L$ 是热层能量变化率。

每一个火焰锥到延伸的天花板（即天花板加上由热层包围的墙壁的部分）的辐射传热是通过将该层近似为一个圆柱体来计算的。轴向位置的火焰锥是用位于它质心处的一个点光源来近似的。

11.4.6 热传导源项

利用一维热传导模型计算了对物体和延伸的天花板表面的热传导。热流方程的一般形式是：

$$\frac{\partial T}{\partial t} = \alpha \frac{\partial^2 T}{\partial x^2} \tag{11.63}$$

其中热扩散系数 α 由下式给出：

$$\alpha = \frac{k}{\rho c_p} \tag{11.64}$$

式中，k、ρ、c_p 分别是材料的热导率、密度、比热容。

用有限中心差分法求解热传导方程，其中为了保证数值解法是稳定的，时间间隔 δt 和坐标间隔 δx 是相关的，关系为：

$$\delta x = \sqrt{(2\alpha\delta t)} \tag{11.65}$$

内墙的净热流密度，$\dot{q}''_1$ 是依据下表计算得出：

$\dot{q}''_1$	=	$\dot{q}''_{LWD}$	+	$\dot{q}''_{LWR}$	+	$\dot{q}''_{PWR}$
内墙的热流密度		从层到天花板/墙壁的对流热		从层到天花板/墙壁的辐射热		从羽流到天花板/墙壁的辐射热

上述方程右侧的各项的计算方法将在下述章节中讨论。

11.4.7 对流热通量源项

此项是从层到天花板/墙壁的对流热通量源项：

该项是通过假设热层处于均匀温度 T_L 来计算的。同样地，假设墙/天花板的表面（也称为扩展墙）与热层接触处为均匀温度 T_W。利用式（11.57）和 $h_i = 5W/(m^2 \cdot K)$ 计算对流换热。类似地，热壁外表面相对周围大气的对流热损失由方程式（11.59）给出，其中 $h_e = 5W/(m^2 \cdot K)$。辐射率 ε 是由方程式（11.52）给出。

11.4.8 辐射热通量源项

（1）层到天花板/墙壁

这一项可以简单地由方程式（11.51）给出。

（2）火焰到天花板/墙壁的 $\dot{q}''_{PWR}$

这是火焰的热烟气层与相邻的墙壁和天花板的辐射热传递。每个火焰用位于其质心的点源来近似。

11.4.9 通过垂直通风口的流动的源项

（1）自然通风

假设热气体通过垂直通风口流出起火房间，冷空气通过垂直通风口流入起火房间。我们认为在开口附近的压降是高度的分段线性函数。这些分段函数的分界面是清晰的可识别水平的边界，如开口底部和顶部、层界面以及中性面。

分别对各个不同的部分的流量进行计算与求和，以便确定通过通风口的总的流入流量和流出流量。一个房间可以有任意数量的这种通风口，但在 Harvard V 模型中，限制仅仅可以有一个开口。为了计算通过通风口的净流量，有必要知道：

① 通风口的总的分段数目；

② 每段的高度；

③ 每段的气体密度。

在通风口任意一侧的高度 y 处的压力表示为：

$$p_{1/2}(y) = p_0 - g \int \rho_{1/2} \mathrm{d}y \tag{11.66}$$

其中，p_0 表示地面的压力，g 是重力加速度，$\rho_{1/2}$ 表示气体密度。下标 1 指的是起火房间的气体，下标 2 表示外边的气体，这可能是房间外面的空气或是多室火灾中相邻房间的空气。

然后，通过通风口 y 处的压力差是：

$$\Delta p(y) = p_1(y) - p_2(y) \tag{11.67}$$

利用段中的压力线性变化和恒定气体密度的假设，上面的方程可以用段中顶部和底部之间的压差来表示。

$$\Delta p(y) = \frac{\Delta p_{i+1}(y - y_i)}{(y_{i+1} - y)} - \frac{\Delta p_i(y - y_{i+1})}{(y_{i+1} - y)} \tag{11.68}$$

其中下标 i 和 $i+1$ 指 i 段的底部和顶部。

通过均匀宽度 B 的段的总质量流量为：

$$\dot{m}_i = B C_\mathrm{d} (2\rho_i)^{\frac{1}{2}} \int \left[\Delta p_i(y) \right]^{\frac{1}{2}} \mathrm{d}y \tag{11.69}$$

其中 C_d 是流量系数。

将方程式（11.68）代入方程式（11.69），得到

$$\dot{m}_i = G_i \frac{\left| \Delta p_{i-1} \right|^{3/2} - \left| \Delta p_i \right|^{3/2}}{\left| \Delta p_{i+1} \right| - \left| \Delta p_i \right|} = G_i \frac{\left| \Delta p_{i+1} \right| + \sqrt{\left| \Delta p_i \Delta p_{i+1} \right|} + \left| \Delta p_i \right|}{\sqrt{\left| \Delta p_i \right|} + \sqrt{\left| \Delta p_{i+1} \right|}} \tag{11.70}$$

这里

$$G_i = \pm \frac{2}{3} C_\mathrm{d} B (y_{i+1} - y_i) \sqrt{(2 g \rho \rho_\mathrm{a})} \tag{11.71}$$

正负号是根据 Δp_i 的符号取值，当 $\Delta p_i < 0$ 时，ρ 取 ρ_a（相邻房间的大气密度）；当 $\Delta p_i \geqslant 0$ 时，ρ 取 ρ_i。

对于房间中的每个通风口，按这种方式计算流量，然后将其相加得到总流入流速和总流出速率。

如果只考虑通过通风口流出的气体，那么通过通风口的热气体的质量流量则为：

$$\dot{m}_\mathrm{e} = \sum (\dot{m}_i)_\mathrm{out} \tag{11.72}$$

从通风口流出的总焓流为：

$$\dot{E}_\mathrm{V} = \dot{m}_\mathrm{e} c_p T_\mathrm{L} \tag{11.73}$$

和上文第 11.3.4 节所述的一样，各种混合过程不仅在确定火灾蔓延特性方面很重要，而且在很大程度上对烟气从一个房间蔓延到另一个房间的影响也很重要，因此对烟气浓度有影响。研究表明，混合模型对于建筑火灾的建模是必不可少的。

在通风口处的混合现象在性质上与羽状气流中的夹带现象相似。考虑一个两室火灾的情况（图 11.8），其中起火房间（房间 1）热层的烟气通过通风口流出，在相邻的房间（房间 2）形成另一层热层。这种流过通风口的方式类似于正常的羽流，因为它从相邻房间的下层引入空气（$\dot{m}_{43}$）。在 $\dot{m}_{13} > 0$ 的情况下，假设羽流是由位于门射流中心水平以下 Z_0 处的一个虚拟源形成的，使得 McCaffrey 羽流模型给出的流速等于门射流流速。模型变成等于门的喷射流量的水平（Tanaka，1983）。通过假定源强度（等效热流），可以计算虚拟源的位置 Z_0。

$$\dot{Q}_E = c_p (T_1 - T_4) \dot{m}_{13} \tag{11.74}$$

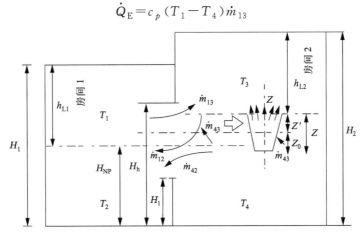

图 11.8　流经房间 1 和房间 2（起火房间）之间的通风口的流量

然后从虚拟源的位置（Z_0），计算每个房间的房间尺寸和层界面高度，房间 2 上层的总流量用 m_{13}、Q_E 和 Z_0 代入羽流方程中的 m_p、Q_f 和 Z［式（11.47）～式（11.49）］。

$$Z' = (H_2 - h_{12}) - \left[\frac{\min(H_h, H_2 - h_{12}) - \max(H_{NP}, H_p H_1 - h_{L1})}{2} \right] \tag{11.75}$$

$$Z = Z' + Z_0 \tag{11.76}$$

这些尺寸如图 11.8 所示。请注意，距离 Z 表示从虚拟源到房间 2 中的热层的距离。

然后利用方程式（11.49）～方程式（11.51），可以计算进入层内的质量流。从图 11.8 可以清楚地看到：

$$\dot{m}_p(z) = \dot{m}_{13} + \dot{m}_{43} \tag{11.77}$$

由此，计算了 $\dot{m}_{43}$ 的卷吸量。

另一种混合方式很像逆羽流，造成下层的污染 $\dot{m}_{12}$。这一项的计算是通过假设进入的冷羽的行为类似于上面讨论的门射流的逆向传输。然后按上述程序计算这个下降的羽流（$\dot{m}_{13}$）的卷吸。关于这一点，Jones（1990）指出，在这种情况下夹带可能被高估了，因为作为驱动力的浮力，并不像通常直立的羽流那么强。

（2）强制通风

在某些方面，强制通风模型在区域模型中比自然通风模型在数学上更简单。这是因为可以用已知特性的风机（即压降和体积流量）控制流量（方向和流量）。然而，在自然通风的情况下，如上文所示，压差（因此流量）随着当地条件而连续变化。

Mitler（1984）确定了两个主要的强迫通风流动情况：

① 风机在排风模式下工作（$\dot{V}>0$）；

② 风机在进风模式下工作（$\dot{V}<0$）。

其中 $\dot{V}>$ 是体积流量。

这些情况在 Harvard V 和 Harvard VI 模型中得到了实施。现在正在详细审议每个情况。

（3）排风模式（$\dot{V}>0$）

关于热层和通风口位置，有三种可能的流动情况，如图 11.9 所示。在此，确定了三个不同层的发展阶段。图 11.9(a) 表示风机从较低的冷层中提取的情况。随着热层的发展，它会部分覆盖了通风口。在这种情况下，热气体连同冷空气被风机抽取出来［图11.9(b)］。最后，达到一个阶段，即热层完全覆盖通风口，并且只提取热层气体［图11.9(c)］。对于每种情况，由 Mitler 推导的相关质量流率由以下方程给出：

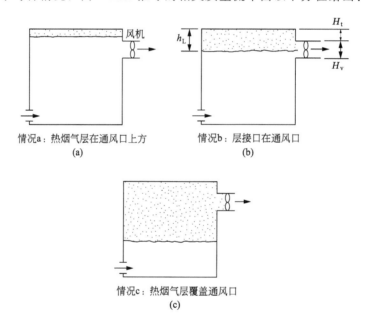

情况a：热烟气层在通风口上方
(a)

情况b：层接口在通风口
(b)

情况c：热烟气层覆盖通风口
(c)

图 11.9　强制通风情况 I 的三个子情况

情况 a：

$$\dot{m}_l=\rho_l\dot{V},\dot{m}_u=0,\text{其中 } h_L\leqslant H_t \tag{11.78}$$

情况 b：

$$\dot{m}_l=(1-\xi)\dot{V}\sqrt{(\rho_l\overline{\rho})},\dot{m}_u=\xi\dot{V}\sqrt{(\rho_u\overline{\rho})},\text{其中 } H_t<h_L<(H_V+H_t) \tag{11.79}$$

情况 c：

$$\dot{m}_l=0,\ m_u=\rho_u\dot{V},\ \text{其中 } h_L\geqslant(H_t+H_V) \tag{11.80}$$

这里

$$\xi=(h_{\mathrm{L}}-H_{\mathrm{t}}),\bar{\rho}=\left[\xi\sqrt{\rho_{\mathrm{u}}}+(1-\xi)\sqrt{\rho_1}\right]^2 \qquad (11.81)$$

（4）进风模式（$\dot{V}<0$）

这就是风机把空气吹进起火房间的情况。同样考虑了三种情况，取决于进入气体的相对密度。对于一个单独的房间，进入的气体可能是外部空气，但对于多室建筑，这些气体可能包含来自相邻的起火房间的烟气。

情况 a 和情况 b（图 11.10）：如果要满足两个不同层的假设，还需要进一步的假设，使进入上层或下层的气体完全与现有气体混合。换句话说，这个假设意味着这两个层不存在任何干扰，即这两个层仍然是分层的。

根据假设，我们可以得出：

$$\dot{m}_{\mathrm{in}}=\rho_{\mathrm{in}}\,|\dot{V}|\ \text{其中}\ \rho_{\mathrm{in}}>\rho_1>\rho_{\mathrm{L}}\ \text{或者}\ \rho_{\mathrm{in}}<\rho_{\mathrm{L}} \qquad (11.82)$$

这里 ρ_{in} 是进入气体的密度。

当进入的气体比上层气体轻时，它与上层气体完全混合。对于进入的气体密度大于上层和下层气体的情况，它就必须沉进下层，并与之混合以降低温度。

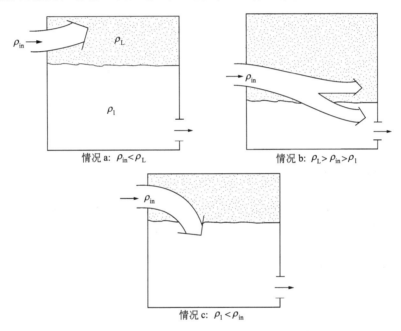

图 11.10　进入的气体与两层气体的密度函数关系

情况 c（图 11.10）：在这种情况下，进入的气体密度介于上层和下层密度之间。假设进入的气体部分与上层混合，部分与下层混合。因此，在保持两层分层的情况下，进入上层（$\dot{m}_{\mathrm{L}}$）和进入下层（$\dot{m}_1$）的质量取决于每一层的相对温度以及进入的气体的温度，因此有：

$$\dot{m}_{\mathrm{L}}=\dot{m}_{\mathrm{in}}\left(\frac{\rho_1-\rho_{\mathrm{in}}}{\rho_1-\rho_{\mathrm{L}}}\right)=\dot{m}_{\mathrm{in}}\,\frac{T_{\mathrm{L}}}{T_{\mathrm{in}}}\left(\frac{T_{\mathrm{in}}-T_1}{T_{\mathrm{L}}-T_1}\right) \qquad (11.83)$$

$$\dot{m}_1=\dot{m}_{\mathrm{in}}\left(\frac{\rho_{\mathrm{in}}-\rho_{\mathrm{L}}}{\rho_1-\rho_{\mathrm{L}}}\right)=\dot{m}_{\mathrm{in}}\,\frac{T_1}{T_{\mathrm{in}}}\left(\frac{T_{\mathrm{L}}-T_{\mathrm{in}}}{T_{\mathrm{L}}-T_1}\right) \qquad (11.84)$$

上述温度关系在 Harvard V 计算机软件中得以实现。在这里，必须指出，在推导这些关系时，混合过程被忽略了，因为流体从一个层向另一个层骤降。

（5）FAST 模型中机械通风建模

在 FAST 模型中，机械通风的建模是基于节点网络方法的。在这种方法中，每个房间都被看作是一个压力均匀的节点，通过一个流动路径网络连接到其他节点。控制这些节点的规则与 Kirchoff 关于电路的规则相同。在处理强制通风方面，遵循了以下假设：

① 通过流道或管道的流动是单向的；

② 气体膨胀效应被忽略；

③ 管道内压力变化的影响可以忽略不计。

每个节点的质量守恒为

$$\sum_j \dot{m}_{ij} = 0 \tag{11.85}$$

式中，j 是流路径号，i 是节点号。

在每个连接到一个房间的地方，在给定压力的情况下，给定流量路径下的上述质量守恒方程 ［方程式（11.85）］可以求解。

质量流量为：

$$\dot{m} = G_1 \sqrt{\Delta p} \tag{11.86}$$

其中 G_1 是流道传导率，可以根据已知的管道几何形状和流体性质计算：

$$G_1 = A_o \sqrt{\left(\frac{2\rho}{C_d}\right)} \tag{11.87}$$

式中，A_o 为管道的入口面积；C_d 为流量系数（通常约为 0.65）。

11.4.10 燃烧产物源项

为了评估整个建筑物的烟气危害（毒性、能见度），需要计算给定的建筑或房间燃烧产物的浓度。确定燃料的燃烧条件，并利用适当的半经验关系来计算热层中氧气和其他产物的质量分数。

对于完全燃烧和无限制的氧气供应，层中氧气质量的变化速度可以由 Jones（FAST 文件）给出：

$$\dot{m}_{OX} = 0.23 \left[\dot{m}_p - (\gamma_s \chi + 1)\dot{m}_f - \dot{m}_e Y_{O_2} \right] \tag{11.88}$$

式中，$\dot{m}_p$ 是从羽流到层的质量流量；γ_s 是化学计量的空气/燃料比；χ 是燃烧效率；$\dot{m}_f$ 是燃料热解速率；Y_{O_2} 是热层中氧气的质量分数；$\dot{m}_e$ 是流出的质量流量。

如果燃烧所需的氧气不足，考虑部分空气也被热层覆盖的部分羽状气体所夹杂，给出该层中氧气质量的变化速率：

$$\dot{m}_{OX} = 0.23(\dot{m}_p + \dot{m}_f)\left(1 - \frac{\gamma_s}{\gamma}\right) - Y_{O_2}\left[\dot{m}'_a\left(\frac{\gamma_s}{\gamma}\right) + \dot{m}_e\right] \tag{11.89}$$

这里 $\dot{m}'_a$ 是被层所覆盖的部分羽流卷吸的空气质量。

其他燃烧产物（如烟气、二氧化碳、一氧化碳和未燃烧的烃类化合物）的浓度是根据这些成分的经验屈服值计算的。在这种情况下，烟气被认为是由烟灰和烃类化合物组成的。

该层的一氧化碳质量的变化率为：

$$\dot{m}_{CO} = -\dot{m}_f Y_{CO} - \dot{m}_e Y_{CO}^{(L)} \tag{11.90}$$

层中的二氧化碳质量的变化率为：

$$\dot{m}_{CO_2} = 5.0 \times 10^{-4}(\dot{m}_p + \dot{m}_f) - \dot{m}_f Y_{CO_2} - \dot{m}_e Y_{CO_2}^{(L)} \tag{11.91}$$

该层中烟气质量的变化速率为：

$$\dot{m}_s = -\dot{m}_f Y_s - \dot{m}_e Y_s^{(L)} \tag{11.92}$$

式中，Y_{CO}，Y_{CO_2}，Y_s 分别是一氧化碳、二氧化碳和烟气的实测产生量；$Y_{CO}^{(L)}$，$Y_{CO_2}^{(L)}$，$Y_s^{(L)}$ 分别是一氧化碳、二氧化碳和烟气在层中的质量分数。

FAST 的主要目的是估计燃烧物质在空间（或房间）之间的扩散，因此，燃烧产物的处理比在 Harvard V 模型中的研究要详细得多。该程序可以预测远离火源的物质的浓度。能够处理的物质如下：

① 二氧化碳（CO_2）；
② 氢氰酸（HCN）；
③ 氯化氢（HCl）；
④ 氮气（N_2）；
⑤ 氧气（O_2）；
⑥ 烟灰；
⑦ 总的未燃烧烃类化合物（TUHC），假设是由于缺乏氧气供应造成的；
⑧ 水气。

该模型假设燃料完全由碳、氢和氧组成。用户以特定间隔输入数据的形式向程序提供物质生产速率。这些值可以从一个时间间隔变化到另一个时间间隔，但在一个时间间隔内是恒定的。在 HARVARD V 模型中，燃烧产物的演化分数在整个过程中是恒定的。

根据用户提供的信息，从燃烧产物的角度出发，通过考虑三个区域的质量平衡，计算燃烧产物浓度随时间的变化。三个区域为在热层中的部分羽流、在热层之外的部分羽流以及在通风口区域内的羽流。

物质守恒方程被写成：

$\dot{m}_{i,u}$	$=$	$Y_i \dot{m}_i Y$	$+$	$\sum_j f_{i,j} \dot{m}_{ij}$
上层物质 i 的质量变化速率		火灾中物质 i 产生的速率		通过界面 j 的上层物质 i 的流动净速率

（1）烟气的遮光性

在火灾中，烟气遮光性或能见度降低只会间接造成危险，因为它阻碍了人员逃生，从而延长了接触有毒燃烧产物的时间。从受害者的角度来看，遮光性只是个陷阱，而毒性和热量是真正的杀手。

一般来说，火灾产生的烟气与能见度降低有关，是因为烟气的固体颗粒成分（烟灰颗粒）的光散射和吸收特性。烟气的光密度是这些固体颗粒的光遮挡特性的一种度量。在给定的体积中颗粒的数量分布（即颗粒质量密度）的增加会导致光密度的增加和能见度的降低，光密度定义为：

$$\frac{I}{I_0} = 10^{-DL} \tag{11.93}$$

式中，I_0 是在没有烟气的情况下光的强度；I 是烟气中的光强度；L 是光路长度；D 是光密度。当上述方程用自然对数 e 表示时，则为

$$\frac{I}{I_0} = e^{-KL} \tag{11.94}$$

然后将量 K 称为消光系数。根据以上定义，光密度和消光系数如下所述。

一般来说，能见度是以距离 S 表示的，在这个距离下，在室内照明条件下，物体对观察者来说是明显可见的。能见度取决于许多因素，如烟气的光密度、房间内的照明以及物体是发光还是反射。能见度和消光系数的关系可以表示为：

$$D = 2.3K \tag{11.95}$$

$$KS = B \tag{11.96}$$

这里，B 是个常数。

实验（Jin，1975）表明，对于发光标志，$B=8$，对于反射光标志，$B=3$。

单位路径长度的消光系数 K（或 D）是一种广泛的性质，可以用烟气气溶胶 C_s 的质量浓度来表示。

$$k = K_m C_s \tag{11.97}$$

式中，C_s 的单位是 g/m^3，K_m（以 e 为底的自然对数，B_e）是烟的特定消光系数 B_e，m^2/g，有时称为粒子光密度。

烟气在 FAST 中，使用以下关系来计算烟气的光密度：

$$D = 3300C_s \tag{11.98}$$

其中常数 3300（以 10 为底的对数，B）的单位为 m^2/kg 和 C_s 的单位为 kg/m^3。

在 FAST 中，烟气遮挡只用于疏散模型。人员的步行速度是根据烟气密度来调节的：在低密度时，人走得更快；而密度较高，人走得较慢。此外，高密度的烟气会使人寻求另一条逃生路线。

"在 FAST 危险计算中，烟气的遮光性只在疏散模型中考虑。也就是说，烟气密度是用来调节人员的行走速度的（一点烟使人走得更快，更多的烟会减慢他的进度）。烟气也代表了进入房间的人的心理障碍。在后一种情况下，过量的烟气会使人寻求另一条路线，并可能导致人员被困在一个没有安全出口（门或窗户）的房间里。"（Jones 的"Hazard I 技术指南"）。

（2）有毒危害

在处理毒性效应时，FAST 中采用所谓的 N-气体（N 是烟气中气体组分的个数）模型。这个模型简单地说明混合气体的总观测效应等于每个组成部分的影响之和，例如，50％致命剂量的二氧化碳与 50％致命剂量的 HCN 混合在一起，就会导致死亡。

根据实验证据，在 FAST 毒性模型（$N=4$）中考虑了最常见的火灾气体，即一氧化碳、二氧化碳、氰化氢和氧气。为了评估这些气体的累积毒性效应，采用分数有效剂量（FED）的概念。这里，剂量这个术语被定义为气体浓度的时间积分（即浓度时间曲线下的面积）。因此，在时间 t 中暴露在时变浓度 $C(t)$ 中的关系为

$$\text{Dose} = \int_0^t C(t)\, dt \tag{11.99}$$

然后，FED 被定义为

$$\text{FED} = \frac{t \text{ 时刻接收的剂量}}{\text{引起不利后果的有效剂量}} \tag{11.100}$$

在 FAST 中，每个组分气体的 FED 是根据热层中的物质浓度计算的。对于 N 个气体组分，总 FED 为：

$$(\text{FED})_{N-G} = (\text{FED})_{O_2} + (\text{FED})_{CO} + (\text{FED})_{CO_2} + (\text{FED})_{HCN} \tag{11.101}$$

如果 $(\text{FED})_{N-G} \geqslant 1$，则该方程失效，不能用来进行预测。

在这里，$(\text{FED})_{O_2}$ 是指由于氧气耗尽而失能。

有两种 FED 模型可用：一种是基于 NIST 的工作，另一种是基于 Purser 的工作。

FAST 还提供了一种评估毒性的替代方法。该方法将烟气视为由全部燃烧产物组成，并利用了 Hartzell 真实火灾的实验研究结果。在此方法中，通过计算燃料损失的累积质量，并根据计算的通过开口（通风口）的质量流量将其分配到每个房间的上层，计算了热层上部的剂量（Ct）。然后，将计算出来的浓度随着时间积分，从而产生一个浓度时间乘积，然后将其与 $900g \cdot min/m^3$（Hartzell）的最低致死剂量进行比较。如果超过此值，则假定发生死亡或丧失行为能力。

在 Harvard V 计算机程序中没有涉及毒性效应。

11.5 轰燃后火灾的单区模拟

建筑火灾的增长以一个叫做轰燃的特殊事件为标志。虽然对于轰燃的确切定义有一些争论，但人们一致认为，一旦发生这种事件，热气层就会充满整个房间，并达到最高的室内温度。轰燃标志着从个别燃料的局部燃烧过渡到同时点燃建筑中的所有可燃物。因此可以说，轰燃后火灾的研究对于防火墙的结构性能（或耐火性能）有着重要的意义，而在轰燃前阶段人员安全和消防探测是很重要的。

与轰燃前火灾相比，轰燃后火灾的分析比较容易处理，因为在这种情况下，假定建筑由单一的"热"和良好混合的层组成。当火灾在供应不足的空气中燃烧时，其燃烧特性和热释放速率也随之发生变化。为了进行理论分析，提出了以下假设：

① 室内环境是充分混合的，气体温度只是时间的函数（即均匀的气体温度）。忽略了边界附近和火羽流内部及周围的温度变化。

② 内部和外部之间的气体交换是通过一个垂直的开口进行的，而在相对流动间没有相互作用，此流仅由堆栈效应引起。

11.5.1 理论模型

室内温度可由热平衡方程估算，该方程可描述为（忽略压力和耗散项）：

$$\dot{Q}_f = \dot{Q}_c + \dot{Q}_W + \dot{Q}_R + \dot{Q}_B \tag{11.102}$$

式中，$\dot{Q}_f$ 是火灾热释放速率；$\dot{Q}_c$ 是通过通风口的对流引起的热损失率；$\dot{Q}_W$ 是通过房间边界传导的热损失率；$\dot{Q}_R$ 是通过通风口热辐射而导致的热损失率；$\dot{Q}_B$ 是储存在气体体积中的热量变化率。

热量平衡原理如图 11.11 所示。储存在气体体积中的热量变化率与气体温度 T_g 的变化有关，并且由于该过程是准稳定的，因此该项非常小，为了简化可以舍去。

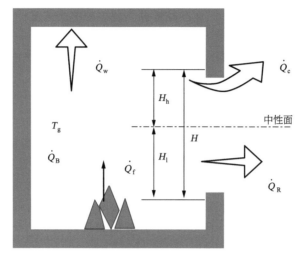

图 11.11 充分发展的建筑室内火灾

方程式（11.102）右边的项是气体温度 T_g 的函数，并且通过计算给定火源的热释放速率，可以求解温度 T_g 的方程。

Quintiere（1983）给出了一个计算热气温升（$\Delta T = T_g - T$）的简单经验公式。在他的计算过程中，热释放速率可以是估计的，也可以是根据实验结果得出的。在此基础上，并通过一些简化的假设，他得出结论：以下温升表达式预测了 100℃ 以内的温度（最坏的情况）。这个方程在一些实验案例中的应用证明了这个结论。

$$\frac{\Delta T}{T_\infty} = 1.6 \left(\frac{\dot{Q}_f}{\sqrt{g}\, c_p \rho_\infty T_\infty A_w \sqrt{H}} \right)^{2/3} \left(\frac{h_k A_{WS}}{\sqrt{g}\, c_p \rho_\infty T_\infty A_w \sqrt{H}} \right)^{-1/3} \quad (11.103)$$

式中，T 是环境温度，K；A_{WS} 是墙体表面面积，m^2；A_w 是开口面积，m^2；h_k 是墙壁热导率；H 是开口高度，m；墙壁热导率 h_k 由以下表达式近似表示：

$$h_k = \frac{k_w \rho_w c_w}{t}, t \leqslant t_p \quad (11.104)$$

$$h_k = \frac{k_w}{\delta}, t \geqslant t_p \quad (11.105)$$

式中，k_W 是壁面热导率，$kW/(m \cdot K)$；ρ_W 是墙体材料密度，kg/m^3；c_W 是墙体材料比热，$kJ/(kg \cdot K)$；δ 是墙的厚度，m；t 是时间，s。

固体热穿透时间的方程为：

$$t_p = \left(\frac{\rho_w c_w}{k} \right) \left(\frac{\delta}{2} \right)^2 \quad (11.106)$$

注意，在计算 $h_k A_{WS}$ 项时，考虑到了房间地板、墙壁和天花板的结构中所用的所有材料。所以

$$h_k A_{WS} = \sum (h_k A_{WS})_i \qquad (11.107)$$

这里 i 指的是墙体区域。

Quintiere 的方程对这个问题是过分简化的。例如，它没有考虑辐射损失，在某些情况下辐射损失可能很大，并且只以最基本的方式处理传导和对流。然而，在将这个方程应用于实验测量之后，他得出结论，这种经验关系可以提供一个简单的热效应的估计。图 11.12 显示了测量温度与使用上述方程计算温度的比较。在这个例子中，火灾包括一个典型的家具卧室，卧室内有一个壁橱和一个单独的大门向外开放。地板材料是胶合板，墙壁和天花板是薄板。将计算的温度与两个位置测量温度进行了比较：一个位置距床与门口之间的天花板 0.24m，另一个位置距门口顶部 0.13m。

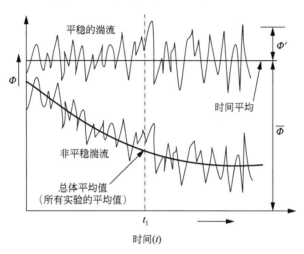

图 11.12　平稳和非平稳湍流

Kawagoe 和 Sekine 提出了替代办法，对热损失项进行了明确的表述和计算，具有较高的精度。毫无疑问，有些参数是从实验测量中得出的，但是这种方法确实代表了对这个问题更现实的分析。下面详细讨论方程式（11.102）中的热源项和热损失项。

（1）火灾热释放速率

这个问题已在第 11.3.1 节中讨论过。研究表明，热释放速率取决于房间内用的氧气的数量，即空气进入房间的速度。通过组合方程式（11.2）、方程式（11.3）和方程式（11.29），可以证明：

$$\dot{Q}_f = \gamma K A_w \sqrt{H} \, \Delta H_{c,air} \qquad (11.108)$$

γ 和 $\Delta H_{c,air}$ 的数值是从涉及给定燃料的火灾实验中得到的。Kawagoe 和 Sekine 建议对于燃料，取值为使用空气 5.2kg/kg，对于木材，取值为 10780kJ/kg。

（2）对流热损失

由热气体向外部流动的质量速率来计算房间的对流热损失。如果外部温度为 T(K)，热气体的质量流速为 m_g(kg/s)，则热损失可记为：

$$\dot{Q}_c = \dot{m}_g c_p \Delta T \qquad (11.109)$$

式中，c_p 是气体比热容，1.15kJ/(kg·K)；$\Delta T = T_g - T$。

上述方程表明，如果已知房间内热气体的质量流速，就可以计算出对流热损失。

从叠加效应出发，忽略静压差，Kawagode 和 Sekine 提出了以下质量速率的表达式：

$$\dot{m}_g = 1042 W C_d (H_h)^{3/2} \left[\frac{1}{T_g} \left(\frac{1}{T_\infty} - \frac{1}{T_g} \right) \right]^{1/2} \tag{11.110}$$

式中，W 是开口宽度；C_d 为开孔流量系数（大约取 0.68）；H_h 为中性面位置（见图 11.11）。

通过假设室内温度在 $600 \sim 1000\,℃$ 之间，以及空气进入室内的质量流量为化学计量比的 $1 \sim 2$ 倍之间，Kawagoe 和 Sekine 估计了中性压力平面的位置。

$$H_h = \frac{2H}{3} \tag{11.111}$$

式中，H 是开口高度，m。

（3）传导热损失

为了计算传导热损失，在壁面温度变化较小的前提下，采用一维热传导模型。这样，墙可以表示为无限表面积的板。然后以内部气体温度和环境温度为边界条件求解传导方程。

通过壁面的热损失由辐射和对流项组成：

$$\dot{Q}_W = A_{WS} \left[\sigma \varepsilon_{eff} - (T_g^4 - T_W^4) + h_W (T_g - T_W) \right] \tag{11.112}$$

式中，A_{WS} 是墙内表面面积；ε_{eff} 是火灾气体和壁面的有效发射率；h_W 是对流换热系数。

从方程式（11.112）中可以清楚地看出，要计算 $\dot{Q}_W$，需要知道内壁温度 T_W。这是通过求解如下形式的热传导方程来实现的。

$$\rho_W c_{pW} \frac{\partial T_W}{\partial t} = \frac{\partial}{\partial x} \left(k_W \frac{\partial T_W}{\partial x} \right) \tag{11.113}$$

式中，x 是指坐标，$x=0$ 是内壁面，$x=L$ 是外壁面；L 是墙体厚度；k_W 是墙体材料的热传导系数，$kW/(m \cdot K)$；ρ_W 是墙体材料密度，kg/m^3；c_{pW} 是墙体材料的热容，$kJ/(kg \cdot K)$；t 是时间，s；T_W 是壁温，是 x、T 的函数。

这个方程是在下列初始条件和边界条件下求解的：

初始条件

$$t=0, 0 \leqslant x \leqslant L, T_W = T_\infty \tag{11.114}$$

边界条件

$$x=0, t \geqslant 0 \quad -k \frac{\partial T_W}{\partial x} = h_W (T_g - T_W) = \varepsilon_{eff} \sigma (T_g^4 - T_W^4) \tag{11.115}$$

$$x=L, t \geqslant 0 \quad -k \frac{\partial T_W}{\partial x} = h_\infty (T_g - T_\infty) = \varepsilon_{eff} \sigma (T_g^4 - T_\infty^4) \tag{11.116}$$

（4）辐射热损失

为了计算窗口开孔的辐射热损失，将开口视为黑体（发射率等于 1）。此时则有：

$$\dot{Q}_R = A_W \sigma (T_g^4 - T_W^4) \tag{11.117}$$

式中，A_W 是开口面积；σ 是斯蒂芬－玻耳兹曼常数，$5.67 \times 10^{-11}\,kW/(m^2 \cdot K^4)$。

11.5.2　数值解过程假设

利用热平衡方程式（11.102）以及结合上述定义的量和壁热传导方程，找到了壁温 T_W 和房间气体温度 T_g 的解，为此，进行了一些的简化。

（1）有效辐射率（ε_{eff}）

为了计算热气体向内壁面的传热以及从外壁面到周围环境的热损失，需要知道壁面和热混合气的发射率。Kawago 和 Sekine 做了最简单的假设，他们只使用混凝土的发射率值（$\varepsilon_{eff}=\varepsilon_W=0.7$）。这是一个过于简化的问题。

在评估室内热气体与固体表面之间的热传递时，重要的是要记住，辐射传热比对流传热更占优势。因此辐射率很重要。而在建筑外，对流传热和辐射传热都很重要。

Babrauskas（1981）对明确处理气体和壁面材料的发射率做出了一些改进，他使用的表达式是：

$$\varepsilon_{eff}=\cfrac{1}{\cfrac{1}{\varepsilon_g}+\cfrac{1}{\varepsilon_W}-1} \tag{11.118}$$

式中，ε_g 是热气体的发射率；ε_W 是墙体材料的发射率。

热气体的发射率 ε_g 通过以下两个部分来进一步完善：

① ε_{gb}，CO_2 和 H_2O 和波段辐射发射率；

② ε_{gs}，烟灰发射率。

产生的气体发射率为：

$$\varepsilon_g=\varepsilon_{gs}+(1-\varepsilon_{gs})\varepsilon_{gb} \tag{11.119}$$

$$\varepsilon_{gs}=1-e^{(-k\delta_f)} \tag{11.120}$$

式中，k 为吸收系数；δ_f 为火焰厚度。

（2）对流传热系数（h_W）

Kawagode 和 Sekine 用一个常数作为对流系数 $[h_W=23W/(m^2 \cdot K)]$。

在一个房间的自然对流流动取决于混合过程及由羽流和顶棚射流与水平和垂直壁的相互作用所产生的湍流（Jaluria，1988）。在实际火灾条件下对壁面热边界层的破坏，进一步增加了对流系数计算的不确定性。Babrauskas（1981）讨论了其中的一些问题，并提供了一种计算水平和垂直表面 h_W 的有用方法。

11.6　室内火灾场模型

从以上对区域火灾模型的讨论中可以清楚地看出，从火灾几何（火羽）和烟气扩散（两层）的角度了解火灾物理知识是这些模型有效使用的必要和充分条件。事实上，如果在给定的火灾场景中确实存在明确可识别的物理过程，那么试图在感兴趣的区域中的任何地方计算火灾情况将是徒劳和没有必要的。如果从实际或模型规模的火灾测试的物理观察中，基本的假设能够以可接受的准确度证明是正确的，则可以确保使用这些模型的有效性。如果我们从这种对室内火灾的观察结果中了解到，高于环境的温度仅在"热"烟层和"火羽"中才会出现，那么试图计算整个着火房间的温度是不明智的。因此，在许多火灾情况下，如果个别的火灾过程，如火羽、热层、墙壁羽流、溢出羽流、顶棚射流等，都能被清楚地识别出来，那么为危险评估目的而计算温度、热量和物质浓度的火灾建模任务则会变得简单。

显然，这种方法在很大程度上依赖于使用可验证的经验衍生的相关性，这是区域建模技术的优缺点所在。它的优点是因为控制的简化方程容易求解，只需要极小的计算能力。而它的缺点是这种简化依赖于对物理过程的先验知识。换句话说，物理过程及其相互作用是没有预测的，而是假定存在的。

然而，真正的火灾情况并不是那么简单。例如，火羽流可能与其他火羽流、建筑物结构和环境条件相互作用，从而产生复杂的情况。在这种情况下，热层和简单的羽流无法分辨。这些过程相互依存，相互关联。"热"和"冷"层以及简单的羽流可能不存在。在这种情况下，由于没有区域，区域建模方法是不充分的和无效的。

我们需要的是一种新的方法，在"微观"尺度上对相关的物理过程进行数学描述，并求解随时间和空间变化的"场"变量的控制微分方程。希望这种方法可以减少经验假设，并适用于所有情况，而不论其物理复杂性如何。这种方法被称为场建模或计算流体力学（CFD）建模。

Navier-Stokes 方程，即每种流动成分的守恒方程、能量方程、状态方程以及初始条件和边界条件都是能描述火灾现象的控制方程。场模型试图求解这些方程。原则上，这种方法是精确的，但有些近似是为了包含诸如湍流之类的复杂现象，这仍然无法准确地描述。现在在世界范围内已经开发出许多场模型软件。

Yamamuchi（1986）描述了烟气运动和沉降的数值模拟结果，以确定烟气探测器在建筑室内的响应。他假设烟气的沉降主要是由于布朗运动，并且颗粒的大小分布是一个与时间无关的量。根据这些假设，他导出了作为位置函数的颗粒体积浓度和颗粒数量浓度的封闭场方程，并通过数值方法求解。

Habchi 等（1988 年）开发了一套用于核电厂防火和风险分析的计算机程序。它主要是用于研究电缆室和控制室的房间，但具有灵活性，可以在更复杂的情况下使用。他在三维网格上求解了表达热量、质量和动量守恒的微分方程。用 $k\text{-}\varepsilon$ 模型（稍后讨论）来处理湍流的影响。化学反应可以用瞬时、一步或多步动力学来模拟，辐射用六通量模型处理。该程序已应用于由工厂互研公司进行的核电站火灾实验模拟。实验是在一个大型矩形通风的房间内进行，内部装有一个燃气燃烧器。

Morita 等（1989）曾使用场模型方法计算着火房间内的热流。他们把控制方程作为黏性、导热、可压缩流体的控制方程，并用 $k\text{-}\varepsilon$ 模型模拟湍流的影响，方程采用隐式迎风格式求解。结果表明，在高雷诺数流动中，时间步长为 10ms、网格间距为 5cm 是获得数值精确结果所需的上限。

Huhtanen（1989）使用 PHOENICS 计算机程序，利用湍流相关的燃烧速率模型，模拟了一个两单元涡轮大厅内的油池火灾。PHOENICS 是一种三维场模型，它采用 $k\text{-}\varepsilon$ 湍流模型，考虑了热辐射和传热对结构的影响。人们发现很难选择合适的物理模型来获得所研究情况的基本特征。然而，观察 1986 年在赫尔辛基附近的 Hanasaari 发电厂发生的类似火灾，发现最后的结果是定性一致的。他们使用了一个由 8000 个单元组成的网格（在三维和对称平面上，每个维度中大约有 25 个单元）在 Micro VAX Ⅱ 上需要 225h 的计算时间来模拟 6min 时间的火灾现象。

Boccio 和 Usher（1985）使用 PHOENICS 来评估复杂核电站室内的火灾行为。将程序预测与工厂互研公司代表电力研究所进行的电缆火灾实验和 Sandia 国家实验室代表美国核管理委员会进行的室内火灾实验进行了比较。此外，还模拟了 La Salle 工厂控制室和压水堆（PWR）安全壳底部中心的润滑油火灾场景。在比较中取得了定性的一致性，但是在前一个实验中确定热释放速率方面的困难和后一个实验中温度测量的不准确可能限制了更好的一致性。

Cox 等（1986）讨论了场模型 JASMINE 的验证研究。JASMINE 是 PHOENICS 模型的一种发展，用于处理火灾和烟气行为。他们考虑的几何结构相对简单，是一个封闭的房间和一个强制通风的隧道。他们的结论是，该模型可以很好地预测除了火源附近之外的烟气行为。建议进一步扩展工作，改进火源附近湍流和化学过程的模拟，以提高火灾蔓延预测的可靠性。

在后来的一项研究中，Pericleous 等（1989）在一个大型的运动场中使用 JASMINE 软件，模拟 2MW 甲醇池火灾引起的烟气运动和温度分布。结果与 1∶6 比例模型中进行的实验测量进行了比较。采用贴体坐标来匹配运动场的圆顶的光滑轮廓。使用 1200 个计算单元，选择的数量是准确性和经济性的折中。火源被参数地处理为热源，虽然不详细，但是比较表明，热电偶可以很好地再现温度历史。从质量方面看，预测的流动模式与观察到的相似。用带有 2860 个单元的极性网格进行的计算未能再现观测到的顶棚射流，而是预测了一个混合良好的层的出现。两个网格相对于火灾及其羽流的尺寸都比较粗糙，因此无法预测火源附近温度场的细节。在火灾首次点燃的 7min 瞬态启动期间，时间步长在 2s 到 30s 之间变化，在并行超级 mini 3280 机器上需要的计算时间为 5～7.5h。结果没有显示网格和时间步长的独立性。

Galea（1988）讨论了场模型的优点，并指出它们非常擅长于解决复杂流动的细节，特别是在具有特殊几何形状的单个房间中的流动。这一点在针对国王十字火灾（Hamer，1988）上所做的计算中得到了很好的证明。在该计算中，对一种以前未知的在自动扶梯井中传播并由井内气体流动的火灾传播模式（"沟渠效应"）进行了预测，并随后通过实验得到验证。

11.6.1　场模型的理论与概念

瞬时速度、压力、焓、温度和密度分量可以写成：

$$u=\bar{u}+u',v=\bar{v}+v',w=\bar{w}+w',p=\bar{p}+p' \tag{11.121a}$$

$$H=\bar{H}+H',T=\bar{T}+T',\rho=\bar{\rho}+\rho' \tag{11.121b}$$

通过这些定义，可以很容易地显示，对于两个流变量 Φ 和 Ψ，以下关系成立：

$$\overline{\bar{\Phi}\Psi'}=0,\overline{\bar{\Phi}\Psi}=\bar{\Phi}\bar{\Psi},\overline{\Phi+\Psi}=\bar{\Phi}+\bar{\Psi} \tag{11.122}$$

在现实中，常遇到两种类型的湍流：平稳的和非平稳的。平稳流流是指其中的平均值与平均周期（t_1）中点的时间无关的湍流。但是，如果它确实依赖于 t_1，就像在非平稳湍流中一样，则使用 N 个相同测量值上的整体平均值（见图 11.12）。整体平均值定义为：

$$\overline{\Phi}(x_{\circ},t_{\circ}) = \frac{\sum_{1}^{N} n\Phi_{n}(x_{\circ},t_{\circ})}{N} \tag{11.123}$$

出于这次讨论的目的,我们仅限于时间平均值。

根据上述流动分量瞬时值的定义,可以得出质量、动量和能量(焓)的守恒方程,这些在下面内容会提到。

(1)守恒方程

质量守恒:

$$\frac{\partial \overline{\rho}}{\partial t} + \frac{\partial (\overline{\rho u_{j}})}{\partial x_{j}} = 0 \tag{11.124}$$

动量守恒:

$$\frac{\partial}{\partial t}(\overline{\rho u_{i}}) + \frac{\partial}{\partial x_{j}}(\overline{\rho u_{i} u_{j}}) = -\frac{\partial \overline{p}}{\partial x_{i}} + \frac{\partial}{\partial x_{j}}\left[\mu_{\text{eff}}\left(\frac{\partial \overline{u}_{j}}{\partial x_{i}} + \frac{\partial \overline{u}_{i}}{\partial x_{j}}\right)\right] + (\overline{\rho} - \rho_{\circ})g \tag{11.125}$$

能量守恒:

$$\frac{\partial}{\partial t}(\overline{\rho H}) + \frac{\partial}{\partial x_{j}}(\overline{u}_{j}\overline{\rho H}) - \frac{\partial}{\partial x_{j}}\left(\Lambda_{\text{H}}\frac{\partial \overline{H}}{\partial x_{j}}\right) = \left(\frac{\partial \overline{p}}{\partial t}\right) \tag{11.126}$$

物质守恒:

$$\frac{\partial}{\partial t}(\overline{\rho}m_{\alpha}) + \frac{\partial}{\partial x_{j}}(\overline{u}_{j}\overline{\rho}m_{\alpha}) - \frac{\partial}{\partial x_{j}}\left(\Lambda_{\alpha}\frac{\partial m_{\alpha}}{\partial x_{j}}\right) = S_{\alpha} \tag{11.127}$$

所有这些都是传输方程,表示一个量(动量或焓)通过无限小控制体积的表面的传播。传播过程受平均流、湍流扩散和分子扩散的控制。传播量可以通过外力或压力梯度在控制体积内产生,也可以通过与另一量的交换产生(用于从平均流动动能产生湍流能量)。它可以通过进一步交换(例如将湍流动能消散成热动能)或通过直接损失(例如通过传导的热损失)来破坏。

此外,假定流体的所有成分都符合理想气体定律:

$$p = \frac{\rho_{\alpha}}{W_{\alpha}}RT \tag{11.128}$$

混合密度 ρ 由下式给出

$$\frac{1}{\rho} = \sum_{\alpha=0}^{N}\frac{m_{\alpha}}{\rho_{\alpha}} \tag{11.129}$$

$$\Lambda_{\text{H}} = \left(\frac{\mu_{\text{T}}}{\sigma_{\text{H}}} + \frac{\lambda}{c_{p}}\right), \Lambda_{\alpha} = \left(\frac{\mu_{\text{T}}}{\sigma_{\alpha}} + \Gamma_{\alpha}\right) \tag{11.130a}$$

μ_{eff} 是有效黏度,定义为:

$$\mu_{\text{eff}} = \mu + \mu_{\text{T}} \tag{11.130b}$$

式中,Λ_{α} 是 α 分子的扩散系数,S_{α} 是体积源/汇项,表示单位体积 α 的生成速率(由用户指定);μ_{T} 是湍流黏度;λ 是热导率;c_{p} 是定压比热容;σ_{H} 是焓的湍流 Prandtl 数;m_{α} 是物质 α 的质量分数,$1 \leqslant \alpha \leqslant N$,$N$ 是物质种类的数量;Γ_{α} 是分子扩散系数;σ_{α} 是物种 α 的湍流 Schmidt 数;H 是焓;W_{α} 是分子量;R 是普适气体常数。

这些守恒方程用平均和湍流分量描述湍流运动(湍流组分在湍流黏度定义中隐式出现)。

（2）湍流黏度

在动量方程式（11.125）中出现的有效黏度项 μ_{eff} 由分子黏度和湍流黏度[方程式（11.130b）]组成。前者是流体的性质，后者是流体流动的结果。

湍流黏度产生的原因是波动分量产生额外的应力（除了压力和分子黏度产生的应力），通常被称为雷诺应力。这些应力以 $-\rho \overline{u_i' u_j'}^2$ 的形式出现在全动量输运方程中。与分子黏度一样，Boussinesq（1877 年）也提出，湍流剪应力通过涡黏性（或湍流黏度）与速度梯度有关：

$$-\rho \overline{u_i' u_j'} = \mu_{\text{T}} \left(\frac{\partial \overline{u_i}}{\partial x_j} + \frac{\partial \overline{u_j}}{\partial x_i} \right) \tag{11.131}$$

因此，可以看出，在湍流中，波动量之间的相关性会产生新的未知数（如雷诺应力）。对此，根据已知量的守恒定律没有得到很好的确立。建立未知相关守恒定律的迭代过程导致高阶未知相关。因此，可以提供对湍流运动详细描述的完整集合，最终形成一组无穷大的偏微分方程，使解不可能实现。为了克服这一困难，采用半经验方法模拟湍流。有各种各样的这样的模型，但在本章中，我们将只讨论所谓的 k-ε 模型，这一模型已被发现适用于许多实际问题。在大多数场模型中，计算机程序可以选择这些模型中的任何一个。Kumar（1983）详细讨论了湍流模型。

（3）湍流建模

如上所述，在动量守恒方程中，有效黏度项 μ_{eff} 的出现（由分子黏度和湍流黏度组成）给求解这些方程带来了困难。与可用的方程数量相比，有更多的未知数（湍流应力和热流量）。要使方程组能够求解下去，我们需要找到包含新的未知数的附加方程，或者对新的表观湍流量与时间平均流量变量之间的关系做出假设。这就是所谓的封闭问题，它通常是通过湍流建模技术来处理的。

在牛顿黏性流体中，黏度是流体的性质，只依赖于温度和压力。事实上，几乎所有的气体和大多数液体是牛顿黏性流体（Bradshaw，1985）。如上所述，有效黏度是湍流和分子黏度的函数。

一般认为，湍流主要是由平均流的剪切和浮力（即外力）产生的。在微观尺度上，它由一个高度无序的大小不同的漩涡组成。这些漩涡被认为是涡旋单元（或线）的纠缠，它们通过平均流在优选方向拉伸，并在随机方向上彼此拉伸。这种"涡旋拉伸"机制最终导致大涡破裂为小涡（Hinze，1975）。这一过程以"能量级联"的形式出现。由于可比大小的涡旋能相互交换能量，所以可以从大涡中提取出平均运动的动能。然后，这种能量被转移到小尺度的相邻旋涡，继续到越来越小的尺度（越来越大的速度梯度），黏性应力的直接作用使涡流损失能量时达到最小尺度，在最小尺寸涡上将其转化为内部热能。正是较大的旋涡决定了平均流动动能被注入湍流运动的速度，并可以传递到较小的尺度上，并最终消散。因此，较大的旋涡对动量和热的传输起作用，因此需要在湍流模型中进行模拟。由于与平均流的直接相互作用，大尺度运动强烈依赖于所考虑问题的边界条件（Kumar，1983）。

在 k-ε 模型中，假设湍流黏性与湍流动能（k）以及其从大涡到小涡的耗散率（ε）有关：

$$\mu_{\text{T}} = \frac{C_\mu \rho k^2}{\varepsilon} \tag{11.132}$$

湍流动能是通过求解以下形式的输运方程得到的：

$$\frac{\partial \rho k}{\partial t} + \frac{\partial}{\partial x_j}(\rho \overline{u}_j k) - \frac{\partial}{\partial x_j}\left[\left(\mu + \frac{\mu_T}{\sigma_k}\right)\frac{\partial k}{\partial x_j}\right] = P + G - \rho \varepsilon \qquad (11.133)$$

其中 P 是剪切产生项；G 是浮力产生项。

增加了 ε 的传输方程以封闭系统：

$$\frac{\partial \rho \varepsilon}{\partial t} + \frac{\partial}{\partial x_j}(\rho \overline{u}_j \varepsilon) - \frac{\partial}{\partial x_j}\left[\left(\mu + \frac{\mu_T}{\sigma_\varepsilon}\right)\frac{\partial \varepsilon}{\partial x_j}\right] = c_1 \frac{\varepsilon}{k}(P + C_3 G) - C_2 \rho \frac{\varepsilon^2}{k} \qquad (11.134)$$

其中 C_1，C_2，C_3 是经验常数；σ_k 是动能的 Prandtl 数（~ 1.0）；σ_ε 是耗散率的 Prandtl 数。

这些用于传输 k 和 ε 的模型方程在完全湍流状态下有效，即不受任何壁面阻尼效应的影响。对于壁面流动，边界条件用壁面函数处理（Anderson 等）。

（4）火灾建模

场模型的火灾建模（源项）仍然相当简陋。用户需要将热释放速率作为时间的函数来指定火灾。同样，随着时间的增加，火灾面积的增加也可能由用户输入，以模拟火灾蔓延。

另外，还提供了燃烧模型的选择。在这些模型中，假设燃料和氧化剂同时存在于同一点，则发生瞬时反应产生燃烧产物。有以下燃烧模型：混合燃烧模型、涡流破碎模型。这些模型一般不能应用于消防实践之中，因为它们尚未得到充分验证。在这些模型中，假设发生完全燃烧，即

1kg 燃料 $+i$ kg 氧化剂 $=(1+i)$kg 燃烧产物

这里没有详细讨论燃烧模型。然而，进一步的信息可在各种教科书和 CFDs-FLOW3D 用户指南中找到（CFDS，1994）。

11.6.2　求解方法

非线性微分方程给出了物理现象的整体描述，尽管它可能是复杂的。这种复杂性和对诸如湍流等组成物理现象缺乏了解，使得非线性微分方程的解析解几乎不可能，除非在实际意义不大的情况下。数字数值解是唯一的可行方案。

微分方程的数值解由一组数构成，由此可以构造出因变量 φ 的分布（Patankar，1980）。该方法首先将感兴趣的区域划分为有限的网格点，从而用离散值代替微分方程精确解中包含的连续信息。微分方程的离散化过程（Anderson 等，1984）使标准方法可用于求解这些方程，他们用简单的代数方程代替微分方程。由于离散方程是由微分方程导出的，所以它仍然表示与微分方程相同的物理信息。这意味着，除了其他以外，假设属性在任何给定网格单元的空间上线性变化；该单元格的计算值为平均值。该方法通过取一定量（系数和源）为常数，假定方程在每一迭代周期中都是线性的。这些量在每次迭代后都会"升级"。

使用的网格单元数可能会影响结果。然而，随着网格数的增加，离散方程的解可望接近相应微分方程的精确解。当然，这并不意味着从比较粗糙的网格到更精细的网格必然会产生更接近实验观测的结果。原则上，期望使用更精细的网格而不是更粗的网格。使用较粗网格的主要原因似乎是使用更精细网格所需的时间较长，费用较高。

CFDS-LOWS3D 解决方法采用的是有限体积方法，其中所有的变量都是在每个控制

体积的中心定义的（单元），这填补了所考虑的物理域。每个方程在每个单元上进行积分，将控制体积中心的变量与其邻居连接起来，得到一个离散的方程。离散方程在给定的边界条件下求解。

边界条件

在适当的边界条件下可以求解上述方程组。

墙壁边界条件：固体墙壁的条件可以由使用者根据速度或表面剪应力来指定。最常用的是假定表面速度 k 和 ε 为零的无滑移条件。

湍流壁面函数：由于表面边界层的存在，许多流动变量在近壁面区域变化迅速。可能需要极细的网格来解决该区域的流动细节。这种方法可能会占用大量的计算机时间和内存空间。因此，通常可以指定一个壁面函数来解决这个问题。壁面函数的一个简单例子是根据静止壁面上的完全展开的边界流的湍流动能描述壁面剪应力。其方程为：

$$\tau_k = \rho C_\mu^{1/2} k$$

在紧邻壁面的控制体积中求解湍流动能 k 方程。由此可以得到墙体的剪切应力值。

热传导和标量的壁面边界条件也是以类似的方式处理的。在这种情况下，指定了壁层中的焓或标量（例如浓度）。在热传导方程中，则指定了壁温。

流动边界：流动边界被定义为流体可以进入或离开区域的边界。确定了三种类型的边界。

入口边界：对于亚音速流动，就像大多数火灾产生的流动一样，除压力之外的所有变量（u，k，ε，T 和标量）都是在上游指定的。以这样的方式指定入口速度，使流动进入指定空间。压力边界条件是由下游外推而来的。

质量流边界：离开或进入区域的流量是以总质量流量或质量流量的某一部分来指定的。可通过两种方式指定质量流量：

① 通过保证质量守恒性，作为通过入口进入指定空间的总流量的一小部分；

② 可由用户直接指定，确保全局质量守恒得到满足。

质量流边界不适用于可压缩的瞬态流动，因为它们不满足每个时间步长上的全局质量守恒。

压力边界：指定压力以及垂直于流动方向的速度梯度为零的条件。

在流入时，入口速度被限制在亚音速。用户指定温度和附加标量。k 和 ε 是从下游推断出来的。

在流出时，温度、附加标量、k 和 ε 都是由上游外推而来的。

对称面：对称面上的边界条件使得所有变量都是在数学上是对称的，因此不存在跨越边界的扩散。然而，这就要求与边界垂直的速度分量以及雷诺剪切应力和雷诺通量是反对称的。

总之，上述讨论的目的是介绍场模型建模的概念。显然，其意图并不是要详细阐述，而是要概述其理论基础和基本理论模型。在实际应用中，详细信息可在软件附带的相应参考资料和用户手册中找到。

11.7 疏散模型

根据温度和燃烧产物浓度（毒性和能见度等）计算建筑环境参数后，消防安全评估的下一步是估算给定建筑物的人员疏散时间。建筑物的布局，特别是逃生路线、人员的行为以及他们的运动能力是影响疏散时间的一些重要因素。此外，在建筑设计阶段，这些信息对于逃生路线的设计和位置的选择以及保护要求和探测措施是必不可少的。根据 Marchant (1976) 的说法，紧急情况下的逃生时间有三个主要组成部分：

$$t_{escape} = t_p + t_a + t_{rs} \tag{11.135}$$

式中，t_p 是从点火到感知火灾的时间（感知时间）；t_a 是从感知到逃生行动开始的时间（动作时间）；t_{rs} 是移动到安全场所的时间（例如，行动时间）。

感知时间和动作时间在很大程度上取决于一个人的意识状态和报警系统的特点和性能。例如，早期探测可以大大缩短感知时间。受过训练的人员，由于习惯于常规的训练，可能会对警报迅速做出反应，从而缩短疏散时间。

另一方面，行动时间 t_{rs} 受到一些重要因素的影响，如下所示：

① 人数：疏散时间随着人数的增加而增加；

② 运动速度：疏散速度越快，疏散时间越短；

③ 人群密度：密度越高，疏散时间越长；

④ 门和逃生路线的宽度：加宽门可缩短疏散时间；

⑤ 到安全地点的距离：疏散时间随着距离的增加而增加；

⑥ 整体形状：大型复杂建筑往往会增加疏散时间；

⑦ 熟悉建筑布局：不熟悉建筑布局会增加疏散时间；

⑧ 危险发展状况：火灾或烟气的快速传播可能会导致人们寻找其他路线，从而增加疏散时间。

（1）人群运动的主要方面

在过去的几十年里，许多不同的研究人员对人群运动的速度和流动特征进行了分析。人群运动的主要速度和流动特征如图 11.13 和图 11.14 所示。这些图是从 Fruin、Hankin 和 Wright、Ando 以及 Predtech enskii 和 Milinskii 提出的数据中得到的。

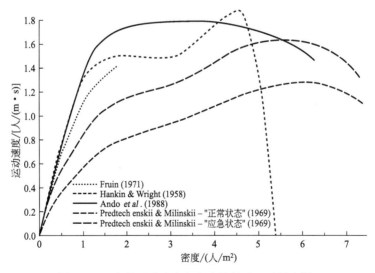

图 11.13　人员运动速度与密度的关系（不同来源）

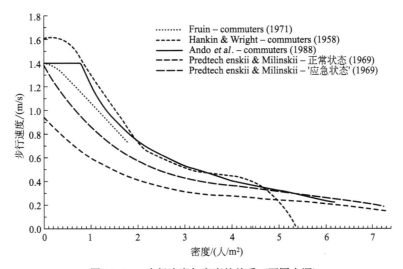

图 11.14　步行速度与密度的关系（不同火源）

注意：由于缺乏数据，Fruin 曲线未超过 1.8 人$/m^2$。Predtechenskii & Milinskii

曲线基于 1 人占地面积等于 $0.125m^2$（着冬装）

　　大多数网络节点疏散模型的出口"弧形"中使用的流量数据是由"最大持续流量"导出的。最大流量通常出现在人群密度大于 2 人$/m^2$ 的情况下，但不同研究人员之间以及不同文化和心理差异之间在测试中得到的流量差异很大。大多数建筑法规采用 $1.25 \sim 1.4$ 人$/$（m（出口宽度）·s）作为"安全可持续的流量"。当门宽大于 1m，出口流量与出口宽度成正比的假设似乎成立，但是对于狭窄的门口（可获得的数据很少），流量可能变得不稳定并且与宽度不成比例。

　　图 11.15 来自 Thompson（1994）提供的数据，该数据是通过分析比较平静的人在爱丁堡不同区域的运动的数字化视频片段获得的。当两个人朝相似的方向行走时，人与前面人的距离影响着"受阻"者的速度。术语"人际距离"定义为两个行人中心点之间的线性距离（平面图），其中一个行人直接在另一个行人的前方路径内行走，因此成为潜在的障碍。这张图是根据专门用于 Simulex 模拟而得到的（Thompson 和 Marchant，1996）。

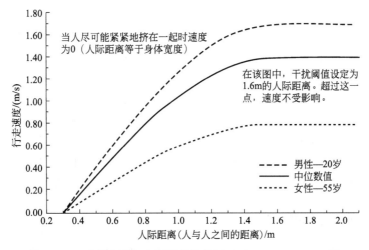

图 11.15　步行速度与人际距离的关系（Thompson，1994 年）

（2）建筑人口

建筑人口可以由用户一次定义一个人，也可以作为一个大群体分布在建筑物的指定区域。在建筑中可以设置与人口密度或人口数量相关的个人或群体。

设置给所定义人员的物理特性由选项控制，例如表 11.2 和表 11.3 中给出的 Simulex 模型使用的参数。物理特征是通过使用"占用者类型"的类别来定义的。每个占用者类型由不同类型的预定义个体的百分比组成。表 11.2 描述了不同的"物理"类型的个体（控制身体大小和不受阻碍的步行速度），表 11.3 描述了不同个体类型在居住者类别中的分布情况。这些表格是根据 Pred Technenskii、Milinski 和 Fown 的数据编制的。

表 11.2　不同类型的个体属性

人员定义	身体宽度/m	身体厚度/m	正常移动速度 V/(m/s)	+/−V 分布极限值/(m/s)
平均	0.50	0.30	1.3	0.0
成年男子	0.54	0.32	1.35	0.2
成年女子	0.48	0.28	1.15	0.2
儿童	0.42	0.24	0.9	0.3
老人	0.50	0.30	0.8	0.3

表 11.3　成员类型特征

居住者类型	定义人群百分比
办公室职员	60%成年男子，40%成年女子
上班族	50%成年男子，40%成年女子，10%儿童
购物者	35%成年男子，40%成年女子，15%儿童，10%老人
学校人口	3%成年男子，7%成年女子，90%儿童
全男性	100%成年男子
全女性	100%成年女子
全儿童	100%儿童
全老人	100%老人

各种各样计算机模型都试图计算建筑物的疏散时间。尽管这些模型是初步的，有些软件仅限于移动时间的计算（EVACNET＋EGRESS），而另一些软件则试图考虑到行为特征（EXITT）。但是，没有一种模型能够以全面和严格的方式处理疏散问题。所有的模型都有优点和缺点，仅在非常有限的情况下有效。

大多数疏散模型采用网络方法，其中建筑物由通过逃生路径连接的节点（或房间）表示。人们沿着这些路径以预定的速度从一个节点移动到另一个节点。疏散时间取决于行进的速度和节点之间的距离。一些模型（例如 EXITT）试图通过考虑延迟和响应时间来解释行为反应。这样的模型并不试图详细描述建筑物。

另一种通常称为元胞自动机的方法是对简单网络技术的极大改进。在这种方法中，平面图被划分为一个网格，在该网格上，允许人们根据随机选择的加权函数来运动，这些加权函数定义了他们的速度和行进方向。这样，通过适当修改加权函数可以模拟人与人之间的相互作用。

在本章中，我们总结了这两种方法的基本特征：代表网格方法的 EXITT 模型（Bukowski 等，1987）和代表元胞自动机方法的 EGRESS 模型（Ketchell）。

11.7.1　EXITT 疏散模型

EXITT 模型（Levin，1987）是一种确定性的疏散模型，旨在模拟火灾情况下人员的决策和行动。此程序是 HAZARD I 软件包（Bukowski 等）的一部分，旨在研究与烟气运动模型 FAST（Jones）的相互作用，以考虑因烟气密度或毒性而导致的逃生路线阻塞或行进速度的变化。模型使用节点表示建筑物，应用树搜索算法来确定每个人到达目标节点（即出口）的最短路径。

建筑物表示为节点（房间）和节点之间的逃逸路线（链接）的网络。允许人员以行进速度从一个节点移动到另一个节点，该行进速度是其指定的行进速度和烟气密度的函数。通过考虑他们是否在协助其他人员，可以对行进速度进一步加以改进。基于实验案例研究的决策规则被用作路径选择的基础。人员的行动和决策可以显示在屏幕上或保存在文件中，以便以后打印。

该模型最多可用于 12 个房间和总共 35 个节点。它不能用于多人居住的大型建筑物。该模型是确定性的，并且在很大程度上依赖于一些相当随意的数字表示的延迟和心理影响的功能。它只在有限的案例和火灾场景中得到验证。到达目标节点所需的时间是独立于其他人的，因此无法解决瓶颈和拥挤问题。

11.7.2 EGRESS 疏散模型

EGRESS 疏散模型（Ketchell 等，1993；Webber 等，1993）被设计成一种综合危险评估工具，用于评估因火灾而对人造成的危害。模型的输入包括对建筑物或结构的描述以及建筑物内危险（火灾或烟气）逐步扩大的方式。逃生路线的建筑设计和布局影响着人们的行动，也决定了火灾危险是如何发展的。

一般而言，如上所述，前往安全地点所需的时间最简单计算是基于行进距离和预期的移动速度（网络方法）。通过考虑到行动限制（如门口）和其他延误，对程序进行了改进。

然而，在 EGRESS 中，这一做法已得到很大改进。这座建筑以二维平面图的形式描述，该平面被分成一个六边形的网格，原则上，为运动提供六个自由度。一旦分配了属性和网格上指定的位置，就可以建立模型，描述人们从一个单元格到另一个单元格的运动。这样，该方法允许在个人朝向设定目标移动时跟踪进度，即大楼外面的安全场所。可以为不同的人群设置不同的目标。

位于六边形网格上的每个个体（或"自动机"）的移动是基于每个六边形单元之间的加权概率（每个单元具有一个人的投影区域）。这些概率代表了决策属性和人们对情况的反应。移动到哪个单元的决定是基于移动到六个相邻单元的概率和在同一单元中的保留概率（即不移动）。这些概率的相对权重根据遍历的单元决定平均运动速度的大小。概率是根据实验数据和现实数据进行校准的。在某些情况下，模型可以改变单元概率，以反映事件发展过程中的变化。例如，随着火灾的发展，建筑的某些的区域可能会被烟气或辐射热所阻塞。这些阻塞导致"人"不得不寻找其他的逃生路线，这是由单元概率的变化所表示的。一个人向相邻单元的移动被限于某些单元，这些单元不属于建筑物的一部分或被另一人占用。或者在发生火灾的情况下被危险条件（例如，火灾或烟气）所阻塞。

这种运动模型被归类为单元自动机。该方法能够模拟与疏散有关的若干关键问题：

① 可以通过定义具有不同运动速度的不同人群来模拟行动不便的人；

② 为不同的群体分配不同的目标，允许某些人在疏散中反向运动，例如，消防队人员可能希望前往火灾；

③ 原则上，模型（自动机）可以模拟的人数没有上限。

该模型为计算运动时间提供了一种灵活而稳健的方法。该方法允许在疏散建模之前确定火灾危险性的时间，并在疏散过程中加以考虑。它可以突出"瓶颈"的效果。因为软件是基于 PC 的，运行速度更快，因此它提供了一种在建筑设计阶段探索不同的逃生路线策略的有用方法。对于大量的人口和一系列复杂的建筑，该模型已经得到了相当大程度的验证（见第 12 章）。

11. 7. 3　Simulex 疏散模型

Simulex 是一种基于个人电脑的疏散模型，旨在模拟具有多层和多楼梯的大型、几何形状复杂的建筑物（Thompson 和 Marchant，1996）。可以容纳大量的人口，用户可以在疏散期间的任何时间内观察建筑物中每个人的运动情况。在模拟结束时生成一个文本文件，其中包含关于疏散过程的详细信息。

Simulex 中的运动算法是基于个体运动视频分析（Thompson，1994）的数据和 Fruin (1971)、Hankin 和 Wright（1958）以及 Ando 等（1988）、Predtech enskii（1988）和 Milinskii（1978）收集的人群运动数据。他们每个人通过建筑空间的过程是以 0.1s 的时间步长来建模的。位置和距离以"m"为单位来计算。建模的运动类型包括正常的无障碍行走以及由于他人接近、超过、身体"扭曲"和回避等导致的行走速度降低。

每个人通过使用"距离地图"来评估他自己的出口的方向，该距离地图绘制了从建筑物内任何一点至出口的距离。不同的距离图会被存储在内存中，描述了到不同终点出口的路线。Simulex 模拟了许多心理方面，包括选择出口和响应警报时间。这些心理因素的进一步完善是该模型持续发展的一部分。

输出被称为一个"距离图"，如图 11.16 所示。阴影带表示距离最近出口处的值，其

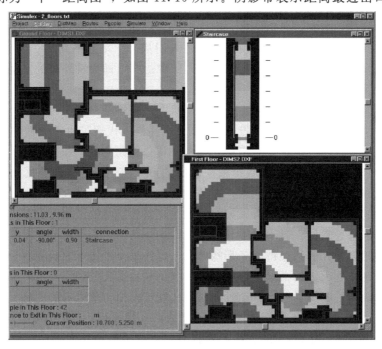

图 11. 16　一座简单的两层建筑的距离图

中阴影渐变代表 1m 的运行轮廓。距离图在评估建筑物中的行程距离时非常有用，并且在疏散模拟期间也可用于路线寻找功能。

在 Simulex 测试中，观察到流速和出口宽度之间的线性关系，宽度大于或等于 1.1m，平均可持续人员流率为 1.40 人/(m（宽度）·s)（图 11.17）。该值与 Hankin 和 Wright（1958）以及"建筑规范"（1991）提供的数据基本一致，可认为是一个合理的真实值。

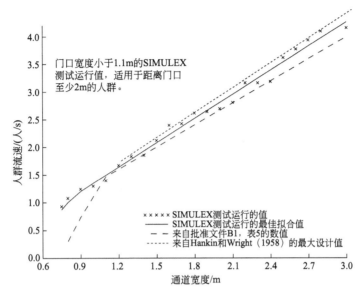

图 11.17　人群流速的实测值和模型计算值之间的比较

在编写本书时，Simulex 的大尺寸实验（对全尺寸疏散进行建模和比较）正在 Belfast 大学实施。正在模拟和分析从大型百货商店的筑物人群疏散问题，特别强调不同的出口选择和步行速度。实验结果应该很快可以获得。

符号说明

A	缝隙面积（m^2）；火焰锥面积（m^2）；延伸天花板面积（m^2）；（11.8；11.46；11.60）
A_f	燃料表面积（m^2）(11.1)
A_L	热层边界面积（m^2）(11.54)
A_o	风口入口的面积（m^2）(11.87)
A_v	通风口的面积（m^2）(11.55)
A_w	垂直通风口开口面积（m^2）(11.3)
A_{WS}	墙体表面面积（m^2）(11.103)
b	羽流半径（m）；体深（m）；（11.44）
$b(x)$	高度 x 处的羽流半径（m）(11.41)
b_V^*	浸没在热层中的宽度（m）(11.60)
B	排气口处条带的宽度（m）；$=KS$；（11.69；11.96）

c_p	空气定压比热容 $[kJ/(kg \cdot K)]$ (11.6)	
c_V	空气定容比热容 $[kJ/(kg \cdot K)]$ (11.16)	
c_W	墙体材料的比热容 $[kJ/(kg \cdot K)]$	
C_d	流量系数；最小接触距离 (m) (11.8)	
C_s	烟气气溶胶浓度 (g/m^3)	
d	缝隙水力直径 (m) (11.9)	
D	燃料表面顶部与热层底部之间的高度 (m)；烟气光学浓度 (m^{-1}) (11.93)	
e_i	热层的有效辐射率	
$\dot{E}_a$	层吸收的能量 (W)	
$\dot{E}_L$	热层内部能量总变化率 (kW) (11.24)	
E_L	热层的能量 (kJ) (11.25)	
$\dot{E}_{LR}$	热表面层能量变化 (kW) (11.25)	
$\dot{E}_{LW}$	层对壁的对流热损失率 (kW) (11.25)	
$\dot{E}_{PR}$	火焰总辐射热损失 (kW) (11.46)	
$\dot{E}_V$	从通风口流出的焓 (kW) (11.25)	
$\dot{E}_P$	从烟羽进入热层的焓 (kW) (11.25)	
F_0	火源浮力通量 (m^4/s^3) (11.6)	
g	重力加速度 (m/s^2) (11.5)	
G	密度分层参数 (s^{-2}) (11.5)	
G_i	在方程中定义的参数 (11.71)	
G_1	流路导热率 $(kg/m)^{1/2}$ (11.87)	
h	垂直高度 (m)；六角形相对两边之间的距离 (11.7)	
h_e	通过对流传导到外部环境的传热系数 $[W/(m^2 \cdot K)]$ (11.59)	
h_i	热层与延伸顶板之间的对流换热系数 $[W/(m^2 \cdot K)]$ (11.57)	
h_k	壁热导 $[kW/(m^2 \cdot K)]$	
h_L	热层的厚度 (m) (11.23)	
$\dot{h}_l$	焓对下层的贡献 (kW) (11.16)	
$\dot{h}_L$	热层深度变化率 (m/s)；焓对上层的贡献 (kW) (11.24；11.17)	
h_{max}	h_i 的最大值 (11.58)	
h_p	燃料层上方的层高 (m) (11.44)	
h_s	h_i 的最小值 (11.58)	
h_w	对流换热系数 $[kW/(m^2 \cdot K)]$	
H	$(H_p - R_f)$；垂直通风口的高度 (m)；在火焰质心上方层接口的高度；圆锥形火焰的高度 (11.3)	
H_B	房间高度 (m)	

H_p	烟羽高度（m）(11.75)
H_t	通风口顶部和天花板之间的距离（m）(11.79)
H_v	热解比热（J/kg）；排气口高度（m）(11.33；11.80)
ΔH_c	挥发物燃烧热（kJ/g）(11.1)
$\Delta H_{c,air}$	消耗单位质量空气时燃料的燃烧热（kJ/g）(11.2)
I	烟气中的光强度
I_0	在没有烟气的情况下光的强度
k	吸收系数（m^{-1}）；热导率 [kW/(m·K)](11.64)
k_W	墙体材料的热传导系数 [kW/(m·K)]
K	消光系数（m^{-1}）；一个常数 (11.94；11.3)
K_m	特定消光系数 (11.97)
L	长度（m）；横向缝隙长度（m）；光路长度（m），墙壁厚度（m）(11.9,11.93)
m	质量（g）(11.14)
$\dot{m}''$	单位表面积的质量损失率 [g/(m^2·s)](11.1)
$\dot{m}'_a$	被层所覆盖的部分羽流卷吸的空气质量（kg/s）
$\dot{m}_{air}$	下方进入空气的质量流率（kg/s）；进入室内的气流速度（kg/s）(11.28；11.2)
$\dot{m}_b$	燃料质量燃烧速率（kg/s）(11.3)
$\dot{m}_{CO}$	CO 质量变化率（kg/s）(11.90)
$\dot{m}_{CO_2}$	CO_2 质量变化率（kg/s）(11.91)
$\dot{m}_e$	通过排气口的热气流量（kg/s）；卷吸进入羽流空气量（kg/s）(11.72；11.50)
m_f	剩余燃料质量（kg）(11.30)
$\dot{m}_f$	燃料热解速率（kg/s）(11.26)
$\dot{m}_g$	热气体流向外部的质量流量（kg/s）
$\dot{m}_i$	通过第 i 个通风口的质量流量（kg/s）(11.70)
m_1, m_L	分别为冷层（下层），热层（上层）的质量（kg）(11.15,11.14)
$\dot{m}_1$	从下层通过排气口的质量流量（kg/s）(11.78)
$\dot{m}_{1,i}$	从下层通过第 i 个通风口的质量流量（kg/s）(11.15)
$\dot{m}_{L,i}$	从上层通过第 i 个通风口的质量流量（kg/s）(11.14)
m_0	初始燃料质量（kg）
$\dot{m}_{OX}$	热层氧质量变化率 (11.88)
$\dot{m}_p$	燃烧产物进入热层的质量流量（kg/s）；烟羽的质量流量（kg/s）(11.44；11.47)
$\dot{m}_s$	烟层质量变化率（kg/s）(11.92)
$\dot{m}_u$	从上层通过通风口的质量流量（kg/s）(11.80)
$\dot{m}_\beta$	火焰燃烧速率＝$\chi\dot{m}_f$(kg/s)；＝$-\pi R_f^2 \phi / H_V$(kg/s)(11.32)
$\dot{m}_{13}$	从房间 1 到房间 3 的质量流量
N	尝试移动的起数
N_P	在方程式（11.10）中定义的无量纲数

N_Q	在方程式（11.9）中定义的无量纲数
p_f	室内地面压力（Pa）
p_0	房间内地面的压力（Pa）(11.66)
p_1	防火隔间内通风口压力（Pa）(11.67)
p_2	着火房间外通风口压力（Pa）(11.67)
$p_{1/2}(y)$	连接房间1和房间2高度y为处的通风口的压力（Pa）(11.66)
Δp	压差（Pa）(11.8)
$\Delta p(y)$	距离通风口位置y处的压差（Pa）(11.67)
P	某点处的压力（Pa）(11.16)
P_i	移动到相邻区域i的概率；
$P(1)$	向出口移动一步的概率
$P(-1)$	从出口移开一步的概率
$P(0)$	不移动的概率
$\dot{q}_{LR}$	通过辐射得到的热层总热量（W）(11.55)
$\dot{q}''$	单位面积热通量（W/m^2）(11.35)
$\dot{q}''_N$	外墙的热通量（W/m^2）
$\dot{q}''_1$	内墙的热流密度（W/m^2）
$\dot{q}''_{12}$	来自另一火焰的燃烧物底部辐射通量（W/m^2）
$\dot{q}''_{AW}$	从顶棚表面到环境的热量损失（W/m^2）(11.59)
$\dot{q}''_{FO}$	从火焰到燃料表面的辐射热通量（W/m^2）
$\dot{q}''_{LW}$	从热层到扩展顶棚的对流通量（W/m^2）(11.57)
$\dot{q}''_{LWD}$	从层到天花板/墙（W/m^2）的对流热通量
$\dot{q}''_{LWR}$	从层到天花板/墙的辐射热通量（W/m^2）(11.51)
$\dot{q}''_{PWR}$	从羽流到天花板/墙壁的辐射热通量（W/m^2）
$(\dot{q}'')_{FL}$	从火焰到物体的辐射热通量（W/m^2）
$(\dot{q}'')_{FO}$	从火焰锥体到物体的辐射通量（W/m^2）
$(\dot{q}'')_{LF}$	从热层到物体的辐射热通量（W/m^2）
$(\dot{q}'')_{PF}$	从火焰到物体的辐射热通量（W/m^2）
$(\dot{q}'')_{RR}$	来自物体的辐射热通量（W/m^2）
$(\dot{q}'')_{WF}$	从墙壁和顶棚到物体的辐射热通量（W/m^2）
Q	体积流量（m^3/s）(11.8)
$\dot{Q}_B$	气体体积储存热的变化率（kW）(11.102)
$\dot{Q}_c$	对流放热率（kW）；对流热损失率（kW）(11.6)
$\dot{Q}_f$	火灾热释放率（kW）(11.1)
$\dot{Q}_l$	进入下层的显热净输入量（kW）(11.16)
$\dot{Q}_L$	进入上层的显热净输入量（kW）(11.17)

$\dot{Q}_R$	通过通风口辐射的热损失率（kW）(11.102)
$\dot{Q}_W$	热传导损失率（kW）
r	当量顶棚半径 $=\sqrt{WL/\pi}$（m）
R	通用气体常数 $[J/(kg \cdot mol)]$；房间等效半径（m）(11.19)
R_f	燃烧半径（m）(11.43)
$\dot{R}_f$	火灾半径变化率（m/s）
Ri	理查德森数 (11.7)
R_i	顶棚的有效半径（m）
R_{max}	最大火灾半径（m）(11.34)
R_0	初始火灾半径（m）(11.36)
R_2	火锥2的半径（m）
S	可视距离（m）；烟气的心理影响 (11.96)
t	时间（s）
t_a	从感知到逃生行动开始的时间（动作时间）(s)(11.135)
t_d	阈值距离（m）
t_{escape}	逃生时间 (11.135)
t_i	点火时间（s）
t_{ig}	着火时间（s）(11.34)
t_p	从点火到感知火灾的时间（感知时间）(s)；热穿透时间（s）(11.110；11.135)
t_{rs}	移动到安全地点的时间（移动时间）(s)(11.135)
Δt	时间步长（s）
T	绝对温度（K）
T_e	环境温度（K）
T_{ig}	着火温度（K）(11.34)
T_g	气体的温度（K）(图11.11)
T_l	较低层温度（K）(11.16)
T_L	热层平均温度（K）；上层温度（K）(11.55；11.17)
T_N	外墙温度（K）
$T_N(t)$	t时刻的背面温度（K）
T_p	热解温度（K）
T_R	焓参考温度（K）
T_s	物体表面温度（K）(11.39)
T_W	壁温（K）；扩展顶棚温度（K）(11.55)
T_∞，T_a	环境温度（K）；(11.103；11.23)
$T_{\infty l}$	火源位置的环境温度（K）(11.6)
ΔT	$=(T-T_\infty)$(K)(11.109)
u	燃料上方的羽流中心线速度（m/s）(11.44)
u_f	燃料速度（m/s）(11.44)

$u\ (x)$	与火源距离 x 处的速度（m/s）(11.42)
U	速度（m/s）(11.7)
v	阻碍步行速度
V	室内容积（m^3）(11.20)
$\dot{V}$	体积流量（m^3/s）(11.78)
V_f	火焰锥体积（m^3）(11.46)
V_L，V_l	分别为上、下层的体积（m^3）(11.20)
V_u	非限制步行速度
W	室内宽（m）；开口宽度（m）(11.23；11.116)
x	在流动方向上的纵向缝隙长度（m）；沿羽流轴线的距离（m）；起源于火焰质心的差动锥的长度（m）(11.9；11.41)
x_o	测量湍流的位置
x_s	火源以下的虚拟点热源距离（m）；(11.43)
Y_{CO}	一氧化碳产量（kg）(11.90)
$Y_{CO}^{(L)}$	一氧化碳在热层中的质量分数（11.90）$Y_{CO_2}^{(L)}$
Y_{CO_2}	二氧化碳产量（kg）(11.91)
$Y_{CO_2}^{(L)}$	二氧化碳在热层中的质量分数（11.91）
Y_{O_2}	热层中氧气的质量分数（11.88）
Y_S	烟气产量（kg）(11.92)
$Y_S^{(L)}$	烟气在热层中的质量分数（11.92）
z	火源上方的垂直高度（m）(11.5)
Z_{max}	火源上方的最大羽流上升（m）(11.4)
Z	羽流高度（m）；火源上方到热气层的垂直高度（m）；(11.47；11.76)
Z_o	虚拟点源位置（11.76）

希腊字母

α	卷吸系数；热扩散系数（m^2/s）(11.43；11.63)
χ	燃烧效率
δ	壁厚（m）(11.105)
δ_f	火焰厚度（m）(11.120)
ε	热层发射率（11.5）
ε_{eff}	火焰气体和壁面的有效发射率（11.118）
ε_g	热层发射率（11.118）
ε_{gb}	带散热器的发射率（11.119）
ε_{gs}	炭烟的发射率（11.119）
φ	辐射热通量（W/m^2）(11.32)
φ_{LO}	来自四个顶棚的辐射热通量（W/m^2）
φ_{WO}	来自热壁和冷壁的辐射（W/m^2）
γ	自由燃烧时空气/燃料质量比（11.28）

γ_s	空气/燃料的化学计量比 (11.88)
κ	吸收系数 (m^{-1})(11.40)
Λ	分子扩散系数
V	运动黏度 (m^2/s);压力 (Pa)(11.9;11.121a)
$\bar{v}$	无阻平均行驶速度 (m/s)(11.121a)
θ	最小值 ($h_L/2$,$1/\kappa$)
θ_0	表示火焰接受角 (热层) $=\tan^{-1}r/(H+\theta_1)$;$R/(H+h_L/2)$
θ_1	最小值 (H,θ)
ρ	气(流)体密度 (kg/m^3)(11.7)
$\Delta\rho$	密度差 (kg/m^3)(11.7)
ρ_∞,ρ_a	环境密度 (kg/m^3)(11.5;11.23)
$\rho_{\infty l}$	火源位置的环境密度 (kg/m^3)(11.5)
ρ_1,ρ_L	分别为下层和上层密度 (kg/m^3)
ρ_{in}	进气密度 (kg/m^3)(11.82)
σ	Stefan-Boltzman 常数 $[5.67\times10^{-8}W/(m^2 \cdot K^4)]$
σ_v	移动方向上的标准偏差
τ	表示火焰的平均光学深度;火焰锥的有效平均不透明度
ω	扩展顶棚的视角因子
ξ	$=(h_L-H_t)$(m)(11.81)
ψ	半顶角 (图11.7)(11.26)
ψ_0	ψ 的初始值 (11.26;11.130a)
ψ_2	火锥2的半顶角
ζ	表示热层的平均不透明度 (11.52)
Λ	视角系数
Φ	某一变量的瞬时值
$\overline{\Phi}$	Φ 的平均值 (11.122)
Φ'	Φ 的起伏成分
n	采样点变量的数量 (11.123)
N	采样点总数,物质数 (11.123;11.129)
u_i	i 方向的值 ($i=1$,2或3)(11.125)
x_i	i 方向上的空间距离 ($i=1$,2或3)(11.125)
u_j	j 方向上的值 ($j=1$,2或3)(11.125)
x_j	j 方向上的空间距离 ($j=1$,2或3)(11.125)
μ_{eff}	有效黏度 (11.130b)
μ	流体黏度 (11.130b)
μ_T	湍流黏度 (11.130b)
$\overline{H}$	平均焓 (11.126)
Λ_H	分子扩散系数

$\varLambda_\alpha$	α 的分子扩散系数 （11.127）
$\overline{p}$	压力平均值 （11.126）
m_α	物质 α 的质量分数 （11.127）
S_α	体积源/汇项代表每单位的体积生成率 α （11.127）
W_α	物质 α 的分子量 （11.128）
R	普适气体常数 （11.128）
T	绝对温度 （11.128）
σ_H	焓的湍流普朗特数 （11.130a）
σ_α	物种 α 的湍流施密特数
σ_k	湍流动能普朗特数 （11.133）
σ_ε	耗散率的普朗特数 （11.134）
σ_v	移动方向的标准偏差
σ_t	横向于移动方向的标准偏差
k	湍流动能 （11.132）
ε	湍流动能耗散率 （k）（11.132）
C_μ	在 k-ε 湍流模型中使用的常数 （11.132）
C_1, C_2, C_3	在 k-ε 湍流模型中使用的经验常数 （11.134）
P	剪切产生项 （11.133）
G	浮力产生项 （11.133）

参考文献

Alvares, N J, Foote, K L and Pagni, P J (1984). Forced ventilated enclosure fires. *Combustion Science and Technology*, **39**, 55–81.

Anderson, D A, Tannehill, J C and Pletcher, R H (1984). *Computational Fluid Mechanics and Heat Transfer*, Hemisphere Publishing Corporation.

Ando, K, Ota, H and Oki, T (1988). Forecasting the flow of people, (in Japanese). *Railway Research Review*, **45**(8), 8–14.

Atkinson, G T and Drysdale, D D (1992). Convective heat transfer from fires gases. *Fire Safety Journal*, **19**, 217–245.

Boccio, J L and Usher, J L (1985), *The Use of a Field Model to Assess Fire Behavior in Complex Nuclear Power Plant Enclosures: Present Capabilities and Future Prospects*, NUREG/CR-4479.

Bodart, X E and Curtat, M R (1989). Prediction of entrained mass flows through vertical openings in a multi-room fire model. *Fire Safety Science – Proceedings of the 2nd International Symposium*, Hemisphere, pp. 917–926.

Bradshaw, P (1985). *An Introduction to Turbulence and its Measurement*, Pergamon Press.

Brani, D M and Black, W Z (1992). Two-zone model for a single-room fire. *Fire Safety Journal*, **19**, 189–216.

Bukowski, R W, Jones, W W, Levin, B M, Forney, C L, Steifel, S W, Babrauskas, V, Braun, E and Fowell, A J (1987). *HAZARD I – Volume I: Fire Hazard Assessment Method*, National Institute of Standards and Technology, Center for Fire Research, NBSIR 87–3602.

Carslaw, H S and Jaeger, J C (1980). *Conduction of Heat in Solids*, 2nd Edition, Oxford University Press. CFDS, AEA Technology, Harwell, CFDS-FLOW3D User Guide, Release 3.3, June 1994.

Collier, J G (1981). *Convective Boiling and Condensation*, 2nd Edition, McGraw-Hill.

Cooper, L Y (1984a). On the significance of wall effect in enclosures with growing fires. *Combustion Science and Technology*, **40**, 19–39.

Cooper, L Y (1988). *Calculating Flows Through Vertical Vents in Zone Fire Models Under Conditions of Arbitrary Cross-Vent Pressure Difference*, NBSIR 88–3732, May 1988.

Cooper, L Y (1989a). *Calculation of the Flow Through a Horizontal Ceiling/Floor Vent*, NISTIR 89–4052, March 1989.

Cox, G, Kumar, S and Markatos, N C (1986). Some field model validation studies. *Fire Safety Science, Proceedings of the 1st International Symposium*, Hemisphere, pp. 159–172.

Drysdale, D D (1985). *An Introduction to Fire Dynamics*, Wiley.

Emmons, W. H (1978). The prediction of fires in buildings. *17th Symp. on Combustion*, University of Leeds, August 20–25, 1978, pp. 1101–1111.

Emmons, H W (1987). *The Flow of Gases Through Vents*, Home Fire Project Technical Report 75, Division of Applied Sciences, Harvard University, Cambridge, MA.

Epstein, M (1988). Buoyancy driven exchange flow through small openings in horizontal partitions. *Journal of Heat Transfer*, **110**, 885–893.

Friedlander, S K (1977). *Smoke, Dust and Haze*, John Wiley & Sons.

Fruin, J and Riedlander, S K (1971). Designing for pedestrians: a level-of-service concept. *Highway Research Record*, **355**, 1–15.

Galea, E (1988). Smoking out the secrets of fire. *New Scientist*, 44–48.

Gross, D and Haberman, W L (1989). Analysis and prediction of air leakage through door assemblies. *Fire Safety Science, Proceedings of the 2nd Int. Symp.*, Hemisphere, pp. 169–178.

Habchi, S D, Przekwas, A J and Singal, A K (1988). *A Computer Code for Fire Protection and Risk Analysis of Nuclear Plants*, Report CFDRC 4025/1, CFD Research Corporation, prepared under contract NRC-04-87-374 for the US Nuclear Regulatory Commission.

Hamer, M (1988). The night that luck ran out. *New Scientist*, 29–31.

Hankin, B D and Wright, R A (1958). Passenger flows in subways. *Operational Research Quarterly*, **9**, 81–88.

Heskestad, G (1989). Note on maximum rise of fire plumes in temperature-stratified ambients. *Fire Safety Journal*, **15**, 271–276.

Hinze, J O (1975). *Turbulence*, McGraw-Hill.

Huhtanen, H (1989). Numerical fire modelling of a turbine hall. *Fire Safety Science, Proceedings of the 2nd International Symposium*, Hemisphere, pp. 771–779.

Jaluria, Y (1988). Natural convection wall flows. *SFPE Handbook of Fire Protection Engineering*, National Fire Protection Association, Boston, pp. 1-116–1-129.

Jin, T (1971). Visibility through fire smoke. *Report of Fire Research Institute of Japan*, **2**(33), 31–48; **5**(42), 12–18, 1975.

Jones, W W (1985). A multi-compartment model for the spread of fire, smoke and toxic gases. *Fire Safety Journal*, **9**, 55.

Jones, W W (1990). *Refinement of a Model for Fire Growth and Smoke Transport*, NIST Technical Note 1282.

Jones, W W and Peacock, R D Refinement and experimental verification of a model for fire growth and smoke transport. *Fire Safety Science, Proc. of the 2nd Int. Symp.*, pp. 897–906.

Jones, W W and Quintiere, J (1984). Prediction of corridor smoke filling by zone models. *Combustion Science and Technology*, **35**, 239–253.

Kandola, B S (1979). *Comparitive Studies of Some Aerodynamic Aspects of Smoke Flow in Buildings*, Ph.D. Thesis, Edinburgh University, Edinburgh.

Kandola, B S (1990). Effects of atmospheric wind on flows through natural convection roof vents. *Fire Technology*, **26**(2).

Kanury, A M (1987). On the craft of modelling in engineering and science. *Fire Safety Journal*, **12**(1).

Kawagoe, K (1958). *Fire Behaviour in Rooms*, BRI Report No. 27.

Kawagoe, K and Sekine, T (1958). *Estimation of Fire Temperature-time Curve in Rooms*, Report No. 27, Building Research Institute, Ministry of Construction, Tokyo, Japan.

Ketchell, N, Hiorns, N, Webber, D M and Marriott, C A (1993). When and How will people muster? A simulation approach. *Response to Offshore Incidents' Conference Proceedings*, Marriott Hotel, Aberdeen, June 1993.

Klote, J H (1989). *Considerations of Stack Effect in Building Fires*, National Institute of Standards and Technology, NISTIR 89–4035.

Kumar, S (1983). Mathematical modelling of natural convection in fire- a state of the review of the field modelling of variable density turbulent flow. *Fire and Material*, **7**(1).

Levin, B M (1987). *EXITT – A Simulation Model of Occupant Decisions and Actions in Residential Fires: Users Guide and Program Description*, National Bureau of Standards, Gaithersberg, USA.

Marchant, E W (1976). Some aspects of human behaviour and escape route design. *5th International Fire Protection Seminar*, Karlsruhe, September 1976.

McAdams, W H (1954), *Heat Transmission*. 3rd Edition. McGraw-Hill Book Company, New York.

McCaffrey, B J (1983). Momentum implications for buoyant diffusion flames. *Combustion and Flame*, **52**(149).

McCaffrey, B (1988). Flame height. *SFPE Handbook of Fire Protection Engineering*, National Fire Protection Association, Boston, pp. 1-299–1-305.

Mitler, E (1978), *The Physical Basis for the Harvard Computer Code*, Home Fire Project Technical Report Number 34, Harvard University, Harvard.

Mitler, E (1984). Zone modeling of forced ventilation fires. *Combustion Science and Technology*, **39**, 83–106.

Mitler, H E and Emmons, H W (1981). Documentation for CFCV, The Fifth Harvard Computer Fire Code, NBS Report, NBS Grant, 67–9011.

Morita, M, Oka, Y and Hirota, M (1989). Numerical analysis and computational methods of heat flow in fire compartments. *Fire Safety Science, Proceedings of the 2nd International Symposium*, Hemisphere, pp. 189–198.

Morton, B R Taylor, G and Turner, J S (1956). Turbulent gravitational convection from maintained and instantaneous sources. *Proceedings of the Royal Society*, **234A**, 1–23.

Mudan, K S and Croce, P A (1988). Fire hazard calculations for large open hydrocarbon fires. *SFPE Handbook of Fire Protection Engineering*, National Fire Protection Association, Boston, pp. 2-45–2-87.

Patankar, S V (1980). *Numerical Heat Transfer and Fluid Flow*, Hemisphere Publishing Co.

Pericleous, K A, Worthington, D R E and Cox, G (1989). The field modelling of fire in an air supported structure. *Fire Safety Science, Proceedings of the 2nd International Symposium*, Hemisphere, pp. 871–880.

Predtechenskii, V M and Milinskii, A I (1978). *Planning for Foot Traffic Flow in Buildings*, Amerind Publishing Co, New Delhi, translated from original in Russian, 1969.

Quintiere, J G (1983). *A Simple Correlation for Predicting Temperature in a Room Fire*, NBSIR 83–2712.

Quintiere, J G (1984). A perspective on compartment fire growth. *Combustion Science and Technology*, **39**, 11–54.

Quintiere, J G and Denbraven, K (1978). *Some Theoretical Aspects of Fire Induced Flows Through Doorways in a Room Corridor Scale Model*, National Bureau of Standards, NBSIR 78–1512.

Quintiere, J G Steckler, K and Corley, D (1984). An assessment of fire induced flows in compartments. *Fire Science and Technology*, **4**(1).

Shanley, J H and Beyler, C L (1989). Horizontal vent flow modeling with helium and air. *Fire Safety Science, Proceedings of the 2nd International Symposium*, Hemisphere, pp. 305–313.

Shapiro, A H (1953). *The Dynamics and Thermodynamics of Compressible Fluid Flow*, Vol. 1, Roland Press.

Siegal, R and Howell, J R (1981). *Thermal Radiation Heat Transfer*, McGraw-Hill, New York.

Steckler, K D, Quintiere, J G and Rinkinen, W J (1982). Flow induced by fire in a compartment. *19th International Symposium on Combustion*, The Combustion Institute, Pittsburgh, pp. 913–920.

Tanaka, T *A Model of Multiroom Fire Spread*, NBSIR 83–2718.

The Building Regulations (1991). *Approved Document B*, (Section B1, 1992 ed.), HMSO Publications, London, pp. 9–40.

Thomas, P H (1992). Fire modelling: a mature technology? *Fire Safety Journal*, **19**, 125–140.

Thomas, P H, Hinkley, P L, Theobald, C R and Simms, D L (1963). *Investigations Into the Flow of Hot Gases in Roof Venting*, Fire Research Technical Paper No. 7, London.

Thompson, P A (1994). *Developing New Techniques for Modelling Crowd Movement*, Ph.D. Thesis, University of Edinburgh, Edinburgh.

Thompson, P A and Marchant, E W (1996). Modelling evacuation in multi-storey buildings with simulex. *Fire Engineers Journal*, **56**(185), 6–11.

Tien, C L, Lee, K Y, and Stretton, A J (1988). Radiation Heat transfer. *SFPE Handbook of Fire Protection Engineering*, National Fire Protection Association, Boston, pp. 1-92 – 1-106.

Turner, J S (1973). *Buoyancy Effects in Fluids*, Cambridge University Press.

Webber, D M, Ketchell, N, Hiorns, N and Marriott, C A (1993). *Modelling human movement in emergency evacuations. ESReDA/CEC Seminar on Operational Safety*, Lyon, 14–15 October, 1993.

Yamauchi, Y (1986). Numerical simulations of smoke movement and coagulation. *Fire Safety Science, Proceedings of the 1st International Symposium*, Hemisphere, pp. 719–728.

Zukoski, E E (1985). Fluid Dynamic Aspects of Room Fires. *Fire Safety Science – Proceedings of the First International Symposium*, Hemisphere Publishing Corporation, 1986.

Zukoski, E E and Kubota, T (1980). Two-layer modelling of smoke movement in building fires. *Fire and Materials*, **4**(1), 17–27.

Zukoski, E E, Kubota Toshi and Lim, C S (1985). *Experimental Study of Environment and Heat Transfer in a Room Fire, Mixing in Doorway Flows and Entrainment in Fire Plumes*, NBS-GCR-85-493, May 1985.

12 模型验证

12.1 引言

模型验证是所有模型开发过程中的一个必要步骤，在火灾建模中更是如此。因为火灾现象是非常复杂的，在火灾模型的建立过程中，不可避免地使用了由经验导出的子模型。模型验证解决的是模型应用在实际工程问题中的可信度问题，这种情况在安全领域更为重要。正如我们在上面所看到的那样，模型验证是有必要的，因为即使是最复杂的模型（例如场模型）也首先进行了一些简化假设，形成物理模型（经验关联）；其次，模型中采用了一些控制守恒方程的求解方法（数值方法）。因为根据定义，这些模型是客观现实的表象——而不是客观现实的本身——正是模型验证提供了一种客观现实和概念模型之间的联系。

所有模型和子模型都是根据假设而抽象构造的，具有一定的观察到物理现象的基础；它们是内在不确定性的抽象化和理想化，这些不确定性既是定性的（与概念假设有关），也是定量的（数值的）。模型验证过程的任务就是评估这些不确定性，并确定这些模型在实际应用中的不确定性是否可以被接受。这些模型并不能"预测"这类现象；相反，它们有助于强调某些相关参数的趋势，而这些参数本身是抽象的，仅仅是客观现实的表现。测量它们的仪器与它们实验的不确定性和局限性有关（Beard，1992）。

这并不意味着这些模型没有用途或者它们不能用来描述客观现实，但是它们在实际应用中的应用范围必须通过模型验证过程来确定。

在最简单的形式中，模型验证涉及模型计算结果与在实际情况下定量变量测量结果的比较。它试图确定给定的模型在准确性或其他方面与现实世界的相关性。实际上，这样的比较充满了与实验和数值不确定性等方面的困难。Beard（1992）和 Davies（1985）详细地讨论了这些问题。

模型验证过程应确定用于危害分析的火灾参数计算结果的准确程度。它还应该强调底层物理模型的优点和缺点，并确定基本假设的合理性和有效范围。

正如本书前面所讨论的那样，在火灾建模中，有两种常见的建模技术：区域模型和场模型。因此，我们关于模型验证的探讨仅限于这两种方法。

12.2 区域模型的验证

如上所述，计算机模型的实验验证是出于多种原因而进行的。基本目标是确定模型计算结果的可信范围，以便计算结果可用于实际的火灾风险评估，保护生命、财产和环境安全以及探测系统的设计。出于安全的原因，模型验证在火灾计算机模拟软件开发中是至关重要的。模型验证不是用来预测物理现象，而是为了促进安全系统的有效和高效设计，并提高其性能和可靠性。

经验模型使用来自实验室规模实验的数据，并结合一般物理原理来模拟真实建筑火灾的发展。在所有模型中，对自然现象的描述都是不完整和近似的。模型的目标只是强调那些被研究内容中重要的特征。例如，如果关注的是火灾对人员或关键安全设备的热影响，则只会根据发热来描述火灾现象。同样，为了计算疏散策略和逃生路线设计的毒性效应和能见度水平，则只考虑了火灾烟气的运动。

在区域模型中，计算参数和测量参数的对比是比较困难的问题。这些问题来源于与测量相关的不确定性以及一些参数的定义。例如，在实践中，层界面高度的位置很难量化，对于远离起火位置的房间更是如此。因为在起火房间，温度随高度变化比较明显，而在远离起火位置的房间，温度随着高度的变化则比较缓和。

温度的对比也产生了一个困难。在对室内火灾进行建模时，假定所产生的环境由两个明确定义的层（热层和冷层）组成，这些层具有均匀温度和明确定义的边界。然而，在真正的火灾中，温度的测量是采用垂直阵列热电偶测量的垂直剖面的方法，然后将这些测量值理想化为两层情况以进行比较。这可以根据最大值的百分比温升或根据层的总焓来完成。显然，两种方法会产生稍微不同的结果，因而与计算结果的比较只会是近似的。

通常，区域模型验证的目的是检查模型参数（例如羽流模型和热传递模型等）的理论基础和相互作用，评估基本假设的有效性和适用性，并检验由经验导出的输入数据的敏感性（例如传热系数等）。

考虑到这些目标，各种计算机火灾模拟软件的开发人员都进行了大量的验证研究。在本章中，我们将详细讨论 Harvard Ⅴ（FIRST）、Harvard Ⅵ 和 FAST 等三个计算机火灾模型的实验验证问题。

12.3 Harvard Ⅴ（FIRST）区域模型

1981 年，美国劳伦斯利弗莫尔国家实验室（LLNL）进行了测试（Alvares 和 Foote，1981）以评估通风室内火灾的行为。我们在这里讨论 Harvard Ⅴ（Mitler and Emmons，1981）模型，这是根据这些测试获得的测量结果而进行评估的几个模型之一。

12.3.1 实验设计

实验装置如图 12.1 所示。燃烧室高 4.5m，宽 4.0m，长 6.0m。沿地面通过四个水平长方形（长 0.5m，高 0.12m）引入清洁空气。长方形水平中心线位于地面上方 0.1m。燃烧产物通过西墙垂直中心线的出口（0.65m×0.65m）由风扇抽出。其中出口中心位于地面上方 3.60m 处。在实验中测量气体体积流入速率和流出速率。

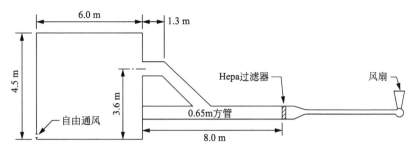

图 12.1　利弗莫尔实验装置框架图

12.3.2　火源

该实验装置可以研究三种类型的火灾：燃烧炉火灾、喷射火灾和池火灾。

对于燃烧炉火灾，瓶装甲烷在测试池底部的直径为 0.28m 的充满岩石的圆盘中燃烧。

喷射火灾的液体燃料由加压储存器上直径为 0.91m 的钢盘中心的喷嘴喷出，圆盘具有 15cm 唇缘，位于测试单元的底部。由电弧点燃的雾化喷雾在与圆盘表面接触之前燃烧。

对于池火，大约有 40L 液体燃料在直径为 0.91m 的钢盘中燃烧。对于这个尺寸的液池，盘唇高度大于 7cm，故盘壁对燃料燃烧速率的影响变得较小。质量热解速率使用校准的测力传感器进行测定。

12.3.3　测量方法

室内火灾和通风回路的测量仪器很多，包括气体和表面热电偶、热量计、辐射计、燃烧气体和氧气检测器、燃料和通风流量传感器以及用于记录火焰形状的摄像机。

12.3.4　结果的比较

Alvares 等（1984）对表 12.1 所示的三个测试进行了实验测量和理论预测的比较。

表 12.1　火灾实验测试参数（Alvares 等，1984）

实验	火灾强度/kW	火灾类型	通风量/(L/s)
MOD 8	400	喷射火灾	500
MOD 9	800	喷射火灾	500
MOD 27	400	喷射火灾	250

表 12.2 包含三个有关准稳态测试数据和长时间模型计算的对比实验。

表 12.2　模型预测与实验数据的比较

参数	上层温度/℃	火灾强度/kW	墙体热损失/kW	氧浓度(体积)/%	下层高度/m	墙体温度/℃	下层温度/℃
① MOD 8							
实验	232	400	300	14.0	1.3	135～180	112

参数	上层温度/℃	火灾强度/kW	墙体热损失/kW	氧浓度(体积)/%	下层高度/m	墙体温度/℃	下层温度/℃
Harvard V	152	395	182	12.1	0.36	113	21
② MOD 9							
实验	299	700	600	6.5	1.29	170~270	146
Harvard V	175	482	231	7.6	0.33	126	34
③ MOD 27B							
实验	252	330	270	11.0	1.22	180~210	136
Harvard V	158	341	165	6.8	0.28	123	18

MOD 27B 火灾场景的测量温度曲线如图 12.2 所示。曲线表明，在 50~100s 之间，在室内开始出现一个明显的热"上层"；在 200~250s 之间，这个热层可认为已经完全形成，并且在整个火灾持续期间它几乎保持不变。然而，观察这些结果，不能说形成两个不同的分层，且两层之间没有混合。温度变化不是高度的阶梯函数，而是连续变化的。这意味着热层和冷层之间的界面没有被很好地定义。下层温度也会在 250s 左右从室温缓慢升至 150℃ 左右。这些测量结果有助于表明区域模型中的两层假设是理想化的。由于这些原因，Steckler 的两层等价技术（Mitler，1984）应用到区域模型是比较有效的。

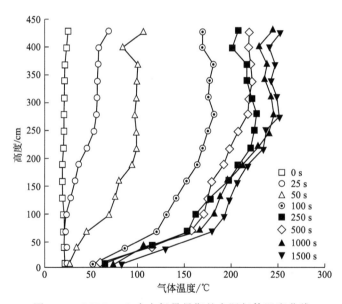

图 12.2　MOD 27B 火灾场景早期的实际气体温度曲线

测量结果表明，对于这种火灾场景，上层温度在 200~250℃ 之间变化。模型计算（使用 Harvard V）和测量的上层温度（图 12.3）之间的比较表明，尽管计算结果始终低于测量结果，但是二者的趋势基本相符。这意味着进入热层的能量比 Harvard V 模型中的要多，这种能量来自哪里？为了解答这个问题，Mitler（1984）已经研究了编写模拟程序时对采用的理论所做的一些基本假设。

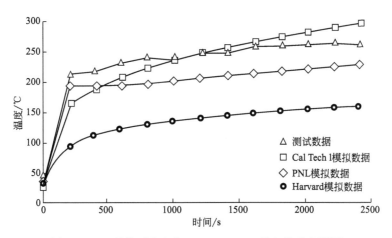

图 12.3　几种模型的比较——MOD 27B 的气体温度预测

在 Harvard V 区域模型中，假定下层温度在环境温度下保持不变。鉴于实验测量结果（图 12.2），可以合理地认为通过辐射对地面进行加热，会导致对流换热对下层进行加热。这样，来自热地面的一些能量就会辐射回到下层，从而提高温度；下层的加热降低了卷入羽流中的能量（降低了冷却效果），而且由于卷入的空气是热的，烟气温度升高，从而增加了热层温度。因此，如果这个假设得到改进，则可以期望模型产生更准确的结果，因为它已经与测量结果具有良好的定性一致性。Mitler 进一步研究表明，从加热地面反射回来的辐射热可以将上层温度提高 $100\sim200℃$。这一估计值通过图 12.2 所示的测量结果得到证实。当然，这很大程度上取决于地面上方的层的高度。但对于小型室内火灾而言，这种影响可能很大。表 12.2 汇总的数据进一步证实了这一解释，可以看出，每个实验的下层温度比 Harvard V 模型计算的环境温度高得多（超过 $100℃$）。

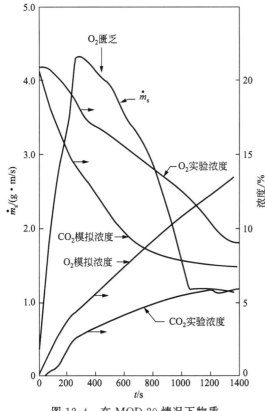

图 12.4　在 MOD 20 情况下物质浓度的测量值与计算值的比较

Mitler（1984）分析了一组强制通风池火灾结果（MOD 20，Alvares 等，1984）。物质浓度的测量和计算结果的比较如图 12.4 所示。这些结果也证实了上述关于热层温度比较得出的结论。从图 12.4 可以看出，二氧化碳（CO_2）浓度的计算值始终高于测量结果。相反，氧气（O_2）浓度的计算值低于测量值。这意味着理论羽流模型不会带来足够的空气。

12.4 Harvard Ⅵ区域模型

Cooper 等（1982）报道了一些全尺寸的多室火灾实验结果。Rockett 等（1987，1989）将 Harvard Ⅵ 的计算结果与这些实验中的测量结果进行了比较。Harvard Ⅵ 模型在同一层上可以设置五个房间，是单室火灾模型 Harvard Ⅴ 的多室版本。它可以模拟由火灾产生的动态环境，并允许火灾存在于多个房间中，此外它还包含一个材料属性数据库。

同样地，其基本物理学原理与 Harvard Ⅴ 区域模型基本相同。

12.4.1 实验设计

实验在起火房间和可变长度走廊之间的 2.0m×1.07m 门道上进行，在不同的房间布局、火灾大小（热量输出率）和可变门洞面积的情况下进行实验并测量。每次实验使用相同的燃烧室，建筑面积为 14.0m²（如图 12.5 所示）。

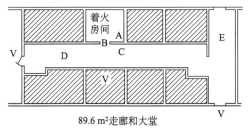

89.6 m²走廊和大堂

图 12.5　火灾实验布局（Rockett 等，1989）

12.4.2 火源

用一个 0.3m×0.3m 的甲烷扩散燃烧器来模拟火源，该燃烧器位于地面上方 0.24m 的中心位置。改变燃烧器燃料的供应量，可以得到四种规模的燃烧：25kW、100kW 和 225kW 的恒定热量输出以及与时间变化有关的热量输出，变化关系为：

$$Q(t) = 30t$$

其中，t 表示时间，单位为 min（$t>0$），$Q(t)$ 的单位为 kW。

将人造烟气引入起火房间上方的顶棚射流中，以获得烟气蔓延的视频记录。

12.4.3 测量方法

在每次实验中，都对温度、压力和热层深度进行了详细的测量。

选择用于与 Harvard Ⅵ 计算结果进行比较的五个模型参数将在下一节中讨论。

12.4.4 结果的讨论

总体而言，Harvard Ⅵ 的计算结果与实验测量结果一致。然而，在下面讨论的一些情况下，发现双层理想化近似不太准确；两层之间的过渡区域从相对狭窄变化到相对宽泛。这就解释了计算和实验测量比较中的一些差异。此外，在一些测试中，较低的"较冷"层被烟气污染并且比环境温度高，这表明层与层之间以及与门外之间的混合效应。

Rockett 等（1987）提出了所有 19 个实验的详细比较结果。出于本次讨论的目的，我们仅限于 100kW 火灾的结果，以及全部走廊和大厅测试布局以及全部房间到门廊的门（图 12.5）；在适当的情况下，还将参考其他火灾场景的结果来说明一个观点，而不依赖实际的数据信息。有关详细信息，请参阅原始参考文献。

(1) 压力差

图 12.6（a）给出了 100kW 火灾中压力差计算值和测量值的比较。结果表明计算值始终高于测量值。然而，较小尺寸的火灾实验的结果表明这种差异减小了。此外，对于 100kW 的火灾，将走廊细分为较小的体积（房间）显著地减少了这种差异。这个结果是可以预料的。测得的压力差反映了起火房间与门两侧走廊之间的温差。测量点靠在一起意味着温差很小，而计算的压差是基于走廊中的平均热层温度的，从而对于给定的高温差，必将产生较大的压差。较小火灾的温差可以减少这种差异。鉴于此，计算和测量的压力差是令人满意的。

(2) 平均温升

对于 25kW 和 100kW 的火灾以及在狭小的空间里较大火灾的前 200s 左右（225kW），许多点（例如燃烧室、走廊和大厅）的平均温度的测量值和模型预测值是非常一致的。100kW 的情况下的结果如图 12.6（b）所示。对于较大火灾的 200s 以后，模型计算得到的平均温度将开始迅速下降，而实验数据显示其持续增加。作者将这种差异归因于 Harvard Ⅵ 对"氧气限制燃烧"的影响进行充足的处理。该模型假设由于氧气耗尽，燃烧不能在上层发生。由此，计算出的温度随着上层氧气浓度的降低而开始下降。这意味着，在热层下降到燃烧物体并且物体继续热解的情况下，模型将不能精确地计算层温度。换句话说，该模型不能充分模拟在热层发生燃烧的环境。远离起火房间的区域（例如走廊和大厅）的平均温度计算是令人满意的，如图 12.6（b）所示。

(3) 总体热损失

用热传导参数 λ 来表示到边界表面的总体热损失，其定义为火灾产生的热量通过辐射和对流到这些表面而损失的比例。该参数表示初始阶段之后测量值和模型预测值之间的一致性。作者指出，λ 的计算是针对整个空间的热损失。因此，对于任何给定的实验，可以获得测量值和计算值之间的良好一致性。例如，即使预测的损失在起火房间内被高估了，而在其他空间被低估了。作者指出，从实验测量中推导出 λ 所涉及的不确定性及其使用模型的计算可能会严重限制其准确性。因此需要谨慎对待这些比较。图 12.6（c）给出了 100kW 火灾的结果。

(4) 垂直温度分布和层厚度

图 12.7 给出了三个空间（起火房间、走廊和大厅）中 200s 时温度分布的计算和测量结果。

对于起火房间，如图 12.7（a）所示，测量结果清楚地显示了两个接近等温的气体层，它们之间具有相对较小的过渡区域（20cm 厚）。计算的层高度与测量数据符合得很好。但是，当门的宽度减小时，会存在着明显的偏差。对于这种差异有两种合理的解释。

首先，模拟的模型没有考虑从室内排出的热气体与进入室内的冷气体在出口之间的混合。实际上，这种混合对于较窄的开口更为明显，会导致下层加热，从而进一步提高热层温度。其次，对流传热的整体建模使用了基于平均上层和顶层表面温度的单一热传导系数。实际的对流传热由羽流驱动的顶棚/墙壁边界流温度与顶棚/墙壁表面温度之间的差异决定——预计会有显著的差异。

走廊和大厅的实验结果表明，适用于起火房间效果很好的双层假设，对于其他房间来说似乎并不令人满意。正如图 12.7（b）和图 12.7（c）得出的结果所示，一个明确定义

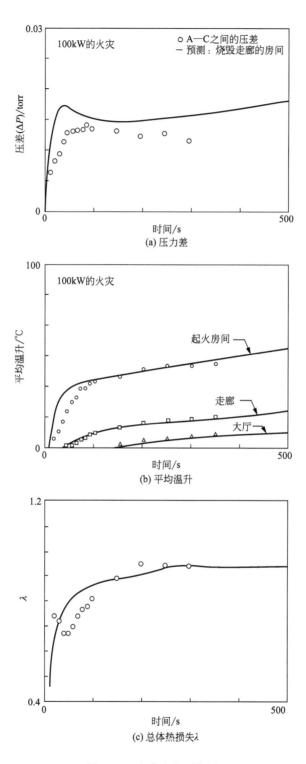

图 12.6　走廊和大厅布局

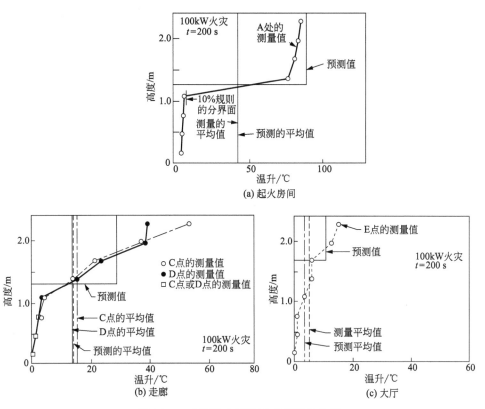

图 12.7　走廊和大厅的垂直温度分布面

和可识别的过渡区域似乎并不存在（即使它确实存在，但范围也很广）。实验数据表明，温度是逐渐增加的，而不是从地面到顶棚陡然增加的。出于这个原因，对于除了起火房间之外的其他房间，更加详细的层生长瞬态模型可能更适合。即便如此，双层模型似乎确实给出了这些空间内温度和烟气层高度的充分的结果。

12.4.5　结论

鉴于建模过程中的基本假设和简化，可以得出结论：多室的 Harvard Ⅵ 模型可以用于模拟类似于此处研究的火灾生成环境。在大多数火灾场景中，尽管一些数值变化很大，但是可以通过模拟来再现实验中发现的趋势。特别是，通过考虑热层中的燃烧、门外的混合以及对对流传热的更好建模，可以有效改进计算模型。

12.5　FAST 区域模型

Jones 和 Peacock（1989）提出了一组有限的实验结果，用来验证 FAST 模型。在实验中，将火源模拟为三室布局的约 100kW 的恒定热源，并进行了热层温度、界面高度和通风流量的比较。

FAST 是一个区域模型，其中室内的气体被处理为驻留在两个充分混合的区域中，即上热层和下冷层。建筑内多室内气体传输和行为的控制方程是每个区域内质量和能量守恒方程，并且伯努利方程应用于房间之间的流动边界。使用伯努利方程可以避免求解动量方程的微分形式。与其他区域模型一样，在考虑质量和能量守恒时，假定房间内的压力在空间上是恒定的，从而简化了对房间的处理。方程中涉及温度的术语都指的是相对于环境的相对温度。垂直通风的处理已得到改进，以解决每个通风孔两侧静压力的变化。这取决于通风口任一侧层的相对密度，以及界面相对于通风口的顶部和底部的高度和彼此之间的流动，流量可以在通风口的顶部和底部之间反转三次。通常情况下，流量至少会在靠近着火房间的通风口处反转一次，流入物为冷的含氧空气，流出物为热的燃烧产物。

12.5.1 实验设计

实验装置包括一个燃烧室，该燃烧室通向一个 12m 长的走廊和一侧的目标房间。火源是一个供应天然气的扩散火焰燃烧器。对不同尺寸火源和走廊布局进行相关实验。

为了进行验证，在下节中讨论三个参量。

12.5.2 结果的比较

（1）上层温度

图 12.8 给出了三个房间（房间 1 是着火房间，房间 2 是走廊，房间 3 是目标房间）的上层温度与时间之间的变化关系。从图中可以清楚地看出，FAST 模型高估了上述三个房间的上层温度。作者将这种不一致性归因于导致建模中误差的两种效应：传热和羽流夹带。在实验测量中（见第 12.3.4 节）已经表明，在建筑室内火灾中，由辐射传热引起的地面加热是显著的。这反过来加热了较低层。由于此效应未包含在 FAST 模型中，因此气层温度的计算可能不准确。此外，建筑墙体内的热损失和通过通风孔所造成的对流损失使得建模的误差变大。

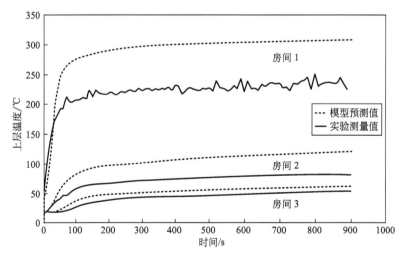

图 12.8　三室实验中上层温度预测值和测量值的对比

由于这些影响在远离起火房间的房间中变得不那么显著，所以计算的层温度和测量的层温度之间的差异减小了。从图 12.8 中的房间 2 和房间 3 的结果可以清楚地看出这一点。然而，还必须说明的是，在这些房间中，层界面不像着火房间那样清晰地定义。因为在这些房间中，随着高度的升高，温度比着火房间变得更加缓慢。因此，在这种情况下，可能会出现更大的实验误差，使得对比更加困难。

（2）层界面高度

相比较而言，如图 12.9 所示，层界面高度计算得相当好。界面高度主要受到着火房间内火焰羽流的夹带以及其他房间通风口夹带的影响。然而，应该注意的是，在层发展的初始阶段，至少在远离着火房间的房间内，界面高度是不能准确地预测的。作者将此归因于对通风气流使用了圆形羽流模型。实际上，从通风口排出的羽流是延伸的扁平羽流，对于这种配置来说没有可靠的相关性。

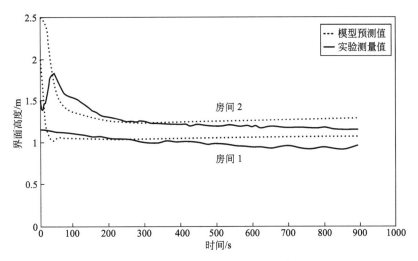

图 12.9　三室实验中层界面预测值和测量值之间的对比

（3）质量流速

如图 12.10（a）所示，除了实验后期流入流量的预测值偏大之外，走廊出口处流入流量和流出流量的测量值和预测值基本一致。在燃烧房间和走廊中，实验测量的压力没有显示模型预测的初始时刻出现膨胀峰值的证据，见图 12.10（b）。

从这些比较中可以得出结论，FAST 模型很好地计算了多室布局中的火灾场景。当将此模型用于危害评估目的时，在解释相应结果时必须牢记基本的假设条件。

12.5.3　有关 FAST 模型的另一个验证

Gandhi（1993）已经展示了 FAST 模型在单个房间的角落火灾的验证结果。实验测量在 $3.66m \times 2.44m \times 2.44m$ 的房间中进行，单扇门的尺寸为 $0.76m \times 2.03m$。实验采用了三种不同类型的墙体保护材料。

FAST 模型计算机程序计算是使用两种火灾配置进行的：在房间中心火灾和角落火灾。将这两次运行的结果与实验测量结果进行比较。界面高度和热层温度的比较分别如图 12.11 和图 12.12 所示。从这些结果可以看出，FAST 模型相当好地预测了温度增长趋势，但实际计算值始终高于测量值。造成这种情况的原因可能是在 FAST 模型中模拟传热的方式。界面高度的结果表明，实验测量值介于角落火灾计算值和房间中心火灾计算值之间。

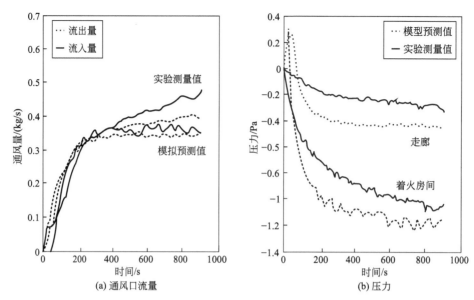

(a) 通风口流量

(b) 压力

图 12.10　三室实验中预测值和测量值的对比

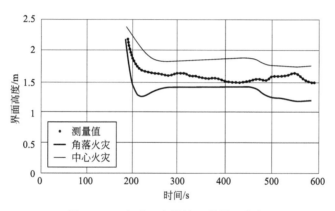

图 12.11　实验 2 中材料 C 的界面高度

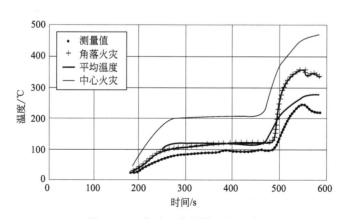

图 12.12　实验 2 中材料 C 的温度

　消防安全评估
Evaluation of Fire Safety

12.6 CFAST 模型

CFAST 模型是通过合并两个先前的模型 FAST 和 CCFM. VENTS 而开发的多室区域模型。模型的物理学基础和控制方程与前面描述的类似。主要差异和改进包括以下内容：

① 用于处理单室或多室火灾问题，但是没有考虑羽流的相互作用；

② 计算下层温度；

③ 考虑到在羽流、上层和门中喷射燃烧；

④ 建立通过水平通风口（例如天花板或地板上的孔）的垂直流动模型；

⑤ 计算着火房间内气体的体积膨胀以及由此产生的排气量；

⑥ 通过允许为每个房间的天花板、地板和墙壁指定不同的材料属性，改进了热传导模型；

⑦ 通过考虑羽流、层中和通风口的燃烧来解决物质守恒方程。

12.6.1 CFAST 模型验证

Peacock 等（1993）对 CFAST 计算机模型程序的验证进行了研究。他们选择了五种不同实际规模的火灾实验来进行相互比较。

火灾实验包括以下内容：

① 用软垫家具作为燃料的单室火灾。火灾峰值大小约为 2.9MW，房间总体积为 21m^3。

② 类似于 1 的单室火灾，其中包括壁面燃烧现象。火灾峰值大小为 7MW，房间总体积约 21m^3。

③ 三室结构的火灾实验，其中使用燃气燃烧器来模拟火灾。火灾大小为 100kW，房间总体积为 100m^3。

④ 四室火灾实验，使用燃气燃烧器模拟火灾热释放速率随时间变化。火灾规模高达 1MW，房间总体积为 200m^3。

⑤ 这个火灾场景是在一个七层楼高的酒店大楼内进行的一系列全尺寸实验，每层有多个房间，且有楼梯间相连。模拟火灾发生在二楼的一个房间内，最高火灾峰值为 3MW，总体积为 14 万米^3。

12.6.2 结果的讨论

（1）上层温度和界面高度

和预期的那样，单室火灾实验的计算结果和测量结果的比较显示出非常好的一致性。上层温度的上升和界面高度的预测也有较高的可信度。然而，对于墙壁燃烧情景的预测产生了一些偏差。作者认为产生偏差的原因是热传导模型的问题或缺乏泄漏建模。

多室火灾的结果比较表明，通常上层温度和界面高度的计算值始终高于相应的测量值。相反，发现较低层的温度低于测量值。产生这些偏差的原因可以根据以下假设来解释。例如，如果模型中包含了对下层的辐射热交换，则会降低上层的温度而增加下层的温度。对通风口处送风模型的改进可以改善界面高度的估计。上层和下层温度的典型结果以及界面高度随时间的变化如图 12.13（a）～（c）所示。

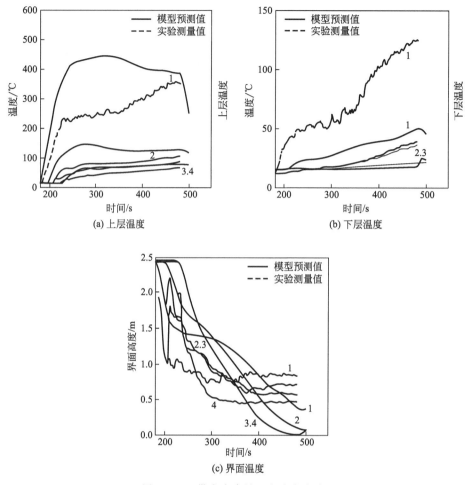

(a) 上层温度

(b) 下层温度

(c) 界面温度

图 12.13　带有走廊的四室火灾实验

（2）气体浓度

气体浓度的计算基本上反映了流动模型的准确性。火灾中气体浓度是基于用户设定的气体种类值（和 FAST 一样）计算得到。单室火灾实验的结果显示计算的浓度值低于测量值。模型中对于供氧不足的燃烧的处理方式可能是造成这种差异的原因。相反，这种处理对于四室火灾的场景模拟是相当好的。然而，多层建筑的处理结果并不令人满意。它的计算值远低于测量值。对建筑物渗漏的估计不准确和使用预估的物种产量值可能是造成这种差异的主要因素。

（3）通风口流动

在所有的火灾实验中，通过通风口的质量流量都有些估计不足。在 CFAST 中，使用传统圆形截面的羽流模型来估计通过通风口的热气流量。但是实际上，这种通过门框的喷射流动方式更类似于延伸的扁平羽流，而非类似于瀑布。这样，错误计算的（羽流）卷吸，导致质量流量的计算误差，从而导致计算和测量的质量流量中的差异。

12.7 FAST 和 Harvard Ⅵ模型

Levine 和 Nelson（1990）将测量结果与使用两个多室模型软件的计算结果进行了比较：FAST 和 Harvard Ⅵ。

这项关于火灾事件的实验研究是为了调查为什么在其中一个烟气探测器已经报警的情况下，一楼卧室里的三个人仍然迅速被烟气熏倒。起火点在一楼厨房。尸检报告显示，其中两名受害者死于一氧化碳（CO）中毒，其血液中含有 91%的一氧化碳血红蛋白（通常70%的水平即被认为是致命的）。后来在医院死亡的第三名受害者也被严重烧伤。

12.7.1 实验设计

NIST 消防研究中心（CFR）"联排别墅"的二层设施被用于火灾实验（Sharon 2 实验）。它包括两个楼上的卧室（房间 6 和 7），通过走廊（房间 5）连接到楼梯间（房间4）。其中楼上的一间卧室里装有一扇窗户，这扇窗户是这层楼通向外面的唯一通风口。这里有趣的是，从楼层的内部气流的角度来看，两间卧室和走廊可以作为一个单一整体，气体通过楼梯流入，而后通过其中一个房间的窗户流出。稍后我们将会看到，这对于确定卧室里致命烟气的状况至关重要。

在一楼，有一厨房（房间 1）和另外两个房间（房间 2 和 3），从厨房到客厅之间有一扇门。厨房有一扇向外打开了的窗户。

火灾荷载包括木制婴儿床和胶合板，这些设计都是为了在厨房中引起轰燃。在每个房间内进行大量的温度和烟气浓度测量。

12.7.2 结果的讨论

在讨论这个实验的结果之前，我们回顾一下导致人员死亡的事件序列将是有益的。

这场火灾发生在凌晨时分，大部分火灾被限制在一楼厨房里，虽然有证据表明卧室的天花板已经燃烧，并导致该房间的人员被烧伤。3 名遇难者在楼上的卧室里睡着了。发生轰燃时，厨房的窗户破裂，大量新鲜空气进入以维持燃烧。厨房打开的门使火灾烟气迅速蔓延到建筑物的其余部分。不完全燃烧产生了大量的 CO。窗户和门被部分打开，显然是由居民拼命逃离造成的。

火灾场景可以描述如下：一旦轰燃发生，大量富含 CO 的烟气倾向于向上层流动。这主要是由于烟气的浮力以及上层的门和卧室窗户部分打开造成的。这样就建立了一个流动路径，空气通过一层厨房的窗户流入，并通过上层卧室的窗户流出。由于在楼上只有一个窗口，即通向外面开放，所以走廊和卧室（由于门打开）都是相当于一个单一整体。通过这种方式，每个房间中迅速充满高浓度的 CO，使得烟气层高度迅速下降到地面水平。气体流动的湍流性质使得卧室环境中与每个房间内燃烧产生的烟气浓度非常均匀地混合在一起。事实上，这是实验中有意思的发现之一。

根据实验测量结果的比较、火灾现场的观察以及使用两个区域模型（FAST 和 Harvard Ⅵ）进行的计算，可以得出以下结论。

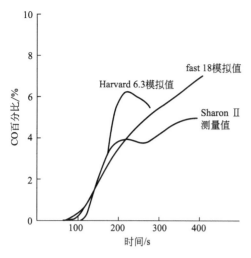

图 12.14　测量数据和两个计算
模型的 CO 浓度与时间的关系

（1）气体浓度

如图 12.14 所示，这两种模型在计算远离火灾的房间内的上层烟气中的 CO 的平均浓度方面表现良好。

在前 200s，模拟数据与实验测量的数据相当吻合。在此之后，FAST 计算表明浓度继续增加，而测量数据显示浓度下降。这种明显的差异可以用层高的增加来解释。模型基本假设是一个房间里有两个不同的层，层与层之间没有混合。事实上，从测量结果可以清楚地看出，在 200s 后，热层似乎占据整个房间。因此，双层假设失效，计算结果不再表示现实情况。另外，计算值取决于输入的数据：火灾增长率和火灾中产生的 CO 产量。鉴于这些假设，可以得出结论，这些模型很好地计算出毒性危害的发生。

（2）上层温度

每个房间测量的上层温度如图 12.15（a）所示。轰燃现象发生在 134s 时刻。可以比较使用 FAST ［图 12.15（b）］ 和 Harvard Ⅵ ［图 12.15（c）］ 计算的温度值。

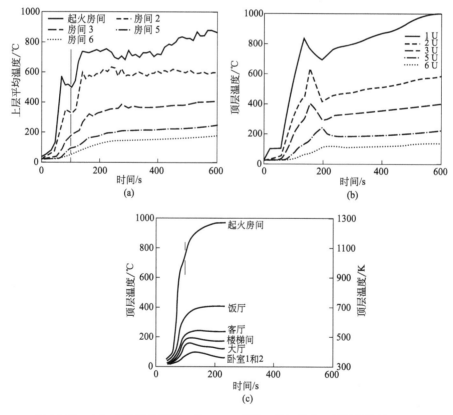

图 12.15　（a）上层平均温度—Sharon 2 实验；（b）设定 2％氧指数的 FAST
计算的顶层温度；（c）使用 Harvard Ⅵ 计算的顶层温度

消防安全评估
Evaluation of Fire Safety

与 Harvard Ⅵ 结果的比较表明，着火房间的温度的计算值高于测量值，而其他房间温度的计算值低于测量值。FAST 计算的结果也是如此，见图 12.15（b）。对于远离着火房间的房间，这些偏差更高。这些差异主要归因于每个模型中热损失的建模方式。预测着火房间上层有较高的辐射热损失，将导致其他房间的温度降低。另外，在 FAST 中，使用"极限氧指数"将会导致上层温度的计算中进一步出现问题。使用 6% 的默认值会得出非常差的结果。作者得出结论：对于本案例的模拟的情况，2% 的值更合适。图 12.15（a）的结果就是基于此值的。

（3）界面层高

最初，建立的区域模型是用来计算着火房间内热层的高度和温度。因此，两种模型以可接受的准确度计算层高并不奇怪。由于离着火房间较远的房间没有离散的热层，所以层高的计算不太准确。事实上，即使在测量的情况下，找出分界面（在热层和冷层之间）的任务也很困难。在这种情况下，可以根据温度的上升或上层的焓变来定义层高，这样，两种模型的运行结果是不同的。基于温度定义的层高，FAST 的效果最好，而基于焓变定义的层高，则 Harvard Ⅵ 效果良好。

12.8　场模型的验证

在场模型的理想化过程中，假定在整个所关注的空间中由大量区域（或单元）组成，每个单元有与其关联的"场变量"（如温度、气体浓度等）。尽管场模型的单元和区域模拟的区域都是假定具有均匀的分布，但两者之间存在根本的概念上的差异。单元可以是纯粹的任意几何形状，而另一方面，区域是由观察到的物理现象决定的。在这个方面，假定场模型可以预测或计算火灾发展过程，而区域模型必然是经验性的。原则上，在场模型中，单元的大小、形状和数量都没有限制。而在区域模型中，区域的数量很少，通常不超过两个。另外，原则上场模型可以在整个建筑物的很多地方（通常是数千个）计算场变量的值。因此，从验证的角度来看，这就提出了一个在区域模型验证中没有遇到过的有趣问题。也就是说，计算值太多而测量点太少。在区域模型验证中情况恰恰相反，是计算值太少，测量点太多。在场模型中，当我们记住计算值的精确度随着单元数量的增加而增加时，问题就变得更加复杂。换句话说，单元大小由正在建模的物理尺度长度决定的。所以困境在于准确的比较需要大量的计算单元，而相应的实验测量则不可能这样，因此存在实际的困难。

尽管存在这些问题，但是过去已经成功地进行了一些场模型的验证研究。在本节中，我们将讨论涉及两种广泛使用的场模型的研究：JASMINE 模型和 CFDS-FLOW3D 模型。

原则上，如前所述，场模型试图从第一原理来解决运动方程。但是由于对诸如湍流等物理现象的数学描述不够充分，以及使用近似数值方法来解这些方程，所以一些经验方面的知识不可避免地引入到模型中。在其他领域，如燃烧、火焰传播和热传递的建模中，也引入了一些经验方面的知识。

因为缺乏系统的方法，所以场模型验证的任务变得更加困难。大多数火灾实验都是在区域模型验证的情况下进行的，其中不需要进行详细的实验测量。在场模型验证中，这些数据是不够的，还不足以进行全面的验证。例如，通过开口的温度、速度和质量流量的测量提供了详细数据，足以进行比较。然而，在整个感兴趣的区域中，诸如热通量、气体和微粒浓度变量之类的测量则都不充分。

尽管存在这些困难，但仍然可以进行各种各样的验证研究。接下来我们将对一些研究进行讨论。

12.9　JASMINE 场模型

12.9.1　具有自然通风的室内火灾

Kumar 等（1992）使用 JASMINE 场模型来研究不同起火位置和热辐射对室内火灾热力学的影响。之后，Kerrison 等（1994）使用相同的数据进行 CFDS-FLOW3D 验证研究（详见第 12.10 节）。

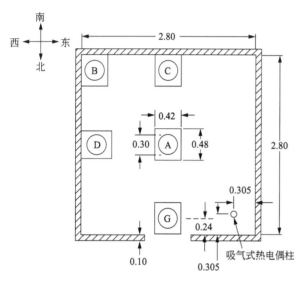

图 12.16　带有燃气炉的房间布局图

数据来自 Steckler 等的实验（1982a，b），他们在一个自然通风的房间内，研究了不同位置、不同规模的火灾（图 12.16）。Kumar 等（1992）使用墙角火灾实验的结果（图 12.16 中的火灾′B′）来证明 JASMINE 处理复杂火灾情景的能力。

（1）实验设计

火灾实验是在一个 2.80m×2.80m×2.18m 的房间中进行的。使用 0.30m 直径的多孔板扩散气体燃烧器来模拟火灾。垂直排列的热电偶和双向速度探头对房间和门口开口处的温度及速度分布进行了测量。这里给出了门宽 0.74m、高 1.83m、热释放速率为 62.9kW 的火灾实验结果。

（2）场模型模拟

为了研究热辐射的影响，我们进行了两组数值模拟：

① 在第一组模拟中，忽略了气相中的辐射热交换。使用经验传热系数（辐射和对流集中在一起）来计算壁面边界的热损失，类似于在区域模型（例如 Harvard V）中采用的方法。

② 在气相辐射热交换中使用简单的六通量辐射模型（详见 Cox，1995）。

门口中心线的速度和温度分布如图 12.17（a）和图 12.17（b）所示。它们清楚地表明，六通量辐射模型对计算结果有显著的改善，特别是在热-冷界面区域。结果证实了实验观察的结果，即下层不会保持恒定的环境温度，而是会被来自上方热层的热辐射缓慢加热。层界面上的温度是逐渐升高的，而不是区域模型中通常假设的分段函数。如图 12.18 所示，通过对房间内测量和计算分别得到的温度分布图的比较可以进一步证实这一点。结果表明，将热量的一部分从热层转移到冷层，重新分配下层和上层之间的热能，从而提高下层温度。结果，上层温度降低并且看起来远低于测量值。作者没有对这种差异提供可靠的解释。然而，通过墙壁传热这种不适当的建模可能是产生这种差异的主要原因。还应记住，将实验结果与非常靠近房间墙角位置进行比较，那这种热传递就很重要。Jaluria（1988）的分析表明，壁面附近的层温受到热气向下流动的影响。通过这种方式，墙角处热电偶的测量结果反映了墙壁附近复杂的流动状况，而不是热层的其余部分的情况。考虑到这一点，使用辐射模型计算出的温度与测量结果相当吻合。

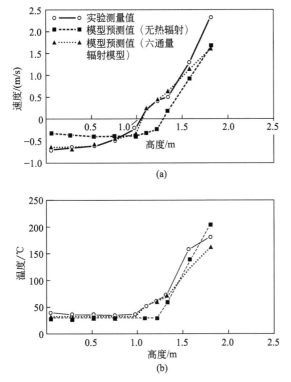

图 12.17　火灾 B 中的门口中心线速度和
温度与高度之间的函数关系

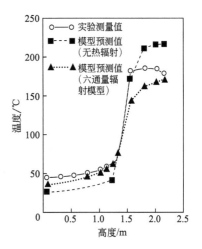

图 12.18　火灾 B 墙角的垂直温度分布图

表 12.3 给出了通过敞开的门的质量流量的计算值和测量值。这些结果进一步证实了包含某种辐射模型的重要性。

表 12.3　火灾热释放速率为 62.9kW 的墙角火灾 B 中，通过门口
质量流量（kg/s）的计算值和测量值的比较

流向	JASMINE 运行结果		实验结果
	无辐射模型	有辐射模型	
流入	0.303	0.423	0.440
流出	0.304	0.424	0.439

尽管测量值受到实验不确定性的影响，特别是在速度测量（探头可能与流线没有对齐）过程中，辐射模型的加入会使计算结果有相当大的改进。

（3）结果的讨论

通过这项研究，作者得出的结论是，场模型方法能够准确估计室内火灾的现象。本研究中使用的简单热辐射模型说明热辐射的重要性，并且使用改进的辐射模型可以进一步提高场模型的预测能力。其他的计算（这里没有提供）证实，场模型方法可以计算由通过门和窗等开口的通风流动引起的羽流卷吸和羽流倾斜。这些考虑在危害分析和保护措施的安全问题上（例如火灾探测和灭火系统的选择）是重要的。

12.9.2　具有强制通风的室内火灾

强制通风条件下的室内火灾非常重要，因为强制通风改变了羽流的卷吸，从而提高了燃烧的速度和火灾蔓延速度，并使羽流与室内墙壁相互作用。简单的区域建模技术不适合分析这种复杂的火灾场景。正是由于这些原因，在这种情况下，场模型的验证具有至关重要的实际意义。

Cox 和 Kumar（1987a）使用 Alvares 等（1984）的实验数据，给出了在强制通风条件下室内火灾的 JASMINE 验证研究的结果。为了进行比较，考虑了 Alvares 等（1984）设计的火灾场景，即 MOD8。

（1）实验设计

着火房间尺寸为 $4.0m \times 6.0m \times 4.5m$。在房间地板上方 3.6m 处有一个 $0.65m^2$ 的矩形管道，由一个轴向抽风机强制通风。进气口位于较低的位置，它是靠近房间一个墙面的圆柱形管道中的狭槽。起火点在地板中央。它是由位于直径 0.91m 的钢盘中心的喷嘴喷出的异丙醇形成的一种天然的池火。假设充分燃烧，估计火灾的总热释放速率为 400kW。风扇的送风量为 500L/s。

测量结果包括室内的温度分布以及出口处的气体浓度。

火灾场景是用一个简单的燃烧模型来模拟的，其中假设单位质量的燃料与氧气的化学计量质量要求 s 相结合，得到 $(1+s)$ 质量单位的产物。强制通风是通过指定一个固定的体积流量来模拟的，在管道中或风扇上没有摩擦损失。湍流模型使用 k-ε 模型。通过使用单一传热系数 $[25W/(m^2 \cdot K)]$ 来模拟墙壁的热损失（包括热辐射和热对流）。用一维热传导方程来解决墙壁边界的热传导问题。

计算和测量的室内气体温度以及墙壁和天花板表面温度的比较，分别如图 12.19 和图 12.20 所示。结果表明，除了在接近天花板和地板表面的位置存在一些差异外，整体结果是相当吻合的。正如作者所解释的那样，这可能是由于对这些表面的热传导模型建立不当造成的。请记住，模型中只使用平均传热系数而没有使用更复杂的热辐射模型。靠近表面有较高的计算值，表明可以用对流和辐射损失的热量大于使用平均传热系数产生的热量来解释。更加详细的建模将显著改善计算结果。

其他一些计算和测量的整体流动性能的比较见表 12.4。结果表明，除了气体浓度和出口压力之外，总体一致性是相当好的。

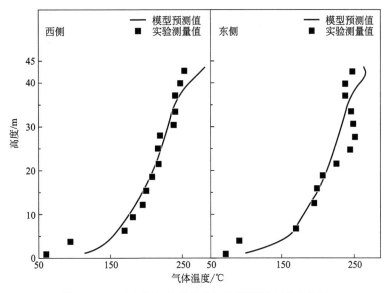

图 12.19 两个热电偶测量的气体温度随高度变化图

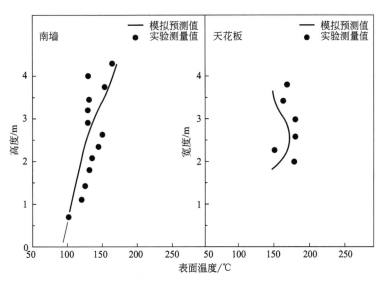

图 12.20 南墙和天花板处的表面温度随高度变化图

表 12.4 强制通风火灾的计算和测量流动特性的比较

特性	JASMINE 计算结果	Alvares 等的测量结果
质量流出率/(kg/s)	0.269	0.240
质量流入率/(kg/s)	0.257	0.300
出口气体温度/℃	249	275
出口热流/kW	66	68
因火灾而增加的出口压力/Pa	14.8	9
出口氧浓度(干气体)/%	10.4	14
出口二氧化碳浓度(干气体)/%	7.5	5.5

（2）结果的讨论

气体浓度的计算高度依赖于源项，即火灾产物的浓度。用于该分析的燃烧模型是非常简单的，其中假设反应物完全燃烧。然而事实上，由于室内通风的复杂性以及由此产生的气体产物速率的变化，情况可能并非如此。更真实的燃烧模型将会大大改善计算结果。必须注意的是，关于出口压力计算的差异，在数值模拟中没有考虑到风扇或管道系统的摩擦损失。这可能会对这种差异产生重大影响。通过改进假设情况可以获得更好的结果。

作者从这项研究得出的结论是，通过改进一些子模型，可以进一步改进计算结果，例如更好地处理边界热传导、使用更真实的燃烧模型以及在火源附近和墙面附近使用更精细的网格等。

12.9.3 有限制和无限制天花板的顶棚射流

Kumar 和 Yehia（1994）对 JASMINE 进行了一项验证性研究，涉及对有限制和无限制天花板的顶棚射流特性的研究。计算结果与 Montevalli 和 Marks（1991）对无限制的天花板顶棚射流的实验测量结果以及 Montevalli 和 Ricciuti（1992）对有限制的天花板顶棚射流的实验测量结果进行了比较。在稳态和瞬态条件下，对垂直温度和速度分布进行了比较。

（1）实验设计

实验测量使用的是直径为 0.27m 预混合的甲烷-空气燃烧器，该燃烧器能够产生 0.5~2.0kW 的火灾强度。顶棚射流是通过在火源正上方放置一个直径为 2.13m 的大型天花板来产生的，天花板距离地面 0.5m 和 1.0m。天花板顶部绝缘。使用探头阵列来测量速度和温度，这些探头放置在距羽流撞击点 0.26m 和 0.75m 的径向距离处。JASMINE 对 2kW 的火灾在天花板高度为 1m 的有限制和无限制情况下的测量数据进行比较。

（2）结果的讨论

研究结果表明，在羽流撞击区域，计算结果与实测结果之间存在显著差异。当射流完全发展并且径向距离稳定增加到接近稳定状态时［比较图 12.21（a）和图 12.21（b）］，这种差异显著减小。从这些结果中也可以清楚地看出，该模型倾向于低估了射流速度，高估了射流温度。总之，这些差异归因于模型的简化和实验的不确定性，特别是：

① 对火源的描述不充分；

② 热辐射建模不充分；

③ 在冲击区域，差异很可能是由于湍流建模和与速度测量相关的不确定性造成的（探头与流线没有对齐）。

对于无限制的情况，最大温度和速度的比较与径向距离的函数关系如图 12.22（a）和图 12.22（b）所示。从这些结果可以看出，对最大流速和最高温度的估计是合理的。这表明，场模型方法可以放心地用于危险分析的计算，其中最高温度是至关重要的参数。但是，在接近羽流撞击的地区，计算结果可能是不可靠的。

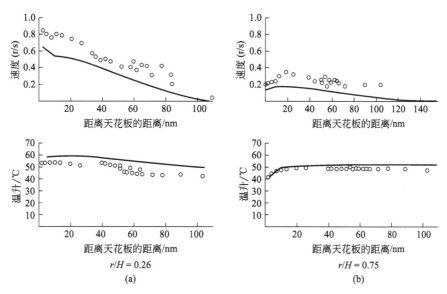

图 12.21 稳定状态下无限制天花板射流的预测值和测量值的垂直分布的比较

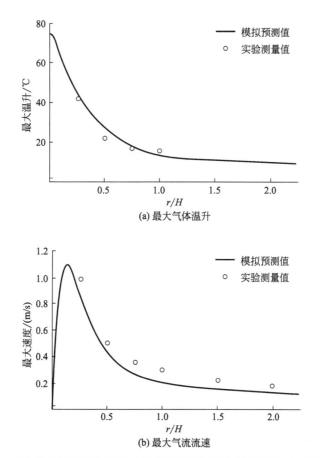

图 12.22 稳定状态下无限制的天花板射流的预测值和测量值的径向分布的比较

12.9.4 隧道火灾

Kumar 和 Cox（1985）以及 Cox 和 Kumar（1987b）介绍了 JASMINE 对公路隧道火灾的验证研究结果。他们采用 Zwenberg 隧道火灾实验的数据来进行比较。在这些实验中，液体池火在各种自然和强制通风条件下燃烧。实验中测量了气体温度、气体组成和能见度。

（1）实验设计

隧道的几何形状和沿隧道的测量站如图 12.23 所示。隧道本身长 390m，有一个封闭的南门和打开的北门。密封端的强制通风风扇从南向北吹风的气流速率为 2m/s 和 4m/s。在用于这种比较的实验中，在距离南端 108m 处放置一个 2.6m^2 的方形托盘，在托盘中放置 200L 汽油燃料，托盘用来模拟起火点。

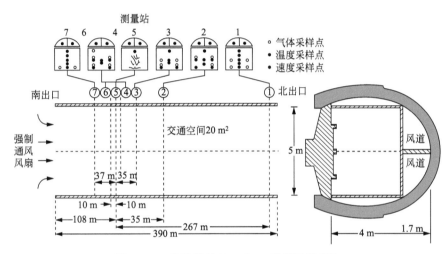

图 12.23 奥地利的 Zwenberg 铁路隧道实验

（2）场模型模拟

在数值模拟中使用的燃烧模型是假定燃烧产物仅为二氧化碳和水，下面给出了简单的反应方程式（假定燃料为己烷）：

$$C_6H_{14}+9.5O_2 \longrightarrow 6CO_2+7H_2O$$

根据实验数据和适当的通风率来计算热释放速率。自然通风情况下的热释放速率为 14.45MW，2m/s 通风条件下的热释放速率为 20.25MW，4m/s 通风条件下的热释放速率为 24.95MW。根据已知壁面的热导率和厚度以及计算出的温度梯度来计算通过隧道壁的传导热损失。对流热损失和辐射热损失是通过使用组合的局部经验传递系数获得的。

作者比较了图 12.23 所示的每个测量站的隧道中心线三个不同高度的计算值和测量值。这些高度在天花板下方 0.5m（地面以上 1.8m）和地面以上 0.5m 处。这些比较是针对三种通风条件进行的：自然通风、2m/s 的强制通风和 4m/s 的强制通风。结果如图 12.24～图 12.26 所示。表 12.5 给出了一些计算和测量的比较结果。

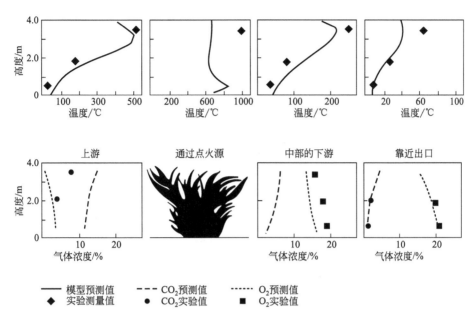

图 12.24 自然通风条件下预测值与测量值的比较

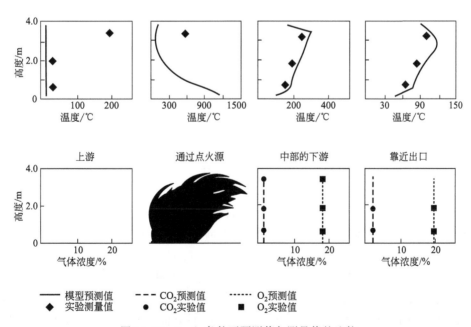

图 12.25 2m/s 条件下预测值与测量值的比较

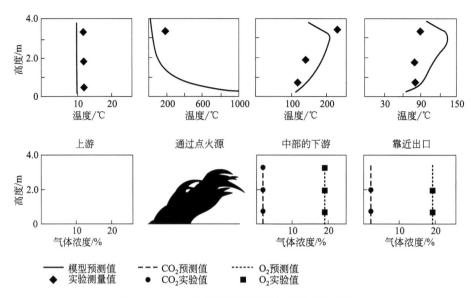

图 12.26　4m/s 条件下预测值与测量值的比较

表 12.5　隧道火灾的计算和测量结果

项目	位置 7 30m 上游处	位置 5 火源上方	位置 2 下游 85m 处
自然通风			
实验值/℃	210	1000	255
JASMINE 预测值/℃	248	664	215
强制通风(2m/s)			
实验值/℃	14	510	250
JASMINE 预测值/℃	10	35	258
强制通风(4m/s)			
实验值/℃	12	176	220
JASMINE 预测值/℃	10	12	198

　　从结果中可以清楚地看出,除了直接在火灾正上方的位置之外,整体情况吻合得相当好。在该位置,没有明确包括计算中占主导地位的辐射传热。速度分布的计算(此处未显示)进一步突出了流量的一些重要特征。在自然通风的情况下,预测了封闭的南方入口处的热层和冷层之间的再循环和混合。在风速为 2m/s 强制通风情况下,预测了北门开放处有大量空气流入,而风速为 4m/s 强制通风时则不存在这种情况。

　　根据这些研究,作者得出的结论是,与其他验证研究一样,场模型方法似乎可以合理准确地估计远场条件的火灾。但是,靠近火源则需要更精确的热传递模型和湍流-化学相互作用模型,来达到计算结果可接受的准确度。

12.10 CFDS-FLOW3D 场模型

12.10.1 有自然通风的单室火灾

Kerrison 等（1994）报告了基于 Steckler 等（1982a）进行的火灾实验的验证研究结果。实验设计已经在 12.9.1 节中描述。

CFDS-FLOW3D 模拟在三种门宽度（0.24m、0.74m 和 0.99m）和高度 1.83m、两种火灾大小（31.6kW 和 62.9kW）的室内进行。燃烧和热辐射被忽略，火灾被模拟为一个简单的热源。为了解释通过墙壁和辐射的热损失，修改了火灾热释放速率。模拟火源为矩形燃烧器，其表面积与实验中使用的圆形燃烧器相同。

在没有详细的实验测量的情况下（这是有意义的验证场模型的必要先决条件），作者主要限于研究实验值和计算值之间整体水平的一致性。考虑这个目的，对测量和计算结果进行平均或降低，以符合物理双层理想化模型。在详细的比较讨论之前，仔细研究平均值的确定方法是明智的。

通过对墙角处的热电偶测量值取平均来估计上层温度。在这里，必须注意的是，热电偶放置的位置并不是测量层温最好的位置。随着墙壁变热（来自热辐射和热对流），自然对流的墙壁流在墙壁附近产生明显不同于其余的热层的环境。Jaluria（1988）的分析表明，壁面附近的层温受到热气流向下流动的影响。通过这种方式，墙角处热电偶的测量结果反映了壁面附近的流动情况，而不是热层其余部分的情况。因此，从墙角处热电偶的测量结果推断热层温度是误导性的、不正确的。

中性面的高度是由门口处速度的测量值推导出来的，零速度表示中性面。流动的湍流性质使得流速测量存在困难。只有当速度探头与流动流线对齐时，才能进行精确测量。相反，测量只能在探头轴线平行于地面的情况下进行。这样，在速度测量以及通过门口测量质量流量时引入了显著的误差。

有了这些附带条件，现在可以比较结果。

结果的讨论

对于位于房间中心和墙角的火灾，图 12.27（a）和图 12.27（b）中分别给出了门口速度分布的测量值和计算值的比较。正如预期的那样，结果表明，墙角火灾的比较不如房间中心的火灾那样好。另外，在门宽度较窄（0.24m）的情况下，对于这两种火灾场景都没有得到一致的认可。正如作者所讨论的那样，产生这些差异的原因是由于实验测量引起的显著误差以及由于建模假设引起的显著误差。

火焰羽流与房间外部边界的相互作用决定了室内火灾中的热力学和热传导的特性。在墙角发生火灾的情况下，朝向门口流动的羽流卷吸和顶棚射流进一步使通过门口的流入和流出变得复杂。随着门宽度的减小，气流强烈地变为三维流动，由于探头未对准而导致更大的测量误差。此外，影响流速计算的传热特性对于墙角火灾来说比房间中心火灾更为显著。为了尽可能减少墙壁火羽流相互作用造成的误差并得到流动细节，可以通过改进网格，至少改进靠近墙壁和靠近火源部位的网格来改善计算结果。使用精细网格的效果如图 12.28 所示。结果表明，使用更精细的网格可以非常显著地改善流速的计算。

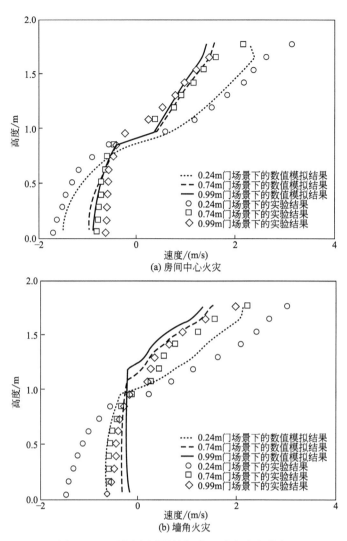

(a) 房间中心火灾

(b) 墙角火灾

图 12.27 预测和测量的门中心垂直速度分布

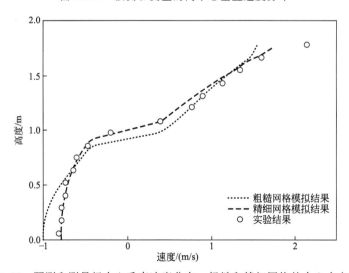

图 12.28 预测和测量门中心垂直速度分布：粗糙和精细网格的中心火灾场景

鉴于这些实验的不确定性和建模假设，这次室内火灾的验证研究结果表明，得到的整体趋势是相当不错的。如预期的那样，墙角火灾情况下产生的相关性较差，而房间中心火灾场景则是最好的比较。此外，该模型给出的绝热边界条件的温度与等温边界条件的相关性差［比较表 12.6 的（a）和（b）］。这是可以预料的，因为传热特性对于确定壁面流动条件是重要的。

表 12.6　实验结果和 CFDS-FLOW3D 计算比较：62.9kW 火灾和 0.99m 门宽

场景	$H_{n/p}/H_{door}$	质量流速/(kg/s)		热层温度/℃
		进	出	
(a)房间中心火灾				
等温	0.515	0.732	0.741	108
绝热	0.508	0.761	0.769	108
实验	0.582	0.653	0.701	109
(b)墙角火灾				
等温	0.694	0.298	0.299	208
绝热	0.685	0.290	0.290	293
实验	0.586	0.513	0.491	172

注：$H_{n/p}$ 为中性面高度，H_{door} 为门高度。

由于场模型能够更好地解决室内流动细节，因此也可以计算由外部空气通过诸如门和窗户之类的各种开口流入而引起的羽流倾斜。这些信息在布置相关安全设备或火灾探测器位置时可能是非常有用的。图 12.29 显示了在这个位于中心位置的火灾中羽流如何朝面向门的墙壁稍微倾斜。使用区域建模技术不可能进行这种分析。

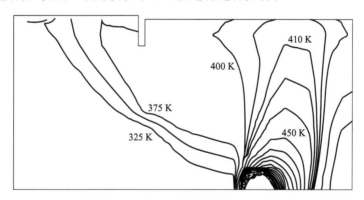

图 12.29　中心火灾场中，FLOW3D 预测通过门中心的房间中心的温度分布

对于靠近墙角的火灾，发现墙壁边界条件是至关重要的。作者的结论是，需要对壁面热损失进行全面处理，而不是采用等温或绝热近似。

从这个验证研究，可以得出结论，鉴于一些建模假设和详细的实验数据的稀缺性，场模型非常擅长解决一些复杂的基本物理现象的问题。然而，定量验证在实验以及数值模拟方面都存在一些困难。对于可靠的验证研究，必须使用专门为此目的设计的对场模型进行验证的详细实验程序。正如本研究所表明的那样，使用现有的实验数据是不充分的。

12.10.2 有自然通风的多室火灾

Davis 等（1991）介绍了两个涉及单室和多室布局的火灾实验的 CFDS-FLOW3D 验证研究的结果。对于单室火灾场景，使用二维网格来计算流场，而对于多室火灾场景则使用三维网格。在每种情况下，都使用了下面的简化假设：

① 假定流体是空气并且是完全可压缩的；

② 使用 k-ε 湍流模型；

③ 墙壁被认为是绝热的，但是对于多室的情况，也考虑了天花板导热的影响；

④ 通过将测量的热释放数据减少 35% 来解决辐射热损失问题。这样，65% 的热量，即热对流成分，被假定用来加热气体。

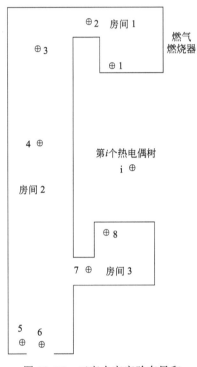

图 12.30　三室火灾实验布局和热电偶位置

对于单室火灾，还将结果与区域模型计算进行了比较。这样做的目的是：对于简单的火灾场景，区域模型可以很容易地被用来做危险分析计算，而不需要更复杂和相对更耗时的场模型。然而，对于流动物理特性不确定的复杂火灾场景，则只能使用场模型来进行分析。

（1）实验设计

Cooper 和 Stroup（1988）的实验研究报告被用作单室火灾场景验证的基础。单室火灾实验在宽 2.44m、长 3.66m、高 2.44m 的房间内进行。通往着火房间的门宽 0.76m、高 2.03m。起火点靠近其中一个墙壁，火灾总热释放速率是根据门外的氧气消耗量来估计的。用热电偶阵列测量房间中央的温度分布。

多室火灾布局如图 12.30 所示。它包括三个房间，其中一个长长的走廊（房间 2）连接了两个较小的房间（房间 1 和房间 3）。房间 2 一端的一扇门通向室外。使用一组 8 个的热电偶树来测量不同位置的温度分布，如图 12.30 所示。起火点位于房间 1，由燃气燃烧器来模拟，火灾热释放速率为 100kW。

（2）结果与讨论

对于单室火灾，将火灾开始后 150s 计算的顶棚射流温度与实验测量结果进行比较，如图 12.31 所示。结果表明，场模型和区域模型都能很好地表示顶棚射流温度。两个模型都能很好地描述从天花板到地面温度定性的下降。但是，从定量上来说，这两种模式都低估了测量值。造成这种差异的原因在于热损失特性的建模。如前所述，墙面和天花板被认为是绝热的，因此来自这些表面的气体的辐射加热没有考虑。这个假设导致计算温度低于测量值。作者的结论是，更详细的传热建模将能显著改善计算结果。

在多室火灾案例中也发现了类似的趋势。每个房间计算和测量的温度分布曲线的比较表明，场模型低估了着火房间内的气体温度，同时高估了远离着火房间的其余房间的温

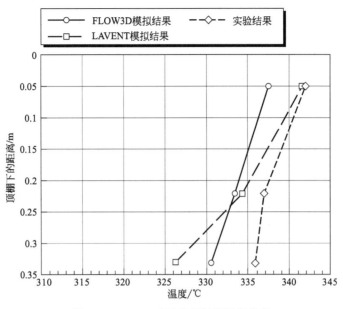

图 12.31　150s 时天花板射流温度分布

度。这也是由于模型中天花板和其他墙面没有设置辐射加热引起的。远离着火房间的其余房间的温度被高估是由于在计算中没有考虑到边界墙壁（包括天花板）的热量损失。如图 12.32 的结果表示，当天花板设置为导热而不是绝热时，气体温度明显下降，这很明显地证明了这一点。作者再次提出，如果允许所有的边界表面都是导热的，那么计算结果将得到显著改善。

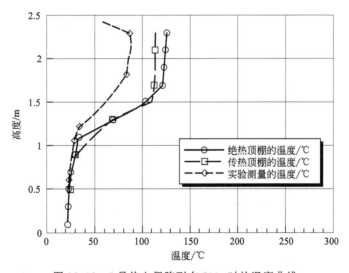

图 12.32　5 号热电偶阵列在 500s 时的温度曲线

　　根据这两组验证研究，作者得出结论，房间气体温度的计算应该包括来自火源和热壁表面的热辐射的影响。此外，需要通过对固体边界热传导详细建模来精确估计房间的温度。

12.10.3 大空间火灾

出于安全的考虑，高顶棚仓库、医院病房、飞机库和展览大厅等大空间内的火灾提出了一些困难和挑战性的消防问题。

早期火灾探测和灭火系统的启动对于限制火灾发展和蔓延非常重要。对于这种保护系统的设计，需要一种准确的基于烟气流动及其温度的危险分析方法来确定探测器响应和设计火灾规模。区域模型是不合适的，因为它们固有的假设以及无法解决这种类型的火灾分析所需的流动细节。因此应该使用场模型。Notarianni 和 Davis（1993）提出了使用 CFDS-FLOW3D 进行大空间单室建筑的验证研究结果。

对于这项研究，Notarianni 和 Davis 使用了在一个尺寸为 389m×115m×30.4m 的飞机库进行的火灾实验中收集的实验数据。这个飞机库里面的窗帘间隔约 12.5m，从天花板垂直向下延伸 3.7m。这些窗帘用于防止烟气蔓延到天花板上。

使用工业级异丙醇作为燃料模拟火灾，燃料放在 9 个不同的平底锅阵列中，形成总面积 7.5m^2 的火灾。大火位于建筑物中心的地板上。火灾的平均燃烧速率为 0.036kg/（m^2·s），平均热释放速率为 8250kW。

使用距火灾中心线径向距离放置的热电偶阵列进行大量的温度测量。还使用直接放置在火源上的一系列热电偶测量火焰羽流中心线温度分布。

与其他验证研究有很大的不同，使用表 12.7 中总结的 k-ε 模型的几组参数来进行计算机模拟。参数 C_3 表示由浮力产生/破坏湍流（在 FLOW3D 手册中定义了所有的 k-ε 参数）。辐射损失的计算方法是假定总热释放速率的 35% 是从火源的羽流中辐射出来的。其余的 65% 被用作驱动火羽流的对流热量。

表 12.7　用于飞机库火灾分析的 k-ε 参数

参数	C_1	C_2	C_3	C_μ	熵的普朗克数	CAPPA
K34	1.44	1.92	0	0.09	0.9	0.419
K35	1.44	1.92	1	0.09	0.9	0.419
K36	1.44	1.92	1	0.18	0.85	0.419
K38	1.44	1.92	1	0.15	0.85	0.419

结果与讨论

计算羽流中心线的温度，并与图 12.33 中总结的四组 k-ε 参数的实验测量值进行比较。结果表明，在零浮力（K34）对湍流贡献的情况下，中心线羽流温度一直被低估。然而，包括浮力项在内，至少在羽流的下部，会产生更大的差异。在天花板附近计算的 K36 和 K38 则有更好的一致性。作者确定了造成这种差异的两个原因：实验误差和模型误差。

实验误差来自于热电偶阵列与羽流中心线未对准。实际上，由于热电偶阵列的摇摆，将热电偶与羽流中心线对齐是非常困难的。因此温度测量值不是真正的中心线温度测量值。

模型误差源于天花板附近的热损失和梁的影响没有在模型中体现。附加梁的存在和随之而来的热量损失则反映在测量中，这表明在 20m 以上高度的温度保持恒定。

图 12.34 显示了当改变天花板附近的网格并且天花板设置为导热而不是绝热时，计算结果的改善情况。

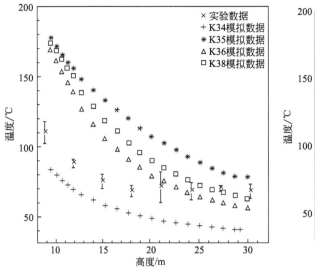

图 12.33　使用四组不同的 k-ε 参数进行 CFD
计算与测量的中心温度的比较

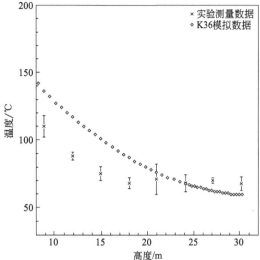

图 12.34　使用 K36 的湍流常数和更精细网格的
中心线温度的 CFD 计算和测量的比较

沿着天花板（在天花板下 0.15m）的温度测量和相应的 FLOW3D 计算结果如图 12.35 所示。结果表明，在超出窗帘的距离处，对于实验测量和计算结果都有良好的一致性，温度大幅下降。

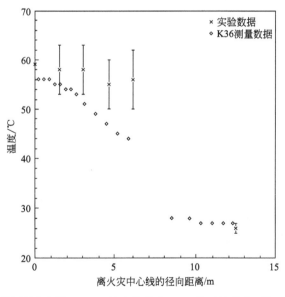

图 12.35　使用精细网格和 K36 湍流常数的 CFD 模型计算的顶棚温度的比较，
计算取距离火灾中心线不同径向距离处以及在天花板下方 0.15m 处

根据这项研究，作者得出结论：对于大空间建筑物，改进后的 k-ε 参数（K36）与实验测量结果具有很好的一致性。通过对天花板结构进行详细的建模，能够以可接受的精确度计算羽流中心线和径向温度。

12.11 关于区域模型和场模型验证的结论

在上述关于区域模型和场模型的验证研究的讨论中，很明显，在对火灾模型进行详尽而明确的验证方面，无论是在概念上还是在实验上，都存在许多困难。不论在计算值和实验值之间进行多少次这样的比较，都不能证明任何模型对所有的火灾场景都是正确的。所有建模方法本质上都包括实验测试和模型估计之间的系统差异。这些被称为残差（Davies，1985）。验证的目的不是要证明给定模型的普遍适用性，而是为了量化测量值和计算值之间的差异。

为了使结果令人满意，对于一个给定的模型来说，必须进行全面和详尽的灵敏度研究（Beard，1992）。另外，为了使计算结果有一定程度的置信度，需要进行大量的这种比较。在这里，需要解决诸如计算机程序的开放性和验证过程中涉及的人员的独立性等问题。

我们迫切需要为不同的火灾场景建立可靠的数据库，以确保各种模型的输入数据的一致性，并使不同模型之间的结果比较成为可能。

最重要的是，在实际应用中，这些模型的使用绝不能把非专业人士排除在外。模型不能被视为黑盒子。用户需要了解模型的局限性和潜在的假设（包括定性和定量的）。对模型产生的数字结果的解释，必须从完整的知识、对所涉及的物理现象的理解以及对使用的特定输入数据的含义的全面理解等方面来完成。通过这种方式，可以为工程设计获得有价值的信息。没有这种理解，就有可能得出误导性的结论。

符号说明

C	比热容 $[\text{J}/(\text{kg} \cdot \text{K})]$
H	顶棚高度
H_{door}	门高
$H_{\text{n/p}}$	中性面高度
$Q(t)$	t 时刻的输出热量（kW）
r	径向距离
s	氧的化学计量质量要求
t	时间（min）
t_0	着火时间
α	比例常数
λ	通过向周围表面辐射和对流，火灾损失的热量
ρ	密度（kg/m^3）

参考文献

Alvares, N J, Foote, K L and Pagni, P J (1984). Forced ventilated enclosure fires. *Combustion Science and Technology*, **39**, 55–81.

Alvares, N J and Foote, K L (1981). *Contrast Between Natural and Experimentally Controlled Fires in Forced Ventilated Enclosures*, LLNL Report.

Beard, A (1992). Limitations of computer models. *Fire Safety Journal*, **18**, 375–391.

Cooper, L Y and Stroup, D W (1988). Test results and predictions for the response of near-ceiling sprinkler links in a full-scale compartment fire. *Proc. of the 2nd Int Symp. Fire Safety Science*, pp. 623–632.

Cooper, L Y, Harkleroad, M, Quintiere, J G and Rinkinen, W (1982). An experimental study of upper hot layer stratification in full scale multi-room fire scenarios. *Journal of Heat Transfer*, **104**, 741–50–NOTES.

Cox, G (1995). *Combustion Fundamentals of Fire*, Academic Press.

Cox, G and Kumar, S (1987a). Field modelling of fire in forced ventilated enclosures. *Combustion Science and Technology*, **52**, 7–23.

Cox, G and Kumar, S (1987b). *A Numerical Model of Fire in Road Tunnels, Tunnels and Tunnelling*, March 1987, pp. 55–60.

Davies, A D (1985). *Applied Model Validation*, NBSIR 85-3154-1.

Davis, W D, Forney, G P and Klote, J H (1991). *Field Model Modelling of Room Fires*, NISTIR 4673, November 1991.

Gandhi, P D (1993). *Validation of FAST for room corner fire tests. Proceedings of the 6th International Fire Conference, INTERFLAM '93*, pp. 331–341.

Jaluria, Jogesh (1988). Natural convection wall flows *The SFPE handbook of Fire Protection Engineering*, Society of Fire Protection Engineers, Boston, USA.

Jones, W W and Peacock, R D (1989). Refinement and Experimental Verification of a Model for Fire Growth and Smoke Transport. *Fire Safety Science, Proc of the 2nd International Symposium*, pp. 897–906.

Kerrison, L, Galea, E R, Hoffmann, N and Patel, M K (1994). A comparison of a FLOW3D based fire field model with experimental room fire data. *Fire Safety Journal*, **23**, 387–411.

Kumar, S and Cox, G (1985). Mathematical modelling of fires in road tunnels. *5th Int. Symp. on The Aerodynamics & Ventilation of Vehicle Tunnels*, Lille, France, May, 1985, pp. 61–76.

Kumar, S, Gupta, A K and Cox, G (1992). Effects of thermal radiation on the fluid dynamics of compartment fires. *Proc. of the 3rd Int. Symp. of Fire Safety Science*, pp. 345–354.

Kumar S and Yehia, M (1984). (1994). Mathematical field modelling of transient ceiling jet characteristics in fires, *Proc. of the 1st ISHMT-ASME Heat and Mass transfer conference*, Bombay, India, 5–7 January, 1994.

Levine, R S and Nelson, H E (1990). *Full Scale Simulation of a Fatal Fire and Comparison of Results with Two Multiroom Models*, NISTIR 90-4268, August 1990.

Mitler, H E (1984). Zone modelling of forced ventilation fires. *Combustion Science and Technology*, **39**, 83–106.

Mitler, H E and Emmons, H W (1981). *Documentation for CFCV, The Fifth Harvard Computer Code*, NBS Report, NBS Grant, 67-9011.

Montevalli, V and Marks C H (1991). *3rd Int. Symp. on Fire Safety Science*, pp. 301–312.

Montevalli, V and Ricciuti, C (1992). Technical Report, NIST-GCR-92-613.

Notarianni, K A and Davis W D (1993). *The Use of Computer Models to Predict Temperature and Smoke Movement in High Bay Spaces*, NISTIR 5304, December 1993.

Peacock, R D, Forney, G P, Reneke, P, Portier, R, Walter, W J (1993). *CFAST, The Consolidated Model of Fire Growth and Smoke Transport*, NIST Technical Note 1299.

Rockett, J A, Morita, M. and Cooper, L Y (1987). *Comparisons of NBS/Harvard VI Simulations and Full-Scale, Multi-Room Fire Test Data*, NBSIR 87-3567.

Rockett, J A, Morita, M and Cooper, L Y (1989). Comparisons of NBS/Harvard VI simulations and full-scale, multi-room fire test data. *Fire Safety Science, Proceedings of the 2nd International Symposium*, Hemisphere, pp. 481–490.

Steckler, K D, Quintiere, J G and Rinkinen, W J (1982a). Flow induced by fire in a compartment. *19th International Symposium on Combustion*, The Combustion Institute, Pittsburg, pp. 913–920.

Steckler, K D, Quintiere, J G and Rinkinen, W J (1982b). *Flow Induced by Fire in a Compartment*, NBSIR 82-2520, Washington, September 1982.

13 单指标分数系统

13.1 引言

分数系统生成一个数值或指标，该数值或指标是分配给系统的各种属性的分数的总和或乘积。它设计的目的是为了表征系统的整体结果。例如，该数字可以指示天气系统中的舒适标准。气象学家已经意识到，仅仅温度并不代表冬天的寒冷。因此，他们根据温度和风速的组合创建了寒冷指数，用以度量风的寒冷效应。这种分数系统已广泛用于消防安全评估。用分数系统对保护措施的消防过程和减缓影响进行建模，可以简单快捷地对消防安全进行评估。

分数系统包括建模、评分和缓解消防安全属性的各种过程，以生成快速便捷的消防安全评估结果。分数系统是有用且功能强大的工具，可以提供有关火灾风险的有价值的信息。分数系统已经应用于各种危害和风险评估项目，以降低消防安全成本，确定优先事项，并促进技术信息的使用。它们提供了理论和经验模型的复杂科学原理，和在现实世界应用中与实验室条件相比的不太完美的情况之间的重要联系。

消防安全评估分数系统有风险等级、指标体系、数量等级等多种名称。它们起源于19世纪的保险评级表，但在过去的几十年中，这些基本概念以各种各样的形式出现。

通常，分数系统需要根据专业判断和经验来对选定变量进行赋值。所选变量代表积极和消极两个方面的消防安全特征因素；然后通过算术函数的某种组合，对指定值进行运算以得到单个数值或指标。该值或指标可与其他类似评估或标准进行比较。这里的变量一般被称为属性。

本章研究了消防安全评估分数系统的性质，并介绍了一些得到广泛应用的重要实例。本章强调了如何将决策分析领域的多属性评估原理用于开发消防安全评估稳健模型。本章描述的过程包括属性的识别和对属性进行加权的方法。本章还讨论了量表中的评级和评分方法。

13.2 概念

分数系统之所以受到欢迎，是因为它们是复杂系统的简化模型。分数系统给系统的各因素属性指定数值，并将这些数值整合为一个分数或指标。格拉斯哥（Glasgow）昏迷量表是医学领域中分数系统的一个很好的例子。

格拉斯哥昏迷量表被神经科医生广泛用于头部损伤的评估和预测（Yates，1990）。如表 13.1 所示，该量表基于三个属性，即语言反应、运动反应和眼球反应。

表 13.1　格拉斯哥昏迷量表

语言反应	
无任何反应	1
语言难以理解	2
可说出单字	3
答非所问	4
说话有条理	5
运动反应	
无运动能力	1
身体伸直异常	2
身体弯曲异常	3
刺激有反应，身体回缩	4
按指令可定位疼痛位置	5
可按指令进行动作	6
眼球反应	
刺激无反应	1
刺痛睁眼	2
呼唤睁眼	3
自然睁眼	4

对每个属性进行评估，并把三个属性的得分值相加以生成一个分数。分数为 13～15 的患者被认为有轻微的头部损伤且愈后良好；中度颅脑损伤的分数范围为 9～12 分；分数低于 9 分的被认为是严重颅脑损伤或昏迷。这种方法非常成功，因此被提议作为一种定义死亡的方法。

格拉斯哥昏迷量表说明了一个简单的序数排序系统是多么强大和有用。在神经学和消防安全方面，有很多我们知道的，也有我们还不知道的。不能让知识局限阻止我们最好地利用我们所知道的东西。分数系统可以是简单而有效的方式，可以在消防安全评估和沟通中使用我们不断增长的知识体系。

如果系统构造得当，分数系统能够提供一个消防安全相关属性的合理组合。然而，因为它们是启发式模型，因此很难验证。最有效的分数系统是那些遵循有根据的多属性评估原则的系统。

13.2.1　防护能力

消防安全评估涉及对许多难以用统一和一致的方式评估的复杂因素的分析。因此，重要的是评估的结果能够得到合理的解释和证明。内部和外部的防护能力是科学构建分数系统的主要方面之一。内部安全防护能力为管理部门提供了合理的消防安全政策和支出，它有助于在火灾和其他风险之间分配有限的资源。在诉讼和与监管机构打交道时，优先设置的外部安全防护非常重要。

分数系统通过为所涉及的选项评估提供逻辑结构，始终如一地管理消防安全评估中涉及的多个属性。

13.2.2　启发式模型

当正式的最优算法不存在或效率低下时，仍有一些可行的做法。直觉和经验通常可以提供良好的（但不一定是最优的）解决方案。这种有效但没有基础理论依托评估的过程称为启发式。

分数系统是消防安全评估的启发式模型。它们是对火灾危险和暴露因素进行建模和评分的一个过程，以产生一种快速、简单的评估估计值。这些过程以启发式方式将已知的不同程度准确性的消防安全属性联系起来。分数系统的独特优势在于它是一个用户友好的综合模型，该模型具有整合已知行为和物理过程关系的能力，它解决了消防安全的所有相关方面。

13.2.3　多属性评估

根据评估面对的实际情况，通常必须在数据稀疏且不确定的情况下做出消防安全决策。消防安全评估的技术参数非常复杂，各个属性之间存在相互作用，且相互作用一般是非线性和多维的。然而，数据的复杂性和稀疏性并不排除有用和有效的方法。这种情况在商业或其他风险投资的决策中并不罕见。如果不解决这些问题，对社会有益的发展可能会被抑制。太空计划说明了在几乎没有相关数据的情况下是如何取得成功的。消防安全评估的一种适用方法是多属性评估方法。

正如上面所表述的，消防安全决策需要通过多个属性来获得火灾隐患的所有相关方面。如果决策问题的属性是 x_1，x_2，x_3，…，x_n，那么需要通过这些属性确定评估函数 $E(x_1，x_2，x_3，…，x_n)$，以便进行性能评估。然而，在多个性能指标上确定适当的评估函数是一个复杂的问题。主观属性值必须通过提问来引出，并且在一定程度上似乎很难回答直接决定 n 维函数的问题。

Keeny 和 Raiffa（1976）已经证明，如果属性之间的权衡不依赖于其他属性的水平，那么一个系统总体结果的单一度量可以由下式给出：

$$E(x_1，\cdots，x_i，\cdots，x_n) = \sum_{i=1}^{n} w_i R_i(x_i)$$

式中，w_i 是大于零的权重常数；$R_i(x_i)$ 是属性的规范化函数。本章稍后将讨论此模型和其他多属性评估模型。

13.2.4　应用

在许多需要进行定量消防安全评估的情况下，深入的理论分析可能不具有成本效益或是不合适的。这可能是不需要高度复杂性的基本情况，其中优先次序是主要目标，或者需要将广泛使用的消防安全评估方法制度化。

由于我们有限的现象学知识，消防安全评估所要求的准确性与其他工程目的不同。通常，确定一个数量级就足够了。随着分析深度的增加，时间和资源支出也会增加。在资源稀缺且效率高的时代，对于消防安全评估至关重要的许多情况来说，最大限度地利用分数系统方法进行消防安全评估的优点是显而易见的。

也许分数系统最常见的隐含理由是需要一个简单的消防安全评估过程。在大多数应用中，分数系统的目标是广泛的产品或设施类别，对每个产品或设施进行详细的火灾风险分析是不可行的。分数系统对负责风险管理决策责任的管理员具有吸引力，但他们可能不熟悉火灾风险评估过程的细节和机制。火灾风险评估方法是否被广泛和普遍地采用，取决于这种方法对包括建筑师、建筑官员和物业经理在内的广大用户群体的吸引力。

分数系统不能代替详细的消防安全理论评估。它们是用于筛选、排序和设置优先级的有效规划工具。

13.3　典型分数系统

分数系统有各种各样的形式，具有广泛的用途。就本节而言，现有的分数系统可以分为四类。首先是基于乘法模型的 Gretener 系统。第二个是道氏火灾和爆炸指数，这是一个行业安全评估中广泛使用的特定方法。第三个是消防安全评估系统（FSES）和一些类似的模型，它们是基于加法模型的，但并不把属性的权重和值分离开来。第四是在决策分析领域中具有理论基础的多属性评估模型。更多的、更深入的模型可以在 SFPE 消防工程手册（Watts，2001 年）中找到。

13.3.1　Gretener 方法

更为标准化的火灾风险评估分数系统之一是瑞士在 20 世纪 60 年代和 70 年代开发的 Gretener 方法。目前中欧的许多地区都在使用这种方法（Fontana，1984）。在 Gretener 方法中，用增加风险的负特征与减少风险的正特征的比值表示火灾风险。该方法的基本关系由以下方程给出：

$$R = (PA)/(NSF)$$

式中，R 为风险；P 为潜在危险；A 为激活（点火）危险；N 为正常保护措施；S 为特殊保护措施；F 为结构的耐火性。

反过来，构成火灾风险的这 5 个因素中的每一个都是几个组成部分的乘积。例如，潜在危险的值是由 9 个组成部分的值相乘得到。这一过程是标准化的，因此"标准"建筑的火灾风险计算值为 1.00。可接受风险是指计算的比值小于或等于 1.30 的风险。

Gretener 系统在中欧已经应用了 30 多年并被认可。然而，用于确定大多数组成部分的数值的基础逻辑在文档中并不明显。Gretener 的方法是以保险为导向，重点是供水和手动灭火，这比其他消防安全评估分数系统更重要。Rasbash（1985）将 Gretener 系统中的因素与和这些因素相关的保护或损失的统计估值进行比较，发现年度预期的财务损失与计算出的风险 R 的平方成正比。

在过去的时间中，已经开发了许多商用的 Gretener 方法的计算机模型。其中包括 FREM（Watts 等，1995）、Riskpro（2000）、FRAME（2000）和 RISKDESIGN（FSD，2000）。

13.3.2 道化学火灾爆炸指数

需要系统地识别具有潜在重大损失区域，促使道化学公司制定了火灾爆炸指数和风险指南（Dow，1966）。1964 年发行的原始版本是 1957 年之前由工厂互研公司开发的"化学占用分类"评级系统的改进版本。它随后得到了改进、增强和简化，现在是第 7 版（Dow，1994）。

如今，有许多风险评估方法可以非常详细地检查化工厂的风险。火灾和爆炸指数仍然是一个有价值的筛选工具，用于量化潜在的火灾、爆炸和反应性事件造成的预期损害，并识别可能导致事故发生或升级的设备（Scheffler，1994）。该系统可用于易燃、可燃或反应性物料在储存、处理或评估过程的操作相关的风险。该指南旨在为确定流程工业工艺装置可能的"风险暴露"提供直接和合理的方法，并提出消防和防损设计建议的方法。一个重要的应用是帮助确定何时需要更详细的定量风险分析以及此类研究的适当深度。

道化学指数方法是一种软件工具，用于在交互式的、基于计算机的环境中计算道化学火灾爆炸指数（Parikh 和 Crowl，1998）。该软件包括化学品数据库、在线帮助和各种可视化工具，以确定总体危害的主要因素。道化学指数工具可以与现有的化学过程模拟器相连接，并可以与经济评估人员结合使用，例如现金流量分析，用于预测最大可能财产损失和业务中断损失。

13.3.3 消防安全评估系统（FSES）

NFPA 101，即美国国家消防协会"生命安全规范"（NFPA 101，2000）是最广泛使用的推荐性规范之一，用于确定最低水平的消防安全。消防安全评估系统（FSES）（Benjamin，1979；Nelson 和 Shibe，1980）是一种分数系统方法，在确定某些建筑消防安全方面，与 NFPA 生命安全规范是等效性的。该技术于 20 世纪 70 年代末由国家标准局消防研究中心（现为国家科学技术研究所建筑和火灾研究实验室）开发。它已被改编为新版本的"生命安全规范"，目前已在 NFPA 101A"生命安全替代规范"（NFPA 101A，2001）中发布。

FSES 的开发旨在提供一种评估消防安全的统一方法，以确定哪些措施可提供与"生命安全规范"相当的安全水平。其目标是编制一个有效的评估系统，该系统将以最少的用户工作量提供有用的信息。

（1）医疗保健场所的消防安全评估系统

与"生命安全规范"本身不同，医疗保健建筑的 FSES 始于确定建筑人员特征所产生的相对风险。该系统使用人员的 5 个风险参数：患者移动性、患者密度、防火区位置、患者与护理人员的比例以及患者的平均年龄。这些参数以及 FSES 中的所有其他参数的值是根据一组消防安全专业人员的经验判断确定的，并代表该专家小组的意见。没有用于验证和改进这些值的文档化过程。

安全特性必须抵消计算的居住风险。FSES 使用 13 个消防安全参数，每个参数的安全等级最高为 7 级。FSES 的一个重要概念是通过同时使用替代安全策略实现冗余。这有助于确保单个保护装置或系统的故障不会导致较多人员死亡。因此确定了三种消防安全策略：控制火灾、灭火和人员疏散。

FSES 通过将每种消防安全策略的计算水平与规定的最小值进行比较，用以确定测量的消防安全水平是否等同于"生命安全规范"的水平。根据评估系统评估的一系列符合规范的建筑物，会得到这些最小值。

分数系统的一个显著优势是，它们适合于计算机编程和优化技术。ALARM 1.0（改造成本最小化的替代生命安全分析 1.0）是一种个人计算机软件工具，可帮助医疗机构的决策者实现符合 NFPA 101 "生命安全规范"（Webber 和 Lippaitt，1994、1996）的成本效益。该软件基于 Chapman 和 Hall（1982，1983）早期的工作，使用一种称为线性规划的数学优化算法来快速计算所有能解决问题的方案，并确定能实现目的的最低成本的方法。ALARM 1.0 生成一组选项，从中可以选择基于成本和设计考虑的最合适的方案以实现目的。此外，对于单独的区域和整个建筑，列出了多达 20 个备选的低成本计划和用于基准测试的说明性解决方案。该软件包括集成的代码有效性优化器、全屏数据编辑器和文件管理器。ALARM 1.0 可通过一站式数据商店从国家消防协会（www.nfpa.org）获得。

（2）衍生应用

NFPA 101A 现在包括医疗保健建筑、康复设施、膳食及护理机构以及商业用房的消防安全评估。其中最广泛使用的是在商业用房消防安全评估系统的第 8 章。NFPA 101 将商业以外的业务交易、账目和记录的保存或类似用途归类为业务用房。典型的例子是职业、金融和政府部门。商业用房的 FSES 来源于美国政府机构的一项评估现有办公楼和办公-实验室组合楼火灾相对生命安全水平的项目（Nelson，1986）。这个项目基于为医疗保健业制定的方法，随后被纳入 NFPA 101A 中。对商业用房的 FSES 进行分析，使用属性值作为衡量消防安全属性重要性的度量，发现新建筑和既有建筑的标准之间存在 6%～10% 的差异（Watts，1997）。

增强型商业用房消防安全评估系统（Hughes Associates，Inc.，1999））是 NFPA 101A 第 8 章在个人计算机上实现的，现在已被 NFPA 101A 作为第 9 章采用。该软件可自动实现过程的计算和表格的生成。此外，它还为用户提供了指导和在线帮助，帮助用户做出完成 FSE 所涉及的决策。帮助界面提供背景信息和参考资料，以帮助用户选择属性值。另一个增强功能允许用户在工作表中的属性值之间进行插值。该程序还允许"细化"计算，以便更深入地考虑属性。例如，在结构细化计算中使用 Law 火灾严重性计算法（Law，1973）来估计建筑中最坏情况空间的火灾持续时间。如果此结果小于建筑构件的耐火性，则可以增加属性值。该程序通过 NFPA 发布，可以从网址 ftp://209.21.183.33/efs-seinstall.exe 下载和安装，其中用户手册也可在线阅读。

同样源自原始 FSES 的还有 BOCA 国家建筑规范（BOCA，1996）的第 3408 节"合规性替代方案"，这是一个既有建筑物的消防安全指标系统。如第 3408.1 段所述，本节的目的是在未完全符合本规则其他章节的情况下，维持或增加既有建筑物的安全性。该系统允许根据以前的设计来评估性能，而不是强迫建筑物遵守新建筑的现代标准。BOCA 最初于 1985 年采用，1993 年和 1996 年版本之间发生了重大变化。第 3408 条适用于既有建筑用户群体。对于每个使用组，每个安全属性都有单独的分数值，并且单独的强制值被视为等效的标准。BOCA 国家建筑规范、合规替代方案和 NFPA 101A 第 8 章的定性和定量方面的详细比较显示了一些显著差异（Watts，1998）。

威斯康星州行政法典第 ILHR 70 章（Code，1995）是一个历史建筑的建筑规范，在许多方面与 BOCA 国家建筑规范的符合性替代方案相似。其目的是为保护或修复指定为历史性的建筑或结构提供替代建筑标准。该规范第四章是一种称为建筑评估方法的分数体系。它通过将 17 个建筑安全属性与现行规范的要求进行比较来评估合格的历史建筑的保障生命安全功能。如果历史建筑的属性少于现行规范的要求，则会分配一个负数。如果一个历史建筑的属性多于现行规范所要求的属性，则会分配一个正数。因此，评估与现行规范直接相关。如果所有属性的总和大于或等于零，则建筑符合安全要求。以前在方差处理过程中允许进行相同的权衡，但现在已经被编入规范。这增加了以前没有存在的批准的程度，而它们经常阻碍历史建筑的发展。与其他 FSES 应用程序不同，建筑评估方法没有强制评分。如果安全总分等于或大于零，则认为该建筑物符合规范。与其他 FSES 模型不同，威斯康星州第四款不会因为入住而发生变化。每个属性的表都给出一组数值，每个评估都选择其中一个值。这些数值的标准直接引自现行的规范。相同的数值集适用于所有适用的建筑用途和入住率。此规范可通过威斯康星州商务部网站 http：//www. commerce. state. wi. us 访问。

13.3.4　多属性评估实例

虽然上述模型也可以被看作是多属性评估模型，但它们都没有能够区分风险属性的强度和重要性。也就是说，它们并没有直接传达出不太好的属性和一些非常好的属性，以及它们所有可能组合之间的区别。这个问题在 20 世纪 80 年代在爱丁堡大学得到解决，并且已经发展到将多属性评估的理论方面纳入分数系统的构建中。

（1）爱丁堡（Edinburgh）模型

在英国卫生和社会服务部（Department of Fire Safety Engineering，1982；Stollard，1984；Marchant，1988）的赞助下，爱丁堡大学最先开发了多层次分数系统方法。本研究旨在通过系统的评估方法来改善英国医院的消防安全评估。这种方法在阿尔斯特（Ulster）大学得到了进一步的发展，用于住宅建筑的消防安全评估之中（Shields 等，1986；Donegan 等，1989）。

给消防安全下个定义是困难的，而且通常会引出共同构成同一目的一系列因素，这些因素往往是不同种类的。例如，可以从防火、火灾控制、人员保护等目标来定义消防安全。这些广泛的概念通常可以在建筑规范和其他消防安全法规的介绍部分找到。或者，还可以根据更具体的硬件项目来定义消防安全，如材料的可燃性、热源、探测器、喷淋等，这些主题更类似于建筑规范目录中所列出的项目。一项有意义的工作是建立一个消防安全目标矩阵，而不是更具体的消防安全功能。这有助于在理论和实践中确定这两个概念的作用。

作为这个单一消防安全矩阵的逻辑延伸，考虑有两类以上的消防安全因素。这表明了构成消防安全的事物列表或决策级别的层次结构。表 13.2 显示了此类消防安全决策级别的层次结构。

表 13.2　消防安全决策层次

级别	名称	描　　述
1	方针	组织为实现消防安全及其效果而采取的路线或总体行动计划
2	目标	要达到的具体消防安全目标
3	策略	独立的消防安全方案,每一种方案全部或部分地实现消防安全目标
4	属性	可通过直接或间接测量或估计确定的火灾风险部分
5	调查项目	作为消防安全参数组成部分的可测量特征

这种消防安全细节层次表明,用一系列矩阵来模拟各种消防安全因素之间的关系是合适的,也就是说,政策与目标的矩阵将通过确定最令人满意的具体目标来定义消防安全政策。反过来,目标与策略的矩阵将确定这些因素之间的关系,而策略与参数的矩阵将建议在何处使用什么。因此,可以构建一个矩阵来检查消防安全因素各层次结构中任意两个相邻层次之间的关联性。

这种方法的一个更具吸引力的方面是,可以将两个或多个矩阵进行组合(相乘),以在任何管理决策层面上产生关于消防安全因素对整体消防安全政策的重要性的信息。此过程用于生成参数权重的一维矩阵或向量,该矩阵或向量指定了每个消防安全参数对整体消防安全策略的相对重要性。该方法的细节将在后续章节中讨论。

得到的参数权重结果向量标识了参数对消防安全的重要性。为了对特定建筑或空间进行消防安全评估,还需要对参数等级进行评估。这体现每个参数呈现的程度,或每个参数在特定建筑或空间中的可用功能水平或程度;例如,建筑构件的耐火等级。这些参数等级可以直接测量,或者是从较低层次项目的各种功能中导出。特定建筑或空间中的参数值是其权重和评级的乘积。

根据参数值的数量和或参数权重和评级的标量积,可以得出消防安全的相对度量。它可以用于对设施的安全性进行排序,或者可以将其与标准值进行比较。

爱丁堡模型的另一个重要贡献是参数交互矩阵。构造参数的交互矩阵提供了一种评估每对参数之间的相互依赖性的系统方法。这允许对结果进行调整,以一致的方式反映协同效应和参数的其他关联。

(2) 电信中心的火灾风险评估

过去发生的几起事件,表明了电信设施火灾后果潜在的严重性。电信中心办公室的通信网络中断可能会对应急服务、医疗保健设施、金融机构和其他具有密集电子通信的组织造成严重影响。符合消防安全规范要求并不能充分解决设备易感性或服务连续性问题。为了解决这个问题,已经开发了一个被称为 COFRA(电信中央火灾风险评估)的分数系统(Budnick 等,1997;Parks 等,1998)。

对该问题的初步评估表明,对技术准确性、易用性和实施成本的要求之间存在严重的冲突,因此爱丁堡模型被选为最有效的方法。然而,为更好评估火灾造成关键电信设备损害和服务中断的可能性,对该方法进行了改进。为了保障生命安全和通信网络的完整性,该问题随后被划分为单独的部分。

广泛的努力涉及参数评级的开发和记录。为了简化参数的评级,它们被划分为可测量的组成部分。通常,这些部分是可直接测量的调查项目,一些参数还有子参数。每个参数都是根据设备的可见特性进行分析的，这些特性会影响参数对网络完整性的贡献。这些项目是直接测量的，选择它们是为了显著提高其各自参数或子参数的有效性。每个调查项目的定义都足以支持这些特征。

决策表用于建立将调查项目转换为参数评级的逻辑关系（Watts 等，1995）。这些表的输入包括火灾测试结果、火灾危险建模、以往火灾事件的现场经验、逻辑图和专业判断。使用层次分析法（AHP）确定子参数的权重。该应用程序已被编成计算机程序，并作为个人计算机的用户友好软件进行了现场测试（Parks，1996）。

（3）多属性评估模型的其他实例

近年来，多属性评估方法在分数系统中的应用已经发展为多种形式和多种用途。在美国，历史火灾风险指数已发展为包含文化意义的火灾风险评估参数（Kaplan 和 Watts，1999；Watts 和 Kaplan，2001）。在中国香港，模糊系统理论的各个方面已被纳入分数系统之中，用以评估既有的高层建筑（Lo，1999）。

尽管大多数分数系统都关注生命安全问题，但 FireSEPC（对教区教堂财产的消防安全评估程序）是以保险为动机的，它处理的是建筑物的价值（Copping，2000）。该评估程序使用的是层次结构框架，对 18 个消防安全组成部分的贡献进行评级，并将得分与根据指导文件制定的"对照标准"进行比较。

在瑞典，有一个重要的项目用于开发和验证木结构、多层公寓建筑的分数系统（Magnusson 和 Rantatalo，1998；Hultquist 和 Karlsson，2000）。由于其全面的文档和验证程序，这项工作特别值得注意。

13.4　多属性评估

消防安全评估可能十分困难。必须同时处理许多（有时相互冲突的）属性。管理科学领域长期以来一直在处理这类问题。他们已经就多属性评估这一主题建立了大量理论，也被称为多属性决策分析、多准则决策和多属性效用理论。

这些方法适用于决策者必须对以两个或更多相关属性为特征的替代方案进行评估、排序或分类的问题。描述多属性评估理论、方法和应用的文献是非常丰富的。主要方法的总结和描述可参见 Yoon 和 Hwang（1995）以及 Norris 和 Marshall（1995）的文献。多属性评估的 5 个基本特征适用于消防安全问题：

（1）多个属性

决策的本质是根据每个目标或备选方案的一组属性的值，从备选目标中筛选优先级评估或选择一个对象。因此，每个问题都有多个决策标准或性能属性，必须为特定的问题设置生成这些属性。属性的数量取决于问题的性质。

（2）属性之间的权衡

在典型的补偿评估中，一个属性的良好性能至少可以部分地补偿另一个属性的低性能，这也被称为权衡。由于大多数属性具有不同的测量标度，因此在这些属性之间进行权衡通常意味着该方法包含了对不相称数据进行规范化的过程。

（3）不相称的单位

有些问题的属性通常不能以直接成比例的单位来进行衡量。事实上，测量某些属性可能是不实际的、不可能的，或者成本太高根本无法测量。这通常需要主观估算的方法。

（4）属性权重

正式的分析方法通常需要有关每个属性的相对重要性的信息，这些信息通常由基数量表提供。权重可以通过特定的方法直接提供或建立。在一些简单的情况下，权重可以默认为相等。

（5）评估向量

评估问题可以简明地表示为一个向量，其值对应于特定对象的每个属性的性能等级。如果决策问题的属性是 x_1, x_2, x_3, $\cdots$, x_n，那么需要确定一个评估函数 $E(x_1, x_2, x_3, \cdots, x_n)$，以便进行性能评估。

除了评估向量中的信息之外，多属性评估通常还需要额外的信息，例如，关于属性的最小可接受值、最大可接受值或目标值的信息。

13.4.1 属性

多属性评估从生成属性开始，这些属性提供实现评估目标性能的方法。这些属性，也被称为参数、元素、因子、变量等，确定了消防安全的要素。

消防安全属性可以定义为火灾风险的组成部分，它们可以用直接或间接的测量或估算方法进行量化，用于代表占总火灾风险可接受的大部分因素。通常它们是不能直接测量的。对于既有建筑物尤其如此，其中只有有限的信息可供使用。因此，属性可以是定量，也可以是定性的，并且这两种类型的属性都非常重要。属性的选择应该产生一个非冲突的、一致的并符合逻辑的集合。

（1）属性的生成

消防安全是一个复杂的系统，受到许多因素的影响，这些因素包括个人服装的可燃性和直升机场疏散的可用性。在实践中，由于受计算工作量和知识差距的限制，只能考虑相对较少的因素。

在直觉上，假设消防安全是一种帕累特现象，对消防安全分析是很有吸引力的，因为火灾中相对较少的属性可以解决大部分问题。一般的火灾损失数据表明，少数因素与大部分火灾死亡有关。然后，有必要确定一些合理的因素组合作为属性，这些因素构成了火灾风险的可接受的部分。Pardee（1969）建议理想的属性列表如下：

① 完整和详尽。也就是说，所有重要的属性都应该被表示出来。

② 相互排斥。这些属性的独立性有助于权衡评估。

③ 限制在最重要的程度。较低级别的标准可能是本节后面讨论的属性评级的一部分。

Keeny 和 Raiffa（1976）建议使用文献调查或专家小组来确定特定问题的属性。

（2）示例属性列表

美国消防局进行了一项消防安全有效性的研究，侧重于确定关键生命安全变量的逻辑和可重复方法（Watts 等，1979 年）。该研究包括对案例历史、研究和测试数据、逻辑图、软件、火灾模型、审查、检查清单、保险评级表和个人经验的广泛调查，以确定 100 多个生命安全变量的列表。这个大的数量需要减少到一个大小更合适的子集。

以上方法可简化为两步进行。第一步通过筛选变量的冗余性、适用性以及确定它们是否是明确定义的消防安全系统的组成部分，通过此步骤把列表中的变量减少到 66 个。第二步是对每个候选变量进行异常分析和功能分析，以确定其独立性和重要性。

表 13.3 列出了本研究得到的 19 个关键生命安全变量或属性。为了方便和清晰起见，属性被分为四组。

表 13.3　关键生命安全变量

火灾的发展	火灾荷载 热释放速率 燃烧产物的毒性 燃烧产物的遮光性	火灾控制	自动灭火系统 自动排烟系统 系统维护 消防部门的扑救 内部员工的扑救
火灾蔓延	结构构件的耐火性能 出口通道的耐火性能 立柱的耐火性能 危险区域的防火分区的耐火性	疏散	疏散路径长度 偏远/独立出口 建筑的高度 自动探测系统 生理/心理状态

这种详细的过程不是大多数分数系统的典型过程。属性的选择通常更随意，具有相应的不同结果。当讨论属性生成的主题时，选择属性的方法通常分为三类：

① Delphi 方法，或者一些不太正式的、依赖专家判断的共识过程。

② 火灾场景，理想情况下基于损失统计，但通常采用主观意见。

③ 分层成功树的割集，可以提供一个包含列表。

在本章前一节描述的应用程序中，属性列表的生成在很大程度上依赖于直觉和主观判断。最重要的是，评估向量只包括那些在建筑物之间存在显著差异且其变化被认为是有意义的属性。

（3）Delphi 方法

Delphi 方法是一种在决策过程中达成共识的非交互式的群体判断方法（Linstone 和 Turoff，1975）。这个过程需要一个专家组来估算系统变量的其他不可预测的关系。传统上，专家小组成员之间不见面，这样做的目的是为了消除专家小组之间的一些相互影响的因素。这些因素是依赖于专家个体，并且在做技术决策时可能是不合需要的，例如处于权威地位的个体、无关的沟通和服从权威的压力。

正式的过程称为 Delphi 过程。专家小组中的每个人都要回答一组问题。对每个人回答问题的结果进行汇总后，并将结果送给每一个专家，作为影响因素，使每个专家都可以重新评估其原始答案，并找出差异的潜在原因。重复这些步骤，直到达到可接受的共识水平。研究发现，2~5 轮这样的循环之后，都会趋于收敛现象。当通过计算机编译结果实时进行该过程时，它被称为 Delphi 会议。

在 FSES 和 Edinburgh 模型中使用的结构化团队沟通过程有时被称为改进的 Delphi 过程。专家小组是作为一个小组召集的，但须遵循一个迭代过程，对一组问题做出回答并对汇总结果的反馈做出反应。这种方法可以节省时间，并允许讨论难以在书面问卷中完整描述的复杂问题。Delphi 方法用于识别属性和确定属性权重。

文献中讨论了 Delphi 方法在消防安全多属性评估中的应用（Shields 等，1987；Marchant，1989）。Dodd 和 Donegan（1995）在其他消防工程主观测量方法中简要讨论了

Delphi 方法。

13.4.2 属性的权重

并非所有的消防安全属性都是同样重要的。权重的作用是表示每个属性相对于其他属性的重要性。因此，确定权重是多属性评估的关键组成部分。

虽然按序数标准确定权重通常比较容易，但是大多数多属性评估方法都需要基数权重。通常将属性权重归一化为 1，即，如果 y_i 是属性 i 的原始权重，则

$$w_i = \frac{y_i}{\sum\limits_{i=1}^{n} y_i}$$

且

$$\sum_{i=1}^{n} w_i = 1$$

这将产生 n 个权重的向量，表示如下：

$$W = (w_1, \cdots, w_j, \cdots, w_n)$$

式中，w_i 是指第 i 个属性的权重。

属性的这种相对重要性在建筑消防安全评估中被定义为常量。在多属性评估中使用了多种权重评估技术，Eckendrode（1965）、Hwang 和 Yoon（1981）回顾了其中的一些方法。通常，在消防安全评估中，层次分析法是一种有效的技术。在前面描述的爱丁堡模型中，开发了一种加权方法，其概述如下。

（1）爱丁堡方法

在爱丁堡方法（Edinburgh method）的研究中，提出了一种用于开发消防安全属性权重的层次矩阵方法。该方法使用决策级别的层次结构来生成权重，以识别每个消防安全属性的重要性。层次结构通常由 4 个层次组成：方针、目标、策略和属性（见表 13.2）。

第一步是通过一组消防安全目标中每个成员的相对重要性来定义公司、组织或机构的消防安全方针。目前还没有开展任何重大工作来确定消防安全正在努力实现的目标（即，消防安全资源的分配通常不直接与特定的公司目标相关联），因此这些目标是非常主观的。目前，消防安全目标清单可以包括有关生命安全、财产保护、作业连续性、环境保护和遗产保护等。

在大多数应用中，改进的 Delphi 方法用于根据指定的目标列表定义消防安全政策，即要求一组专家根据消防安全目标对政策的重要性进行排序。Delphi 小组的每个成员都会收到相应平均值形式的反馈，并且该过程会重复进行，直到达到可接受的共识水平。Delphi 方法生成一个向量，表示每个目标对组织方针的相对重要性。如果有 l 个消防安全目标，则政策权重向量 P 由下式给出：

$$P = [o_1, \cdots, o_i, \cdots, o_l]$$

式中，o_i 是第 i 个目标对公司、机构或组织方针的重要性。

下一个决策层涉及消防安全策略。可以通过采用 NFPA 消防安全概念树（NFPA 550，1995）的割集来推导一系列策略。消防安全策略的例子包括：防止点火源、限制可燃物、防火分区、火灾探测和警报、火灾扑救和保护暴露的人或物。

构建了目标与策略的矩阵。每个因素的赋值再次由 Delphi 方法或其他主观决策过程提供。这里要回答的问题是：每个策略对实现每个目标有多重要？

因此，我们制定了一组 m 个策略来定义如何实现消防安全目标，并且每个策略对每个目标都具有相对重要性。这就产生了目标/策略矩阵 O，表示为：

$$O = \begin{bmatrix} s_{1,1} & s_{1,2} & \cdots & s_{1,m} \\ s_{2,1} & s_{2,2} & \cdots & s_{2,m} \\ \vdots & \vdots & \ddots & \vdots \\ s_{l,1} & s_{l,2} & \cdots & s_{l,m} \end{bmatrix}$$

式中，$s_{i,j}$ 是策略 j 对目标 i 的重要性。

继续此过程，下一步将处理消防安全属性。对 n 个消防安全属性列表进行评估，以确定它们对每个 m 策略中的每一个策略的贡献。由此产生的策略/属性矩阵 S 如下：

$$S = \begin{bmatrix} a_{1,1} & a_{1,2} & \cdots & a_{1,n} \\ a_{2,1} & a_{2,2} & \cdots & a_{2,n} \\ \vdots & \vdots & \ddots & \vdots \\ a_{m,1} & a_{m,2} & \cdots & a_{l,n} \end{bmatrix}$$

式中，$a_{i,j}$ 是标识第 j 个属性对第 i 个策略的重要性的值。

为了简化数学操作，可以对矩阵的值进行归一化。然后将这三个矩阵相乘，乘积是一个向量，这个向量表明了每个消防安全属性对整个消防安全政策的相对重要性。

$$[P] \cdot [O] \cdot [S] = [y_1, \cdots, y_j, \cdots, y_n]$$

对该向量中的值进行归一化，以生成要在评估中使用的属性权重。

$$W = [w_1, \cdots, w_i, \cdots, w_n]$$

该方法的一个特殊意义在于，所得到的向量是对消防安全属性的透明加权，揭示了消防安全分数和目标之间的确切关系。

（2）层次分析法（AHP）

AHP 是一种强大的多属性评估技术。正如下一节中所讨论的那样，它已成功用于生成属性评级。但是，建立属性权重可能会比较困难。出于实际目的，AHP 使用的属性集应限制为 6～7 个。如果超过这个数字，将很难在方法中保持可接受的一致性水平。大多数消防安全评估分数系统可以处理 15～20 个属性。从理论上讲，通过将一组属性划分为 7 个或更少的集合，可以很容易地处理上述的数字限制。在消防安全评估中，如果不进一步处理独立性假设或层次结构逻辑，则该部分将是十分困难的。

13.4.3 属性评级

每个属性权重表示在评估方法范围内对所有设施通用的特定相对重要性。单个建筑物在空间中存在或发生导致属性的程度会有所不同。属性评级或等级是特定应用中属性所提供的强度级别或危险程度或安全程度的度量。

所选属性可以是定量的或定性的。因为这两种类型的属性都非常重要，所以我们需要一种方法来解释一般性质的属性。定性属性可能不切实际、不可能或者成本过高，而无法直接测量。Likert 量表法常用于以经验方式捕捉属性的基本含义，并开发一个可以基于量表的替代方法或等级标准。

定量属性易于测量或量化，但可能需要判断以转换为补偿措施。每个定量属性通常具有不同的测量单位。由于多属性评估评分通常需要同种类型的数据，因此数据转换技术变得非常必要。必须将定量属性评级标准化为所有属性通用的标度。

（1）Likert 量表法

数据转换及其构建是任何现象测量的核心。这包括客观条件和主观状态。为能够表示对象之间有效的和可靠的差异，需要给每个单独的对象进行转换（Torgerson，1958）。

Likert 量表是由 Rensis Likert 开发的一种心理测量量表，通常为每个属性提供五个选项，选项得分从 1 分到 5 分。心理测量方法是由诸如响度和烟气光密度等心理物理测量量表推导而来的；但是尽管他们的目的是在线性（直线）量表上定位数值，却没有涉及直接的定量物理值。Likert 量表法通常用于衡量个体对象和各种特征的评估。没有一个比例模型比 Likert 比例更具有直观的吸引力。主要使用五点 Likert 量表，但如果其应用不强调区分意义或重要差异的能力，则也可以使用更详细的量表，如七点或九点量表。

Likert 量表有三个基本假设（McIver 和 Carmines，1981 年）：

① 每一项都与潜在的连续维数单调相关，也就是说，没有明显的不连续或斜率逆转。

② 项目得分之和相对于测量的维度是单调的（并且是近似线性的）。

③ 作为一组的项目只测量所寻求的维度。换句话说，所有要进行线性组合的项目只与一个共同因素相关，并且这些项目的总和应包含各个项目中所有的重要信息。

在以上 3 个基本假设中，最后一个假设可能有点问题，因为很难断定这些项目作为一个整体只是为了衡量一种现象。

转换系统分为标称系统、序数系统、区间系统或比值系统。标称系统就像足球运动衫上的数字，只是用来区分和识别。序数系统是一种排名，表示一个序列或顺序中的位置，如第一（1st）、第二（2nd）和第三（3rd）。区间系统在数字之间具有明显的差异，例如摄氏温标。比值标度有一个有意义的零点，如开尔文温标。组合计算和加减法适用于区间系统和比值系统，例如，在足球服上添加数字并不能告诉你任何事情。乘法和除法只能在比值测量上执行；例如，你不应该在 Stefan-Boltzman 定律中使用摄氏温度。

在 Delphi 方法的实验中，检验了 3 种简单转换技术的等效性，得出的结论是：出于实际目的，这些结果可以被接受为区间系统标度（Scheibe 等，1975 年）。实验表明，Delphi 方法中使用的 Likert 量表具有相等的差异性，因此组合计算是合适的。Likert 量表上的分数之间的间隔是有意义的，但分数的比值却是不可解释的。

（2）数据归一化

通常，每个定量属性都有不同的度量单位。为了获得作为多属性评估的基本特征的补偿性权衡，必须使用可计算的属性单元。因此，属性评级被归一化，以消除评估向量中不同测量单位引起的计算问题。那么，我们需要为每个属性 i 构造或采用一个归一化的函数 $R_i(x_i)$。

归一化的目的是获得属性之间进行比较的标准。因此，归一化评级具有无量纲单位，评级越大，其偏好越多。

消防安全的属性可能是有益的、有害的或非单调的。有益的属性提供单调增加的效用；属性值越大，其偏好越大，例如耐火性。有害的属性在效用上是单调递减的；属性值越大，其偏好越小，例如热释放速率。非单调的消防安全属性并不常见。一个也许是独一无二的例子是楼层，其中，为了生命安全，地面比地面上或地下的楼层更受欢迎。

最常见的归一化形式是线性的。对于有益属性，属性 i 的归一化评级由下式给出：

$$r_i = \frac{x_i - \check{x}_i}{\hat{x}_i - \check{x}_i}$$

其中 $\hat{x}_i$ 是 x_i 的上限或最大可能值，$\check{x}_i$ 是 x_i 的下限或最小可能值。因此，表达式 $\hat{x}_i - \check{x}_i$ 是属性 x_i 的所有可能值的范围。如果经常发生 $\check{x}_i = 0$，则归一化评级由属性值与最大值之比（$r_i = x_i / \hat{x}_i$）给出。结果评级具有 $0 \leqslant r_i \leqslant 1$ 的特征，并且当 r_i 接近 1 时，该属性更为有利。

有害属性 i 的线性归一化评级由下式给出：

$$r_i = \frac{\hat{x}_i - x_i}{\hat{x}_i - \check{x}_i}$$

同样，所得到的评级具有 $0 \leqslant r_i \leqslant 1$ 的特征，并已被调整为与有益属性一致，以便当 r_i 接近 1 时，该属性更有利。

对非单调属性进行归一化有统计程序可用，但它们在消防安全评估中通常不是必需的。

如果定量属性和定性属性是混合的，则归一化评级应乘以用于定性属性的 Likert 量表的模量。例如，如果定性数据使用 5 点 Likert 量表，则归一化评级应乘以 5。这对于维持评分方法的补偿能力是至关重要的。

（3）决策表

将属性划分为可度量的组成部分，可以促进对消防安全属性进行评级。通常，这些部分是可以直接测量的调查项目。有时也可能有中间子属性。调查项目是建筑物或建筑空间的可测量特征，其作为一个或多个属性或子属性组成部分。

决策表通常用于决策分析和文献编制（CSA，1970；Hurley，1983）。它们的目的是在基本决策中提供信息流的有序表示。虽然这些决策通过相对比较看起来很简单，但它们的基本逻辑往往是复杂的。表格法是表达决策逻辑的一种方法，通过在各种条件下安排并呈现逻辑备选方案，鼓励将问题简化为最简单的形式。

许多决策问题可以表述为一组可以导致某些结论或行动的属性或条件。这些属性和结论具有明确或隐含的"如果…，那么…"关系。产生结论的属性的每个可选组合称为决策规则。

决策表由四个象限组成，通常由粗线或双线分隔。属性或条件出现在上半部分中，用水平线与下面的结论或操作分隔开。表的右侧垂直细分为决策规则的列。列号标识特定的规则。在检查单个规则时是从上往下阅读的。每个适用变量或调查项目的值将显示在右上角象限的每个列或决策规则中。决策规则的结果位于右下象限。在最简单的形式中，所有变量都是二进制的，例如，Y 和 N 表示"是"和"否"；但是，根据需要也可以使用数字等其他指标。

决策表为使用调查项目制定消防安全属性评级提供了有用的逻辑（Watts 等，1995）。

在上一节讨论的 COFRA 模型中，17 个属性被确定为火灾风险的主要组成部分。其中一个涉及可用于火灾的预期燃料。这个属性被称为普通可燃物。

在开发评估该属性评级的基础时，逻辑树（图 13.1）来自 NFPA 消防安全概念树（NFPA 550，1995）。该属性分为两个子属性：着火属性和发展属性。发展属性又分为调查项目火灾荷载和火灾增长率。着火属性分为三个部分：点火源、传递过程和燃料可燃性。转移过程也是一个子属性，由调查项目、设备维护和内务管理组成。因此，根据材料属性和周围条件来评估属性。

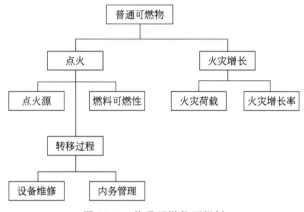

图 13.1　普通可燃物逻辑树

从图 13.1 可以看出，发展子属性是调查项目、火灾荷载和火灾增长率的函数。表 13.4 是决策表，表示与调查项目的关系，使用的是模量为 4 的量表。注意，火灾荷载（N＝none）的其中一个值占主导地位，因此决策规则 1 代表 4 个基本决策规则。

表 13.4　子属性增长的决策表

调查项目	决策规则												
	1	2	3	4	5	6	7	8	9	10	11	12	13
火灾荷载 （N,L,M,H）	N	L	M	H	L	M	H	L	M	H	L	M	H
火灾增长率 （S,M,F,V）	–	S	S	S	M	M	M	F	F	F	V	V	V
火灾发展	0	1	2	3	2	3	4	3	4	5	4	5	5

如上所述，数学上易处理的方法是在 0～5 的 Likert 量表上将属性评级指定为整数，其中 0 是等于零风险的理论最佳等值，5 是最差可行情况。因此，该范围是在现象学上而不是由技术定义的。子属性增长的评级基于这样的规模，例如，中等火灾荷载（M）和缓慢火灾增长率（S）产生的子属性增长的评级为 2（决策规则 3）。

从图 13.1 可以看出，着火子属性由三个因素决定：点火源和燃料可燃性两个调查项目以及传递过程子属性。表 13.5 是点火源子属性的决策表。三个属性中的每一个都有三个模数，共有 27 个决策规则。例如，如果三个属性的值都为 M，则点火源的子属性等级将为 3（决策规则 14）。

表 13.5　子属性点火源决策表

调查项目	决策规则													
	1	2	3	4	5	6	7	8	9	10	11	12	13	14
点火源(L,M,H)	L	L	L	L	L	L	L	L	L	M	M	M	M	M
转移过程(L,M,H)	L	L	L	M	M	M	H	H	H	L	L	L	M	M
燃料可燃性(L,M,H)	L	M	H	L	M	H	L	M	H	L	M	H	L	M
着火	1	1	2	1	2	3	2	3	4	1	2	3	2	3

调查项目	决策规则												
	15	16	17	18	19	20	21	22	23	24	25	26	27
点火源(L,M,H)	M	M	M	M	M	H	H	H	H	H	H	H	H
转移过程(L,M,H)	M	H	H	H	L	L	L	M	M	M	H	H	H
燃料可燃性(L,M,H)	H	L	M	H	L	L	H	L	M	H	L	M	H
着火	4	3	4	5	2	3	4	3	4	5	4	5	5

决策表有三个属性，有助于它们在消防安全分数系统评估中的有效性。

在消防安全评估中，决策表的三个性质决定了决策表的有效性。

① 决策表提供了一种使用调查项目的数据对消防安全属性进行评级的规范方法。

② 决策表为分数系统的详细设计提供了简明和标准化的文档。

③ 决策表简化了向计算机化应用程序的过渡。

（4）层次分析法（AHP）

消防安全属性的评级也可以通过成对比较和层次分析法来确定。AHP 在文献中得到了广泛的验证和应用，它的使用得到了多个商业上可用的用户友好软件包的支持。在这种方法中，每个调查项目或子属性的相对重要性是通过建立一个方形矩阵 A 和进行成对比较来确定的。

$$A = \begin{bmatrix} 1 & a_{1,2} & \cdots & a_{1,n} \\ a_{2,1} & 1 & a_{2,n-1} & a_{2,n} \\ \vdots & & \ddots & \vdots \\ a_{n,1} & a_{n,2} & \cdots & 1 \end{bmatrix}$$

对每一对可能的项目进行检查，并主观判定哪些项目更重要（优选）以及重要到什么程度来确定 $a_{i,j}$，$a_{i,j}$ 代表项目 i 相对项目 j 的优先程度，其值是利用从 1～9 的 Likert 量表确定的。对于 n 个项目，将有 $n(n-1)/2$ 个这样的比较。

根据定义，矩阵的对角线取值均为 1，因为每个项与自身相比具有同等重要性，即对

于所有的 i，$a_{i,i}=1$。对角线对称相对侧的值互为倒数。也就是说，如果一个项目 A 的重要性是项目 B 的 x 倍，那么项目 B 的重要性是项目 A 的 $1/x$ 倍，即对于所有 i 和 j 有 $a_{i,j}=1/a_{j,i}$。然后可以使用几种方法中的任何一种从矩阵中计算出每个项目的相对重要性。商业软件中最著名和最实用的方法是特征值优先法（Saatty，1980，1990）。

AHP 还提供了配对比较不一致性的启发式检查方法。完美的基数传递性意味着如果 A 的重要性是 B 的 2 倍，B 的重要性是 C 的 3 倍，那么 A 的重要性正好是 C 的 6 倍。使用成对比较的 AHP 等方法，允许决策者提供不一致的判断，即结果比较不符合完美基数传递性的特性。AHP 使用主特征向量来计算由成对比较集显示的不一致程度（偏离完全基数传递性）。AHP 软件报告了这种一致性启发式测试的结果。

使用成对比较和 AHP 时，每个属性的子属性或调查项的数量应限制在 7 个左右。这个数字与理论是一致的，即 7±2 代表观察者从绝对判断中所能提供的关于物体的最大信息量（Miller，1956）。

13.4.4　评分方法

多属性评估可以视为属性向量。将向量转换为适当的标量值是分数系统的目的，也就是说，建立一个表示系统有效性的指标。在消防安全中，我们还没有彻底了解属性之间的功能关系，因此使用了简单的启发式评分技术。最常见的两种是加权和与加权积。

（1）加权和法

加权和法是消防安全评估分数体系中应用最广泛的方法。通过评估贡献来确定每个属性的分数。由于具有不同测量单位的两个项目不能相加，因此需要使用前面章节讨论的通用数字缩放系统（如归一化）来允许在属性值之间进行相加。然后，通过将每个属性的可比评级乘以该属性的权重系数，然后将所有属性的结果相加，就可以得到评估的总分。加权和法中的评估得分 S 形式上可以表示为

$$S = \sum_{i=1}^{n} w_i r_i$$

式中，w_i 是属性 i 的权重，r_i 是属性 i 的归一化评级。因此，数值结果是属性的权重向量和属性的评级向量的标量积。

加权和法的基本假设是属性的优先独立性。不太正式地说，这意味着单个属性对总分（多属性）的贡献独立于其他属性值。因此，关于一个属性值的偏好不会以任何方式受到其他属性值的影响（Fishburn，1976）。幸运的是，研究表明（Edwards，1977；Farmer，1987），即使属性之间的独立性并不完全成立，加权和法也会产生与"实际"值函数非常接近的近似值。

这个模型允许对一个量表的各个组成部分进行非常宽松的假设。Nunnally（1978）认为，由于每个项目都可能包含相当大的测量误差或特异性，因此这种加法模型的重要性在于它不会非常重视任何特定项目。加权和法还假定特征权重与每个属性值函数中单位变化的相对值成比例，这就是使该方法具有补偿性的原因。

加权和法是 FSES 关于人员生命安全和本章前面介绍的爱丁堡模型使用的评分模型。

（2）加权积法

在加权和中，只有在通过归一化将不同的度量单位转换为无量纲比值之后，才允许在

属性值之间进行加法处理。但是，如果在属性之间进行乘法操作，则不需要进行这种转换。属性值在加权积法中相乘，权重成为与每个属性值相关联的指数，收益属性为正幂，成本属性为负幂。形式上，使用加权积法的评估得分 S 可以表示为：

$$S = \prod_{i=1}^{n} x_i^{w_i}$$

式中，w_i 是属性 i 的权重，x_i 是属性 i 的评定等级。

鉴于指数的属性，此方法要求所有评级都大于 1。当一个属性有分数等级时，它们应该连续乘以 10 的某次幂，以满足此要求。

加权积法可能导致结果更多的可变性。由于属性等级是相乘的，一个属性中的小的测量误差可以在分数中产生显著的变化。当属性评级是具有较大潜在差异的主观判断结果时，这使得该方法不太合适。

加权积法是本章前面描述的 Gretener 方法中使用的评分模型。

（3）层次分析法（AHP）

上一节中讨论的关于属性评级的层次分析法，也被广泛地用作多属性评估评分方法。它也适用于爱丁堡分数系统模型，用于研究住宅的消防安全（Shields 和 Silcock，1986）。然而，层次分析法在消防安全评估分数系统中的使用还有一定的局限性。

AHP 的过程不像属性权重和评级的算术组合那样直观或透明。此外，正如前面讨论的那样，AHP 显著地限制了可以考虑的属性的数量。随着属性数量的增加，成对比较的判断很快就变得复杂起来。7 个属性产生了 21 个成对比较，这接近该过程的最大合理工作量。甚至 AHP 计算机软件也将属性的数量限制为 9 个。最后，尽管在消防安全评估中很少出现这种情况，但如果不知道属性等级的实际范围，则 AHP 的结果可能会发生失真和等级的逆转。

虽然 AHP 在成对比较中具有可测量一致性的优势，但是它不一定能得到更准确的结果。Karni 等（1990）比较了现实生活中的 AHP 和简单加权加法，发现得到的排名结果没有显著差异。

13.5　准则

在过去的 20 年中，分数系统在消防安全领域的应用快速扩散。文献档案显示其中有一些应用非常广泛，而也有另一些则几乎没有得到应用。与任何分析技术一样，分数系统也有其局限性，不应该不加批判地使用。

分数系统的目的是为决策提供有用的帮助。实用性要求方法简单而可信。应用它不仅要简单易用，而且要足够复杂，以提供最低的技术有效性。可信度也可以通过一致性和透明度来提高。它的发展应该是系统的，所有相关方都应该清楚地认识到相关的技术问题已经被适当地涵盖。在对许多现有分数系统进行审查的基础上，提出了 10 项准则，作为未来发展和评估的辅助手段（Watts，1991）。

（1）评估方法的开发和应用应根据标准程序建立完整的档案

专业性的一个标志是，随着研究的进行，将记录假设、数据、属性估算及其选择原因、模型结构和细节、分析步骤、相关约束、结果、敏感性测试、验证等信息。这些信息很少适用于大多数分数系统。

除了便于审查外，档案还有其他实际原因不能忽视的重要性：

① 如果要进行外部验证，必须提供足够的文件档案；

② 在分数系统的生命周期内，不可避免的变更和调整将需要有适当的文件档案；

③ 清晰完整的文件档案，增强了对评估方法的信心，其缺失不可避免地带来相反的效果。

如果档案遵循既定的准则，其价值将得到改善。文件档案的标准格式主要是针对大型计算机模型（如 Gass，1984；ASTM，1992）的，但原则上可以很容易地适应更一般的应用。

（2）对区域进行划分，而不是从中进行选择

在分数系统中，最不成熟的过程之一是属性的选择。在遵循系统方法时，最好进行综合考虑。在爱丁堡模型中，这是通过使用 NFPA 消防安全概念树实现的（NFPA 550，1995）。这棵树是从消防安全目标的整体概念出发的。树上的割集将识别包含所有可能的消防安全特性的一组属性。

（3）属性应该表示最常见的火灾场景

在确定属性的详细程度时，有必要查看那些最重要的、统计上的或由丰富经验的判断因素。如果满足系统全面性的需要，该准则也可以用作标准 2 的替代准则。

（4）提供属性的可操作性定义

如果该方法由多个人使用，则必须要确保准确地传达关键术语的意图。许多火灾风险属性是深奥的概念，即使在火灾领域中也有各种各样的解释。

（5）系统地引出主观评定值

大多数分数系统方法都严重依赖经验判断。使用正式的、文档化的程序可以显著提高系统的可靠性。类似地，使用可识别的比例缩放技术将增强可信度。

（6）属性值应该是可维护的

一个没有明确包含在分数系统中的变量是时间。然而，时间的影响无处不在，它会影响内部（例如恶化）和外部（例如技术发展）的火灾风险。为了使该方法具有合理的使用寿命，它必须能够易于更新。这意味着生成属性权重和评级的过程必须是可重复的。随着时间的推移和新信息变化，系统可以进行相应的修订。

（7）一致性地处理属性交互

大多数情况下，这将包含一个明确陈述的假设，即属性之间没有交互作用。在考虑相互作用的情况下，重要的是要系统地处理它们，以避免存在偏见。爱丁堡模型交互矩阵是这种评估的一种方法。

（8）阐明线性假设

虽然这一假设在分数系统中是通用的；但众所周知，火灾风险变量不一定以线性方式表现。理解这些假设对于接受消防安全评估分数系统及其局限性是非常重要的。

（9）用一个指标来描述火灾风险

大多数分数系统方法的目标是牺牲细节和个性化特征，以便使评估更容易。即使在最复杂的应用程序中，信息也应该降低到一个分数上。人们已经提出一些技术，用以将工艺、经济和社会政治因素结合起来（Chicken 和 Hayns，1989），其结果应以一种简单明

确的方式来表达其重要性的方式呈现。除非所有参与者都能理解和讨论评估的含义，否则人们不会对其充分性有普遍的信心。

（10）验证结果

我们还应该进行一些尝试，以验证该评估方法确实能够以足够的精度，区分较小和较大之间的火灾风险。此处要求的精度与其他工程用途不同，通常确定一个数量级就足够了。

13.6　总结

分数系统因其实用性强和相对易用性而迅速发展。消防安全评估涉及的因素众多，难以用统一和一致的方式进行评估。核安全和环境保护领域的工作证明，对这种复杂系统的分析是困难的，但并非不可能。详细的风险评估可能是一个昂贵且劳动密集的过程，并且在改进结果呈现方面还有相当大的余地。分数系统可以提供一种具有成本效益的消防安全评估手段，其在实用性和有效性上都是足够的。

为了简化分析和程序，通常的做法忽略了评估向量数据中以及其他关于属性和对象的信息中固有的不确定性和不精确性。当不确定值由其预期值而不是概率分布表示时，就会忽略了这种不确定性。当诸如"好"和"坏"等的评级被转换为标量数而不是一个范围时，就忽略了不精确性。所有消防安全应用都遵循这种做法。任何类型的测量都涉及偶然误差或随机误差。然而，正如 Nunnally（1978）所观察到的那样，"当用许多项目的得分相加得出总分时，这种不可靠性就被平均了，这通常反而是非常可靠的。"

许多正式的多属性评估方法可用于决策分析领域。在所选择的方法的应用中，选择它们并不像逻辑和一致那样重要。在一项对 4 种补偿方法的研究中发现，该方法的适当性或其易用性没有显著差异（Hobbs 等，1992）。通常给出的建议是，应该使用用户感觉舒适的方法。

许多多属性评估算法可以很容易地在个人计算机上执行。电子表格是一种特别强大的多属性评估分析工具。它可以很容易地存储和处理评估向量。

大量的商业软件可用于加权和法与 AHP。如本章前面所讨论的，还开发了几种专门用于消防安全评估的计算机程序。

分数系统试图从多维数据中获得一个有意义的指数，用来评估消防安全。它们是相对简单的模型，不完全依赖物理或管理科学中已证明的原理。但它们的可信度得到了提高，因为它们确实采用了这些原则。

术语

本章中使用的一些术语源自其他领域和学科，如决策分析、经济学、数学、线性代数、管理科学、运筹学、心理学和集合论。它们是不常用的，或者具有与常规使用不同的内涵。为了帮助读者理解，这里罗列了一个简短的术语表，其中包含这些术语的定义。这些术语在本章的上下文中可能定义不是十分清楚。这里还包括一些重复的首字母缩略词。

AHP：层次分析法，一种决策分析工具。

属性： 可以测量的一种特征，用于指示现实或实现目标的程度。在某些分数系统中，属性也被称为参数或因子。

基数： 一个数，如 3、11 或 412，用于计数，以表示数量而不是顺序。

相称： 有一个共同的措施。

连续统： 一个连贯的整体，其特征在于以微小数字变化的值或元素的集合、序列或级数，例如"好"和"坏"位于连续统一体的相对端，而不是描述一条线的两半。

割集： 网络中的一组节点或事件，其删除将断开网络连接。

FSES： 消防安全评估系统，NFPA 101A 中发布的一种分数系统。

启发式： 用于生成解决方案规则或算法，它可能不是最优的，没有正式的证据，但过程是合理的。

Likert 量表： 将属性评分为 1、2、3、4 或 5 的测量量表，表示从不利到有利。

矩阵： 一个矩形的数字数组。

单调性： 随着自变量的值增加，具有永不增加或永不减少的属性。

序数： 表示序列或顺序中位置的数字。序数是第一个（1st）、第二个（2nd）、第三个（3rd）等。

帕雷托： 继 Vilfredo Pareto（1848—1923）之后，意大利经济学家和工程师（都灵大学，1869），因将数学应用于经济分析而闻名。他的收入分配规律将社会财富积累描述为一种与帕雷托分布相适应的一致模式。这一理论认为，大部分资金都由极少数人持有。这里所用的术语是指大多数消防安全可以用一组很少的属性来解释其特性。

标量积： 两个向量相乘的实数。它等于每个向量中相应值的乘积之和，它也被称为点积和内积。

替代措施： 根据相关因素间接衡量目标完成情况的方法措施，它也被称为代理措施。

矢量或向量： 一个单行或列矩阵，即由数字构成的线性数组。

符号说明

$a_{i,j}$	第 j 个属性对 i 个策略的重要性
$a_{m,n}$	m 项相对 n 项的优先程度
A	激活（点火）危险；方阵
E	评估功能函数
F	结构的耐火性
N	正常保护措施
o_i	第 i 个对象的重要性
O	目标/战略矩阵
P	潜在危险；政策权重向量
r_i	属性 i 的归一化评级
R	风险
R_i	归一化函数
$s_{i,j}$	策略 j 对目标 i 的重要性

S	特殊保护措施；策略/属性矩阵；评估得分
w_i	（大于零的）权重常数；第 i 个属性的权重
W	n 个权重的向量
x_i	属性
$\hat{x}_i$	x_i 的最大可能值
$\check{x}_i$	x_i 的最小可能值
y_i	属性 i 的原始权重

参考文献

ASTM E-1472 (1992). *Documenting Computer Software for Fire Models*, American Society for Testing and Materials, Philadelphia.

Benjamin, I A (1979). A firesafety evaluation system for health care facilities. *Fire Journal*, **73**(2).

BOCA (1996). *The BOCA National Building Code/1996*, Building Officials and Code Administrators International, Country Club Hills, IL.

Budnick, E K, McKenna, L A Jr and Watts, J M Jr (1997). Quantifying fire risk for telecommunications network integrity. *Fire Safety Science – Proceedings of the Fifth International Symposium*, International Association for Fire Safety Science, pp. 691–700.

Chapman, R E and Hall, W G (1982). Code compliance at lower costs: a mathematical programming approach. *Fire Technology*, **18**(1), 77–89.

Chapman, R E and Hall, W G (1983). *User's Manual for the Fire Safety Evaluation System Cost Minimizer Computer Program*, NBSIR 83-2796, National Bureau of Standards, Washington.

Chicken, J C and Hayns, M R (1989). *The Risk Ranking Technique in Decision Making*, Pergamon Press, Oxford.

Copping, A G (2000). Fire safety evaluation procedure for the property protection of English Parish churches: a tool to aid decision making. *Proceedings, International Conference on Fire Protection of Cultural Heritage, Aristotle University of Thessaloniki*, Greece, pp. 255–268.

CSA (1970). *Decision Tables*, Standard Z243.1-1970, Canadian Standards Association.

Department of Fire Safety Engineering (1982). *Fire Safety Evaluation (Points) Scheme for Patient Areas Within Hospitals*, University of Edinburgh.

Dodd, F J and Donegan, H A (1995). Subjective measurement in fire protection engineering. *SFPE Handbook of Fire Protection Engineering*, P J DiNenno *et al.* (Eds.), 2nd Edition, National Fire Protection Association, Quincy, MA, Section 5, Chapter 5, pp. 5-46–5-51.

Donegan, H A, Shields, T J and Silcock, G W (1989). A mathematical strategy to relate fire safety evaluation and fire safety policy formulation for buildings. *Fire Safety Science – Proceedings of the Second International Symposium*, T Wakamatsu *et al.* (Eds.), Hemisphere, New York, pp. 433–441.

Dow (1966). Process safety manual. *Chemical Engineering Progress*, **62**(6).

Dow (1994). *Dow's Fire and Explosion Index Hazard Classification Guide*, 7th Edition, AICHE Technical Manual, The Dow Chemical Company, American Institute of Chemical Engineers, New York.

Eckenrode, R T (1965). Weighting multiple criteria. *Management Science*, **12**, 180–192.

Edwards, W (1977). Use of multi-attribute utility measurement for social decision making. *Conflicting Objectives in Decisions*, D E Bell, R L Keeny and H Raiffa (Eds.), John Wiley, New York, pp. 247–276.

Farmer, T A (1987). Testing the robustness of multi-attribute utility theory in an applied setting. *Decision Sciences*, **18**, 178–193.

Fishburn, P C (1976). Utility independence on subsets of product sets. *Operations Research*, **24**, 245–255.

Fontana, M (1984). *SIA 81, Swiss Rapid Risk Assessment Method*, Institute of Structural Engineering, ETH, Zurich.

F.R.A.M.E. (2000). Fire Risk Assessment Method for Engineering, http://user.online.be/~otr034926/webengels.doc.htm, 7 September.

FSD (2000). Risk Design, http://www.fsd.se/eng/index.html, 7 September.

Gass, S I (1984). Documenting a computer based model. *Interfaces*, **14**(3), 84–93.

Hobbs, B F Chakong, V Hamadeh, W and Stakhiv, E Z (1992). Does choice of multicriteria method matter. *Water Resources Research*, **28**, 1767–1780.

Hughes Associates, Inc. (1999). *Enhanced Fire Safety Evaluation System for Business Occupancies Software*, Version 1.2, Hughes Associates, Inc, Baltimore.

Hultquist, Hans and Karlsson Bjorn (2000). *Evaluation of a Fire Risk Index Method for Timber-frame, Multi-storey Apartment Buildings, Report 31XX, Department of Fire Safety Engineering*, Lund University, Sweden.

Hurley, R B (1983). *Decision Tables in Software Engineering*, Van Nostrand Reinhold, New York.

Hwang, C L and Yoon K (1981). *Multiple Attribute Decision Making: Methods and Applications*, Springer-Verlag, New York.

Kaplan, M E and Watts, J M Jr (1999). A prototypical fire risk index to evaluate fire safety in historic buildings. *APT Bulletin*, **30**(2–3), 49–55.

Karni, R Sanchez, P and Tummala, V M R (1990). A comparative study of multiattribute decision making methodologies. *Theory and Decision*, **29**, 203–222.

Keeny, R L and Raiffa, H (1976). *Decisions With Multiple Objectives*, John Wiley, New York.

Law, M (1973). Prediction of fire resistance. *Proceedings, Symposium No. 5, Fire-Resistance Requirements for Buildings*, A New Approach, Joint Fire Research Organization, Her Majesty's Stationery Office, London.

Linstone, H A and Turoff, M (Eds.) (1975). *The Delphi Method: Techniques and Applications*, Addison-Wesley, London.

Lo, S M (1999). A fire safety assessment system for existing buildings. *Fire Technology*, **35**(2), 131–152.

Magnusson, S E and Rantatalo, T (1998). *Risk Assessment of Timberframe Multistorey Apartment Buildings: Proposal for a Comprehensive Fire Safety Evaluation Procedure*, IR 7004, Department of Fire Safety Engineering, Lund University, Sweden.

Marchant, E W (1988). Fire safety engineering – a quantified analysis. *Fire Prevention*, (210), 34–38.

Marchant, E W (1989). Problems associated with the use of the Delphi technique – some comments. *Fire Technology*, **24**(1), 59–62.

McIver, J P and Carmines, E G (1981). *Unidimensional Scaling*, Sage Publications, London.

Miller, G A (1956). The magic number seven, plus or minus two. *Psychological Review*, **63**, 81–97.

NFPA 101 (2000). *Life Safety Code*, National Fire Protection Association, Quincy, MA.

NFPA 101A (2001). *Alternative Approaches to Life Safety*, National Fire Protection Association, Quincy, MA.

NFPA 550 (1995). *Guide to the Fire Safety Concepts Tree*, National Fire Protection Association, Quincy, MA.

Nelson, H E (1986). *A Fire Safety Evaluation System for NASA Office/Laboratory Buildings@*, NBSIR 86-3404, National Bureau of Standards, Gaithersburg, MD.

Nelson, H E and Shibe, A J (1980). *A System for Fire Safety Evaluation of Health Care Facilities*, NBSIR 78-1555, Center for Fire Research, National Bureau of Standards, Washington, DC.

Norris, G A and Marshall, H E (1995). *Multiattribute Decision Analysis Method for Evaluating Buildings and Building Systems*, NISTIR 5663, National Institute of Standards and Technology, Gaithersburg, MD.

Nunnally, J C (1978). *Psychometric Theory*, McGraw-Hill, New York.

Pardee, E S (1969). *Measurement and Evaluation of Transportation System Effectiveness*, RAND Memorandum, RM-5869-DOT, Santa Monica.

Parikh, P B, and Crowl, D A (1998). Implementation and application of the Dow hazard evaluation indices in a computer-based environment. *Proceedings: International Conference and Workshop on Reliability and Risk Management*, San Antonio, TX, American Institute of Chemical Engineers, New York, pp. 65–83.

Parks, L (1996). COFRA-2: A tool to aid in telecommunications central office fire risk assessment. *Proceedings, Fire risk and Hazard Assessment Symposium*, National Fire Protection Research Foundation, Quincy, MA, pp. 523–540.

Parks, L L Kushler, B D Serapiglia, M J McKenna, L A Jr, Budnick, E K and Watts, J M Jr (1998). Fire risk assessment for telecommunications central offices. *Fire Technology*, **34**(2), 156–176.

Rasbash, D J (1985). Criteria for acceptability for use with quantitative approaches to fire safety. *Fire Safety Journal*, **8**(2), 141–158.

RiskPro (2000). SimCo Consulting, Wantirna South, Victoria, Australia.

Saaty, T L (1980). *The Analytic Hierarchy Process*, Wiley, New York.

Saaty, T L (1990). *Multicriteria Decision Making: The Analytic Hierarchy Process*, RWS Publications, Pittsburgh.

Scheffler, N E (1994). *Improved fire and explosion index hazard classification*. AIChE Spring National Meeting.

Scheibe, M, Skutsch, M and Schofer, J (1975). Experiments in delphi methodology. *The Delphi Method: Techniques and Applications*, A L Harold and M Turoff (Eds.), Addison-Wesley, London, pp. 262–282.

Shields, T J Silcock, G W (1986). An application of the hierarchical approach to fire safety. *Fire Safety Journal*, **11**(3), 235–242.

Shields, T J Silcock, G W and Bell, Y (1986). Fire safety evaluation of dwellings. *Fire Safety Journal*, **10**(1), 29–36.

Shields, T J Silcock, G W H Donegan, H A and Bell, Y A (1987). Methodological problems associated with the use of the Delphi technique. *Fire Technology*, **23**(2), 175–185.

Stollard, P (1984). The development of a points scheme to assess fire safety in hospitals. *Fire Safety Journal*, **7**(2), 145–153.

Torgerson, W S (1958). *Theory and Methods of Scaling*, John Wiley, New York.

Watts, J M Jr (1991). Criteria for fire risk ranking. *Fire Safety Science – Proceedings of the Third International Symposium*, G Cox and B Langford (Eds.), Elsevier, London, pp. 457–466.

Watts, J M Jr (1995). Software review: fire risk evaluation model. *Fire Technology*, **31**(4), 369–371.

Watts, J M Jr (1997). Analysis of the NFPA fire safety evaluation system for business occupancies. *Fire Technology*, **33**(3), 276–282.

Watts, J M Jr (1998). Fire risk evaluation in the codes: a comparative analysis. *Proceedings: Second International Conference on Fire Research and Engineering*, Society of Fire Protection Engineers, Bethesda, MD, pp. 226–237.

Watts, J M Jr (2001). Fire risk indexing. *SFPE Handbook of Fire Protection Engineering*, P J DiNenno *et al.* (Eds.), 3rd Edition, National Fire Protection Association, Quincy, MA, Section 5, Chapter 10.

Watts, J M Jr and Kaplan, M E (2001). *Fire risk index for heritage buildings, Fire Technology*, submitted.

Watts, J M Jr, Budnick, E K and Kushler, B D (1995). Using decision tables to quantify fire risk parameters. *Proceedings – International Conference on Fire Research and Engineering*, Society of Fire Protection Engineers, Boston.

Watts, J, Milke, J A Bryan, J L, Dardis, R and Branigan, V (1979). *A Study of Fire Safety Effectiveness Statements*, Department of Fire Protection Engineering, University of Maryland, College Park, NTIS, PB-299169.

Webber, S F and Lippiatt, B C (1994). *ALARM 1.0: Decision Support Software for Cost-Effective Compliance with Fire Safety Codes*, NISTIR 5554, National Institute of Science and Technology, Gaithersburg, MD.

Webber, S F and Lippiatt, B C (1996). Cost-effective compliance with fire safety codes. *Fire Technology*, **32**(4).

Wisconsin Administrative Code (1995). Chapter ILHR 70, Historic Buildings, Department of Industry, Labor, and Human Relations, Madison, WI.

Yates, D W (1990). ABC of major trauma: scoring systems for trauma. *British Medical Journal*, **301**(6760), 1090–1094.

Yoon, K P and Hwang, C-L (1995), *Multiple Attribute Decision Making*, Sage Publications, London.

14 逻辑树

14.1　引言

在实践中，火灾风险的增加或减少是受一些因素影响的。虽然这些影响因素可以用第11章中所介绍的建模技术来定量地进行研究，但是仍然不可能确定和控制所有影响建筑物内火灾发生和蔓延的因素。因此，一种很现实的做法就是把火灾看作一种随机现象，并采用概率方法来评估火灾风险和确定防火需求。在这种方法中，如第7章所描述的那样，火灾风险被表示为两个部分的乘积：

① 在特定时间段内，例如一年之内，火灾发生的可能性（概率）；

② 火灾发生时，对生命、财产和环境可能造成的损害（后果）。

关于第二部分，从本质上说有三种类型的计算模型，其中火灾发生的概率都明显地包含在计算模型之中。这些模型有统计模型、随机模型和逻辑树模型。

第7章讨论了第一种概率模型的基本特征。第8章讨论了关于生命风险的高级概率模型，第9章讨论了关于财产损失的高级概率模型。这些模型包括概率分布等统计方法，它为一组或一类建筑物的火灾风险评估提供了方法。虽然这些评估方法可以改进并用于评估特定建筑物内的火灾风险，但是下一章（第15章）中讨论的随机模型可以对给定特征的建筑物内的火灾蔓延提供更精确的预测。

然而，对于大多数实际的消防安全问题，利用基于逻辑树，特别基于事故树的方法进行分析已经足够了。逻辑树或事故树可以对意外事件（顶事件）发生的概率进行计算。本章主要讨论事件树和事故树及其在消防安全问题中的应用。本章将对决策树进行简要讨论。决策树通常被应用在经济问题中，如研究消防策略的成本效益问题。Ramachandran（1998）详细讨论了这些逻辑树及其在消防经济学中的应用。

14.2　消防安全管理

在讨论逻辑树的结构及其在消防中的应用之前，有必要简要地解释一下逻辑树在实施有效的管理方案以及在减少火灾发生的风险及其后果方面所起的作用。正如 Ramachand-ran（1987）所描述的那样，火灾风险管理包括四个主要阶段：风险识别、风险评估、风险降低和风险转移。

第一阶段是确定火灾发生和蔓延的所有可能原因和促成因素，并确定可能导致火灾蔓延的事件顺序（尤其是特大火灾）。这一过程能够确定采取减少风险的适当措施，以减少严重火灾发生的频率并限制其后果。

消防安全管理过程的第二阶段涉及对当前风险水平的定量评估，以便判断该风险水平对于生命、财产和环境的危害是否可接受。首先需要制定一个风险标准，然后根据它来评估火灾风险结果。如果发现计算出的风险水平是不可接受时，则需要采取适当的防火、探测、控制和减缓等措施，将火灾风险降低到可接受的水平。这构成了火灾风险管理方案的第三阶段。

尽管采取了各种消防安全措施，但仍然可能存在"残留风险"，虽然这种风险很小，但仍可能导致大的火灾，造成严重的事故后果。为了减轻火灾可能造成经济损失的不利影响，业主可以为他/她的建筑物及其物品投保。这通常被称为风险转移，这是风险管理方案的第四阶段。

风险管理的第二和第三阶段构成了通常称为定量风险评估（QRA）的阶段。QRA具有以下四个主要功能：

① 提供了火灾风险的数值度量；

② 辅助定量评估消防安全措施在降低火灾风险方面的有效性；

③ 能够比较不同消防安全策略的有效性；

④ 向主管部门表明，具体的消防安全和风险目标正在实现和持续改进。

正如前节所述，可用于QRA计算的数学模型有两种类型——确定性模型（第11章）和非确定性模型（Ramachandran，1991）。后者可进一步分为概率模型（第7、8和9章）和随机模型（第15章）。逻辑树属于第一类非确定性模型，但它们是半概率的，因为它们只估算火灾事件发生概率的常数离散值，而且在这些模型中通常要考虑概率分布。逻辑树为QRA提供了简单的分析工具。

14.3 逻辑树

QRA的主要目的是估计在风险或危险识别阶段识别的火灾场景意外发生的可能性。这是通过计算意外事件发生的概率或频率来完成的。通过将导致顶事件的子事件按正确的顺序排列，并指定子事件发生的概率来估计不希望发生的顶事件的发生概率。逻辑树以适当的逻辑方式组合与子事件相关联的概率，以导出顶事件发生的概率。这种计算通过使用逻辑图来简化。逻辑图是事件序列的图形表示。这样，逻辑树就成为了有用的风险管理技术。常用的逻辑树有事件树和事故树。

事故树试图使用演绎推理的方法来反向跟踪给定最终顶事件的根本原因。而事件树则是使用归纳推理的方法和向前工作来定义由给定起始事件或主要事件导致的后续事件和路径。图14.1使用气体泄漏事件作为示例解释了事故树和事件树之间的区别。

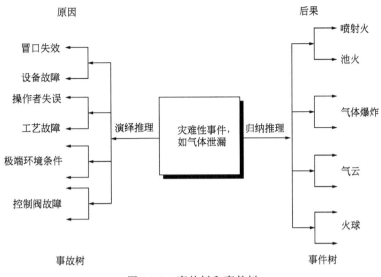

图 14.1 事故树和事件树

14.4 决策树

如第 14.1 节所述的那样, 决策树是用于比较不同安全策略或行动过程的结果以便确定最有效的策略或行动过程的逻辑图。如果目标是确定优化规定的经济、监管或技术标准的战略或行动方针, 则决策树是合适的。策略或行动路线的可能选择方案能够很方便地表示在决策树中, 因为决策树是一种用于系统地组织复杂备选方案的机制。各种备选方案由决策叉产生的分枝来表示。如果决策的效果或结果显著变化, 则由来自概率叉的分枝来表示, 并在选择 "最佳" 备选方案时产生不确定性。

在消防安全领域, 一个经济目标可能是确定最具成本效益的消防方案, 使得消防和保险的总成本最小化。图 14.2 就是一个这样的示例, 显示了可供业主选择的最具成本效益的 8 个选项。这些选择来自 4 个消防方案和 2 个消防保险等级。消防备选方案是没有喷淋装置和探测器、只有喷淋装置、只有探测器以及有喷淋装置和探测器。保险选择是完全保险 (没有自我保险) 和没有保险 (完全自我保险)。

在构建出如图 14.2 所示的决策树之后, 可以用枚举的方法计算并估计与每个选项相关联的成本。费用主要是安装和维护消防设备的费用以及火灾保险费。如果未获得全额保险并接受可扣除的自我保险, 则在发生损失小于可扣除金额的火灾时, 业主需要承担全部损失。如果火灾中的损失超过可扣除金额, 则业主必须承担相当于可扣除金额的损失。在这种情况下, 业主只能从保险公司获得相当于损失减去可扣除金额的赔偿。因此, 业主需要承受的火灾损失成本是随机变量, 取决于火灾发生的概率和火灾的可能损失。除了由于火灾造成的这种不确定的成本之外, 业主还必须支付适当的火灾保险费, 以获得超出可扣除的损失的赔偿。

如果获得全额保险, 在火灾发生时, 保险公司将赔偿业主的几乎全部损失。在这种情况下, 业主在财务计划中不必对火灾损失做出任何规定。如果财产是完全自保, 即没有保

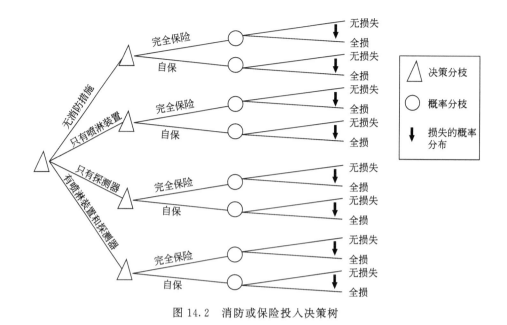

图 14.2　消防或保险投入决策树

险，在火灾发生时，业主要承担全部损失的数额。

上述分析的下一步是按年度表述所有成本，并计算每个选项的年度总成本。火灾损失的年度成本是通过将火灾发生的年概率乘以发生火灾时业主需要承担的数额的预期值来估计的。为了便于对不同选项进行比较，可以在决策树的相应分枝的末尾输入每个选项的年度总成本（图14.2）。然后，业主可以选择使用年度总成本最小的选项。

Helzer等（1979）对决策树类型进行了分析，用来评估减少住宅装潢家具火灾损失的不同策略。他们评估了三个选项：不采取行动、强制安装烟气探测器以及使用消费者产品安全委员会推荐的装潢家具标准。这些选项的评估是基于最小化总成本加上随着时间的推移对社会造成的损失的总和。根据报告中使用的一些假设，分析表明，安装烟气探测器选项和采用推荐的标准实质上是等同的，并且优于不采取行动选项。推荐的标准被认为在挽救生命方面更有效，而安装探测器的选择实施起来成本较低。敏感性分析表明，研究结果对推荐标准的成本、生命损失的价值以及装潢家具更换的标准特别敏感。

14.5　事件树

事件树的构建首先要定义一个初始事件，该事件导致一系列分枝之后的最终结果（气体泄漏、火灾或爆炸），每个分枝表示一系列事件的可能结果。因此，事件树的主要元素是事件定义和逻辑顶点。图14.3是一个事件树的例子，它表示作为初始事件的可燃液体的泄漏所产生的一系列结果。流体可以是液体、气体或两者的混合物。根据中间事件的不同，结果可能是喷射火、池火灾或者蒸气云爆炸。与每个结果相关的概率在此图中给出。任何结果的概率都是导致结果的事件概率的乘积。

图14.4是事件树的另一个例子，该事件树用于气体泄漏可能发生的事故情景。在这个例子中，气体泄漏是初始事件，而爆炸是最终的危险事件。每个分枝的事件或条件都在

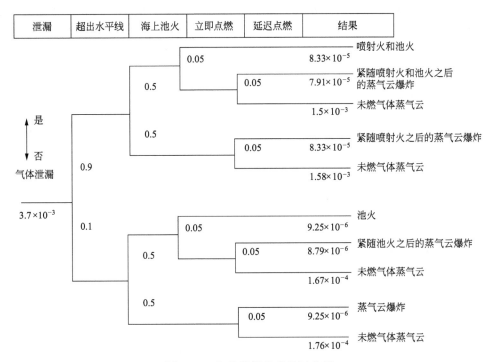

图 14.3 气体泄漏的事件树分析

顶部列出，这些被称为节点事件。在每个节点上，向上分枝意味着事件发生，而向下分枝意味着事件没有发生。每个事件都有出现的概率，将每个分枝的概率相乘，可以估计爆炸的最终概率。例如，顶部的 3.6×10^{-3} 是 5 个因素的乘积，即 0.1、0.5、0.9、0.1 和 0.8，并且给出了由分枝表示的事件链引起爆炸的概率。另外两个链的爆炸概率分别为 4×10^{-3} 和 4×10^{-2}。这三种概率的总和是 4.76×10^{-2}（如图 14.4 所示），这是气体泄漏时发生爆炸的总体概率。

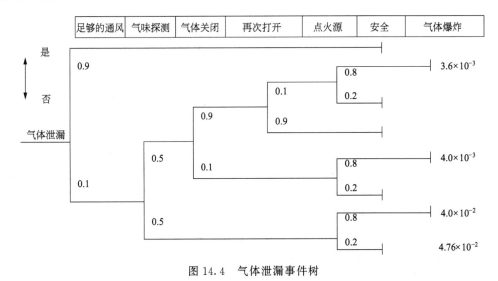

图 14.4 气体泄漏事件树

事件树可以用来设计防护措施，以降低最终危险发生的概率。例如，考虑图 14.4，如果发生爆炸的概率 4.76×10^{-2} 是不可接受的，则可以安装气体泄漏探测器。如果探测器是一个可靠的设备，则它可以有效地去除"注意到"事件的"否"分枝，这将总体概率从 0.0476 降低到 0.0076 （$=0.0036+0.004$）。

事件树是了解事件发展序列的良好图形显示。但重要的是要记住，事件树分析的结果仅与正在分析的特定原因相关。如果同样的结果也可能由其他原因引起，而这些原因没有显示在事件树中，则事件树分析结果就不准确。事件树还可以在一个树上容纳整个范围的结果。事件树的一个显著缺点是其输出是发散的，并不集中于特定的不希望发生的事件上。因此，事件树很可能很快地变得非常庞大并且笨拙。总的来说，事件树在分析设备对各种形式的事故和故障的响应方面有更大的用途。

14.6 事故树

事故树在开发故障逻辑和危害评估方法方面是应用最广泛的技术。事故树是不期望的顶事件和主要原因事件之间的逻辑关系的图形表示。它使用演绎方法得到事故的根本原因。

事故树的构造是从定义顶事件（不希望发生的事件）开始的，顶事件可能在危险辨识阶段被识别出来的。顶事件可能是火灾、爆炸或气体泄漏。通过按正确的顺序排列各种原因事件来构建事故树。这通常通过从顶事件向后工作并指定可能导致顶事件发生的事件、原因、故障或条件来完成，这些事件实际上成为次要事件等。当识别出最后一组基本事件、故障或条件时，就可以终止此过程。没有逻辑理由继续超越基本事件，因为它们的贡献微不足道。然后，流程的图解表示将生成树的分枝。

事故树中的事件通过逻辑门连接，逻辑门显示组成事件的组合可能导致特定的顶事件。逻辑门主要是与门（AND 门）和或门（OR 门），其中与门表示所有组成事件必须同时发生时，特定顶事件才发生；而或门中仅需要发生一个组成事件，就能导致特定顶事件的发生。

图 14.5 说明了与门和或门之间的逻辑关系。这个例子是关于一个室内的火灾到达天花板所产生的不良事件。这个顶事件发生，以下三个因素必须同时存在：

① 点火源（A）——源 A_1 或 A_2；

② 热传导条件（B）——条件 B_1 或 B_2；

③ 物料（C）——物料 C_1 或 C_2 或 C_3。

事件（因素）A、B 和 C 通过与门连接，而每个事件的子事件或因素通过或门连接。为了便于说明，图 14.5 中为基本事件指定了假设的概率。由于 A_1 和 A_2 通过或门连接，所以它们的概率相加以提供与因子 A 相关联的概率估计。同样，B_1 和 B_2 的概率相加以估计 B 的概率，C_1、C_2 和 C_3 的概率相加以估计 C 的概率。通过与门，它们的概率相乘以提供对顶部事件，即火灾到达天花板的发生的概率（0.0214）的估计。

由此可以看出，事故树分析方法在以下方面特别有用：

① 从安全的角度强调系统的弱点；

② 演绎地识别故障模式；

③ 在安全管理中提供一个图示辅助分析工具；

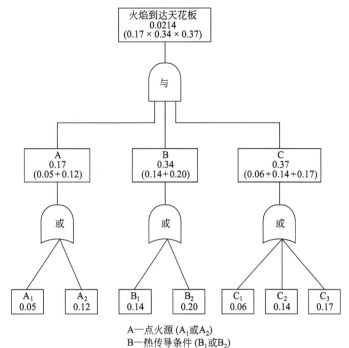

图 14.5　火焰到达天花板的事故树

④ 提供用于定性或定量分析系统可靠性的方法；

⑤ 为一个特定的系统故障提供一种分析方法。

事故树尽管非常有用，但同样存在问题和局限性，包括以下几点：

① 事故树不显示事件序列；

② 二进制逻辑方法的使用，意味着只能显示两种状态；

③ 难以表达出时间和速度依赖性。

上述方法基于与门的乘法定理和或门的加法定理，仅提供顶事件发生概率的近似值。通过应用与割集或径集有关的复杂计算技术（布尔代数），可以获得这种概率的更精确的值。对这些技术的讨论超出了本书的范围。

参考文献

Helzer, S G, Buchbinder, B and Offensend, F L (1979). *Decision Analysis of Strategies for Reducing Upholstered Furniture Fire Losses*, Technical Note 1101, National Bureau of Standards, USA.

Ramachandran, G (1987). Management of fire risk, risk assessment and management. *Advances in Risk Analysis*, L B Lave (Ed.), Plenum Press, New York, pp. 289–308.

Ramachandran, G (1991). Non-deterministic modelling of fire spread. *Journal of Fire Protection Engineering*, **3**(2), 37–48.

Ramachandran, G (1998). *The Economics of Fire Protection*, E. & F. N. Spon, London.

15 火灾风险的随机模型

15.1 引言

　　火灾在建筑物中的蔓延，除了与环境条件有关外，还受到燃料的堆放方式、火灾中的物理和化学变化过程所控制。这些过程在不同时刻的多重相互作用导致了火灾发展模式以及被动和主动消防系统性能的不确定性。不确定性还涉及建筑物内的人员的行为和运动，以及燃烧产物的蔓延导致人员疏散路线拥堵和威胁人员的生命安全。第 11 章所讨论的确定性模型不能用于对这些不确定性（误差）现象进行评估，尽管可以通过改变模型的参数来模拟火灾增长或人员行为的不同模式。但是这种不确定性可以通过采用不确定性模型以概率的方式来进行量化（Ramachandran，1991）。

　　不确定性模型在概率表示的置信区间之内，估计并且预测火灾、烟气和人员的运动。根据缺乏确定性（即概率）的稳定性或短暂性，不确定性模型可以是概率的或随机的。前一种类型包括概率分布（第 8 章和第 9 章），它们通常用于评估一组建筑物的火灾风险，以及半概率技术，如逻辑树（第 14 章）。这些模型处理的最终结果（例如区域受损，火灾蔓延到房间之外），足以解决消防和保险问题，因为这些问题不需要详细地了解控制火灾蔓延和人员疏散的过程。

　　在评估特定建筑物的火灾风险时，随机模型提供了更加复杂的方法，这构成了本章的主题。这些模型考虑了发生在空间和时间上的关键事件链以及连接这些事件的概率。本章将详细讨论两类随机模型——马尔科夫链和网络模型。本章还介绍了随机行走、渗流理论、流行病学模型等其他随机模型的应用（有关这些模型与火灾蔓延的更详细的讨论见《SFPE 防火工程手册》的第二版，1995）。

15.2 一般模型

　　在一个简单的模型中，与室内特定物体的燃烧相关联的随机过程可以假定为泊松过程，即燃烧持续时间遵循指数概率分布（Ramachandran，1985）。在这种情况下，火灾只能处在两种状态之一——熄灭或蔓延。燃烧持续时间的概率分布还可以具有其他形式，如均匀分布或对数正态分布等。也可以增加第三种状态，用来表示没有熄灭或蔓延的火灾燃烧状态。

如果首先被点燃的物体在"孵化期"或"潜伏期"继续燃烧，那么一段时间之后，火灾就会蔓延到另一个物体。这个时间和蔓延概率取决于两个物体之间的距离。如果第二个（未点燃）物体位于距第一个（燃烧）物体的"临界距离"之外，则不会发生火灾蔓延现象。

在随机模型建模中，蔓延概率 $\lambda_1(t)$ 是 t 时刻火灾蔓延到第一物体之外的"转移概率"。它可以重新定义为 $\lambda_{12}(t)$，以表示从第一物体蔓延到第二物体上。室内的其他物体都可以认为是第一物体或第二物体。在一般情况下，$\lambda_{ij}(t)$ 是 t 时刻时火灾从第 i 个物体蔓延到第 j 个物体的转移概率。根据它们之间的距离，可以安排物体之间的顺序，以便表示火灾在任何时间点 t 从一个物体到另一个物体的蔓延次序。这种简单的分析对于所有的实际目的来说都是足够的，尽管来自一个物体的火焰可以通过点燃另一个物体直接或间接地蔓延到任何其他物体上。

因此，从概念上讲，在室内开始的火灾从最初点燃的物体蔓延到其他物体时，有一连串的点燃可能导致轰燃和火灾完全发展的条件。根据结构边界的耐火性能，火灾可能在房间与房间之间、楼层与楼层之间蔓延，最后蔓延到建筑物的边界之外。然而，由于物体的排列、环境因素、消防措施以及其他原因，这种火灾发展的链条有可能在某个阶段断裂。因此，在整个房间或建筑物着火之前，火灾可能自行燃烧或被扑灭。实际（非实验）火灾的统计数据支持了这一理论。

因此，显而易见，火灾在发展链中包含了不同的物体，它们之间的传播特征为在空间和时间上顺序发生，关键事件（转变）按照概率连接。火灾停留在每个受"时间"概率分布支配的对象中，并且在任何时刻 t 根据"过渡"概率 $\lambda_{ij}(t)$ 从一个物体转移到另一个物体上。当火灾达到燃料烧尽或熄灭所表示的"吸收状态"时，这种随机过程就结束了。火灾一旦进入这种状态，就必须保持在吸收状态。

可导出上述一般随机模型的方程，并用于评估具有已知设计特征、材料分布和燃料特性以及已安装消防设施的任何特定建筑物的概率 $\lambda_{ij}(t)$。然而，这种方法需要对建筑物进行详细的调查，需要大量的统计和实验数据以及复杂的计算。通过采用室内或建筑物内火灾蔓延的马尔科夫（Markov）模型和建筑物内火灾蔓延的网络模型，可以简化该问题。

15.3 马尔科夫模型

15.3.1 数学表示

出于实际原因，考虑火灾通过若干空间模块（Watts，1986）、阶段（Morishita，1977）或区域（Berlin，1980）的蔓延可能就足够了。火灾发展的这些阶段通常可以定义为火灾蔓延、移动或从一个状态向另一个状态的转变。正如前面部分所讨论的那样，火灾从一个状态到另一个状态的运动受"转移概率"控制，它是火灾形成以后时间的函数。在进行状态转移之前，火灾在每个状态中持续的时间是随机的；这个持续时间遵循"时间概率"分布。用数学方法表示，如果火灾在第 n 分钟处于 a_i 状态，则根据转移概率 $\lambda_{ij}(n)$，火灾在第 $(n+1)$ 分钟可以处于 a_j 状态。转移概率最方便的处理方式是矩阵。为了方便起见，对 m 个状态，可以得到：

$$\boldsymbol{P}=\begin{vmatrix} \lambda_{11} & \lambda_{12} & \cdots & \lambda_{1m} \\ \lambda_{21} & \lambda_{22} & \cdots & \lambda_{2m} \\ \vdots & \vdots & \ddots & \vdots \\ \lambda_{m1} & \lambda_{m1} & \cdots & \lambda_{mm} \end{vmatrix}$$

其中

$$\sum_{j=1}^{m} \lambda_{ij} = 1, \qquad i = 1, 2, \cdots, m$$

系统在时间 n 的概率分布可以用向量表示。

$$\boldsymbol{p} = (q_1 \quad q_2 \quad q_3 \quad \cdots \quad q_m)$$

其中，q_i 是火灾在 n 时刻处于第 i 状态的概率。因为在给定的时刻，火灾可以处于 m 个状态中的任意一个，所以有

$$\sum_{i=1}^{m} q_i = 1$$

如果在模型中包含了第 m 状态，则第 m 状态可以表示是火灾已经熄灭状态。这个向量是由乘积 $\boldsymbol{p} \cdot \boldsymbol{P}$ 给出的，它表示一段时间（min）后在不同状态下燃烧的概率。

举个例子，考虑一个房间内火灾的增长模型，其中第 i 状态表示物体 i 的燃烧。假设在 $m=4$ 且没有熄灭的情况下，当所有 4 个物体都被点燃时，过程随着轰燃的发生而停止。假设火灾没有衰退，因此没有从较高状态向较低状态的转变。根据这些假设，转移矩阵可以写为

$$\boldsymbol{P}=\begin{vmatrix} 0.4 & 0.3 & 0.2 & 0.1 \\ 0 & 0.5 & 0.3 & 0.2 \\ 0 & 0 & 0.6 & 0.4 \\ 0 & 0 & 0 & 1 \end{vmatrix}$$

如果在 n 时刻，火灾在不同状态下燃烧的概率由

$$\boldsymbol{p}_n = (0.1 \quad 0.2 \quad 0.3 \quad 0.4)$$

给出。通过执行矩阵乘法可以看出，在 $(n+1)$ 时刻，不同状态的火灾燃烧的概率由以下方程给出

$$\boldsymbol{P}_{n+1} = (0.04 \quad 0.13 \quad 0.26 \quad 0.57)$$

因此，在 $(n+1)$ 时刻，火灾处于第 3 状态的概率为 0.26，轰燃（第 4 状态）的概率为 0.57。Berlin（1988）和 Watts（1986）描述了使用矩阵 $\boldsymbol{P}$ 的类似例子，在该例中，在 5 个相邻空间中使用"随机行走"模型来建模。

15.3.2　马尔科夫链

马尔科夫链用于重复的情况，其中用一组概率定义了从一个状态到另一个状态转换的可能性。链是包括这种转变的序列。在马尔科夫链中，转移概率满足以下性质（Berlin，1988）：

① 每个状态属于所有可能状态的有限集合。

② 任何状态的特征都不依赖于任何其他先前的状态。

③ 对于每对状态 $[i, j]$，存在状态 j 在状态 i 发生之后立即发生的概率 λ_{ij}。

转换概率可以用第 15.3.1 节所述的矩阵形式 P 来确定。如果 P 的 i 行有一个值 $\lambda_{ij} = 1$，并且行中的所有其他值都是零，则状态 i 是一个吸收状态。

15.3.3 马尔科夫过程

下一步是考虑一个稍微复杂一点的模型，称为马尔科夫过程。马尔科夫过程是一个随机过程，其中系统当前状态的某些未来状态的发生概率不依赖于系统过去的状态信息，即过程的历史不影响其未来。这种缺乏历史影响的现象通常被称为过程的无记忆性或马尔科夫性。

在具有平稳转移概率的马尔科夫过程中，$\lambda_{ij}(n)$ 的值与时间变量 n 无关，是一个常数。按照这种假设，Berlin（1980）对住宅建筑的 6 个状态的平稳过渡概率估计如下：

Ⅰ. 非火灾状态；

Ⅱ. 持续燃烧状态；

Ⅲ. 剧烈燃烧状态；

Ⅳ. 交互燃烧状态；

Ⅴ. 远程燃烧状态；

Ⅵ. 全房间燃烧状态。

这些状态是由诸如热释放速率、火焰高度和室内上部气体温度等关键事件定义的。随着时间的流逝，火灾的发展被认为是在这些状态之间的"随机行走"。

根据 100 多个全面火灾实验的数据，Berlin（1980）通过计算，得到了如表 15.1 所示的转移概率。该表中的信息表明，当在状态Ⅲ发生火灾时，有 75％ 的机会增长到状态Ⅳ，25％ 的机会衰退到状态Ⅱ。Ramachandran（1995）得到的图 15.1 是由表 15.1 中的转换概率定义的转换图。状态Ⅰ，没有火焰，是一个吸收状态，因为所有火焰最终都终止于这个状态。当到达状态Ⅵ（全房间燃烧状态）时，该过程也结束；因此，该状态也是吸收状态。Berlin 使用均匀分布、正态分布和对数正态分布来描述不同状态的时间概率分布。

表 15.1 典型住宅火灾中状态转移概率：有棉垫沙发的阴燃火灾

状态转移		转移概率	时间分布		
从	到			平均值	标准差
Ⅱ	Ⅰ	0.33	均匀分布	2	5
Ⅱ	Ⅲ	0.67	对数正态分布	8.45	0.78
Ⅲ	Ⅱ	0.25	均匀分布	1	2
Ⅲ	Ⅳ	0.75	正态分布	5.55	3.22
Ⅳ	Ⅲ	0.25	均匀分布	1.5	9
Ⅳ	Ⅴ	0.75	均匀分布	0.5	3.5
Ⅴ	Ⅳ	0.08	均匀分布	0.6	6.0
Ⅴ	Ⅵ	0.92	对数正态分布	5.18	4.18

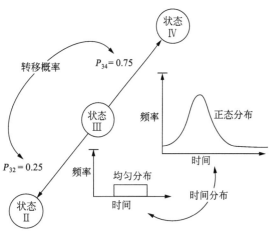

图 15.1　状态转移概率描述

在利用马尔科夫模型对火灾发展提出的许多问题中，火灾增长的最大程度代表了最极端的条件。不超出状态Ⅱ的火灾部分是从状态Ⅱ向状态Ⅰ过渡的概率（0.33）。如果 M_3 是火灾到达状态Ⅲ的长期（限制）概率，但不超出状态Ⅱ而增长，那么可以得到（Berlin，1980）：

$$M_3 = \frac{\lambda_{21} + \lambda_{23}\lambda_{31}}{1 - \lambda_{23}\lambda_{32}} - \lambda_{21} \qquad (15.1)$$

使用表 15.1 中的数值并注意 $\lambda_{31} = 0$，可以得到 $M_3 = 0.07$。正如 Berlin 所描述的那样，超越状态Ⅲ是非常困难的。表 15.2 给出了 Berlin 估计的火灾发展最大程度的概率。Berlin 还讨论了其他火灾效应，如自终止概率和火灾强度分布。

表 15.2　火灾发展最大程度的概率

火灾最大程度	火灾最大程度概率
状态Ⅱ	0.33
状态Ⅲ	0.07
状态Ⅳ	0.02
马尔科夫状态Ⅴ	0.58

Berlin 通过计算得到 99% 的火灾在 12 个过渡期内都将结束。这个结果是基于静态转移概率假设的，因此这个结论是正确的。但是对于同一区域之间也有可能有一些波动，因为其中有不同的燃料参与了燃烧过程。然而，火灾最终将消耗所有燃料，在这种情况下，所有区域的终止概率将等于 1。因此，Berlin 的方法代表了最坏情况的分析结果。

马尔科夫模型的一个主要缺点是考虑了转移概率的"平稳"性质，即假定这些概率保持不变，而不管表示火灾发展中所经过的状态的数量是如何的。火灾在给定状态下燃烧的时间长短会影响未来的火灾蔓延。例如，墙体烧穿的概率随着火灾严重程度的增加而增加，这是时间的函数。在特定状态下，火灾所花费的时间也可能取决于火灾如何达到该状态，即火灾是增长还是衰减。有些火灾会迅速蔓延，有些火灾则会缓慢蔓延，这取决于放出热量的高低。在具有平稳转移概率的马尔科夫模型中，火灾增长和火灾熄灭之间是没有区别的。

15.4　状态转移模型——单个房间内的火灾蔓延

根据 Berlin 的马尔科夫模型（第 15.3.3 节），特定状态的火灾既可以发展到更高的状态，也可以减弱到更低的状态。除了状态Ⅵ（全室燃烧）外，没有从高于状态Ⅱ的任何状态过渡到无火焰的（吸收）状态（状态Ⅰ），状态Ⅵ也是一种吸收状态。当用火灾蔓延来描述火灾增长时，减弱到较低状态在某种程度上可能是正确的，但是当火灾在空间蔓延时，即火灾从一个物体顺序地蔓延到另一个物体时，这种假设是不正确的。根据这个模型，如果火蔓延到一个物体，它就不能向后蔓延到它曾经蔓延的物体。涉及一个物体的火灾要么向前蔓延其他物体，要么被扑灭，要么与物体待在一起而不扩散。

根据现有的火灾统计数据，特别是英国和美国的数据，基于以下三个主要状态的简化模型可以用于室内火灾发展：

S_1——限于首先被点燃的可燃物的火灾；

S_2——火灾蔓延超过首先点燃的可燃物，但仅限于室内的可燃物的火灾；

S_3——火灾蔓延超过着火房间之外，但仅限于建筑物的火灾。

可以增加第四种状态，表示火灾的熄灭或燃料燃尽（自动终止）；这是一种"吸收状态"，因为在火灾发展过程中，火在进入该状态之后不能离开该状态。第三种状态 S_3 也是吸收状态，因为在不考虑蔓延到建筑物之外的情况下，蔓延的火灾最终将终止在起火建筑物内。

上面提到的三个状态（$i=1$，2，3）生成状态转移模型，这是马尔科夫模型的特殊情况。Ramachandran（1985）使用该模型来评估转移（扩展）概率 $\lambda_i(t)$ 和熄灭或过渡到第四状态的概率 $\mu_i(t)$。参数 $\mu_i(t)$ 和 $\lambda_i(t)$ 是 t 时刻火焰熄灭的概率和扩展到第 i 状态的概率，它们是火焰扩展到状态 i 的条件概率。由于没有考虑火灾蔓延到建筑物之外，因此 $\lambda_3(t)$ 的值取为零。借助于参数 $w_i(t)$ $[=1-\lambda_i(t)-\mu_i(t)]$，还考虑了在状态 i 没有扩散的情况下的燃烧概率。燃烧的时间段被分成若干个子阶段，每个阶段固定长度为 5min。

从英国消防救援部门提供的统计数字可以得到家具着火后每个时期内熄灭的数据。因此，Ramachandran 使用极值技术，结合一些假设，来估计在每个子周期开始时在特定阶段燃烧的火灾起数。借助于这些估计和已熄灭的实际火灾起数，获得了熄灭和扩散概率（作为时间的函数）以及每种状态下燃烧持续时间的概率分布的近似值。为了说明这一应用情况，在住宅的卧室中考虑了首先点燃四种材料。Aoki（1978）根据火灾蔓延的空间范围描述了火灾蔓延的相似状态，他的分析与 Ramachandran（1985）的相似。Morishita（1977）研究了火灾在空间传播的 8 个阶段，包括蔓延到天花板。

在随后的研究中，Ramachandran（1988）在 S_2 和 S_3 之间添加了另一个状态来表示火灾事件，该火灾涉及房间的结构防护措施，并假定在火灾蔓延到 S_1 和 S_2 之外但仍局限于房间。这种中间状态通常被认为是与 S_2 之间的连接，尽管火灾可以直接从 S_1 蔓延并涉及房间边界。英国现有的火灾统计数字允许把这个额外的状态纳入状态过渡模型。如图 15.2 所示，只有概率 λ_i 和 μ_i 的极限值由以下方程估算：

$$E_1 = \mu_1 ; \lambda_1 = 1 - \mu_1$$
$$E_2 = \lambda_1 \mu_2 ; \lambda_2 = 1 - \mu_2$$
$$E_3 = \lambda_1 \lambda_2 \mu_3 ; \lambda_3 = 1 - \mu_3$$
$$E_4 = \lambda_1 \lambda_2 \lambda_3 \mu_4 \tag{15.2}$$

火灾统计数据（见表 7.3）提供了 E_i（$i=1\sim4$）的估计，即第 i 个状态中熄火的比例。条件

$$\sum_{i=1}^{4} E_j = 1$$

是根据 $\mu_4 = 1$ 的假设得到的，在此情况下 $\lambda_4 = 0$。此时没有考虑火灾蔓延到起火建筑物之外。

在图 15.2 中，乘积 $\lambda_1 \lambda_2 (= E_3 + E_4)$ 可被看作超出边界结构的火灾严重度高的概率，而 λ_3 可被看作房间结构边界的失效概率。由于以下原因，火灾统计不能提供 λ_3 的有效估计。蔓延到起火房间之外的火灾起数包括由于分隔物（墙、地板、天花板）的破坏而蔓延的火灾以及那些通过打开的门、窗或通过其他开口的对流而蔓延的火灾。在后一种情况下分隔构件在结构上仍然是合理的。消防救援部门报告中记录的"房间"不一定是"燃烧的房间"。使用概率模型（Ramachandran，1990）或其他方法，可以估计给定防火性能的任何房间的 λ_3 值，并将其与构件有关的概率相乘，可以得到由于分隔结构破坏而使火灾蔓延至起火房间以外的扩散概率。随机模型得到的概率可以被视为叠加在由指数模型等预测的火灾在空间和时间上的确定性趋势上的"噪声"项。图 15.2 中不同状态的时间估计值见表 7.3。

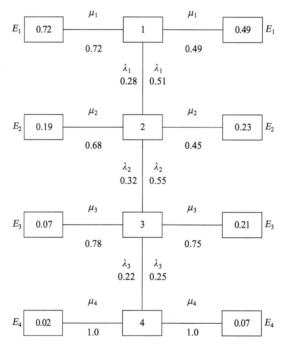

图 15.2　概率树（纺织业）

E_1—首先点燃的可燃物的约束概率；E_2—超出首先点燃的可燃物但局限于起火房间内的扩散概率；

E_3—超出首次点燃的燃料和房间的其他可燃物、但限于起火房间之内的概率；

E_4—蔓延到起火房间之外的但仍然在建筑物之内的概率

为了描述人类行为与火灾动力学之间的相互作用，Beck（1987）发展了一系列随机状态转移模型和相关的确定性模型。他的顺序火灾增长模型基于 Berlin（1980）定义的六个状态，其中远程燃烧状态表示轰燃。他的研究结果见表 15.3，其结果适用于办公大楼。表中的 P_i 与方程式（15.2）的 E_i 相同。采用不同的符号，从 $P_1 = \mu_1$ 开始，根据方程

（15.2）可以计算火灾熄灭的条件概率 μ_i 和火灾扩散的条件概率 λ_i。乘积 $\lambda_1\lambda_2\lambda_3\lambda_4$ 由 P_{FDF}/F 定义，给出了火灾完全发展的概率。由 P_{FDF}/F 与 λ_5 的乘积或由 $\lambda_1\lambda_2\lambda_3\lambda_4\lambda_5$ 给出蔓延超出起火房间 P_{VI} 的概率。

表 15.3　灭火概率：火灾增长与抑制模型（办公室）

系统布局	P_{I}	P_{II}	P_{III}	P_{IV}	P_{V}	P_{VI}	P_{FDF}/F
无喷淋系统	0.5673	0.0038	0.0017	0.3282	0.0666	0.0324	0.0990
有喷淋系统	0.5673	0.3827	0.0201	0.0232	0.0045	0.0022	0.0067

Beard（1981/82）提出了一种状态转移模型，该模型考虑了火灾可能通过的具有方向性特征的若干"关键事件"以及关键事件之间的时间。

举例来说，临界热事件 CHE2U 指在上行途中通过 2kW 的火灾，而 CHE2D 指在下行途中通过 2kW 的火灾。假设两个关键事件之间的时间具有独立于早期关键事件之间的"时间"概率分布。关键事件的特定序列形成了"链"；关键事件之间的特定时间被称为链中的序列。基于"转移概率"和"时间"概率分布的假定形式，可以采用蒙特卡罗来模拟生成特定的随机链和序列。烟气和有毒气体的一般序列与燃烧速率的相应序列相关。基于一氧化碳的浓度，Beard 采用了"死亡比例"的概念，该分数可以得到致命的单位数值。他把这个模型应用于医院病房的床上的火焰点火的特殊情况。他总结说，如果火灾超过 50kW，有多人死亡的可能性很大（大于 80%）。他采用的几个假设之一是火灾没有蔓延到病房之外。

15.5　状态转移模型——房间之间的火灾蔓延

如前所述，在室内或房间中发生轰燃的概率 p_f，取决于房间中的物体及其空间布置以及通风和其他因素。对于给定的轰燃，火灾可能以概率 p_b 突破房间的结构边界，并以概率 p_s（$=p_f p_b$）蔓延到房间之外。p_b 的值取决于轰燃发生后火灾达到的严重程度以及诸如墙壁、天花板和楼板等结构部件的耐火性。对于给定耐火性能的房间，其失效概率 p_b 可由以时间单位表示的火灾严重程度和耐火性的联合概率分布来估计（Ramachandran，1990）。由于管道或电缆穿过墙壁、门、窗或耐火结构中的其他开口而引起的房间耐火性能的降低，将导致失效概率 p_b 增加。

因此，建筑物中的每个房间或走廊都有火灾蔓延超过其边界的独立概率 p_s。利用不同房间和走廊的概率，火灾在建筑物内的蔓延可以认为是点与点之间离散的传播过程，其中点是房间、空间或建筑物元素的抽象表示。在简单的分析中，根据单个点的燃烧情况的分类燃烧状态可以并入状态转换模型中（Morishita，1985）。

例如，考虑三个相邻的房间 R_1、R_2 和 R_3，火灾从 R_1 中的可燃物点燃开始，有下面 4 个状态：

① 只有 R_1 着火；
② R_1 和 R_2 着火（R_3 没有着火）；
③ R_1 和 R_3 着火（R_2 没有着火）；

④ 三个房间都着火了。

没有产生以下状态的转移：

① 从状态 1 到状态 4；

② 从状态 2 到状态 3；

③ 从状态 3 到状态 2；

④ 状态 2、状态 3 或状态 4 到状态 1（火灾增长的衰退）。

从状态 2 到状态 4 的转变包括火从 R_1 或 R_2 蔓延到 R_3。因此，其转移概率是从 R_1 传播到 R_3 和从 R_2 传播到 R_3 的概率的总和。同样，从状态 3 到状态 4 的转移概率是从 R_1 传播到 R_2 以及从 R_3 传播到 R_2 的概率的总和。火灾可以在同一状态下燃烧，而不会过渡到另一状态。当达到状态 4 时，火灾传播的过程就终止。

根据上述假设，可以得到用来确定火灾从一个房间蔓延到另一个房间的概率的转移矩阵（P）。时间长度可能长于 1min，例如 5min，因为我们考虑的是在轰燃发生之后火灾从一个房间传播到另一个房间。在具有平稳转移概率的状态转移模型中，转移概率的值可以认为是常数。从仅 R_1 燃烧时的初始状态开始，通过重复第 15.3.1 节中所述的矩阵乘法，可以获得系统后期的概率分布。该过程为每个状态产生一个概率分布，这个分布是该状态燃烧时间的函数，可以估计转移到该状态的平均转移时间。Morishita（1985）基于矩阵 P 的划分，提出估算所有三个房间的燃烧到达状态 4 的平均转移时间的方法。他还讨论了含有灭火系统房间的随机过程。为了便于说明，他把模型应用于一个假设的小房间中。

15.6　网络模型

15.6.1　Elms 和 Buchanan 模型

前一节中所描述的模型可以拓展，用来计算在时间 n 或极限时间内，超过 3 个房间的火灾的累积概率，但是这将涉及乏味和复杂的计算。若考虑两个给定房间之间通过中间房间和走廊的火灾蔓延，采用与蔓延超过房间的概率 p_s 有关的离散值则会使问题的研究更简单。这个概率可以是图 15.2 中 E_4（$=\lambda_1\lambda_2\lambda_3$）给出的累积概率的极限值，或者可以通过确定性（科学）模型和分配给随机模型中用于 p_s 的这个时间（t_s）的概率来确定火灾破坏房间边界所花费的时间。持续时间 t_s 是表示在建立的燃烧开始之后发生轰燃的时间的 t_f 和表示房间的阻火作用在轰燃之后能够承受火灾的严重程度的时间 t_b 的和。后一个时间可以是通过标准耐火性测试（如 ISO834）测量的分隔部件的耐久性得到。如前所述，$p_s=p_f p_b$。

例如，考虑图 15.3（a）中关于四个房间的空间布局，图 15.3（b）中的相应关系显示了每对房间（i，j）之间火灾蔓延的概率（p_{ij}）。概率 p_{ij} 是指本章所定义的 p_s，而 Dusing 等（1979）以及 Elms 和 Buchanan（1981）只考虑了由 p_b 表示的消防设施失效概率，而忽略了由 p_f 表示的轰燃概率。这些作者所考虑的特定问题是计算火灾从房间 1 蔓延到房间 4 的概率，它可能遵循四条路径中的任何一条：

路径 1：（1）→（2）→（4）

路径 2：（1）→（3）→（4）

路径 3：（1）→（2）→（3）→（4）

路径 4：（1）→（3）→（2）→（4）

使用事件空间方法，Elms 和 Buchanan 首先考虑所有可能的"事件"或火灾沿着支路蔓延或没有沿着支路蔓延的组合。如果 a_{ij} 表示火灾沿着支路 ij 蔓延，而 $\bar{a}_{ij}$ 表示火灾没有沿着支路蔓延，那么一个事件可能是

$$[a_{12}, \bar{a}_{13}, a_{23}, \bar{a}_{32}, \bar{a}_{24}, a_{34}]$$

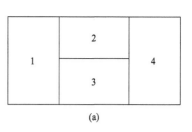

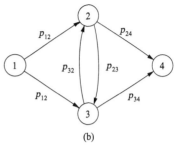

图 15.3　房间布局（a）及相应的网络图（b）

这样，就将会有 $2^6 = 64$ 个事件，这些事件都是唯一的，因为任何一对事件都包含至少一个支路，其中火灾在一个事件中蔓延，而在另一个事件中不蔓延。假设元素之间是互相独立的，则每个事件发生的概率是其元素的概率的乘积。因此，对于上面给出的示例，事件概率将是

$$p_{12}(1-p_{13})p_{23}(1-p_{32})(1-p_{24})$$

总概率是所有 64 个事件概率的总和。

完整的事件空间可以表示为具有 64 个分枝的树。每个事件（路径）的火灾蔓延概率是通过将路径中的所有支路概率相乘而获得的。然而，并非所有分枝都必须全部计算。计算可以简化，同时仍然允许所有情况出现。为此，Elms 和 Buchanan（1981）描述了一种构造树及其排序的方法，用于识别或搜索从节点 1 到节点（房间）4 的可能路径。这个过程被称为图的深度优先搜索。在此算法中，路径是建筑物中的一系列节点或房间，而作为特定事件的一部分的分枝的构建是基于底层路径的。允许火灾蔓延的每个分枝必须包含至少一个路径。图 15.4 显示了算法计算的实际树。从节点 1 到节点 4 的蔓延总概率由所有分枝概率的和给出。对每对房间进行计算，结果组成一个"火灾蔓延矩阵"。矩阵的对角元素都是相同的。为了防止计算过程中产生过长的分枝，采用了一些手段来缩减该算法。当分枝概率随着分枝长度减小时，这种方法对结果的影响是很小的。

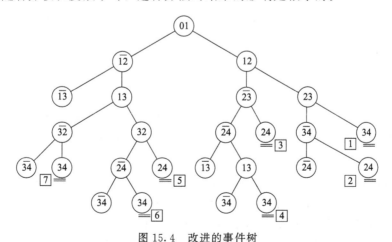

图 15.4　改进的事件树

在如上所述的基于计算技术的 Elms 和 Buchanan 模型中，将房间定义为节点，并将这些节点之间的连接作为在多房间建筑物中火灾在房间之间蔓延的可能路径，从而将建筑物表示为网络。该模型的核心是概率网络分析，用于计算火灾蔓延到建筑物内任何房间的概率。后来，作者（1988）对模型进行了一系列进一步的改进，并用该模型来分析耐火等级对建筑物可能遭受的火灾损害的影响。

15.6.2 Platt 模型

Elms 和 Buchanan（1981）没有明确地考虑时间的维度，尽管在其许多功能中它是隐含的。在计算火灾从一个房间蔓延到另一房间的概率时，没有考虑火灾需要蔓延多长时间。因此，这种模型没有考虑任何外在干预，例如消防救援部门灭火对火灾蔓延的影响。在这方面，该模型代表了涉及完全发展的火灾的可能影响的最坏情况。

Platt（1989）提出了一个新的网络模型。在这个模型中，耐火性能和火灾严重性是与时间相关的，而在基于 ISO 标准的火灾模型中将这两个参数作为一个常数，这就不能代表实时性。该模型计算火灾经过一段时间 t 后蔓延到建筑物任何部分的概率。Platt 模型的基本特征在下面几段中描述。

火蔓延到相邻的房间可以通过以下路径：

① 通过敞开的门；

② 通过窗户垂直蔓延；

③ 通过诸如墙、关闭的门和顶棚之类的分隔物。

有两个模型用于研究火灾增长随时间的估计。第一个模型是基于 Ramachandran（1986）提出的火灾烧毁面积与发展时间之间的指数关系。第二种模型采用 Heskestad（1982）提出的热释放速率与时间之间的抛物线关系。该模型与室温和热流率之间的关系结合使用，以提供轰燃时间的估计，该时间被当作顶棚温度达到 600℃ 时所需的时间。

数字 49% 用来表示初始火灾不会导致轰燃的概率。由火灾蔓延引起的后续点火具有 100% 达到轰燃的可能性。这种假设可能高估了火灾的扩散，因为阻火器在完全发展火灾的后期可能会"失效"，就没有启动进一步点火的"动力"。

火灾持续时间的实际数值 t 表示了火灾严重程度 S，它由燃料载荷与燃烧速率的比值来估计。该比值是通风和房间特征尺度的函数。CIB（1986）建议的方程用于估算"等效时间" t_e，包括房间的"真实"参数。为修正"弱点"和另外因素，阻火部件的标准耐火等级（FRR）乘以比率（t/t_e），得到 R，即"等效 FRR"。根据如上的定义，R 和火灾严重度 S 不是独立的，但是非常肯定地，它们被假定为具有对数正态分布的独立随机变量。在此假设下，用安全系数（R/S）来估计火灾通过防火构件的概率，该安全系数也是对数正态变量。假定火灾通过敞开门传播的概率为 100%。火灾通过窗户垂直蔓延到建筑物正面的概率等于外部火焰的高度大于或等于拱顶高度的概率。

然后将这些值与防火构件、防火门和护栏高度的设计值进行比较。这些比较的结果是得到一系列火灾会通过前面描述的三个可能路径中的每一个的传播概率。结合这些单独的概率给出火灾蔓延到相邻房间的总体概率。对建筑物内的每个房间重复这些值，共同形成相邻火灾蔓延矩阵，其值表示火灾将从房间 i 蔓延到相邻房间 j 的概率。火灾蔓延到相邻房间的时间期望值表示在火灾蔓延时，扩散到相邻房间的火灾蔓延时间矩阵值。

通过组合这两个矩阵，可以计算得到火灾从起火房间 i 蔓延到任意房间 j 的概率。火灾可以沿着任何路径蔓延，但条件是在给定时间内到达房间 j。所得到的矩阵，即总体火灾蔓延矩阵，可以被认为是一个三维矩阵，每个层在不同的时间进行计算。一旦火灾蔓延矩阵已经形成，Platt 的模型（1989）与 Elms 和 Buchanan（1988）非常相似，只是在前一种模型中，火灾蔓延概率依赖于时间，而在后一种模型中，火灾蔓延概率与花费的时间无关。

15.6.3　Ling 和 Williamson 模型

与 Dusing 等（1979）以及 Elms 和 Buchanan（1981）描述的过程类似，Ling 和 Williamson（1986）提出了一个模型，其中建筑平面图首先被转换成网络。网络中的每个支路都代表了火灾蔓延的可能路径，并且节点之间与由带门的墙壁隔开的空间相对应的那些支路是可能的出口路径，类似于 Berlin 等（1980）的模型。然后将空间网络转换为概率火灾蔓延网络。如图 15.5 所示，具有四个房间，Rm 1～Rm 4，以及两个走廊 C_1 和 C_2。在图中，Rm 1 被假定为起火房间，但是需要进行一些简单的改进，以便于描述另一个起火房间的问题。Rm 1 和带 "'" 的 Rm 1' 表示轰燃前和轰燃后的阶段，第一个连接表示为：

$$Rm\ 1 \rightarrow Rm\ 1'$$
$$(p_f, t_f)$$

其中，p_f 表示轰燃的概率，t_f 表示轰燃的时间。带 "'" 的节点表示房间中完全发展（即轰燃后）的火灾。

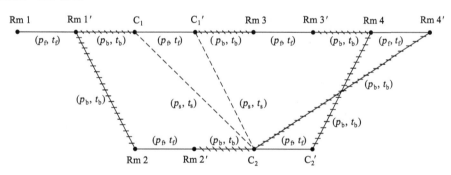

图 15.5　房间 R_1 到走廊 C_2 的火灾蔓延概率网络

——火灾在房间内蔓延；✕✕✕✕火灾到达防火部件；----火灾沿着走廊蔓延

在图 15.5 中，标识了三种不同类型的连接。第一种对应于房间内火灾的增长，第二种对应于火灾突破防火构件，第三种对应于沿走廊蔓延的火灾。对于每个支路 i，分配一对数字（p_i，t_i），p_i 表示火灾将通过支路 i 的分布概率，t_i 表示火灾通过支路 i 所需的时间分布。走廊 C_1 相对房间 1 的部分被视为一个单独的防火分区，并被分配一个（p_f，t_f），表示从 C_1 到 C_1' 的支路。数对（p_s，t_s）表示沿着从 C_1 到 C_2 的走廊的火灾轰燃蔓延的概率和时间。作为一级近似，p_s 可以被认为是由走廊墙壁和顶棚上的饰面材料的火焰蔓延分类所控制的，可以通过诸如 ASTM E-84、隧道实验之类的实验方法来进行测量。

一旦房间 Rm 1 外走廊的 C_1 段（即到达节点 C_1'）完全参与，走廊内的火灾蔓延受走廊通风和 Rm 1 的影响大于走廊本身的材料特性。因此，有一个单独的链接，C_1' 到 C_2，它有自己的 (p_s, t_s)。数字对 (p_b, t_b) 表示耐火部件失效的概率，t_b 表示耐火部件的耐火性。

一旦建立了概率网络，下一步就是通过获得一系列火灾可能蔓延的路径来解决它，每一个火灾蔓延路径都有相关联的定量概率和时间。为此，Ling 和 Williamson 采用了 Mirchandani（1976）开发的基于"应急等效网络"的方法来计算通过网络的预期最短距离（为了与文献一致，使用了"最短"一词而不是"最快"）。这种新的"等效"网络将产生与原始概率网络相同的连接概率和相同的预期最短时间。在该方法中，每个支路具有 Bernoulli 成功概率，并且支路延迟时间是确定性的。

需要注意的是，在等效火灾蔓延网络中，节点之间存在多个支路。例如，在 Rm 1 发生轰燃火灾时，介于 Rm 1 与走廊之间的门可以打开或关闭。Ling 和 Williamson 举了一个例子，假设门有 50% 的概率打开，并且打开的门没有耐火性。此外，他们假设如果门关闭会有 5min 的防火等级。在进一步的假设下，他们构造了等效的火灾蔓延网络（图 15.6），其中有 12 条可能的路径，例如图 15.5 中的示例，以找出 Rm 1 中的火灾蔓延到走廊 C_2 部分的预期最短时间。如果走廊中安装了 20min 防火等级的自动关闭的门，假设自动关闭的可靠性是完美的，且不允许使用门挡，则该网络将更改为图 15.7 中的 10 条可能路径。注意，图 15.7 中的连接已经重新编号。

对于图 15.6 和图 15.7 所示的两个等效网络，随着时间的增加和所有组件连接被识别，表 15.4 和表 15.5 列出了所有可能的路径。这些路径中的每一条都可以用语言来描述火灾场景；例如，表 15.4 中由连接 11、12 和 14 组成的路径 1 将是"轰燃火灾发生，通过敞开的门从 Rm 1 扩展到走廊 C_1，并沿着走廊蔓延到 C_2"。

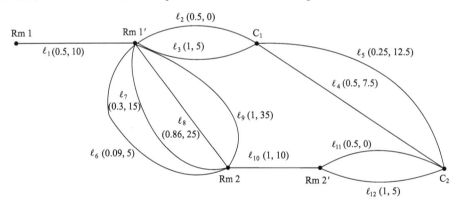

图 15.6　耐火时间 5min 防火门的等效火灾蔓延网络

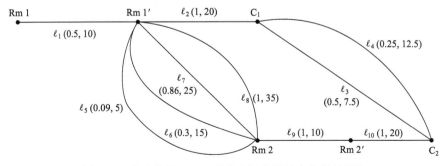

图 15.7　自动关闭 20min 的防火门的等效火灾蔓延网络

表 15.4 图 15.6 所示的耐火 5min 防火门的走廊火灾蔓延等效网络路径

表 15.4 图 15.6 所示的耐火 5min 防火门的走廊火灾蔓延等效网络路径

路径	连接单元	概率 p_i	时间 t_i/min
1	1-2-4	1/8＝0.13	17.5
2	1-2-5	1/16＝0.06	22.5
3	1-3-4	1/4＝0.25	22.5
4	1-6-10-11	1/44＝0.02	25.0
5	1-3-5	1/8＝0.13	27.5
6	1-6-10-12	1/22＝0.05	30.0
7	1-7-10-11	3/40＝0.08	35.0
8	1-7-10-12	3/20＝0.15	40.0
9	1-8-10-11	3/14＝0.21	45.0
10	1-8-10-12	3/7＝0.43	50.0
11	1-9-10-11	1/4＝0.25	55.0
12	1-9-10-12	1/2＝0.50	60.0

表 15.5 图 15.7 所示的 20min 自动关闭走廊防火门的火灾蔓延等效网络的路径

路径	连接单元	概率 p_i	时间 t_i/min
1	1-2-3	1/4＝0.25	37.5
2	1-2-4	1/8＝0.13	42.5
3	1-5-9-10	1/22＝0.05	45
4	1-6-9-10	3/20＝0.15	55
5	1-7-9-10	3/7＝0.43	65
6	1-8-9-10	1/2＝0.50	75

该场景的概率（0.13）强烈地依赖于 Rm 1 中发生轰燃的概率（0.5）和门被打开的概率（0.5）。17.5min 的时间由 10min 的轰燃时间和 7.5min 的火灾在走廊中由 C_1 蔓延到 C_2 的时间组成。

Ling 和 Williamson 从表 15.4 和表 15.5 中导出了计算连接概率 R 的方程，对于两个网络来说连接概率 R 都为 0.5（图 15.6 和图 15.7）。这个概率是假设起火房间内轰燃的概率为 0.50 和在剩余支路中发生单位概率的直接结果，这些支路构成了通过网络的某些路径。根据另一个方程，图 15.6 的预期最短时间为 29.6min，对于图 15.7 则增加到 47.1min，因为存在 20min 防火等级的门。因此，等效的火灾蔓延网络便于评估设计的变更，并且可以对这些不同的变更策略进行比较。

15.7 随机行走模型

在简单的随机表示中，涉及任何单一材料或多种材料的火灾过程可以看作随机行走模型。火灾在很短的时间间隔内以概率 λ 蔓延或以概率 μ（＝$1-\lambda$）熄灭（或燃尽）而随机地进行。参数 λ 表示火灾的成功概率，而 μ 表示灭火剂的成功概率。这个问题类似于两个赌徒，A（火灾）和 B（灭火剂）在玩一系列游戏。A 赢得任何特定游戏的概率是 λ。如果 A 赢了一场比赛，比如说，他通过摧毁一个单位的场地来获得一个单位的收益；如果他输了比赛，他不会获得任何的收益。在后一种情况中，A 不会失去自己对 B 的收益；已经燃尽的区域的损失是无法恢复的。熄灭也可以被认为是对随机游动的"吸收边界"，就像第 15.4 节讨论的状态转移模型中的"吸收状态"一样。

如上所述的随机游走将导致如下的指数模型，其中 $Q(t)$ 是燃烧持续时间超过 t 和 $c = \mu - \lambda$ 的概率：

$$Q(t) = \exp(-\mu t) = \exp[-(1+c)t/2] \tag{15.3}$$

当 μ 大于 λ，且 λ 大于 0.5 时，c 为正值，灭火能力是足够的；当 μ 小于 λ，且 λ 小于 0.5 时，c 为负值，灭火能力是不充分的。如果 $c=0$，$\mu = \lambda = 1/2$，则灭火能力与火灾蔓延倾向之间是平衡的。

与表示时间 t 相关的随机变量是另一个表示损失的随机变量 x，可能用术语烧毁区域来表示。火灾的损失与燃烧时间是指数关系（Ramachandran，1986），即 x 的对数和 t 的一级近似成正比。这个假设将导致帕累托分布

$$\varphi(x) = x^{-w}, x \geqslant 1 \tag{15.4}$$

即表示损失超过 x 的概率。帕累托分布用于与收入分配有关的经济问题，例如，用来描述有大量低收入者和少量高收入者的事实。在大多数火灾中，火灾的损失较小，只有少数火灾才会发生较高的损失。

这种使用帕累托分布计算火灾损失的方法最初是由 Benckert 和 Sternberg（1957）提出的，后来得到了 Mandelbrot（1964）的支持。Mandelbrot 在随机行走过程中得到了这种分布。对于斯德哥尔摩周边的瑞典房屋的所有火灾案例，发现指数 w 的值在 0.45 和 0.55 之间变化。方程式(15.4) 中 $w=0.5$ 的值意味着，如参照方程式(15.3) 所讨论的那样，灭火能力与火灾蔓延和造成损失的倾向之间是平衡的。

方程式(15.3) 中的参数 μ 称为危险率或故障率，由下式给出：

$$f(t)/Q(t)$$

其中 $f(t)$ 是对 $F(t) = 1 - Q(t)$ 函数求导得到的概率密度函数。对于方程式(15.4) 中的帕累托分布，失效率是 (w/x)，如果 w 是常数，则失效率将随着 x 的增大而减小。这表明，就损失而言，火灾可以永远燃烧而不会熄灭。μ 或 w 的恒定值有些不切实际，特别是对于在某个阶段被扑灭的火灾。当所有可用的燃料被耗尽或由于房间或建筑物内的物体布置而停止蔓延时，火灾也会自行熄灭。由于上述原因，尽管在火灾发展的早期阶段，即火灾发展阶段，其失效率会降低；但是由于灭火系统的作用最终会起作用，失效率最终会增加（"磨损失效"）。可能存在一个中间阶段，其中 μ 保持为常数，使得失效率随时间的变化类似于"浴缸"曲线。

在火灾蔓延的背景下，如上所述的随机行走是一维过程，损失是时间的随机函数，而不是时间和空间的随机函数。随机行走表示火灾的位置，即任何时候的损失。在每个单位时间内，位置变化表示损失的增加或由于吸收（熄灭或燃尽）而没有变化。一般来说，随机行走是在离散的时间上考虑的。如果该过程在时间上是连续的，使得增量是高斯型的，将导致弥散过程（Karlin，1966)(弥散过程是布朗运动的近似——这种

现象在科学技术的许多分枝中是众所周知的）。正态或弥散项是一般加性随机过程的两个可能组成部分之一，另一个组成部分则是由随机事件的发生引起的不连续或过渡项。前面讨论的马尔科夫链属于第二个组成部分。两个部分的线性叠加提供了控制一般加法过程的方程的解的方法。

15.8　渗流过程模型

在随机行走和火灾蔓延模型中，随机性是运动物体的特性；而在渗流过程模型中，随机性是物体运动空间的特性（Hammersley 和 Handscomb，1964）。因此，物体在特定点处的变换是随机的。但是如果物体返回到这个点，则它的变换和以前是相同的。该过程由空间上的随机场、变换数的向量场来描述。渗流过程模型处理的是随机介质中的确定性流动，而随机行走和火灾蔓延模型处理的是确定性介质中的随机流动。

Broadbent 和 Hammersley（1957）认为行走是在一个由多个点组成的图上进行的，这些点通过有方向的"连接"相连，只有沿着这样的"连接"才能通过。如果这样的图符合某些连接要求，则称为晶体图。在随机版本中，晶体图的每一个连接都有被阻止的独立概率，并且需要知道这对从一个位置 A 传播到另一个位置 B 的概率有什么影响；这与从B 到 A 不同，因为传播有一个方向。

如果把火灾看作是一个运动的物体，则该运动发生在空间或介质中，该空间或介质具有一定的随机性，物体（火灾）本身也具有与之相关的一些随机性。例如，一个地区的建筑物是随机分布的。建筑物也通过有向的连线相连，只有沿着这些连线才可能发生火灾蔓延。每一种结合都具有阻挡或防止火灾蔓延的独立概率；这取决于建筑物的性质及其可燃物、通风情况和建筑物之间的距离。

在考虑一个网络，其中一些随机选择的支路可能被阻塞，并且希望知道这种随机阻塞对网络中流动的影响时，就会出现渗流问题。在预测火灾蔓延时，特别是在森林火灾中，或在城市区域中，火灾从一栋建筑物蔓延到另一栋建筑物，将遇到这样的问题。

显然出于上述原因，Hori（1972）提出渗透过程模型，用来模拟火灾从建筑物到建筑物之间的蔓延过程。Sasaki 和 Jin（1979）关注该模型的实际应用和火灾蔓延概率的估计。利用东京火灾发生率报告中的数据，他们模拟了城市火灾，并估计了每次火灾中烧毁建筑物的平均数量。除了建筑物之间的距离和风速外，以下因素也被认为对火灾蔓延的可能性有一定影响——建筑结构、建筑尺寸和形状、窗户面积、窗户数量、室内建筑材料、家具、墙壁、栅栏、花园和树木。

在上述模型中，第一个因素被分为三类：木结构、砂浆（慢烧）结构和混凝土（防火）结构。将风速分为 0～2.5m/s、2.5～5.0m/s 两组。在前一种情况下，火灾传播假设是无向的（各向同性），而在后一种情况下，根据火灾传播方向将数据细分为几组：迎风方向、背风方向、垂直于风向（侧向）。风速大于 5.1m/s 的火灾事故由于数量少而被排除在外。如果燃烧的建筑物数量是 i，未燃烧的建筑物数量是 j，则火灾蔓延的概率表示为 $i/(i+j)$。

数据除以建筑物之间距离的米数，或者在数据较少的情况下除以 2m 或更多。两栋建筑之间传播的概率是采用负指数函数估计的，这种概率随着两栋建筑之间距离的增大而减小。分析表明，建筑结构是影响火灾蔓延的主要因素。在这种模拟中没有考虑传播模式随时间的变化。

Nahmias 等（1989）研究了将渗流理论应用于森林火灾蔓延的可行性。作者利用含可燃和不可燃物体随机分布的方形网络模型，研究了在不同浓度情况下，随机性对火灾传播的影响，其中参数 q 表示不可燃物体的比例。在无风的情况下，发现火灾传播与具有最近邻相互作用的方形点阵上的侵入渗流模型结构是一致的，其阈值离理论值 $q=0.39$ 不远。随着风速的增大，阈值也增大。得到的最大阈值为 $q=0.65$。对于不同的风速和比例 q，得到了燃烧后模型的最终状态。通过对该状态的观测，可以揭示出有向的、非局部的、相关的火灾传播特征。

15.9　流行病学理论

Albini 和 Rand（1964）应用与 Reed 和 Frost（Bailey，1964）的链式二项式模型有一些相似性的流行病学模型预测了大城市地区的火灾蔓延。作者设想了在一个"区域"发生火灾，这个区域可能是单个建筑物或建筑物组。其中一些被推测为初始起火点，并且是随机分布的，而且在没有消防设施的情况下保持点燃一段时间 T。在时间 T，这"一代"的火可以蔓延，然后熄灭，留下第二代火灾来持续燃烧第二阶段 T 等。

假定火灾蔓延只发生在每个火灾间隔的末尾。对于第（$n+1$）个区间来说，任何区域正在燃烧的先验概率是 P_n，而尚未被燃烧的先验概率是 A_n，则有：

$$A_n = (1-P_0)(1-P_1)\cdots(1-P_n)$$
$$P_n + 1 = A_n B_n$$

式中，B_n 是第（$n+1$）个间隔期间火蔓延到先前未燃烧的"区域"的概率。为了得到 B_n，Albini 和 Rand 引入了定义以下三种概率的参数：

① 在第（$n+1$）个时间间隔内，对于一个给定区域附近 N 个可能的区域中有 m 个区域燃烧的概率；

② m 个区域中至少有一个区域火灾蔓延的概率；

③ 在任何时间间隔 T 内，火灾从燃烧区域蔓延到未燃烧临近区域的概率。

基于上述参数，作者得到了 B_n 的上限和下限的近似值以及（$1-A_n$）的极限值，即一个区域燃烧的概率。

引入消防措施的 Albini 与 Rand 模型是基于许多理想化假设的。首先，假设消防能力是常数。作者引入了一个参数 M，该参数用于描述一个城市中所有消防员在给定时间间隔内能够灭火的燃烧区域占所有可能的燃烧区域的比例。假定在整个时间间隔内消防将持续灭火。没有熄灭的火可以蔓延，也可以不蔓延；如果被熄灭，就不能蔓延。在上述假设下，作者导出了早先定义的概率 $P_{(n+1)}$ 的表达式。Albini 和 Rand 考虑了火灾的定向传播，假设从一个孤立的地方向前和向后传播的概率是相同的，并且蔓延中的定向元素仅由初始条件产生。通过将蔓延的概率与任何建筑物本身正在燃烧的概率联系起来，并将其与尚未燃烧的任何相邻部分分隔开来，以小于辐射或转移的适当"安全"距离，该模型包括了空间变化。

Thomas（1965）注意到流行病学理论与建筑物内火灾蔓延的可能相关性，并将 Albini 和 Rand 模型与基于持续火灾蔓延倾向的确定性流行病学模型进行比较。他发现，两种模型的结果就其基本特征而言是合理的、一致的；但是得出的结论是，这两种模型都不适合于在"场所"数量不大的单一建筑物中处理火灾的传播。对于这种情况，必须进行随机处理，以允许起火的火灾在蔓延之前以有限的概率烧尽。当初始火灾的数量很大时，这种概率可以忽略不计。

致谢

本章是美国国家消防协会 1995 年在美国马萨诸塞州昆西市出版的《SFPE 消防工程手册》第二版中 G. Ramachandran 编写的第 15 章第 3 节"火灾增长的随机模型"缩写的。作者要感谢美国消防工程师协会允许复制本章。

符号说明

A_n	区域没有被烧毁的可能性
a_i	状态 i
a_j	状态 j
a_{ij}	火灾沿 ij 支路蔓延
$\overline{a}_{ij}$	沿 ij 支路没有火灾蔓延
B_n	第 $(n+1)$ 间隔期间火蔓延到先前未燃烧的区域内的概率
c	$=(\mu-\lambda)$
E_i	第 i 状态火灾熄灭的比例
$F(t)$	燃烧持续时间小于或等于 t 的概率
$f(t)$	密度函数〔$F(t)$ 的导数〕
M	城市中消防员可以灭火的燃烧区域比例
M_3	火焰到达Ⅲ区域但不超过Ⅲ区域的长期概率
m	状态数目或燃烧区域的数目
N	可能的区域数目
n	时间
P	转移矩阵
P_{FDF}/F	对于给定的火灾，火灾全面发展的概率
P_n	区域燃烧的概率
p_b	房间边界破损概率
p_f	轰燃的概率
p_{ij}	火灾从房间 i 扩散到房间 j 的概率
p_i	火灾通过连线 i 的分布概率
p_n	n 时刻不同状态火灾燃烧的概率分布
p_s	超出房间的概率
(p_b, t_b)	分隔失效的概率和时间

(p_s, t_s)	沿走廊传播的轰燃前概率和时间
$Q(t)$	燃烧持续时间超过 t 的概率
q	不可燃物体的比例
q_i	火灾在 n 时刻处于第 i 状态的概率
R	等效耐火性
S	火灾严重程度
S_1, S_2, S_3	火灾蔓延状态
T	流行病学理论中的 T 时段
t	火灾持续时间的实时表征
t_b	房间的隔墙在轰燃后的耐火时间
t_e	等效时间
t_f	燃烧开始后发生轰燃的时间
t_i	火需要经过第 i 支路的时间分布
t_s	$=(t_f+t_b)$
w	帕累托分布中的指数
$w_i(t)$	$=[1-\lambda_i(t)-\mu_i(t)]$
x	损伤
λ	火灾蔓延成功概率
$\lambda_1(t)$	t 时刻火灾蔓延到第一物体之外的"转移概率"
$\lambda_{12}(t)$	t 时刻从第一目标蔓延到第二目标的转移概率
$\lambda_i(t)$	给定火灾已经蔓延到第 i 状态，第 i 状态在时间 t 上扩散的条件概率
$\lambda_{ij}(n)$	$(n+1)$ 时刻从状态 i 到状态 j 的转移概率
$\lambda_{ij}(t)$	t 时刻从第 i 个对象蔓延到第 j 个对象的转移概率
μ	灭火成功概率
$\mu_i(t)$	给定火灾已经蔓延到第 i 状态，第 i 状态在时间 t 时的条件熄灭概率

参考文献

Albini, F A and Rand, S (1964). *Statistical Considerations on the Spread of Fire*, IDA Research and Engineering Support Division, Washington, DC.

Aoki, Y (1978). Studies on Probabilistic Spread of Fire, Research Paper No. 80, Building Research Institute, Tokyo, Japan.

Bailey, N J T (1964). Reed and frost model. *The Elements of Stochastic Processes*, John Wiley, New York, Section 5, Chapter 12.

Beard, A N (1981/82). A stochastic model for the number of deaths in a fire. *Fire Safety Journal*, **4**, 164–169.

Beck, V R (1987). A cost-effective decision making model for building fire safety and protection. *Fire Safety Journal*, **12**, 121–138.

Benkert, L G and Sternberg, I (1957). An attempt to find an expression for the distribution of fire damage amount. *Transactions of the Fifteenth International Congress of Actuaries*, **11**, 288–294.

Berlin, G N (1980). Managing the variability of fire behaviour. *Fire Technology*, **16**, 287–302.

Berlin, G N (1988). Probability models in fire protection engineering. *SFPE Handbook of Fire Protection Engineering*, National Fire Protection Association, Quincy, MA, USA, Chapter 4–6, pp. 43–52.

Berlin, G N, Dutt, A and Gupta, S M (1980). Modelling emergency evacuation from group homes. *Annual Conference on Fire Research*, National Bureau of Standards.

Broadbent, S R and Hammersley, J M (1957). Percolation processes, 1, crystals and mazes. *Proceedings of the Cambridge Philosophical Society*, **53**, 629–641.

CIB W14 Workshop (1986). Design guide: structural fire safety. *Fire Safety Journal*, **10**(2), 81–138.

Dusing, J W A, Buchanan, A H and Elms, D G (1979). *Fire Spread Analysis of Multicompartment Buildings*, Department of Civil Engineering, Research Report 79/12, University of Canterbury, New Zealand.

Elms, D G and Buchanan, A H (1981). *Fire Spread Analysis of Buildings*, Research Report R35, Building Research Association of New Zealand.

Elms, D G and Buchanan, A H (1988). *The Effects of Fire Resistance Ratings on likely Fire Damage in Buildings*, Department of Civil Engineering, Research Report 88/4, University of Canterbury, New Zealand.

Hammersley, J M and Handscomb, D C (1964). Percolation processes. *Monte Carlo Methods*, Methuen & Co Ltd, London, Chapter 11.

Heskestad, G (1982). *Engineering Relations for Fire Plumes*, Technology Report 82–8, Society of Fire Protection Engineers, USA.

Hori, M (1972). Theory of percolation and its applications. *Nippon Tokeigakkaishe*, **3**, 19.

Karlin, S (1966). *A First Course in Stochastic Processes*, Academic Press, New York.

Ling, W T C and Williamson, R B (1986). The modelling of fire spread through probabilistic networks. *Fire Safety Journal*, **9**.

Mandelbrot, B (1964). Random walks, fire damage amount and other Paretian risk phenomena. *Operations Research*, **12**, 582–585.

Mirchandani, P B (1976). *Computations and Operations Research*, Vol. 3, Pergamon Press, pp. 347–355.

Morishita, Y (1977). *Establishment of Evaluating Method for Fire Safety Performance*, Report, Research Project on Total Evaluating System on Housing Performances, Building Research Institute, Tokyo, Japan.

Morishita, Y (1985). A stochastic model of fire spread. *Fire Science and Technology*, **5**(1), 1–10.

Nahmias, J, Tephany, H and Guyon, E (1989). Propagation de la Combustion sur un Reseau, Heterogene Bidimensionnel. *Revue Phys. Appl.*, **24**, 773–777.

Platt, D G (1989). *Modelling Fire Spread: A Time-Based Probability Approach*, Department of Civil Engineering, Research Report 89/7, University of Canterbury, New Zealand.

Ramachandran, G (1969). The Poisson process and fire loss distribution. *Bulletin of the International Statistical Institute*, **43**(2), 234–236.

Ramachandran, G (1985). Stochastic modelling of fire growth. *Fire Safety: Science and Engineering*, ASTM STP 882, American Society for Testing and Materials, Philadelphia, PA, USA, pp. 122–144.

Ramachandran, G (1986). Exponential model of fire growth. *Fire Safety Science: Proceedings of the First International Symposium*, Hemisphere Publishing Corporation, New York, pp. 657–666.

Ramachandran, G (1988). Probabilistic approach to fire risk evaluation. *Fire Technology*, **24**(3), 204–226.

Ramachandran, G (1990). Probability-based fire safety code. *Journal of Fire Protection Engineering*, **2**(3), 75–91.

Ramachandran, G (1991). Non-deterministic modelling of fire spread. *Journal of Fire Protection Engineering*, **3**(2), 37–48.

Sasaki, H and Jin, T (1979). *Probability of Fire Spread in Urban Fires and their Simulations*, Report No 47, Fire Research Institute, Tokyo, Japan.

Thomas, P H (1965). *Some Possible Applications of the Theory of Stochastic Processes to the Spread of Fire*, Internal Note No. 223, Fire Research Station, Borehamwood, Herts, UK.

Watts, J M Jr (1986). Dealing with uncertainty: some applications in fire protection engineering. *Fire Safety Journal*, **11**, 127–134.

16 消防安全概念树及其衍生方法

16.1　引言

在 20 世纪 60 年代和 70 年代，一些研究组织认识到"系统方法"在消防安全方面的潜在应用。美国国家消防协会（NFPA）成立了一个新的技术委员会，其任务是制定建筑消防安全系统的概念和标准。该委员会的成果是 1974 年首次发表并于 1980 年进行修订的综合逻辑树图。

随后，人们试图量化消防安全概念树的各个部分，从而促成了几种用于消防安全评估的定量方法。美国总务管理局（US General Services）开发的面向目标的概率系统方法就是从类似的逻辑树演化而来的。相应地，它又产生了另外两种方法：一种是对原有数学方法的改进，在本章中称为改进方法和 WPI（Worcester 理工学院）工程方法；另一种是正在持续发展的更全面的方法。

16.2　消防安全概念树

消防安全概念树是一个逻辑图，旨在涵盖实现消防安全目标的所有可能机制。它由美国国家消防局以挂图的形式出版（NFPA，1980），并形成 NFPA 550 "消防安全概念树指南"标准（NFPA，1986）。

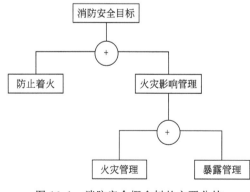

图 16.1　消防安全概念树的主要分枝

16.2.1　概念树的结构

消防安全概念树由建筑消防安全要素及其相互关系组成。该树的重点在于可以实现规定的消防安全目标，即树的顶部内容（见图 16.1），通过以逻辑的方式逐步实现各个层次的消防安全要素。该树有助于评估或设计一栋建筑物。该树提供了实现消防安全的逻辑需求，即它提供了满足消防安全目标的条件，但不能确定实现这些目标所需的最低条件。逻辑树的成功与否取决于满足每个等级的完整性。树中较低级别的要素并不代表重要性或性能的较低级别。它们代表了达到下一个更高层次的手段。

（1）逻辑门

所有要素通过叫作与门（AND门）和或门（OR门）的逻辑门进行连接。这些是来自布尔代数的标准运算。

与门是逻辑与运算，表示所有输入必须同时存在时才能生成并输出。所有的输入都是必需的，并且没有冗余。与门的印刷符号是一个中间有点的圆（⊙）。

中间带有加号的圆（⊕）是用来指定或门的符号。或门是一种逻辑或操作，其中几个输入中的任何一个可能都将生成指定的输出结果。它是"包含的或"，意思是该门下面的所有要素都可以被包含，但是它们中只有一个是必需的。理论上，这意味着除了某个输入之外的所有其他输入都可以忽略。然而，理论上完美的消防安全投入是无法实现的。

通过不止存在一个输入，提高了实现消防安全目标的可能性。这是通过冗余实现可靠性的一个例子。因此，消防安全概念树中的或门建议我们使用多种策略来提高实现目标的可靠性。同样重要的是，要注意或门的输入目的是全面的。这意味着它们包括实现各自输出的所有可能的方式。

（2）主要分枝

消防安全概念树像植物学对应物一样有很多分枝。三个主要分枝代表了"预防点火源""管理火灾"和"管理暴露"的概念。

概念树的"预防点火源"分枝（图16.2）本质上是防火规范的一种形式。这个分枝中描述的大多数要素需要连续监视才能成功。因此，实现令人满意的消防目标的责任本质上是业主/居住者的责任。然而，设计者可以将某些特性结合到建筑中，以帮助业主/居住者预防火灾。要完全防止建筑物着火是不可能的。因此，为了实现总的消防安全目标，从建筑设计的角度来看，高级别的"管理火灾影响"分枝机构承担着重要的作用。根据概念树的逻辑，我们可以通过"管理火灾"或"管理暴露"分枝来管理火灾的影响。

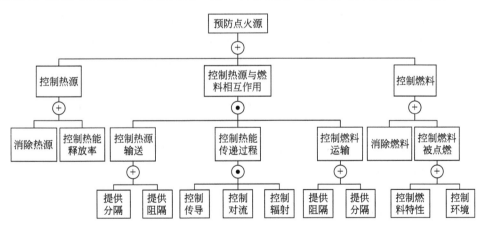

图16.2　消防安全概念树的"预防点火源"分枝

"管理火灾"分枝（图16.3）显示了如何通过管理火灾本身来实现消防安全目标。这可通过控制燃烧过程、抑制火灾或建筑结构防火来实现。在这里，树的任何分枝都将满足"管理火灾"要素。因此，例如，在一些火灾中，通过建筑结构来控制火灾也取得了成功。在其他火灾中，通过控制燃烧过程，或者通过控制燃料或者环境来获得成功。在实践中，这些元素的组合用于满足消防安全目标。

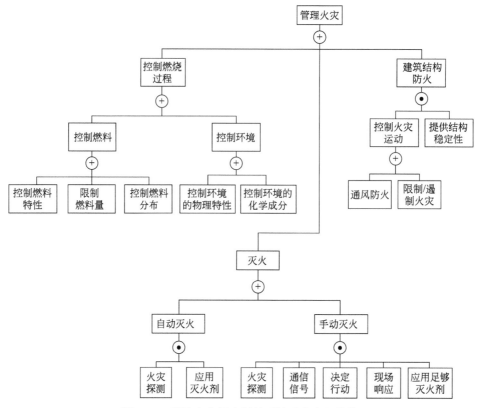

图 16.3 消防安全概念树的"管理火灾"分枝

"管理暴露"分枝（图 16.4）表明，根据考虑在内的消防安全目标，可以通过协调直接涉及人员、财产或功能"暴露"的消防安全措施来管理火灾影响。安全目标的成功实现要么是通过限制暴露量来达到的，要么是通过保护暴露量达到的。例如，可以限制空间中的人员数量以及财产的数量或类型。如果这种方法也不切实际，消防安全目标仍然可以通过结合设计建筑物特征来保护暴露量，从而得到实现。

对暴露的人员或财产，可以通过将其转移到安全的避难区或其他适当的地方加以保护。例如，在医院、疗养院或监狱等机构化居住地的人通常必须得到适当的保护。另一方面，例如办公室或学校中的那些具有警觉性、能够正常走动的人，需要转移到安全区域以保护他们不受火灾影响。

16.2.2 概念树的应用

NFPA 消防安全概念树有许多应用，其中之一是能够快速、方便地描述建筑物中消防安全总体概念。作为对消防安全概念的图示描述，消防安全概念树识别了特定规范要求的要素，并建议实现可接受风险的等效水平的可选择的方法。

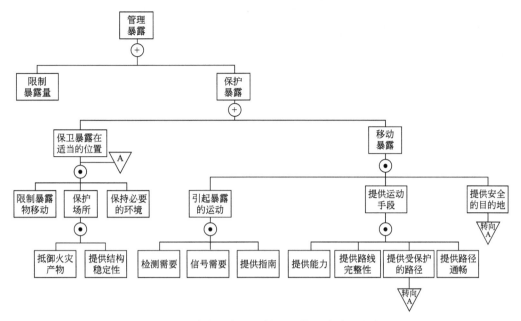

图 16.4　消防安全概念树的"管理暴露"分枝

（1）沟通

消防安全概念树是对纳入规范和标准的消防安全总体概念的简单图形化的描述。它便于消防专家和其他人员之间的沟通，以帮助他们证实特殊要求在消防安全中所发挥的作用。在建筑设计中，一旦确定了建筑物的基本消防安全目标，设计者便可以使用安全概念树来分析实现这些目标的路径，也可以找到提高消防安全可靠性的替代策略和方法。然后，该树可以用于将消防安全设计的概念传达给客户、管理人员和标准编制人员。

（2）检查表

消防安全概念树可以作为消防安全评估的检查表。概念树中与门的输入与实现输出目标或策略所需的项目列表相当。每一个都必须以适当的级别存在。或门的输入包括选项列表。一般来说，需要检查它们，看它们是否能够成功地实现树的输出元素。使用概念树作为检查表，可以明确地识别和评估消防安全的冗余和不足。

（3）权衡

消防安全设计的一个重要特性是替补方案或"权衡"的问题。消防安全概念树的逻辑结构确定了可接受此类权衡的消防安全设计的领域。唯一可以确定替补方案的合法领域是消防安全概念树中"或"门下的那些因素。例如，可以根据疏散与临时避难及其对建筑物功能的影响而做出决定。"与"门下的因素是必需的，因此不能被视为替代方案。

以当前的这种形式，消防安全概念树并不为建筑物给出数字化的消防安全评分。在下面的章节中所描述的其他方法，已经发展到可以为概念树的部分分枝给出这样的分数。

16.3　面向目标系统方法（GSA）

任何有效的系统必须对管理目标做出响应。在面向目标系统方法的发展过程中，重新制定了 GSA 安全政策声明，并为以任务为中心的目标制定了概率标准。这一目标准则是以建筑物内每个连续空间或结构模块的火灾极限概率表示的。图 16.5 表示了一般级别和关键操作的 GSA 任务连续性目标。

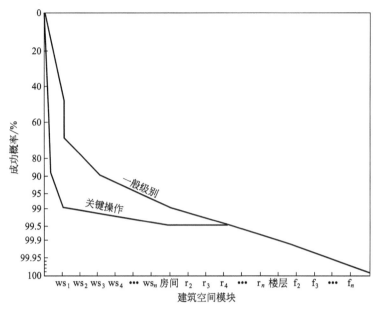

图 16.5　GSA 任务集中目标

ws—工作单元；r—房间；f—楼层

面向目标系统方法的定量应用涉及特定建筑物中每个工作单元、房间和楼层的概率计算。如果计算的概率落在图 16.5 的目标曲线下方的区域内，则满足目标的需求。确定这些概率的方法是本节的重点内容。

GSA 面向目标系统方法最初是由 Harold E. Nelson 开发的，并且被 GSA 作为一种他们指定的建筑消防安全标准附件而应用。它于 1975 年修订，并作为深入审查的附录出版（Watts，1977）。

16.3.1　面向目标系统方法的构成

正如目前所应用的那样，面向目标系统方法有两个基本组成部分。定性的组成部分涵盖了消防安全的各个方面，而定量的组成部分则涉及我们最了解的消防知识。

面向目标系统方法的底层结构是逻辑树。该树的性质是从系统安全领域开发的事故树演变而来的，而该树主要是应用在航空航天工业这些领域中。GSA 消防安全树旨在代表提出消防安全的所有可能方法。因此，该树的元素代表了一组总体上详尽的消防措施，并且该树提供了用于检查消防安全设计的所有可能性的定性工具。GSA 消防安全树与 NF-PA 颁布的消防安全树非常相似。

事故树常被用作系统安全定量分析的框架。GSA 消防安全树的一个分枝，特别适合这种类型的分析，它涉及火灾管理，而不是预防火灾或管理受火灾影响的人员或财产（图 16.6）。对于这个分枝，知识和数据似乎足以支持消防安全水平的概率度量。

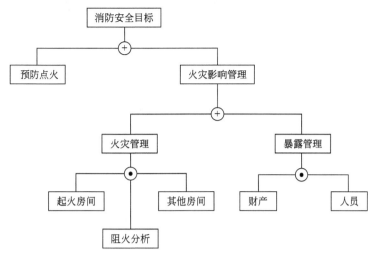

图 16.6　GSA 消防安全树的主要分枝

16.3.2　定量描述

这里的重点是面向目标系统方法中的定量计算部分。这部分内容是该方法得出了成功限制火灾蔓延的概率。

（1）概率曲线

导出概率的表示形式是"曲线"，例如图 16.5 所示的 GSA 目标曲线。目前面向目标系统方法的大多数应用都由这些曲线的定义序列组成。

这些曲线的共同横坐标是非线性的、不连续的线段，代表了建筑面积。线段上的特定点表示建筑物内尺寸不断增大的空间模块。初始模块表示工作单元或燃料包，这些工作单元或燃料包是半易燃材料，在其中可能发生火灾，或者可能蔓延火灾。有一个例子是，桌子、椅子和废纸篓，它们彼此靠近。因此，在废纸篓中开始燃烧的火灾会通过火焰直接冲击而点燃桌子和椅子，从而很可能通过来自第一工作单元的辐射传热蔓延到相邻的工作单元。房间总参与度定义为 $n(n \geqslant 1)$ 个工作单元之间的火灾蔓延。在大多数建筑中，n 取 3 或 4 的值，也就是说，整个房间将同时包含三个或四个燃料包。然后火灾蔓延的顺序将是从一个房间到另一个房间，其中 n 个房间表示整个楼层。类似地，该建筑被认为是由 n 层组成。因此，n 是一个任意变量，用来表示工作单元、房间或楼层的最终数量。

曲线的纵坐标是限制火灾成功蔓延的累积概率。由于不明的原因，比例尺被颠倒，将原点放在左上方。所使用的尺度主要是线性化的累积正态概率分布，显然是为了方便和可用性而选择的。GSA 和该方法的其他用户已经用各种方式更改或调整了极端部分。由于横坐标是不连续的，所以曲线的正态分布没有数学意义。因此，面向目标系统方法的曲线实际上是离散点，它们不是以连续的方式真正相关；然而，它们是连接在一起的，以说明图形展示部分的有效性。这似乎是该方法的一个优点。在单个图表上呈现火灾蔓延概率为设计者提供了与业主、使用者和政府管理人员进行沟通的有效工具。

（2）起火房间

第一个概率评估是对起火房间内的工作单元或燃料包进行的。这些评估基于逻辑树的

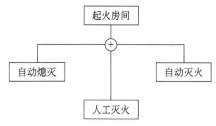

图 16.7　GSA 消防安全树的起火房间分枝

相关部分（图 16.7），该部分认为，限制火灾蔓延到工作空间是通过火灾自动终止（即刚刚熄灭）、手动灭火（如消防救援部门）或自动灭火（如自动喷淋灭火系统）来实现的。

GSA 根据员工的经验和现有的技术数据，绘制了一系列不同类型办公场所自动终止概率图，称为"Ｉ曲线"（图 16.8）。设计人员或消防工程师必须对灭火概率做出类似的判断检测（"M 曲线"表示手动灭火，"A 曲线"表示自动灭火）。然后，根据树的指示逻辑，即或门，限制火灾蔓延到工作单元 i 的概率由下式给出：

$$P\{L_i\} = P\{I_i + A_i + M_i\} \tag{16.1}$$

通过布尔代数可以很容易计算出

$$P\{L_i\} = 1.0 - P\{\tilde{I}_i\}P\{\tilde{A}_i\}P\{\tilde{M}_i\} \tag{16.2}$$

其中"～"表示各自事件的补事件（例如 $P\{I_i\} = 1.0 - P\{\tilde{I}_i\}$）。

当工作单元 $1, 2, \cdots, n$ 的火灾扩展极限概率用直线连接在一起时，被称为起火房间的"L 曲线"。

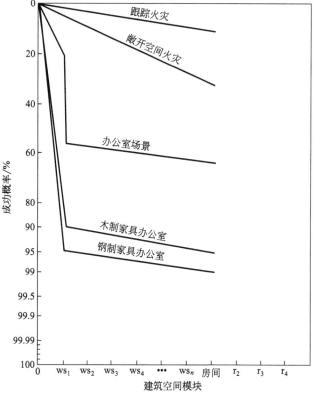

图 16.8　GSA Ｉ曲线

ws—工作单元；r—房间

（3）阻火分析

当火灾到达房间的物理边界时，它会遇到第一个防火构件，从而进一步蔓延。确定结构防火构件阻止火灾蔓延的能力大小是面向目标系统方法中最复杂的问题。

在传统的消防测试程序中，考虑了三种防火构件的失效模式：火焰或热气体的通过、热量的传递和无法承受施加的荷载（ASTM，1988）。这些故障模式中的第一种是直接通过评估开口、孔、洞或其他可能发生火灾或热气体通过的方式的百分比来处理。GSA 使用判断分析，以图形方式定义限制火灾蔓延的概率与几种类型防火构件的开口百分比。GSA 将该概率指定为 $P\{O\}$。

其他故障模式取决于火灾的严重程度。传统上，火灾严重程度是通过可燃物数量与标准的美国材料实验协会（ASTM）火灾实验（Ingberg，1928）的关系来估计的。在此基础上，GSA 估计了几种布置条件下可能的火灾严重程度的累积概率分布，并估算了不同类型防火构件对不同程度火灾的热阻（T）和结构完整性（D）的响应。然后，通过对严重性概率进行调节，得出每种情况下的总概率。因此，如果严重火灾的概率 i 由 $P\{H_i\}$ 给出，并且热阻的条件概率由 $P\{T\mid H_i\}$ 给出，那么在火灾严重度范围内热阻的总概率为：

$$P\{T\}=\sum_{i=1}^{n}P\{T\mid H_i\}P\{H_i\} \tag{16.3}$$

类似地，当维持施加荷载的条件概率被指定为 $P\{D\mid H_i\}$ 时，总概率为：

$$P\{D\}=\sum_{i=1}^{n}P\{D\mid H_i\}P\{H_i\} \tag{16.4}$$

方程式(16.3) 和方程式(16.4) 中使用了总概率的离散表示，因为 GSA 指定的方法仅涉及经验分布。正如即将在下一节中所显示的那样，可以通过使用理论分布来简化该过程。

现在，确定防火构件成功地限制火灾蔓延的可能性遵循图 16.9 所示的消防安全树部分的布尔逻辑。因此，防火构件 j 成功的概率由下式得出：

$$P\{F_j\}=P\{O_jT_jD_j\} \tag{16.5}$$

进而得到

$$P\{F_j\}=P\{O_j\}P\{T_j\}P\{D_j\} \tag{16.6}$$

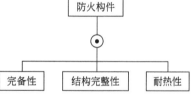

图 16.9　GSA 消防安全树的阻火分枝

（4）L 曲线的构造

建筑物的 "L 曲线" 是面向目标系统方法的消防安全评估措施。它代表了考虑在内的每个空间模块上限制火灾蔓延的累积概率。"L 曲线" 是在每个模块和每个防火构件处的逐步计算过程中推导出来的。每个步骤中的剩余故障概率 $P\{L\}$ 通过特定模块或防火构件的成功概率而降低，例如：

$$P\{L_{i+1}\}=P\{L_i\}+P\{L_i\}P\{\lambda_i\} \tag{16.7}$$

其中 $P\{\lambda_i\}$ 由描述空间的方程（16.2）和描述防火构件的方程式(16.6) 给出，即，在 L 曲线上由 L_{i+1} 指定的点处限制火蔓延的成功概率等于在前一点处的成功概率 L_i，加上由第 i 个防火构件成功概率减小的剩余失败概率 $P\{F_i\}$。然后，通过将这些点连接起来，如图 16.10 中的点 "a" 到 "q"，即可得到 L 曲线。

可以将所得到的 L 曲线与建筑物所有者或居住者的已知目标进行比较。在图 16.10 中，消防措施不符合 GSA 的一般水平的目标标准。

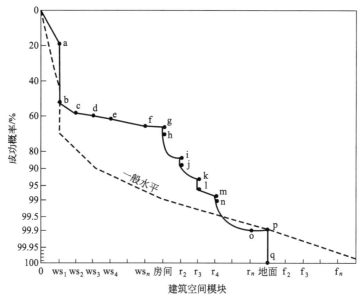

图 16.10 GSA L 曲线

ws—工作单元；r—房间；f—楼层

16.3.3 GSA 方法的局限性

面向目标系统方法是将系统概念应用于消防安全的早期尝试，因此其适用性存在若干限制。

这种方法高度依赖于火灾蔓延场景的选择，即"L 曲线"的横坐标。目前还没有规范的方法来确定火灾发展的最大可能的路径。这个过程基本上是使用经验丰富的消防工程师的专业判断。或者，所有可能的场景都必须根据其发生的可能性进行评估和权衡。

在整个方法中，时间的概念被忽略了。对于阻火分析来说，这或许可以接受，但对于抑制火灾来说，这是一个存在问题的假设。灭火系统的能力通常更取决于火灾从一个模块蔓延到另一个模块的速度，而不是火灾蔓延的可能性。这可以通过引入火灾的"可抑制性"概念作为概率分布来处理，然后该概率分布可以通过针对特定自动或手动灭火系统的"可抑制性"分布来匹配。这种技术将在下一节进行说明。如果面向目标的系统方法要扩展到关于生命安全的方面，那么引入时间因素就变得至关重要。

另一个限制因素是在相当繁杂的阻火分析处理中使用离散概率分布。连续情形是现实世界物理过程的一个更好的模型，并且更容易使用。卷积积分在应力-强度模型中的应用已经做了大量的工作，并且这一知识体系可以有力地用于阻火分析以及上述"抑制性"概念。

灵敏度分析表明，应用面向目标系统方法的结果对输入参数的变化不是很敏感（Watts，1979）。这预示着在确定输入分布时采用专业判断是很好的。然而，这也表明更多的解决方法将是无效的。也就是说，任何特定的防火细节都可能没有明显的效果。这可能表明消防安全措施不充分或对变量的操作不当。

虽然"L 曲线"在图形表示方面具有明显的优势，但由于坐标轴缺乏合理性，使其受到很大影响。在数学上，曲线是一系列具有直观定义的关系的连接点。或者，横坐标可以用面积的对数标度来表示。无论哪种情况，一个确定的、常规的尺度都应该取代当前的坐标。

与前两个有关的最后一个负面评论与消防安全措施有关。用小数或百分比表示非常小或非常大的概率是有误导性的。虽然在数学上是正确的，但是这个方程很容易导致对含义的错误解释。例如，将 1/7000 和 1/8000 描述为它们的十进制等效项的补码时，分别为 0.999857 和 0.999875，则它们之间的区别消失了。

16.3.4　GSA 方法的小结

面向目标系统方法的显著贡献在于对消防安全的系统考虑。在其发展历程中，它是美国有史以来发布的最具包容性的建筑消防安全系统方法。它激发了对系统方法的兴趣，并在美国被认为是开发系统概念在消防工程中应用的主要动力。

16.4　改进方法

GSA 开发的面向目标系统方法是一种非常完整且合理的消防安全设计方法。然而，所开发的方法基本上是直观的。Watts（1979）进行了一项研究，为该方法建立了科学基础，解决了以下问题：

① GSA 方法中是否存在可用于开发更直接方法的基础理论概念？
② GSA 方法能否在范围的灵活性、应用的简单性和概念的有效性方面得到改进？
③ GSA 方法对概率数据有限可用性方面有多敏感？
这项研究产生了一种改进的建筑消防安全系统评估方法。

16.4.1　火灾蔓延的假设

从面向目标系统方法的定量组成部分可以得出建筑物内火灾蔓延的 3 个假设。这 3 个假设如下：

（1）限制火灾蔓延可以通过遏制或终止来实现。

火灾蔓延的限制是指火灾不会从一个模块蔓延到下一个模块的事件或条件，因此，意味着下一个模块对于目标连续性来说是安全的。因此，火灾蔓延的限制等效于 GSA 方法中的事件 L。遏制是在物理层面上防止模块之间传热的事件或条件。这通常是通过空间分割或热阻来实现的。终止是在可用燃料正常消耗之前停止燃烧反应的事件或条件。终止可能仅仅由于所涉及的模块的物理化学特性，也可能通过抑制方法来促进。因此，遏制和终止分别等效于 GSA 方法中的事件 F 和 G。

（2）如果点火是通过大量的能量传递进行的，那么终止就不会发生。

大规模能量转移是模块化火灾蔓延的事件或条件，它导致了广泛的火灾蔓延。在房间之间，可以通过物理构件边界的崩解或坍塌来实现大量的能量转移。因此，在 GSA 方法中，大规模能量转移相当于事件 D 的补充。

第三个假设适用于模块之间的顺序火灾蔓延。

（3）如果火灾仅限于任何先前的模块，则可以实现对顺序模块的火灾限制。

这个假设是面向目标系统方法中"L 曲线"的本质，并且原则上类似于其他概率模型，这些模型产生燃烧房间数量的几何分布。

火灾蔓延的前两个假设可以结合为一个布尔语句

$$L = F \bigcup (G \bigcap D)$$

式中，$A \bigcup B$ 为 A 和 B 的合集；$A \bigcap B$ 为 A 和 B 的交集。

此公式表明，终止是事件 G 和大量能量传递的缺失（补充）的交集，而火灾蔓延的限制来自于遏制和终止的合集。一般来说，这个表达式在任何模块 i 中都成立。

因此

$$L_i = F_i \bigcup (G_i \bigcap D_i)$$

根据第三个假设，火灾通过空间模块依次蔓延。因此，第 n 个模块的限制是所有 1 至 n 模块中的限制合集。

$$L_n = L_1 \bigcup L_2 \bigcup \cdots \bigcup L_n$$
$$= \bigcup_{i=1}^{n} L_i$$
$$= \bigcup_{i=1}^{n} [F_i \bigcup (G_i \bigcap D_i)]$$

现在，我们有了一个布尔表达式，是关于在建筑物的任何模块中阻止火灾蔓延的方法。本方程也可以用概率术语来写：

$$P\{L_n\} = P\left\{\bigcup_{i=1}^{n} [F_i \bigcup (G_i \bigcap D_i)]\right\}$$

假设各个事件是相互独立的、相互排斥的，方程式可以写成

$$P\{L_n\} = P\left\{\sum_{i=1}^{n} (F_i + G_i D_i)\right\}$$

假设第一模块的点火没有被阻碍，因此，F_i 和 D_i 不存在，方程式变成

$$P(L_n) = P\left\{G_1 + \sum_{i=2}^{n} (F_i + G_i D_i)\right\}$$

式中，$P\{L_i\}$ 为成功阻止火灾进入第 i 个房间的概率；$P\{F_i\}$ 为房间 i 和房间 $(i+1)$ 之间的边界成功发挥作用的概率；$P\{D_i\}$ 为第 i 个防火构件完整性的概率；$P\{G_i\}$ 为限制房间 i 火灾参与的成功概率，就好像它是起火房间，即由于房间内燃料、环境和控制因素造成的限制。

16.4.2　应力-强度模型

可靠性理论是一个数学模型和方法体系，它处理预测、估计或优化系统正常运行概率的问题。在可靠性理论中较为常见的模型包括描述应力-强度关系的模型，其中成功完成任务的部件的可靠性被定义为其强度超过运行过程中遇到的应力的概率。Watts（1983）已经说明了卷积积分如何用作应力-强度模型的消防安全树元素。

设 X 是表示所遇到的最大应力的随机变量，而 Y 是表示影响强度的随机变量。由于应力和强度的单位相同，所以它们的概率密度函数可以绘制在同一轴上，如图 16.11 所示。当系统的强度为 y^* 时，系统的可靠性（即应力小于强度的概率）为 y^* 左侧的应力曲线下的面积。

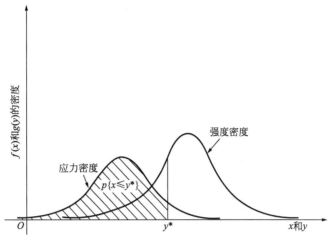

图 16.11　应力-强度模型

$$P\{x \leqslant y^*\} = \int_{-\infty}^{y^*} f(x)\,\mathrm{d}x$$

如果强度的精确值 y^* 未知，则可靠性也是强度分布 $g(y)$ 的函数：

$$P\{X \leqslant Y\} = \int_{-\infty}^{+\infty} \int_{-\infty}^{y^*} f(x)\,g(y)\,\mathrm{d}x\,\mathrm{d}y$$

$$= \int_{-\infty}^{+\infty} \int_{-\infty}^{y^*} F_x(y)\,g(y)\,\mathrm{d}y$$

它是一般应力-强度模型的通用形式。

防火墙的应力强度模型

设 R 是一个随机变量，表示防火墙的耐火性；设 S 表示防火墙所暴露的火灾的严重程度。然后，感兴趣的特征是耐火性大于火灾严重程度的概率：

$$P\{R>S\} = P\{R/S>1\}$$
$$= P\{X>1\}$$

其中 $X=R/S$，则利用对数的性质，可以得到：

$$\ln X = \ln R - \ln S$$

如果 R 和 S 是对数正态随机变量，那么 $\ln R$ 和 $\ln S$ 是正态分布的，并且独立、正态分布的随机变量的线性组合也是正态分布的。假定火灾的严重程度和防火墙的耐火性是互相独立的，则

$$Y = \ln X = \ln R - \ln S$$

是均值 $\mu = \mu \ln R - \mu \ln S$ 且方差为 $\sigma^2 = \sigma_{\ln R}^2 + \sigma_{\ln S}^2$ 的正态分布的随机变量。现在，感兴趣的概率可以用正态随机变量 Y 来表示：

$$P\{X>1\} = P\{Y>\ln 1\} = P\{Y>0\}$$

标准正态变量是具有零均值和单位标准差的正态分布随机变量。任何正态变量 (x) 都可以通过以下变换表示为标准正态变量 (z)：

$$z = (x-\mu)/\sigma$$

因此，有：

$$P\{Y>0\}=P\{Z>-(\mu/\sigma)\}$$

标准正态分布的值在大多数关于概率和统计的教材中都被制成表格。对于任何标准正态变量

$$P\{X>x\}=P\{X<(-x)\}$$

因此，概率可以用更常见的形式写出

$$P\{R>S\}=P\{Z<(\mu/\sigma)\}$$

故给定防火墙经受给定火灾的概率可以表示为标准正态随机变量。

在改进的面向目标系统方法 GSA 版本中，使用"总概率定理"来计算防火墙的耐火性能和结构完整性，是应力-强度模型的离散形式。

这种应力-强度模型的应用可以推广到自动喷淋灭火系统对轰燃前火灾抑制效果的评估之中。轰燃前火灾严重程度的应力可以用热释放速率的概率分布来表示。同样，灭火系统的强度可以表示为吸热能力的概率分布，包括未燃烧燃料的湿润程度。

16.4.3 概率分布

改进方法的主要输入是消防安全主要组成部件的连续概率分布：轰燃前火灾、自动喷淋灭火系统、轰燃后火灾以及阻燃物。选择适当的概率分布被确定为统计建模的本质。该过程包括两个步骤：对所描述的物理过程的先验分析和用观测数据验证模型。

（1）先验分析

正态分布代表了许多随机波动现象。当几乎没有什么信息来作为选择的基础时，正态分布通常是第一种选择。Lie（1972）选择正态分布作为火灾严重程度的模型。Burros（1975）对 Lie 工作进行了细化，他指出负值的火灾严重性是不存在的，并建议采用截断的分布（范围是 0 到 $+\infty$ 而不是 $-\infty$ 到 $+\infty$），例如对数正态分布。Ramachandran（1972）在他的消防工作中也假定了火灾严重程度是对数正态分布的，而 Rennie（1961）和 Benckert（1962）则在火灾保险数据的基础上，利用对数正态分布作为火灾损失模型。因此，在先前的工作和相关文献中，有一个先验的迹象表明了对数正态分布的适用性。

（2）模型验证

火灾荷载，即单位建筑面积内可燃物的质量，长期以来一直被用作衡量火灾严重程度的替代指标或参数。美国国家标准局（Culver，1976）对美国 23 个联邦州和私人办公楼的 1044 间办公室的火灾荷载进行了调查，调查楼层的范围是 2~49 层。这些数据被绘制成指数分布、正态分布和对数正态分布。对数正态分布的拟合效果最好（Watts，1979，附录 A3）。

对轰燃前火灾感兴趣的特点是燃料燃烧时的热释放速率。Pape 等（1976）收集了大量关于各种家具物品热释放速率的数据。棉质软垫椅的燃烧热释放速率数据符合对数正态分布。Kolmogorov-Smirnoff 拟合优度检验显示零假设，即在显著性水平为 0.01 时不能拒绝对数正态分布（Watts，1979，附录 A4.3）。

因此，确定合适的概率分布包括选择对数正态分布的参数。对数正态分布有均值 μ 和标准差 σ 两个参数。在有关概率和统计文献中，有几种参数估计技术可以帮助选择适当的参数。利用这些参数进行数学运算是改进方法的实质。

16.4.4 改进的方法

改进方法是面向目标系统方法的基本概念的综合，具有更加形式化的内在理论模型。目的是开发一个有意义的框架，通过理论上可靠的分析技术，可以利用直觉、经验和现有数据来产生消防安全的概率度量。由此所得到的折中模型代表了与原始的面向目标系统方法的显著不同，但是保留了底层的概念。改进方法是基于理论的，直观上可以接受，并且易于使用。

（1）概述

改进方法的本质在于建筑火灾的可容纳性和可抑制性的概念。每一种都通过火灾的严重程度与防火墙或自动灭火系统的防火能力之间的应力-强度关系来估计。

对于有防火墙的情况，火灾的严重程度和防火墙的防火作用被建模为具有相同维度的对数正态分布，例如火灾的持续时间。然后，利用应力-强度关系来确定防火墙是否足以抑制火灾。防火墙的最终有效性还包括一个可靠性因素，该防火墙不会立即通过开口或有缺陷的组件穿透的估计。

火灾和自动灭火系统的可抑制性同样被模拟为具有一致维度的对数正态分布，例如热释放或吸收。应力-强度关系预测了抑制系统的充分性，并估算了预期的可靠性。充分性和可靠性的乘积给出了自动灭火系统有效性的度量。

第三个概念，火灾的自动熄灭，也被估计为期望值。

然后，将火灾范围限制在起火房间的概率是这三个因素的布尔和：防火的有效性、抑制的有效性和自动熄灭的预期值。

通过假定火灾蔓延是简单马尔科夫过程，则可以找到将火灾限制在连续防火墙内的概率，其中在给定防火墙处火灾限制成功的概率是前一个防火墙失效概率和当前防火墙有效性概率的交集。

（2）步骤

图 16.12 说明了计算限制火灾蔓延概率的整个计算过程。过程有 4 个部分，分别标志为过程 A 到 D。过程 A 的 4 个步骤包含在图 16.12 中。其余过程在它们的整体中以符号象征性地表示。

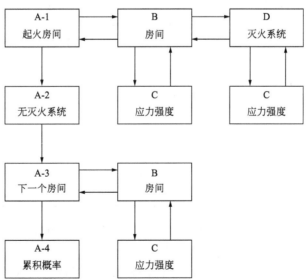

图 16.12 用改进方法计算建筑中限制火灾蔓延概率的方法

过程 A 的步骤也列在表 16.1 中。

表 16.1   步骤 A：计算限制火灾蔓延到相邻房间的概率

步骤 A-1 按照表 16.2 的步骤 B 计算限制火灾蔓延到起火房间的概率(ρ_1)

步骤 A-2 对每一个相邻的房间，令 $P(E_s)=0$

步骤 A-3 按照表 16.2 的步骤 B，把每个房间都当作起火房间，计算限制火灾蔓延到相邻房间的概率($\rho_i, i=2,3,\cdots,n$)

步骤 A-4 计算限制火蔓延到任何相邻房间(n)的概率：

$$P_n = 1 - \prod(1-\rho_i)$$

步骤 A-1 得到限制火蔓延到起火房间的可能性。如表 16.2 所示的过程 B 显示了该计算的过程。

表 16.2   步骤 B：限制火灾在房间内火蔓延可能性的计算

步骤 B-1 输入轰燃后火灾严重程度对数正态分布的均值和标准差 $LN(\mu_{post}, \sigma_{post})$

步骤 B-2 输入防火墙耐火性能的对数正态分布的均值和标准差 $LN(\mu_b, \sigma_b)$

步骤 B-3 根据表 16.3 中的步骤 C，使用应力-强度关系计算防火墙性能足够时的概率 $P(A_b)$

步骤 B-4 输入防火墙的可靠性 $P(R_b)$

步骤 B-5 计算防火墙的有效性：

$$P(E_b) = P(A_b)P(R_b)$$

步骤 B-6 如果有灭火系统 $P(E_s)>0$，则转到表 16.4 的步骤 D

步骤 B-7 输入火灾自动熄灭的概率：$P(T)$

步骤 B-8 计算限制火灾蔓延到房间 i 的概率：

$$P_i = 1 - [1-P(T)][1-P(E_s)][1-P(E_b)]$$

过程 B 包括两个基本部分——防火墙有效性估算，并将其与抑制效果和自动熄灭相结合。防火墙有效性概率的估算涉及将应力-强度关系应用于防火墙耐火性能充分性的计算。应力-强度计算列于表 16.3 中的过程 C。

表 16.3   过程 C：用对数应力-强度关系计算消防备选方案（防火构件和抑制构件）充分性的概率

步骤 C-1 将应力和强度的对数正态分布的参数(平均值和标准偏差)转换为正态分布的参数 $Y_i = \ln X_i$：

$$\mu_y = \ln[\mu_x - (\sigma_y^2/2)]$$

$$\sigma_y = \ln[(\sigma_x/\mu_x)^2 + 1]$$

步骤 C-2 计算应力和强度分布之间差的正态分布的参数 $W = \ln X_1 - \ln X_2$：

$$\mu_w = \mu_{y1} - \mu_{y2}$$

$$\sigma_w = \sqrt{(\sigma_{y1}^2 + \sigma_{y2}^2)}$$

步骤 C-3 找到与充分性条件相对应的标准正态变量，$P\{W \geqslant 0\}$：

$$z = \mu_w/\sigma_w$$

步骤 C-4 通过标准表或数值方法计算概率 $P\{X>z\}$

使用应力-强度关系得到了一个概率，即所研究的特定消防措施是足够的可能性。这是根据所研究的相关组件或系统的可靠性进行调整的。

过程 B 的另一个基本部分涉及表 16.2 的步骤 B-6 所示的灭火效果。灭火效果的估计是一个单独的过程，见表 16.4 的步骤 D。

表 16.4 过程 D：计算通过灭火把火灾控制在房间内的概率

步骤 D-1 输入轰燃前火灾严重程度对数正态分布的平均值和标准偏差：$LN(\mu_{pre}, \sigma_{pre})$
步骤 D-2 输入灭火系统能力对数正态分布的平均值和标准偏差：$LN(\mu_s, \sigma_s)$
步骤 D-3 通过过程 C 的应力-强度关系(表16.3)计算灭火系统足够时的概率 $P(A_s)$
步骤 D-4 输入灭火系统的可靠性：$P(R_s)$
步骤 D-5 计算灭火系统的有效性：

$$P(E_s) = P(A_s)P(R_s)$$

灭火效果还需要进行应力-强度计算。因此，与过程 B 一样，过程 D（步骤 D-3）是指过程 C（表 16.3）中的计算。

图 16.12 也说明了这些关系。步骤 A-1 是指过程 B，过程 B 又依次指的过程 C 和 D。过程 D 也指应力-强度计算的过程 C。

图 16.12 和表 16.1 中的步骤 A-2 假设为有效，抑制系统将控制起火房间内的火灾。因此，对于起火房间以外的房间，抑制的效果自动设置为零。

步骤 A-3 是一个迭代步骤，它对所有剩余的关注区域进行重复计算。对于每个这样的房间，限制火灾蔓延的概率由过程 B 计算，过程 B 又利用过程 C。

步骤 A-4 通过以下方程式计算成功限制每个房间火灾蔓延的累积概率：

$$P_n = 1 - \prod_{i=1}^{n}(1 - \rho_i)$$

通过该计算产生的值与 GSA 方法的 L 曲线上的点所对应的值相当。

16.4.5 例子

GSA 面向目标系统方法的首批应用之一是位于佐治亚州亚特兰大的理查德·B·拉塞尔联邦法院和办公大楼。这座建筑被称为亚特兰大联邦大厦，高 24 层，占地面积超过 100 万平方英尺。大楼的大堂基本是空置的，2～14 层是办公空间，15～24 层是机械设备空间，16 层是美国大法官办公室，17～23 层是二级审判室和辅助活动室。地下两层包含停车场、维修车间、仓库和具有类似支持功能的房间。

整个建筑安装了经过液压计算和全面监测的自动喷淋灭火系统。在 2～14 层的一般办公空间有一个中心核心区域，它与建筑物的其余部分分开，作为防火避难区。分隔墙是非承重混凝土砌体单元隔墙。

考虑了两个关键事件——限制火灾在一般办公空间内蔓延以及防止火灾蔓延到结构的中心核心区域。应用改进方法所需的数据是从描述 GSA 方法应用的文档中收集的。输入参数汇总在表 16.5 中。

表 16.5 亚特兰大联邦大厦应用改进方法的输入数据

轰燃后火灾严重程度分布：$LN(28.0, 24.7)$
防火墙耐火性能分布：$LN(82.6, 28.8)$
防火墙可靠性分布：$P(R_b) = 0.9995$
轰燃前火灾严重程度分布：$LN(0.054, 0.049)$
灭火性能分布：$LN(0.152, 0.048)$
灭火系统可靠性概率：$P(R_s) = 0.99$
火灾自动熄灭概率：$P(T) = 0.983$

表 16.6 给出了原 GSA 方法和改进方法中的关键事件概率。

表 16.6　亚特兰大联邦大厦 GSA 方法和改进方法的火灾限制概率

项目	GSA 方法	改进方法
限制在办公区	0.9996	0.9988
防止扩散到核心区	0.99999	0.99993

设计消防工程师使用 GSA 面向目标系统方法开发的办公室楼层的"L 曲线"如图 16.13 所示。在图中还绘制了改进方法的结果。改进方法得到的是一个更为保守的值，但它仍然在 GSA 设定的目标等级之内。这两种方法得到的防止火灾蔓延到中心核心区的概率在图 16.13 的横坐标附近基本一致。

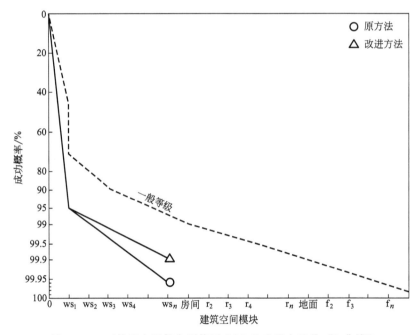

图 16.13　亚特兰大联邦大厦使用 GSA 和改进方法的"L 曲线"

16.4.6　改进方法的局限性

改进方法在应用中也有很大的局限性。这些局限性通常可以描述为维度、全面性和解释上的不完善之处。

这种方法只能处理无生命的目标，因此用在仅与空间发展相关的消防安全评估上是足够的。如果要考虑有生命的目标，即生命安全，那么可以认为有必要引入一个时间因素，来模拟暴露于火灾中的人员相对于火灾发展的移动性；即不希望发生的事件是在空间和时间两个维度上同时暴露于火灾中的。

改进方法并不代表整个消防安全系统。该方法只是系统的一个要素，并且高度依赖于其对火灾场景选择上的适当性。目前还没有正式的方法来确定这些可能的火灾蔓延路径。这个过程基本上就是运用经验丰富的消防工程师的专业判断之一。在目前世界上消防工程师相对较少的情况下，这代表了这种方法的局限性。

对符合规定性建筑规范的解释是简单而明确的——它遵守或不遵守消防规范。相比之下，概率信息的解释有些模棱两可。如果没有一些指南，很难判断概率值的重要性。在没有任何此类准则的情况下，有必要将成本或效益分配给其他消防安全水平，并试图优化此类情况。准则和成本可能都有难以捉摸的价值。

16.4.7 改进方法的小结

在应用中，改进方法相比以前的方法有几个优点。主要结果有理论基础，它被以标准的方式明确地识别和应用。这应该能让熟悉概率论原理的用户更容易接受。类似地，明确地识别火灾蔓延的基本假设和其他假设，应该使改进的方法直观地为那些符合这些原则的人所接受。

最后，通过简化输入要求和计算，促进了改进方法的应用。主要输入是 4 个概率分布，它们具有标准格式，并且可以用可用数据或通过经验判断来识别。不连续性由可靠性因素处理，这些因素可以类似地生成或估计。因此，输入是最小的，并且具有统一的性质。计算过程定义明确，易于计算机化。改进方法的这些特征有助于采取概率性消防安全措施。

16.5 WPI 工程方法

自从 GSA 面向目标系统方法提出以来，WPI 与其他机构合作，一直致力于开发用于评估建筑消防安全系统性能的工程方法（Fitzgerald，1985a，b）。他们提出的方法侧重于以有组织和一致的方式来构造建筑物消防安全问题。它为识别具体问题和制定解决方案提供了一个描述性框架。该框架描述了功能火灾和建筑系统，以便能够识别它们之间的相互作用和相互依赖性。

最终，这种方法将发展成为一个综合的、基于计算分析和设计的程序，供专业工程师使用。该方法的功能类似于结构和机械工程方法。尽管该方法已经达到成熟程度，并已应用于实际问题（例如，Fitzgerald 等，1991），但它尚未发展成为一个完整的、基于评估的程序。每个新的应用程序都为该方法的发展提供了额外的经验。

16.5.1 WPI 工程方法的框架

建筑消防安全评估涉及众多因素的综合，这些因素构成了复杂的消防安全体系。在 WPI 工程方法的开发中，系统程序已经发展到构建建筑消防安全问题和解决方案。完整的方法由 9 个主要部分组成，并可以分为 3 类。这些部分及其内容见表 16.7。

表 16.7 WPI 工程方法框架

A. 目标识别和需求
　1. 建立目标标准
　　(a) 人
　　(b) 财产
　　(c) 业务的连续性

B. 建筑分析

  2. 预防点火和燃烧

    (a) 防止点火

    (b) 初始火灾增长潜在危险

    (c) 特殊危险自动灭火

    (d) 人员灭火

  3. 火灾发展

    (a) 火灾增长的潜在危险

    (b) 自动喷淋灭火

    (c) 消防部门灭火

    (d) 阻火有效性

  4. 烟气运动

    (a) 排风量

    (b) 产生烟气

      —模糊颗粒

      —毒性

    (c) 空气体积的修正

    (d) 阻烟有效性

  5. 结构框架

    (a) 热能影响

    (b) 保护有效性

    (c) 倾斜

    (d) 结构能力

  6. 人员运动分析

    (a) 警报有效性

    (b) 路径运动

    (c) 建筑设计

  7. 人员保护

    (a) 疏散

    (b) 避难区

    (c) 适当防护

  8. 财产保护

    (a) 转移

    (b) 现场防护

  9. 运营的连续性

B 部分的 5 个分析部分组成了一个有机的框架，该框架标识了建筑消防安全系统各个要素之间的相互关系。建筑部件和建筑规范需求可以与系统的特定分析内容相关联。例如，门闩成为火焰或烟气运动的阻止效应的一部分，并且建筑布局是分析各种灭火手段的一个因素。

表 16.7 的 B 部分涉及预测现有或拟建的建筑物性能及其消防安全系统性能的工程程序。框架的某些部分比其他部分更加完善。已经开发了框架的组织和结构，是为了解决工程问题，而不是为了符合可用的数据或计算模型。

在使用这种方法时，区分分析框架和量化技术是很重要的。分析框架确定了必须评估的组件、组成组件的要素以及将组件组合成有意义的度量的过程。这个过程被认为与要素的量化无关。

评估方法要素的量化、结果的表达方式、可接受级别的确定是分开考虑的。科学研究已经确立了一些数值，但是目前的技术方法还不足以有信心地量化大多数要素。然而，缺乏可靠的科学数据并没有阻止这种方法的应用。如果缺乏数据，则使用规范、标准、经验和工程来进行判断。该方法指出需要哪些信息以及如何使用这些信息。

16.5.2　事件树

　　WPI 工程方法的一个创新是使用事件树来计算过程中的时间要素。虽然最初的 GSA 方法基于组件交互的逻辑树表示，但 WPI 建议这些事件有一个序列，可以促进过程的概念化。

　　例如，在 GSA 方法中，限制火灾蔓延与图 16.7 的逻辑图相关。在工程方法中，假定这些事件是按顺序发生的。首先，火灾有可能获得足够的时间在触发自动灭火装置之前自动终止。因此，自动灭火事件被认为是以火灾不自动终止为条件的。类似地，手动灭火被认为是在自动抑制失效后（或如果没有安装自动灭火装置）实施的。

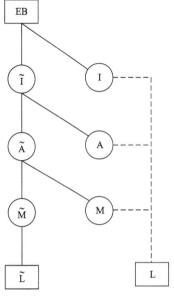

图 16.14　起火房间的事件树

　　这些关系显示在图 16.14 的事件树中。事件树表明在燃料燃烧（EB）时，火灾将自动熄灭（I）或没有自动熄灭（$\tilde{I}$）。如果火灾自动熄灭，那么火灾蔓延的限制（L）已经得到实现。这由树右侧的虚线来表示。

　　以同样的方式，下一个事件是自动灭火（A），然后是人工灭火（M）。对于这些事件中的每一个，如果它们成功地控制了火灾，则过程将退出事件树。如果它们不能限制火灾蔓延，则该方法进入到下一个事件。

16.5.3　量化

　　状态概率是通过将沿着从定义的分析开始状态到指定状态的事件链的转换概率相乘而获得的。在 WPI 工程方法中，增加了火灾熄灭的状态概率。在任何状态，它们的总和都定义了火灾蔓延到那个状态的可能数值。

　　建筑分析是从 EB 开始的。已建立的燃烧被定义为一些可识别的火灾特征。例如，25cm 的火焰高度易于识别，并且大约是开始产生强辐射传递的火焰的大小。

　　为了说明该方法的应用，假设在给定的燃烧条件下，仅考虑燃料和环境，房间参与的转移概率为 0.3。$P(I)$ 被定义为对于给定燃烧，在房间着火之前自动熄灭的状态概率。给定确定的点火源，因此有：

$$P(I) = 0.7$$

　　对于给定的没有自动熄灭的火灾，$P(A)$ 表示自动喷淋装置将在全房间参与之前控制火灾的状态概率。这里假设没有安装自动喷淋装置，则有：

$$P(A) = 0.0$$

　　对于既没有自动熄灭也没有自动灭火的火灾，$P(M)$ 表示消防部门在整个房间着火之前控制的概率。可以假定：

$$P(M) = 0.2$$

　　在 WPI 工程方法中，术语"房间"具有特殊的含义。它是一个建筑空间，火灾可以在其中畅通无阻地运动，不受阻燃物的干扰。无论房间多么薄弱，无论是否有开口，房间都有边界。例如，不管门和窗是打开的还是关闭的，都限定了房间的边界。阻火分析解决了防火构件的耐火性能以及门窗是否打开的问题。

全室参与的概率 $P(\overline{L})$ 是通过将状态链（假设是独立的）中从"已建立的燃烧"到"全室参与燃烧"的概率相乘而产生的。图 16.14 中事件树的左侧表示了这种情况。在确定的燃烧条件下，全室参与的概率为：

$$P(\overline{L}) = (0.3)(1.0)(0.8) = 0.24$$

全室介入前终止的概率 $P(L)$ 通过对每个终止可能性的单独值求和来计算。因此，考虑到已确定的燃烧，在全房间着火之前终止的概率是：

$$P(L) = 0.7 + 0.0 + (0.2)(0.3) = 0.76$$

事件树过程被扩展以表示起火房间、隔墙、下一个房间等，如图 16.15 所示，该图取自船舶消防安全设计应用（Fitzgerald 等，1991）。

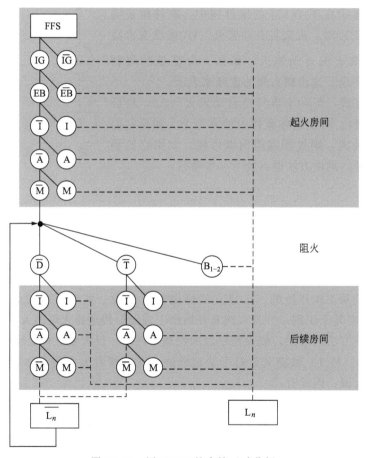

图 16.15　用于 PIR 的火焰运动分析

16.5.4　WPI 工程方法的局限性

目前 WPI 工程方法的局限性包括缺乏完整性、量化、文档化和范围。

对烟气运动和人员运动的分析目前还很粗糙。对这些部分的工程评估框架尚未开发。

当前的应用要求对大多数建筑安全的消防的成功概率进行直观的估计。对这种主观概率判断的支持可以包括基于科学和工程原理的理论行为、对确定性计算机模型输出的解释、或从已发表的文献中获得的确定性关系。虽然该方法鼓励使用最新的文献资料，但对于从业人员来说这可能是耗时的，而对于客户来说则是昂贵的。

WPI 工程方法的一个主要缺陷是缺乏足够的文档。迫切需要同行来评审理论、实践和应用的解释。虽然现有的文档在某种程度上已经由其他人进行了评估，但是需要对其准确性、完整性和适当性进行严格的、批评性的检查。

随着更加一致的量化技术的发展，评估结果将在数值上与其他基准方法进行比较，如建筑规范和统计数据。然而，目前该方法仅限于检查和评估特定建筑的消防安全以及具有可量化的目标的风险管理。

16.5.5　WPI 工程方法小结

WPI 工程方法的一个主要优点是它的组织结构，将消防安全的许多组成部分作为一个整体系统相互关联。规范编制人员、设计专业人员、消防人员、设备制造商和工厂工程师能够理解这个复杂系统的各个部分是如何相互作用的，以及如何在主观的基础上评估对建筑性能的期望。这种结构有助于这些组织之间的沟通，从而理解问题及其解决方案。

WPI 工程方法具有融合多种评估技术的能力。量化可以通过基于理论、实证结果或经验估计的工程判断。也可以通过计算机模拟、损失经验统计、Delphi 程序或共识为选定的条件建立有价值和适当的指导方针。

参考文献

American Society for Testing and Materials (1988). *Standard Method of Fire Tests of Building Construction and Materials*, ASTM-E-119, Annual Book of ASTM Standards, ASTM, Philadelphia.

Benckert, L-G (1962). The log-normal model for the distribution of one claim. *ASTIN Bulletin*, **II**, Part I.

Burros, R H (1975). Probability of failure of building from fire. *Journal of the Structural Division, ASCE*, **101**(9).

Culver, C G (1976). *Survey Results for Fire Loads and Live Loads in Office Buildings*, Center for Building Technology, National Bureau of Standards, Washington, DC.

Fitzgerald, R W (1985a). An engineering method for building fire safety analysis. *Fire Safety Journal*, **9**, 233–243.

Fitzgerald, R W (1985b). Risk analysis using the engineering method for building fire safety. *Fire Safety Science – Proceedings of the First International Symposium*, C E Grant and P J Pagni (Eds.), Hemisphere, Washington, DC, pp. 993–1002.

Fitzgerald, R W, Richards, R C and Beyler, C L (1991). Fire safety analysis of the polar ice breaker replacement design. *Journal of Fire Protection Engineering*, **3**(4), 137–150.

Ingberg, S H (1928). Tests of the severity of building fires. *NFPA Quarterly*, **22**(1).

Lie, T T (1972). Optimum fire resistance of structures. *Journal of the Structural Division, ASCE*, **98**(ST1).

National Fire Protection Association (1980). *Fire Safety Concepts Tree (Wall Chart)*, Quincy, MA.

National Fire Protection Association (1986). *Guide to the Fire Safety Concepts Tree*, NFPA 550, Quincy, MA.

Pape, R, Mavec, J, Kalkbrenner, D and Waterman, T (1976). *Semi-Stochastic Approach to Predicting the Development of a Fire in a Room From Ignition to Flashover*, IITRI Project J6367, IIT Research Institute, Chicago.

Ramachandran, G (1972). *Extreme Value Theory and Fire Resistance*, Fire Research Note 943, Fire Research Station, Borehamwood, UK.

Rennie, R A (1961). The measurement of risk. *Journal of Insurance*, **27**(1).

Watts, J (1977). *The Goal-Oriented Systems Approach*, NBS-GCR-77–103, National Bureau of Standards, Washington, DC.

Watts, J (1979). *A Theoretical Rationalization of Goal-Oriented Systems Approach to Building Fire Safety*, NBS-GCR-79–163, National Bureau of Standards, Washington, DC.

Watts, J (1983). A probability model for fire safety tree elements. *Hazard Prevention*, **19**(6), 14–15.

17 流程工业的消防安全评估

17.1 引言

　　流程工业有两个特点，引起社会公众的关注。首先，流程工业中广泛存在着具有潜在危险的物料，它们既可以处于储存状态之中，又可以处于高压、高温或受控放热反应等的操作条件之下。其次，如果失去控制，就可能有大量物料泄漏，这些危险物料不仅会危及直接参与该过程的人员，而且还会威胁到企业边界以外的人员。在目前情况下，我们主要关注的是引起重大火灾和爆炸危险的物料。

　　弗利克斯伯勒（Flixborough）灾难可以作为一个例子来说明泄漏几十吨易挥发性易燃液体（环己烷）产生的危险。该事故不仅对工厂本身造成了破坏，而且还对厂区以外的范围造成了严重破坏。由于危险物料泄漏而产生的危害也可能扩展到毒害性和环境危害方面，因此，1984 年 12 月在印度发生的博帕尔（Bhopal）事件导致约 45t 异氰酸甲酯泄漏到大气中，在该工厂周边地区造成 2500 人死亡。而 1977 年意大利塞维索（Seveso）事故可以作为加工厂物料泄漏对环境产生影响的一个例子。该事故因二噁英从一个排放口泄漏，对农村地区造成了极大的污染，需要宰杀成千上万只牲畜，以防止被污染的肉类进入食物链。另一个对环境因素造成很大影响的案例是 1986 年在瑞士巴塞尔（Basle）的一家化工企业仓库发生的火灾事故。该仓库是用来储存农药的。大约有 $10000m^3$ 的消防用水被排入附近的莱茵河中，并随之排出约 30t 储存在仓库中的化学药品。其中估计有 150kg 高毒性汞化合物。这起事故使河流遭受严重污染。

17.2 控制重大危险源的法规

　　近年来，这些灾害事故的发生，特别是弗利克斯伯勒事故和塞维索事故，在世界范围内引起了控制这些灾害事故的广泛立法。因此，欧洲共同体（1982）的一项指令要求成员国通过必要的规定，确保负责此类活动的人采取具体的预防措施来辨识重大事故危险并采取适当的安全措施来预防此类事故的发生。英国卫生和安全委员会（1984）在题为"控制工业重大事故危险"（CIMAH）的文件中同样也提出了这一要求。最近，美国职业安全与健康管理局（OSHA）已经发布了覆盖类似领域的安全标准。作为实施 CIMAH 法规的第一步，必须明确工业中可能引起公众关注的加工物料。这基本上是按照关于危险物料处置装置的通知文件（HSC，1982）执行的。CIMAH 规定了不同物料的数量，如果超出这些数量，则成为重大危险源，就需要对其设计提出特殊要求。

对于易燃物料，可以通过如下方式进行辨识：

① 易燃气体，在常压下处于气态并与空气混合变得易燃的物质，常压下的沸点是 20℃或更低。

② 极易燃液体，闪点低于 21℃并在常压下沸点高于 20℃的物质。

③ 易燃液体，闪点低于 55℃且在高压高温等特殊加工条件下保持液态、具有重大事故隐患的物质。

爆炸性物质的定义是在火焰的作用下可能发生爆炸的物质，或比二硝基苯对冲击或摩擦更敏感的物质。

对于上述三类易燃物质，规定采取特殊措施的阈值量分别为 200t、50000t 和 200t。对于通常为具有爆炸性能的高活性材料，规定的阈值量为 50t，但是氯酸钠的阈值量增加到 250t，硝酸铵增加到 5000t。虽然一些物料的阈值量是 10t，但是对于爆炸物本身，规定的数量是 50t，这些数字与具有高度毒害性的物料的规定量形成鲜明对比。具有高度毒害性的物料规定的阈值量可能低至 1kg。

如果危险物料的数量超过要求，则需要编写书面报告，即作为安全报告提交给卫生和安全行政部门。安全报告的目标如下：

① 确定设施中使用的危险物料的性质和规模。

② 说明装置安全操作流程、控制可能导致重大事故的严重偏差的措施和现场应急程序。

③ 确定可能发生的重大事故的类型、可能性和后果。

④ 证明工厂管理层已经意识到企业活动的主要潜在风险，并已考虑了控制措施是否适当。

行政管理部门对这些安全报告的编制方式应给予详细的指导。此外，企业需要向政府提供有关重大修改的信息，或者定期做出"不改变"声明。他们还必须制订现场应急预案，同时向当地政府提供信息，使政府能够制订场外应急预案，并向公众提供关于可能威胁他们的重大事故危险的信息。在英国北海的派普艾尔法（Piper Alpha）海上灾难（第 3 章）之后，目前法规对海上设施处置大量易燃液体和气体有许多要求，尤其是在提交安全报告方面。

对处理危险物料过程的安全设计有许多要求，包括向有关行政管理部门提交安全报告和应急预案。这些要求的提出产生了流程工业的危险辨识及其评估、分析和量化等方法，这将在本章的其余部分中简要论述。这些方法是流程和石油工业操作规程的补充，它们是安全设计和操作的主要特征。这样的量化方法大多是基于第 13 章中所描述的指数系统的。这些评估系统的主要目的是获得工厂的危害指数，这样危害越大，指数就越大。然而，指数的实际值并没有附加任何特定的含义。

危险辨识主要与所辨识的特定危险物料的性质相关，并且主要辨识它们从容器中泄漏的方式及其危害的表现方式。可以对过去发生的危险事故进行研究以得到这方面的指导。英国化学工程师学会的"防损公报"定期对全球化学工业和流程工业内的所有重大事故进行总结。然而，用于危险辨识的主要手段是危险与可操作性研究（HAZOP）或失效模式与影响分析（FMEA）。HAZOP 是一种系统化的方法，用于深入检查工厂运行中可能出现的偏差。FMEA 是一个"系统中的每个潜在失效模式都会决定或影响其结果，并根据其后果严重程度对每个潜在失效模式进行分类的程序"（Dept. of Defense USA，1980）。一旦辨识出危险，就可以基于逻辑树，特别是事故树和事件树，来对风险进行分析和量化。这些逻辑树中包括了安全规程抵消危害的效果。在流程工业中，安全设计的整个过程有时被称为危险分析，尽管这个术语通常限于使用逻辑树对已辨识的危险进行量化。

17.3 流程工业的指数评估系统

目前有许多专门用于化学和流程工业的指数评估系统。这些评估系统在需要特别引起关注的领域里面被认为是特别有用的快速评估工具。为了应用这些评估系统，需要有详细的操作指南。许多工业和保险公司都有他们自己的快速分级方法。但是在这些方法中，许多细节通常是无法得到的。然而，下面提到的两个评估系统是比较容易使用的。

17.3.1 道化学火灾爆炸指数评估法

道化学火灾爆炸指数评估法是道化学公司为定量评估其化学流程工业不同地点的风险而提出的一种方法，该方法在流程工业的其他领域也得到广泛使用（AIChE，1973）。但是该方法仅适用于工艺生产装置，而不适用于辅助生产装置以及其他诸如发电系统、控制室、加热器等装置。该评估系统的基本方法是确定一个"火灾和爆炸指数"，以量化设备运行过程中的风险因素。在得到风险因素以后，就可以选择一些具有预防性和保护性特征的措施。这些并不是用一个数字来描述的，而是针对不同的火灾和爆炸指数建议所采用的措施，并且在指数中，出现针对特定项目的推荐建议。

首先要做的是把流程工业厂区划分为一些单元。一个单元被视为厂区的一部分，这个部分是很容易划分的，且在逻辑上可以将其作为一个单独的实体。然后对每个单元确定其火灾爆炸指数。指数的基本特征是物料的物质系数（MF）。而物料的物质系数是通过单元处理的主要物料的燃烧热或反应热来确定的。对于可燃固体、液体或气体，MF 等于每磅物料的用 BTU 表示的燃烧热乘以 10^{-3}。因此，对于甲烷、苯和乙烯，MF 的值为 21.5、17.3 和 25.1。考虑到以下几点，物质系数会变大：

① 特殊物料危险；

② 一般工艺危险；

③ 特殊工艺危险。

特殊物料危险包括具有氧化能力的物料、与水反应产生可燃气体的物料、自发加热的物料以及自发聚合、爆炸分解或有爆炸影响等物料。对于其中的每一种物料，由于各种物料的因子都不相同，因此物质系数可增加到 150%。一般工艺危险包括处理和只有物理变化、连续反应、间歇反应和同一设备中的多种反应等环节。这些因素中的每一个都可能导致物质系数高达 60% 的增加。特殊工艺危险包括在爆炸范围内或接近爆炸范围的操作、操作温度或压力、控制反应过程的难度、粉尘或烟气爆炸的倾向或一般爆炸危害。需要说明的是，工艺条件会增加危险。每个项目的物质系数都可以增加到150%。在此部分，对于位于单元内的大量易燃或可燃液体，还有一个加权因子。对于含有3000加仑以上易燃液体的设备单元，物质系数可能提高100%。

有了这些信息，就可以对火灾爆炸指数进行计算。如果指数在0~20之间，则风险级别为轻微风险，20~40之间为轻度风险，40~60之间为中度风险，60~75之间为较重风险，75~90为重度风险，90及以上则为极度风险。

所有设备都应该列出某些预防和保护措施。此外，依据火灾爆炸指数，还增加了一些推荐的"最低限度的预防和保护措施"。这些措施包括诸如防火（为结构承重构件增加耐火性）、防止内部爆炸以及水喷淋装置、泄爆装置、堤围和隔爆墙等。一般来说，如果火灾爆炸指数低，这些额外要求是"可选的"，但是如果火灾爆炸指数高，则这些措施是"必需的"。

具体的防护措施能够提供主要形式的保护。这是在某些环节中对火灾爆炸指数评估时所特有的。因此，如果特殊工艺危险是粉尘爆炸危险或在爆炸范围内或接近爆炸范围的操作，那么建议采取这些防护措施。防护措施包括防爆设备装置、泄爆装置、抑爆装置、稀释或惰化物料使其脱离爆炸范围以及控制过程的备用仪器。类似地，同样在大量易燃液体处于危险情况下，推荐防护措施包括遥控装置操作阀门以尽量减少液体流量，可燃气体监测器使浓度低于易燃下限时发出警报，可燃气体监测器还可以自动激活或关闭雨淋系统，防护措施还包括排水和集水池，以防止液体溢出工艺设备。

道化学火灾爆炸指数方法也有一些缺陷。该方法不能用于物料从一个单位到另一个单位的运输过程的评估，也没有对管理和内务事务进行评估。而且，该方法也没有涉及易燃液体泄漏后发生闪火的特殊危险情况。此外，由于道化学火灾爆炸指数方法的关注点是在单元上，因此将会忽视厂区的整体性。

17.3.2 蒙德火灾、爆炸和毒性指数评估法

这种方法是道化学指数评估法的改进（Lewis，1979，1980）。二者使用的基本方法相同，特别是把厂区分成单元，并为每个单元确定一个物质系数（火灾爆炸风险的重要因素是主要物料的燃烧热），然后根据特殊物料危险、一般工艺危险和特殊工艺危险来调节该系数。然而，对物料物质因子的变化作了一些添加和改变。因此，这种特殊物料危险考虑了物料释放后与大气混合以及在大气中的扩散方式。一般的经验是，在物料泄漏之后，由于浮力作用且易于扩散，氢气会快速逸出，但尽管黏性物料是易燃的，相对于大多数易燃气体和蒸气来说，其危害性较小。这就引入了一个新的因子，抵消了氢气和某些其他燃料仅在燃烧热的基础上评级过高的情况。在本节中，点火感度、爆炸性分解、凝聚相爆炸性能和气体爆炸也被更清楚地定义为附加危险因素。在一般工艺危害的范围内，断开管道系统和液体开放输送以及使用可移动容器的风险已被列为风险因素。特殊工艺危害中还增加了一些额外情况，尤其是腐蚀和侵蚀效应、接头和填料泄漏、振动或支撑运动、点火灵敏度和静电危害。毒性危险也包括在内。

除了道化学方法中使用的火灾爆炸指数外，还估算了四个指标，即火灾荷载、厂区内部爆炸、露天可燃蒸气云爆炸（作者称之为空中爆炸）和毒性指数。还有一个总体风险等级，代表如果所有安全和其他补偿功能完全失效，可能发生的事故的潜在大小。

如果任何指标的估计值是不可接受的或者是临界的，则需要采取安全控制系统和其他一系列抵消影响的防护措施。如果这些措施是相关的，就可以降低总体风险。与道化学指数不同，这些抵消措施用小于 1 的因子进行量化，然后将此应用于抵消整体风险等级和其他危险指数。

17.4　年均损失比例

这种方法是从英国保险技术局（1979）发展而来的，它特别适用于评估化学或流程工业发生火灾或爆炸的可能性及其可能产生的后果。可能性是基于每年发生的火灾或爆炸的估计频率，在厂区内可能造成的后果损害取决于所涉及的燃料量以及火灾或爆炸事故的类型。年均损失比例（IFAL）包括三个因素，即过程因子（p），它是假定该过程在良好条件下计算得到的。偏离此良好操作条件的偏差是通过工程调整因子（e）和管理因子（m）来修正的。因此，一个操作的 IFAL 可以由下式确定：

$$IFAL = pem$$

在计算过程因子（p）之前，需要详细描述工艺特性，工艺特性应包括代表良好安全条件的设计和操作标准。

对于一个典型化工厂，对过程因子有贡献的危害包括：P_1 液体（池）火灾、P_2 蒸气（闪火）火灾（主要是 BLEVES）、P_3 敞开式可燃气云爆炸（作者称其为撞击式无约束蒸气云爆炸）、P_4 建筑物内的蒸气云爆炸以及 P_5 工厂内部爆炸。首先应该考虑 P_5，然后通过如下导致损失的事件顺序来评估 P_1 到 P_4：

c——容器失效；

i——点火；

s——火灾或爆炸的扩展；

d——损失。

容器失效会导致易燃物质泄漏到大气中。需要确定泄漏频率和泄漏量的大小。泄漏频率由历史数据获得，并且取决于导致泄漏的失效模式、设备的类型、设备结构和正在处理的物料。泄漏量不仅取决于这些因素，还取决于物料的滞留量以及压力和温度等条件。由 P_1 工厂内部爆炸和敞开式可燃蒸气云爆炸造成的压力或碎片，也可能造成容器失效。产生的火灾或爆炸的类型取决于所涉及物料的物理特性、它们所处的条件、是否存在点火源及其位置和强度。点火源的存在基于对附近明火的监测、所需的仪器、照明和维护的数量以及通过火花或蒸气可能到达的区域的热表面产生点火的各种项目的评估。对这些因素的信息进行处理，可以得到点火概率的估计。然后对附近存在风险的物料进行评估，计算物料受事故的影响。损失是作为总投资的一部分的，因此在事故发生后需要评估损失。这样将数据集成起来，就能够得到工厂的 IFAL。

英国保险技术局制定了一个基于 200 多个步骤的工作表的算法，以便系统地估算因子 p。

为了评估工程和管理因素对过程的可能影响，有必要定义工程和管理良好条件的构成要素。工程包括特别用于防火和防爆的硬件设施。管理将包括逐步获得良好和持续的安全操作标准，以及培训人们处理危险事件的程度。然后可以定义偏离良好操作条件的情况。

评估这些偏差中的每一项对子元素 c、i、s 和 d 的影响，而这些子元素用于估计 p 因子，从而产生 p 因子的更新值。

IFAL 方法包含大量的统计和物理信息，这些信息可以对火灾和爆炸的频率以及它们可能产生的损失进行估计。因此，该方法比前面提到的指数方法具有更大的深度。然而，对于工厂的任何特定设备，可以从与其相关的事故树和事件树分析中得到更深层次的危险性定量分析结果，因为大量所使用的数据已经进行了处理，并且能够应用于各种设备故障情况。此外，由于没有特别考虑喷射火或沿垂直构筑物向下蔓延的火灾，因此所关注的火灾事故类型并不全面。而这两种类型的火灾对于海上设施来说都是非常重要的。

17.5　危险与可操作性研究（HAZOP）

英国帝国化学工业公司于 1970 年左右开发了危险和可操作性研究的方法（Lawley，1974；Chemical Industries Association，1977）。这项研究背后的原因是，大多数危险不是因为人们缺乏知识而被忽略，而是因为这些危险被工厂的复杂性所掩盖。一个由参与工厂设计和运营的负责人组成的小组对工厂中的不同设备进行深入、逐行和逐段分析，寻找设计中的不足之处。在设备启动、关闭和正常运行期间，操作条件的变化通过指南和属性词来可视化。通过研究偏差产生的原因及其后果就可以辨识出相应危险。推荐的解决方案可能涉及工艺设计和/或操作条件的改变。考虑的特性是流量、温度、压力、浓度水平、加热和冷却。指导词是"没有、不、更多、更少、以及、部分、相反、除了"。"以及"这个指导词意味着所有的设计和操作意图都与一些额外的活动一起实现，"部分"意味着只实现了一些意图，而有些意图没有实现。"反向"一词是指与意图相反的逻辑上发生了事件，而"除了"的意思是原始意图都没有达到，而发生了与原始意图有很大的差别的事件。

系统使用引导词的技术产生了大量的问题。这就要求团队中必须包含具有足够知识和经验的人员来回答大多数这些问题，而不需要求助于进一步的专业知识。然而，HAZOP 的目的是找出工厂设计和运行中的缺陷。因此，团队成员必须具有足够资历的人来批准建议的更改。当 HAZOP 开始时，要停止工艺设计，也就是说在 HAZOP 开展期间工艺设计不应该有什么变化。HAZAOP 团队研究所推荐的更改在实施时都要得到实现。任何附加的修改方案在实施之前，都需要提供给 HAZOP 团队进行审查。

17.6　失效模式与影响分析（FMEA）

对于一个给定系统或工厂，其安全和性能取决于设备的可靠性。系统或系统组件的可靠性可定义为系统或组件圆满地执行其设计功能的概率。很多危险的成因可以从设备故障的诊断模式分析得出。故障模式与影响分析通过询问"如果……怎么办？"之类的问题，审查系统中的每个要素，以查找发生故障的类型，然后检查每个故障类型的结果或后果。通过消除或控制某些或全部故障原因或模式，可以提高系统的可靠性。因此，FMEA 过程更适合于分析设备故障，而不是过程故障。它是分析导致整个系统故障的部件失效的有效方法。这种方法本质上是一种归纳方法，也可以用于检查故障对系统其他组件的直接影响。

Lees（1996）为实施 FMEA 确定了一些目标，具体如下：

① 辨识与其关联的事件序列的每个故障模式及其原因和影响；

② 根据相关特征对故障模式进行分类，包括检测、诊断和测试性能、置换部件能力以及补偿与操作规定。

故障通常被定义为系统组件的一个固有状态，即该组件不能执行其设计功能（Wells，1980）。故障场景的定义形成了识别故障模式、原因和可能的结果或效果的基础。这个定义可能涉及收集诸如系统的组件、操作模式、操作环境等信息。一般来说，有两个层级的故障模式：一般故障和特定故障。一般故障模式可能涉及操作期间的故障、按需故障、过早操作等。另一方面，特定故障涉及特定设计或操作条件，在此条件下，给定组件可能失效，例如，组件断裂或超过设计极限等。

故障造成的影响有多种表现方式，例如给定系统的操作、功能或状态发生改变。这种影响可以是局部的，即局限于所考虑的系统组件，也可以是全局的，即影响整个系统。

在 FMEA 分析中，需要收集关于每个组件的所有重要故障模式的信息。这些信息可以是以下内容：

① 未能打开/关闭/启动/停止/继续的故障；

② 虚假故障；

③ 损毁；

④ 不稳定运行；

⑤ 定期维护/更换。

McCormick（1981）给出了 FMEA 的例证。

实施 FMEA 的关键步骤是：

① 确定研究的目标和期望的产出；

② 确定需要研究的系统；

③ 确定独立子系统及其之间的相互关系；

④ 确定故障类型及其原因和影响；

⑤ 确定子系统中其他组件的直接影响；

⑥ 确定对子系统的直接影响；

⑦ 确定对整个系统的影响；

⑧ 针对不良情况，确定设计和操作规定。

17.6.1 失效模式效果与危险程度分析（FMECA）

将 FMEA 分析过程与危险程度分析相结合，就得到了失效模式效果与危险程度分析（FMECA）。这种方法包括辨识危险区域、按影响程度对故障进行分类、对各故障类型发生频率进行评估。危险性依赖于系统或其组成部分的可靠性，即系统或其组成部分实现某特定功能的可能性。这可能取决于若干因素，例如，启动和按指令继续运行，指令前不运行，指令终止后不运行。多组件系统的可靠性取决于其组件的可靠性以及组件连接的方式（串联、并联或这些方式的适当组合）。

通过考虑以下一般特征来判定影响的类别和严重程度级别：

① 公众或作业人员的死亡或受伤情况；

② 其他设备的损坏情况；

③ 由此造成的经济损失。

表 17.1 列出了一些严重程度的分类。从系统组成部分的故障率数据库中可以得到相应的故障频次或概率。设备制造商或安全与可靠性协会一般都有这些数据信息。

表 17.1 严重程度分类及其致灾条件

严重程度分类	致灾条件
较轻	(i)对工作能力无影响； (ii)最高防护系统级别下对功能输出的影响可忽略不计； (iii)可以通过日常维护来修复
严重	(i)对工作能力的影响可忽略不计； (ii)最高防护系统级别下使输出性能降低； (iii)可以通过专业级维护来修复
非常严重	(i)使工作能力有一定的下降； (ii)严重削弱最高标准水平设备的功能输出； (iii)立刻进行专业级维护也无法修复
灾难	(i)严重削弱工作能力； (ii)最高标准水平下设备完全丧失功能； (iii)立即需要外界专业级维护

17.6.2 消防系统的可靠性

虽然在一些研究中已经评估了部件的可靠性，但是，实际上迄今为止还没有进行过将任何消防设施视为由部件组成的系统的可靠性的评估工作。例如，考虑一种被动的消防措施，如防火分区。墙壁、地板、天花板等结构是防火分区的组成部分。这些组成部分构成了一个"系列"系统，因为如果任何一个部分发生"故障"，防火分区就会发生"故障"，就无法阻止热量和烟气扩散到建筑物中的其他分区或区域。在真实的火灾中，如果危险性超过了建筑构件的防火能力，系统也会出现故障。还可能由于火焰烧穿门或分隔边缘的其他开口的薄弱部位而造成系统故障。

与上述类似，建筑物内的火灾自动探测系统的下列主要部件是"串联"安装的——探头、分区控制面板、中央控制面板以及与消防救援部门连接。如果火灾没有探测到或者虽然探测到火灾但信息没有传送到中央控制面板或消防救援部门，那么系统将发生"故障"。若系统在无火焰的情况下触发"假警"，这也是系统不可靠性的一部分。导致故障的主要原因是维护不当导致灰尘、昆虫等堵塞探头，元件电气和机械故障以及探头及其他组件设计或安装不当等。

如果喷淋系统中任一个处于"串联"布置中的主要部件发生故障，则喷淋系统就不能运转、灭火或控制火灾。这些部件是喷头、管道系统、公共供水管网、水箱或其他水源。导致故障的主要原因是维护不善、用于保养或维修的系统关闭、喷头顶部阀门关闭、喷头或其他部件的自身缺陷、供水不足和管道堵塞等。

17.7　本质安全

另一种方法是在设计工厂设备基本特征和位置时，采用本质安全方法，以降低任何事故可能造成的后果的严重程度（Kletz，1984）。大多数事故都是容器损毁造成的，因此减少加工物料的数量可以降低风险，尤其是在高温或高压条件下更是如此。这可以通过将间歇反应转换为连续反应来实现，这样将使得物料在压力条件下的数量和时间显著地减少。还有一种方法，即使用半间歇方法。该方法特别适用于放热反应，即在一段时间内，逐步加入一种或多种反应物，而不是在开始时把所有的反应物混合在一起（Singh，1993）。另外，还有一些方法，如在有可能的情况下，减少危险物料库存，在压力较小的条件下使用较安全物料等。

关于本质安全，Jones（1992）曾建议制定一个系统、严格的方法，其首字母缩写为ISIN（本质安全投入，Inherent Safety InPut），其地位与 HAZOP 类似。这种方法要研究系统要素的内在设计是否产生危险或是否需要增加保护系统等。

17.8　新建工厂的安全设计

对于流程工业中新建工厂的安全设计，通常可以分为多个步骤。这些步骤可能因工厂的不同而有所不同，但可以按照如下典型的阶段进行：

阶段 1：通常在项目开发阶段辨识危险。在项目初步评估之前，根据所涉及物料的特性，特别是火灾、爆炸和有毒危害特性，确定项目的危险因素。需要收集的数据信息包括有关拟建的工艺流程、厂区周边信息以及以前类似工厂的经验。对包括与该过程相关的环境危害在内的危害是否与该位置兼容作出决策。作为第一步，一些组织使用道化学火灾爆炸指数评估方法。在此阶段，制定了可接受危险程度的数值标准。一般以致死事故发生率（FAFR，第 8 章）为依据。英国化学工业中的 FAFR 值为 4，因此一般取 0.4 作为流程工业中任一设备的 FAFR 上限值。

阶段 2：这个阶段，一般是查找重大危险，也就是事故发生后造成严重损失而使设计发生根本性改变的危险。如果能够提供项目流程表、初步的管道和仪表设备图，那么可以进行粗略的危险与可操作性研究，再通过风险量化确定主要危险因素。对于火灾和爆炸而言，物料失去控制将会导致人员伤亡的情况（特别是 BLEVE 或开放空间的可燃蒸气云爆炸）也包括在评估过程中。也要评估因放空燃烧装置泄漏引起的环境污染问题以及由毒性、噪声、粉尘、可气化液体和固体流出物产生的问题。然后将主要危险与预期可接受风险标准进行比较，改进设计以符合标准。防护系统也要进行量化。在这个阶段之后，该项目就得到了批准。

阶段 3：主要复杂的危险识别程序可以采用危险与可操作性研究和/或失效模式和影响分析的形式进行。进行这些研究所需的信息包括：管道和仪表图、设备容器和管道的工程设计、作业程序草案、维护程序、启动和关闭程序以及应急程序。对压力系统的研究包括放空系统和泄压系统以及对工厂如何达到设计标准进行评估。

在此阶段预计不会识别重大危险，但是会识别一些较小的危险和操作性问题，并提出一些整改措施。识别过程中发现的危险通常使用事故树和因果分析法来量化，以此证明改进设计的合理性。

在明确了可燃混合物存在的可能性之后，则可以根据区域和电气安全标准对该工厂进行分类。如果在此阶段更改任何设计，则需要重新对它们进行危险与可操作性研究。

阶段 4：这是在施工阶段进行的。此阶段需要进行调试前检查，以验证阶段 3 中的所有要点都已得到执行。这将包括硬件和操作程序方面的改进。

阶段 5：在开始启动之前，工程人员对工厂的运行安全情况进行检查，除此之外，还要检查日常的安全标准是否符合安全法规。

阶段 6：在工厂运行大约 12~18 个月之后，要根据运行经验更新最初的风险量化预测结果。若调试过程中有任何重大变更，则必须要加以考虑。在编写安全报告中应详细说明设计缺陷、设备故障和作业难点，因为它们与工厂运行的风险有关。最后的安全审核是检查工厂是否符合原有的风险标准，还要提供全面的文件供将来参考。

17.9 流程工业的逻辑树分析案例

逻辑树在流程工业中的应用已经在第 14 章中讨论过了。

参考文献

AIChE (1973). Fire and explosion safety and loss prevention guide. *Hazard Classification and Protection*, CEP Technical Manual, American Institution of Chemical Engineers.

CIA (1977). *A Guide to Hazard and Operability Studies*, Chemical Industries Association Ltd.

Department of Defense (1980). Procedures for Performing a Failure Mode, Effects & Criticality Analysis, MIL-STD-1629A, USA.

EEC (1982). Council Directive on Major Accident Hazards of Certain Industrial Activities, 82/501/EEC European Economic Community.

HSC (1982). *Notification of Installations Handling Hazardous Substances Regulations*, Health & Safety Commission, HMSO, London.

HSC (1984). *Control of Industrial Major Accident Hazards, Regulations & Guidance*, Health and Safety Commission, HMSO, London.

Insurance Technical Bureau (1979). *Instantaneous Fractional Annual Loss (IFAL) Process Factor Algorithm for Petrochemicals*, Insurance Technical Bureau, London.

Jones, P (1992). Inherent safety: action by HSE. *The Chemical Engineer*, (526), 29.

Kletz, T A (1984). *Cheaper, Safer Plants or Wealth & Safety at Work*, Notes on Inherently Safer & Simpler Plants, Institution of Chemical Engineers, London.

Lawley, H G (1974). Loss prevention: operability studies and hazard analysis. *Chemical Engineering Progress*, **70**(4), 45.

Lees Frank, P (1996). *Loss Prevention in the Process Industries*, Vol. 1, 2nd Edition, Butterworth-Heinemann, Oxford, UK.

Lewis, D J (1979). *The Mond fire, explosion & toxicity index – a development of the Dow index*. AIChE Loss Prevention Symposium, Houston, TX, April 1979.

McCormick, N J (1981). *Reliability and Risk Analysis*, Academic Press, London.

Singh, B (1993). Assessing semi-batch reaction hazards. *The Chemical Engineer*, (537), 21–25.

Wells, G L (1980). *Safety in Process Plant Design*, George Goodwin Limited, London.

索引